T0184516

# Essener Beiträge zur Mathematikdidaktik

**Reihe herausgegeben von**

Bärbel Barzel, Fakultät für Mathematik, Universität Duisburg-Essen, Essen, Deutschland

Andreas Büchter, Fakultät für Mathematik, Universität Duisburg-Essen, Essen, Nordrhein-Westfalen, Deutschland

Florian Schacht, Fakultät für Mathematik, Universität Duisburg-Essen, Essen, Deutschland

Petra Scherer, Fakultät für Mathematik, Universität Duisburg-Essen, Essen, Nordrhein-Westfalen, Deutschland

In der Reihe werden ausgewählte exzellente Forschungsarbeiten publiziert, die das breite Spektrum der mathematikdidaktischen Forschung am Hochschulstandort Essen repräsentieren. Dieses umfasst qualitative und quantitative empirische Studien zum Lehren und Lernen von Mathematik vom Elementarbereich über die verschiedenen Schulstufen bis zur Hochschule sowie zur Lehrerbildung. Die publizierten Arbeiten sind Beiträge zur mathematikdidaktischen Grundlagen- und Entwicklungsforschung und zum Teil interdisziplinär angelegt. In der Reihe erscheinen neben Qualifikationsarbeiten auch Publikationen aus weiteren Essener Forschungsprojekten.

Weitere Bände in der Reihe http://www.springer.com/series/13887

Sabine Schlager

# Zur Erforschung des Zusammenhangs zwischen Sprachkompetenz und Mathematikleistung

Oberflächlichkeit als potenzieller Mediator

 Springer Spektrum

Sabine Schlager
Bonn, Deutschland

Dissertation der Universität Duisburg-Essen, 2019
Von der Fakultät für Mathematik der Universität Duisburg-Essen genehmigte Dissertation zur Erlangung des Doktorgrades „Dr. rer. nat."
Datum der mündlichen Prüfung: 15. Oktober 2019
Erstgutachter: Prof. Dr. Andreas Büchter
Zweitgutachterin: Jun.-Prof. Dr. Lena Wessel

ISSN 2509-3169          ISSN 2509-3177   (electronic)
Essener Beiträge zur Mathematikdidaktik
ISBN 978-3-658-31870-3      ISBN 978-3-658-31871-0   (eBook)
https://doi.org/10.1007/978-3-658-31871-0

Die Deutsche Nationalbibliothek verzeichnet diese Publikation in der Deutschen Nationalbibliografie; detaillierte bibliografische Daten sind im Internet über http://dnb.d-nb.de abrufbar.

Planung/Lektorat: Marija Kojic
Springer Spektrum ist ein Imprint der eingetragenen Gesellschaft Springer Fachmedien Wiesbaden GmbH und ist ein Teil von Springer Nature.
Die Anschrift der Gesellschaft ist: Abraham-Lincoln-Str. 46, 65189 Wiesbaden, Germany

# Geleitwort

Die Untersuchung des Zusammenhangs zwischen Sprachkompetenz und Mathematikleistung stellt eines der großen aktuellen Forschungsfelder der Mathematikdidaktik dar. Die vergleichsweise jungen Forschungsvorhaben im deutschsprachigen Raum können hierbei auf eine umfangreichere Forschungstradition in Gesellschaften, die sich schon länger als mehrsprachig verstehen, zurückgreifen. Entsprechende Forschungsarbeiten sind in der Regel interdisziplinär angelegt und sowohl von wissenschaftlicher als auch von unterrichtspraktischer Bedeutung. Bisher wurden international und insbesondere für Deutschland stabile quantitative Zusammenhänge zwischen Sprachkompetenz und Mathematikleistung festgestellt. Substanzielle inhaltliche Erklärungen hierfür, die auch empirisch abgesichert sind, fehlten aber weitgehend.

An dieser Stelle setzt die äußerst lesenswerte Dissertation von Sabine Schlager an. Sie geht von Vermutungen aus, die in Forschungsprojekten zur Analyse des Zusammenhangs zwischen Sprachkompetenz und Mathematikleistung im Kontext von zentralen Prüfungen in Klasse 10 entstanden sind. Bestimmte statistische Phänomene in den Leistungsdaten sowie Verhaltensweisen von Schüler*innen bei der Bearbeitung entsprechender Aufgaben deuteten darauf hin, dass Schüler*innen mit geringer Kompetenz in der Bildungssprache zur oberflächlichen Bearbeitung von Textaufgaben neigen. Die Mediationshypothese, die besagt, dass die Neigung zur oberflächlichen Bearbeitung von Textaufgaben den Zusammenhang zwischen Sprachkompetenz und Mathematikleistung vermittelt, war der zentrale Ausgangspunkt. Dabei lag das Konstrukt „Oberflächlichkeit" zu Beginn des Promotionsvorhabens nicht hinreichend präzisiert für das wissenschaftliche Arbeiten vor, sodass es zunächst geklärt werden musste. Mit der vorliegenden Dissertation gelingt es Sabine Schlager eindrucksvoll, das Konstrukt „Oberflächlichkeit" theoretisch und empirisch zu fundieren. Zugleich wird das Konstrukt gut nachvollziehbar operationalisiert.

Bei der theoretischen Fundierung werden die Versatzstücke aus der Literatur gewinnbringend aufeinander bezogen und synthetisiert. Es wird klar, dass zwischen einem einzelnen oberflächlichen Bearbeitungsschritt und der oberflächlichen Gesamtbearbeitung einer Aufgabe unterschieden werden muss. Zusätzlich ist der Blick auf Aufgabenmerkmale, die oberflächliche Bearbeitungen stärker anregen, erforderlich. Sowohl für die Wissenschaft als auch für die Unterrichtspraxis ist relevant, wann Aufgaben auch oberflächlich richtig bearbeitet werden können und wann dies praktisch kaum möglich ist. Hier ist entscheidend, wie intensiv die Sachsituation mathematisch strukturiert werden muss und wie umfassend die Beziehungen zwischen den entscheidenden Größen für ein mentales Situationsmodell selbstständig geordnet werden müssen.

Die empirische Fundierung des zunächst theoretisch hergeleiteten Konstrukts „Oberflächlichkeit" leistet dann einen weiteren wesentlichen Mehrwert, indem das Konstrukt mit Blick auf konkret beobachtete Bearbeitungen ausdifferenziert und angereichert wird. Die zugrundeliegenden Transkripte werden dabei theoretisch sensibel und mit einem feinen Gespür für die konkreten Bearbeitungsprozesse der Schüler*innen in vorbildlicher Weise qualitativ analysiert.

Die explorativen quantitativen Analysen zur Mediationshypothese liefern schließlich starke Hinweise darauf, dass Oberflächlichkeit tatsächlich den Zusammenhang zwischen Sprachkompetenz und Mathematikleistung statistisch umfassender erklären kann als andere Konstrukte. Inhaltlich ist besonders bemerkenswert, dass „Oberflächlichkeit" stärker mit Sprachkompetenz als mit Fachkompetenz zusammenhängt. Dies war keineswegs klar vorhersehbar und liefert Ansatzpunkte sowohl für weitere Forschung als auch für Fördermaßnahmen.

Das insgesamt gewonnene theoretisch und empirisch fundierte Gesamtkonstrukt „Oberflächlichkeit" mit seinen Facetten „Bearbeitungsschritt", „Gesamtbearbeitung" und „Aufgabenstellung" leistet also einen wichtigen Beitrag zur fortgesetzten Erforschung des Zusammenhangs zwischen Sprachkompetenz und Mathematikleistung. Andere Forscher*innen können direkt von diesen Vorarbeiten ausgehend mit dem Konstrukt theoretisch und empirisch weiterarbeiten. Daher ist der vorliegenden Arbeit eine gleichermaßen breite wie tiefe Rezeption zu wünschen.

Prof. Dr. Andreas Büchter

# Danksagung

An dieser Stelle möchte ich mich aufrichtig bei allen bedanken, die mich bei der Erstellung der vorliegenden Dissertation begleitet und auf vielfältige Weise unterstützt haben.

Ich danke vor allem Herrn *Prof. Dr. Andreas Büchter*, für die sehr gute Betreuung meiner Arbeit. Er hat mir große Freiheiten gegeben und mich in der Umsetzung meiner eigenen Ideen bestärkt und dabei meinen Forschungsprozess stets mit äußerst hilfreicher fachlicher und didaktischer Expertise sowie konstruktiven Rückmeldungen unterstützt.

Außerdem gilt mein besonderer Dank Frau *Jun.-Prof. Dr. Lena Wessel* für ihr stetes Interesse an meiner Arbeit und gewinnbringende Diskussionen im Laufe der Jahre sowie ihren engagierten Einsatz als Zweitgutachterin.

Dem Team des interdisziplinären *Forschungsprojekts ZP10-Exp* danke ich insbesondere für die Unterstützung im Anfangsprozess meiner Promotion. Hervorzuheben sind hier vor allem *Dr. Claudia Benholz* und meine enge Projektpartnerin *Jana Kaulvers* aus dem Bereich Deutsch als Zweitsprache sowie *Prof. Dr. Susanne Prediger*, die mir neue Perspektiven aufgezeigt haben.

Ich danke den aktuellen und ehemaligen *Kolleginnen und Kollegen der Didaktik der Mathematik* der Universität Duisburg-Essen für das kollegiale Arbeitsklima und die hilfreichen Rückmeldungen. Insbesondere die *AG Büchter* stand mir stets mit offenen Ohren und Augen und hilfreichen Anmerkungen in Gesprächen, Diskussionen oder beim Korrekturlesen unterstützend zur Seite. Auch *Dr. Jennifer Dröse, Dr. Nadine Wilhelm* und *Kerstin Hein* der TU Dortmund haben mich durch inspirierende Gespräche über mein Projekt unterstützt.

Mein Dank geht zudem an *Dr. Angel Mizzi* und *Kristina Hähn* für intensive und voranbringende Arbeitstreffen, an *Natascha Scheibke* für umfangreiches Korrekturlesen und an *Vera Karnitzschky* für unzählige motivierende und aufbauende E-Mails.

Großer Dank gebührt zudem den *Lehrkräften* und *Schülerinnen und Schülern* der teilnehmenden Schulen, ohne deren Engagement diese Studie nicht möglich gewesen wäre.

Der *Stiftung der Deutschen Wirtschaft (sdw)* danke ich für die finanzielle und ideelle Unterstützung und den anderen *sdw-Stipendiatinnen und Stipendiaten* insbesondere für intensive und produktive gemeinsame Schreibwochen.

Schließlich möchte ich mich besonders bei meiner *Familie* und meinen *Freunden* bedanken, die mich vielfältig unterstützt und mir Arbeitsräume und Entspannungsmöglichkeiten geschaffen haben. Insbesondere gilt mein Dank meinen *Eltern*, meinem *Partner Daniel* und meiner *Freundin Bianca*, die mir immer zur Seite gestanden und mich auch in schwierigen Phasen begleitet haben.

Sabine Schlager

# Inhaltsverzeichnis

# Abbildungsverzeichnis

# Tabellenverzeichnis

# Einleitung

1

> *Mathematics education begins and proceeds in language,*
> *it advances and stumbles because of language, and its*
> *outcomes are often assessed in language.*
>
> *(Durkin, 1991, S. 3)*

## Problemaufriss und Motivation

Mathematikunterricht ist ohne Sprache kaum denkbar, wie obiges Zitat sehr eindrücklich vermittelt. Wie komplex und zugleich relevant dabei das Zusammenspiel von fachlichem und sprachlichem Lernen ist, zeigt sich sowohl darin, wie stark sich mathematikdidaktische Forschung und Entwicklung aktuell mit diesem Thema beschäftigt, als auch in der Nachfrage nach entsprechenden Fortbildungen von Seiten der Schulen und Lehrkräfte. Sprache bestimmt dabei nicht nur das Lehren und Lernen von Mathematik, vielmehr hat sie auch einen entscheidenden Einfluss auf die Mathematikleistung. Bei statistischer Betrachtung der Zusammenhänge verschiedener sprachlicher und sozialer Hintergrundfaktoren wie Migrationshintergrund, sozio-ökonomischem Status oder Lesekompetenz mit Mathematikleistung stellt Sprachkompetenz die Hintergrundvariable mit dem stärksten Zusammenhang mit Mathematikleistung dar. Dies zeigt sich vor allem bei schriftlichen Prüfungen, die hauptsächlich aus Textaufgaben bestehen, wie den Zentralen Prüfungen am Ende der Klasse 10 im Fach Mathematik (ZP10) in NRW (Prediger, Wilhelm, Büchter, Gürsoy & Benholz, 2015; Schlager, Kaulvers

© Der/die Herausgeber bzw. der/die Autor(en), exklusiv lizenziert durch
Springer Fachmedien Wiesbaden GmbH, ein Teil von Springer Nature 2020
S. Schlager, *Zur Erforschung des Zusammenhangs zwischen Sprachkompetenz und Mathematikleistung*, Essener Beiträge zur Mathematikdidaktik,
https://doi.org/10.1007/978-3-658-31871-0_1

1

& Büchter, 2017). In solchen Prüfungen erzielen sprachlich schwache[1] Lernende[2] signifikant schlechtere Ergebnisse als sprachlich starke (ebd.). Ausschlaggebend scheinen hierbei jedoch nicht allein sprachliche Hürden in der Aufgabenstellung zu sein: Isolierte linguistische Aspekte in der Formulierung der Aufgaben, wie beispielsweise Nominalisierungen und Verdichtungen, können zwar für einzelne Lernende Hürden darstellen, führen aber nicht im Allgemeinen dazu, dass Aufgaben für die Lernenden statistisch signifikant schwieriger werden (Schlager et al., 2017). Zur Klärung der sprachlich bedingten Leistungsunterschiede werden auch Leseschwierigkeiten oder konzeptuelle Hürden (vgl. z. B. Wilhelm, 2016) diskutiert. Bislang bleibt jedoch auf umfassender Ebene ungeklärt, wie genau Sprachkompetenz und Mathematikleistung sich gegenseitig beeinflussen und weshalb Leistungsunterschiede in Abhängigkeit von der Sprachkompetenz auftreten.

Bei den angeführten Projekten handelt es sich um zwei aufeinanderfolgende Studien. In der ersten der beiden Studien, im Folgenden als „Projekt ZP10-2012" bezeichnet, wurden sprachliche und konzeptuelle Herausforderungen für mehrsprachige Lernende bei den ZP10 Mathematik des Jahres 2012 untersucht (Prediger et al., 2015; Wilhelm, 2016). In der zweiten Studie, im Folgenden als „Projekt ZP10-Exp" bezeichnet, wurde anhand von experimentell variierten Aufgaben in Anlehnung an die ZP10 das Zusammenwirken von sprachlichen und konzeptuellen Merkmalen von Mathematikaufgaben untersucht (Schlager et al., 2017).[3] Beide Projekte liefern erste Vermutungen für eine mögliche Erklärung des Zusammenhangs zwischen Sprachkompetenz und Mathematikleistung. Ergebnisse der Analyse schriftlicher Bearbeitungen und videographierter Bearbeitungsprozesse von Lernenden der zehnten Jahrgangsstufe in diesen Projekten lassen vermuten, dass sich nicht nur die Leistung, erfasst über die Anzahl gelöster Aufgaben, sondern die gesamten Bearbeitungsprozesse in Abhängigkeit von der

---

[1]Die Bezeichnung von Lernenden als *sprachlich schwach* (bzw. *stark*) erfolgt in den meisten Studien nach einer sozialnormbezogenen Einteilung (Hälfte, Drittel-Perzentile, o. Ä.) gemäß dem Ergebnis beispielsweise in einem C-Test (vgl. Abschn. 7.1.2). Im englischen Sprachraum wird oft eine Unterteilung gemäß Sprachtest in „English learners" und „English proficient" vorgenommen.

[2]In der gesamten Arbeit wird aus Gründen der Geschlechtergerechtigkeit und besserer Lesbarkeit das Wort „Lernende" für Schülerinnen und Schüler verwendet.

[3]Genauere Erläuterungen zu den beiden Projekten und ihrer Verknüpfung untereinander sowie ihre Darstellung als Ausgangspunkt dieser Dissertation finden sich im Detail in Abschnitt 6.1.

Sprachkompetenz der Lernenden unterscheiden. Sprachlich schwache Lernende bearbeiteten manche der Aufgaben unerwartet gut, das heißt häufiger richtig, als es aufgrund des Gesamttestergebnisses statistisch anzunehmen gewesen wäre. Als Erklärungshypothese im Projekt ZP10-2012 wird eine „oberflächliche Standardbearbeitung" (Prediger et al., 2015, S. 93) angeführt. Weitere Aufgaben-betrachtungen in den Projekten ZP10-2012 und ZP10-Exp legten die Vermutung nahe, dass es sich bei den von sprachlich schwachen Lernenden unerwartet gut gelösten Items um Aufgaben handelt, die mit „oberflächlichen Bearbeitungs-strategien", beispielsweise durch Verknüpfen aller im Text gegebenen Zahlen mit der durch den Kontext nahegelegten Operation, erfolgreich gelöst werden können. Hiernach müssten sich in den Bearbeitungsprozessen sprachlich schwacher Lernender viele „oberflächliche Bearbeitungsstrategien" identifizieren lassen.

Ein Zusammenhang zwischen Sprachkompetenz und Bearbeitungsstrategien wurde auch im anglophonen Sprachraum identifiziert. Bei der Bestimmung einer Anzahl an Steckwürfeln zählten sprachlich schwache Lernende, deren Mutter-sprache nicht der Unterrichtssprache Englisch entsprach, diese eher ab, während Lernende mit Englisch als Muttersprache oder solche, die die englische Sprache gut beherrschten, die Steckwürfel gruppierten und anschließend Verfahren der Addition oder Multiplikation anwendeten (Bailey, Blackstock-Bernstein & Heritage, 2015).

Die drei genannten Projekte lassen die Vermutung zu, dass Lernende mit geringer Sprachkompetenz Textaufgaben anders bearbeiten und vermehrt „ober-flächlich" lösen. Wenn diese Zugangsweise bei einigen, jedoch nicht bei hin-reichend vielen Aufgaben erfolgreich ist, könnte dies die Leistungsunterschiede zwischen sprachlich schwachen und sprachlich starken Lernenden und die Abhängigkeit der Unterschiede von einer „oberflächlichen Lösbarkeit" der Auf-gaben begründen.

Daraus ergibt sich folgendes erkenntnisleitendes Interesse: Inwiefern lassen sich bei Textaufgaben oberflächliche Bearbeitungsstrategien identifizieren und inwieweit findet durch diese eine Mediation des Zusammenhangs zwischen Sprachkompetenz und Mathematikleistung statt?

Was genau dabei unter „oberflächlichen Bearbeitungsstrategien" zu ver-stehen ist, bleibt im Rahmen dieser Arbeit zu klären, da bisher kein theoretisch fundiertes und für empirische Untersuchungen operationalisiertes Konstrukt „Oberflächlichkeit" in der Mathematikdidaktik existiert. Als Ausgangspunkt können dazu Ausführungen von Verschaffel, Greer und de Corte (2000) zum oberflächlichen Erstellen eines mathematischen Modells und zur fehlenden Inter-pretation numerischer Ergebnisse beim Lösen von Textaufgaben sowie einige weitere Forschungsansätze beispielsweise zu Schlüsselwortstrategien (vgl. z. B. Hegarty, Mayer & Monk, 1995) oder den kognitiven Anforderungen von Aufgaben (vgl. z. B. Smith & Stein, 1998) im Rahmen einer hier entwickelten Synthese genutzt werden. Somit ergibt sich für diese Arbeit die Frage nach der Fundierung, Operationalisierung und empirischen Anwendung des Konstrukts „Oberflächlichkeit". Dies geschieht zum einen bezüglich der Klassifikation von Textaufgaben, da die Vermutung besteht, dass sprachlich schwache Lernende „oberflächlich lösbare Aufgaben" eher lösen. Zum anderen erfolgt es hinsichtlich der Analyse von Bearbeitungsprozessen, weil diese sich laut den genannten Vermutungen hinsichtlich ihrer Oberflächlichkeit unterscheiden müssten.

**Zentraler Forschungsgegenstand der Arbeit und Vorgehen**
Der zentrale Forschungsgegenstand dieser Arbeit ist das Konstrukt „Oberflächlichkeit" in Bezug auf Aufgaben und Bearbeitungen und seine Rolle bezüglich der Mediation des Zusammenhangs zwischen Sprachkompetenz und Mathematikleistung. Um diesen zu beleuchten und zu analysieren, wird nach Legung der thematischen Grundlage zunächst durch Synthese verschiedener Forschungsansätze ein solches Konstrukt theoretisch fundiert. Hierauf aufbauend werden Textaufgaben, exemplarisch zu den Inhaltsbereichen proportionale Zuordnungen und exponentielles Wachstum, entworfen, die in ihrer Möglichkeit zur oberflächlichen Lösbarkeit variieren. Diese werden von Lernenden der Jahrgangsstufe 10 nach der Methode des Lauten Denkens bearbeitet, woran sich eine Diskussion über die Aufgaben und angewandten Bearbeitungsstrategien anschließt. Die videographierten Bearbeitungsprozesse werden hinsichtlich ihrer Bearbeitungsstrategien mit Fokus auf dem Konstrukt „Oberflächlichkeit" analysiert, wobei das Prozessmodell nach Reusser (1989) der Segmentierung des Verlaufs der Bearbeitungsprozesse dient. Es schließen sich Betrachtungen der Zusammenhänge zwischen Sprachkompetenz, „oberflächlichen Bearbeitungsstrategien" und Mathematikleistung an, die insgesamt zur Beantwortung der oben gestellten Frage beitragen.

**Aufbau der Arbeit**
Um die Rolle der „Oberflächlichkeit" bei der Erläuterung des Zusammenhangs zwischen Sprachkompetenz und Mathematikleistung zu erforschen, werden zunächst in *Teil I* der vorliegenden Arbeit die theoretischen Grundlagen dargelegt. Dazu werden in *Kapitel 2* theoretische und empirische Grundlagen zum Zusammenhang zwischen Mathematikleistung und Sprachkompetenz dargestellt. Da diese Zusammenhänge sich insbesondere bei Textaufgaben zeigen, ist *Kapitel 3* dem in dieser Arbeit betrachteten Aufgabenformat der Textaufgaben und ihrer

Bearbeitungsstrategien auf Mikro- und Makroebene sowie den im Bearbeitungs-prozess auftretenden Schwierigkeiten gewidmet. Dabei wird unter anderem auf das Prozessmodell von Reusser zum Bearbeiten von Textaufgaben (Reusser, 1989), das zur Auswertung der Studie genutzt wird, detailliert eingegangen. Da der in den ersten Kapiteln dargelegte aktuelle Forschungsstand keine zufrieden-stellende Klärung des Zusammenhangs zwischen Sprachkompetenz und Mathematikleistung liefern kann, jedoch Indizien dafür vorliegen, dass „ober-flächliche Bearbeitungsstrategien" einen Beitrag zur Klärung dieses Zusammen-hangs leisten, thematisiert *Kapitel 4* das Konstrukt „Oberflächlichkeit". Aufgrund eines nicht vorliegenden theoretisch fundierten und operationalisierten Konstrukts „Oberflächlichkeit" muss dieses basierend auf vorliegenden theoretischen und empirischen Ansätzen, wie dem Konstrukt einer „superficial solution" von Verschaffel et al. (2000), in diesem Kapitel theoretisch fundiert werden. Sowohl Kapitel 3 als auch Kapitel 4 schließen jeweils mit einer Betrachtung des jeweiligen Aspekts unter dem Einfluss der Sprachkompetenz. *Kapitel 5* dient mit einer Zusammenfassung der dargelegten Überlegungen und der Feststellung von Forschungsbedarf und erkenntnisleitendem Interesse sowie einer Spezifizierung der Forschungsfragen der Überleitung zum empirischen Teil dieser Arbeit.

In *Teil II* wird die Anlage des empirischen Projekts beschrieben. Zunächst werden das grundlegende Design und die Verortung der Studie erläutert (*Kapitel 6*). Es folgen Beschreibungen der Methoden der Datenerhebung und der Stichprobe(nbildung) (*Kapitel 7*), ergänzt durch eine Erläuterung und Begründung der Aufgabenauswahl und -entwicklung sowie der konkreten Aufgaben und ihrer fachlichen, fachdidaktischen und sprachlichen Analyse (*Kapitel 8*). Der Teil wird mit Ausführungen zu den Methoden der Datenaus-wertung abgeschlossen (*Kapitel 9*).

Der Ergebnisteil gliedert sich in zwei Teile (*Teile III* und *IV*). In *Teil III* werden die Ergebnisse zum Konstrukt „Oberflächlichkeit" dargelegt. Dieser Teil untergliedert sich in die Darstellung der identifizierten „oberflächlichen Bearbeitungsstrategien" (*Kapitel 10*), die Analyse von Kriterien zur Einschätzung der „Oberflächlich-keit" einer gesamten Bearbeitung (*Kapitel 11*), eine Klassifikation der eingesetzten Aufgaben bezüglich ihrer „oberflächlichen Lösbarkeit" (*Kapitel 12*) sowie eine Zusammenfassung der Ergebnisse zum theoretisch und empirisch fundierten „Oberflächlichkeits"-Konstrukt (*Kapitel 13*). In *Teil IV* werden die Ergebnisse zu Zusammenhängen zwischen Sprachkompetenz, „Oberflächlichkeit" und Mathematik-leistung dargestellt. Dieser Teil besteht aus der Analyse der Zusammenhänge von jeweils zwei dieser Faktoren (*Kapitel 14*), die in Betrachtungen des Gesamt-zusammenhangs und Mediationsanalysen münden, sodass eine Aussage über „Ober-flächlichkeit" als potenziellem Mediator getroffen werden kann (*Kapitel 15*).

In *Teil V* (*Kapitel 16*) wird schließlich auf Grundlage der Teile III und IV und mit Rückschluss auf die theoretischen und methodischen Überlegungen in den Teilen I und II ein Fazit gezogen. Dieses beinhaltet die Synthese, Diskussion und Reflexion der erzielten Ergebnisse und Erkenntnisse mit Blick auf eine Beantwortung der Forschungsfragen sowie einen Ausblick auf Implikationen für Forschung und Unterrichtspraxis.

Insgesamt zeigt sich, dass Sprachkompetenz sowohl Zusammenhänge mit „oberflächlichen" Bearbeitungen als auch mit der Mathematikleistung aufweist, sodass sich „Oberflächlichkeit" als potenzieller Mediator des Zusammenhangs zwischen Sprachkompetenz und Mathematikleistung bestätigt.

# Teil I
# Grundlagen

# Zusammenhang zwischen Sprachkompetenz und Mathematikleistung

Auch wenn sprachliches und mathematisches Können von vielen Menschen als gegensätzlich wahrgenommen werden, kommt Sprache eine wichtige Funktion für das Lehren und Lernen von Mathematik zu und es besteht ein Zusammenhang zwischen Sprachkompetenz und Mathematikleistung. Dieser Zusammenhang, der den Ausgangspunkt und das in der vorliegenden Arbeit zu erklärende Phänomen darstellt, wird in diesem Kapitel erläutert. Dazu werden zunächst die Begriffe Sprachkompetenz und Mathematikleistung ausgehend von den allgemeinen Begriffen Kompetenz, Performanz und Leistung definiert (Abschn. 2.1). Es folgen theoretische Ausführungen zur Sprache im Fach Mathematik (Abschn. 2.2), in denen das Konstrukt Sprache in die zwischen der Alltags- und Fachsprache angesiedelte Bildungssprache spezifiziert wird, bevor die Funktionen und Rollen sowie die für die Mathematik spezifischen sprachlichen Merkmale dieser Sprache dargelegt werden. Es schließt sich der empirische Blick auf den Zusammenhang zwischen Sprachkompetenz und Mathematikleistung an (Abschn. 2.3), der zunächst empirisch nachgewiesene Zusammenhänge aufzeigt und diese anschließend basierend auf dem aktuellen Forschungsstand mit sieben derzeit existierenden potenziellen Erklärungsansätzen zu begründen versucht. Abschließend werden die gesamten Ausführungen dieses Kapitels zusammengefasst (Abschn. 2.4).

© Der/die Herausgeber bzw. der/die Autor(en), exklusiv lizenziert durch Springer Fachmedien Wiesbaden GmbH, ein Teil von Springer Nature 2020
S. Schlager, *Zur Erforschung des Zusammenhangs zwischen Sprachkompetenz und Mathematikleistung*, Essener Beiträge zur Mathematikdidaktik,
https://doi.org/10.1007/978-3-658-31871-0_2

## 2.1 Definition von Sprachkompetenz und Mathematikleistung

Für eine Betrachtung des Zusammenhangs zwischen Sprachkompetenz (Abschn. 2.1.2) und Mathematikleistung (Abschn. 2.1.3) ist es zunächst erforderlich, ein gemeinsames Verständnis dieser Konstrukte zu schaffen, wofür eine Einordnung bezüglich der Definitionen von Kompetenz, Performanz und Leistung (Abschn. 2.1.1) nötig ist.

### 2.1.1 Kompetenz, Performanz und Leistung

Der heutige Unterricht ist von einer Kompetenzorientierung geprägt, bei der das Ziel ist, „Wissen und Können so zu vermitteln, dass keine ‚trägen‘ und isolierten Kenntnisse und Fähigkeiten entstehen, sondern anwendungsfähiges Wissen und ganzheitliches Können" (Klieme & Hartig, 2008, S. 13). Dies spiegelt sich zum einen in Bildungsstandards und Kernlehrplänen wider, in denen festgelegt ist, über welche Kompetenzen Schülerinnen und Schüler wann verfügen sollen (vgl. Büchter & Pallack, 2012). Zum anderen wird das Erreichen der Kompetenzen in Schulleistungsstudien wie PISA und auch in Vergleichsarbeiten, Klausuren oder Klassenarbeiten überprüft.

Was genau unter Kompetenz verstanden wird, ist nicht einheitlich definiert. Meist wird sich jedoch auf die Definition von Weinert (2001) berufen. Hiernach sind Kompetenzen

> die bei Individuen verfügbaren oder durch sie erlernbaren kognitiven Fähigkeiten und Fertigkeiten, um bestimmte Probleme zu lösen, sowie die damit verbundenen motivationalen, volitionalen und sozialen Bereitschaften und Fähigkeiten[,] um die Problemlösungen in variablen Situationen erfolgreich und verantwortungsvoll nutzen zu können [...]. (Weinert, 2001, S. 27 f.)

Somit wird Kompetenz hier als das Zusammenspiel von Fähigkeiten und Fertigkeiten und der Bereitschaft diese einzusetzen gesehen. Insofern beschreibt der Begriff umfassende Leistungsdispositionen von Lernenden hinsichtlich kognitiver, motivationaler und volitionaler Aspekte und deren Anwendbarkeit in verschiedenen (Problem)situationen (vgl. Klieme & Hartig, 2008; Reiss, Heinze & Pekrun, 2008). Eine engere Definition des Kompetenzbegriffs bezieht sich lediglich auf *„kontextspezifische kognitive Leistungsdispositionen,* die sich funktional auf Situationen und Anforderungen in bestimmten *Domänen* beziehen" (Klieme & Leutner, 2006, S. 879, Hervorh. im Orig.) und betrachtet somit keine volitionalen und motivationalen Aspekte.

Unabhängig von der Definition gilt Kompetenz als „ein Konstrukt, das aus der Wirkung einer Leistung abgeleitet wird" (Ruf & Gallin, 1998, S. 97). Kompetenzen sind „nicht direkt prüfbar, sondern nur aus der Realisierung der Dispositionen erschließbar und evaluierbar" (Erpenbeck & von Rosenstiel, 2007, S. XIX). Somit steht neben der nicht beobachtbaren Kompetenz die im Test beobachtbare Performanz, die, wenn sie aufgrund von Wertmaßstäben beurteilt wird, zur Leistung wird (vgl. Büchter, 2010; Von Saldern, 1997, S. 30 ff.; Von Saldern, 2011, S. 31 ff.). Aus der gezeigten Leistung, verstanden als der Erfolg in einer Leistungsüberprüfung[1], bzw. der Performanz, im Sinne der situativen Bewältigung von Anforderungen, wird also unter der Annahme, dass das Testverhalten durch die zugrundeliegende latente Eigenschaft bzw. Disposition bestimmt wird, ein Rückschluss auf die Kompetenzen möglich (vgl. Büchter, 2010; Klieme & Hartig, 2008). Eine Einteilung von Lernenden auf Grundlage erzielter Ergebnisse wäre also eine Einteilung in Leistungsstufen und nicht in Kompetenzstufen (Knoche et al., 2002, S. 171). Bei Kompetenz handelt es sich also um ein theoretisches, latentes Konstrukt, das sich nicht direkt erheben lässt, sondern auf das durch die mit Messinstrumenten gewonnenen Beobachtungen Rückschlüsse gezogen werden müssen.

Für die vorliegende Arbeit wird Kompetenz im Sinne von Weinert und Leistung im Sinne des Erfolgs in einer Leistungsüberprüfung verstanden, die Rückschlüsse auf Kompetenz zulässt.

## 2.1.2  Sprachkompetenz

Aufbauend auf dieser Definition kann im Folgenden der Begriff der Sprachkompetenz betrachtet werden. Dieser ist nicht einheitlich und verbindlich definiert, sondern es erfolgen unterschiedliche Schwerpunktsetzungen. Historisch

---

[1]Leistung lässt sich grundsätzlich in zwei Bereiche differenzieren. Diese sind zum einen schulischer Erfolg und curriculares Erreichen (achievement), wie es z. B. bei Klassenarbeiten im Vordergrund steht, und zum anderen die Befähigung, also das Zeigen von Fähigkeiten in verschiedenen Situationen (proficiency), das Anwendung im „literacy"-Konzept (vgl. Abschn. 2.1.3) gefunden hat. Durch eine Orientierung der Bildungsstandards und Curricula an der „mathematical literacy" ist diese Unterscheidung vernachlässigbar geworden. (vgl. Büchter, 2010)

geht der Begriff auf Chomskys Sprachtheorie zurück, in der dieser das kognitive System beschreibt, das hinter dem Nutzen von Sprache steht (Klieme & Hartig, 2008): „[T]o introduce a technical term, we must isolate and study the system of *linguistic competence* that underlies behavior but that is not realized in any direct or simple way in behavior" (Chomsky, 2006, S. 4, Hervorh. im Orig., erstmals 1968 erschienen). Chomsky unterscheidet also Sprachkompetenz von einer unterschiedlich ausgeprägten Performanz der Sprache. Dies ähnelt Saussures Unterscheidung in „langue", als statischem System von sprachlichen Formen und Strukturen und „parole" als Realisierung im Sprechakt (Saussure, 2001, auf deutsch erstmals 1931 erschienen), auch wenn Saussure nicht die Begriffe Kompetenz und Performanz verwendet. In den unterschiedlichen Disziplinen fanden sich Definitionen, die Sprachkompetenz entweder eher theoretisch-kognitiv oder eher handlungsbezogen interpretierten (für detaillierte Darstellungen vgl. Jude, 2008). „Aktuelle Definitionsansätze hingegen versuchen, mit dem Begriff der *Kompetenz* eine Brücke zu bauen zwischen deklarativem Wissen und seiner Anwendung" (Jude, 2008, S. 14, Hervorh. im Orig.). So wird Sprachkompetenz im Gemeinsamen europäischen Referenzrahmen für Sprachen verstanden als

> die Summe des (deklarativen) Wissens, der (prozeduralen) Fertigkeiten und der persönlichkeitsbezogenen Kompetenzen und allgemeinen kognitiven Fähigkeiten, die es einem Menschen erlauben, Handlungen auszuführen. [...] *Kommunikative Sprachkompetenzen* befähigen Menschen zum Handeln mit Hilfe spezifischer sprachlicher Mittel. (Europarat, 2001, S. 21, Hervorh. im Orig.)

Demnach handelt es sich bei Sprachkompetenz um ein verschiedene Teilkompetenzen umfassendes übergeordnetes Konstrukt, das befähigt, sprachliche Anforderungen in unterschiedlichen Situationen zu bewältigen (Paetsch, Radmann, Felbrich, Lehmann & Stanat, 2016, S. 28, vgl. auch Abschn. 2.1.1).

In den „literacy"-Ansätzen, wie sie auch in PISA vertreten werden, wird Sprachkompetenz eine Doppelfunktion zugewiesen. So wird sie zum einen als Sprachkönnen, also die Fähigkeit Sprache zu verwenden, interpretiert, zum anderen gilt sie als Voraussetzung und als Mittel der Aneignung neuen Wissens und somit auch neuer Sprachmittel (vgl. Jude, 2008). Insofern ist Sprachkompetenz „als eben jene Kompetenz anzusehen [...], die sich im Sprachhandeln manifestiert und sich über dieses beobachten und messen lässt" (Jude, 2008, S. 15). Die dazu nötige Operationalisierung ist in den verschiedenen Studien unterschiedlich (Paetsch et al., 2016).

In dieser Arbeit wird Sprachkompetenz im Sinne einer deklarativen und prozeduralen bildungssprachlichen Kompetenz (zum Begriff Bildungssprache vgl. Abschn. 2.2.1) verstanden. Diese wird über einen C-Test (vgl. Abschn. 7.1.2) erhoben, dessen Bearbeitung Lesekompetenzen sowie komplexere sprach-produktive und sprachreflexive Fertigkeiten verlangt. Unter verschiedenen Möglichkeiten der Operationalisierung hat über einen C-Test erfasste Sprach-kompetenz am meisten Varianz in der Mathematikleistung aufgeklärt (Prediger et al., 2015, vgl. Abschn. 2.3.1).

### 2.1.3 Mathematikleistung

Folgend aus der Definition von Leistung (vgl. Abschn. 2.1.1) ist Mathematik-leistung als Abschneiden in einem Mathematiktest zu verstehen, woraus ein Rückschluss auf die zugrundeliegenden mathematischen Kompetenzen möglich wird.

Mathematische Kompetenz gilt dabei als ein schwer zugängliches, viel-schichtiges Konstrukt, das sich durch einen auf Faktenwissen aufbauenden erfolgreichen Umgang mit problemhaltigen Kontextsituationen auszeichnet (Reiss et al., 2008) und somit die Kompetenz zum Lösen von „anwendungs-orientierte[n] Aufgaben" (ebd., S. 112) beschreibt. Im Rahmen von PISA 2015 wird Mathematikkompetenz im Sinne von „mathematical literacy" wie folgt definiert:

Mathematical literacy is an individual's capacity to formulate, employ and inter-pret mathematics in a variety of contexts. It includes reasoning mathematically and using mathematical concepts, procedures, facts and tools to describe, explain and predict phenomena. It assists individuals to recognise the role that mathematics plays in the world and to make the well-founded judgements and decisions needed by constructive, engaged and reflective citizens. (OECD, 2017, S. 67)

In den Bildungsstandards und Kernlehrplänen, die „mathematical literacy", aber auch die Idee eines allgemeinbildenden Mathematikunterrichts (Winter, 1995) berücksichtigen, werden die Kompetenzen unterteilt in inhalts- und prozess-bezogene mathematische Kompetenzen.

Zur Erhebung des latenten Konstrukts der mathematischen Kompetenz oder „mathematical literacy" ist die Erfassung der in Tests gezeigten mathematischen Leistungen notwendig. Dabei ist zu berücksichtigen, dass Tests immer nur Aus-schnitte der mathematischen Kompetenz prüfen können. Wenn in Studien

Zusammenhänge zwischen Sprache und Mathematik betrachtet werden, so werden meist Zusammenhänge zwischen Sprachkompetenz und erreichten Noten, Punktzahlen, Durchschnittsergebnissen o. Ä. analysiert. Angemessener als die Rede von Mathematikkompetenz ist hier also die Rede von Mathematikleistung. Die in dieser Arbeit als Orientierung betrachteten Zentralen Prüfungen am Ende der Klasse 10 (ZP10) (vgl. Abschn. 8.1.1) basieren zwar auf dem Kernlehrplan und dem „mathematical literacy"-Konzept und dienen der Überprüfung eines verständigen Umgangs mit Mathematik (Büchter & Pallack, 2012), allerdings handelt es sich eher um eine Feststellung von Prüfungs- und Schulerfolg, was sich auch in einer für die Lernenden relevanten Note widerspiegelt (vgl. auch Wilhelm, 2016).

In dieser Arbeit soll von Mathematikleistung, die sich in Noten, Punktzahlen oder der Richtigkeit einer Aufgabenbearbeitung manifestiert, die Rede sein. Die Konzeption der betrachteten Aufgaben orientiert sich dabei am Konstrukt der Mathematikkompetenz im Sinne einer „mathematical literacy" und eines allgemeinbildenden Mathematikunterrichts.

## 2.2    Sprache im Fach Mathematik

Wenn der Zusammenhang zwischen Sprachkompetenz und Mathematikleistung und die Sprache im Fach Mathematik betrachtet werden, so ist zu klären, welche Sprache gemeint ist. Dies erfolgt in diesem Abschnitt, indem zunächst erläutert wird, was unter Bildungssprache im Kontinuum zwischen Alltags- und Fachsprache zu verstehen ist (Abschn. 2.2.1), bevor die Funktionen und Rollen dieser Sprache (für den Mathematikunterricht) aufgezeigt (Abschn. 2.2.2) und ihre Besonderheiten und potenziellen Hürden dargestellt werden (Abschn. 2.2.3). Dies legt die Grundlage zum Verständnis des Zusammenhangs zwischen Sprachkompetenz, verstanden als Kompetenz in der Bildungssprache, und Mathematikleistung sowie zum Verständnis potenzieller Erklärungen dieses Zusammenhangs, die mit diesen Funktionen, Rollen und sprachlichen Merkmalen argumentieren (vgl. Abschn. 2.3).

## 2.2.1    Bildungssprache zwischen Alltags- und Fachsprache

In der Schule werden die verschiedenen Sprachregister der Alltags-, Bildungs-, und Fachsprache verwendet. Dabei bezeichnet ein Register ein „set of meanings

that is appropriate to a particular function of language, together with the words
and structures which express these meanings" (Halliday, 1978, S. 195). Sprache
wird also funktional verwendet und an die Anforderungen verschiedener
Situationen angepasst (Meyer & Tiedemann, 2017, S. 11). Relevant für das
mathematische (und allgemein schulische) Lernen und für Zusammenhänge
zwischen Sprachkompetenz und Mathematikleistung (bzw. Schulleistung) ist
dabei nicht „Sprachfähigkeit allgemein, sondern [...] ein[...] bestimmte[r] Ausschnitt dieser Fähigkeit [...], der in Kontexten formaler Bildung besonders
relevant ist" (Gogolin & Lange, 2011, S. 107) – die Bildungssprache. Sie setzt
sich aus sprachlichen Mitteln zusammen, die funktional für die Kommunikation
im Schul- und Bildungszusammenhang sind (vgl. Morek & Heller, 2012) und
ist „Grundlage jeglichen unterrichtlichen Lehrens und Lernens" (Vollmer &
Thürmann, 2010, S. 109). Sie findet in Prüfungsaufgaben, Schulbuchtexten
und Äußerungen von Lehrenden sowie Lernenden Verwendung und bestimmt
als fächerübergreifend von Lernenden erwartete Sprache wesentlich mit über
schulischen Erfolg (vgl. z. B. Gogolin, 2009; Meyer & Tiedemann, 2017;
Schilcher, Röhrl & Krauss, 2017).

Der Begriff Bildungssprache stützt sich auf Habermas (1978) und Halliday
(1978), seine heute verwendete Bedeutung wurde aber von Gogolin (2008; 2009)
neu geprägt.

> Gemeint ist [mit Bildungssprache] das einen schulischen Bildungsgang durch-
> dringende formelle Sprachregister, das vor allem der Übermittlung von hoch ver-
> dichteten, kognitiv anspruchsvollen Informationen in kontextarmen Konstellationen
> dient. [...] Es unterscheidet sich von der ‚Umgangssprache' durch die Verwendung
> fachlicher Terminologie und die Orientierung an syntaktischen Strukturen,
> Argumentations- und Textkompositionsregeln, wie sie für schriftlichen Sprachge-
> brauch gelten. (Gogolin, 2008, S. 26; Einfügung SaS)

Koch und Oesterreicher (1985) haben für diese Sprachform, die sich sowohl im
schriftlichen als auch im mündlichen Sprachgebrauch an Regeln der Schrift-
sprache orientiert, das Konstrukt der konzeptionellen Schriftlichkeit entwickelt.
Die Autoren bezeichnen Bildungssprache auch als eine „Sprache der Distanz"
(Koch & Oesterreicher, 1985). Kennzeichen der Bildungssprache sind:

> Unabhängigkeit des Textverständnisses von der unmittelbaren Kommunikations-
> situation (‚Dekontextualisierung'), referenzielle Eindeutigkeit und textstrukturelle
> Transparenz (‚Explizitheit'), inhaltliche Kondensiertheit (‚Komplexität') sowie Aus-
> gewogenheit der Darstellung bzw. argumentative Klarheit [...]. (Morek & Heller,
> 2012, S. 71)

Zu den konkreten Merkmalen zählen zum Beispiel „in der Regel eine wesentlich größere Anzahl weniger gebräuchlicher Wörter und komplexe[r]
grammatikalische[r] Strukturen" (Cummins, 2006, S. 42) oder „unpersönliche
Ausdrücke, Substantivierungen, Konjunktiv oder Passivgebrauch" (Ahrenholz,
2010, S. 16). Eine überblicksartige Darstellung, unterteilt in die Kategorien dis-
kursive, lexikalisch-semantische und syntaktische Merkmale, findet sich bei
Morek und Heller (2012, S. 73) sowie Gogolin und Lange (2011, S. 113 f.).
Allerdings ist zu beachten, dass die Merkmale bisher weder einheitlich definiert
noch vollständig empirisch abgesichert sind. Zusammengefasst handelt es sich
bei Bildungssprache um ein Register, „das sich generell durch Adjektive wie
*prägnant, präzise, vollständig, komplex, strukturiert, objektiv, distant, emotions-
frei, eindeutig, situationsungebunden* und *dekontextualisiert* charakterisieren
lässt" (Vollmer & Thürmann, 2010, S. 109, Hervorh. im Orig.). Weil Bildungssprache so die Funktion erfüllen kann, kognitiv anspruchsvolle Informationen
dekontextualisiert auszudrücken (Morek & Heller, 2012, S. 71), lässt sie sich
mit Cummins „academic aspects of language proficiency (originally labelled
[...] *cognitive academic language proficiency* (CALP))" (Cummins, 2000,
S. 58, Hervorh. im Orig.) gleichsetzen. Cummins definiert CALP als „the
language knowledge together with the associated knowledge of the world and
metacognitive strategies necessary to function effectively in the discourse domain
of the school" (Cummins, 2000, S. 67). Diese Kenntnisse sind erforderlich, um
„komplexe Inhalte sprachlich explizit zu verhandeln" (Rösch & Paetsch, 2011,
S. 56).[2]

Bildungssprache grenzt sich einerseits von *Umgangssprache* (auch als *Alltagssprache* bezeichnet) und andererseits von *Fachsprache* ab. *Umgangssprache*
wird in alltäglichen, informellen Kommunikationssituationen verwendet (vgl.
Ahrenholz, 2010, S. 15; Habermas, 1978, S. 328), in denen „Themen weniger
komplex und nicht so spezifisch ausgeführt" (Vollmer & Thürmann, 2010,
S. 109) werden. Es handelt sich um eine spontane, kontextualisierte Sprachform, die durch Mimik, Gestik, etc. unterstützt wird und in der Sprachrichtigkeit

---

[2]Manche Autorinnen und Autoren verwenden statt Bildungssprache den Begriff Schul-
sprache in Anlehnung an Schleppegrells „language of schooling" (Schleppegrell, 2004).
Dieser Begriff fokussiert den Teil der Bildungssprache, der in der Schule Anwendung
findet und durch spezielle nur hier gültige institutionelle Normen und Praktiken geprägt ist
(Meyer & Tiedemann, 2017, S. 16 ff.).

weniger relevant ist (vgl. Cummins, 2000, S. 59; Leisen, 2011, S. 150 ff.). Alltagssprache zeichnet sich somit durch Merkmale der Sprache der Mündlichkeit beziehungsweise „Sprache der Nähe" (Koch & Oesterreicher, 1985) aus.
Wenn diese Sprachform in Schriftstücken verwendet wird, wie beispielsweise in
E-Mails oder Briefen an Freunde, spricht man von konzeptioneller Mündlichkeit
(ebd.), da hier nur das Medium schriftlich, die Konzeption der Sprache hingegen
mündlich ist. Cummins bezeichnet die für Alltagssprache nötigen Fertigkeiten
als ‚basic interpersonal communicative skills' (BICS) beziehungsweise als
‚conversational aspects of language proficiency' (vgl. Cummins, 2000, S. 58)[3].

> Zusammenfassend und global charakterisiert, weist also „Bildungssprache"
> tendenziell die Merkmale formeller, monologischer schriftförmiger Kommunikation
> auf, während Alltagssprachgebrauch eher dialogisch gestaltet ist und die Merkmale
> informeller mündlicher Kommunikation aufweist. (Gogolin, 2009, S. 270)

*Fachsprache* bezeichnet „die Gesamtheit aller sprachlichen Mittel, die in einem
fachlich begrenzbaren Kommunikationsbereich verwendet werden, um die Verständigung zwischen den in diesem Bereich tätigen Menschen zu gewährleisten"
(Hoffmann, 1985, S. 53). Die Fachsprache der Mathematik dient entsprechend
der Verständigung über mathematische Inhalte, die durch die Fachsprache exakt
und vollständig dargestellt werden können (vgl. Meyer & Tiedemann, 2017,
S. 27). Auffälligstes Merkmal der Fachsprache ist ihre spezifische Lexik (vgl.
Grießhaber, 2010, S. 38). Neben für die Mathematik relevanten Fachwörtern
und fachlichen Symbolen zeichnet sich die Fachsprache zudem durch Besonderheiten auf Satz- und Textebene aus (vgl. z. B. Maier & Schweiger, 1999, S. 28 ff.;
Meyer & Tiedemann, 2017, S. 22 ff.).

Insgesamt ist die Unterscheidung in die sprachlichen Register jedoch nicht
trennscharf, sondern Bildungssprache lässt sich auf einem Kontinuum (vgl. auch
„mode continuum" (Gibbons, 2003, S. 250 ff.)) zwischen Alltags- und Fachsprache verorten. Dieses Kontinuum und die Merkmale der Alltags- und Fachsprache sind in Tabelle 2.1, zitiert nach Wessel (2015, S. 26), die sich an Prediger
und Meyer (2012) anlehnt, dargestellt.

---

[3]Die Unterscheidung zwischen BICS und CALP geht zurück auf Cummins (1979).

**Tabelle 2.1** Kontinuum von der Alltags- zur Fachsprache (Wessel, 2015, S. 26)

| Alltagssprache | Bildungssprache | Fachsprache |
|---|---|---|
| Kontextualisiert: Einbettung in Interaktion mit direktem Gegenüber, sodass alle Beteiligten Bezugsmaterialien sehen und auf diese verweisen können. | ◄⋯⋯⋯► | Dekontextualisiert: Abstrahieren von konkreten Situationen, um detaillierte Informationen über einen Gegenstand zu formulieren, der nicht direkt vorliegt. |

Dies impliziert auf *Wort-, Satzebene und Textebene* folgendes Kontinuum:

*Wortebene*

| mit verschiedenen Bedeutungen belegte Begriffe | ◄⋯⋯⋯► | spezifisch definierte, präzise und eindeutige (Fach-)Begriffe |
|---|---|---|
| kontextgebundene Bedeutung von Wörtern | ◄⋯⋯⋯► | weitgehend kontextentbundene Bedeutung von Wörtern |

*Satz- und Textebene*

| spontane Sprachproduktion, in der Regel mit konkretem Adressaten | ◄⋯⋯⋯► | geplante Sprachproduktion, häufig ohne konkreten Adressaten |
|---|---|---|
| kontextgebunden → Gebrauch situativer Sprache wie z. B. deiktischer Mittel (z. B. da, das) möglich → Personalisierungen möglich | | kontextentbunden → komplexer und abstrakterer Sprachgebrauch mit höherer Informationsdichte → entpersonalisiert |
| konzeptionell mündlich (auch in medial schriftlichem Gebrauch) | ◄⋯⋯⋯► | konzeptionell schriftlich (auch in medial mündlichem Gebrauch) |
| Einfache Satzkonstruktionen, unvollständige Sätze möglich | ◄⋯⋯⋯► | Vollständige Sätze mit komplexen Satzstrukturen: z. B. Nominalisierungen, Nominalgruppen, Passivkonstruktionen, komplexe Attribute |

In diesem Kontinuum „fungiert die Bildungssprache als innersprachliche Verkehrssprache zwischen den Fachsprachen" (Ortner, 2009, S. 2229). Die Merkmale beider sprachlichen Register überschneiden sich. Aber:

> Wer „Bildungssprache" sagt, hebt hervor, dass institutionelle Bildung über einzelne Fachsprachen hinweg mit einem spezifischen Sprachgebrauch verbunden ist. [...] Wer hingegen „Fachsprache" sagt, der hebt den fachlichen Bezug des Sprachgebrauchs hervor. (Meyer & Tiedemann, 2017, S. 16)

Doch zugleich „besteht die Funktion der Bildungssprache darin, zwischen Fach- und Alltagssprache zu vermitteln" (Ortner, 2009, S. 2232). Im Kontext des Mathematikunterrichts lässt sich von einer fachbezogenen Bildungssprache sprechen. Lernende müssen wissen, in welchen Situationen (im Mathematik- unterricht) welche Sprachform angemessen und zu verwenden ist, denn „[p]art of language competence involves knowing what is socially acceptable in such linguistic situations, as well as having access to the required variants" (Pimm, 1987, S. 77).

## 2.2.2  Funktionen und Rollen von Sprache

Die Bildungssprache, wie in Abschnitt 2.2.1 definiert, nimmt verschiedene Funktionen im Prozess des Mathematiklernens und verschiedene Rollen im Mathematikunterricht ein, wobei die verschiedenen Funktionen in den unter- schiedlichen Rollen zum Tragen kommen können (vgl. Meyer & Tiedemann, 2017, S. 39; Wessel, 2015, S. 16). Die Funktionen stellen dabei eine zweck- gerichtete Beschreibung der Sprache dar, während in den Rollen der Sprache eine didaktische Konzeptualisierung impliziert ist (vgl. ebd.).

*Funktionen der Sprache*
Sprache erfüllt eine doppelte Funktion: „Sie ist einerseits ein Mittel, um das eigene Denken zu ordnen und ihm neue Möglichkeiten zu eröffnen (kognitive Funktion), und andererseits das zentrale Medium für den Gedankenaustausch mit anderen (kommunikative Funktion)" (Meyer & Tiedemann, 2017, S. 42). Diese Unterscheidung reicht bis in die Antike (u. a. Platon für die kommunikative Funktion der Sprache) oder ins 17. Jahrhundert (u. a. Leibniz für die kognitive Funktion der Sprache) zurück, wie Gardt (1995) überblicksartig aufführt. Er spricht jedoch von einer sprecherzentrierten Funktion der Sprache, die neben der kognitiven Variante der Strukturierung der Gedanken auch noch die mnemo- technische Variante der Speicherung von Informationen und die kathartische Variante der psychischen Regeneration umfasst (Gardt, 1995). Maier und Schweiger (1999) nehmen für die Mathematik eine Reduzierung auf die beiden Funktionen kommunikativ und kognitiv vor, wie sie heute in der Regel rezipiert wird (vgl. z. B. Meyer & Tiedemann, 2017; Wessel, 2015; Wilhelm, 2016).

Die *kognitive Funktion* der Sprache[4] besteht darin, dass diese „als kognitive[s] Werkzeug" (Vollmer & Thürmann, 2010, S. 110), also als „*Werkzeug des Denkens*" (Morek & Heller, 2012, S. 70, Hervorh. im Orig.) fungiert (zur Nutzung von Versprachlichung als Unterstützung beim Mathematiklernen vgl. Pimm, 1987; Ruf & Gallin, 1998). Die „Verdichtung des Informationstransports durch begriffliche Repräsentation" (Maier & Schweiger, 1999, S. 18) führt zu einem Erkenntnisgewinn (vgl. auch Feilke, 2012, S. 10). Was „begrifflich, also sprachlich, nicht ausgedrückt werden kann, entzieht sich auch unserer Reflexion" (Knapp, 2006, S. 594) und „[w]er Bildungssprache adäquat verwenden kann, der ist auch in der Lage zu den damit in Zusammenhang stehenden komplexen kognitiven Operationen (wie z. B. Abstraktion, Verallgemeinerung, Kausalität)" (Morek & Heller, 2012, S. 75) (vgl. auch die Ausführungen zu CALP (Cummins, 2000) in Abschn. 2.2.1).

Die *kommunikative Funktion* der Sprache ermöglicht die Kommunikation und den Austausch über Fachinhalte (vgl. Knapp, 2006, S. 594) und dient der Verständigung untereinander. In diesem Sinne entspricht Bildungssprache einem „*Medium von Wissenstransfer*" (Morek & Heller, 2012, S. 70, Hervorh. im Orig.), das „Wissensdarstellung und Wissenskommunikation" (ebd., S. 71) ermöglicht. Die kommunikative Funktion übt einen verstärkenden Effekt auf die kognitive Funktion aus (Maier & Schweiger, 1999, S. 18). Dies erfolgt zum einen dadurch, dass ausgesprochene Ideen von anderen weiterentwickelt werden können und so an Breite gewinnen (vgl. Maier & Schweiger, 1999; Meyer & Tiedemann, 2017) und zum anderen dadurch, dass Ideen strukturiert und tiefgreifender durchdacht werden müssen, um sie aussprechbar zu machen, wodurch sie an Tiefe gewinnen (vgl. Bruner, 1974; Meyer & Tiedemann, 2017). Insofern sind beide Funktionen eng miteinander verwoben (vgl. Maier & Schweiger, 1999, S. 17; Morek & Heller, 2012).

Morek und Heller (2012) ergänzen zu diesen beiden Funktionen eine dritte, die *sozialsymbolische Funktion.* Hierunter verstehen sie Bildungssprache als Eintritts- und Visitenkarte, die den Zugang zu Bildung und Erfolg erst möglich macht. Diese Funktion soll hier unter der Rolle von Sprache als Lernvoraussetzung und -hindernis betrachtet werden.

---

[4]Morek und Heller (2012, S. 70) sprechen von der epistemischen Funktion der Sprache. Die kognitive Funktion fokussiert eher die Unterstützung von Denkprozessen, während die epistemische Funktion die Erlangung von Wissen in den Vordergrund stellt. Beides ist eng miteinander verknüpft und wird somit hier gemeinsam unter der kognitiven Funktion der Sprache betrachtet.

*Rollen der Sprache*

Sprache tritt im Mathematikunterricht in der Rolle des Lerngegenstands bzw. Lernziels, des Lernmediums sowie in der Rolle als Lernvoraussetzung bzw. Lernhürde auf (Meyer & Prediger, 2012; vgl. z. B. Meyer & Tiedemann, 2017; Wessel, 2015; Wilhelm, 2016).

Gerade die Fachsprache der Mathematik, aber in letzter Zeit auch expliziter die Bildungssprache, stellen einen *Lerngegenstand* bzw. ein *Lernziel* im Mathematikunterricht dar. „Part of learning mathematics is learning to speak like a mathematician, that is, acquiring control over the mathematics register" (Pimm, 1987, S. 76). Schülerinnen und Schüler sollen lernen, sich präzise auszudrücken und in der Fachsprache mit anderen kommunizieren zu können (vgl. Meyer & Tiedemann, 2017). Dies spiegelt sich auch in den Bildungsstandards wider. Die dort beschriebene Kompetenz „Kommunizieren" (Kultusministerkonferenz, 2003, S. 9) bedeutet unter anderem die adressatengerechte Verwendung von Fachsprache im Unterricht sowie das Verstehen und Überprüfen von Äußerungen und Texten zu mathematischen Inhalten. Die Lernenden sollen mathematische Sachverhalte darstellen und präsentieren können. Weitere sprachliche Anforderungen finden sich in der Kompetenz „Mit symbolischen, formalen und technischen Elementen der Mathematik umgehen" (ebd., S. 8), die unter anderem das Übersetzen zwischen formal-symbolischer und natürlicher Sprache zum Ziel hat. Die Kompetenz „Mathematisch argumentieren" (ebd.) erwartet unter anderem das Beschreiben und Begründen von Lösungswegen. „[Bei der] Kompetenz ‚Mathematisch modellieren' […] spielt […] das Verstehen der Problemsituation, die in der Regel textförmig dargestellt ist, eine zentrale Rolle […]" (Duarte, Gogolin & Kaiser, 2011, S. 39.). Lerngegenstände sind somit die sprachlichen Besonderheiten der Sprache in der Mathematik auf Wort-, Satz- und Textebene (vgl. Maier & Schweiger, 1999; Pimm, 1987; vgl. auch Abschn. 2.2.3). Dazu gehören auch, aber nicht ausschließlich Fachbegriffe, denn „[d]ie Vermittlung mathematischen Wissens ist in besonderer Weise mit der Vermittlung und dem Erwerb mathematischer Begriffe verbunden" (Grießhaber, 2011, S. 78).

Darüber hinaus ist Sprache jedoch ständig *Lernmedium*, denn „[a]lles wird in sprachlicher Form dargestellt und vermittelt, alles erfordert sprachliche Kompetenz, um es verstehen, lernen und anwenden zu können" (Knapp, 2006, S. 591). Dazu sind vor allem Alltags- und Bildungssprache relevant, die als Basis für einen expliziten Aufbau der Fachsprache genutzt werden (vgl. z. B. Wessel, 2015).

Gerade durch diese Rolle wird Sprache allerdings auch zur *Lernvoraussetzung* und zur möglichen *Lernhürde* (Meyer und Tiedemann (2017) sprechen gar von einem *Lernhindernis*). Das Beherrschen der Unterrichtssprache ist die Voraussetzung, um sich überhaupt am Lernen im Klassenkontext beteiligen zu können. Das Beherrschen der Bildungssprache wird von erfolgreichen Schülerinnen und Schülern erwartet (Gogolin, 2009). Doch meist ist diese Erwartung nur implizit: „Many teachers are unprepared to make the linguistic expectations of schooling explicit to students" (Schleppegrell, 2004, S. 3). So kann man Bildungssprache „auch als ‚Geheimsprache' der Bildungs- und Lebenschancen zuteilenden Institution Schule bzw. als ihr eigentliches, aber geheimes Curriculum sehen, das bislang kaum transparent und eindeutig kodifiziert ist und an dem sich viele Lernende mächtig reiben oder gar scheitern" (Vollmer & Thürmann, 2010, S. 109). Betroffen von der Sprache als Lernhürde sind vor allem „Migrantenkinder [...] [und] ebenso deutschsprachige Kinder aus anregungsarmen, deprivierten Familien" (Vollmer & Thürmann, 2010, S. 110). Die Spezifika dieser Sprache in ihrer Verwendung im Schulfach Mathematik werden in Abschn. 2.2.3 erläutert.

### 2.2.3  Merkmale der Sprache im Mathematikunterricht

„Recognising that language is the key medium through which learning is facilitated, it becomes important to identify the ways in which language and culture become barriers to learning mathematics" (Jorgensen, 2011, S. 320). In diesem Sinne werden im Folgenden die wichtigsten Merkmale und potenziellen Hürden der Bildungs- und Fachsprache, wie sie im Mathematikunterricht genutzt werden, auf Wort-, Satz- und Textebene skizziert. Eine umfassende Darstellung der Fachsprache der Mathematik findet sich bei Maier und Schweiger (1999) sowie fürs Englische (wovon aber einige Merkmale übertragbar sind) bei Pimm (1987). Für detaillierte Analysen der von einzelnen dieser Merkmalen hervorgerufenen Schwierigkeiten sei Wilhelm (2016) empfohlen.

Auf *Wortebene* (lexikalisch) typisch sind der Fachwortschatz, ungebräuchliche Wörter, eine hohe Lexikvarianz, lange Wörter sowie der Strukturwortschatz. Im Bereich des *Fachwortschatzes* lassen sich Substantive als Bezeichnung mathematischer Objekte, Adjektive zur Beschreibung ihrer Eigenschaften und Verben zum Ausdruck mathematischer Handlungen ausmachen (vgl. Maier & Schweiger, 1999, S. 29 ff.; Schmitman, 2007, S. 80 ff.). Das Verständnis von Fachwörtern ist für das Verstehen von Arbeitsaufträgen und das Führen von Diskussionen relevant (vgl. Niederdrenk-Felgner, 1997, S. 388). Die Beziehung der Fachwörter zur Alltagssprache kann Schwierigkeiten auslösen. Dies liegt daran, dass manche Fachwörter in der Alltags- und der Fachsprache dieselbe oder ähnliche Bedeutungen haben, andere wiederum voneinander abweichende Bedeutungen in Alltags- und Fachsprache, einige Fachwörter hingegen gar

nicht in der Alltagssprache existieren (Maier & Schweiger, 1999, S. 29 ff.;
Mangold 1985, S. 12, S. 30 ff.; Schmitman, 2007, S. 80 ff.; Von Kügelgen, 1994,
S. 30). Schwierigkeiten entstehen, wenn diese Unterschiede den Lernenden
nicht bewusst sind (Rösch & Paetsch, 2011, S. 61; Vollrath, 1978b, S. 10) oder
wenn zur Bedeutungskonstruktion Alltagsbedeutungen, die mehrsprachigen
Lernenden ggf. nicht zugänglich sind, herangezogen werden (Grießhaber,
2011, S. 94; Heinze, Herwartz-Emden, Braun & Reiss, 2011, S. 24). Allerdings
stellen Gürsoy, Benholz, Renk, Prediger & Büchter (2013) fest, dass Fachbegriffe gut trainiert werden und sich somit „kaum Probleme mit den Fach-
termini konstatieren [lassen], hinter denen nicht auch konzeptuelle Hürden
stecken" (Gürsoy et al., 2013, S. 18). Wenn für die Lernenden *ungebräuchliche
Wörter* auftreten, so führt dies bei Lernenden zu einer längeren Verarbeitungs-
zeit und oft zu Schwierigkeiten (Abedi, 2006, S. 385; vgl. Plath & Leiss, 2018;
Wilhelm, 2016, S. 193). Dass dies verhältnismäßig oft vorkommt, lässt sich
auch durch eine *hohe Lexikvarianz*, also viele Wörter mit unterschiedlichen
Bedeutungen, beispielsweise in mathematischen Prüfungsaufgaben begründen.
So „ist die Lexikvarianz trotz der geringeren Anzahl an Wörtern in der ZP10
Mathematik höher als in der ZP10 Deutsch" (Gürsoy et al., 2013, S. 17) und
zudem generell „charakteristisch für das Fach Mathematik" (ebd.). Zudem treten
in mathematischen Aufgaben oder Texten viele *lange Wörter*, wie Komposita
oder Wörter mit Präfixen auf (Gürsoy et al., 2013; Plath & Leiss, 2018, S. 18).
Bei diesen wird oft lediglich mit Teilbedeutungen weitergearbeitet (vgl. auch
Duarte et al., 2011, S. 44). Im Bereich des *Strukturwortschatzes* entstehen Hürden
dadurch, dass dieser oft beim Lesen vernachlässigt wird. Dies ist problematisch,
da in Quantifikativa wie „alle" oder „jeder" und auch in Präpositionen (diese
werden genauer im folgenden Absatz betrachtet) entscheidende Bedeutungen
transportiert werden (Prediger & Wessel, 2011, S. 165).

Auf *Satzebene* (morpho-syntaktisch) werden die sprachlichen Besonderheiten vor allem durch die Struktur der Mathematik, ihren Fokus auf *Beziehungen*,
*Unpersönlichkeit* und *Präzision* bedingt. „[A]ufgrund der relationalen Struktur der
Mathematik" (Duarte et al., 2011, S. 44), in der *Beziehungen* zwischen Objekten
zentral sind (Gürsoy et al., 2013, S. 18; Prediger, 2013; Wessel, 2015, S. 100),
ist die verwendete Sprache abstrakt (Wessel, 2015, S. 100) und Konjunktionen
und Präpositionen kommt eine hohe Bedeutung zu (Duarte et al., 2011; Gellert,
2011; Maier & Schweiger, 1999; Pimm, 1987; Schmitman, 2007). Allerdings
werden Präpositionen oft überlesen (Gürsoy et al. 2013, S. 20), was zu einer
großen lexikalisch-morphologischen Hürde werden kann, denn „[p]repositions
are the small words often ignored by readers but which have significant value in
mathematics" (Jorgensen, 2011, S. 324). Ihre Bedeutung zeigt sich auch in der

„hohe[n] Frequenz der Wortart Präpositionen in den ZP10 Mathematik [...] [und] in einer Überrepräsentanz der Präpositionalattribute (und -objekte)" (Gürsoy et al., 2013, S. 17). Zudem drückt sich die relationale Struktur auch in wenn-dann-Konstruktionen aus, denn „[d]ie Syntax ursächlicher und zeitlicher Beziehungen ist auch die Syntax der mathematischen Schlußfolgerung [sic!]" (Maier & Schweiger, 1999, S. 21). Da Objekte miteinander in Beziehung treten, ist die Sprache der Mathematik auch eine Sprache der *Unpersönlichkeit*. Dies zeigt sich in der häufigen Benutzung des Passivs als Ausdruck von Relationen und Zuständen (Gürsoy et al., 2013, S. 19; Maier & Schweiger, 1999, S. 50; Plath & Leiss, 2018; Schmitman, 2007, S. 80 ff.) oder Passiversatzformen wie „man" (Gürsoy et al., 2013, S. 19). Die Unwichtigkeit der Handelnden drückt sich auch in der Benutzung von Modalverben (dürfen, können, etc.) (Maier & Schweiger, 1999, S. 32) und Nominalisierungen bzw. Aneinanderreihungen von Nomen (Duarte et al., 2011, S. 45; Gellert, 2011, S. 105 ff.; Maier & Schweiger, 1999, S. 50) aus, die gerade für Lernende mit Deutsch als Zweitsprache schwer zu entschlüsseln sind (Duarte et al., 2011, S. 45). Dies führt zu einer sprachlichen Verdichtung, die sich auch durch mehrfache Schachtelung von Präpositionalattributen (z. B. „Um wie viel Prozent liegt der Verbrauch bei 180 km/h über dem Verbrauch bei 100 km/h?" (ZP10, 2012, Item 2a2)) (Prediger, 2013) und durch (satzeinleitende) Infinitivkonstruktionen (Um ... zu ...) anstelle von Nebensätzen (Grießhaber, 2010, S. 44 f.) ausdrückt. Diese Verdichtung bedingt eine hohe Informationsdichte und Präzision sowie eine geringe Redundanz (Maier & Schweiger, 1999, S. 65; Mangold, 1985, S. 11).

Auf *Textebene* (textuell) verorten sich Besonderheiten und Hürden in einer *undurchsichtigen Referenzstruktur* (Prediger, 2013) sowie einer *hohen Informationsdichte*, bei der es nicht möglich ist, schon nach wenigen gelesenen Wörtern Hypothesen darüber bilden zu können, was folgen könnte (Maier & Schweiger, 1999, S. 178).

Inwiefern diese sprachlichen Besonderheiten und potenziellen Hürden empirisch Schwierigkeiten, vor allem für sprachlich schwache Lernende, hervorrufen, wird genauer in Abschnitt 2.3.3, 3.4 und 3.5.1 beleuchtet.

## 2.3 Empirische Untersuchungen und Erklärungsansätze

Doch wie zeigt sich der Zusammenhang zwischen Sprachkompetenz und Mathematikleistung empirisch (Abschn. 2.3.1) und wie lässt er sich basierend auf den Entwicklungen des aktuellen Forschungsfelds zu Sprache und Mathematik (Abschn. 2.3.2) erklären (Abschn. 2.3.3)?

## 2.3.1 Empirische Untersuchungen

Auch wenn im deutschsprachigen Raum die Forschung zu Sprache und Mathematik schon einige Jahre zurück reicht (Maier & Schweiger, 1999; Ruf & Gallin, 1998), so sind empirische Untersuchungen der Beeinflussung von Mathematikleistung durch den Hintergrundfaktor Sprachkompetenz erst in den letzten Jahren zu beobachten. Anders sieht es international aus (für einen Überblick vgl. z. B. Barwell et al., 2016). So zeigten Secada (1992) und Abedi (2006), dass die Sprachkompetenz in der Unterrichtssprache vor allem für Textaufgaben und Tests nach dem Ansatz von „mathematical literacy" einen stärkeren Einfluss hat als andere Hintergrundfaktoren. In Deutschland löste die internationale Leistungsstudie PISA 2000 mit dem Ergebnis, dass mathematische Leistungen stark vom Familienhintergrund abhängen (Gebhardt, Rauch, Mang, Sälzer, & Stanat, 2013), Untersuchungen zu den verschiedenen Hintergrundfaktoren, die Mathematikleistung beeinflussen können, aus. Es finden sich Studien zum Einfluss von Nationalität, Migrationshintergrund, Familiensprache bzw. Mehrsprachigkeit, sozio-ökonomischem Status, Lesekompetenz sowie in der jüngeren Vergangenheit auch Sprachkompetenz, die hier überblicksartig dargestellt werden. Detailliertere Beschreibungen einiger Studien und der Art der Operationalisierung der Hintergrundfaktoren in den einzelnen Studien finden sich bei Wilhelm (2016) oder bei Meyer und Tiedemann (2017).

*Nationalität*

Schon in der Vergangenheit, weit vor PISA, wurde festgestellt, dass ausländische Kinder und Jugendliche geringere Bildungserfolge in Deutschland erzielten, als ihre einheimischen Mitschülerinnen und Mitschüler (Hopf, 1981; Reiser, 1981). Da vor allem im Bildungsbericht bis 2005 keine anderen Hintergrundfaktoren als Nationalität im Sinne von Staatsangehörigkeit erfasst wurden, wurden vergleichbare Ergebnisse auch in jüngeren Studien berichtet (Autorengruppe Bildungsberichterstattung, 2012; Mikrozensus, 2011), wobei jedoch auch das ambivalente Verhältnis zwischen Nationalität und Migrationshintergrund diskutiert wurde (Diefenbach, 2004; Gogolin, Neumann & Roth, 2003; Herwartz-Emden, 2003).

*Migrationshintergrund*

Dem Merkmal Migrationshintergrund konnte in der PISA-Studie 2003, die den Schwerpunkt auf die Erfassung der mathematischen Leistungen bei 15-Jährigen legte, ein starker Einfluss nachgewiesen werden. So zeigten Lernende ohne Migrationshintergrund einen deutlichen Leistungsvorsprung gegenüber Lernenden mit Migrationshintergrund, vor allem mit Migrationshintergrund in der zweiten Generation (OECD, 2006, S. 29 ff.). Dieser nahm zur nächsten Schwerpunkterhebung Mathematik in PISA 2012 zwar ab, blieb jedoch relevant (Gebhardt, Rauch, Mang, Sälzer & Stanat, 2013; OECD, 2013, S. 74 ff.). Dies stellte für die Sekundarstufe I ebenfalls der IQB-Ländervergleich 2012 fest (Pöhlmann, Haag & Stanat, 2013). Auch in der TIMSS-Studie, die mit Lernenden der Grundschule durchgeführt wurde, wurden Zusammenhänge zwischen Migrationshintergrund und Mathematikleistung nachgewiesen (Tarelli, Schwippert & Stubbe, 2012). Gleiches gilt für die SOKKE-Studie, die ebenfalls in der Grundschule durchgeführt wurde (Heinze et al., 2011, dort findet sich zudem ein guter Überblick zu diesem Hintergrundfaktor). In dieser Studie wurde jedoch festgestellt, dass die Unterschiede bei Kontrolle der Sprachkompetenz verschwanden, also „dass die Fähigkeiten in der Unterrichtssprache die zentrale Bedingung auch für das schulische Lernen in Mathematik sind" (ebd., S. 26).

*Familiensprache / Mehrsprachigkeit*
Vor allem bei Lernenden mit Migrationshintergrund wird auch eine von der Unterrichtssprache abweichende Familiensprache bzw. Mehrsprachigkeit als Einflussfaktor auf Mathematikleistung diskutiert. Dies deutet ebenfalls bereits darauf hin, dass der größte Einflussfaktor eher im Bereich der Sprachkompetenz als im Bereich der Herkunft zu suchen ist. Studien, die den Einfluss der Familiensprache bzw. Mehrsprachigkeit betrachten, sind z. B. Burns und Shadoian-Gersing (2010), Haag, Heppt, Stanat, Kuhl & Pant (2013), Heinze, Herwartz-Emden & Reiss (2007), Ufer, Reiss & Mehringer (2013), OECD (2006) oder Moschkovich (2010).

*Sozio-ökonomischer Hintergrund*
Nicht nur die kulturell-sprachliche Herkunft der Lernenden, auch die soziale Herkunft, operationalisiert als sozio-ökonomischer Status (SES), hat einen Einfluss auf die Mathematikleistung. Lernende mit niedrigerem sozio-ökonomischen Status zeigen deutlich schlechtere Ergebnisse als Lernende mit hohem sozio-ökonomischen Status. Dies zeigte sich u. a. in PISA 2003 (Ehmke, Hohensee, Heidemeier & Prenzel, 2004; Prenzel, Heidemeier, Ramm, Hohensee & Ehmke, 2004), mit etwas geringerem Effekt in PISA 2012 (Müller & Ehmke, 2013), im IQB-Ländervergleich 2012 (Kuhl, Siegle & Lenski, 2013), bei TIMSS 2011 (Bos et al., 2012) und wird auch bei Werning, Löser & Urban (2008) berichtet. Doch auch hier zeigt sich, dass „the chief cause of the achievement gap between socioeconomic groups is a language gap" (Hirsch, 2003, S. 22). Soziale Ungleichheit scheint somit sprachlich bedingt zu sein (Walzebug, 2014b).

*Lesekompetenz*

Als ein isoliertes sprachliches Element wurde oft die Lesekompetenz in den Blick genommen. Bei Paetsch et al. (2016) zeigte sich,

> dass die Lesekompetenz, auch unter Kontrolle des SES und der allgemeinen kognitiven Grundfähigkeiten, nicht nur signifikant mit der mathematischen Ausgangskompetenz zusammenhing, sondern darüber hinaus auch einen signifikanten Beitrag zur Vorhersage der mathematischen Lernzuwachsraten aller Schülerinnen und Schüler leistete. (Paetsch et al., 2016, S. 27)

Substantielle Zusammenhänge wurden auch bei PISA und TIMSS festgestellt (vgl. Bos et al., 2012; Klieme, Neubrand & Lüdtke, 2001; Knoche & Lind, 2004; Rindermann, 2006). Allerdings zeigen sich je nach Konzeption der Untersuchung unterschiedliche, teils schwache und teils starke, Korrelationen zwischen Lese- und Mathematikkompetenz (Schukajlow & Leiss, 2008). Starke Effekte zeigen sich vor allem dann, wenn die theoretischen Konzeptualisierungen oder die Operationalisierungen von Lese- und Mathematikkompetenz sehr ähnlich sind, beispielsweise wenn, wie in PISA, die Entnahme von Informationen aus einem Graphen beiden Kompetenzen zugeordnet wird (Schukajlow & Leiss, 2008; vgl. Rindermann, 2006). In der Studie DISUM konnte für einen reinen Lesetest keine Korrelation mit innermathematischen und nur eine sehr schwache, auf dem 5 %-Niveau nicht signifikante Korrelation mit Modellierungsaufgaben nachgewiesen werden (Schukajlow & Leiss, 2008).

*Sprachkompetenz*

Anders sieht es mit der Sprachkompetenz im Allgemeinen aus. Die theoretischen Ausführungen in Abschn. 2.2 legen nahe, dass ein Zusammenhang zwischen Sprachkompetenz und Mathematikleistung besteht und „dass die Sprache in vielerlei Hinsicht im Fachunterricht berücksichtigt werden muss" (Meyer & Tiedemann, 2017, S. 47). „Es scheint unstrittig, dass auch mathematisches Lernen nicht ohne die natürliche Sprache auskommt" (Becker-Mrotzek, 2017, S. 215). Doch genauso offensichtlich ist, „dass es im Mathematikunterricht in Deutschland vielfach nicht gelingt, sprachlich schwache Lernende adäquat zu unterstützen, sodass sie die gleichen Bildungschancen erhalten wie sprachlich starke Lernende" (Wessel, 2015, S. 7).

Nachdem international schon länger der bedeutende Einfluss von Sprachkompetenz (in der Unterrichtssprache) auf Mathematikleistung im Vergleich zum Einfluss von Migrationshintergrund und sozio-ökonomischem Status (vor allem in „literacy"-basierten Prüfungen (Brown, 2005)) betont wurde (Abedi, 2006;

Martiniello, 2008; Secada, 1992), liegen entsprechende empirische Befunde inzwischen auch für den deutschsprachigen Raum vor. So klärt Sprachkompetenz mehr Varianz in der Mathematikleistung auf als Migrationshintergrund (vgl. Bochnik & Ufer, 2017; Heinze, Reiss, Rudolph-Albert, Herwartz-Emden & Braun, 2009; Heinze et al., 2011) und hat ebenfalls einen größeren Einfluss als der sozio-ökonomische Status bzw. wirkt über diesen (Hirsch, 2003; Ufer et al., 2013; Walzebug, 2014a). „[S]prachliche Kompetenz [hat] unter allen sozialen und sprachlichen Faktoren den stärksten Zusammenhang zur Mathematikleistung" (Prediger et al., 2015, S. 77; vgl. Wilhelm, 2016), wie bei Betrachtung der ZP10 aus dem Jahr 2012 in Varianz-, Kovarianz- und Regressionsanalysen gezeigt werden konnte. Als Hintergrundvariablen wurden in dieser Studie dabei neben der (bildungssprachlichen) Sprachkompetenz (gemessen über einen C-Test (vgl. Abschn. 7.1.2)) der sozio-ökonomische Status, Migrationshintergrund, Zeitpunkt des Deutscherwerbs sowie die Lesekompetenz der Lernenden erhoben (Prediger et al., 2015, S. 77; vgl. Wilhelm, 2016). Dies bestätigt sich in einer Studie von Plath und Leiss (2018), in der sie feststellen: „language proficiency has a higher impact on mathematical modelling achievement than the school grades, the socio-economic status or the migration background of students" (S. 168 f.). Auch unter zusätzlicher Kontrolle der kognitiven Fähigkeiten klärt Sprachkompetenz mindestens so viel Leistungsvarianz auf wie die kognitiven Fähigkeiten (Schlager et al., 2017), bzw. bleibt sogar stärkster Prädiktor (Bochnik & Ufer, 2015; Wessel & Wilhelm, 2016). Dabei ist noch einmal zu betonen, dass geringere (bildungssprachliche) Sprachkompetenz nicht mit einem Migrationshintergrund oder einer Mehrsprachigkeit einhergeht, sondern sich auch bei monolingual deutschsprachigen Lernenden geringere Sprachkompetenzen zeigen, was in der Forschung, die den Fokus auf die Gruppe der Lernenden mit Deutsch als Zweitsprache legt, teilweise nicht berücksichtigt wird (vgl. auch Wessel & Prediger, 2017).

Dass Sprachkompetenz den stärksten Einfluss auf Mathematikleistung hat, ist für Lehrkräfte eine gute Nachricht, da diese (im Gegensatz zu sozio-kulturellen Einflussfaktoren) in der Schule gefördert werden kann. Doch Voraussetzung hierfür ist zu klären, warum Sprachkompetenz und Mathematikleistung einen so starken Zusammenhang aufweisen, um an den richtigen Stellen mit einer Förderung ansetzen zu können. Dazu werden im Folgenden aus einer Zusammenfassung des aktuellen Forschungsfelds zu Sprache und Mathematik (Abschn. 2.3.2) sieben potenzielle bereits existierende Erklärungsansätze synthetisiert (Abschn. 2.3.3). Ein weiterer Beitrag zur Klärung des Zusammenhangs wird mit dieser Arbeit geleistet.

## 2.3.2   Das Forschungsfeld Sprache und Mathematik

Das Forschungsfeld Sprache und Mathematik wird derzeit im deutschsprachigen Raum aus den verschiedensten Blickwinkeln betrachtet und bearbeitet. Schilcher et al. (2017, S. 21) identifizieren vier Stränge der Forschung:

I.   Identifizierung (theoretischer) domänenspezifischer sprachlicher Merkmale des Mathematikunterrichts
II.  Feststellung von (empirischen) Zusammenhängen zwischen sprachlichen und mathematischen Kompetenzen
III. Merkmale (didaktisch) gelingenden sprachsensiblen Mathematikunterrichts, v. a. mit Fokus auf die Rolle der sprachlichen Erklärqualität der Lehrenden und weitere sprachbezogene Maßnahmen
IV.  Bei Lernenden zu fördernde sprachbezogene Kompetenzen, v. a. Leseprozesse, Schreibprozesse und mündliches Kommunizieren und Argumentieren

Die von Prediger und Schüler-Meyer (2017) genannten Fragen, die noch zu klären sind, um die schlechteren Mathematikleistungen sprachlich schwacher Lernender verbessern zu können, lassen sich in drei Bereiche zusammenfassen:

I.   Identifizierung der relevantesten sprachlichen Anforderungen im Mathematikunterricht
II.  Entwicklung von Unterrichtsdesigns und Untersuchung ihrer Wirkungen und Herausforderungen
III. Fragen rund um die Fortbildung von Lehrkräften

Neben diesen beiden Zusammenfassungen aktueller und zukünftiger Forschung, aus der sich Rückschlüsse auf potenzielle Erklärungen des Zusammenhangs zwischen Sprachkompetenz und Mathematikleistungen ziehen lassen, benennen einige Autorinnen und Autoren diese auch konkret. Dazu gehört Paetsch (2016, S. 64 ff.), die drei Erklärungsansätze zusammenstellt, wieso Lernende mit nicht-deutscher Familiensprache schlechtere Mathematikleistungen zeigen als Lernende mit deutscher Familiensprache. Da sie hierbei immer wieder auf die niedrigere Sprachkompetenz der Lernenden mit nicht-deutscher Familiensprache als Mediator Bezug nimmt, sind diese auch hinsichtlich des Hintergrundfaktors Sprachkompetenz (und nicht nur Familiensprache) zu interpretieren. Aufgeführte Erklärungsansätze sind:

I.  Erschwerter mathematischer Kompetenzerwerb durch Bewältigung sprachlicher Anforderungen in Unterrichtssituationen

II. Weniger mathematische Lerngelegenheiten für Lernende mit nicht-deutscher Familiensprache (bzw. sprachlich schwache Lernende)

III. Unterschätzung der mathematischen Fähigkeiten von Lernenden mit nicht-deutscher Familiensprache (bzw. sprachlich schwachen Lernenden) durch sprachliche Hürden in Testaufgaben

Auch Brown (2005) unterscheidet (im Englischen) zwischen Schülerinnen und Schülern, die die Sprache lernen, und denen, die sie beherrschen, und benennt basierend auf einem Literatur-Review acht Gründe für geringere Mathematikleistungen von Sprachlernenden:

1. Mathematik ist eine eigene Sprache und somit mindestens die dritte (neben der Erst- und Zweitsprache) für Sprachlernende.
2. Mathematisches Lernen baut aufeinander auf, wodurch fachliche Lücken mit steigendem Alter der Lernenden immer größer werden.
3. Mathematische Sprache ist nicht im familiären Sprachgebrauch der Lernenden zu finden.
4. Syntax, die in mathematischen Kontexten gebraucht wird, ist hochkomplex und sehr spezifisch.
5. Sprachlernende sind langsamere Lesende, was Auswirkungen auf ihre mathematische Leistung hat.
6. Je nach Kultur werden mathematische Probleme unterschiedlich gelöst.
7. Die Interpretation mathematischer Fragen verläuft soziokulturell unterschiedlich.
8. Sprachlernenden kann der Kontext mathematischer Textaufgaben unbekannt sein, wodurch diese nicht gelöst werden können.
(Brown, 2005, S. 340 ff.; zitiert in der deutschen Übersetzung nach Wilhelm, 2016, S. 31)[5]

Prediger et al. (2015) und Wilhelm (2016) identifizieren als Gründe für die niedrigeren Testergebnisse der sprachlich schwachen Lernenden in der ZP10

---

[5]Um alle sprachlich schwachen Lernenden zu berücksichtigen und nicht nur diejenigen, deren Muttersprache nicht der Sprache entspricht, in der sie Mathematik lernen, wäre es bei Punkt 1 passender, von Mathematik als einer *weiteren* Sprache für Sprachlernende zu sprechen.

Mathematik und somit für die Erklärung des Zusammenhangs zwischen Sprach-kompetenz und Mathematikleistung drei Haupthürden:

1. Lesehürden
2. prozessuale Hürden, v. a. das Bilden eines Situationsmodells
3. konzeptuelle Hürden

Es ist festzustellen, dass die verschiedenen Autorinnen und Autoren teil-weise sich überschneidende, teilweise aber auch gänzlich unterschiedliche potenzielle Erklärungen für den Zusammenhang zwischen Sprachkompetenz und Mathematikleistung heranziehen. Eine Synthese der genannten Aspekte mündet in sieben Erklärungsansätzen des Zusammenhangs, die im folgenden Abschnitt (Abschn. 2.3.3) in Abb. 2.1 dargestellt und im Text erläutert werden.

## 2.3.3 Ansätze zur Erklärung des empirischen Zusammenhangs

Eine Bündelung der Darstellungen in Abschn. 2.3.2 führt zu sieben Ansätzen zur Erklärung des Zusammenhangs zwischen Sprachkompetenz und Mathematik-leistung, die sich auf den drei Ebenen *Aufgabenmerkmale, Bearbeitungsprozesse* und *Lernzeit* verorten lassen. Da der Zusammenhang zwischen Sprach-kompetenz und Mathematikleistung bei der Untersuchung von Tests identifiziert wurde, ist zunächst eine Suche nach Erklärungen auf der Ebene der *Aufgaben-merkmale* naheliegend. Als Erklärungsansatz lässt sich hier anführen, dass die Testaufgaben zur Erfassung der Mathematikleistung aufgrund der sprachlichen Komplexität der Aufgaben sprachlich schwache Lernende benachteiligen können. Eine Ausweitung des Fokus führt zur Betrachtung von Hürden auf Ebene der *Bearbeitungsprozesse* als möglicher Erklärung. Ursachen der unterschiedlichen Leistungen können auf dieser Ebene durch geringere Sprachkompetenz hervor-gerufene Lesehürden, prozessuale oder konzeptuelle Hürden sein. Schwierig-keiten bei der Bearbeitung von Aufgaben können auch durch kulturelle und familiensprachliche Besonderheiten bedingt werden. Ein weiter Blick bei der Suche nach Erklärungsansätzen betrachtet die (inner- und außerunterrichtliche) *Lernzeit* als potenzielle grundlegende Ursache, in der wiederum auch Auf-gaben und ihre Bearbeitungen mit ihren potenziellen Hürden vorkommen. So können sprachlich schwache Lernende während des Lernens und somit auch im Unterricht möglicherweise vor allem mit der Bewältigung der sprachlichen

Anforderungen beschäftigt sein und insgesamt weniger mathematische Lerngelegenheiten bekommen. Die drei Ebenen mit den Erklärungsansätzen sind in
Abb. 2.1 zusammengefasst.

**Abb. 2.1** Erklärungsansätze für den Zusammenhang zwischen Sprachkompetenz und
Mathematikleistung

Im Folgenden werden die Erklärungsansätze einzeln erläutert. Dabei kann
keiner der Ansätze alleine den Zusammenhang zwischen Sprachkompetenz und
Mathematikleistung klären. Vielmehr müssen die verschiedenen Erklärungsansätze im Zusammenspiel und in gegenseitiger Ergänzung betrachten werden.
Zusammen können sie einen Teil der Leistungsdisparitäten erklären, allerdings
fehlen noch weitere miterklärende Elemente.

*Aufgabenmerkmale*
Bei unterschiedlichen Ergebnissen von sprachlich schwachen und sprachlich
starken Lernenden in Tests scheint es zunächst naheliegend, die Gestalt der Auf-
gaben in den Blick zu nehmen. Dies geschieht, wenn Erklärungsansätze auf die
sprachliche Komplexität der Aufgaben fokussieren.
    Häufig werden Fragen nach der Testfairness und einer differenziellen
Validität der Tests gestellt (Abedi, 2006; Brown, 2005; Haag et al., 2013;
Martiniello, 2009), was zum Ausschluss sprachlich schwieriger Items, die eine
Benachteiligung sprachlich schwacher Lernender hervorrufen, führen kann. Die

Annahme ist hierbei, dass sprachlich schwache Lernende die Aufgaben aufgrund ihrer sprachlichen Komplexität nicht hinreichend verstehen und somit im Test ihre mathematischen Kompetenzen unterschätzt werden.

Andere Forschende beschäftigen sich hingegen vor allem mit den (theoretischen) domänenspezifischen sprachlichen Merkmalen des Mathematik-unterrichts bzw. der Testaufgaben (Schilcher et al., 2017), um die relevantesten sprachlichen Anforderungen (Prediger & Schüler-Meyer, 2017) und die in Text- und Testaufgaben (für sprachlich schwache Lernende) Schwierigkeit generierenden Merkmale zu identifizieren. Dazu zählen unter anderem Elemente der Bildungs- oder Fachsprache (vgl. Abschn. 2.2.1), die Textkohärenz bzw. Ein-deutigkeit der Referenzstruktur (z. B. Schlager et al., 2017; Stephany, 2017), informationslogische Komplexität (z. B. Bescherer & Papadopoulou, 2017), Prä-positionen, mehrdeutige oder ungewöhnliche Alltagsbegriffe, hohe Informations-dichte, Nominalphrasen und andere komplexe syntaktische Strukturen (z. B. Bochnik & Ufer, 2017; Plath & Leiss, 2018; Wilhelm, 2016). Dies passt zur Auffassung von Brown (2005, Punkte 1, 3, 4), nach der Mathematik eine eigene Sprache mit syntaktisch hochkomplexen und spezifischen Strukturen ist, die so nicht im familiären Sprachgebrauch auftreten und somit Schwierigkeiten erzeugen.

Betrachtet man Zusammenhänge zwischen Lösungshäufigkeiten und sprach-licher Komplexität im Allgemeinen, so zeigen sich vor allem Korrelation zwischen hoher sprachlicher Komplexität und niedriger Lösungshäufigkeit (bei sprachlich schwachen Lernenden) (für empirische Studien vgl. Dyrvold, Bergqvist & Österholm, 2015; Haag et al., 2013; Li & Suen, 2012; Plath & Leiss, 2018; Shaftel, Belton-Kocher, Glasnapp & Poggio, 2006; Wolf & Leon, 2009). Doch „auf sprachliche Anforderungen von Testaufgaben zurückzu-führende Effekte [sind] vergleichsweise gering […] (z. B. Abedi & Lord, 2001; Haag et al., 2013; Kieffer, Lesaux, Rivera & Francis, 2009)" (Paetsch, 2016, S. 199). Dies bestätigt spezifisch für die deutsche Sprache zum einen das Projekt ZP10-Exp (Schlager et al., 2017), in dem in einem quasi-experimentellen Design die potenziellen schwierigkeitsgenerierenden Merkmale *Präpositionen, Nominalisierungen / Verdichtung, Referenzstruktur* und *Kontextlexik* in Prüfungs-aufgaben, die den Aufgaben der ZP10 (vgl. Abschn. 8.1.1) ähneln, isoliert variiert wurden und dabei keine statistisch signifikanten Effekte der einzelnen Merkmale auf die Lösungshäufigkeit festgestellt werden konnten (Schlager et al., 2017). Zum anderen ist eine Studie von Plath und Leiss zu nennen, in der bei Modellierungsaufgaben die bildungssprachliche Komplexität anhand mehrerer Kriterien variiert wurde, wodurch jedoch statistisch nur sehr kleine Effekte auf die Lösungshäufigkeit ausgelöst wurden (Plath & Leiss, 2018). Insofern scheint die sprachliche Komplexität von Aufgaben nur einen sehr geringen Teil des Zusammenhangs zwischen Sprachkompetenz und Mathematikleistung erklären zu können und ist somit allein kein zufriedenstellender Erklärungsansatz.

*Bearbeitungsprozesse*
Eine Weitung des Fokus führt zu möglichen Erklärungen der Leistungsunterschiede auf der Ebene der Bearbeitungsprozesse der Aufgaben. Hier lassen sich Lesehürden, prozessuale Hürden (Bilden eines Situationsmodells), konzeptuelle Hürden sowie kulturell bedingte andere Vorgehens- und Denkweisen verorten.

Da bei Textaufgaben zunächst die Aufgabe gelesen werden muss, scheint es naheliegend, dass Leseschwierigkeiten zu schlechteren Bearbeitungen führen. Dies konnte auch empirisch gezeigt werden: Prediger et al. (2015) stellen fest, dass bei sprachlich schwachen Lernenden durch Lesehürden, wie dem fehlenden Fokus auf Relationen, die kommunikative Funktion der Sprache und somit die Texterschließung eingeschränkt ist. Wilhelm (2016) beschreibt detailliert den Leseprozess und sich potenziell hierbei ergebende Schwierigkeiten aus theoretischer Sicht und identifiziert im Folgenden empirisch Lesehürden. Lesen wird dabei verstanden als eine aktive Auseinandersetzung mit dem Text, seine Strukturierung und die Einordnung des Gelesenen in das Wissen des Lesenden (Knoche & Lind, 2004). Brown spricht davon, dass sprachlich schwache Lernende durch ihr langsameres Lesen benachteiligt sind (Brown, 2005, Punkt 5). Auch oberflächliches Lesen kann zu einer Hürde werden (vgl. z. B. Prediger, 2015b; vgl. Abschn. 4.2.3). Dass Lesen ein potenzieller Erklärungsansatz für einen Teil des Leistungsunterschieds ist, zeigt sich, neben diesen Ergebnissen und dem in manchen Studien statistisch gemessenen Einfluss der Lesekompetenz auf Mathematikleistung (vgl. Abschn. 2.3.1), darin, dass verschiedene Förderansätze den Leseprozess unterstützen möchten und Lesestrategietrainings erarbeiten (Schilcher et al., 2017). Allerdings stellen Hagena, Leiss und Schwippert (2017) fest, dass ihr Training der allgemeinen Lesekompetenz der Lernenden nicht zu einer Steigerung der Fähigkeiten im Lösen mathematischer Modellierungsaufgaben führte. Daraus schlussfolgern sie, dass Lesekompetenz zwar eine notwendige, jedoch keine hinreichende Voraussetzung für das erfolgreiche Lösen von Modellierungsaufgaben darstellt (ebd., S. 23 f.). Das wiederum würde bedeuten, dass allgemeine Lesekompetenz keine große Erklärkraft zu haben scheint, sondern Lesehürden als Erklärungsansatz sehr mathematikspezifisch gedacht und betrachtet werden müssten (vgl. ebd.). Die Schlussfolgerungen von Hagena et al. (2017) und dass einige Studien auch keine großen Zusammenhänge zwischen Lesekompetenz und Mathematikleistung feststellen (vgl.

Abschn. 2.3.1), zeigen, dass Lesekompetenz den Zusammenhang zwischen Sprachkompetenz und Mathematikleistung nicht hinreichend erklären kann.

Im weiteren Bearbeitungsprozess treten bei sprachlich schwachen Lernenden prozessuale Hürden im Sinne eines definitorischen Sich-Festlegens oder beim Bilden eines Situationsmodells auf (Prediger et al., 2015) (zu Ausführungen zum Situationsmodell vgl. Abschn. 3.2.3). Dabei liegt die Schwierigkeit vor allem „in den nachfolgenden, mit dem Modellierungsprozess verbundenen kognitiven Verarbeitungsschritten" (Prediger et al., 2015, S. 97). Die Schwierigkeit des Bildens eines angemessenen Situationsmodells für sprachlich schwache Lernende illustrieren auch Plath und Leiss (2018) und Wilhelm (2016).

Neben diesen prozessualen Hürden lassen sich auch konzeptuelle Hürden für sprachlich schwache Lernende ausmachen, wobei beide durch die kognitive Funktion der Sprache bedingt sind. Durch eine geringe Sprachkompetenz können „auch die mathematischen Denk- und Wissensbildungsprozesse ein[ge] schränkt" (Prediger, 2017, S. 34) sein, sodass der Aufbau eines konzeptuellen Verständnisses der Mathematik nicht ideal verlaufen kann (Moschkovich, 2010; Prediger & Krägeloh, 2015b). Das zeigt sich in den Bearbeitungen darin, dass angemessene Grundvorstellungen fehlen bzw. nicht aktiviert werden können (Prediger et al., 2015; Wilhelm, 2016). So zeigen sprachlich schwache Lernende gerade bei Aufgaben, die konzeptuelles Verständnis erfordern, niedrigere Leistungen (Heinze et al., 2011; Ufer et al., 2013). Da das Erklären von Bedeutungen zentral für den Aufbau des konzeptuellen Verständnisses ist (Prediger, 2017), können Förderansätze, die sich mit dem Schreibprozess sowie dem Argumentieren auseinandersetzen (vgl. Ruf & Gallin, 1998; Schilcher et al., 2017), den prozessualen Hürden begegnen.

Liegt der Fokus auf sprachlich schwachen Lernenden mit nicht-deutscher Familiensprache bzw. mit Migrationshintergrund, so lassen sich für diese Gruppen als mögliche Erklärungen auch kulturell und durch die Familiensprache bedingte andere Vorgehens- und Denkweisen anführen, die Hürden bilden können. So werden Problemlöseaufgaben je nach Kultur unterschiedlich gelöst und mathematische Fragen soziokulturell unterschiedlich interpretiert, während Kontexte von Textaufgaben möglicherweise für gewisse Kulturkreise unbekannt sind (Brown, 2005, Punkte 6–8). Zudem werden je nach Sprache unterschiedliche Aspekte und Vorstellungen von mathematischen Konzepten ausgedrückt (für das Thema Brüche und die türkische Sprache vgl. Schüler-Meyer (2017)). Dieser Erklärung sind auch die Forschungsansätze zuzuordnen, die eine Förderung über die Nutzung der Erstsprache(n) der Lernenden anstreben oder Lernmaterialien einsetzen, die sprachlich bedingte andere Denkweisen und Konzeptualisierungen thematisieren und in ihrem Kontext auf die Kultur der Lernenden ausgerichtet sind (z. B. Baklava teilen zur Erarbeitung des Themas Brüche (Schüler-Meyer, 2017)) (vgl. z. B. Schüler-Meyer, Prediger, Kuzu, Wessel & Redder, 2019). Auch wenn bisher wenig erforscht wurde, ob sprachlich schwache einsprachige Lernende eine andere Förderung benötigen als sprachlich schwache mehrsprachige Lernende, so stellen Wessel und Prediger (2017) fest, dass „insgesamt keine unterschiedlichen fachspezifischen Sprachförderungen für die verschiedenen Sprachgruppen notwendig scheinen, da die Ergebnisse der [von ihnen durchgeführten] Analysen keine differenziellen Bedarfe in dieser Hinsicht anzeigen" (Wessel & Prediger, 2017, S. 184; Einfügung SaS).

*Lernzeit*

Ein weiter Blick bei der Betrachtung von Ursachen für Hürden in der Bearbeitung und für Leistungsunterschiede führt zu Erklärungsansätzen auf Ebene der (inner- und außerunterrichtlichen) Lernzeit. Konkret zählen dazu zum einen die nötige Bewältigung sprachlicher Anforderungen und zum anderen die fehlenden Lerngelegenheiten, die beide zu einer Verringerung der Lernzeit für sprachlich schwache Lernende führen.

Sprachkompetenz scheint sich nicht nur bzw. eventuell gar „weniger in der Testsituation auf die mathematische Leistung, als vielmehr im Unterricht auf den mathematischen Kompetenzerwerb auszuwirken" (Bochnik & Ufer, 2017, S. 85), sodass Leistungsunterschiede „zum Teil eher auf längerfristige, sprachlich bedingte Einschränkungen in den Lern- und Denkprozessen vor dem Test zurückzuführen" (Prediger et al., 2015, S. 80) sind. Dies begründet sich darin, dass sprachlich schwache Lernende weniger am Unterrichtsdiskurs teilhaben können (Bochnik & Ufer, 2017, S. 85), da sie primär mit der „Bewältigung sprachlicher Anforderungen" (Paetsch, 2016, S. 65) beschäftigt sind. Lernende mit eingeschränkter sprachlicher Kompetenz können ggf. dem Unterrichtsdiskurs nicht immer folgen bzw. ihn nicht mitgestalten und möglicherweise die Unterrichtsmaterialien nicht hinreichend verstehen, sodass sie insgesamt weniger vom Unterricht profitieren (vgl. ebd.). Hier spielen wieder die bereits in Abschnitt 2.2.3 und die gerade unter den Punkten *Aufgabenmerkmale* und *Bearbeitungsprozesse* aufgeführten sprachlich bedingten Hürden eine Rolle – nicht nur bei der Bearbeitung von Aufgaben im Unterricht oder zu Hause, sondern auch beim Lernen von Mathematik im Allgemeinen. Entgegengewirkt wird dieser Tatsache mit Ansätzen die sprachlichen Kompetenzen bei Lernenden zu fördern, z. B. deren Kompetenzen im mündlichen Kommunizieren und Argumentieren (Schilcher et al., 2017). Insgesamt führen also Einschränkungen in den Sprachkompetenzen (Sprache als Lernvoraussetzung) zu einer eingeschränkten kommunikativen sowie kognitiven Funktion der Sprache (als Lernmedium), was den mathematischen Kompetenzerwerb in der Unterrichtssituation (und deren Vor- und Nachbereitung) erschwert (Sprache als Lernhürde). Die Lernzeit kann auch durch fehlende, von Lehrkräften weniger geschaffene schulische Lerngelegenheiten für sprachlich schwache Lernende reduziert werden, was wiederum ein Grund für deren schlechteres Abschneiden in Tests sein kann (vgl. auch Bochnik & Ufer, 2017, S. 85). Schulische Lerngelegenheiten meinen dabei den Umfang der vermittelten Fachinhalte, die Kompetenzen der Lehrkraft, die eingesetzten Unterrichtsmethoden sowie die Unterrichtsqualität (vgl. Paetsch, 2016, S. 67). „Beispielsweise wird angenommen, dass Mathematiklehrkräfte die von ihnen eingesetzten Unterrichtspraktiken an die geringeren Leistungserwartungen, die sie an Zweitsprachlernende haben, anpassen" (ebd., S. 68). Auch der oft gut gemeinte defensive Ansatz, das sprachliche Anforderungsniveau für sprachlich schwache Lernende zu reduzieren, geht meist mit einer Reduzierung des mathematischen Anforderungsniveaus einher, was die Anzahl und Tiefe der mathematischen Lerngelegenheiten für diese Zielgruppe reduziert (vgl. ebd.). Durch einen defensiven Umgang mit sprachlichen Hürden, indem die Lehrkraft sich beispielsweise mit Halbsätzen im Unterricht zufrieden gibt (Prediger, 2017), erwerben Lernende keine komplexere Sprache, die sie zu komplexerem mathematischen Denken befähigt. Dass der von Lehrkräften gestaltete Unterricht und die von ihnen (nicht) geschaffenen Lerngelegenheiten Ursache für die sprachlich bedingte Ungleichheit der Mathematikleistungen sein könnte, zeigt sich auch darin, dass ein Forschungszweig sich mit (didaktisch) gelingendem sprachsensiblen Mathematikunterricht beschäftigt. Beispielsweise werden Scaffolding-Ansätze (Gibbons, 2002; Hammond & Gibbons, 2005; Kniffka, 2012; für das Fach Mathematik u. a. Pöhler, 2018; Wessel, 2015), die Rolle der sprachlichen Erklärqualität von Lehrkräften (vgl. Schilcher et al., 2017) und weitere sprachbezogene Maßnahmen (vgl. ebd.) untersucht. Zudem fordern Prediger und Schüler-Meyer (2017) mehr Forschung in dieser Richtung hinsichtlich Lernarrangements und der Überprüfung ihrer Wirkungen und Herausforderungen sowie Lehrerfortbildungen.

Durch die von der kommunikativen sowie kognitiven Funktion der Sprache bedingte erschwerte Bewältigung sprachlicher Anforderungen im Unterricht kombiniert mit fehlenden Lerngelegenheiten ist insgesamt anzunehmen, dass weniger tiefverstandene mathematische Konzepte gelernt werden. Da in der Mathematik Wissen aufeinander aufbaut, kommt es vermutlich zu kumulativ wachsenden Schwierigkeiten (Brown, 2005, vgl. Grund 2).

Die sprachlichen Defizite scheinen sich zudem kumulativ negativ auf Lernzuwächse in den Sachfächern auszuwirken, sodass die Kompetenzdefizite im mathematischen und naturwissenschaftlichen Bereich im Schulverlauf tendenziell zunehmen. (Herwartz-Emden, 2003, S. 692)

Dabei ist einschränkend festzuhalten, dass zwar manche Forschende von größer werdenden Leistungsunterschieden im Laufe der Jahre berichten (Herwartz-Emden, 2003; vgl. auch Prediger et al., 2015), andere Längsschnittstudien jedoch keine Vergrößerung feststellen können (Paetsch, 2016).

*Zusammenfassung*
Auch wenn die verschiedenen Erklärungsansätze allein den Zusammenhang zwischen Sprachkompetenz und Mathematikleistung nicht erklären können, so scheint doch jeder einen kleinen Teil zu erklären. Allerdings wirkt die Erklärkraft mancher dieser Ansätze stark eingeschränkt, wie in den entsprechenden Absätzen erläutert. Insgesamt entsteht der Eindruck, dass der Zusammenhang empirisch noch nicht hinreichend erklärt werden kann, sondern eher sich teilweise widersprechende Beobachtungen im Sinne von Vermutungen zur Erklärung des Zusammenhangs geäußert wurden. Insofern besteht ein Bedarf, den Zusammenhang zwischen Sprachkompetenz und Mathematikleistung in dieser Arbeit genauer zu beleuchten.

## 2.4    Zusammenfassung der Ausführungen zum Zusammenhang zwischen Sprachkompetenz und Mathematikleistung

Dieses Kapitel hat sich mit dem Zusammenhang zwischen Sprachkompetenz und Mathematikleistung beschäftigt. Dabei wird Kompetenz in dieser Arbeit als latentes Konstrukt im Sinne von Weinert (2001) als Zusammenspiel verschiedener Fähigkeiten und Fertigkeiten und der Bereitschaft, diese zum Problemlösen einzusetzen, verstanden. Kompetenz kann nur operationalisiert über Tests erhoben werden, wobei das gezeigte Verhalten als Performanz und, sobald es bewertet wird, als Leistung bezeichnet wird. Somit wird unter Mathematikleistung die Anzahl gelöster Aufgaben oder die erreichten Punkte in Tests oder Aufgaben verstanden. Im Falle dieser Arbeit beruhen die betrachteten Aufgaben auf dem „literacy"-Konzept und fokussieren mathematische Kompetenzen, wie sie in Bildungsstandards und Kernlehrplänen formuliert sind.

Sprachkompetenz wird als deklarative und prozedurale bildungssprachliche Kompetenz, die sowohl Lesefertigkeiten als auch komplexere produktive und reflexive Fertigkeiten umfasst und mit einem C-Test erhoben werden kann, aufgefasst. Bildungssprache ist dabei als das konzeptionell schriftliche Register zu verstehen, das sich auf einem Kontinuum zwischen Alltags- und Fachsprache verortet und für Bildungszusammenhänge funktionale spezifische Merkmale aufweist.

Der Sprache kommt eine kommunikative Funktion in der Ermöglichung eines Austauschs mit Anderen und eine kognitive Funktion der Strukturierung des Denkens zu (Maier & Schweiger, 1999). Dabei kann sie drei Rollen einnehmen (Meyer & Prediger, 2012): Zum einen ist Sprache ein Lerngegenstand bzw. Lernziel, im Sinne eines in der Schule bzw. im Fach Mathematik zu erlernenden Sprachniveaus. Zum anderen stellt sie das Lernmedium dar, da jegliches Lehren und Lernen durch Sprache vermittelt ist. Des Weiteren kann Sprache aber auch die Rolle einer Lernvoraussetzung bzw. Lernhürde einnehmen, wenn sprachliche Schwierigkeiten mathematisches Lernen oder mathematische Leistungen einschränken. Durch die Sprache hervorgerufene Hürden können dabei auf Wort-, Satz- oder Textebene liegen. Empirisch zeigt sich über einen C–Test erhobene bildungssprachliche Sprachkompetenz als stärkster Prädiktor für Mathematikleistung im Vergleich zu anderen sozio-kulturellen Hintergrundfaktoren sowie Lesekompetenz (Prediger et al., 2015). Ein Blick in das aktuelle Forschungsfeld zu Mathematik und Sprache lässt dabei ein Zusammenspiel verschiedener Erklärungsansätze erkennen, die gemeinsam einen Teil der Leistungsdisparitäten erklären können und sich auf den drei Ebenen der Aufgaben, deren Bearbeitungen und der Lernzeit ansiedeln lassen. Auf Aufgabenebene wird die sprachliche Komplexität der Formulierungen als Grund der Leistungsdisparitäten angeführt. Auf Ebene der Bearbeitungsprozesse werden Lesehürden, prozessuale und konzeptuelle Hürden sowie kulturell bedingte unterschiedliche Vorgehens- und Denkweisen benannt. Auf Ebene der Lernzeit gelten die notwendige Bewältigung sprachlicher Anforderungen sowie fehlende mathematische Lerngelegenheiten für sprachlich schwache Lernende als Ursache. Insgesamt liefern diese Ansätze jedoch noch keine hinreichende Erklärung, sodass in dieser Arbeit der Zusammenhang zwischen Sprachkompetenz und Mathematikleistung genauer beleuchtet wird. Da sich die Leistungsunterschiede in Abhängigkeit von der Sprachkompetenz vor allem in textbasierten, realitätsnahen Aufgaben wie Textaufgaben zeigen, wird im nächsten Kapitel definiert, was eine Textaufgabe ist und erläutert, mit welchen Bearbeitungsstrategien Textaufgaben gelöst werden können.

# Bearbeitungsstrategien bei Textaufgaben

3

Da sich der empirische Zusammenhang zwischen Sprachkompetenz und Mathematikleistung vor allem bei sogenannten Textaufgaben zeigt, werden in der vorliegenden Arbeit Textaufgaben sowie Bearbeitungsprozesse und Bearbeitungsstrategien, die Lernende bei deren Lösung anwenden, betrachtet. Damit diese Analysen erfolgen können, werden zunächst die Begriffe „Textaufgaben" und „Bearbeitungsstrategien" definiert (Abschn. 3.1). Dazu wird dargelegt, welche Aufgaben Textaufgaben sind, und welche Relevanz sie für den Mathematikunterricht haben. Zudem wird aus verschiedenen Definitionen des Begriffs Bearbeitungsstrategien eine für diese Studie verwendete Definition abgeleitet, bei der Bearbeitungsstrategien auf der Makro- und Mikroebene unterschieden werden. Hierauf aufbauend wird die Makroebene mit dem Prozessmodell nach Reusser dargelegt (Abschn. 3.2), indem die Auswahl dieses Modells in Abgrenzung von anderen Modellen begründet, das Modell vorgestellt und es abschließend in empirischer Anwendung dargestellt wird. Abschnitt 3.3 widmet sich verschiedenen Mikrostrategien und ihrer empirischen Untersuchung, bevor Ausführungen zu Schwierigkeiten beim Bearbeiten von Textaufgaben und schwierigkeitsgenerierenden Aufgabenmerkmalen folgen (Abschn. 3.4). Es schließt eine Erläuterung der bereits vorliegenden Erkenntnisse zum Zusammenhang zwischen Sprachkompetenz und Bearbeitungsstrategien an (Abschn. 3.5). Abschließend werden die dargestellten Ausführungen und Erkenntnisse zu Bearbeitungsstrategien bei Textaufgaben zusammengefasst (Abschn. 3.6).

© Der/die Herausgeber bzw. der/die Autor(en), exklusiv lizenziert durch
Springer Fachmedien Wiesbaden GmbH, ein Teil von Springer Nature 2020
S. Schlager, *Zur Erforschung des Zusammenhangs zwischen Sprachkompetenz und Mathematikleistung*, Essener Beiträge zur Mathematikdidaktik,
https://doi.org/10.1007/978-3-658-31871-0_3

## 3.1 Definition von Textaufgaben und Bearbeitungsstrategien

In der vorliegenden Arbeit werden Textaufgaben und deren Bearbeitungsprozesse genauer beleuchtet. Dabei ist immer zu berücksichtigen, dass die Betrachtung einzelner Aufgaben nie den gesamten schulischen Lehr-Lernprozess in Mathematik wiedergeben kann (Greefrath, 2010, S. 69) und dies auch nicht Ziel dieser Arbeit ist. Allerdings gelten Aufgaben als kleinste Einheiten für Überlegungen zum Mathematikunterricht und stellen eine anschauliche und allgemein anerkannte Diskussionsgrundlage für den Mathematikunterricht dar (vgl. Büchter & Leuders, 2005, S. 7 ff.). Insofern erscheint es sinnvoll, bei der genaueren Analyse des Zusammenhangs zwischen Sprachkompetenz und Mathematikleistung auf Aufgaben(bearbeitungs)ebene nach Evidenzen zu suchen. Dieser Fokus ergibt sich zudem dadurch, dass Mathematikleistung (vgl. Abschn. 2.1.3) vor allem (und in standardisierten Leistungserhebungen ausschließlich) aufgabenbasiert erfasst wird. Oft erfolgt dies über sogenannte Textaufgaben. Dies macht eine Definition von Textaufgaben und eine Erläuterung ihrer Relevanz für den Mathematikunterricht (Abschn. 3.1.1) sowie eine Definition von Bearbeitungsstrategien in diesem Kontext (Abschn. 3.1.2) erforderlich.

### 3.1.1 Textaufgaben und ihre unterrichtliche Relevanz

*Definition des Begriffs „Textaufgabe"*

[Unter] *mathematische[n] Text- oder Situationsaufgaben* [...] [versteht man] in der Regel durch Texte, Bilder oder Handlungsanweisungen ausgedrückte Problemsituationen, deren erfolgreiche Bearbeitung sachliches Denken und, darauf bezogen, die Klärung mathematischer Verhältnisse und Operationszusammenhänge erfordert. (Reusser, 1989, S. 9, Hervorh. im Orig.)

Dieses Zitat von Reusser, der Textaufgaben aus einer psychologischen Sicht untersucht, verdeutlicht die grundsätzlichen Merkmale von Textaufgaben: Sie zeichnen sich durch die Darstellung einer Situation in Textform aus, für deren Bearbeitung sachbezogene Überlegungen erforderlich sind. Sachkontextfreie innermathematische Probleme werden nach dieser Definition und in dieser Arbeit nicht als Textaufgaben betrachtet[1]. Textaufgaben lassen sich also dem Sachrechnen zuordnen und dieses ist sogar „möglicherweise in der Erinnerung vieler vorrangig verbunden mit dem Lösen von Textaufgaben" (Krauthausen, 2018, S. 124). Das Bearbeiten dieser Aufgaben steht dabei für ein Wechselspiel zwischen Mathematik, Umwelt und Lernenden (ebd.), also für ein Zusammenspiel von Alltagswissen, Situationsverständnis und Rechenfertigkeiten (Reusser, 1989).

Zum besseren Verständnis des Begriffs Textaufgabe ist eine Typisierung von Aufgaben hilfreich, die eine Beschreibung des Aufgabentyps Textaufgabe in Abgrenzung von anderen Aufgabentypen des Sachrechnens ermöglicht.

Der Begriff Textaufgabe stammt aus der traditionellen Klassifizierung von Aufgaben des Sachrechnens bezüglich ihres Kontextes, bei der Textaufgaben zwischen eingekleideten Aufgaben und Sachaufgaben angesiedelt sind (vgl. Tabelle 3.1). Neben dem Kontext werden dort zur Unterscheidung auch die Kriterien Schwerpunkt, Ziel, Darstellung und Tätigkeiten herangezogen. Zur Veranschaulichung wurde jeweils ein Beispiel ergänzt.

---

[1]Greefrath weist darauf hin, dass auch in Textform formulierte innermathematische Aufgaben wie „Das Dreifache einer Zahl ist um 5 kleiner als das Sechsfache der Zahl. Um welche Zahl handelt es sich?" (Greefrath, 2010, S. 69) als Textaufgaben zu bezeichnen sind, jedoch nicht als Aufgaben aus dem Bereich des Sachrechnens. Derartige Textaufgaben werden in dieser Arbeit nicht betrachtet.

**Tabelle 3.1** Klassische Aufgabentypen beim Sachrechnen (Greefrath, 2010, S. 86; Greefrath, Kaiser, Blum & Borromeo Ferri, 2013. S. 25; kursive Ergänzungen durch Autorin)

| | Eingekleidete Aufgabe | Textaufgabe | Sachaufgabe |
|---|---|---|---|
| **Schwerpunkt** | rechnerisch | mathematisch | sachbezogen |
| **Ziel** | Anwendung und Übung von Rechenfertigkeiten | Förderung mathematischer Fähigkeiten | Umwelterschließung mit Hilfe von Mathematik |
| **Darstellung der Sachsituation** | in einfache, *austauschbare* Sachsituationen eingekleidet | in (komplexere) Sachsituationen eingekleidet | reale Daten und Fakten bzw. offene Angaben |
| **Kontext / Realitätsbezug** | kein wirklicher Realitätsbezug | kein wirklicher Realitätsbezug | echter Realitätsbezug |
| **zur Lösung auszuführende Tätigkeiten** | Rechnen | Übersetzen, Rechnen, Interpretieren | Recherchieren, Vereinfachen, Mathematisieren, Rechnen, Interpretieren, Validieren → Modellieren |
| **Beispiel** | *In einem Stall werden 42 Tiere gezählt. Es sind Pferde und Fliegen. Zusammen haben sie 196 Beine. Wie viele Fliegen und wie viele Pferde sind es? (Greefrath, 2010, S. 83)* | *Herr Stein bekommt 11 € Stundenlohn. Die monatlichen Abzüge betragen 363 €. Er erhält daher am Ende des Monats Mai 2035 €. Wie viele Stunden hat er im Mai gearbeitet? (Greefrath, 2010, S. 85)* | *Sonja hat zum Geburtstag ein 21-Gang-Fahrrad bekommen. Kritisch fragt sie sich, wie viele Gänge es wohl wirklich hat. Was meint ihr? (Hinrichs, 2008, S. 164)* |

Eingekleidete Aufgaben zeichnen sich dadurch aus, dass kein wirklicher Realitätsbezug gegeben ist, der Sachkontext keine Rolle spielt und beliebig austauschbar ist und das mathematische Modell implizit enthalten ist (Greefrath, 2010, S. 83 ff.; Greefrath et al., 2013, S. 23 ff.; Krauthausen, 2018, S. 133 f.). Das bedeutet, dass die auszuführende Rechenoperation nur in Worte „eingekleidet" wurde und alle benötigten Zahlen sowie keine überflüssigen Angaben in der Aufgabe zu finden sind, womit sie allein dem Anwenden und der Übung von Rechenfertigkeiten dient (Greefrath, 2010, S. 83 ff.; Greefrath et al., 2013, S. 23 ff.; Krauthausen, 2018, S. 133 f.). Sachaufgaben hingegen dienen der Umwelterschließung und erfordern über rein mathematische Aktivitäten hinaus weitere Modellierungstätigkeiten wie Recherchieren, sodass sie auch projektartig umgesetzt werden können (Greefrath, 2010, S. 85 f.; Greefrath et al., 2013, S. 14 f.). Modellierungsaufgaben[2] fallen vollständig in die Kategorie der Sachaufgaben (Greefrath et al., 2013, S. 25).

Zwischen eingekleideten Aufgaben und Sach- bzw. Modellierungsaufgaben lassen sich die Textaufgaben einordnen (Greefrath, 2010, S. 84 ff.; Greefrath et al., 2013, S. 24 f.; Krauthausen, 2018, S. 134 ff.; Schneeberger, 2009, S. 38 ff.), bei denen kein wirklicher Realitätsbezug vorliegt, sondern der Kontext immer noch im Prinzip austauschbar und vereinfacht dargestellt ist, allerdings ein höheres Gewicht als bei eingekleideten Aufgaben hat. Zwar ist hier keine echte Modellierung gefragt und das zu bestimmende Ergebnis ist in der Regel auch eindeutig, jedoch muss der Text in eine nicht direkt offensichtliche mathematische Struktur übersetzt werden. Es ist also eine Mathematisierung durchzuführen, für die zunächst die Sachsituation erfasst und verstanden werden muss. Abschließend muss eine Interpretation des Ergebnisses im Sachzusammenhang erfolgen. Insofern kann der Einsatz dieses Aufgabentyps, wenn er nicht in schematischer, vorhersehbarer Weise erfolgt, sondern eher einer „Denkaufgabe" (Krauthausen, 2018, S. 134 ff.) ähnelt, mathematische Fähigkeiten fördern, dazu befähigen, genau zu lesen, verständig mit Sachinformationen umzugehen, über Inhalte nachzudenken und das Mathematisieren zu üben.

Neben dieser Typisierung von Aufgaben existieren auch weitere Vorschläge zur Klassifikation von Aufgaben aus dem Bereich des Sachrechnens, die jedoch Textaufgaben nicht von anderen Aufgabentypen abgrenzen, sondern eine weitere Differenzierung innerhalb des Aufgabentyps ermöglichen, da Textaufgaben unterschiedliche Ausprägungen der Kriterien aufweisen können (vgl. Tabelle 3.2). Franke und Ruwisch (2010, S. 31–63) schlagen für den Grundschulbereich eine

---

[2]Weitere Erläuterungen zu Modellierungsaufgaben finden sich bei Greefrath et al. (2013).

Klassifizierung bezüglich des Alltagsbezugs (mit / ohne), des mathematischen Inhalts und der Repräsentationsform (Bild / Text / etc.) vor, die sich so auch auf Textaufgaben aus der Sekundarstufe anwenden lässt (vgl. Greefrath, 2010, S. 83). Weitere Kriterien können die Offenheit von Aufgaben, ihre Über- bzw. Unterbestimmtheit (enthaltene Angaben), ihre Orientierung an prozessbezogenen Kompetenzen, ihre Relevanz für Lernende und ihre Authentizität oder auch subjektive Kriterien wie die Interessantheit für Lernende sein (vgl. ebd., S. 69 ff.).

**Tabelle 3.2** Weitere Kriterien zur Klassifikation von Aufgaben und Einordnung von Textaufgaben

| Kriterien zur Klassifikation von Aufgaben *(Franke & Ruwisch, 2010, S. 31 ff.; Greefrath, 2010, S. 69 ff.)* | Einordnung von Textaufgaben |
|---|---|
| – Alltagsbezug (mit / ohne) | reale Situationen sowie fiktive Situationen möglich |
| – mathematischer Inhalt (z. B. Aufgaben zur Bruchrechnung) | jeder mathematischer Inhalt möglich |
| – Repräsentationsform (enthalten die Aufgaben Bilder, Text, Tabellen, etc.?) | alles möglich In dieser Arbeit: mit Text und ohne weitere Repräsentationsformen |
| – Offenheit von Aufgaben | i. d. R. eher geschlossen, da Angaben vorgegeben, Lösung eindeutig, verschiedene Lösungswege |
| – Über- bzw. Unterbestimmtheit | Textaufgaben können mehr Angaben als nötig (überbestimmt), genau so viele Angaben wie nötig sowie weniger Angaben als nötig (unterbestimmt) enthalten |
| – Prozessorientierung (welche prozessbezogenen Kompetenzen werden angesprochen?) | Textaufgaben als Vorstufe des Modellierens Weitere Kompetenzen je nach Aufgabenstellung möglich |
| – Relevanz (Bedeutung für gegenwärtiges oder zukünftiges Leben der Lernenden) | alles möglich |
| – Authentizität (glaubwürdige, realistische Inhalte?) | glaubwürdige, realistische Textaufgaben ebenso möglich wie nicht glaubwürdige und unrealistische |
| – subjektive Kriterien (interessant?) | alles möglich |

In der englischsprachigen Literatur werden Textaufgaben als „word problems" bezeichnet. Die folgende Definition fasst dabei die zuvor erläuterten Merkmale von Textaufgaben synthetisierend zusammen:

> Word problems can be defined as verbal descriptions of problem situations wherein one or more questions are raised the answer to which can be obtained by the application of mathematical operations to numerical data available in the problem statement. In their most typical form, word problems take the form of brief texts describing the essentials of some situation wherein some quantities are explicitly given and others are not, and wherein the solver – typically a student who is confronted with the problem in the context of a mathematics lesson or a mathematics test – is required to give a numerical answer to a specific question by making explicit and exclusive use of the quantities given in the text and mathematical relationships between those quantities inferred from the text. (Verschaffel et al., 2000, S. ix)

*Relevanz von Textaufgaben*

Der Bezug zu Sachsituationen gilt seit jeher als äußerst wichtig für das Mathematiklernen (Krauthausen, 2018, S. 124), was sich in der langen Historie des Sachrechnens widerspiegelt (einen Überblick hierüber bietet z. B. Greefrath, 2010, S. 23 ff.). Gerade Textaufgaben stellen dabei ein zentrales Element der Praxis des Sachrechnens im Unterricht dar (Krauthausen, 2018, S. 124). So finden sich zahlreiche Textaufgaben in Schulbüchern, Leistungsüberprüfungen und somit auch im Mathematikunterricht – „more ore [sic!] less artificial word problems" (Biehler & Leiss, 2010, S. 7) „represent the current main part of modelling tasks that are used in daily lessons" (ebd.). Verschaffel, van Dooren, Greer und Mukhopadhyay (2010, S. 11) behaupten gar, dass manche Textaufgaben in den zeitgenössischen Mathematikbüchern sich kaum von mehrere tausend Jahre alten klassischen Textaufgaben unterscheiden.

Kritisiert wurden eingekleidete Aufgaben oder Serien von Textaufgaben, die derart ähnlich konstruiert sind, dass sie quasi zu eingekleideten Aufgaben werden, immer wieder für einen unzureichenden Realitätsbezug. Bei ihrer Bearbeitung ist im Prinzip keinerlei Sachbezug erforderlich, sodass Lernende in der Folge sogar unlösbare, sogenannte Kapitänsaufgaben, bei der zum Beispiel eine Anzahl von Schafen und Hunden auf einem Boot gegeben und nach dem Alter des Kapitäns gefragt ist, durch eine Summenberechnung lösten (Baruk, 1989, S. 29, vgl. Abschn. 4.1.2). Allerdings ist der grundsätzliche Anspruch von eingekleideten Aufgaben nicht, Aussagen über die Realität zu treffen (Jahnke, 2005), sondern vielmehr „die Realität zu nutzen, um mathematische Sachverhalte verständlich zu machen" (ebd., S. 272). Forderungen nach einer Erhöhung der Authentizität der

Aufgaben haben dazu geführt, dass neben Textaufgaben und eingekleideten Aufgaben im Unterricht auch Modellierungsaufgaben eingesetzt werden. Doch auch wenn die Authentizität in Textaufgaben nicht immer gegeben ist, so können sie doch dazu beitragen, dass Lernende entscheidende Schritte im Modellierungsprozess an ihnen (kennen)lernen und üben können (Verschaffel et al., 2000, S. 125 ff.). Auch in Prüfungssituationen ist ihr Einsatz als sinnvoll zu rechtfertigen, da ein Test allein aus umfassenderen aufwandreicheren Modellierungsaufgaben, bei denen eventuell weitere Informationen recherchiert werden müssten, den zeitlichen Rahmen und die Standardisierungsbedingungen einer Leistungsüberprüfung überschreiten würde (vgl. Büchter & Henn, 2015).

Aus den vorangegangenen Ausführungen ergibt sich für diese Arbeit die folgende Definition von Textaufgaben. Unter Textaufgaben werden in dieser Arbeit Aufgaben in Textform mit Sachbezug verstanden, deren Kontext zwar im Prinzip austauschbar ist, die jedoch für ihre Lösung eine Mathematisierung und Interpretation, aber keine umfassenden Modellierungstätigkeiten erfordern. Diese Aufgaben sind aus den dargestellten Gründen üblich für den Mathematikunterricht und Leistungsüberprüfungen in der Mathematik. Insofern liefert eine Betrachtung dieses Untersuchungsgegenstandes relevante Erkenntnisse für das Lehren und Lernen von Mathematik in der Schule.

## 3.1.2 Bearbeitungsstrategien

Eine Betrachtung der Vorgehensweisen und Strategien von Lernenden bei der Bearbeitung von Textaufgaben kann mehr Aufschluss über den Umgang von Lernenden mit diesem Aufgabentyp bieten als die alleinige Betrachtung der in Schriftprodukten notierten Lösungswege. Entsprechend liegt der Fokus der Analysen dieser Arbeit auf *Bearbeitungsstrategien* von Textaufgaben, die in diesem Abschnitt zunächst im Allgemeinen und schließlich spezifisch für das vorliegende Projekt definiert werden.

*Verschiedene Definitionen von Strategien*
Obwohl in verschiedenen Studien der Begriff Strategie verwendet wird, so wird er doch nur selten definiert (vgl. Mizzi, 2017, S. 24) und sowohl im Feld der Psychologie als auch in der Mathematikdidaktik kursieren verschiedene Sichtweisen, was eine Strategie auszeichnet (vgl. Bjorklund, 2015; Fülöp, 2015).

Ein typischer Anwendungsbereich in der Mathematikdidaktik, in dem Strategien analysiert werden, ist das Problemlösen. Hier gelten im Allgemeinen Heuristiken, die auf verschiedene Probleme angewandt werden können, als

Strategien (Hertwig, 2006, S. 461) (für Beispiele solcher Strategien vgl. Pólya (1949)). Schoenfeld (1983) und in Anlehnung daran auch Fülöp (2015) unterscheiden zwischen strategischen und taktischen Entscheidungen. Strategische Entscheidungen betreffen die Auswahl der Schritte, die für die Lösung eines Problems notwendig sind, taktische Entscheidungen hingegen die konkrete Umsetzung dieser Schritte. Dabei umfassen die strategischen Entscheidungen eher das Gesamtkonzept und gehen deutlich über einzelne Elemente hinaus.

Im Bereich der Forschung zu Bearbeitungen von arithmetischen Aufgaben[3] und in einer Studie zu Strategien und Hürden bei Textaufgaben in der Sekundarstufe (Prediger & Krägeloh, 2015b) orientiert sich die Definition des Begriffs „Strategie" weniger an diesen Überlegungen aus dem Bereich des Problemlösens als eher an Sichtweisen aus der Psychologie. Verschiedene dort verwendete Definitionen sind dem Sammelband von Bjorklund (2015) zu entnehmen. Als Gemeinsamkeit dieser verschiedenartigen Definitionen und Kern entsprechender Untersuchungen gilt, dass eine Strategie ein zielgerichtetes Verhalten sowie die verschiedenen kognitiven Prozesse, die zur Erreichung des Ziels angewandt werden, beschreibt (Bjorklund & Harnishfeger, 2015, S. 309). Die verschiedenen Definitionen unterteilen Bjorklund und Harnishfeger (2015) darüber hinaus in traditionelle, konservative und liberale Sichtweisen. Als *traditionell* gelten Sichtweisen, die Strategien als zielgerichtet, intentional und selektiv beschreiben, wobei es möglich sein sollte, die kognitiven Operationen ins Bewusstsein zu rufen und zu kontrollieren (Bjorklund & Harnishfeger, 2015, S. 310 f.). Vor allem Willats (2015, S. 24) beschreibt dabei eine Regelmäßigkeit in der Bearbeitung des Problems als charakteristisch für Strategien. In der *konservativen* Sichtweise liegt der besondere Schwerpunkt auf der zielgerichteten Auswahl einer nicht-trivialen Operation, die dem Bewusstsein zugänglich sein muss, weshalb automatisch und zufällig ausgeführte Prozeduren nicht als Strategien gelten (Bjorklund & Harnishfeger, 2015, S. 311 ff.). Genau diese automatisch ausgeführten Prozeduren werden in *liberalen* Sichtweisen, an denen sich auch die Definition des Begriffs „Strategie" in dieser Arbeit orientiert, jedoch ebenfalls als Strategien bezeichnet. Dies erfolgt unter anderem mit dem Argument, dass die meisten Strategien nach häufiger Anwendung automatisiert ablaufen. In liberalen Sichtweisen müssen Strategien also nicht zwingend bewusst ausgewählt oder beschreibbar sein und ihre Wahl kann auch eher ein spontanes Ausführen ohne

---

[3]Auch viele Bezugsstudien dieser Arbeit zu Oberflächlichkeit und Strategien lassen sich in der Forschung zu arithmetischen Aufgaben verorten (vgl. Kap. 4).

Betrachtung von Alternativen sein (Bjorklund & Harnishfeger, 2015, S. 313 ff.;
Verschaffel, Luwel, Torbeyns & van Dooren, 2009, S. 343). Siegler und Jenkins
(1989, S. 11 ff.) grenzen Strategien dabei von obligatorischen Tätigkeiten, wie
expliziten Aufgabenanforderungen, ab, bei denen man keine verschiedenen Aus-
führungsmöglichkeiten hat. Explizit inkludieren sie alle sonstigen Aktivitäten,
egal ob deren Ausführung bewusst oder unbewusst erfolgt, wobei sie bewusst
ausgeführte Strategien als Plan bezeichnen. Siegler und Jenkins widersetzen sich
Ansichten wie Fülöp (2015) sie vertritt, dass Strategien manchmal als „relatively
grand entities" (Siegler & Jenkins, 1989, S. 12) gesehen werden, während
einzelne Elemente hierin nur als Prozeduren bezeichnet werden. Stattdessen
betonen sie, dass es wichtig sei, gerade diese einzelnen Elemente als Strategien
zu betrachten. Diese inklusive Sichtweise übernehmen Verschaffel et al. (2009),
betonen aber, dass es sich um die Wahl der „*most appropriate solution strategy
on a given mathematical item or problem, for a given individual, in a given
sociocultural context*" (Verschaffel et al., 2009, S. 343, Hervorh. im Orig.)
handelt. In einer weiten Sicht bezeichnet eine (Bearbeitungs)strategie also die
Vorgehensweise beim Bearbeiten einer Aufgabe insgesamt (vgl. Deffner, 1989,
S. 100). Es wird betrachtet, „how some task is performed mentally" (Ashcraft,
1990, S. 186). Eine Strategie ist somit „any mental process or procedure in the
stream of information-processing activities that serves a goal-related purpose"
(Ashcraft, 1990, S. 207). Threlfall (2009) übernimmt diese Definition von
Ashcraft, ergänzt jedoch zwei Aspekte. Er betont, dass nicht nur zielführende,
sondern erfolgreiche genauso wie nicht erfolgreiche Tätigkeiten zur Bearbeitung
einer Aufgabe als Strategien gezählt werden können. Zudem führt er aus,
dass Lernende sich im Moment der Strategieentscheidung nicht zwingend
über die Strategien oder Alternativen bewusst sein müssen, sondern auch im
Verstehensprozess entstehende spontane „Strategieerfindungen" als solche
angesehen werden sollten (vgl. Prediger & Krägeloh, 2015b).

*Definition von Bearbeitungsstrategien in diesem Projekt*
In der Literatur finden sich neben dem Begriff „Strategie" auch die Begriffe
„Bearbeitungsstrategie", manchmal auch als „Bearbeitungsmuster" (Krämer,
Schukajlow & Blum, 2012) bezeichnet, und „Lösungsstrategie". Da in dieser
Arbeit die Bearbeitung von Textaufgaben im Vordergrund steht und auch
Bearbeitungsmuster betrachtet werden sollen, wird der Begriff *Bearbeitungs-
strategie* gewählt. Hierunter wird in Anlehnung an die liberale Sichtweise, vor
allem an Ashcraft (1990) und Threlfall (2009), jeder bewusste oder unbewusste

(mentale) Prozess, der zur Aufgabenbearbeitung stattfindet, verstanden, sofern er nicht explizit durch die Aufgabenstellung eingefordert wird. Dabei wird eine Unterteilung in *Mikro- und Makro-Bearbeitungsstrategien* vorgenommen, wobei die Mikrostrategien (oder Mikroprozesse) einzelne kleinere Bearbeitungselemente meinen, die auch Siegler und Jenkins (1989) in ihrer Auffassung von Strategien als wichtig einschätzen. Beispiele dieser in Abschn. 3.3 ausgeführten Strategien auf Mikroebene sind das Anfertigen von Notizen oder das Markieren von Wörtern (siehe z. B. Schukajlow & Leiss, 2011). Makrostrategien hingegen beschreiben den gesamten Bearbeitungsprozess und werden in dieser Arbeit über Charakteristika und Muster der Bearbeitung, die anhand der Analyse mit dem Prozessmodell nach Reusser (vgl. Abschn. 3.2.2) oder der Einschätzung der Bearbeitung bezüglich Oberflächlichkeit (vgl. Kap. 4) auffallen, analysiert. Berücksichtigt werden soll bei allen Analysen, dass sowohl die gegebene Aufgabe, als auch das Individuum und sein konzeptuelles Wissen sowie die sozio-kulturellen Hintergründe die Strategien und ihr Vorkommen beeinflussen können (vgl. z. B. Mizzi, 2017; Verschaffel et al., 2009). Vor allem der Einfluss sozio-kultureller Hintergründe wurde bisher kaum betrachtet (Verschaffel et al., 2009, S. 341), steht in dieser Arbeit aber mit dem Fokus auf den Zusammenhang der Strategien mit Sprachkompetenz im Vordergrund der Betrachtungen.

## 3.2 Bearbeitungsstrategien auf Makroebene

Seien zunächst die Bearbeitungsstrategien auf der Makroebene betrachtet. Hierunter wird, wie in Abschnitt 3.1.2 dargelegt, der gesamte Prozess der Bearbeitung einer Textaufgabe verstanden. Zur Beschreibung und Vermittlung idealtypischer Bearbeitungsprozesse existieren verschiedene Modelle, die in Abschnitt 3.2.1 vorgestellt werden. Diese Vorstellung schließt mit einer begründeten Wahl des Prozessmodells nach Reusser zur Analyse der Bearbeitungsprozesse in dieser Studie. Das Prozessmodell nach Reusser wird in den folgenden Abschnitten zunächst im Gesamtüberblick (Abschn. 3.2.2) und anschließend phasenweise (Abschn. 3.2.3) erläutert. Es folgen Ausführungen zur empirischen Anwendung der Modelle von Makro-Bearbeitungsstrategien auf individuelle Bearbeitungen und Gruppen von Lernenden (Abschn. 3.2.4). Die ebenfalls auf der Makroebene angesiedelte Betrachtung der Oberflächlichkeit einer Bearbeitung wird in Kapitel 4, das dem Konstrukt Oberflächlichkeit gewidmet ist, erläutert.

## 3.2.1 Verschiedene Modelle von Bearbeitungsprozessen

Mit Textaufgaben können Mathematisierungsprozesse, die ein zentrales Element des Modellierens darstellen, angeregt werden (vgl. Abschn. 3.1.1). Insofern erscheint es nötig, bei der Suche nach einem geeigneten Instrument zur Analyse des gesamten Bearbeitungsprozesses auch Modelle des Modellierens zu betrachten. Es gibt eine Vielzahl verschiedener Modelle, über die beispielsweise Borromeo Ferri (2011), Schneeberger (2009) oder Reusser (1997) einen umfassenden und strukturierenden Überblick geben.

Grundsätzlich zeichnet sich der Bearbeitungsprozess durch verschiedene Phasen oder Teilprozesse aus, von denen in den einzelnen Modellen unterschiedlich viele zu finden sind. Es liegt immer ein Wechselspiel zwischen der Welt der Mathematik und der Realität vor. Dabei steht zu Beginn jeder Bearbeitung ein Lese- und Verstehensprozess der Sachsituation, der in einen mathematischen Bearbeitungsprozess übergeht, dessen Resultat schließlich wieder im Sachkontext betrachtet wird, wobei die einzelnen Phasen eng ineinander verwoben sind (Krawec, 2014, S. 104 f.; Wilhelm, 2016, S. 66 ff.). Meist werden diese Phasen in einem Diagramm, dem sogenannten Modellierungskreislauf, dargestellt. Es handelt sich um ein Schema, „was einen idealtypischen Modellierungsprozess repräsentiert, der bestimmte Phasen enthält, die alle im Sinne eines Kreislaufs durchlaufen werden müssen, so dass von erfolgreicher Modellierung gesprochen werden kann" (Borromeo Ferri, 2011, S. 5).

Modellierungskreisläufe können eher aus mathematischer Sicht aufgestellt sein oder eher aus psychologischer Sicht. Borromeo Ferri (2011, S. 14 ff.) unterscheidet vier Typen von Modellierungskreisläufen. Typ 1 werden Modellierungskreisläufe, die ihren Ursprung in der angewandten Mathematik haben, zugeordnet. Sie zeichnen sich durch einen Kreislauf der drei Phasen Realsituation, Mathematisches Modell und Mathematisches Resultat aus. Typ 2 entspricht den didaktischen Modellierungskreisläufen, wie sie auch für die Vermittlung des Ablaufs an Schülerinnen und Schüler eingesetzt werden. Sie bestehen aus einem zyklischen Ablauf der vier Phasen Realsituation, Realmodell, Mathematisches Modell und Mathematisches Resultat. Typ 3 zeichnet sich durch die Nutzung des Modellierungskreislaufs als Basis für die Rekonstruktion des Situationsmodells bei der Verwendung von Textaufgaben aus. Im Zyklus wird das Situations- und Realmodell in einer ersten Phase zusammengefasst, da die Textaufgabe bereits das Realmodell darstellt. Es folgen die drei Phasen mathematisches Modell, mathematisches Resultat und Rückinterpretation des Ergebnisses. Typ 4 bilden die diagnostischen Modellierungskreisläufe, die ausdifferenziert sind in die sechs Phasen Realsituation, Situationsmodell, Realmodell, Mathematisches Modell, Mathematische Resultate und Rückinterpretation des Ergebnisses.

„Dieser und der vorangegangene Typ [(gemeint sind Typ 3 und 4)] von Modellierungskreisläufen eignet [sic!] sich in hervorragender Weise zur Analyse tatsächlicher Modellierungsprozesse beziehungsweise zur Aufschlüsselung der Bearbeitung von Textaufgaben" (Borromeo Ferri, 2011, S. 21; Einfügung SaS). Borromeo Ferri selbst untersucht Modellierungsprozesse aus kognitiver Sicht und legt somit den „Fokus auf [...] [die] (individuellen) Denkprozesse[...], die durch verbale oder sonstige (kommunikative wie auch nicht kommunikative) Aktionen während des Modellierungsprozesses geäußert werden" (ebd., S. 5), wie es auch in dieser Arbeit geschehen soll. Dabei orientiert sie sich an dem Typ 4 zuzuordnenden Modellierungskreislauf von Blum und Leiss (2005, S. 19). Dieser lehnt sich an das dem Typ 3 zuzuordnende Prozessmodell von Reusser an, welches auch in anderen mathematikdidaktischen Studien, in denen Strategien bei Textaufgaben und der Zusammenhang zwischen Sprachkompetenz und Mathematikleistung betrachtet werden, zum Einsatz kommt (vgl. Dröse & Prediger, 2017; Prediger & Krägeloh, 2015b; Wilhelm, 2016). Da in dieser Arbeit Textaufgaben und keine Modellierungsaufgaben im Fokus stehen, wird das Prozessmodell von Reusser gewählt, da Modellierungskreisläufe, und somit auch der Modellierungskreislauf von Blum und Leiss, durch die in Textaufgaben nicht erforderliche Reduktion der Realsituation (vgl. Abschn. 3.1.1) unpassend sind.

Das Prozessmodell nach Reusser ist einer psychologisch geprägten Sichtweise zuzuordnen und entstammt der Diskussion um Erklärungen von Schwierigkeiten beim Lösen von Textaufgaben in den 80er-Jahren. Es gab eine *logisch-mathematische* Erklärungshypothese, die eher entwicklungspsychologisch orientiert ist, sowie eine *linguistisch-semantische* und eine *linguistisch-handlungstheoretische* Erklärungshypothese, die eher sprachverstehens- und weltwissensorientiert sind (Reusser, 1997, S. 147 ff.; Schneeberger, 2009, S. 93 ff.). Die drei Erklärungshypothesen schließen sich jedoch nicht gegenseitig aus (ebd.). Bei der *logisch-mathematischen* Erklärungshypothese wird davon ausgegangen, dass der Bearbeitungsprozess aus einem In-Beziehung-Setzen verbaler Aussagen zu im Gedächtnis gespeicherten mathematischen Problemschemata besteht (für ein Beispiel eines entsprechenden Prozessmodells vgl. Riley, Greeno und Heller (1983)). Damit wären Leistungsunterschiede auf Unterschiede im mathematischen Verständnis zurückzuführen (Wilhelm, 2016, S. 69). Die *linguistisch-semantische* Erklärungshypothese fokussiert das Sprachverstehen. Modelle, die diese Erklärungshypothese zu Grunde legen, gehen auf Basis der Verstehensprozesse beim Lesen von Texten (Van Dijk & Kintsch, 1983) davon aus, dass aus dem Text eine propositionale Textbasis extrahiert wird, die dann mathematisiert werden kann. Hierfür müsste die Aufgabe mit Schlüsselwortstrategien (vgl. Abschn. 4.2.2) zu lösen sein. Nach diesem Verständnis begründen sich Schwierigkeiten im Textaufgabenlösen in Schwierigkeiten im Sprach- und Situationsverstehen. Der *linguistisch-handlungstheoretische* Ansatz schließt die in den anderen Ansätzen vorhandene Lücke zwischen Sprachverstehen und mathematischem Problemlösen. Hier steht nicht nur die semantische Struktur, sondern auch die Handlungsstruktur im Fokus.

In diesem linguistisch-handlungstheoretischen Ansatz lässt sich das Prozessmodell nach Reusser (1989) verorten, das sich an Aebli (1980; 1981) in Anschluss an Piaget (1947; 1950) anlehnt und Operationen als verinnerlichtes abstraktes Handeln betrachtet (Reusser, 1989, S. 14 ff.). Das Prozessmodell nach Reusser zeichnet sich im Gegensatz zu anderen vor allem durch die Schwerpunktsetzung auf das Situationsmodell aus (vgl. Schneeberger, 2009, S. 96 ff.). Dadurch findet eine Abstraktion von Oberflächenmerkmalen des Aufgabentextes, wie sprachlichen Elementen, Personen, Gegenständen oder Zahlen, statt und die innere Struktur der mathematischen Aufgabe wird herausgearbeitet. Gerade diese entscheidenden Schritte werden in anderen Modellen oft knapp zusammengefasst (vgl. Wilhelm, 2016, S. 69 ff.). Im Folgenden wird dieses Modell, das in den Analysen dieser Arbeit herangezogen wird, im Detail vorgestellt.

### 3.2.2 Gesamtüberblick über das Prozessmodell nach Reusser

Das Prozessmodell nach Reusser (1989) (vgl. Abb. 3.1) (vgl. Reusser, 1992; Reusser, 1997) ist als computergestützte Simulation des Bearbeitungsprozesses von Textaufgaben entstanden.

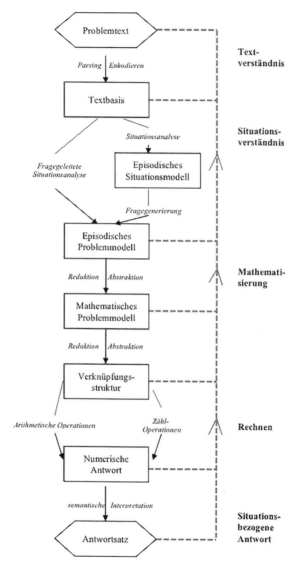

**Abb. 3.1**   Das Prozessmodell nach Reusser (Reusser, 1989, S. 91)

(„Parsing" bezeichnet das Zerlegen der einzelnen Sätze des Problemtextes in seine einzelnen grammatikalischen Bestandteile.)

Der Bearbeitungsprozess wird in mehrere Stufen unterteilt, die über verschiedene Verarbeitungs- bzw. Verstehensebenen vom Problemtext und seiner Textbasis zum situationsbezogenen Antwortsatz führen.

Der Kern der sprachlich-sachlichen und mathematischen Verstehensarbeit besteht dabei im planvoll-zielgerichteten (strategischen) Aufbau einer die episodisch-sachliche Gesamtsituation handlungsnah repräsentierenden Situationsvorstellung (episodisches Situations- oder Problemmodell) und deren schrittweise mathematisierender Reduktion auf ihr abstraktes, operativ-arithmetisches Gerüst (mathematisches Problemmodell => Gleichung => numerisches Ergebnis). (Reusser, 1997, S. 151 f.)

Im Verlauf des Bearbeitungsprozesses erfolgt zunächst das

Verständnis des Aufgabentextes im engeren Sinne bzw. die Erzeugung einer *Textbasis* (Kintsch, 1974). Diese wird unter Nutzung des allgemeinen und aufgabenspezi[fi]schen Weltwissens sodann zu einem *episodischen Situations- oder Problemmodell* ausgebaut, das heißt: die durch den Aufgabentext denotierte Handlungs- oder Problemsituation wird in ihrer zeitlich-funktionalen Struktur herausgearbeitet. I[n] weiteren Schritten wird die noch konkrete Handlungs-Situationsvorstellung auf ihr mathematisch relevantes Beziehungsgerüst, das *mathematische Problemmodell*, und anschließend auf die *Gleichung* (Rechnung) reduziert, und es wird ein *numerisches Ergebnis* ermittelt. Dieses wird zuletzt in einen situationsbezogenen *Antwortsatz* eingeordnet. (Reusser, 1992, S. 230 f.)

Dabei berücksichtigt das Modell die logisch-mathematischen und die linguistisch-situationsbezogenen Erklärungsansätze zu Schwierigkeiten bei Textaufgaben und ergänzt sie um „eine zwischen Text und mathematischer Struktur vermittelnde Verständnisebene" (Reusser, 1997, S. 150), die an der Handlung orientiert ist.[4] Reusser geht davon aus, dass vollständige Mathematisierungsprozesse Strategien aus all diesen Bereichen benötigen: „Ein sprachlich vermitteltes, Weltwissen erforderndes qualitatives (bei jüngeren Kindern: konkret-handlungsnahes) Verständnis einer Situation *und* das Verständnis ihrer inhärenten logisch-mathematischen Struktur" (Reusser, 1997, S. 153, Hervorh. im Orig.). Dies liegt unter anderem darin begründet, dass für das Überführen eines Textes in eine mathematische Gleichung zum einen eine Entschlüsselung des sprachlichen Gebildes und zum anderen das Erkennen der Sachsituation mit ihrer

---

[4]Man spricht deswegen hier auch von einem linguistisch-handlungstheoretischem Modell, das „die Lücke zwischen dem Sprachverstehen und dem mathematischen Problemlösen" (Wilhelm, 2016, S. 75 f.) schließt.

lückenhaften mathematischen Tiefenstruktur erforderlich sind. Die Bearbeitung ist dabei von (sprachlichen wie situationsbezogenen) Textmerkmalen ebenso abhängig wie vom bearbeitenden Lernenden und dessen Vor- und Weltwissen sowie seinen Zielen (vgl. Reusser, 1992, S. 229). Es wird davon ausgegangen, dass zum Lösen mathematischer Textaufgaben „[s]prachliches Basiswissen, qualitatives Handlungs- und Situationswissen, mathematisches Wissen sowie Planungs- und Kontrollwissen" (Reusser, 1992, S. 232) benötigt werden.

Das Lösen einer Textaufgabe wird jedoch auch in diesem Modell nicht als linearer Prozess betrachtet, sondern

> [e]s wird im Gegenteil angenommen, dass ein Schüler, der eine mathematische Textaufgabe löst, nicht nur einzelne dieser Stufen auslassen kann (z. B. wenn er eine Schlüsselwortstrategie anwendet), sondern in der Regel auch zwischen den Verstehensebenen oszilliert wird [...]. (Reusser, 1989, S. 95)

Der im Modell in einzelne Schritte aufgeteilte Bearbeitungsprozess läuft in der Realität oft ziemlich schnell und teilweise unbewusst und intuitiv ab, sodass nicht immer alle Schritte zu erkennen sind. Sowohl für das Verständnis von Bearbeitungsprozessen als auch für das Unterrichten oder Anleiten zum Lösen von Textaufgaben ist eine solche explizite Zergliederung jedoch notwendig. In diesem Sinne versteht Reusser das Prozessmodell auch als didaktisches Handlungs- und Anleitungsmodell (Reusser, 1989, S. 112; Reusser, 1992, S. 245).

Ursprünglich ist das Prozessmodell nach Reusser für Verstehensprozesse beim Lösen elementarer Sach- oder Textaufgaben, vor allem von eingekleideten arithmetischen Textaufgaben zu Additions- und Subtraktionsaufgaben, entstanden. Es lässt sich aber mit einigen Anpassungen in der Rechenphase (vgl. Abschn. 3.2.3) auch auf mathematisch komplexere Textaufgaben übertragen (vgl. Wilhelm, 2016).

### 3.2.3 Die einzelnen Schritte im Prozessmodell nach Reusser

Im Folgenden werden die einzelnen Schritte im Prozessmodell nach Reusser einzeln erläutert. Auf dieser Basis kann das Modell zur Codierung von Textaufgabenbearbeitungsprozessen von Lernenden nutzbar gemacht werden (vgl. Abschn. 9.2.2).

*Vom Text zur Textbasis*
Der erste Schritt im Prozessmodell nach Reusser ist das Aufbauen der Textbasis
aus dem vorliegenden Text. Die Textbasis stellt eine mentale Repräsentation des
Textinhalts dar, wobei noch keine zeitlichen und funktionalen Zusammenhänge
rekonstruiert werden (Reusser, 1989, S. 138). Es geht also um die „Bedeutung der
Wörter und ihr Zueinander in den einzelnen Sätzen" (ebd., S. 94), was mit der
Frage „Was tun die Wörter miteinander im Satz?" (ebd., S. 98) zusammengefasst
werden kann. Somit ist der Aufbau der Textbasis das Verständnis des Aufgabentextes im engeren Sinne, also das Erstellen einer mentalen Repräsentation der in
den einzelnen Sätzen versprachlichten Handlungsstruktur (vgl. Reusser, 1992,
S. 238).

*Von der Textbasis zum episodischen Situationsmodell bzw. Problemmodell*
Der Weg von der Textbasis zum episodischen Situationsmodell (ESM) oder
episodischen Problemmodell (EPM) wird als Situationsverständnis bezeichnet.
Beim ESM beziehungsweise EPM handelt es sich um „eine zwischen Text und
mathematischer Struktur vermittelnde Verständnisebene [...]: die kognitive Ver-
gegenwärtigung der Aufgabensituation als episodische oder sachliche Struktur"
(Reusser, 1997, S. 150 f.). Der Unterschied zwischen einem ESM und einem
EPM besteht laut Reusser darin, dass das episodische Problemmodell bereits
auf eine Fragestellung der Textaufgabe fokussiert ist, während das episodische
Situationsmodell die Situation losgelöst von einer zu klärenden Frage beschreibt.
Für den Fall, dass keine Frage in der Aufgabenstellung genannt ist oder diese von
den Lernenden nicht berücksichtigt wird, erfolgt das Situationsverständnis über
ein fragen- oder problemloses Situationsmodell. Durch das Identifizieren einer
inhaltlich-mathematischen Lücke und „die Erzeugung einer Problemfrage wird
das ‚frage-lose' Situationsmodell (ESM) zum ‚problem-bewussten' Situationsmodell (EPM) mit mathematischer Perspektive" (Reusser, 1989, S. 195).
    Sowohl das ESM als auch das EPM erfassen die Handlungsstruktur der
gegebenen Textaufgabe als Ganzes und berücksichtigen dabei semantische,
temporale, intentionale und funktionale Situations- und Handlungszusammen-
hänge. Dafür sind die Handlungsordnung, der Protagonist, die funktionalen
Zusammenhänge und Transferrichtungen und für das EPM schließlich auch
die Fragestellung entscheidend[5]. „Das EPM entspricht somit dem mentalen

---

[5]Reusser bezeichnet die Fragen nach diesen Aspekten als Makrostrategien (Reusser, 1992,
S. 238 f.).

Bedeutungszusammenhang, den eine Person beim Verstehen einer Aufgabe in ihrem Geist vergegenwärtigt" (Reusser, 1992, S. 238).

Dieses mentale Modell entsteht durch ein Wechselspiel „der vom Autor eines Textes gemeinten bzw. von einem Leser verstandenen Situationsstruktur" (Reusser, 1989, S. 136). Dabei liegt jedoch beim Verständnis des Textes eine Intersubjektivität vor, da der Verstehenshorizont der Lernenden in der Lerngeschichte sozial vermittelt wurde (ebd.). Neben den Textelementen bestimmen somit auch das allgemeine und aufgabenspezifische Weltwissen sowie die grundsätzlichen Ansichten und Einstellungen des Lernenden das individuelle Situationsmodell (vgl. Wilhelm, 2016, S. 74).

Insgesamt lässt sich das Situationsverständnis laut Reusser mit der Frage „Was tun die Sätze miteinander im Text?" (Reusser, 1989, S. 98) zusammenfassen.

*Vom episodischen zum mathematischen Problemmodell*

Mit der Konstruktion des episodischen Problemmodells (EPM) ist der aufwendigste Teil der Verstehensarbeit abgeschlossen und die Basis für die eigentliche Mathematisierung gelegt. Diese beinhaltet im [W]esentlichen die Herausarbeitung der mathematisch-operativen Beziehungsgestalt einer Aufgabe [...]. (Reusser, 1992, S. 243)

Der erste Schritt dazu ist die Reduktion von Komplexität und die Abstraktion von in der Aufgabe beschriebenen konkreten Handlungen und Personen. Dafür werden quantitative, funktionale sowie temporale Informationen beibehalten, während lokative und attributive weggelassen werden. Es findet also eine Reduktion des Situationsmodells auf das „*abstrakte operative Gerüst*" (Reusser, 1989, S. 196, Hervorh. im Orig.) durch das Weglassen des „*mathematisch irrelevanten, episodisch-situativen Beiwerk[s]*" (ebd., Hervorh. im Orig.) statt. Es bleibt ein für die Fragestellung „*mathematisch relevante[r] Strukturkern*" (ebd., Hervorh. im Orig.) mit einer mathematischen Lücke.

Das MPM [(mathematische Problemmodell)], bei welchem auf die gesuchte mathematische Größe fokussiert wird, stellt die eigentliche Nahtstelle zwischen der situationsbezogen-qualitativen und der mathematischen Problemrepräsentation dar. Trotzdem bleibt in der abstrakt betrachteten Transferstruktur mit mathematischer Lücke die algebraische oder numerische Struktur immer noch implizit [...]. (Reusser, 1992, S. 243; Einfügung SaS)

*Vom mathematischen Problemmodell zur Verknüpfungsstruktur*
Da im mathematischen Problemmodell

> die algebraische oder numerische Struktur immer noch implizit [bleibt], [...]
> [bedarf] es eines weiteren Reduktionsschrittes [...], um diese vollends aus dem
> Handlungskontext herauszulösen, das heißt, um die *temporale Verknüpfungsstruktur*
> *von Handlungselementen in eine atemporale, rein numerische oder algebraische*
> [*bzw. i. A. innermathematische*] *Struktur zu transformieren.* (Reusser, 1992,
> S. 243 f., Hervorh. im Orig.; Einfügung SaS)

Es wird also der Kern des mathematischen Problemmodells mithilfe einer hand-
lungstheoretischen Interpretation der Operationen in den innermathematischen
Bereich übersetzt (Reusser, 1989, S. 92).

*Von der Verknüpfungsstruktur zur numerischen Antwort*
Das Ermitteln der numerischen Antwort aus der Verknüpfungsstruktur erfolgt
im Prozessmodell nach Reusser durch formale arithmetische Operationen
oder handlungsnahe Zähloperationen (Reusser, 1989, S. 92), was durch den
mathematischen Inhalt der betrachteten Aufgaben (Addition und Subtraktion)
begründet ist. Für mathematisch komplexere Inhalte wird im Folgenden allgemein von „Rechenoperationen" gesprochen, die im Bereich der Mikrostrategien (vgl. Abschn. 3.3) weiter ausdifferenziert werden.

*Von der numerischen Antwort zum Antwortsatz*
Die erhaltene numerische Lösung wird im letzten Schritt des Prozessmodells im
gegebenen Situationskontext gedeutet – es erfolgt eine *„semantische"* (Reusser,
1992, S. 245, Hervorh. im Orig.) oder „[s]ituationsfunktionale Interpretation"
(Reusser, 1989, S. 92). Diese muss in einen Antwortsatz überführt werden, wozu
noch einmal das episodische Problemmodell aktiviert und in die vorhandene
mathematische Lücke die Lösungszahl eingesetzt wird bzw. aus dem Frage-
satz ein Antwortsatz generiert wird (Reusser, 1992, S. 245). Beim mündlichen
Bearbeiten von Textaufgaben, wie beispielsweise in Interviewsituationen, ist zu
berücksichtigen, dass nicht zwingend ein Antwortsatz notiert oder ausgesprochen
wird, sondern gegebenenfalls die semantische Interpretation der numerischen
Antwort den Abschluss des Bearbeitungsprozesses darstellt.

## 3.2.4 Empirische Analysen von Bearbeitungsprozessen

Bearbeitungsprozesse und Strategienutzung sind individuell unterschiedlich, was Ashcraft zu der Anmerkung führt, dass es möglich sein muss, Strategien die typisch für einzelne Individuen oder Subgruppen sind, zu identifizieren (Ashcraft, 1990, S. 202). Oft wird die Leistung als Gruppenmerkmal betrachtet, sodass zum Beispiel erfolgreiche und nicht erfolgreiche Problemlöser verglichen werden. In Bezug auf Makrostrategien, also den gesamten Bearbeitungsprozess, sind zwei Studien zu nennen, die sich empirisch mit Bearbeitungsmustern (Krämer et al., 2012) beziehungsweise mit „individual modeling routes" (Borromeo Ferri, 2010) auseinandersetzen.

In erstgenannter Studie (Krämer et al., 2012) wurden verschiedene Bearbeitungsmuster und ihr Einfluss auf erfolgreiches Modellieren bei Aufgaben zu linearen Funktionen betrachtet. Dabei wird mit „Bearbeitungsmustern" der innermathematische Lösungsweg und die damit zusammenhängenden spezifischen Übersetzungsanforderungen zwischen Realität und Mathematik bezeichnet. Krämer et al. (2012) konnten ein algebraisch-funktionales, ein grafisches, ein inhaltliches, ein numerisches und ein exemplarisches Bearbeitungsmuster identifizieren. Das inhaltlich-argumentierende Bearbeitungsmuster führte nach einer entsprechenden Intervention zu Leistungssteigerungen beim Lösen von Aufgaben zu linearen Funktionen. Allerdings stellte es sich insgesamt als hilfreich heraus, über verschiedene Bearbeitungsmuster zu verfügen.

In der zweiten Studie (Borromeo Ferri, 2010) wurden Auswirkungen von visuellen, analytischen bzw. integrierenden Denkstilen auf individuelle Modellierungsrouten bei Lernenden der Jahrgangsstufe 10 untersucht.

[A modelling route describes an] individual modelling process on an internal or external level. The individual starts this process during a certain phase, according to his or her preferences, and then goes through different phases several times or only once, focussing on a certain phase or ignoring others. To be precise from a cognitive viewpoint, one has to speak of visible modelling routes, as one can only refer to verbal utterances or external representations for the reconstruction of the starting-point and the modelling route. (Borromeo Ferri, 2007, S. 265, Hervorh. im Orig.)

Es stellte sich heraus, dass visuelle Denker sich zunächst lange mit der realen Situation beschäftigen, während analytische Denker ihren Modellierungsprozess in der Welt der Mathematik beginnen, dann aber vermehrt Aspekte aus der Sachsituation nachlesen müssen (Borromeo Ferri, 2010). So liegt bei den visuellen Denkern ein annähernd der Darstellung des Modellierungszyklus entsprechender Bearbeitungsprozess vor, während bei analytischen Denkern viele Sprünge zu erkennen sind (ebd.). Borromeo Ferri (2010) zeigte zudem die Möglichkeit der Zuordnung von Modellierungsphasen zu konkreten Bearbeitungsprozessen und somit der Rekonstruktion individueller Modellierungsrouten auf.

Aufbauend auf diesen Ergebnissen scheint es sinnvoll, die „individuellen Prozessverlaufsrouten" von Lernenden bei der Bearbeitung von Textaufgaben zu analysieren.

## 3.3    Bearbeitungsstrategien auf Mikroebene

Im gesamten Bearbeitungsprozess werden in und zwischen den einzelnen Phasen der Bearbeitung verschiedene Strategien, hier als Mikrostrategien bezeichnet, eingesetzt. Die in verschiedenen Studien benannten oder antizipierten Strategien werden in diesem Abschnitt dargestellt und strukturiert. Dabei sind eine Vielzahl an Strategien zu numerischen Textaufgaben (v. a. Addition und Subtraktion) bekannt und deutlich weniger zu fortgeschritteneren mathematischen Inhaltsbereichen (vgl. Gasteiger & Paluka-Grahm, 2013, S. 2). Zudem beschäftigen sich weniger Studien mit erfolgreichen, zur Lösung einer Aufgabe führenden Strategien als mit nicht-erfolgreichen Strategien oder Strategien bei mehrschrittigen Aufgaben (Prediger & Krägeloh, 2015a). Manchmal werden von den Forschenden ausgehend von notierten Rechenwegen oder gezeigten Vorgehensweisen Rückschlüsse auf den dahinterliegenden Plan und die Strategien der Lernenden gezogen, sodass in diesem Fall eher von normativen Strategien geredet werden müsste (Kleine & Jordan, 2007, S. 210). Strategien scheinen eher bereichsspezifisch und nicht automatisch von einem auf andere Inhaltsbereiche übertragbar zu sein (Schukajlow & Leiss, 2011).

Zunächst werden verschiedene Klassifikationen von Mikrostrategien dargestellt, die sich an Lernstrategien, mathematikspezifischen Rechenstrategien und den Phasen im Prozessmodell nach Reusser orientieren (Abschn. 3.3.1)[6]. Es folgt eine Betrachtung empirischer Analysen von Mikrostrategien (Abschn. 3.3.2).

### 3.3.1 Verschiedene Klassifikationen von Mikrostrategien

Bei einer Klassifikation von Mikrostrategien ist eine Orientierung an Lernstrategien (vgl. Schukajlow & Leiss, 2011, S. 55 f.)[7] möglich, die ursprünglich Verhaltensweisen und Gedanken zur Beeinflussung der Motivation und des Prozesses des Wissenserwerbs beschreiben. Diese unterteilen sich in kognitive Strategien der Informationsaufnahme und -verarbeitung, metakognitive Strategien, die die Auswahl und den Einsatz der kognitiven inhaltsverarbeitenden Strategien steuern, und Strategien des Ressourcenmanagements, die den Lernprozess im Allgemeinen steuern (z. B. die Gestaltung des Arbeitsplatzes). Für die Bearbeitung von Textaufgaben sind vor allem die ersten beiden relevant, da Textaufgaben keine spezifischen Anforderungen an ein Ressourcenmanagement stellen, während Informationsaufnahme und -verarbeitung sowie die Auswahl und der Einsatz von Strategien auch für das Lösen von Textaufgaben erforderlich sind. Kognitive Strategien setzen sich aus Wiederholungs-, Elaborations- und Organisationsstrategien zusammen. Wiederholungsstrategien bei der Bearbeitung von Textaufgaben sind das wiederholte Lesen oder das Unterstreichen oder Ausschreiben von Angaben (Notizen). Diese Strategien helfen beim Erstellen eines adäquaten Situationsmodells, der Identifizierung der zentralen Fragestellung, der Wahl lösungsrelevanter Informationen und Angaben. Elaborationsstrategien dienen dem Verknüpfen neuer Informationen mit dem Vorwissen. Konkret zeigt sich dies im Suchen von Analogien zum Beispiel mit anderen Aufgaben oder in der Suche nach einem passenden Modell. Diese Strategien sind vor allem beim Mathematisieren und mathematischen Arbeiten sinnvoll. Organisationsstrategien dienen einer besseren Strukturierung. Ein klassisches Beispiel ist hier das Anfertigen einer Skizze, die beim Erkennen von Zusammenhängen und Bilden des Situationsmodells unterstützt. Zu den metakognitiven Strategien zählen Planungs-, Kontroll- und Regulationsstrategien. Planungsstrategien, wie

---

[6]Auch die in Kapitel 4 theoretisch fundierten oberflächlichen Bearbeitungsstrategien lassen sich den Mikrostrategien zuordnen.

[7]Für die folgenden Ausführungen vergleiche Schukajlow und Leiss (2011, S. 55 f.). Dort finden sich auch Literaturangaben zu den Ursprüngen der Lernstrategien und ihrer Einteilung sowie zu Studien zu deren Anwendung bei Mathematikaufgaben.

das Erstellen eines Plans für den Lösungsprozess, dienen der Erkennung von Sackgassen und helfen Bearbeitungszeitverlängerungen sowie motivationale Rückschläge zu vermeiden. Kontrollstrategien, wie die Kontrolle von Zwischen- und Endergebnissen, dienen dem Wahrnehmen von Fehlern, dem kritischen Hinterfragen der Lösung sowie dem Erstellen von elaborierteren Lösungen. Regulationsstrategien beschreiben die Korrektur von Lösungswegen durch die Lernenden selbst.

Explizit mathematikspezifische Strategien zeigen sich in Form von Rechenstrategien. Dazu zählen zum Beispiel konkrete Strategien für Multiplikationsaufgaben, wie die sukzessive Addition, die Nutzung von Tausch- oder Nachbaraufgaben oder die Zerlegung der Faktoren (Gasteiger & Paluka-Grahm, 2013, S. 8 f.). Im Bereich von Aufgaben zur Proportionalität identifizieren Kleine und Jordan (2007) die drei Strategien Proportionalitätsschluss (Dreisatzrechnungen und vergleichbare Ansätze), Operator (funktionales Vorgehen, v. a. unter Gebrauch eines Proportionalitätsfaktors) und sonstige Strategien. Stillman und Galbraith (1998) beobachten bei einer Problemlöseaufgabe verschiedene Strategien, unter anderem numerisches Vorgehen, trial & improvement oder Schätzen. Rechenstrategien sind also je nach mathematischem Thema und Aufgabe unterschiedlich, beschreiben aber im Allgemeinen immer verschiedene Rechenwege, um eine Aufgabe zu lösen. Konkrete Rechenstrategien für die in dieser Studie eingesetzten Aufgaben werden in Kapitel 8 beschrieben.

Weitere Strategien werden isoliert genannt, jedoch nicht klassifiziert, sodass diese im Folgenden anhand des Verlaufs eines Bearbeitungsprozesses im Prozessmodell nach Reusser aufgeführt werden. Zunächst gibt es verschiedene Lesestrategien, wie das Finden relevanter Informationen (Prediger & Krägeloh, 2015a) oder mehrfaches Lesen (Stillman & Galbraith, 1998, S. 173), auch im Sinne von orientierendem, genauem, selektivem, worterschließendem, kritischem und rückversicherndem Lesen (Franke & Ruwisch, 2010, S. 99 f.). Teil dieser Lesestrategien beim Bearbeiten von Textaufgaben können Strategien wie das Fokussieren des Verbs oder die Nutzung von W-Fragen sein (Frank & Gürsoy, 2014, S. 37). Zu berücksichtigen ist, dass sich allgemeine Lesestrategien aufgrund der anderen Beschaffenheit von Textaufgaben im Vergleich zum Beispiel zu literarischen Texten (vgl. Abschn. 2.2.3) nicht einfach übertragen lassen. Beim Erstellen des Situations- bzw. des mathematischen Modells helfen Strategien wie das Identifizieren von Bedeutungen, Zusammenhängen und Beziehungen von Informationen (Prediger & Krägeloh, 2015a), das Paraphrasieren (Krawec, 2014), das Unterstreichen oder Herausschreiben sowie grafische Unterstützungen wie Diagramme, Tabellen oder

Situationsskizzen (Franke & Ruwisch, 2010, S. 100 ff.; Ishida, 2002, S. 50; Stillman & Galbraith, 1998, S. 173). Beim Mathematisieren und mathematischen Arbeiten kommen neben Rechenstrategien Strategien wie Zählen oder Anwenden gelernter Methoden („approach-strategies" (Threlfall, 2009, S. 541)), Aufdecken von Zahlenrelationen, Aufstellen eines mathematischen Ausdrucks, Finden von Mustern oder Analogien, Nutzen von Tabellen oder Diagrammen, zufälliges oder systematisches Ausprobieren, das Nutzen von Hilfsmitteln, die Einteilung in mehrere Schritte oder systematisches Vorwärts- bzw. Vorwärts- und Rückwärtsarbeiten zum Einsatz (Franke & Ruwisch, 2010, S. 101 ff.; Ishida, 2002, S. 50; Prediger & Krägeloh, 2015a; Stillman & Galbraith, 1998, S. 173; Threlfall, 2009, S. 541 ff.). Nicht-erfolgreiche Strategien aus diesem Bereich, die Schwierigkeiten (vgl. Abschn. 3.4) auslösen können, sind der ausschließliche Fokus auf Zahlen, Schlüsselwortstrategien, das Ausführen von gerade im Unterricht thematisierten Operationen, das Verknüpfen der Zahlen entsprechend der Textreihenfolge, ein Losarbeiten ohne Planung sowie ein zielloses Vorwärtsarbeiten (Prediger & Krägeloh, 2015a). Auf solche Strategien wird unter dem Schlagwort „oberflächliche Bearbeitungsstrategien" in Kapitel 4 gesondert und detailliert eingegangen. Abgesehen von den metakognitiven Strategien Kontrolle und Regulation werden keine weiteren Strategien zur Bearbeitungsphase des Validierens und Interpretierens in der Literatur angeführt.

## 3.3.2  Empirische Analysen von Mikrostrategien

Beim Identifizieren und Analysieren jeglicher Strategien ist zu beachten, dass Lernende nicht immer alle angewandten Strategien explizit zeigen oder auch andere Strategien benennen, als sie genutzt haben. Oft erachten Lernende Strategien als wichtig, wenden sie jedoch im eigenen Bearbeitungsprozess nicht an. Dies kann daran liegen, dass sie möglichst schnell die Aufgabe lösen möchten und somit schnelle und für sie effiziente Strategien auswählen (Ishida, 2002). Ein anderes Auswahlkriterium kann sein, dass sie leichte, für sie selbst gut verständliche Strategien anwenden, auch wenn diese nicht immer optimal sind (ebd.). Zudem werden oft vor allem vertraute und oft geübte Strategien benutzt, da neue Strategien eine erhöhte kognitive Belastung darstellen (Schukajlow & Leiss, 2011, S. 62). Grundsätzlich ist die Wahl der Strategie dabei immer von Vorlieben der Lernenden, aber auch dem Einfluss des Unterrichts und sozialer Erwünschtheit abhängig (Ishida, 2002).

Insgesamt zeigen sich Zusammenhänge zwischen der Strategiewahl, der Aufgabenstellung und dem Individuum (Gasteiger & Paluka-Grahm, 2013), aber auch mit dem Leistungserfolg. So scheinen Lernende im unteren Leistungsbereich bei Aufgaben zur Proportionalität eher individuelle oder nicht erkennbare Strategien zu nutzen, während Lernende im oberen Leistungsbereich eher die Operatorstrategie anwenden (Kleine & Jordan, 2007). Der Proportionalitätsschluss wird von allen Lernenden selten verwendet (ebd.). Grundsätzlich scheint eine erfolgreiche Bearbeitung mit einer hohen Anzahl an metakognitiven Strategien, vor allem der Strategien Kontrolle und Regulation, sowie mit Organisationsstrategien zusammenzuhängen (Stillman & Galbraith, 1998). Planungsstrategien werden deutlich seltener eingesetzt als Kontroll-, Elaborations-, Wiederholungs-, und Organisationsstrategien (Schukajlow & Leiss, 2011, S. 65 ff.). Die verschiedenen in Studien berichteten Befunde zu Korrelationen zwischen der Strategiewahl und dem Erfolg der Bearbeitung sind jedoch uneinheitlich (Schukajlow & Leiss, 2011, S. 56).

## 3.4 Schwierigkeitsgenerierende Merkmale und Schwierigkeiten beim Bearbeiten von Textaufgaben

Oft wird darauf hingewiesen (auch wenn es sich eher um Rezeptionen als Replikationen handelt), dass Lernende arithmetische Textaufgaben deutlich (bis zu 30 %) schlechter lösen als strukturgleiche innermathematische Aufgaben (Reusser, 1997, S. 142). Ähnlich ist die Beobachtung zu verstehen, dass nachdem in einer Abschlussprüfung der Anteil an Textaufgaben deutlich erhöht wurde, die Durchschnittsnoten deutlich schlechter wurden (Prediger, 2010, S. 174 f.). Dies rief bei Lehrkräften Reaktionen, wie „Textaufgaben sind halt schwer" (zitiert in Prediger, 2010, S. 174, Hervorh. im Orig.) hervor. Eine differenziertere Antwort liefert die mathematikdidaktische Forschung mit ihrer Suche nach schwierigkeitsgenerierenden Merkmalen (Abschn. 3.4.1), die in älterer Literatur als schwierigkeitssteigernde Faktoren bezeichnet werden (Franke & Ruwisch, 2010, S. 80), sowie mit der Beschreibung von Schwierigkeiten, die bei der Bearbeitung durch die Lernenden auftreten (Abschn. 3.4.2). Mit Hinblick auf die Studie dieser Arbeit ist zu berücksichtigen, dass der Fokus der bisherigen Forschung zu Textaufgaben meist auf einschrittigen arithmetischen Problemen auf Grundschulniveau liegt.

## 3.4.1 Schwierigkeitsgenerierende Merkmale von Textaufgaben

Erste Ergebnisse zu den Ursachen für Schwierigkeiten beim Lösen von Textaufgaben stammen aus den 1980er Jahren (vgl. die Ausführungen zu entsprechenden Modellen des Textaufgabenbearbeitungsprozesses in Abschn. 3.2.1) und verorten diese auf der *lexikalisch-syntaktischen, situations- und sprachverstehenden* bzw. *quantitativ-numerischen* Ebene (Reusser, 1997, S. 153). Diese Unterscheidung wurde von Franke und Ruwisch (2010, S. 79 ff.) und nachfolgend von Prediger und Krägeloh (2015a) leicht abgeändert aufgegriffen. Die *lexikalisch-syntaktische*, auch als sprachlich-syntaktisch bezeichnete Ebene (Franke & Ruwisch, 2010, S. 80), bezieht sich auf Schwierigkeiten, die sich durch die sprachliche Gestaltung der Aufgabe ergeben. Die *situations- und sprachverstehende*, auch sachlich-semantische Ebene (ebd.) genannt, bezieht sich auf Erfahrungen der Lernenden zu gegebenem Sachverhalt. Die *quantitativ-numerische* Ebene nimmt mathematische Faktoren wie die Anzahl der Rechenschritte in den Blick. Die drei Ebenen können aber auch im Wechselspiel miteinander Schwierigkeiten hervorrufen (ebd., S. 80 f.).

Reusser (1997) zieht eine Bilanz der in verschiedenen Studien auf den oben genannten Ebenen untersuchten schwierigkeitsgenerierenden Merkmale. Er synthetisiert die Merkmale Aufgabenlänge, lexikalisch-syntaktische Komplexität, Art und Anzahl der erforderlichen Operationen, Präsentationsreihenfolge der Zahleninformationen, Schlüsselwörter, die semantische Einkleidung sowie die kontextuelle Einbettung (Reusser, 1997, S. 142 f.). Er stellt fest, dass die Merkmale nicht eindeutig schwierigkeitsgenerierend sind und es somit „wenig Sinn macht, nach dem oder den hauptverantwortlichen logisch-mathematischen, lexikalischen, syntaktischen, semantischen oder kontextuellen Schwierigkeitsfaktor(en) zu suchen" (Reusser, 1997, S. 143).

## 3.4.2 Verschiedene Klassifikationen von Schwierigkeiten beim Lösen von Textaufgaben

Die Schwierigkeiten lassen sich nicht nur nach ihren Ursachen, sondern auch anhand ihrer Verortung im Bearbeitungsprozess klassifizieren. Dies erfolgt über eine Orientierung an den Modellierungszyklen beziehungsweise Prozessmodellen (die folgenden Ausführungen beruhen auf den Erläuterungen in Franke und

Ruwisch (2010, S. 85 ff.) und Galbraith und Stillmann (2006)). Zunächst können Schwierigkeiten beim kognitiv sehr anspruchsvollen Prozessschritt des *Aufbaus des Situationsmodells* entstehen. So kann beispielsweise die hohe Informationsdichte im Text zu anderen Interpretationen führen, die zeitliche Abfolge anders interpretiert werden, oder es mangelt an Beziehungen zwischen der Situation und konkreten Handlungsvorstellungen. Auch Leseschwierigkeiten schlagen sich hier nieder. Ebenso lässt sich der von Krawec (2014) benannte Aspekt falscher visueller Repräsentationen den Schwierigkeiten beim Erstellen des Situationsmodells zuordnen. Als zweiter Schwierigkeitsbereich wird die *Überführung des Situationsmodells ins mathematische Modell* genannt. Hier können Fehler durch die Konzentration auf ausschließlich syntaktische Merkmale, eine ausschließliche Formalisierung der lösungsrelevanten Informationen in Leserichtung oder die Orientierung an Signalwörtern ohne hinreichendes Einbeziehen des semantischen Kontextes entstehen. Drittens kann die *Umsetzung des mathematischen Modells*, also die Erstellung der mathematischen Lösung, zu einer Hürde werden. Hierbei handelt es sich um Rechenfehler, weshalb diese Hürde nicht spezifisch für Textaufgaben ist. Viertens können *Fehler bei der Deutung und bei der Validierung des Ergebnisses* entstehen (bei Galbraith und Stillman (2006) werden diese als zwei getrennte Hürden betrachtet), die oft aus Fehlern beim Umsetzen des mathematischen Modells resultieren und inadäquate Deutungen tragfähiger oder nicht tragfähiger Lösungen darstellen. Grundsätzlich sind auch diese Hürden nicht isoliert voneinander, sondern als kombinierbar und miteinander zusammenhängend zu betrachten.[8]

Eine weitere Klassifikation existiert in Form von vier Fehlertypen, die beim Lösen von Textaufgaben auftreten können (Franke & Ruwisch, 2010, S. 95 ff.). Der erste sind *Identifikationsfehler*, die entstehen können, wenn Aufgaben alle gleich gelöst werden, so gelöst werden, wie kürzlich im Unterricht behandelt, oder durch eine Orientierung an Signalwörtern oder irrelevanten Angaben. Der zweite Fehlertyp meint *Fehler beim Strukturieren und Übertragen vom Situations- zum mathematischen Modell*. Ursache können eine nicht lösungskonforme Reihenfolge der Zahlenangaben im Text, das Einbeziehen oder Nichteinbeziehen von Teillösungen sowie regelwidrige Verknüpfungen sein. Der dritte Fehlertyp sind *fehlerhafte Verkürzungen* bei mehrschrittigen Aufgaben (vgl. auch Prediger & Krägeloh, 2015a), die durch Verlesen, Überlesen,

---

[8]Galbraith und Stillman (2006) differenzieren die einzelnen Hürden in mehrere Aktivitäten aus und erstellen so ein detailliertes Analysewerkzeug, das sie an einigen Aufgaben erproben.

unvollständiges Erfassen der Situation, das Vergessen relevanter Informationen oder Beziehungen und das frühzeitige Beenden nach Teillösungen entstehen können. Der vierte Fehlertyp beinhaltet *Fehler bei der verbalen Antwort*, die durch ein Nichtbeachten der Fragestellung, eine fehlende Interpretation wegen mangelnden Alltags- oder Sachwissens oder wegen eines fehlenden oder falschen Bezugs zur Sachsituation hervorgerufen werden können.

Prediger (2010) beschreibt verschiedene fachdidaktische Zugangsarten zum Umgang mit Schwierigkeiten bei Textaufgaben und benennt dabei drei Arten von Schwierigkeiten. Zum einen sind dies *Leseschwierigkeiten*, die die Sinnentnahme aus dem Aufgabentext erschweren. Zum anderen handelt es sich um eine *fehlende Aktivierung von passenden Grundvorstellungen*, die zur Wahl der falschen Operation führt. Als weitere Schwierigkeiten wird das *Erstellen eines nicht-adäquaten Situationsmodells und die fehlende Validierung der Ergebnisse* benannt, was unter anderem dadurch bedingt ist, dass bei vielen Aufgaben keine realistischen Überlegungen notwendig sind (vgl. Kap. 4).

Weitere benannte unklassifizierte Hürden sind Nicht-Bearbeitungen (Prediger & Krägeloh, 2015a) sowie algebraische Umformungen, Problemlöseanteile, hohe Modellierungsanteile, Verbalisierungsanforderungen und fehlende Erwartungstransparenz (Wilhelm, 2016, S. 295).

Die verschiedenen dargestellten Klassifikationen von Schwierigkeiten, die aus langjähriger empirischer Forschung zu Hürden bei Textaufgaben entstanden sind, überschneiden sich teilweise. Prediger und Krägeloh (2015b, S. 948) fassen sie zusammen und benennen als die drei Hauptursachen für Schwierigkeiten *konzeptuelle Hürden*, *Verständnishürden* und den *Habitus einer oberflächlichen Modellierung* („*habitual obstacles of superficial modeling*" (ebd., Hervorh. im Orig.). *Konzeptuelle Hürden* treten bei Bearbeitungsschritten auf, die ein konzeptuelles Verständnis, also Grundvorstellungen, verlangen. *Verständnishürden* umfassen gleicherweise Lese- und mathematische Verstehensschwierigkeiten und lassen sich vor allem in den ersten Prozessschritten verorten. Leseschwierigkeiten können in Probleme auf Wort-, Satz und Textebene unterteilt werden (Wilhelm, 2016, S. 52 ff.). Mit dem *Habitus einer oberflächlichen Modellierung* sind die Ergebnisse zu Schlüsselwortstrategien, sinnlosen Problemen und fehlender Authentizität zusammengefasst. Dies stellt einen ersten Zugriff auf das Konstrukt Oberflächlichkeit dar und wird in Kapitel 4 systematisch aufgearbeitet.

## 3.5 Bearbeitungsstrategien bei Textaufgaben unter dem Einfluss von Sprachkompetenz

Leseschwierigkeiten, konzeptuelle und prozessuale Schwierigkeiten lassen sich zum einen im Prozessverlauf einer Bearbeitung verorten (vgl. Abschn. 3.4.2), zum anderen wurden die entsprechenden Hürden als potenzielle Erklärungsansätze des Zusammenhangs zwischen Sprachkompetenz und Mathematikleistung diskutiert (vgl. Abschn. 2.3.3). Insofern ist zu vermuten, dass empirische Zusammenhänge zwischen Sprachkompetenz und Bearbeitungsstrategien und -schwierigkeiten bestehen. Deshalb werden zunächst die zuvor als Erklärungsansatz benannten spezifischen Hürden sprachlich schwacher Lernender[9] beim Lösen von Textaufgaben genauer erläutert (Abschn. 3.5.1), bevor die Zusammenhänge von Sprachkompetenz mit Bearbeitungsstrategien auf Ebene der Makrostrategien (Abschn. 3.5.2) und anschließend auf Ebene der Mikrostrategien (Abschn. 3.5.3) beleuchtet werden. Bereits vorab ist anzumerken, dass der Forschungsstand zu Zusammenhängen zwischen Sprachkompetenz und Bearbeitungsstrategien äußerst gering ist und es sich somit primär um nicht überprüfte Vermutungen beziehungsweise erste, teilweise noch uneinheitliche und noch nicht replizierte Ergebnisse handelt.

### 3.5.1 Zusammenhang zwischen Sprachkompetenz und Schwierigkeiten beim Lösen von Textaufgaben

Wie in Abschnitt 3.4 dargestellt kann das Lösen von Textaufgaben allen Lernenden Schwierigkeiten bereiten. Gerade für sprachlich schwache Lernende wirken sich einige dieser Schwierigkeiten jedoch besonders stark aus, sodass sie auch als Erklärungsansätze für den Zusammenhang zwischen Sprachkompetenz und Mathematikleistung gelten (vgl. Abschn. 2.3.3).

Bezüglich schwierigkeitsgenerierender Aufgabenmerkmale lässt sich festhalten, dass die Erkenntnislage dazu unabhängig von der Sprachkompetenz der Lernenden bereits uneinheitlich ist (vgl. Abschn. 3.4). Gleiches gilt auch für die

---

[9]Die Bezeichnung von Lernenden als *sprachlich schwach* erfolgt dabei in den meisten Studien nach einer sozialnormbezogenen Einteilung (Hälfte, Drittel-Perzentile, o. Ä.) gemäß dem Ergebnis in einem C-Test (vgl. Abschn. 7.1.2). Im englischen Sprachraum wird oft eine Unterteilung gemäß Sprachtest in „English learners" und „English proficient" vorgenommen.

Betrachtung bei sprachlich schwachen Lernenden. Zwar wurde für die englische Sprache teilweise festgestellt, dass sprachliche Vereinfachungen im Aufgabentext für sprachlich schwache Lernende, die die englische Sprache nicht hinreichend beherrschten, zu Steigerungen der Lösungshäufigkeiten führten (Abedi & Lord, 2001). Dies spricht dafür, dass sprachliche Komplexität ein schwierigkeitsgenerierender Faktor ist. Allerdings sind die Effekte relativ gering (Paetsch, 2016, S. 199). Dies zeigte sich auch in zwei experimentellen Studien, in der die sprachliche Komplexität der Aufgaben variiert wurde, und sich keine oder nur sehr kleine Effekte auf die Lösungshäufigkeit zeigten (Plath & Leiss, 2018; Schlager et al., 2017) und darin, dass Items mit hohen Anforderungen an die Decodierung des Textes keine besonderen Schwierigkeiten darstellten (Wilhelm, 2016, S. 294). Weitere schwierigkeitsgenerierende Merkmale für sprachlich schwache Lernende (gemäß C-Test) scheinen ein hoher Problemlöseanteil, Verbalisierungsanforderungen, eine Offenheit des Lösungswegs, eine hohe Informationsdichte sowie eine geringe Erwartungstransparenz zu sein (Wilhelm, 2016, S. 295 f.).

Die Forschungsergebnisse zu Schwierigkeiten beim Bearbeiten von Textaufgaben haben Prediger und Krägeloh (2015b, S. 948) zusammengefasst in die drei Hauptursachen *konzeptuelle Hürden, Habitus einer oberflächlichen Modellierung* und *Verständnishürden* (vgl. Abschn. 3.4.2). Von diesen dreien konnten für die erste und die dritte bereits vor allem qualitativ gezeigt werden, dass diese insbesondere bei sprachlich schwachen Lernenden vorkommen. Viele Studien gehen davon aus, dass Schwierigkeiten für (insbesondere mehrsprachige) sprachlich schwache Lernende beim Lösen von Textaufgaben vor allem im Textverständnis zu verorten sind (Duarte et al., 2011; Kaiser & Schwarz, 2009), dass also sprachlich schwache Lernende vermehrt *Verständnishürden* begegnen. Dazu zählen auch Leseschwierigkeiten bei der Texterschließung, die vor allem von Präpositionen und komplexen Satzstrukturen (Grießhaber, 1999; Gürsoy, 2016) auf Wort-, Satz- und Textebene hervorgerufen werden (Wilhelm, 2016, S. 296 f.). Doch andererseits stellen bei komplexeren Inhaltsbereichen wie der Prozentrechnung oder Themen, die in den ZP10 vorkommen, *konzeptuelle Hürden* eine stärkere Problematik dar als Hürden im Textverständnis (Pöhler, Prediger & Weinert, 2015; Wilhelm, 2016, S. 294). Zu konzeptuellen Hürden zählen das Bilden eines Situationsmodells sowie die fehlende Aktivierung angemessener Grundvorstellungen (Wilhelm, 2016, S. 296 f.). Rechenfehler hingegen sind für sprachlich schwache Lernende (gemäß C-Test) nicht vermehrt zu erwarten (Prediger et al., 2015, S. 94).

Insgesamt scheinen Schwierigkeiten, die für alle Lernenden existieren, insbesondere für sprachlich schwache Lernende Hürden darzustellen. Dies wurde vor allem qualitativ gezeigt, während signifikante Auswirkungen auf die Mathematikleistung eher uneinheitlich sind bzw. nicht systematisch vorliegen (vgl. Abschn. 2.3.3). Insofern sind die spezifischen Hürden für sprachlich schwache Lernende zwar in der Analyse von Bearbeitungsprozessen zu berücksichtigen, jedoch bieten sie keine hinreichende Erklärung des Zusammenhangs zwischen Sprachkompetenz und Mathematikleistung. Inwiefern die von Prediger und Krägeloh (2015b, S. 948) identifizierte Hürde der *oberflächlichen Modellierung* eine besondere Bedeutung für sprachlich schwache Lernende darstellt, ist bislang noch unklar, da dieses Phänomen bisher weder als theoretisches Konstrukt fundiert noch im Zusammenhang mit Sprachkompetenz untersucht wurde. Dies wird in dieser Arbeit erfolgen, indem in Kapitel 4 das Konstrukt „Oberflächlichkeit" theoretisch fundiert und in den Teilen IV und V empirische Ergebnisse zu diesem Konstrukt und seinem Zusammenhang mit Sprachkompetenz erläutert und diskutiert werden.

### 3.5.2 Zusammenhang zwischen Sprachkompetenz und Makrostrategien

Da vor allem sprachlich schwache Lernende Hürden im Bearbeitungsprozess von Textaufgaben erfahren, müssten Unterschiede in Abhängigkeit von der Sprachkompetenz in den Makrostrategien im Sinne des gesamten Bearbeitungsprozesses nach Reusser bestehen.

Diese Vermutung wird gestützt durch Analysen von Wilhelm (2016), die die in Bearbeitungsprozessen identifizierten Schwierigkeiten von sprachlich schwachen Lernenden (vgl. Abschn. 3.5.1) in das Prozessmodell nach Reusser eingeordnet hat (vgl. Abb. 3.2 (Wilhelm, 2016, S. 297)).

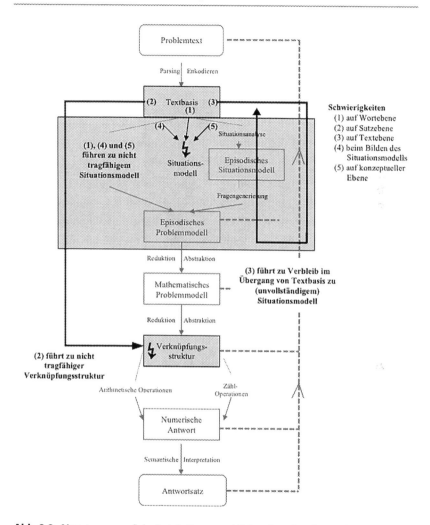

**Abb. 3.2** Verortung von Schwierigkeiten sprachlich schwacher Lernender im Prozessmodell nach Reusser (Wilhelm, 2016, S. 297)

Aus dieser Einordnung leitet Wilhelm Abweichungen der entsprechenden Bearbeitungsprozesse von dem im Prozessmodell nach Reusser dargestellten Verlauf ab (Wilhelm, 2016, S. 297): Schwierigkeiten auf Wortebene, beim Bilden des Situationsmodells oder auf konzeptueller Ebene führen von der Textbasis zu einem nicht tragfähigen Situationsmodell. Schwierigkeiten auf Satzebene führen zu einer nicht tragfähigen Verknüpfungsstruktur. Schwierigkeiten auf Textebene führen zu einem Verbleib im Übergang von der Textbasis zu einem (unvollständigen) Situationsmodell.

Diese Beobachtungen von Wilhelm (2016) lassen die Hypothese zu, dass die Bearbeitungsprozesse von sprachlich schwachen und sprachlich starken Lernenden, analysiert mithilfe des Prozessmodells nach Reusser, sich substanziell unterscheiden müssten. Diese Hypothese wurde bisher in der mathematikdidaktischen Forschung noch nicht empirisch untersucht. Allerdings wurde dies im Rahmen eines ersten Zugangs zum erkenntnisleitenden Interesse der vorliegenden Dissertation an aus dem Projekt ZP10-Exp vorliegenden videographierten Bearbeitungsprozessen betrachtet, in denen Lernende Textaufgaben nach der Methode des Lauten Denkens bearbeiteten (Schlager, 2017b). „Analysen der Makro[p]rozesse der Bearbeitungen zeigten, dass Sprachschwache mehr Zeit für Textverständnis und Rechenoperationen verwendeten, Sprachstarke hingegen für die Ausbildung eines Modells und die Mathematisierung" (Schlager, 2017b, S. 848). Erstellte Prozessverlaufsdiagramme (vgl. Abschn. 9.2.2, 10.1) wiesen ein augenscheinlich unterschiedliches Aussehen auf (vgl. Schlager, 2017a)[10].

### 3.5.3 Zusammenhang zwischen Sprachkompetenz und Mikrostrategien

Sprachkompetenz kann auch die Auswahl bzw. den Einsatz von Mikrostrategien (vgl. Abschn. 3.3) beim Lösen von Textaufgaben beeinflussen. Da dazu bislang wenig Forschung vorliegt, wird der Blick geweitet, sodass Erkenntnisse zum Zusammenhang zwischen Sprachkompetenz und Strategienutzung bei verschiedenen Aufgabentypen dargelegt werden.

Theoretisch wurde der Zusammenhang zwischen Sprachkompetenz und mathematischen Strategien in Überlegungen zur hypothetischen Rolle von Erklärungen, die einen Rückschluss auf mathematisches Verstehen zulassen, von

---

[10]Dass es grundsätzlich möglich ist, Prozessverläufe verschiedener Gruppen zu vergleichen, zeigen die Analysen von individuellen Modellierungsrouten von Borromeo-Ferri (2010).

Bailey et al. (2015, S. 8) betrachtet (vgl. Abb. 3.3). Dabei wird der Einfluss von Klassenstufe, Geschlecht, mathematischer und sprachlicher Kompetenz, Lerngelegenheiten und mathematischer Strategienutzung berücksichtigt. Bailey et al. (2015) gehen in ihrem Modell von einem Einfluss der Sprachkompetenz auf mathematische Strategien aus, der über die Lerngelegenheiten (vgl. Abschn. 2.3.3) vermittelt wird (vgl. den weiß hinterlegten Ausschnitt in Abb. 3.3[11]).

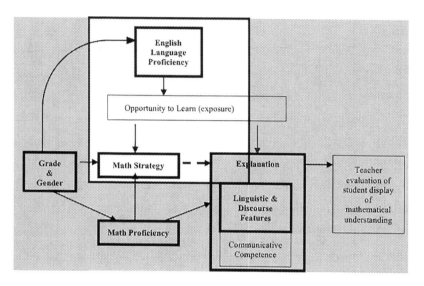

**Abb. 3.3**  Einfluss von Sprachkompetenz auf mathematische Strategien – Hervorhebung in grau und weiß durch die Autorin SaS auf dem Diagramm von Bailey et al. (2015, S. 8)

In ihrer empirischen Studie ließen Bailey et al. (2015) „English only" bzw. „English proficient" („EO/P"), also sprachlich starke Lernende, und „English learners" („EL"), also sprachlich schwache Lernende, aus dem Kindergarten, der 3. Klasse und der 5. Klasse[12] in einer materialbasierten Aufgabe die Anzahl einer gegebenen Menge bunter Steckwürfel bestimmen und ihre Strategie mündlich

---

[11]Zur Verdeutlichung, dass Bailey et al. (2015) in ihrem Modell von einem Einfluss der Sprachkompetenz auf mathematische Strategien ausgehen, wurde der für diese Annahme entscheidende Bereich von der Autorin der vorliegenden Arbeit weiß hervorgehoben, während der Rest grau hinterlegt wurde.

[12]Die Kindergartenkinder waren im Durchschnitt 6 Jahre alt, die Lernenden der 3. Klasse waren 8 oder 9 Jahre alt und die Lernenden der 5. Klasse 10 oder 11 Jahre alt.

erklären. Verwendete Strategien waren dabei das Abzählen der Steckwürfel, das Gruppieren und anschließende Berechnen mithilfe von Zählen und der Addition bzw. das Gruppieren und anschließende Berechnen mithilfe von Zählen und der Multiplikation. Die Analysen zeigten nur wenige Unterschiede in Abhängigkeit vom Sprachstatus (Bailey et al., 2015, S. 6): „We could not reject the null hypothesis that proportions of students in the two EL status groups were the same for the three mathematical problem-solving strategies" (ebd., S. 15). Allerdings gab es (nur) bei den Drittklässlern den signifikanten Unterschied, dass konzeptuell einfachere Abzählstrategien statistisch signifikant häufiger von sprachlich schwachen Englischlernenden angewandt wurden, während konzeptuell anspruchsvollere Additions- und Multiplikationsstrategien (zusammengefasst) statistisch signifikant häufiger von sprachlich starken Lernenden verwendet wurden:

> However, when addition and multiplication strategies were collapsed providing more statistical power (and conceptually both more demanding than counting due to additional operations), there was a significant association between EL status and strategy used. When viewed across grade levels separately, we found that only at 3rd grade was the association between EL status and mathematical strategy significant; the majority of EL 3rd graders used counting, whereas EO/P 3rd graders preferred addition or multiplication. (Bailey et al., 2015, S. 15)

Im Rahmen eines ersten Zugang zum erkenntnisleitenden Interesse der vorliegenden Dissertation wurden Schriftprodukte aus dem Projekt ZP10-Exp (Schlager et al., 2017) zu einer Textaufgabe zur Proportionalität (Badewanne, vgl. Abschn. 8.3) und zwei Textaufgaben zum exponentiellen Wachstum (Gerücht, vgl. Abschn. 8.5; Frikadelle) hinsichtlich sprachlich bedingter Unterschiede im Strategieeinsatz untersucht.

> Analysen der Mikroprozesse bei den verschiedenen Aufgaben zeigten, dass mehr sprachschwache Lernende Informationen im Aufgabentext markierten […]. Zudem […] [zeigten] mehr sprachschwache Lernende […] Bearbeitungen mit falschen Rechentermen. Bei den Aufgaben zum exponentiellen Wachstum lösten Sprachschwache die Aufgaben eher durch schrittweise Vervielfachung, während Sprachstarke eher Potenzen verwendeten. (Schlager, 2017b, S. 847; Einfügung SaS).

Die zugehörigen Prozentangaben finden sich in Tabelle 3.3.

**Tabelle 3.3** Prozentuale Strategienutzung in Abhängigkeit von der Sprachkompetenz (C_0 = sprachlich schwache Lernende, C_1 = sprachlich starke Lernende, n = 47) (Schlager, 2017a)

| „Strategien":              | Badewanne |        | Frikadelle |       | Gerücht |        |
|----------------------------|-----------|--------|------------|-------|---------|--------|
| Kategorie                  | C_0       | C_1    | C_0        | C_1   | C_0     | C_1    |
| Markierungen               | 17 %      | 9,5 %  | 4 %        | 8 %   | 32 %    | 12,5 % |
| Herausschreiben            | 15 %      | 21 %   | 8 %        | 8 %   | 48 %    | 29 %   |
| Geg / ges                  | 8,5 %     | 2 %    |            |       | 20 %    | 4 %    |
| Potenzen                   |           |        | 12 %       | 21 %  | 12 %    | 21 %   |
| Pro Zeiteinheit eine Rechnung / Wert |  |    | 16 %       | 4 %   | 36 %    | 47,8 % |
| Schrittweises Vervier- / -dreifachen |  |    |            |       | 28 %    | 20 %   |
| Mehrfache Addition von 3 oder 4 |    |        |            |       | 12 %    | 4 %    |

Plath (2017) untersuchte bei 16 Lernenden der neunten Jahrgangsstufe den Einsatz der Mikrostrategie „Erstellung von Notizen" bei realitätsbezogenen Aufgaben zu proportionalen Zusammenhängen.

Betrachtet man, ob es einen Einfluss von den personenbezogenen Merkmalen auf die Erstellung von Notizen gibt, zeigt sich, dass der Einsatz dieser Strategie sowohl von der gemessenen mathematischen Leistungsstärke als auch von der Sprachkompetenz der Schülerinnen und Schüler unabhängig ist. (Plath, 2017, S. 160 f.)

Auch Schlager (2017a) stellte bei dieser Strategie, die sie als „Herausschreiben" bezeichnet, in Abhängigkeit von der Aufgabe nur geringe bis keine Unterschiede fest (vgl. Tabelle 3.3). Plath (2017, S. 161) folgert, dass die Erstellung von Notizen eine von fachlicher Leistungsfähigkeit unabhängige, „gesondert zu erwerbende Fähigkeit" (ebd.) ist.

Es gibt also teilweise Hinweise darauf, dass Sprachkompetenz und der Einsatz von Mikrostrategien beim Lösen von mathematischen Aufgaben zusammenhängen. Die Hypothesen wurden theoretisch und für Zähl- im Vergleich zu Additions- und Multiplikationsstrategien von Bailey et al. (2015) aufgestellt. Für Markierungen, die Nutzung von Potenzen bzw. die Nutzung von schrittweisem Vorgehen finden sich entsprechende Hypothesen bei Schlager (2017a; 2017b).

Teilweise gibt es jedoch auch Ergebnisse, die keine Zusammenhänge belegen, vor allem bezüglich der Erstellung von Notizen (Plath, 2017; Schlager, 2017a). Somit ist zu schlussfolgern, dass der Forschungsstand zum Zusammenhang zwischen Sprachkompetenz und Mikrostrategien bisher sehr gering und uneinheitlich ist, wobei sich die Ergebnisse je nach mathematischem Themengebiet unterscheiden.

## 3.6 Zusammenfassung zu Bearbeitungsstrategien bei Textaufgaben

Kapitel 3 hat sich mit Textaufgaben und ihren Bearbeitungen beschäftigt und Schwierigkeiten und Strategien bei der Textaufgabenbearbeitung anschließend unter dem Einfluss von Sprachkompetenz beleuchtet.

Als Textaufgabe wird dabei eine Aufgabe in Textform mit Sachbezug verstanden, deren Kontext zwar im Prinzip austauschbar ist, bei der aber eine Mathematisierung sowie eine Interpretation erfolgen müssen. Dieser Aufgabentyp findet sich oft im Mathematikunterricht sowie in Leistungsüberprüfungen, da er zum einen relativ zeitökonomisch und ohne ergänzende Hilfsmittel, wie dem Internet, zu lösen ist und eine gute Übung für die einzelnen zentralen Schritte beim aufwendigeren und komplexeren Modellieren darstellt.

Zum Bearbeiten solcher Aufgaben werden von den Lernenden verschiedene Strategien eingesetzt. Unter einer Strategie wird dabei, in Anlehnung an die liberale Sichtweise von Ashcraft (1990) und Threlfall (2009), jeder bewusste oder unbewusste Prozess, der zur Aufgabenbearbeitung stattfindet, verstanden, sofern er nicht explizit durch die Aufgabenstellung eingefordert wird. Die auftretenden Strategien lassen sich in Makro- und Mikrostrategien unterteilen. Makrostrategien beziehen sich auf den Bearbeitungsprozess insgesamt und können mit Prozessmodellen (für Modellierungsaufgaben: Modellierungszyklen) beschrieben werden. Für die vorliegende Studie eignet sich dabei besonders das Prozessmodell von Reusser (1989), das spezifisch für Textaufgaben entwickelt wurde und sich bei der Erforschung von Bearbeitungsprozessen bei Textaufgaben bewährt hat. Entsprechend wird es vor allem bei der Betrachtung von Textaufgaben im aktuellen Forschungsfeld zu Sprache und Mathematik oft genutzt[13]. Mithilfe solcher Prozessmodelle oder Modellierungszyklen lassen sich

---

[13]Wenn Modellierungsaufgaben betrachtet werden, wird oft der auf Reusser aufbauende Modellierungszyklus von Blum und Leiss (2005) verwendet.

individuelle Bearbeitungsverläufe wie „individual modeling routes" (Borromeo Ferri, 2010) identifizieren, was auch in der vorliegenden Arbeit erfolgen soll. Auf Ebene der Mikrostrategien finden sich verschiedenste Einzelstrategien wie die Erstellung von Notizen, Unterstreichen, oder auch die Identifikation von Beziehungen zwischen Informationen. Diese lassen sich unterschiedlich klassifizieren, wofür sich die Einteilung anhand der Lernstrategien nach kognitiven und metakognitiven Strategien, die explizite Differenzierung von Rechenstrategien und sonstigen Strategien oder auch eine Orientierung an den Phasen der Modellierungszyklen bzw. Prozessmodelle anbieten. Studien zu Zusammenhängen zwischen Strategien und Leistungserfolg oder ähnlichen Konstrukten zeigen uneinheitliche Ergebnisse.

Trotz der Vielzahl an Strategien zum Lösen von Textaufgaben gibt es jedoch auch viele Schwierigkeiten und schwierigkeitsgenerierende Aufgabenmerkmale, die im Zusammenspiel das Lösen von Textaufgaben oft weniger erfolgreich machen als das Lösen mathematisch inhaltsgleicher anderer Aufgaben. Diese lassen sich in lexikalisch-syntaktische, situations-sprachverstehende und quantitativ-numerische Hürden einteilen oder auch entlang des Modellierungszyklus bzw. der Prozessmodelle verorten. Prediger und Krägeloh (2015b) fassen die entsprechende Forschung der letzten Jahrzehnte in den drei Schwerpunkten konzeptuelle Hürden, Verständnishürden und Habitus einer oberflächlichen Modellierung zusammen.

Für konzeptuelle Hürden und Verständnishürden konnte gezeigt werden, dass diese insbesondere für sprachlich schwache Lernende Schwierigkeiten erzeugen. Der Habitus einer oberflächlichen Modellierung hingegen ist bisher noch nicht genauer fundiert oder unter dem Einfluss von Sprachkompetenz betrachtet worden. Da sich die Schwierigkeiten von sprachlich schwachen Lernenden im Prozessmodell nach Reusser verorten lassen, ist zu vermuten, dass sich Bearbeitungsstrategien auf Makroebene in Abhängigkeit von der Sprachkompetenz unterscheiden. Diese Vermutung ergibt sich auch aus augenscheinlich unterschiedlichen Prozessverläufen sprachlich schwacher und sprachlich starker Lernender. Bezüglich Mikrostrategien gehen Bailey et. al (2015) in ihrem Modell davon aus, dass Sprachkompetenz mathematische Strategien beeinflusst. In ersten Untersuchungen von Aufgabenbearbeitungen zu den Themen Anzahlbestimmung und exponentielles Wachstum wurde beobachtet, dass sprachlich schwache Lernende eher konzeptuell einfachere und sprachlich starke Lernende eher konzeptuell schwierigere Rechenstrategien verwendeten. Während in zwei Studien das Erstellen von Notizen von allen Lernenden gleichermaßen genutzt wurde, wurden Markierungen vermehrt bei sprachlich schwachen Lernenden beobachtet. Insgesamt ist der Forschungsstand zum Zusammenhang zwischen Sprachkompetenz und Bearbeitungsstrategien bei Textaufgaben uneinheitlich und gering. Eine Fundierung und Untersuchung des Habitus einer oberflächlichen Modellierung unter dem Einfluss von Sprachkompetenz steht bisher noch aus.

# Theoretische Fundierung des Konstrukts „Oberflächlichkeit" 4

Die Ausführungen im letzten Kapitel haben eine gute Basis für die Erforschung und Analyse von Bearbeitungsstrategien beim Lösen von Textaufgaben gelegt. Dabei wurde bereits aufgezeigt, dass einige Studien verschiedene Vorgehensweisen oder Bearbeitungsstrategien als „oberflächlich" bezeichnen (vgl. z. B. Prediger, 2015b) und einige der Schwierigkeiten beim Lösen von Textaufgaben als Habitus einer oberflächlichen Modellierung zusammengefasst werden (Prediger & Krägeloh, 2015b). Auch Lehrende merken oft an, dass Textaufgaben nur „oberflächlich" gelesen und bearbeitet werden. In Literaturrecherchen konnte hingegen kein theoretisch fundiertes und für empirische Untersuchungen operationalisiertes Konstrukt „Oberflächlichkeit" identifiziert werden. Diese Forschungslücke soll in der vorliegenden Arbeit geschlossen werden. Dafür werden zwei verschiedene Ebenen eines Konstrukts „Oberflächlichkeit" in den Blick genommen. Einerseits wird „Oberflächlichkeit" auf der Bearbeitungsebene in Bearbeitungsprozessen von Textaufgaben durch Lernende, also im Umgang von Lernenden mit Aufgaben, betrachtet. Da die Bearbeitung einer Aufgabe eng mit der Aufgabe an sich verschränkt ist, werden andererseits auf der Aufgabenebene die Aufgaben selbst auf Charakteristika untersucht, die den Erfolg „oberflächlicher" Bearbeitungsweisen begünstigen können. Entsprechend wird ein Konstrukt „Oberflächlichkeit" theoretisch fundiert, das die Analyse von „oberflächlichen Bearbeitungsstrategien", die sich in das Prozessmodell nach Reusser (vgl. Abschn. 3.2.2) integrieren lassen, sowie die Klassifikation von Textaufgaben bezüglich „oberflächlicher Lösbarkeit" ermöglicht. Dieses wird im Laufe der Arbeit auf konkrete Aufgaben und Bearbeitungsprozesse angewandt und dadurch empirisch verfeinert (vgl. Teil III).

Zur theoretischen Fundierung des Konstrukts „Oberflächlichkeit" wird zunächst eine Annäherung hieran vorgenommen (Abschn. 4.1). Anschließend wird der Forschungsstand bezüglich „Oberflächlichkeit" in Bezug auf Bearbeitungsstrategien (Abschn. 4.2) und Charakteristika von Textaufgaben (Abschn. 4.3) aufgezeigt. Dazu werden verschiedene Forschungselemente und identifizierte Strategien aus der Literatur zusammengetragen, die „oberflächliche" Bearbeitungen implizit oder explizit charakterisieren. Auf diesen Ausführungen aufbauend wird das Konstrukt „Oberflächlichkeit" theoretisch fundiert (Abschn. 4.4). Entsprechend des Schwerpunkts dieser Arbeit wird anschließend das Konstrukt „Oberflächlichkeit" unter dem Einfluss von Sprachkompetenz betrachtet (Abschn. 4.5). Abschließend folgt eine Zusammenfassung zum Gesamtkonstrukt „Oberflächlichkeit" (Abschn. 4.6).

## 4.1    Annäherung an das Konstrukt „Oberflächlichkeit"

Als Annäherung an das Konstrukt[1] „Oberflächlichkeit" erfolgt zunächst eine literaturbasierte Begründung der Bezeichnung (Abschn. 4.1.1). Anschließend wird mit dem Konstrukt einer „superficial solution" von Verschaffel et al. (2000) ein konkreter Ausgangspunkt der in dieser Arbeit fundierten „Oberflächlichkeit" dargestellt (Abschn. 4.1.2).

### 4.1.1    Literaturbasierte Begründung der Bezeichnung „Oberflächlichkeit"

Zunächst stellt sich die Frage, inwiefern die Bezeichnung „Oberflächlichkeit" für das zu erstellende Konstrukt passend ist. Diese wird mit einer literaturbasierten Begründung beantwortet.

In der relevanten englischen Literatur wird häufig die Bezeichnung „superficial" verwendet, während im Deutschen an einigen Stellen die Bezeichnung „oberflächlich" zu lesen ist. Diese Bezeichnungen werden jedoch weder in den englisch- noch in den deutschsprachigen Arbeiten definiert. Deswegen bleibt unklar, ob die Autorinnen und Autoren hiermit das gleiche

---

[1]Genauere Informationen zu Konstrukten und ihrer Bedeutung für die Theoriebildung in der Mathematikdidaktik finden sich z. B. bei Mason und Johnston-Wilder (2004) und Prediger (2010; 2015a).

Konzept benennen und inwieweit sich die Wahl der Bezeichnung gegebenenfalls ausschließlich an der wörtlichen Bedeutung, einem nicht tiefergehenden Verhaften an der Oberfläche, orientiert.

Die Bezeichnung „oberflächlich" wird in der Literatur vor allem für Strategien wie Schlüsselwortstrategien verwendet, die als „superficial strategy" (Van der Schoot, Bakker Arkema, Horsley & van Lieshout, 2009, S. 59) oder „superficial [...] methods" (Reusser & Stebler, 1997, S. 310) charakterisiert werden. Das Oberflächliche hieran scheint laut Boonen, van der Schoot, van Wesel, de Vries und Jolles (2013) vor allem das Auswählen der Zahlen und Schlüsselwörter zu sein („superficial selection" (ebd., S. 271)). Manch ein Autor geht jedoch auch hierüber hinaus und spricht im Allgemeinen von semantisch leeren Bearbeitungen und solchen, die „Unverstandenes oberflächlich richtig aussehen [...] lassen" (Ullmann, 2013, S. 1019).

In einigen Publikationen wird zudem das Gegenteil einer „oberflächlichen" Bearbeitung beschrieben. So bezeichnet Prediger (2015b) ein Lesen, das auf Schlüsselwortstrategien beruht, als „oberflächlich" und stellt dieses einem „gründlichen Hinsehen" (S. 11) gegenüber. Bezogen auf den gesamten Bearbeitungsprozess beschreiben Reusser und Stebler (1997): „[Students] use superficial key word methods (or direct translation strategies) rather than thinking deeply" (Reusser & Stebler, 1997, S. 310). Das Gegenteil von „oberflächlich" ist hier also ein „tiefes Nachdenken".

Insgesamt werden die im Folgenden zusammengetragenen Strategien und Theorien also teilweise von den Autorinnen und Autoren selbst als „oberflächlich" bezeichnet, auch wenn keine Definition von „Oberflächlichkeit" erfolgt und somit ein eher intuitives Begriffsverständnis zugrunde liegt. Dass die Bezeichnung jedoch in verschiedenen Publikationen benutzt wird, legt nahe, diese bei der Definition eines Konstrukts aufzugreifen[2].

## 4.1.2  Das Konstrukt „superficial solution" von Verschaffel et al.

Einen ersten Zugang zu einer „oberflächlichen" Bearbeitung von Textaufgaben bietet das Konstrukt „superficial solution" von Verschaffel et al. (2000), das

---

[2]Eine Überprüfung der Kompatibilität des theoretisch und empirisch fundierten Konstrukts mit einem intuitiven und alltäglichen Begriffsverständnis (vgl. Abschn. 13.2) sichert die Validität eines solchen Vorgehens.

diese im Buch „Making sense of word problems" darstellen. In diesem Buch dokumentieren und analysieren die Autoren das Phänomen der „Suspension of sense-making", also einer nicht-sinnhaften Bearbeitung von Textaufgaben, durch Zusammenstellung verschiedener (auch eigener) Studien und theoretischer Überlegungen.

Ursprung der Forschung zu diesem Phänomen war die Beobachtung in Frankreich, dass manche Lernende sogenannte Kapitänsaufgaben durch eine willkürliche Kombination der gegebenen Zahlen lösen. Die sogenannte Kapitänsaufgabe, deren Bearbeitung zunächst große Überraschung und Unglauben auslöste, war die folgende:

> Auf einem Schiff befinden sich 26 Schafe und 10 Ziegen. Wie alt ist der Kapitän? (Baruk, 1989, S. 29)

Diese Aufgabe wurde Lernenden des zweiten und dritten Schuljahres vorgelegt. „[V]on den 97 befragten Schülern haben 76 auf die Frage so geantwortet, daß [sic!] sie die in der Aufgabe angegebenen Zahlen in irgendeiner Weise miteinander kombiniert haben" (Baruk, 1989, S. 29). Daraufhin wurden weitere Studien mit dieser und vergleichbaren Aufgaben in Frankreich und anderen Ländern durchgeführt, die, entgegen oftmals zu Beginn vorherrschender Skepsis der Forschenden, zu ähnlichen Ergebnissen kamen. Schoenfeld (1991) kommentiert eine dieser Studien wie folgt:

> The students he interviewed not only failed to note the meaninglessness of the problem statements but went ahead blithely to combine the numbers in the problem statements and produce answers. They could only do so by engaging in what might be called *suspension of sense-making* – suspending the requirement that the problem statements make sense. (Schoenfeld, 1991, S. 316, Hervorh. im Orig.)

Manche Lernende bearbeiten also solche unlösbaren Textaufgaben ohne Nachzudenken in mechanischer Weise, ohne dem Kontext nähere Beachtung zu schenken und ohne ihren gesunden Menschenverstand einzusetzen (Verschaffel et al., 2000, S. 6). Ähnliche stereotype und realitätsferne Bearbeitungswege ohne Bezug zu Alltagserfahrungen (ebd., S. 12) zeigten sich auch bei im Sachkontext lösbaren Aufgaben. Die Autoren nennen dafür unter anderem exemplarisch die Bus-Aufgabe[3], die vergleichbar zur folgenden Aufgabe ist:

> In einen Bus passen 36 Personen. Wie viele Busse werden benötigt, wenn 1128 Personen in solchen Bussen transportiert werden sollen? (vgl. ebd., S. 6 f.)

---

[3]Für weitere Aufgabenbeispiele siehe Verschaffel et al. (2000).

Bei dieser Aufgabe ist eine Division mit Rest durchzuführen und das Ergebnis entsprechend der Situation zu interpretieren und diese Interpretation zu evaluieren. Gerade dieser Schritt der Interpretation verläuft jedoch oft fehlerhaft und häufig fehlt eine Validierung des Ergebnisses: Es werden Antworten wie 31,333 Busse oder 31 Busse gegeben, statt aufgrund der Nachkommastellen im Situationskontext zu schlussfolgern, dass 32 Busse nötig wären.

In ihrer Zusammenfassung der Studien benennen die Autoren eine Bearbeitung dieser Art als „[s]uperficial solution of a word problem" (ebd., S. 13), in der mehrere Schritte des Modellierungsprozesses mehr oder weniger komplett ausgelassen werden (ebd., S. 12), wie in Abb. 4.1 anhand der durchgezogenen Pfeile zu erkennen ist.

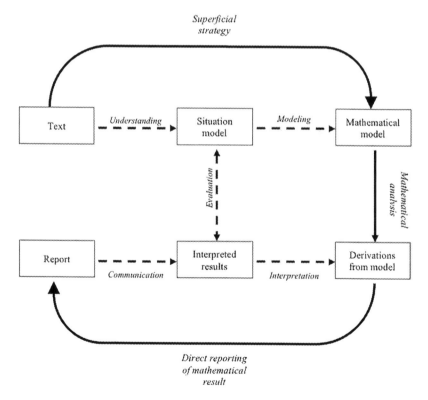

**Abb. 4.1**  „Superficial solution of a word problem" (Verschaffel et al., 2000, S. 13)

(Der oberste und der unterste durchgezogene Pfeil repräsentieren das oberflächliche Vorgehen.)

According to this model, the problem text immediately guides the choice of one (or more) of the four arithmetic operations – a choice that may be based on superficial features such as the presence of certain key words in the text (for instance, the word "less" in the problem text automatically results in a decision to perform a subtraction) or on an association between the situation described in the problem text and a primitive model for one of the operations (for instance, anything that suggests the act of "putting together", triggers the operation of addition). The directly evoked operation is then applied to the numbers embedded in the problem text and the result of the calculation is found and given as the answer, typically without reference back to the problem text to verify that it is a meaningful answer to the original question and/or to check for reasonableness. (Verschaffel et al., 2000, S. 12 f.)

Übertragen auf das Prozessmodell nach Reusser würde die „Superficial strategy" (vgl. Abb. 4.1) vom Problemtext direkt zum mathematischen Modell führen. Aus diesem würde mit einer „Mathematical analysis" (vgl. Abb. 4.1), die bei Reusser dem Erstellen einer Verknüpfungsstruktur und dessen Berechnung entspricht, eine numerische Antwort berechnet. In einem „Direct reporting of mathematical results" (vgl. Abb. 4.1) würde diese numerische Antwort ohne jegliche Interpretation das Ende der Aufgabenbearbeitung darstellen. Eine solche Bearbeitung wäre demnach „superficial".

In eigenen Folgestudien identifizieren Verschaffel et al. (2000) zum einen die unrealistischen Antworten der Lernenden und zum anderen das fehlende Aktivieren von Wissen aus der realen Welt als zentrale Indikatoren für „superficial solutions" und sehen diese als Ergebnis aus dem Zusammenspiel von

(1) the stereotyped and straightforward nature of the vast majority of the word problems students encounter in their mathematics lessons, and (2) the nature of the teaching and learning activities taking place with these problems. (ebd., S. 28 f.)

Versuche minimaler Interventionen wie das Geben von Hinweisen, dass manche Aufgaben unlösbar sein könnten, oder Erhöhungen der Authentizität, zum Beispiel durch Simulationen von Telefongesprächen mit Busunternehmen (ebd., S. 45), führten bestenfalls zu schwachen positiven Effekten (ebd., S. 50).

Es bleibt festzuhalten, dass Verschaffel et al. in ihrem Buch verschiedene Studien zum Phänomen „suspension of sense-making" zusammenführen und diese Art der Bearbeitung von arithmetischen Textaufgaben als „superficial solution" kennzeichnen. Die „superficial solution" drückt sich in den Bearbeitungen aus in

– der Ignoranz von Begebenheiten der realen Welt,
– dem Kombinieren von im Text gegebenen Zahlen, hervorgerufen durch Schlüsselwörter oder durch Assoziationen einfacher Modelle sowie

– der fehlenden Interpretation und Validierung von Ergebnissen im Situations-kontext.

Den Ergebnissen von Verschaffel et al. (2000) folgend kann eine „superficial solution" auf Aufgabenmerkmalen („superficial features") wie Schlüsselwörtern basieren. Als Begründungsansätze für eine „superficial solution" werden zum einen die Aufgabenebene mit der stereotypen Gestalt der meisten Textaufgaben und zum anderen der Umgang mit ihnen im Unterricht angeführt (ebd.).

Mit der „superficial solution" liegt eine erste Operationalisierung von „Oberflächlichkeit" auf der *Bearbeitungsebene* vor, die jedoch primär für vor allem unlösbare arithmetische Textaufgaben und textbasierte Divisions-aufgaben mit Rest entwickelt wurde. Somit ist sie nicht automatisch auf komplexere mathematische Themen übertragbar. Zudem beschränkt sich die „superficial solution" auf zwei Bearbeitungsschritte. Inwiefern in weiteren Phasen der Bearbeitung „oberflächliche" Bearbeitungen möglich sind, wird nicht thematisiert. Die „superficial features" stellen auf der *Aufgabenebene*, eine erste Operationalisierung von Aufgabenmerkmalen, auf denen „Oberflächlich-keit" basieren kann, dar. Diese ist auf die beiden Aspekte Schlüsselwörter und stereotypes Aussehen beschränkt, die jedoch nicht detailliert ausgeführt werden. Die von Verschaffel et al. (2000) vorgenommene Operationalisierung sowie ihre Verortung im Modellierungskreislauf wird als Ausgangspunkt für ein Konstrukt „Oberflächlichkeit" genommen, das im Folgenden (Abschn. 4.2, 4.3, 4.4) mit-hilfe von weiteren Elementen, die in Publikationen als oberflächlich bezeichnet werden, ausgearbeitet wird.

## 4.2 Oberflächliche Bearbeitungsstrategien – Forschungsstand

Zum genaueren Verständnis, welche Bearbeitungsstrategien als oberflächlich zu betrachten sind, werden in diesem Abschnitt die in bisherigen Publikationen als „oberflächlich" bezeichneten Strategien und diesen ähnliche Phänomene zusammengetragen und entlang des chronologischen Vorkommens der Heran-gehensweisen in einem idealtypischen Bearbeitungsprozess (vgl. Prozessmodell nach Reusser, Abschn. 3.2.2) dargestellt. Dazu gehören Ausführungen

– zur *relationalen Verarbeitung* (Abschn. 4.2.1),
– zu *Schlüsselwortstrategien* (Abschn. 4.2.2),
– zum *oberflächlichen Leseverständnis* (Abschn. 4.2.3),

- zu *unreflektiertem Operieren* (Abschn. 4.2.4),
- und zur *Ausblendung realitätsbezogener Überlegungen* (Abschn. 4.2.5).

Die Kombination dieser theoretischen Elemente bildet in Ergänzung zum Konstrukt „superficial solution" von Verschaffel et al. (2000) das Fundament des Konstrukts „Oberflächlichkeit" auf Bearbeitungsebene.

## 4.2.1   Unzureichende relationale Verarbeitung

Um Textaufgaben lösen zu können, ist es notwendig, die richtigen Relationen zwischen den für die Lösung relevanten Elementen aus der Textbasis abzuleiten (vgl. Boonen et al., 2013, S. 271) und so ein korrektes Beziehungsnetz aufzubauen. Diese Tätigkeit wird als *relationale Verarbeitung* („relational processing") bezeichnet (vgl. ebd.) und lässt sich linguistisch-semantischen Tätigkeiten zuordnen. Die Schwierigkeit dieser relationalen Verarbeitung hängt vor allem von der Konsistenz (vgl. Abschn. 4.3.1) der Textaufgabe ab. Bei einer konsistenten Textaufgabe können die Zahlen und Beziehungswörter in der Aufgabe identifiziert und direkt in die richtige Rechenoperation übertragen werden. Man spricht in diesem Falle auch von einem „obvious mapping", also einer offensichtlichen Zuordnung (vgl. Boonen et al., 2013). Wenn jedoch eine inkonsistente Textaufgabe vorliegt und somit die Rechenoperation nicht offensichtlich aus dem Beziehungswort hervorgeht, muss für eine erfolgreiche Bearbeitung ein „non-obvious mapping", also eine nicht offensichtliche Zuordnung erfolgen (vgl. ebd.). Hierbei müssen weitere Textelemente berücksichtigt und in Beziehung gesetzt werden.

Laut einer Studie von Boonen et al. (2013) erfolgt eine Mediation des Zusammenhangs zwischen Lesekompetenz und dem Erfolg beim Lösen einer Textaufgabe durch die relationale Verarbeitung, denn „relational processing explains 34% of the relation between reading comprehension and word problem solving performance" (Boonen et al., 2013, S. 276). Da bei konsistenten Textaufgaben mit einer offensichtlichen Zuordnung keine relationale Verarbeitung erfolgen muss, sondern Schlüsselwortstrategien (vgl. Abschn. 4.2.2) zum Ziel führen können, müssten solche Aufgaben unerwartet oft von Lernenden mit einer geringen Lesekompetenz gelöst werden.

Auch wenn Boonen et al. die relationale Verarbeitung nicht mit Oberflächlichkeit oder ihrem Gegenteil in Verbindung bringen, so ist der Rückschluss naheliegend, dass eine unzureichende oder fehlende relationale Verarbeitung als oberflächlich zu bewerten ist, da die in der Aufgabe gegebenen Beziehungen nicht ausreichend analysiert werden. Daraus können ein oberflächliches Leseverständnis (vgl. Abschn. 4.2.3) oder oberflächliche Schlüsselwortstrategien (vgl. Abschn. 4.2.2) entstehen.

## 4.2.2 Schlüsselwortstrategie

Die *Schlüsselwortstrategie* zur Bearbeitung von Textaufgaben, im Englischen oft als „direct-retrieval"- oder „direct-translation"-strategy bezeichnet[4], wird von vielen Autorinnen und Autoren genannt und als oberflächlich charakterisiert (Aebli, Ruthemann & Staub, 1986; Boonen et al., 2013; Franke & Ruwisch, 2010; Hegarty et al., 1995; Nesher & Teubal, 1975; Prediger, 2015b; Van der Schoot et al., 2009; Verschaffel et al., 2000). Sie besteht darin, dass Lernende lediglich Zahlen und verbindende Schlüssel- oder Signalwörter aus der Textaufgabe wählen und diese direkt in die naheliegende, durch das Schlüsselwort suggerierte Operation übersetzen.

> So weist [zum Beispiel] „zusammen" auf Addieren hin, „je" wird als Multiplizieren gedeutet und „weniger als" mit „Subtrahiere!" übersetzt. [...] Wird jedoch nicht nur der Situationskontext ausgeblendet, sondern die Zahlen rein formal in Rechnungen übersetzt, vernachlässigen die Kinder fälschlicherweise auch die strukturellen Zusammenhänge und verknüpfen die gegebenen Zahlen rein oberflächlich. (Franke & Ruwisch, 2010, S. 21; Einfügung SaS)

Verschaffel et al. (2000) zählen auch das Kombinieren von im Text gegebenen Zahlen auf Basis der Assoziation einfacher Modelle dazu, womit er zum Beispiel meint: „anything [in the word problem] that suggests the act of 'putting together', triggers the operation of addition" (Verschaffel et al., 2000, S. 13; Einfügung SaS). Die Schlüsselwortstrategie führt bei einigen – vor allem inkonsistenten (vgl. Abschn. 4.3.1) – Aufgaben zu falschen Lösungen:

> [U]nsuccessful problem solvers employ a more superficial strategy as they restrict themselves to selecting the numbers and relational keywords from the problem and base their solution plan and calculations on these. Clearly, this latter strategy results

---

[4]Andere Namen, unter denen diese Strategie in der Literatur diskutiert wird, sind „short cut approach" (Hegarty et al., 1995, S. 19), „compute first and think later" (Stigler, Lee & Stevenson, 1990, S. 15) oder „keyword associations" (Briars & Larkin, 1984, S. 292).

in (more) reversal errors on inconsistent word problems. (Van der Schoot et al.,
2009, S. 59)

Auch bei eigentlich unlösbaren Aufgaben, wie den sogenannten Kapitänsaufgaben (vgl. Abschn. 4.1.2), findet diese Strategie Anwendung (vgl. Verschaffel
et al., 2000).

Diese Herangehensweise an Textaufgaben benötigt wenig Arbeitsspeicher
im Gehirn. Zudem ist kein weitergehendes Wissen zum vorliegenden Aufgaben-
oder Problemtyp notwendig. Deshalb ist diese Strategie immer anwendbar.
Manche Textaufgaben, die in der Schule eingesetzt werden, sind so gestellt, dass
die Schlüsselwortstrategie zum Erfolg führt. Dies führt zum einen dazu, dass
routinemäßig beispielsweise die basalen arithmetischen Operationen ausgeführt
werden, für die sich ein Schlüsselwort in der Aufgabe befindet (vgl. ebd.). Zum
anderen wird es gerade deshalb schwierig, Lernende von der Notwendigkeit einer
tiefergehenden Strategie zu überzeugen (vgl. Hegarty et al., 1995). Dies wird in
Studien bestätigt, in denen Computerprogramme mithilfe von programmierten
Schlüsselwortstrategien viele Textaufgaben lösen (vgl. Reusser, 1992, S. 229).
Der vermeintliche Erfolg dieser Strategie führt sogar so weit, dass Lehrende,
unter der Prämisse der sprachlichen Unterstützung ihrer Lernenden, Schlüsselwörter für die einzelnen Operationen thematisieren und teilweise als „Vokabel-
listen" austeilen, was jedoch zu kurz greift und zu oberflächlichem Lesen und
Bearbeiten der Aufgaben erzieht (vgl. Prediger, 2015b).

Um die Merkmale der Schlüsselwortstrategie besser hervorzuheben, wird auch
die ihr gegenteilige, nicht oberflächliche Problem-Modell-Strategie dargestellt,
bei der das weitere Vorgehen auf einem mentalen Modell basiert, das aus einer
visuellen Repräsentation bestehen kann. Unter einer visuellen Repräsentation
wird dabei das Erstellen und Gestalten eines internen Bildes im Kopf des
Lernenden oder auch eines externen Bildes auf Papier o. Ä. verstanden (vgl.
Krawec, 2014). Ein internes Bild ist Teil eines umfassenden mentalen Modells,
das auch als Situationsmodell bezeichnet wird. Die Textaufgabe wird also
nicht nur „sprachlich […] oder auf der Ebene der Oberflächenstruktur […] zur
Generierung des mathematischen Problemmodells durchdrungen[, sondern] […]
kognitiv repräsentiert" (Wilhelm, 2016, S. 75).

Eine solche kognitive, visuelle Repräsentation kann bildlich („pictorial") oder
visuell-schematisch sein. Bildliche Repräsentationen basieren dabei auf einem
spezifischen Element (vgl. Boonen et al., 2013), während visuell-schematische
Repräsentationen die Struktur der Situation erfassen, im Gegensatz zur

Textbasis aber nicht propositional, sondern objekt-basiert aufgebaut sind (vgl. Hegarty et al., 1995)[5]. Bildliche Repräsentationen zeigen negative Korrelationen mit der Lösung der Aufgabe, während das Erstellen einer visuell-schematischen Repräsentation positive Effekte aufweist: „[S]uccessful problem solvers construct a model of the situation described in the problem and base their solution plan on this model (the problem- model strategy)" (Hegarty et al., 1995, S. 18). Notwendig ist jedoch, dass auch die richtigen Relationen in der visuellen Repräsentation dargestellt werden, wozu eine erfolgreiche relationale Verarbeitung (vgl. Abschn. 4.2.1) erfolgen muss.

Es zeigt sich, dass Lernende, die eine visuelle Repräsentation der Textaufgabe erstellen, eher die in der Aufgabe dargestellte Gesamtsituation als den genauen Wortlaut des Aufgabentextes wiedergeben können, während Lernende, die eine nicht erfolgreiche Schlüsselwortstrategie nutzen, eher genau die benutzten Schlüsselwörter wiedergeben können (vgl. Hegarty et al., 1995). Insgesamt bilden visuelle Repräsentationen einen signifikanten Prädiktor für die Richtigkeit beim Bearbeiten von Textaufgaben (vgl. Krawec, 2014). Wilhelm (2016) konnte zeigen, dass gerade sprachlich schwache Lernende Probleme beim Erstellen eines Situationsmodells haben. Dies lässt die Vermutung zu, dass gerade sprachlich schwache Lernende eher zur oberflächlichen Schlüsselwortstrategie als zur Problem-Modell-Strategie neigen könnten.

### 4.2.3 Oberflächliches Leseverständnis

Laut Prediger (2015b) wird durch Schlüsselwortstrategien ein *oberflächliches Leseverständnis* hervorgerufen, da die Lernenden ermutigt werden, nicht mehr gründlich hinzusehen: „Schlüsselwörter [...] erziehen die Lernenden zum oberflächlichen Lesen" (Prediger, 2015b, S. 11). Somit lässt sich oberflächliches

---

[5]Als Beispiel sei die Aufgabe „Ein Schokobrötchen kostet 93 Cent. Wie viel kosten zwei Schokobrötchen?" betrachtet. Eine bildliche Repräsentation entspräche dem konkreten piktorialen Bild eines Schokobrötchens. In einer propositionalen Repräsentation würden die einzelnen Sätze in ihrer Bedeutung losgelöst voneinander repräsentiert, wohingegen in einer objekt-basierten Repräsentation das Schokobrötchen als zentrales Objekt der Aufgabe betrachtet wird, das laut erstem Satz einen gewissen Preis hat, der als Basis der Berechnung des Preises für zwei dieser Objekte genutzt werden muss – die Struktur der Situation ist ausgehend vom Objekt repräsentiert.

Leseverständnis[6] als ein nicht genügend gründliches Lesen des Textes und einem daraus folgenden unvollständigen, ungenauen oder falschen Text- oder Situationsverständnis definieren. Hierbei werden häufig grammatische Signale übersehen, die wichtige Hinweise für das Verständnis der Textaufgabe auf Satz- und Textebene liefern, wie beispielsweise Wortendungen die den Kasus anzeigen. Auch aus dem Mathematikunterricht in der Grundschule ist bekannt, dass Textaufgaben teilweise „nur oberflächlich gelesen und nicht alle Informationen wahrgenommen" (Hessisches Kultusministerium & SINUS, 2013, S. 8) werden, was zu falschen Bearbeitungen führen kann.

Zu den nicht oberflächlichen Strategien zum Verstehen von Textaufgaben zählt zum Beispiel das *Paraphrasieren* des Aufgabentextes (vgl. Krawec, 2014). Paraphrase bedeutet hier das Überführen des Aufgabentextes in eine persönlich verständliche Form und dessen Wiedergabe in eigenen Worten. Dies führt dazu, dass Einzelinformationen nicht isoliert betrachtet werden, da zur Wiedergabe eine Verknüpfung der Informationen wichtig ist (vgl. Hessisches Kultusministerium & SINUS, 2013). Dabei ist nicht nur das Behalten von gegebenen Informationen, sondern vielmehr die Kontrolle über diese Informationen notwendig. Das bedeutet, dass der Lernende die Informationen bezüglich ihrer Relevanz und weiteren Verwertbarkeit im Lösungsprozess einordnen und flexibel mit ihnen umgehen kann. Krawec (2014) konnte in ihrer Studie zeigen, dass das Paraphrasieren in diesem Sinne einen signifikanten Prädiktor für die Richtigkeit beim Problemlösen darstellt. Die potenziell erfolgreiche Strategie des Paraphrasierens lässt im Umkehrschluss die Schlussfolgerung zu, dass bei einem oberflächlichen Leseverständnis die Kontrolle über die Informationen, ihre Verknüpfung und Einschätzung fehlt.

### 4.2.4   Unreflektiertes Operieren

Findet zu Beginn des Prozesses des Textaufgabenlösens keine hinreichende relationale Verarbeitung (vgl. Abschn. 4.2.1) statt, so kann es neben einem oberflächlichen Lesen und der Anwendung der Schlüsselwortstrategie auch zu einem

---

[6]Aus dem oberflächlichen Lesen folgt ein oberflächliches Text- und Situationsverständnis, sodass hier zusammenfassend von einem „oberflächlichen Leseverständnis" gesprochen wird.

*unreflektierten Operieren* kommen. Unreflektiertheit ist hierbei als eine fehlende mathematische Reflexion bzw. das Fehlen einer mathematischen Begründung zu verstehen[7].

Bei einem unreflektierten Operieren ist es möglich, dass Lernende in den Lösungsprozess eintauchen, ohne diesen zu planen und das Verständnis der gegebenen Situation sichergestellt zu haben. Dies hat bereits Schoenfeld (1985) beobachtet, wie Lave beschreibt:

> [Schoenfeld] characterizes the students as naive empiricists who plunge into geometry problem solving with straight edge and compass in constant play, without planning, without making sure they understand the problem, believing that mathematical proof is irrelevant. They do not bring their mathematical resources to bear, have no control over the process and believe themselves unable to invent or discover procedures (because they are not mathematical geniuses). (Lave, 1997, S. 28)

Einen anderen unreflektierten Ansatz stellt es dar, wenn Methoden oder Formeln angewandt werden, ohne dass der Sinn, wann und warum diese angewandt werden sollten, reflektiert wird (vgl. Stein, Grover & Henningsen, 1996). Dies kann zum Beispiel zu einem einseitigen, unreflektierten und somit passiven Methodenanwenden führen (vgl. Schoenfeld, 1992). Stein et al. fassen die von Schoenfeld dargestellten Beobachtungen wie folgt treffend zusammen:

> Over time, students come to expect that there is one right method for solving problems, that the method should be supplied by the teacher, and that, as students, they should not be expected to spend their time figuring out the method or taking the responsibility for determining the accuracy or reasonableness of their work [...]. (Stein et al., 1996, S. 457)

Auch unsystematisches und/oder nicht produktives Explorieren (Stein & Lane, 1996) lässt sich unter unreflektiertem Operieren aufführen. Hierunter fallen beispielsweise das Verknüpfen der im Aufgabentext genannten Zahlen in beliebiger und verschiedenster Reihenfolge. Hierbei können die Zahlen zudem auch zufällig aus dem Text ausgewählt worden sein. Ebenso lässt sich das Verknüpfen der

---

[7]Dass die genannten Vorgehensweisen durchaus strategisch und somit im Allgemeinen keineswegs unreflektiert angewendet werden können, wird in Abschnitt 4.3.5 thematisiert, in dem die sozial begründete Rationalität im Mathematikunterricht als Ursache für solche Bearbeitungsstrategien erläutert wird.

Zahlen in der Reihenfolge ihres Vorkommens in der Aufgabe (vgl. Franke & Ruwisch, 2010, S. 481 ff.; Verschaffel et al., 2000) als unreflektiertes Operieren einordnen. Als Verknüpfungsoperation wird dabei dann die naheliegendste Operation gewählt (Verschaffel et al., 2000).

## 4.2.5 Ausblendung realitätsbezogener Überlegungen

Der Erfolg beim Lösen von Textaufgaben hängt auch damit zusammen, inwieweit Lernende Bezüge zwischen der Realität und der Mathematik herstellen. Es lässt sich feststellen, dass einige Lernende grundsätzlich keine realitätsbezogenen Überlegungen anstellen oder ihr nicht-mathematisches Wissen gar nicht nutzen. Leufer bezeichnet dies als eine „Überbetonung des mathematischen Kontextes" (Leufer, 2016, S. 58). Dadurch lösen Lernende sogar nicht lösbare (stereotype) Aufgaben, wie die sogenannten Kapitänsaufgaben, ohne die Einschränkungen der Realität zu berücksichtigen – weil sie es so im Umfeld Mathematikunterricht kennengelernt haben[8]. Kinder scheinen dazu zu tendieren, die Realität beim Bearbeiten mathematischer Probleme auszublenden und die Probleme allein in der Welt der Mathematik zu verstehen und zu lösen, ohne die Wechselwirkungen zwischen der realen und der Welt der Mathematik zu berücksichtigen (Reusser & Stebler, 1997). Man könnte hier von einem Lösen ohne tiefgehendem Verstehen sprechen. Dies verwundert vor allem, wenn man bedenkt, dass die semantischen Strukturen in Textaufgaben meist relativ einfach sind und das notwendige Hintergrundwissen aus der Realität zum Erstellen adäquater Situationsmodelle somit höchstwahrscheinlich vorhanden ist – und lediglich nicht abgerufen wird. Selbst in Partnerarbeitssituationen, in denen den Lernenden Reflexionsphasen vorgeschrieben werden, scheint sich hieran nichts zu ändern (vgl. Verschaffel et al., 2000). „Students frequently use superficial key word methods (or direct translation strategies) rather than thinking deeply about the implied real-world situation when solving stereotyped word problems" (Reusser & Stebler, 1997, S. 310). Prediger (2010) bezeichnet dies als „[a]ntrainierte Ausblendung realistischer Überlegungen" (S. 180), Schoenfeld (1991) und Verschaffel et al. (2000) sprechen von der „suspension of sense-making" (vgl. Abschn. 4.1.2).

---

[8]Ein Beispiel einer sogenannten Kapitänsaufgabe findet sich in Abschn. 4.1.2. Für weitere Details zu stereotypen Aufgaben sei auf Abschn. 4.3.4, für weitere Details zum Einfluss des Mathematikunterrichts sei auf Abschn. 4.3.5 zur sozial begründeten Rationalität verwiesen.

Dahinter steht, dass ein solches Vorgehen von den Lernenden im Unterrichtskontext oft rational begründet werden kann und im Kontext eingekleideter Textaufgaben ausreichend ist (Greer, 1997; Selter, 1994; Selter, 2001).

Neben dem kompletten Fehlen eines Realitätsbezugs in den Überlegungen der Lernenden ist es auch möglich, dass zu Beginn der Bearbeitung durchaus die Wechselwirkung zwischen der Realität und der Mathemetik berücksichtigt wird, jedoch am Ende der Bearbeitung keine Rückbesinnung auf die gegebene Situation erfolgt, sodass realitätsfremde, unplausible Antworten als richtig angenommen werden (Verschaffel et al., 2000). Es fehlen also Schritte der Interpretation und Validierung. Auch Interventionsstudien, in denen vor Bearbeitung der Aufgabe explizit dazu aufgefordert wurde, das Ergebnis auf Plausibilität zu prüfen, zeigten keine Effekte (vgl. ebd.).

Auch wenn das Fehlen von realitätsbezogenen Überlegungen teilweise rational begründet werden kann, so ist es im Allgemeinen bei Textaufgaben nicht zielführend. Es kann sowohl in seiner Ausprägung als Ignoranz der realen Begebenheiten als auch in der abgemilderten Form der fehlenden Validierung und Interpretation von Ergebnissen in Anlehnung an das Konstrukt einer „superficial solution" von Verschaffel et al. (2000) (vgl. Abschn. 4.1.2) als oberflächlich bezeichnet werden.

## 4.3 Merkmale oberflächlich lösbarer Aufgaben und ihre Rolle im Unterricht – Forschungsstand

Oberflächliche Bearbeitungsstrategien entstehen nicht zwingend durch absolute Willkürlichkeit oder unzureichende kognitive Fähigkeiten der Lernenden. Vielmehr gibt es verschiedene Aufgabenmerkmale, die begünstigen, dass solche Strategien erfolgreich sein können, das bedeutet, die die Wahrscheinlichkeit erhöhen, dass mithilfe von oberflächlichen Bearbeitungsstrategien die Aufgabe gelöst werden kann (vgl. auch Verschaffel et al., 2000). Wenn Lernende im Unterricht die Erfahrung machen, dass sie mit oberflächlichen Strategien erfolgreich sind, so wenden sie diese erneut an. Die in Publikationen thematisierten Aufgabenmerkmale, die den Erfolg oberflächlicher Bearbeitungsstrategien begünstigen, werden in diesem Abschnitt dargestellt, gebündelt in die Aspekte

- *Konsistenz und Markiertheit* (Abschn. 4.3.1),
- *Kontext* (Abschn. 4.3.2),
- *kognitive Anforderungen* (Abschn. 4.3.3) und
- *stereotype Aufgaben* (Abschn. 4.3.4).

Es folgen Erläuterungen zum Umgang mit Aufgaben mit solchen Merkmalen im Unterricht, der zu einer *sozial begründeten Rationalität* als mögliche Ursache für die Anwendung oberflächlicher Bearbeitungsstrategien führt (Abschn. 4.3.5).

## 4.3.1 Konsistenz und Markiertheit

Das Lösen von Textaufgaben mithilfe von oberflächlichen Strategien wie Schlüsselwortstrategien kann nur dann erfolgen, wenn kaum relationale Verarbeitung (vgl. Abschn. 4.2.1) erforderlich ist. Die Notwendigkeit und Komplexität einer relationalen Verarbeitung hängt mit den Eigenschaften *Markiertheit* und *Konsistenz* der Textaufgabe zusammen.

Die *Markiertheit*[9] („markedness") geht auf das „lexical marking principle" von Clark und Card (1969) zurück. Demnach lässt sich jede Beziehung, z. B. der Vergleich von Mengen, sowohl in positiver Weise (z. B. „Ich habe mehr Hüte als du."), als auch in negativer Weise (z. B. „Du hast weniger Hüte als ich.") ausdrücken. Der negative Ausdruck wird als markiert bezeichnet, während der positive als nicht markiert (unmarkiert) bezeichnet wird. Der positive, unmarkierte Ausdruck wird sowohl in Vergleichssituationen zum Ausdruck der positiven Bedeutung („Ich habe mehr Hüte als du.") als auch in neutralen Aussagen („Hast du mehr als einen Hut?") verwendet. Er wird also häufig verwendet, im Kindesalter früher erworben und ist somit einfach zugänglich. Der negative, markierte Ausdruck hingegen hat eine komplexere und später erworbene semantische Repräsentation im Gedächtnis. Er wird seltener und im Alltag nur in vergleichenden Situationen zum Ausdruck der negativen Bedeutung („Ich habe weniger Hüte als du.") benutzt. Daraus folgt, dass es für Lernende besonders schwierig ist, dem markierten Ausdruck die richtige Operation zuzuordnen, wenn die mit dem positiven Ausdruck verbundene Operation (z. B. Addition beim markierten Wort „weniger") auszuführen ist. In diesem Fall spricht man von einer „Inkonsistenz" (vgl. nächster Absatz). Das korrekte Ableiten der richtigen Operation aus dem markierten Ausdruck korreliert dabei stark mit der Lesekompetenz (vgl. Van der Schoot et al., 2009).

---

[9]Die Erläuterungen zur Markiertheit basieren auf Van der Schoot et al. (2009) und Pape (2003).

Die *Konsistenz*[10] („consistency") einer Textaufgabe bezeichnet die Übereinstimmung zwischen dem die einzelnen Informationen verbindenden relationalen Ausdruck und der richtigen Operation. Bei konsistenten Textaufgaben verweist der relationale Ausdruck auf die richtige Operation, sodass es sich um ein „relational keyword" handelt, das den Erfolg von Schlüsselwortstrategien (vgl. Abschn. 4.2.2) begünstigt. Ein Beispiel hierfür ist der relationale Ausdruck „weniger als", der auf die Operation Subtraktion verweist. Bei nicht konsistenten Textaufgaben hingegen verweist der relationale Ausdruck nicht auf die richtige Operation, was das Herleiten der richtigen Verknüpfungsstruktur bzw. eines tragfähigen mathematischen Modells erschwert. Hier würde „weniger als" auf eine Addition verweisen.

Ein Beispiel einer *inkonsistenten* Aufgabe, bei der der relationale Ausdruck „weniger als" auf eine Addition verweist, ist die Aufgabe „Maria hat 4 Bonbons. Das sind 3 Bonbons weniger als Tom hat. Wie viele Bonbons hat Tom?". Diese weist das *markierte* Wort „weniger" auf, ist jedoch mit der Addition „4+3=7" zu lösen. Ein Beispiel einer *konsistenten* Aufgabe, bei der der relationale Ausdruck „mehr als" auf eine Addition verweist ist die Aufgabe „Maria hat 4 Bonbons. Tom hat 3 Bonbons mehr als Maria. Wie viele Bonbons hat Tom?". Diese enthält das *nicht markierte* Wort „mehr" und ist mit der Addition „4+3=7" zu lösen.

Bezüglich der in den Beispielen gezeigten Kombination der beiden Eigenschaften Markiertheit und Konsistenz lässt sich festhalten, dass es bei *konsistenten* Textaufgaben mit *nicht markierten* relationalen Ausdrücken, deutlich einfacher ist, die richtige Rechenoperation herzuleiten, als bei *inkonsistenten* Textaufgaben mit *markierten* relationalen Ausdrücken. Hieraus lässt sich schlussfolgern, dass eine *inkonsistente* Textaufgabe, bei der beispielsweise der *markierte* relationale Ausdruck „weniger als" für eine Addition steht, schwierig zu lösen ist und oberflächliche Strategien hier nur selten erfolgreich sein werden. Demgegenüber ist eine *konsistente* Textaufgabe, bei der der *nicht markierte* relationale Ausdruck „mehr als" auf eine Addition verweist, einfacher und mit oberflächlichen Strategien wie Schlüsselwortstrategien zu lösen. Auch das unreflektierte Operieren wird eher bei *konsistenten* Aufgaben mit *nicht markierten* relationalen Ausdrücken zur Lösung führen.

---

[10]Die Ausführung zur Konsistenz basieren auf Boonen et al. (2013), Van der Schoot et al. (2009) und Thevenot (2010).

## 4.3.2  Kontext

Es gibt zwei Arten von Kontexten im Zusammenhang mit der Bearbeitung von Textaufgaben. „Sowohl der *Kontext*, in dem eine realitätsbezogene Aufgabe bearbeitet wird, als auch der *Kontext*, auf den sie sich bezieht, können in diesem Sinne verstanden werden" (Leufer, 2016, S. 52, Hervorh. im Orig.). Die erstgenannte Art entspricht also dem sozialen Kontext der Schule und des Mathematikunterrichts (Reusser & Stebler, 1997), auch als „situated learning" (Ullmann, 2013) bezeichnet. Da es sich nicht um ein Aufgabenmerkmal, sondern eine Beschreibung des Unterrichts handelt, wird diese Art des sozialen Kontextes in Abschnitt 4.3.5 zur „sozial begründeten Rationalität" behandelt. Die zweitgenannte Art des Kontextes ist der in der Textaufgabe beschriebene Kontext selbst, also der Sachkontext (vgl. Leufer, 2016). Da dieser ein Merkmal einer Textaufgabe darstellt, wird er im Folgenden genauer betrachtet.

Damit Lernende Textaufgaben angemessen lösen können, müssen sie ein Vorwissen über den geschilderten Sachkontext mitbringen (vgl. Leufer, 2016; Schukajlow, 2011). Der Umfang des in einer Aufgabe vorgegebenen Sachkontextes kann variieren. Eine Textaufgabe mit wenig Sachkontext würde zum Beispiel nur die für die Lösung relevanten Informationen bereitstellen. Eine Textaufgabe mit mehr Sachkontext würde zusätzlich noch weitere Informationen über die Situation, in der sich der beschriebene Sachverhalt verortet, geben. Reusser und Stebler (1997) haben diesbezüglich festgestellt, dass ein zusätzlicher erster Satz, der die kontextuellen Bedingungen näher erläutert, jedoch keinen Effekt darauf hat, ob die Lernenden realistische Überlegungen beim Aufgabenbearbeiten heranziehen. Sie fragen sich deshalb, ob möglicherweise eine reichere Beschreibung der gegebenen Situation von Nöten sei, um ein realitätsreflektierendes Bearbeiten hervorzurufen. Allerdings ist bislang unklar, ob interessante und ausführliche Sachkontexte zu einer reflektierteren und erfolgreicheren Aufgabenbearbeitung verhelfen. So stellt Leufer verschiedene Studien dar, aus denen sie zusammenfassend schlussfolgert, dass sich der Erfolg einer Aufgabenbearbeitung „*nicht* in einen einfachen Zusammenhang mit der *Vertrautheit* mit dem Sachkontext oder mit der *Intensität* der Auseinandersetzung mit dem Sachkontext bringen" (Leufer, 2016, S. 57, Hervorh. im Orig.) lässt. Wenig Auseinandersetzung mit dem Sachkontext führe zwar meist zu schlechteren

Ergebnissen, aber viel Auseinandersetzung mit dem Sachkontext nicht zwingend zu besseren Ergebnissen. Insofern scheint es die Möglichkeit zu geben, dass die oberflächliche Bearbeitungsstrategie der Ausblendung realistischer Überlegungen im Zusammenhang mit dem gegebenen Sachkontext steht und dieser ggf. Einfluss auf ihren Erfolg nehmen kann. Auch denkbar ist, dass gewisse Sachkontexte typisch für bestimmte Aufgabenlösungen oder Situationsmodelle sind und somit den Erfolg eines oberflächlichen schlüsselwortartigen Ableitens dieser begünstigen. Ebenso ist es denkbar, dass gut verständliche Kontexte begünstigen, dass trotz oberflächlichem Leseverständnis ein tragfähiges Situationsmodell aufgebaut wird. Auch wenn hier bislang wenig Klarheit herrscht, ist der Kontext als Einflussfaktor auf den Erfolg oberflächlicher Bearbeitungsstrategien zu berücksichtigen.

### 4.3.3 Kognitive Anforderungen von Aufgaben

Neben der Menge an Sachkontext lassen sich Aufgaben auch anhand ihrer *kognitiven Anforderungen*[11] klassifizieren, was beispielsweise mithilfe des „taskanalysis guide" (Smith & Stein, 1998) möglich ist. Daraus können Vermutungen über die Bedeutung kognitiver Anforderungen für die Korrektheit oberflächlicher Bearbeitungen abgeleitet werden.

Aufgaben mit geringen kognitiven Anforderungen lassen sich aufteilen in Aufgaben, die mit unsystematischer oder nichtproduktiver Exploration zu lösen sind („Unsystematic and/or nonproductive exploration" (Stein & Lane, 1996, S. 59)), Aufgaben für die lediglich das Erinnern von Fakten, Termen oder Regeln notwendig ist („Memorization" (ebd., S. 58)) und Aufgaben, bei denen Prozeduren angewandt werden müssen, wobei diese keine weitergehende Beziehung zu Bedeutungen, Konzepten oder tiefergehendem Verständnis aufweisen („Use of Procedures without Connections to Concepts, Meaning, and/or Understanding"

---

[11]Die folgenden Ausführungen zu den kognitiven Anforderungen von Aufgaben basieren auf Erläuterungen des „Task Analysis Guide" in Smith und Stein (1998), Stein und Lane (1996) und Stein und Smith (1998). Die dargestellte Bedeutung für die Korrektheit oberflächlicher Bearbeitungen ist meine Schlussfolgerung daraus.

(ebd.). Es handelt sich also um Routineaufgaben, die mechanisch und ohne gründliches Nachdenken gelöst werden können.

Bei solchen Aufgaben mit geringen kognitiven Anforderungen ist zu vermuten, dass auch mit der oberflächlichen Bearbeitungsstrategie des unreflektierten Operierens und ohne das Erstellen eines Situationsmodells die korrekten Lösungen erzielt werden können.

Aufgaben mit hohen kognitiven Anforderungen hingegen erfordern das Anwenden von Prozeduren mit Verbindungen zu Bedeutungen – es müssen Verbindungen zwischen Ideen aufgebaut werden und die Lernenden müssen sich mit den Konzepten auseinandersetzen („Use of Procedures with Connections to Concepts, Meaning, and/or Understanding" (Stein & Lane, 1996, S. 58)). Zudem gibt es Aufgaben mit hohen kognitiven Anforderungen, die komplexes nicht-algorithmisches Denken erfordern und keine Hinweise auf Lösungswege vorgeben („Doing Mathematics" (ebd.)[12]). Insgesamt sind Aufgaben mit hohen kognitiven Anforderungen keine Routineaufgaben, sondern können einen gewissen Grad an Unsicherheit bezüglich des Vorgehens, das komplexes und nicht-algorithmisches Denken erfordert, aufweisen.

Bei solchen Aufgaben mit hohen kognitiven Anforderungen ist zu vermuten, dass oberflächliche Bearbeitungsstrategien seltener zur Lösung führen.

### 4.3.4   Merkmale stereotyper Aufgaben

Viele immer wieder im Mathematikunterricht eingesetzte Textaufgaben ähneln sich in ihrer Struktur und ihrem Inhalt und werden deshalb auch als stereotype Aufgaben bezeichnet (vgl. z. B. Reusser & Stebler, 1997; Verschaffel et al., 2010). Den Merkmalen stereotyper Aufgaben, die in Tabelle 4.1 nach Verschaffel et al. (2010, S. 19) dargestellt sind, können oberflächliche Bearbeitungsstrategien zugeordnet werden, deren Erfolg sie begünstigen können.

---

[12]Da die Bezeichnung „Doing Mathematics" suggeriert, dass die zuvor genannten Aktivitäten keine oder eine andere Form der Mathematik beschreiben, wird darauf hingewiesen, dass in dieser Arbeit ein Verständnis von nur einer existierenden Mathematik zugrunde liegt. Weitere Details und Literaturverweise hierzu finden sich bei Büchter und Henn (2015, S. 20).

**Tabelle 4.1**  Merkmale stereotyper Aufgaben nach Verschaffel et al. (2010, S. 19) und oberflächliche Bearbeitungsstrategien, deren Erfolg sie begünstigen können

| Merkmale stereotyper Aufgaben (Verschaffel et al., 2010, S. 19) „most word problems: | Oberflächliche Bearbeitungsstrategien, deren Erfolg sie begünstigen können: |
| --- | --- |
| • are phrased as semantically impoverished, stereotyped verbal vignettes; | → oberflächliches Leseverständnis, da nur wenig relevanter Sachkontext |
| • contain key words and other kinds of hints that help to identify the operation(s) to perform in a routine-based way; | → Schlüsselwortstrategie |
| • are undoubtedly solvable by accepted criteria; | → unreflektiertes Operieren |
| • include no irrelevant information; | → unreflektiertes Operieren, da Verknüpfung aller Zahlen möglich |
| • do not require and even do not allow to look outside the problem statement for additional information; | → Ausblendung realitätsbezogener Überlegungen |
| • ask for a single, precise numerical answer; | → unreflektiertes Operieren, da Lösung irgendwann gefunden werden muss |
| • require rarely more than a couple of minutes to be solved; | → unreflektiertes Operieren |
| • sometimes even involve presuppositions that are at odds with children's real-world knowledge about the phenomena being evoked by the word problem statements." (Verschaffel et al., 2010, S. 19) | → Ausblendung realitätsbezogener Überlegungen |

Stereotype Textaufgaben sind hiernach semantisch dürftig formulierte verbale Vignetten (Reusser & Stebler, 1997, S. 323), die nur selten zum Aktivieren des eigenen Vorwissens und alltäglicher Erfahrungen auffordern. Somit wird das Bearbeiten von Textaufgaben zu einer Aktivität, die dem Puzzeln ähnlich ist: Jede dieser stereotypen Textaufgaben muss eine Lösung haben, die mit der Kombination der gegebenen Informationen und dem Integrieren aller gegebener Zahlen irgendwann gefunden werden muss (vgl. ebd.). Dabei wird das Bearbeiten dieser Aufgaben zu einem künstlichen Spiel („Word Problem Game" (Verschaffel et al., 2010, S. 24)), das nur sich selbst dient, und darüber hinaus in der realen Welt keine Bedeutung hat – was wiederum begründet, wieso zum Beispiel keine realitätsbezogenen Überlegungen angestellt werden. Bei vielen standardmäßig

in der Schule eingesetzten Aufgaben führt zudem ein Anwenden von offensichtlichen Rechenoperationen in der Reihenfolge der im Text angegebenen Zahlen
(„straightforward use of arithmetic operations" (Reusser & Stebler, 1997, S. 311))
zum Ziel. Diese Beschreibung von Textaufgaben und deren Lösung trifft vor
allem auf eingekleidete Textaufgaben (vgl. Abschn. 3.1.1) zu.

Auch wenn in der vorliegenden Arbeit keine stereotypen eingekleideten Textaufgaben betrachtet werden, so lassen sich die benannten Aufgabenmerkmale als
Kriterien zur Überprüfung interpretieren, inwiefern eine Aufgabe oberflächliche
Bearbeitungsstrategien begünstigen kann. Direkt aus den Kriterien ableitbar sind
die Schlüsselwortstrategie, das unreflektierte Operieren sowie die Ausblendung
realitätsbezogener Überlegungen (vgl. Tabelle 4.1).

## 4.3.5   Sozial begründete Rationalität

Textaufgaben werden quasi ausschließlich im Kontext von Schule und
Mathematikunterricht behandelt, sodass sie sich in diesen sozialen Kontext ein-
betten. Es handelt sich um einen „situativen Kontext" (Leufer, 2016, S. 53) einer
Klassenraum-Mikro-Kultur (vgl. Cobb & Bauersfeld, 1995), einen „Klassen-
fachkontext" (Leufer, 2016, S. 53). In diesem Kontext geht es oft nicht darum,
Mathematik zu treiben, sondern um ein didaktisch vermitteltes Mathematik
lernen (Ullmann, 2013). Die Lernenden befinden sich in einer künstlichen
Situation, in der vollständige Authentizität nicht zu erreichen ist, da die Realität
immer durch Symbole und abstrakte Sprache gefiltert wird (Reusser & Stebler,
1997). In diesem Kontext werden die Lernenden mit Textaufgaben konfrontiert,
von denen viele stereotyp und konsistent sind.

In dieser Situation entsteht eine Art didaktischer Vertrag (Brousseau, 1997;
Chevallard, 1991), in dem die Regeln, zum Beispiel zum Lösen von Textaufgaben, festgelegt sind (Reusser & Stebler, 1997). Dazu zählen für manche
Lernenden die folgenden Regeln (vgl. Reusser & Stebler, 1997; Schoenfeld,
1985; Schoenfeld, 1992; Stein et al., 1996):

- Jede Textaufgabe muss Sinn ergeben.
- Es muss immer eine Lösung, und zwar genau eine, geben. Um diese zu finden,
  müssen alle gegebenen Zahlen benutzt werden und die Vollständigkeit und
  Richtigkeit der Angaben dürfen nicht hinterfragt werden.
- Eine einzige Methode zur Lösung der Textaufgabe – die im Unterricht häufig
  thematisierte – reicht zur Lösung aus.

- Falls eine Aufgabe nicht verstanden wird, so reicht es, sich an den Schlüssel-wörtern zu orientieren oder die Lösungsweise der vorangegangenen Aufgaben zu kopieren.
- Eine Aufgabenlösung sollte in der Regel weniger als zwei Minuten dauern. Wenn man nach zehn Minuten die Lösung nicht gefunden hat, so wird man es auch nicht mehr schaffen.
- Eine Notwendigkeit etwas selbst zu entdecken oder Verantwortung für Sinn und Korrektheit zu übernehmen, ist nicht notwendig.

Diesen Regeln liegt die Annahme zu Grunde, dass Mathematik nicht entdeckt werden kann und keine Aktivität ist, sondern es ein feststehendes Wissen gibt, was vom Lehrenden vermittelt wird und lediglich aufzunehmen ist.

Reusser und Stebler (1997) sprechen vor diesem Hintergrund davon, dass es eine sozio-kognitive Fähigkeit ist, jede Textaufgabe (auch die sogenannten Kapitänsaufgaben (Baruk, 1989) (vgl. Abschn. 4.1.2)) irgendwie zu lösen. Vor dem gegebenen sozialen Kontext der Schule und des Unterrichts und basierend auf der dort erfolgten Sozialisation ist es nur vernünftig, die genannten Regeln anzuwenden, um die Aufgabe zu lösen – es ist eine Entscheidung, die auf einer sozial begründeten Rationalität („social rationality" (Reusser & Stebler, 1997)) beruht (vgl. Prediger, 2010, S. 180; Verschaffel et al., 2010). Die Lernenden verhalten sich somit „nicht ‚absurd', sondern vielmehr – in diesem Sinne – strategisch (Stillmann 2012) bzw. erwartungskonform" (Leufer, 2016, S. 60, Hervorh. im Orig.). Es sind funktionelle Vorgehensweisen, die meist auf dem von der Lehrkraft erwarteten Weg zur Lösung führen. „Thus, why should students abandon strategies apparently perceived as successful in the past?" (Reusser & Stebler, 1997, S. 326). „In the context of schooling, such behavior represents the construction of a set of behaviors that results in praise for good performance, minimal conflict, fitting in socially, and so forth. What could be more sensible than that?" (Schoenfeld, 1991, S. 340). Ullmann (2013) geht sogar noch einen Schritt weiter, indem er behauptet, dass man im Unterricht nicht lerne Mathematik zu treiben, sondern für die Schulzeit ein guter Schüler oder eine gute Schülerin zu sein. Dies bedeute, dass es nur darauf ankomme, so zu wirken als sei man schlau, ohne großen Aufwand zu betreiben. Dies führe dann zu syntaktisch korrekten, aber semantisch leeren Aufgabenbearbeitungen oder nur oberflächlich richtigen Lösungen (Ullmann, 2013).

Mit Blick auf die Beeinflussung der Mathematikleistung durch ver-schiedene Hintergrundfaktoren (vgl. Abschn. 2.3.1) und die sozial begründete Rationalität ist eine Studie von Cooper und Dunne (2000) erwähnenswert, in der unter anderem untersucht wird, wie soziale Hintergrundfaktoren das

Befolgen von institutionellen Regeln beeinflussen. Prediger (2010, S. 14) fasst die diesbezüglichen Ergebnisse von Cooper und Dunne treffend zusammen: „Lernenden aus privilegierten Milieus gelingt es tendenziell eher als Lernenden nicht-privilegierter Milieus, die jeweils institutionell gültigen Regeln zu erkennen und zu befolgen". Im Hinblick auf Sprache ist festzuhalten, dass diese sozial bedingten Vorgehensweisen dazu führen, dass nicht nur Weltwissen ignoriert wird, sondern auch sprachliches und logisches Wissen keine Rolle im Lösungsprozess mehr spielen (Verschaffel et al., 2010).

Das „Word Problem Game" (ebd.) und die mit ihm verbundene sozial begründete Rationalität, ausgelöst durch die prototypische Gestalt vieler Textaufgaben und den routineartigen Umgang mit ihnen im Mathematikunterricht (vgl. ebd.), scheint somit eine Ursache für oberflächliche Bearbeitungsstrategien zu sein. Dies gilt insbesondere für stereotype, konsistente, kognitiv wenig beanspruchende, oberflächliche Bearbeitungsstrategien begünstigende Textaufgaben.

## 4.4 Das Konstrukt „Oberflächlichkeit" mit seinen drei Teilkonstrukten

Auf Grundlage der in den Abschnitt 4.2 und 4.3 dargestellten, aus der Literatur extrahierten Elemente, wird im Folgenden ein Konstrukt „Oberflächlichkeit" fundiert. Als Ausgangspunkt dazu dient das Konstrukt einer „superficial solution" (Verschaffel et al., 2000), das die beiden Elemente „superficial strategy" und „direct reporting of mathematical results" in einem Modellierungszyklus verortet (vgl. Abschn. 4.1.2).

Aus der Literatur konnten vor allem einzelne oberflächliche oder als solche zu verstehende Bearbeitungsstrategien extrahiert werden (vgl. Abschn. 4.2), die im Bearbeitungsprozess auf einer Mikroebene anzusiedeln wären. Diese *„oberflächlichen Bearbeitungsstrategien"* werden nun gebündelt in das für Textaufgaben gut anwendbare Prozessmodell nach Reusser (vgl. Abschn. 3.2.2) integriert und bilden damit die zentrale Ebene des Konstrukts „Oberflächlichkeit" (Abschn. 4.4.1). Daraus kann eine Schlussfolgerung auf die „Oberflächlichkeit" des gesamten Bearbeitungsprozesses einer Teilaufgabe im Sinne einer graduellen Einschätzung gezogen werden. Im Folgenden soll der gesamte Bearbeitungsprozess einer Teilaufgabe als „Gesamtbearbeitung" und die graduelle Einschätzung hinsichtlich ihrer Oberflächlichkeit als *„Oberflächlichkeit einer Gesamtbearbeitung"* (Abschn. 4.4.2) bezeichnet werden. Als Ursache oberflächlicher

Bearbeitungen wurde eine sozial begründete Rationalität herausgestellt, die vor allem auf Aufgabenmerkmalen beruht. Somit bilden Merkmale von Textaufgaben, die mit oberflächlichen Bearbeitungsstrategien gelöst werden können, ab jetzt als *„oberflächlich lösbare Aufgaben"* bezeichnet, ebenfalls einen Teil des Konstrukts (Abschn. 4.4.3). Das Gesamtkonstrukt Oberflächlichkeit unterteilt sich somit in zwei Ebenen.

- Auf der Bearbeitungsebene, sind die beiden Teilkonstrukte *„Oberflächliche Bearbeitungsstrategien"* und *„Oberflächlichkeit einer Gesamtbearbeitung"* angesiedelt.
- Auf der Aufgabenebene befindet sich das Teilkonstrukt *„Oberflächliche Lösbarkeit einer Textaufgabe"* mit den entsprechenden Aufgabenmerkmalen. Oberflächlich lösbare Aufgaben können mittels einer sozial begründeten Rationalität auch zur Ursache oberflächlicher Bearbeitungen werden.

Zu berücksichtigen ist, dass das hier vorgestellte Konstrukt „Oberflächlichkeit" lediglich aus verschiedenen in der Literatur gefundenen Elementen theoretisch zusammengestellt wurde, um eine Basis für die in dieser Arbeit durchgeführte Untersuchung zu bilden. Das empirisch überarbeitete und verfeinerte Oberflächlichkeits-Konstrukt ist das Ergebnis der deduktiv-induktiven Analyse von Bearbeitungsprozessen in dieser Arbeit und wird in Teil III dargelegt.

## 4.4.1   Oberflächliche Bearbeitungsstrategien

Zunächst sei auf Bearbeitungsebene das Teilkonstrukt „Oberflächliche Bearbeitungsstrategien" betrachtet. Aus der Literatur-Sichtung sind die folgenden fünf oberflächlichen Bearbeitungsstrategien herausgestellt worden:

- unzureichende relationale Verarbeitung (vgl. Abschn. 4.2.1)
- Schlüsselwortstrategien (vgl. Abschn. 4.2.2)
- oberflächliches Leseverständnis (vgl. Abschn. 4.2.3)
- unreflektiertes Operieren (vgl. Abschn. 4.2.4)
- Ausblendung realitätsbezogener Überlegungen (vgl. Abschn. 4.2.5)

Diese oberflächlichen Bearbeitungsstrategien werden in Tabelle 4.2 in die groben Phasen des Prozessmodells nach Reusser (vgl. Abschn. 3.2.2) eingeordnet und basierend auf der vorangehend dargestellten Theorie erläutert.

**Tabelle 4.2** Aus der Theorie abgeleitete oberflächliche Bearbeitungsstrategien eingeordnet in das Prozessmodell nach Reusser

| Reusser | Oberflächliche Bearbeitungsstrategien & Theorie-Erläuterung |
|---|---|
| **Textverständnis, Situationsverständnis** | **oberflächliches Leseverständnis (Abschn. 4.2.3)**<br>- Übersehen grammatischer Signale<br>- unvollständige Wahrnehmung der Informationen (z. B. nur Schlüselwörter)<br>- fehlende Strategien zum Lesen von Sachtexten<br>- im Gegensatz zur nicht oberflächlichen Strategie „Paraphrasieren": fehlende Kontrolle / Verknüpfung / Einschätzung der Informationen<br>(Hessisches Kultusministerium & SINUS, 2013; Prediger, 2015b)<br>**unzureichende relationale Verarbeitung (Abschn. 4.2.1)**<br>- kein / unzureichender Aufbau eines korrekten Beziehungsnetzes<br>- nicht richtige / unzureichende Relationen zwischen lösungsrelevanten Elementen<br>(Boonen et al., 2013) |
| **Mathematisierung, Rechnen** | **Schlüsselwortstrategien (Abschn. 4.2.2)**<br>- Übersetzen von Schlüsselwörtern in Operationen und entsprechende Verknüpfung der gegebenen Zahlen = formales Übersetzen ohne Berücksichtigung von Kontext und strukturellen Zusammenhängen<br>- Assoziationen zur Situation als Schlüssel zur Operation<br>- routinemäßige Anwendung<br>- antrainierte Anwendung (Vokabellisten mit Schlüsselwörtern)<br>- im Gegensatz zur nicht oberflächlichen „Problem-Modell-Strategie": fehlendes Bilden einer visuellen Repräsentation oder eines mentalen Modells / Situationsmodells<br>(Aebli et al., 1986; Boonen et al., 2013; Franke & Ruwisch, 2010; Hegarty et al., 1995; Nesher & Teubal, 1975; Prediger, 2015b; Van der Schoot et al., 2009; Verschaffel et al., 2000)<br>**unreflektiertes Operieren (Abschn. 4.2.4)**<br>- keine Planung / kein Sicherstellen des Verständnisses<br>- unreflektiertes Anwenden von Methoden oder Formeln<br>- unsystematisches / nicht-produktives Explorieren (Verknüpfen in beliebiger Reihenfolge, Reihenfolge des Vorkommens, Wahl der naheliegendsten Operation)<br>(Franke & Ruwisch, 2010; Lave, 1997; Schoenfeld, 1992; Schoenfeld, 1985; Stein et al., 1996; Stein & Lane, 1996; Verschaffel et al., 2000; Verschaffel et al., 2010) |
| **Situationsbezogene Antwort** | **Ausblendung realitätsbezogener Überlegungen (Abschn. 4.2.5)**<br>- fehlende Bezüge zwischen Realität und Mathematik<br>- Ausblendung / Nicht-Vorhandensein realitätsbezogener Überlegungen / Ignoranz von Begebenheiten der realen Welt / suspension of sense making<br>- ausschließliche Bearbeitung in der „Welt der Mathematik"<br>- keine Validierung / Interpretation der Ergebnisse<br>(Greer, 1997; Leufer, 2016; Prediger, 2010; Reusser & Stebler, 1997; Schoenfeld, 1991; Selter, 1994, 2001; Verschaffel et al., 2000) |

Hinsichtlich der Zuordnung der oberflächlichen Bearbeitungsstrategien zu den Bearbeitungsphasen aus dem Prozessmodell nach Reusser ist hinzuzufügen, dass bei ‚Schlüsselwortstrategien' die Rechenoperationen ausschließlich aus der prototypischen Bedeutung einzelner Ausdrücke erstellt werden, wodurch das Text- und Situationsverständnis übersprungen werden kann. Dies ist auch im Modell von Verschaffel et al. (2000) für die „superficial strategy" (siehe Abb. 4.1) dargestellt (vgl. Abschn. 4.1.2). Eine Einordnung in die Situation oder Struktur, die in der Aufgabe gegeben ist, erfolgt nicht. Auch beim ‚unreflektierten Operieren' sind grundsätzlich die vorherigen Schritte des Text- und Situationsverständnisses nicht erforderlich, was jedoch nicht bedeutet, dass diese nicht durchgeführt werden. Es kann ebenso sein, dass trotz erstelltem mentalen Modell die Rechenoperation nicht daraus, sondern z. B. durch Verknüpfung aller Zahlen in der gegebenen Reihenfolge erfolgt.

Hervorzuheben ist, dass nicht jede der hier aufgeführten oberflächlichen Bearbeitungsstrategien in der Literatur *als „oberflächlich" bezeichnet* wurde. Dies war lediglich der Fall für das ‚oberflächliche Leseverständnis' und die ‚Schlüsselwortstrategien'. Einige Teilaspekte der „Ausblendung realitätsbezogener Überlegungen", lassen sich im „direct reporting of mathematical results" im Konstrukt von Verschaffel et al. (2000) finden und werden somit als „superficial" bezeichnet. Die ‚Ausblendung realitätsbezogener Überlegungen' wird insgesamt als oberflächlich eingeschätzt, da bei einem fehlenden Hinterfragen, ob die Aufgabe, Frage und Antwort in irgendeiner Weise als realistisch angesehen und mit Überlegungen aus der realen Welt begründet werden können, die Tiefe der Aufgaben keine ausreichende Berücksichtigung findet. Die restlichen oberflächlichen Bearbeitungsstrategien wurden in der Literatur *nicht explizit als oberflächlich bezeichnet*. Eine ‚unzureichende relationale Verarbeitung' ist jedoch mit dem explizit so benannten ‚oberflächlichen Leseverständnis' vergleichbar, wobei jedoch bei der ‚relationalen Verarbeitung' der Fokus auf den Beziehungen liegt. Beim ‚unreflektierten Operieren' findet keinerlei mathematische Reflexion statt, sodass die Bezeichnung „oberflächlich" passt.

Insgesamt ist zu beachten, dass „oberflächlich" nicht „falsch" und „nicht oberflächlich" nicht „richtig" entspricht, wie für die einzelnen Bearbeitungsstrategien im Folgenden dargelegt wird.

– Es ist möglich, dass Lernende (durch Zufall) richtige Operationen aufstellen, obwohl sie den gesamten Text oberflächlich gelesen haben, oder dass sie gerade die Stellen nur oberflächlich gelesen haben, die für die Aufgabenbearbeitung weniger wichtig sind, und somit trotzdem die Lösung finden.
– Wenn die ‚relationale Verarbeitung' erfolgreich gelingt, ist diese nicht oberflächliche Bearbeitungsstrategie auch als richtig einzustufen, auch wenn

sie nicht zwingend zu einer richtigen Gesamtbearbeitung führt. Wenn die ‚relationale Verarbeitung' hingegen nicht erfolgt, so werden keine Beziehungen abgeleitet. Trotzdem wäre es möglich, dass die Informationen durch Zufall oder auch Erfahrung in eine sinnvolle Beziehung gestellt werden.

– Eine ‚Schlüsselwortstrategie' kann insbesondere bei konsistenten Aufgaben zur Lösung führen. Bei den meisten Aufgaben hingegen, insbesondere bei inkonsistenten Aufgaben, ist sie der Lösung nicht dienlich.

– Auch bei ‚unreflektiertem Operieren' ist es möglich, dass Lernende durch Zufall eine richtige Operation auswählen oder eine richtige Formel anwenden, auch wenn sie nicht hinterfragt haben, ob diese anwendbar ist. Genauso ist bei einem reflektierten Operieren oder dem Anwenden einer Problem-Modell-Strategie eine nicht tragfähige Begründung oder Planung möglich.

– Wenn aufgrund der ‚Ausblendung realitätsbezogener Überlegungen' der Realitätscheck ausbleibt, so führt dies bei sehr realitätsfernen Ergebnissen nicht zur Lösung. Bei den meisten Aufgaben hingegen ist ein Abgleich des Ergebnisses mit der Realität nicht notwendig, um die Aufgabe zu lösen.

Die einzelnen dargestellten oberflächlichen Bearbeitungsstrategien können in Kombination miteinander, aber auch einzeln auftreten, sodass es sinnvoll ist, sie in einer Analyse alle einzeln zu betrachten. Zwar könnte man beispielsweise sagen, dass das Anwenden einer ‚Schlüsselwortstrategie' wahrscheinlich mit einem ‚oberflächlichen Leseverständnis' und einer ‚unzureichenden relationalen Verarbeitung' einhergeht, aber es ist durchaus möglich, dass Lernende ein gutes Leseverständnis mit korrekten Beziehungen in einer mentalen Repräsentation erstellt haben (also weder die Strategie eines ‚oberflächlichen Leseverständnisses' noch einer ‚unzureichenden relationalen Verarbeitung' zeigen) und dennoch hiervon unbeeinflusst mit einer ‚Schlüsselwortstrategie' die Verknüpfungsstruktur aufstellen. Da sich zudem jeder Bearbeitungsschritt wiederholen lässt, ist es trotz Anwenden einer ‚Schlüsselwortstrategie' möglich, dass im Folgenden der Text erneut gelesen und mithilfe einer korrekten relationalen Verarbeitung ein korrektes mentales Modell erstellt wird. Auch der Schluss von einzelnen (nicht-)oberflächlichen Bearbeitungsstrategien auf die Richtigkeit einer Gesamtbearbeitung ist nicht möglich, da in der Gesamtbearbeitung noch viele weitere Schritte hinzukommen. Somit sind aus den einzelnen oberflächlichen Bearbeitungsstrategien keine direkten Rückschlüsse auf die Gesamtbearbeitung möglich, was eine Erläuterung zur Einschätzung der „Oberflächlichkeit einer Gesamtbearbeitung" erforderlich macht (vgl. Abschn. 4.4.2).

## 4.4.2 Oberflächlichkeit einer Gesamtbearbeitung

Zwar wird das Konstrukt „Oberflächlichkeit" durch die einzelnen oberflächlichen Bearbeitungsstrategien fassbar, eine Einschätzung der „Oberflächlichkeit einer Gesamtbearbeitung" ist jedoch notwendig, um beantworten zu können, inwieweit Oberflächlichkeit einen Mediator des Zusammenhangs zwischen Sprachkompetenz und Mathematikleistung darstellt. Fasst man das Gemeinsame an der Oberflächlichkeit der einzelnen Bearbeitungsstrategien zusammen, so lässt sich bereits sagen, dass eine *oberflächliche (Gesamt)bearbeitung* durch das Fehlen von Planung, Begründung, Reflexion und einem daraus resultierenden schnellen Erstellen von Verknüpfungsstrukturen charakterisierbar ist. Dies erzeugt eine fehlende Kontrolle über die beschriebene Situation und ihre mathematischen Anforderungen, sodass nicht begründet im Bearbeitungsprozess vorangeschritten werden kann. Trotzdem kann sowohl eine richtige als auch eine falsche Bearbeitung entstehen. Da jedoch das Vorkommen einzelner oberflächlicher Bearbeitungsstrategien noch nicht zwingend dazu führt, dass eine gesamte Bearbeitung als oberflächlich eingestuft werden muss, wird nun eine entsprechende Skala erstellt.

Die Beschreibung einer oberflächlichen bzw. nicht oberflächlichen Bearbeitung auf Basis einzelner Bearbeitungsstrategien wirkt zunächst wie die Darstellung eines dichotomen Konstrukts. Allerdings erscheint es sinnvoller, eine *graduelle* Klassifizierung von Bearbeitungsprozessen vorzunehmen, bei der die Auswirkungen einzelner oberflächlicher Bearbeitungsstrategien auf die Gesamtbearbeitung im Fokus stehen. Dazu wird betrachtet, ob eine oberflächliche Bearbeitungsstrategie im Laufe der Bearbeitung weiterverfolgt oder lediglich sehr kurz benutzt wird und ob oberflächliche Überlegungen im Laufe der Bearbeitung mithilfe von reflektiertem Vorgehen verbessert werden. Hierdurch entsteht die im Folgenden erläuterte Skala, die im Anschluss in Tabelle 4.3 zusammengefasst wird.

Eine Gesamtbearbeitung wird als *‚nicht oberflächlich'* bezeichnet, wenn sie keine der oberflächlichen Bearbeitungsstrategien aufweist oder diese durch Reflexion korrigiert werden. In diesem Fall ist eindeutig, dass Lernende insgesamt durch Reflexion zu ihrer Endlösung gelangt sind.

Sie wird als *‚eher nicht oberflächlich'* bezeichnet, wenn oberflächliche Bearbeitungsstrategien vorhanden sind, die nicht korrigiert werden, jedoch auch nicht bedeutsam für das Vorgehen sind. Da diese nicht korrigiert werden, bleibt das oberflächliche Handeln unreflektiert. Da dieses in der entsprechenden Aufgabe jedoch als unbedeutend eingeschätzt werden kann, also die Lösung nicht beeinflusst, ist insgesamt von einer ‚eher nicht oberflächlichen' Bearbeitung zu sprechen.

Eine Gesamtbearbeitung wird als ‚*eher oberflächlich*' bezeichnet, wenn nicht korrigierte oberflächliche Bearbeitungsstrategien bedeutsam für einen Teil der Bearbeitung sind. In diesem Fall nimmt die Oberflächlichkeit durchaus Einfluss auf die Gesamtlösung, wird jedoch von nicht oberflächlichen Bearbeitungsstrategien, die auch die Endlösung bestimmen, begleitet, sodass eine ‚eher oberflächliche' Bearbeitung vorliegt.

Eine Gesamtbearbeitung wird als ‚*oberflächlich*' bezeichnet, wenn nicht korrigierte oberflächliche Bearbeitungsstrategien bedeutsam für die Gesamtbearbeitung sind. In diesem Fall ist eindeutig, dass die Lösung der Aufgabe auf oberflächlichen Überlegungen beruht.

Mit dieser Skala (vgl. Tabelle 4.3) ist basierend auf den oberflächlichen Bearbeitungsstrategien eine Klassifikation einer Gesamtbearbeitung hinsichtlich ihrer Oberflächlichkeit möglich. Die aus theoretischen Überlegungen gewonnene Klassifizierung wird im empirischen Teil an konkreten Aufgabenbearbeitungen überprüft, überarbeitet und verfeinert. Entsprechend werden konkrete Beispiele der einzelnen Ausprägungen von Oberflächlichkeit in Kapitel 11 dargestellt.

**Tabelle 4.3**  Aus theoretischen Überlegungen gewonnene Klassifizierung der Oberflächlichkeit einer Gesamtbearbeitung

| Klassifizierung der Oberflächlichkeit einer Gesamtbearbeitung | | |
|---|---|---|
| Dichotome Klassifizierung | Graduelle Klassifizierung | Indikator |
| (eher) nicht oberflächlich[a] | nicht oberflächlich | keine oberflächlichen Bearbeitungsstrategien |
| | | oberflächliche Bearbeitungsstrategien werden alle durch Reflexion korrigiert |
| | eher nicht oberflächlich | nicht korrigierte oberflächliche Bearbeitungsstrategien sind nicht bedeutsam für die Bearbeitung |
| (eher) oberflächlich[a] | eher oberflächlich | nicht korrigierte oberflächliche Bearbeitungsstrategien sind bedeutsam für Teile der Bearbeitung, aber nicht für die gesamte Bearbeitung |
| | oberflächlich | nicht korrigierte oberflächliche Bearbeitungsstrategien sind bedeutsam für die Gesamtbearbeitung |

[a]Die Zusammenfassung der Ausprägungen „eher oberflächlich" und „oberflächlich" wird im Folgenden mit „(eher) oberflächlich" bezeichnet, die Zusammenfassung der Ausprägung „eher nicht oberflächlich" und „nicht oberflächlich" wird mit „(eher) nicht oberflächlich" bezeichnet

### 4.4.3   Oberflächliche Lösbarkeit einer Textaufgabe

Eine Ursache für oberflächliche Bearbeitungen lässt sich in der sozial begründeten Rationalität finden. Laut verschiedener Autorinnen und Autoren (vgl. Abschn. 4.3.5) reicht es bei den meisten in der Schule zu bearbeitenden Aufgaben für eine Lösung aus, wenn die Aufgaben in zuvor genannter Weise oberflächlich bearbeitet werden. Entsprechend erachten Lernende es nicht als notwendig, eine komplexere, nicht oberflächliche Herangehensweise zu wählen. Wenn lediglich das Ergebnis darüber bestimmt, ob die Aufgabe gelöst wurde oder nicht, erscheint es weniger relevant, ob die zur Lösung führenden Bearbeitungsschritte mathematisch durchdacht waren. Diese Ausführungen implizieren, dass sich einige Textaufgaben mit oberflächlichen Bearbeitungen lösen lassen (oberflächlich lösbare Aufgaben), wie auch Verschaffel et al. (2000) es kurz anführen, während sich andere Textaufgaben nicht mit oberflächlichen Bearbeitungen lösen lassen (nicht oberflächlich lösbare Aufgaben). Was genau (nicht) oberflächlich lösbare Aufgaben, also die zweite Ebene des Konstrukts „Oberflächlichkeit" auszeichnet, wird im Folgenden definiert.

Oberflächlich lösbare Aufgaben zeichnen sich durch ‚*niedrige kognitive Anforderungen*' (Smith & Stein, 1998) aus. Bei diesen muss lediglich unsystematisch und / oder nicht-produktiv exploriert, Formeln oder Wissen nur abgerufen und wiedergegeben oder Prozeduren und Algorithmen ohne ein tiefergehendes In-Beziehung-Setzen angewandt werden. Die genannten Aktivitäten können Teil der oberflächlichen Bearbeitungsstrategie ‚unreflektiertes Operieren' sein. Somit scheinen Aufgaben mit niedrigen kognitiven Anforderungen zu begünstigen, dass oberflächliche Bearbeitungsstrategien zur Lösung führen können. Nicht oberflächlich lösbare Aufgaben weisen hingegen eher hohe kognitive Anforderungen auf. Bei solchen Aufgaben können Prozeduren nur angewandt werden, wenn diese auch mit gegebenen Inhalten und (mathematischem) Vorwissen in Beziehung gesetzt werden oder wenn die Herangehensweise an die Aufgabe offen ist und ein Ansatz selbst erarbeitet und logisch argumentiert werden muss. Dann können oberflächliche Bearbeitungsstrategien nicht oder nur durch großen Zufall erfolgreich sein.

Ein weiteres Merkmal oberflächlich lösbarer Aufgaben ist eine ‚*offensichtliche relationale Verarbeitung*' und eine ‚*konsistente sowie unmarkierte Formulierung*'. Bei Aufgaben, bei denen eine offensichtliche relationale Verarbeitung erfolgen kann, also das relationale Wort offensichtlich auf die zugehörige Operation verweist („obvious mapping"), führt auch das Anwenden einer ‚Schlüsselwortstrategie' zur Lösung (vgl. Boonen et al., 2013). ‚Schlüsselwortstrategien' oder oberflächliche Rechenoperationen (‚unreflektiertes Operieren') können dabei vor allem dann greifen, wenn die relationalen Wörter schnell verarbeitet werden können, was bei unmarkierten Wörtern wie „mehr" der Fall ist, und wenn diese zudem noch konsistent mit der auszuführenden Rechenoperation sind, also z. B. „mehr" für eine Addition steht (Thevenot, 2010; Van der Schoot et al., 2009). Bei einer nicht oberflächlich lösbaren Aufgabe hingegen lässt sich aus dem relationalen Wort nicht offensichtlich die zugehörige Operation ableiten, weil deren Beziehung zum Beispiel nicht konsistent ist oder ein höherer kognitiver Aufwand aufgrund einer Markiertheit vorliegt.

Ein weiteres Kennzeichen oberflächlich lösbarer Aufgaben ist, ob sie ,Stereotype' sind. Da das Lösen einer stereotypen Aufgaben dem Puzzeln ähnelt (Reusser & Stebler, 1997), kann hier mit Routinetätigkeiten ohne tiefere Reflexion, beispielsweise durch ,unreflektiertes Operieren', die Lösung gefunden werden. Bei nicht-stereotypen Aufgaben hingegen sind keine Routinetätigkeiten möglich, sodass diese Aufgaben nicht oberflächlich gelöst werden können.

Auch der ,Kontext' kann als Hintergrund für die Definition einer oberflächlich lösbaren Aufgabe herangezogen werden. Da der Kontext das Verständnis einer Aufgabe erleichtern kann, indem er Hinweise auf das mathematische Modell oder die auszuführenden Rechenoperationen gibt, wird eine eigenständige Reflexion weniger benötigt – oberflächliche Bearbeitungsweisen wie ,Schlüsselwortstrategien' oder ein ,oberflächliches Leseverständnis' können also möglicherweise erfolgreich sein (vgl. Ullmann, 2013). Wenn durch den Kontext keine oder falsche Hinweise gegeben werden, so muss ein umfassenderes Situationsmodell erstellt werden, was dazu führt, dass eine solche Aufgabe nicht oberflächlich lösbar ist.

Die vier dargelegten Merkmale einer oberflächlich lösbaren Aufgabe und die oberflächlichen Bearbeitungsstrategien, deren Erfolg durch diese begünstigt wird, sind in Tabelle 4.4 zusammengefasst.

**Tabelle 4.4** Aus der Theorie abgeleitete Merkmale oberflächlich lösbarer Aufgaben und oberflächliche Bearbeitungsstrategien, deren Erfolg begünstigt wird

| Merkmale oberflächlich lösbarer Aufgaben und ihr Theoriebezug | Oberflächliche Bearbeitungsstrategien, deren Erfolg begünstigt wird |
|---|---|
| **offensichtliche relationale Verarbeitung, Konsistenz und Unmarkiertheit (Abschn. 4.3.1)** (Boonen et al., 2013; Thevenot, 2010; Van der Schoot et al., 2009) | Schlüsselwortstrategien |
| **hinweisgebender Kontext (Abschn. 4.3.2)** (Ullmann, 2013) | Schlüsselwortstrategien, oberflächliches Leseverständnis |
| **niedrige kognitive Anforderungen (Abschn. 4.3.3)** (Smith & Stein, 1998) | unreflektiertes Operieren |
| **stereotype Aufgaben (Abschn. 4.3.4)** (Reusser & Stebler, 1997; Verschaffel et al., 2000) | unreflektiertes Operieren |

Damit geht das aus der Theorie entwickelte Konstrukt der „Oberflächlichen Lösbarkeit einer Textaufgabe" bereits weit über die beiden von Verschaffel et al. (2000) genannten „superficial features" (stereotypes Aussehen und Schlüssel-wörter) hinaus. Damit eine Aufgabe als oberflächlich lösbar einzustufen ist, müssen nicht alle aufgeführten Merkmale erfüllt sein. Die genauen Einteilungs-kriterien werden empirisch an Aufgaben und oberflächlichen Bearbeitungs-strategien erarbeitet und in Kapitel 12 dargestellt.

## 4.5   Das Konstrukt Oberflächlichkeit unter dem Einfluss von Sprachkompetenz

Ob Sprachkompetenz und Oberflächlichkeit zusammenhängen, wurde bisher noch nicht systematisch erforscht, jedoch ergeben sich Hinweise darauf, die im Folgenden dargestellt werden.

Im Projekt ZP10-Exp (Schlager et al., 2017) wurden DIF-Analysen (Differential Item Functioning) der eingesetzten Test-Items durchgeführt, um zu untersuchen, ob Items von der sprachlich schwachen und der sprachlich starken Hälfte der Lernenden (eingeteilt nach Ergebnis im C-Test) unerwartet gut bzw. unerwartet schlecht gelöst wurden. Dazu wurde aufbauend auf einer Rasch-Skalierung der Testdaten „aus der Gesamttestleistung der beiden Gruppen berechnet, welche Lösungsquoten jeweils auf dieser Basis zu erwarten wären, und das Ergebnis mit den realen Lösungsquoten verglichen" (Büchter, 2010, S. 54). Negative DIF-Werte bedeuten, dass ein Item für die angegebene sprach-lich schwache Gruppe unerwartet leicht war und entsprechend für die sprach-lich starken Lernenden unerwartet schwer[13]. Es zeigte sich, dass die Gruppe der sprachlich schwachen Lernenden (C0) einige (in der Tabelle 4.5 grau hinterlegte) Aufgaben unerwartet gut löste (vgl. Tabelle 4.5).

---

[13]Der DIF-Wert gibt konkret an, um wie viele Einheiten auf der Schwierigkeitsskala der Unterschied zwischen den beiden Sprachkompetenzgruppen größer wäre, wenn der Test nur aus Items wie dem gerade betrachteten bestünde. „Mithilfe des Standardfehlers (Spalte „Error") lassen sich die Verschiebungen der Item-Schwierigkeiten nun auf statistische Signifikanz untersuchen. Wenn der Betrag des DIF-Wertes mindestens doppelt so groß ist wie der Standardfehler, dann ist die Verschiebung (auf dem 5 %-Niveau) signifikant" (Prediger et al., 2013, S. 23). Für detaillierte Informationen zu DIF-Analysen siehe z. B. Osterlind & Everson (2009).

**Tabelle 4.5**  Items aus ZP10-Exp mit statistisch signifikanten DIF-Werten

| Item | Mathematischer Inhalt | Besonderheit | Item-Schwierigkeit | DIF-Wert (C0) | Error: m (SD) |
|---|---|---|---|---|---|
| Auffällige Ankeritems in der Gesamtstichprobe (n=578) | | | | | |
| 5 | Schätzaufgabe | Bild entspricht Situationsmodell | -0,054 | -0,286* | 0,104 |
| 10a1 | Ablesen: Graf (lin. Fkt.) | Standardaufgabe | -2,332 | -0,211* | 0,097 |
| 13a1 | Ablesen: Balkendiagramm | Standardaufgabe | -1,036 | -0,262* | 0,092 |
| 13b1 | Berechnung Volumen | Situationsmodell nicht naheliegend | 2,955 | 0,579* | 0,240 |
| Auffällige Variierte Items in Gesamt (n=578) und Version A (n=219) / Version B (n=214) / Version C (n=207) (erste Zeile = aus Gesamtstichprobe, zweite Zeile = aus Versionsstichprobe) | | | | | |
| 1_A_PA1 | %-Rechnung | Differenzbildung nötig | -0,756 -0,738 | -0,494* -0,471* | 0,156 0,143 |
| 9b_A_0 | %-Rechnung | Einfache Prozentrechenaufgabe | -0,876 -0,895 | -0,322* -0,289* | 0,154 0,142 |
| 10b2_A_KL | Einsetzen: lin. Fkt. | | 5,132 3,464 | 3,203* 1,535* | 0,336 0,245 |
| 8a_B_0 | Median berechnen | Formelsammlung nutzbar | 0,094 0,076 | -0,454* -0,406* | 0,186 0,181 |
| 9a_C_ PA/TV | Ablesen: Kreisdiagramm | Standardaufgabe | -3,376 -3,865 | -0,795* -1,176* | 0,205 0,205 |

Eine Betrachtung der Besonderheiten dieser Aufgaben zeigte, dass es sich hierbei in der Regel um Standardaufgaben mit naheliegendem Situationsmodell oder naheliegenden durchzuführenden Rechenschritten handelte, die nach dem gerade fundierten Konstrukt Oberflächlichkeit als oberflächlich lösbare Aufgaben einzustufen sind. Schwieriger für sprachlich schwache Lernende wurden Aufgaben mit komplexen Situationsmodellen oder komplexeren Rechnungen. Tendenziell waren Aufgaben, die für alle Lernenden leicht zu lösen waren, für sprachlich schwache Lernende noch leichter, und Aufgaben, die für alle schwierig waren, für sprachlich schwache Lernende noch schwieriger. Dies wurde auch als Tendenz im Projekt ZP10-2012 (Prediger et al., 2015) beobachtet. Dort zeigten sich drei Items (1d11, 1d12, 2a1), die unerwartet gut und zwei Items, die unerwartet schwer für sprachlich schwache Lernende zu lösen waren:

*Item 1d11* und *1d12* zielen auf einfaches Wissen zur Tabellenkalkulation, über das fast alle Lernende (unabhängig von der Sprachkompetenz) zu verfügen scheinen, die dazu im Unterricht überhaupt eine Lerngelegenheit hatten. Sie fallen den sprachlich Schwachen daher nicht schwerer als den sprachlich Starken. Für *Item 2a1*

(Kraftstoffverbrauch am Diagramm ablesen) zeigte sich in den videographierten Bearbeitungsprozessen, dass viele Lernende mit einer oberflächlichen Standardbearbeitung den gesuchten Wert zum gegebenen Funktionswert aus dem Diagramm ablesen können, ohne den funktionalen Zusammenhang durchdrungen zu haben. Dies kann eine Erklärungshypothese für die relative Leichtheit des Items für die sprachlich schwache Hälfte der Stichprobe geben, die hier signifikant besser als statistisch erwartbar abschneidet. (Prediger et al., 2015, S. 93, Hervorh. im Orig.)

Aus beiden Projekten ergibt sich die Vermutung, dass Aufgaben mit eindeutigem Situationsmodell, die mit gängigen Strategien lösbar sind, besonders gut von den sprachlich schwachen Lernenden gelöst werden können – laut dem erstellten Konstrukt können wir hier von oberflächlich lösbaren Aufgaben sprechen. Oberflächliche Bearbeitungsstrategien können also bei diesen Aufgaben zu einer Lösung führen, allerdings bei einer Vielzahl weiterer (nicht oberflächlich lösbarer Aufgaben) nicht, sodass hierdurch die Leistungsunterschiede zwischen sprachlich schwachen und sprachlich starken Lernenden mit erklärt werden könnten.

Als eine erste Annäherung und Überprüfung dieser Hypothese wurde zum einen eine Hausarbeit mit dem Thema „Inwieweit neigen Schülerinnen und Schüler mit schlechter Sprachkompetenz eher zu oberflächlichen Bearbeitungsstrategien?" (Gündes, 2016) mit Grundschulkindern durchgeführt. Zum anderen wurden in einem ersten Zugang zum erkenntnisleitenden Interesse dieser Dissertation Schriftprodukte und Bearbeitungsprozesse aus dem Projekt ZP10-Exp mit Blick auf mögliche oberflächliche Herangehensweisen betrachtet (Schlager, 2017b).

Im Rahmen der Hausarbeit konnte bestärkt werden, dass es sich lohnt eine systematische, größer angelegte Überprüfung der Hypothese durchzuführen:

Insgesamt konnte ich [(gemeint ist Gündes (2016))] allerdings feststellen, dass Schülerinnen und Schüler mit einer im Vergleich schlechteren Sprachkompetenz zu oberflächlichen Bearbeitungsstrategien neigen. Der Fokus wird auf die im Text stehenden Zahlen gesetzt, diese werden mit einer oft beliebigen mathematischen Operation verbunden und so die Aufgabe gelöst. Auch musste ich feststellen, dass ohne einige Hilfestellungen der Bezug zum Aufgabenkontext gar nicht erst hergestellt wurde, das das ermittelte Ergebnis oft zugleich das Ende der Bearbeitung der Aufgabe bedeutete. Des Weiteren wurde nicht überprüft, ob das Ergebnis im Aufgabenkontext denn nun stimmen kann. Die Interpretation fehlte in einigen Fällen. Es wurde oft nur versucht, die Aufgabe schnellstmöglich auf irgendeine Art und Weise zu lösen, ohne das Ergebnis gegebenen falls [sic!] zu kontrollieren und zu interpretieren. (Gündes, 2016, S. 27 f.; Einfügung SaS)

Ein plakatives Beispiel für eine solche oberflächliche Bearbeitung durch sprachlich schwache Lernende stellt das Beispiel einer Schülerin (S) bei der

Bearbeitung der Aufgabe „Tretboote"[14] im Gespräch mit der Interviewerin (L) dar. Die Schülerin ist vier Jahre vor dem Interview nach Deutschland eingewandert, spricht verhältnismäßig gut Deutsch, weist jedoch eine im Vergleich zu anderen Lernenden geringe Sprachkompetenz auf. Ihre Familiensprachen sind Italienisch und Albanisch.

> S: In der Klasse 4a sind einundzwanzig Kinder. Gemeinsam mit der Klassenlehrerin Frau Meier möchten sie Tretboote leihen. Auf ein Tretboot passen vier Personen. Wie viele Tretboote müssen sie leihen?
> S: (liest die Aufgabe ein weiteres Mal für sich)
> S: Ähmm einundzwanzig durch vier ist fünf... nein 20 Rest 1. Dann ist das mal. Dass es durch nicht geht, müssen wir mal rechnen.
> L: Also, weil durch nicht geht, musst du jetzt mal rechnen?
> S: Ja. vierundachtzig kommt... Das ist zu viel...
> L: Was bedeutet das jetzt?
> S: Dass es plus ist. Das sind fünfundzwanzig.
> L: Bist du jetzt fertig mit der Aufgabe?
> S: (liest noch einmal die Fragestellung der Aufgabe) Ja, fünfundzwanzig Tretboote.
> (Gündes, 2016, S. 20)

Die sprachlich schwache Schülerin probiert zur Lösung verschiedene Rechenoperationen (Division, Multiplikation, Addition) zur Verknüpfung der Zahlen aus dem Aufgabentext aus. Aus der Situation oder einem entsprechenden mathematischen Modell abgeleitete Überlegungen werden zur Operationswahl oder -begründung nicht eingesetzt. Der Wechsel zwischen den Operationen wird von einem Ergebnis mit Rest und einem zu großen Ergebnis ausgelöst. Dass das finale Ergebnis im Situationskontext ebenfalls zu groß ist, wird nicht reflektiert. Somit zeigt die Lernende die oberflächlichen Bearbeitungsstrategien ‚unreflektiertes Operieren' sowie ‚Ausblendung realitätsbezogener Überlegungen' und insgesamt eine oberflächliche Bearbeitung.

Im ersten Zugang zum erkenntnisleitenden Interesse dieser Dissertation zeigte sich, dass „mehr sprachschwache [als sprachstarke] Lernende oberflächliche Bearbeitungen mit falschen Rechentermen [nutzten]" (Schlager, 2017b, S. 847; Einfügung SaS). Zudem unterschieden sich die Bearbeitungsprozesse je nach Sprachkompetenz auf Makroebene (vgl. Abschn. 3.2.) dahingehend,

> dass Sprachschwache die Aufgaben oberflächlicher bearbeiteten, da Modelle und ihre Mathematisierung zur inhaltlichen und mathematischen Durchdringung der Aufgabe beitragen[, diese aber seltener von sprachlich schwachen Lernenden erstellt

---

[14]Die Aufgabe wurde aus dem Schulbuch „Welt der Zahl 4" (Rinkens, Hönisch & Träger, 2011) entnommen.

wurden]. Direkte Übergänge vom Text zu Rechenoperationen[, wie sie eher bei sprachlich schwachen Lernenden zu beobachten waren,] begünstigen Oberfläch-lichkeit. […] Insgesamt wird durch die bisher vorliegenden Ergebnisse der Unter-suchung die Vermutung bestärkt, dass Lernende mit geringer Sprachkompetenz Aufgaben anders bearbeiten und hierbei zu oberflächlichen Bearbeitungen neigen. So wählen Sprachschwache häufiger oberflächliche Rechenstrategien und bilden im Bearbeitungsprozess seltener Modelle. (Schlager, 2017b, S. 848; Einfügung SaS)

Diese ersten Ergebnisse bestätigen, dass eine Untersuchung des Zusammenhangs zwischen Sprachkompetenz und Oberflächlichkeit lohnenswert ist und begründen somit die Fragestellung der vorliegenden Arbeit.

## 4.6  Zusammenfassung zum Gesamtkonstrukt Oberflächlichkeit

Fasst man die Darstellungen der vorangegangenen Abschnitte zusammen, so ergibt sich das aus der Theorie entwickelte Gesamtkonstrukt Oberflächlichkeit, das eine Basis für die in dieser Studie zu betrachtenden Aufgaben und zu analysierenden Bearbeitungen darstellt. Es besteht auf der Bearbeitungsebene zum einen aus dem Teilkonstrukt der einzelnen sich in der Bearbeitung befindlichen oberflächlichen Bearbeitungsstrategien (unzureichende relationale Verarbeitung, oberflächliches Leseverständnis, Schlüsselwortstrategien, unreflektiertes Operieren, Ausblendung realitätsbezogener Überlegungen). Diese orientieren sich in ihrer Verortung im Bearbeitungsprozess am Prozessmodell nach Reusser. Zum anderen besteht das Gesamtkonstrukt auf Bearbeitungsebene aus dem Teilkonstrukt der graduell gestuften Oberflächlichkeit einer Gesamtbearbeitung (oberflächlich, eher oberfläch-lich, eher nicht oberflächlich, nicht oberflächlich). Um diese einzuschätzen, wird die Bedeutung der oberflächlichen Bearbeitungsstrategien für die Gesamtbearbeitung betrachtet. Als eine Ursache solch oberflächlicher Bearbeitungsweisen wurde die sozial begründete Rationalität, die sich vor allem durch Merkmale oberflächlich lös-barer Aufgaben (niedrige kognitive Anforderungen, offensichtliche relationale Ver-arbeitung, Konsistenz und Unmarkiertheit, stereotype Aufgaben, hinweisgebender Kontext) ergibt, ins Konstrukt aufgenommen. Eine entsprechende Darstellung des aus der Theorie entwickelten Gesamtkonstrukts findet sich in Abb. 4.2. Im Laufe der empirischen Analysen erfolgt eine Überarbeitung und Verfeinerung dieses Konstrukts. Da die in das aus der Theorie entwickelte Konstrukt aufgenommenen existierenden theoretischen Elemente sich fast ausschließlich auf Aufgaben aus der Grundschule und den Bereich der Arithmetik beziehen, ist davon auszugehen, dass diese empirisch in Bearbeitungsprozessen von Aufgaben zum exponentiellen Wachstum und zu proportionalen Zuordnungen in Jahrgangsstufe 10 nicht in gleicher Weise wiederzufinden sind. Deswegen ist eine deduktiv-induktive Vorgehensweise (vgl. Kap. 9) bei der Analyse notwendig. Das empirisch überarbeitete und verfeinerte Oberflächlichkeits-Konstrukt ist in Abschn. 13.1 dargestellt.

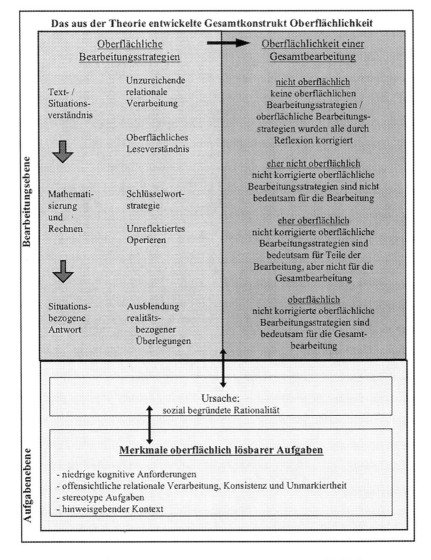

**Abb. 4.2**  Das aus der Theorie entwickelte Gesamtkonstrukt Oberflächlichkeit

Es liegen Vermutungen und Hypothesen vor, dass ein Zusammenhang zwischen Oberflächlichkeit und Sprachkompetenz besteht. Im Projekt ZP10-2012 wurde eine „oberflächliche[…] Standardbearbeitung" (Prediger et al., 2015, S. 93) als hypothetische Erklärung dafür angeführt, dass sprachlich schwache Lernende manche Aufgaben besser als statistisch erwartet lösen. Auch im Projekt ZP10-Exp (Schlager et al., 2017) wurde festgestellt, dass sprachlich schwache Lernende gerade bei den Aufgaben, die nach dem eben fundierten Konstrukt als oberflächlich lösbar gelten, statistisch unerwartet gute Ergebnisse zeigen (vgl. Abschn. 4.5). Eine Neigung von sprachlich schwachen Lernenden zu oberflächlichen Bearbeitungsstrategien konnte auch in einer Hausarbeit (Gündes, 2016) sowie in einem ersten Zugang zum erkenntnisleitenden Interesse dieser Dissertation (Schlager, 2017b) beobachtet werden. Dies bestätigt, dass eine systematische Untersuchung hinsichtlich eines Zusammenhangs zwischen Sprachkompetenz und Oberflächlichkeit, wie es mit dieser Dissertation erfolgt, lohnenswert ist.

# Zusammenfassung des Grundlagen-Teils und Konkretisierung der Forschungsfragen

**5**

Aus einer überblicksartigen Zusammenfassung (Abschn. 5.1) der bisher dargestellten Überlegungen (vgl. Kap. 2, 3, 4) wird im Folgenden der bei der vorliegenden Thematik existierende Forschungsbedarf identifiziert und das übergeordnete erkenntnisleitende Interesse für diese Arbeit abgeleitet (Abschn. 5.2). Auf dieser Basis lassen sich die Forschungsfragen konkretisieren (Abschn. 5.3).

## 5.1 Zusammenfassung der theoretischen Überlegungen

Diese Arbeit hat sich einen Beitrag „[z]ur Erforschung des Zusammenhangs zwischen Sprachkompetenz und Mathematikleistung" (vgl. Titel) als Ziel gesetzt. Unter Sprachkompetenz wird hier vor allem die Bildungssprache betrachtet, die verschiedene Rollen und Funktionen im Mathematikunterricht einnimmt und sich durch spezifische Merkmale auszeichnet (vgl. Abschn. 2.1 & Abschn. 2.2). Somit kann bereits aus theoretischer Sicht gesagt werden, dass Sprache einen bedeutenden Stellenwert im Mathematikunterricht einnimmt. Dies bestätigt sich empirisch dadurch, dass ein Zusammenhang zwischen Sprachkompetenz und Mathematikleistung besteht (vgl. Kap. 2), Sprachkompetenz sich gar als stärkster Prädiktor für Mathematikleistung herausstellt (vgl. Abschn. 2.3.1). Zur Erklärung dieses Zusammenhangs ließen sich aus dem Forschungsfeld Sprache und Mathematik (vgl. Abschn. 2.3.2) und einigen explizit benannten Erklärungsversuchen sieben verschiedene Erklärungsansätze synthetisieren (vgl. Abschn. 2.3.3). Diese stellen jedoch keine ausreichende Erklärung des Zusammenhangs dar. Einen vielversprechenden, aber bislang wenig untersuchten Ansatz stellen oberflächliche Bearbeitungsstrategien dar.

S. Schlager, *Zur Erforschung des Zusammenhangs zwischen Sprachkompetenz und Mathematikleistung*, Essener Beiträge zur Mathematikdidaktik, https://doi.org/10.1007/978-3-658-31871-0_5

Der Zusammenhang zwischen Sprachkompetenz und Mathematikleistung zeigt sich vor allem bei textbasierten Aufgaben, weshalb in der vorliegenden Arbeit Textaufgaben im Sinne von Aufgaben in Textform mit Sachbezug betrachtet werden (vgl. Abschn. 3.1.1). Diese Aufgaben werden mithilfe von Bearbeitungsstrategien, verstanden als jeder bewusste oder unbewusste Prozess der Aufgabenbearbeitung (vgl. Abschn. 3.1.2), gelöst. Die Bearbeitungsstrategien lassen sich in Makro- und Mikrostrategien unterteilen. Makrostrategien beschreiben den gesamten Bearbeitungsprozess und sind bei Textaufgaben gut mithilfe des Prozessmodells nach Reusser zu erfassen (vgl. Abschn. 3.2). Mikrostrategien sind beispielsweise das Erstellen von Notizen (vgl. Abschn. 3.3). Hürden bei Textaufgaben können unter den drei Stichworten Verständnishürden, konzeptuelle Hürden und dem Habitus der oberflächlichen Modellierung zusammengefasst werden (vgl. Abschn. 3.4).

Da oberflächliche Bearbeitungsstrategien also eine Hürde bei der Bearbeitung von Textaufgaben darstellen, zugleich aber auch vermutet wird, dass diese miterklärend für den Zusammenhang zwischen Sprachkompetenz und Mathematikleistung sind, ist die Fundierung und vertiefte Betrachtung eines Konstrukts Oberflächlichkeit sinnvoll (vgl. Kap. 4). Das Konstrukt „superficial solution" von Verschaffel et al. (2000) (vgl. Abschn. 4.1.2) bietet hierfür einen Ausgangspunkt. Dieses wird mithilfe von in anderen Publikationen als oberflächlich bezeichneten Bearbeitungsstrategien und diesen ähnlichen Vorgehensweisen (vgl. Abschn. 4.1.1 & Abschn. 4.2) sowie Aufgabenmerkmalen, die den Erfolg dieser oberflächlichen Bearbeitungsstrategien begünstigen können (vgl. Abschn. 4.3), angereichert und ausdifferenziert. Durch diese Weiterentwicklung entsteht das theoretisch fundierte Konstrukt Oberflächlichkeit, das zwei Ebenen beinhaltet. Die Bearbeitungsebene ermöglicht die Beschreibung von Aufgabenbearbeitungen, was auf Mikroebene durch oberflächliche Bearbeitungsstrategien (vgl. Abschn. 4.4.1) und auf Makroebene durch eine graduelle Einschätzung der Oberflächlichkeit einer Gesamtbearbeitung (vgl. Abschn. 4.4.2) gefasst wird. Auf Aufgabenebene dient das Konstrukt Oberflächlichkeit einer Einschätzung von Aufgabenmerkmalen, die den Erfolg oberflächlicher Bearbeitungen begünstigen, und somit einer Klassifikation von Aufgaben hinsichtlich ihrer oberflächlichen Lösbarkeit (vgl. Abschn. 4.4.3).

Betrachtungen des Zusammenhangs zwischen Sprachkompetenz und Schwierigkeiten beim Lösen von Textaufgaben (vgl. Abschn. 3.5.1) sowie Bearbeitungsstrategien auf Makroebene (vgl. Abschn. 3.5.2) zeigen, dass sich die Hürden für sprachlich schwache Lernende beim Lösen von Textaufgaben im Prozessmodell nach Reusser verorten lassen (Wilhelm, 2016), und liefern Indizien für die Vermutung, dass sich (mithilfe des Prozessmodell nach Reusser erstellte) Prozessverläufe in Abhängigkeit von der Sprachkompetenz unterscheiden (Schlager, 2017b). Nach Bailey et al. (2015) ist theoretisch von einem Zusammenhang zwischen Sprachkompetenz und Bearbeitungsstrategien auf

Mikroebene auszugehen (vgl. Abschn. 3.5.3, Abb. 3.3). Bailey et al. (2015) konnten zudem in einer materialbasierten Aufgabe unterschiedliche Rechenstrategien in Abhängigkeit von der Sprachkompetenz identifizieren. In einem ersten Zugang zum erkenntnisleitenden Interesse dieser Dissertation konnten teilweise Hinweise auf Zusammenhänge festgestellt werden (Schlager, 2017b). Plath (2017) konnte jedoch keinen Zusammenhang zwischen Sprachkompetenz und dem Erstellen von Notizen festmachen. Auf einen Zusammenhang zwischen Sprachkompetenz und Oberflächlichkeit (vgl. Abschn. 4.5) gibt es bisher nur Hinweise und Vermutungen, die in Analysen von Prediger et al. (2015) im Projekt ZP10-2012, in   Abschnitt 4.5 dargestellten Analysen im Projekt ZP10-Exp (Schlager et al., 2017) sowie in einer Hausarbeit (Gündes, 2016) entstanden sind.

Oberflächlichkeit scheint also „als potenzieller Mediator" (vgl. Titel) zwischen Sprachkompetenz und Mathematikleistung zu fungieren, was jedoch bisher noch nicht systematisch überprüft und erforscht wurde.

## 5.2   Forschungsbedarf und erkenntnisleitendes Interesse

Aus der Zusammenfassung des theoretischen Hintergrundes ergibt sich, dass derzeit noch Forschungsbedarf bezüglich einer genauen Klärung des Zusammenhangs zwischen Sprachkompetenz und Mathematikleistung besteht. Insbesondere hinsichtlich der Strategieverwendung beim Lösen von Textaufgaben in Abhängigkeit von der Sprachkompetenz ist bislang fast keine Forschung zu verzeichnen, obwohl es Indizien dafür gibt, dass Sprachkompetenz die Strategieverwendung beeinflusst (i. A. vgl. Bailey et al., 2015; für Textaufgaben vgl. Schlager 2017a; vgl. Abschn. 3.5). Die Forschungslücke betrifft dabei sowohl den Bereich der Makro- als auch den Bereich der Mikrostrategien und insbesondere das Feld der Oberflächlichkeit. Während zu Strategien bei Textaufgaben auf Makro- und Mikroebene von Sprachkompetenz unabhängige Betrachtungen und Definitionen vorliegen und somit zur Bearbeitung dieses Teils der Forschungslücke lediglich eine Operationalisierung und ein In-Beziehung-Setzen zur Sprachkompetenz erforderlich ist, liegt zur Oberflächlichkeit bislang weder ein umfassendes theoretisch fundiertes und operationalisiertes Konstrukt vor, noch ist dessen Zusammenhang mit Sprachkompetenz belastbar empirisch untersucht worden.

Um diesem Forschungsbedarf zu begegnen, soll die vorliegende Arbeit einen Beitrag zur Klärung des Zusammenhangs zwischen Sprachkompetenz und Mathematikleistung leisten. Dies erfolgt über die Betrachtung von oberflächlichen Bearbeitungsstrategien als möglichem Mediator, da diese in quantitativen Studien, die den starken Zusammenhang zwischen Sprachkompetenz und

Mathematikleistung festgestellt haben, zwar als mögliche Erklärung knapp erwähnt wurden (vgl. Prediger et al., 2015; Schlager et al., 2017), jedoch, abgesehen von den in Abschn. 4.5 dargestellten Ansätzen, noch nicht erforscht wurden. In diesem Sinne lautet das dem gesamten Forschungsprojekt über-geordnete erkenntnisleitende Interesse dieser Arbeit:

**Inwiefern lassen sich bei Textaufgaben oberflächliche Bearbeitungs-strategien identifizieren und inwieweit findet durch diese eine Mediation des Zusammenhangs zwischen Sprachkompetenz und Mathematikleistung statt?**

Zur Beantwortung dieser Frage[1] erscheint es angebracht, ein Konstrukt Ober-flächlichkeit in einem Prozessmodell zur Bearbeitung von Textaufgaben zu ver-orten, wie es bereits bei dem aus der Theorie erstellten Konstrukt erfolgte (vgl. Abschn. 4.4.1). Dies lässt sich damit begründen, dass das Ausgangskonstrukt „superficial solution" von Verschaffel et al. (2000) im Modellierungskreislauf verankert ist, wobei im Kontext der in dieser Arbeit erfolgenden Betrachtung von Textaufgaben das Prozessmodell nach Reusser vergleichbar, aber geeigneter ist (vgl. Abschn. 3.2). Zudem können auch die von Wilhelm (2016) identifizierten Hürden von sprachlich schwachen Lernenden bei der Bearbeitung von Textauf-gaben in ebendiesem Prozessmodell nach Reusser dargestellt werden. Dies deutet darauf hin, dass eine detaillierte Betrachtung von oberflächlichen Bearbeitungs-strategien auf Mikroebene und ihre Verortung im Prozessmodell nach Reusser Rückschlüsse auf die Oberflächlichkeit der Gesamtbearbeitung auf Makro-ebene zulässt. Da Vermutungen aus manchen Projekten darauf hindeuten, dass oberflächliche Herangehensweisen nicht bei allen Aufgaben erfolgreich sind, wird zudem die oberflächliche Lösbarkeit von Aufgaben betrachtet. Auf Grund-lage dieser Untersuchungen sind Analysen einer potenziellen Mediation des Zusammenhangs zwischen Sprachkompetenz und Mathematikleistung durch Oberflächlichkeit möglich. Die ebenfalls identifizierte Forschungslücke hin-sichtlich eines möglichen Zusammenhangs zwischen Sprachkompetenz und der Verwendung von Mikrostrategien, wie beispielsweise „Notizenmachen" oder „Unterstreichen", scheint davon zunächst unabhängig. Zudem gibt es erste Studien, die keinen derartigen Zusammenhang identifizieren konnten, sodass diese Frage in der vorliegenden Arbeit nicht weiter betrachtet werden soll. Eine Ausdifferenzierung des formulierten erkenntnisleitenden Interesses in einzelne Forschungsfragen (vgl. Abschn. 5.3) ermöglicht eine Beantwortung im Sinne der in diesem Absatz dargestellten Überlegungen.

---

[1]Die in diesem Absatz dargelegten Überlegungen sind auch dem Schaubild in Abb. 5.1 zu entnehmen.

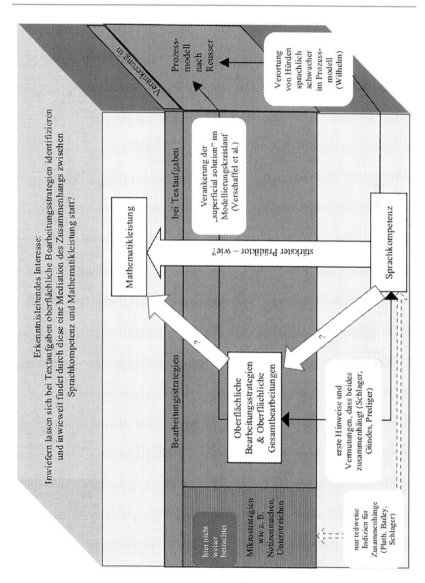

**Abb. 5.1** Aspekte des erkenntnisleitenden Interesses

## 5.3    Forschungsfragen

Aus den dargestellten Überlegungen zum Forschungsbedarf und ersten vor-liegenden Indizien lässt sich das erkenntnisleitende Interesse ausdifferenzieren in konkrete Forschungsfragen zu den beiden Bereichen *„Das Konstrukt Oberfläch-lichkeit"* und *„Zusammenhänge zwischen Sprachkompetenz, Oberflächlichkeit und Mathematikleistung"*. Die Fragen werden für zwei ausgewählte Themen-bereiche und anhand von einigen konkret betrachteten Bearbeitungsprozessen (zum Vorgehen vgl. Teil II) untersucht. Die Ergebnisse werden in den Teilen III und IV dargestellt.

*Das Konstrukt Oberflächlichkeit*
Aus den theoretischen Überlegungen wurde in dieser Arbeit bereits ein Konstrukt Oberflächlichkeit auf Bearbeitungs- und Aufgabenebene entwickelt. Dieses setzt sich auf der Bearbeitungsebene aus den beiden Teilkonstrukten „Oberfläch-liche Bearbeitungsstrategien" und „Oberflächlichkeit einer Gesamtbearbeitung" und auf der Aufgabenebene aus dem Teilkonstrukt „Oberflächliche Lösbar-keit einer Textaufgabe" zusammen. Dieses gilt es im Folgenden an empirischen Betrachtungen zu validieren, zu überarbeiten und anzuwenden. Dies erfolgt mit-hilfe der drei folgenden Forschungsfragen:

**F1: Welche oberflächlichen Bearbeitungsstrategien lassen sich in konkreten Bearbeitungsprozessen identifizieren und wie lassen sich diese in das Prozessmodell nach Reusser einordnen?**

**F2: Wie können Gesamtbearbeitungen als (eher) oberflächlich oder (eher) nicht oberflächlich eingeschätzt werden?**

**F3: Wie lassen sich Textaufgaben bezüglich ihrer oberflächlichen Lösbarkeit klassifizieren?**

*Zusammenhänge zwischen Sprachkompetenz, Oberflächlichkeit und Mathematik-leistung*
Aufbauend auf den Ergebnissen der ersten drei Forschungsfragen dient die Beantwortung der vierten Forschungsfrage der Untersuchung, ob Oberfläch-lichkeit als Mediator des Zusammenhangs zwischen Sprachkompetenz und Mathematikleistung fungiert:

**F4: Inwieweit findet durch oberflächliche Bearbeitungsstrategien eine Mediation des Zusammenhangs zwischen Sprachkompetenz und Mathematikleistung statt?**

Als Hypothese dazu kann aus den bisher dargelegten Erkenntnisen angenommen werden, dass Aufgaben, die sich oberflächlich lösen lassen, von sprachlich schwachen Lernenden überdurchschnittlich gut gelöst werden, während Aufgaben, die sich nicht oberflächlich lösen lassen, von sprachlich schwachen Lernenden seltener gelöst werden. Dabei werden oberflächliche Bearbeitungen eher bei sprachlich schwachen als bei sprachlich starken Lernenden verortet. Wenn oberflächlich lösbare Aufgaben jedoch nur einen begrenzten Teil der Prüfungsaufgaben in Klassenarbeiten, Klausuren und zentralen Prüfungen ausmachen, so können sprachlich schwache Lernende mit ihren oberflächlichen Herangehensweisen nicht hinreichend viele Aufgaben lösen und zeigen somit schlechtere Leistungen. In diesem Fall würde eine Mediation des Zusammenhangs zwischen Sprachkompetenz und Mathematikleistung durch Oberflächlichkeit erfolgen.

# Teil II
# Anlage der empirischen Studie

Die zur Untersuchung der vorgestellten Forschungsfragen durchgeführte empirische Studie wird in diesem Teil zunächst verortet und ihr grundlegendes Design wird vorgestellt (Kap. 6). Anschließend werden die Methoden der Datenerhebung (Kap. 7) sowie die eingesetzten Mathematikaufgaben mit ihrer stoffdidaktischen Analyse (Kap. 8) und die Methoden der Datenauswertung (Kap. 9) dargestellt. Hierauf aufbauend folgt in den beiden folgenden Teilen die Vorstellung der Ergebnisse der Studie.

# Verortung der Studie und grundlegendes Design

**6**

Da die vorliegende Studie auf vorangegangenen Forschungsprojekten aufbaut, wird sie zunächst in ihrem Forschungskontext verortet werden (Abschn. 6.1), bevor die Triangulation verschiedener Methoden als grundlegendes Design dieser Studie dargelegt wird (Abschn. 6.2).

## 6.1 Forschungskontext

Die vorliegende Dissertation schließt an die beiden interdisziplinären Forschungsprojekte ZP10-2012 und ZP10-Exp an. Die interdisziplinäre Ausrichtung ermöglichte das Einbinden von Wissen und Analyseblickrichtungen aus mathematikdidaktischer und -wissenschaftlicher sowie sprachdidaktischer und -wissenschaftlicher Perspektive, was bei der Untersuchung von Zusammenhängen zwischen *Sprach*kompetenz und *Mathematik*leistung besonders relevant ist.

Bei dem ersten Projekt handelt es sich um das vom Ministerium für Schule und Weiterbildung des Landes NRW geförderte Projekt „Sprachliche und konzeptuelle Herausforderungen für mehrsprachige Lernende in den Zentralen Prüfungen 10 im Unterrichtsfach Mathematik" (Susanne Prediger, Claudia Benholz, Nadine Renk, Erkan Gürsoy, Andreas Büchter), das in der vorliegenden Arbeit als Projekt ZP10-2012 abgekürzt wird. In diesem Projekt wurde festgestellt, dass der Zusammenhang zwischen Sprachkompetenz und Mathematikleistung statistisch deutlich größer ist als der Zusammenhang zwischen Hintergrundvariablen wie sozio-ökonomischer Status oder Familiensprache und Mathematikleistung. Dabei wurden sprachliche, konzeptuelle und prozessuale Hürden beim Bearbeiten von Textaufgaben identifiziert. Detaillierte Ergebnisse dieses Projekts finden sich bei Prediger et al. (2015) sowie in den beiden dazu erschienenen Dissertationen (Gürsoy, 2016; Wilhelm, 2016).

Um den in diesem Ausgangsprojekt festgestellten Zusammenhang zwischen Sprachkompetenz und Mathematikleistung besser zu verstehen, schloss das Projekt „Untersuchung des Zusammenwirkens von sprachlichen und konzeptuellen Merkmalen bei Mathematikaufgaben – Empirische Analysen mit experimentellem Design" an, für das in der vorliegenden Arbeit die Abkürzung Projekt ZP10-Exp verwendet wird. Das von der Qualitäts- und Unterstützungsagentur – Landesinstitut für Schule NRW (QUA-LiS NRW) geförderte Projekt wurde von der Didaktik der Mathematik (Andreas Büchter, Sabine Schlager) und dem Bereich „Deutsch als Zweit- und Fremdsprache" (Claudia Benholz, Jana Kaulvers) der Universität Duisburg-Essen durchgeführt. Beratende Projektpartnerin war Susanne Prediger vom Institut für Erforschung und Entwicklung des Mathematikunterrichts der Technischen Universität Dortmund. Im Rahmen dieses Projekts entstanden in Zusammenarbeit ein Beitrag zur Jahrestagung der Didaktik der Mathematik in Heidelberg (Schlager, Kaulvers & Büchter, 2016), ein praxisnaher Artikel in der Zeitschrift Schule NRW (Kaulvers, Schlager, Isselbächer-Giese & Klein, 2016) und ein wissenschaftlicher Tagungsbeitrag auf der europäischen Konferenz CERME 2017 (Schlager et al., 2017).

Im Projekt ZP10-Exp wurde durch sprachliche Variation von Aufgabenstellungen ohne Veränderung des fachlichen Anspruchs oder des Kontextes die Wirkung von isolierten sprachlichen Merkmalen untersucht. Dazu wurden quantitative Analysen anhand von 577 schriftlichen Bearbeitungen eines Mathematiktests mit experimentell variierten Aufgabenstellungen durchgeführt. Die Ergebnisse wurden durch qualitative Analysen basierend auf 32 Bearbeitungen von vier Aufgaben nach der Methode des Lauten Denkens und anschließenden Diskussionen über sprachliche Schwierigkeiten der Aufgaben vertieft. Insgesamt wurde festgestellt, dass isolierte sprachliche Aufgabenmerkmale zwar keinen statistisch signifikanten Effekt auf die Lösungshäufigkeit haben, die sprachlich variierten Stellen aber gerade für sprachlich schwache Lernende trotzdem zu Hürden werden können oder zumindest zum Nachdenken geführt haben. Die Identifikation mehrerer Aufgaben, die für sprachlich schwache Lernende leichter zu lösen waren, als statistisch vom Gesamtergebnis betrachtet zu erwarten gewesen wäre, führte zu der Frage nach Gründen hierfür. Die Betrachtung der Daten legte die Vermutung nahe, dass es sich um Aufgaben handeln könnte, bei denen eine Bearbeitung an der Oberfläche erfolgreich sein kann. Dies bildete den Ausgangspunkt für die vorliegende Dissertation.

Die Daten und Erkenntnisse aus dem Projekt ZP10-Exp wurden als Ausgangspunkt dieser Dissertation und im Rahmen eines ersten Zugangs zum

erkenntnisleitenden Interesse für eine Pilotierung der Erhebungs- und Auswertungsmethoden genutzt. Dabei wurden bereits erste Beobachtungen zu
Mikro- und Makrostrategien, Oberflächlichkeit und ihrer Beeinflussung durch
Sprachkompetenz festgehalten (vgl. Schlager, 2017a; Schlager, 2017b; Abschn.
3.5 und 4.5). Zwei der im Projekt ZP10-Exp entwickelten Aufgaben wurden
zudem nahezu unverändert für die Studie der Dissertation eingesetzt (vgl.
Kap. 8). Der große Datensatz an schriftlichen Aufgabenbearbeitungen (n = 577)
aus dem Projekt ZP10-Exp bietet die Möglichkeit, die Ergebnisse dieser Studie
im Anschluss auf eine große Stichprobe zu übertragen.

## 6.2 Triangulation verschiedener Forschungsmethoden

Wie im Folgenden beschrieben und begründet wird, ist zur Untersuchung der
Forschungsfragen eine primär qualitativ ausgerichtete Studie erforderlich, bei der
jedoch auch quantitative Methoden zum Einsatz kommen. Somit liegt insgesamt
ein Mixed-Methods-Design vor. Was dies im Allgemeinen (Abschn. 6.2.1) und
konkret für diese Arbeit (Abschn. 6.2.2) bedeutet, wird im Folgenden ausgeführt.

### 6.2.1 Grundlegendes zum Mixed-Methods-Design

Qualitative und quantitative Methoden galten in der Forschung lange Zeit als
zwei unvereinbare Paradigmen, deren Kombination innerhalb eines Forschungsprojekts sich jedoch seit einigen Jahren verbreitet und an Bedeutung gewonnen
hat (vgl. Bortz & Döring, 2006, S. 296 ff.; Flick, 2011, S. 75; Kelle, 2008,
S. 25 ff.). Man spricht von einer Triangulation der Forschungsmethoden oder
methodologischer Triangulation, Mixed-Methods oder Multi-Methods-Designs,
aber auch von integrated research, womit nur einige der verschiedenen Begrifflichkeiten genannt seien. Die vielfältigen Termini stehen meist zugleich auch für
unterschiedliche Ansätze und Kombinationen der Forschungsmethoden, wobei
der Grund für die Unterscheidung meist in der Anordnung der qualitativen und
quantitativen Methoden oder in deren Gewichtung liegt (vgl. Creswell & Plano
Clark, 2007; Flick, 2011, S. 75 ff.; Kelle, 2008, S. 48; Tashakkori & Teddlie,
1998, S. 15). Dabei „werden zuwenig [sic!] systematische Bezüge hergestellt
zwischen Fragestellungen und Theorien über den Forschungsgegenstand einerseits und den verwendeten Methoden andererseits" (Kelle, 2008, S. 48, Hervorh.
im Orig.) und somit die vom Forschungsgegenstand ausgehenden Gründe für

den Einsatz gewisser Methoden nicht erörtert (ebd.). Adäquat wäre jedoch eine methodische Entscheidung in Abhängigkeit vom „Forschungsgegenstand und dem analytischen Interesse des Forschers" (Hussy, Schreier & Echterhoff, 2013, S. 10). Dies wird für das vorliegende Forschungsprojekt in Abschnitt 6.2.2 begründet dargestellt, wobei die Debatte um die Begrifflichkeiten als zweitrangig betrachtet wird.

Grundsätzlich werden bei qualitativen Verfahren qualitative Daten im Sinne von Verbalisierungen oder Abbildungen interpretativ ausgewertet, um so den dahinterliegenden Sinn zu rekonstruieren und zu verstehen (vgl. Bortz & Döring, 2006, S. 296; Hussy et al., 2013, S. 9). Bei quantitativen Verfahren werden numerisch beschriebene, also quantifizierte Daten, die meist unter vergleichbaren, standardisierten Bedingungen erhoben wurden, mit statistischen Methoden ausgewertet (vgl. ebd.). Bei beiden Herangehensweisen müssen jedoch Teile der Realität ausgeblendet werden, sodass nie eine umfassende Klärung möglich ist. Allerdings können beide Ansätze sich gut wechselseitig ergänzen, wodurch eine „komplementäre[…] Kompensation der Schwächen und blinden Flecke der jeweiligen Einzelmethode" (Flick, 2011, S. 84) stattfindet. Dabei können verschiedene Ziele verfolgt werden:

> Methodenkombination in *Mixed Methods Designs* kann der *Erklärung überraschender statistischer Befunde* dienen, sie kann beitragen zur *Identifikation von Variablen, die bislang unerklärte statistische Varianz aufklären*, sie kann der *Untersuchung der Geltungsreichweite von qualitativen Forschungsergebnissen* dienen, sie kann *die Fallauswahl in qualitativen Studien* steuern, und sie kann bei der *Aufdeckung und Beschreibung von Methodenartefakten in qualitativen und quantitativen Studien* helfen. (Kelle, 2008, S. 23, Hervorh. im Orig.)

Die Ziele, die zur Methodenauswahl und damit zum Mixed-Methods-Design in der vorliegenden Studie geführt haben, werden im Folgenden (Abschn. 6.2.2) erläutert. Diese methodische Ausrichtung der Studie ist einschlägig für das Forschungsfeld zur Rolle der Sprache und zum Einfluss von Sprachkompetenz im Mathematikunterricht. Sowohl die Projekte ZP10-2012 und ZP10-Exp, als auch andere Dissertationen in diesem Bereich, wie die von Wilhelm (2016) oder Wessel (2015), weisen ein Mixed-Methods-Design auf.

## 6.2.2  Mixed-Methods-Design in dieser Arbeit

Ausgangspunkt des gesamten Dissertationsprojekts ist das mit quantitativen Methoden erzielte Ergebnis, dass grundsätzlich ein Zusammenhang zwischen

Sprachkompetenz und Mathematikleistung besteht (vgl. Abschn. 6.1). Dabei wurde festgestellt, dass sprachlich schwache Lernende manche Aufgaben unerwartet gut lösen, wobei einzelne sprachliche Merkmale keinen signifikanten Effekt auf Lösungshäufigkeiten ausüben. Um dieses Phänomen zu verstehen, wird in dieser Arbeit mit qualitativen Methoden untersucht, inwieweit sich in Bearbeitungen von Textaufgaben Oberflächlichkeit zeigt. Also wird aufbauend auf ein quantitativ erreichtes Ergebnis eine qualitative Studie durchgeführt, zur *„Erklärung [dieses] überraschende[n] statistische[n] Befund[s]"* (Kelle, 2008, S. 233, Hervorh. im Orig.; Einfügung SaS) und um möglicherweise Oberflächlichkeit als *„Variable[…], die bislang unerklärte statistische Varianz aufklären"* (ebd., Hervorh. im Orig.) kann, zu identifizieren.

Innerhalb dieser grundsätzlich qualitativen Studie kommen sowohl qualitative als auch quantitative Methoden zum Einsatz. So kann über die quantitativ ausgewerteten Hintergrundinformationen der Lernenden *„die Fallauswahl in [der] qualitativen Studie[…]"* (ebd., Hervorh. im Orig.) gesteuert werden. Zudem legen die verschiedenen Forschungsfragen unterschiedliche Methoden nahe. So erfordert die Beantwortung der Forschungsfragen F1 und F2 nach den identifizierbaren oberflächlichen Bearbeitungsstrategien und nach der Einschätzung von Gesamtbearbeitungen als (eher) oberflächlich oder (eher) nicht oberflächlich, einen detaillierten Blick in einzelne Bearbeitungsprozesse, um eine Rekonstruktion der Strategien vornehmen zu können. Somit ist ein qualitatives Vorgehen notwendig. Durch die Integration der identifizierten oberflächlichen Bearbeitungsstrategien in das Prozessmodell nach Reusser (F1) findet eine Triangulation verschiedener Auswertungsmethoden statt, da hierfür zusätzlich eine Segmentierung nach Reusser notwendig wird. Die Frage F3 nach Klassifikationsmöglichkeiten von Textaufgaben bezüglich ihrer oberflächlichen Lösbarkeit erfordert ebenso eine detaillierte Betrachtung einzelner Charakteristika von Aufgaben und das explizite Verknüpfen mit Merkmalen möglicher zugehöriger Aufgabenbearbeitungen, um für verschiedene Aufgaben gültige Kriterien ableiten zu können. Aus diesem Grund ist zur Erstellung eines Klassifikationsmanuals ebenfalls eine qualitative Vorgehensweise notwendig, bei der Kriterien erstellt, zusammengefasst und überarbeitet werden können.

Um jedoch letztlich zu überprüfen, ob die in den qualitativen Untersuchungen ausdifferenzierte Variable Oberflächlichkeit dazu beiträgt, den Zusammenhang zwischen Sprachkompetenz und Mathematikleistung aufzuklären, also als Mediator fungiert (F4), sind wiederum quantitative Arbeitsschritte nötig. Nachdem die einzelnen Aufgaben und Bearbeitungen bezüglich Oberflächlichkeit klassifiziert wurden, können Korrelationen berechnet werden

- zwischen der oberflächlichen Lösbarkeit der Aufgaben und den oberflächlichen Bearbeitungsstrategien,
- zwischen der Sprachkompetenz und den oberflächlichen Bearbeitungsstrategien sowie zwischen der Sprachkompetenz und der Oberflächlichkeit der
Gesamtbearbeitung und
- zwischen den oberflächlichen Bearbeitungsstrategien und der Mathematikleistung sowie zwischen der Oberflächlichkeit der Gesamtbearbeitung und der
Mathematikleistung.

Zusammen mit der Berechnung der Korrelation von Sprachkompetenz und
Mathematikleistung und einer Mediationsanalyse lässt dies eine Beantwortung
von F4 zu.

Es bleibt jedoch zum einen zu berücksichtigen, dass die Konstrukte, auf
denen die quantitativen Analysen aufbauen, qualitativ basiert entstandenen
sind. Dadurch haben sie zunächst nur in diesem Forschungskontext mit den hier
benutzten Aufgaben und den hier betrachteten Lernenden Gültigkeit bewiesen.
Zum anderen basieren die quantitativen Berechnungen auf verhältnismäßig
kleinen Fallzahlen, stellen also nur vorläufige Ergebnisse dar. Es müsste dement-
sprechend noch eine primär quantitativ ausgerichtete Studie zur „*Untersuchung
der Geltungsreichweite von [diesen primär] qualitativen Forschungsergebnissen*"
(Kelle, 2008, S. 233, Hervorh. im Orig.; Einfügung SaS) erfolgen, die die Fallzahlen und die thematische Diversität der Aufgaben und der Lernenden vor allem
hinsichtlich unterschiedlicher Jahrgangsstufen erhöht (vgl. Kap. 16).

# Methoden der Datenerhebung und Stichprobenbildung

**7**

Zur Untersuchung der Forschungsfragen zu oberflächlichen Bearbeitungs-strategien und zur Mediation des Zusammenhangs zwischen Sprachkompetenz und Mathematikleistung ist es, wie in Abschnitt 6.2.2 dargelegt, notwendig, Lernende für die Bearbeitung der Mathematikaufgaben auszuwählen. Diese Auswahl erfolgt entsprechend der betrachteten Konstrukte Sprachkompetenz und Mathematikleistung. In diesem Kapitel wird die Auswahl dieser Lernenden mitsamt den dazu eingesetzten Instrumenten erläutert (Abschn. 7.1), die daraus entstandene Stichprobe dargestellt (Abschn. 7.2) und der konkrete Ablauf der Aufgabenbearbeitung in Interviews unter Verwendung der Methode des Lauten Denkens dargelegt (Abschn. 7.3).

## 7.1 Auswahl von Lernenden für die Bearbeitung der Aufgaben

Die Auswahl der Lernenden für die Bearbeitung der Mathematikaufgaben erfolgte anhand eines Stichprobenplans. Dazu werden in diesem Kapitel zunächst die Vorüberlegungen dargestellt (Abschn. 7.1.1), bevor die zur Auswahl ein-gesetzten Instrumente zur Erhebung der Sprachkompetenz (Abschn. 7.1.2), der Mathematikleistung (Abschn. 7.1.3) und weiterer Hintergrundinformationen (Abschn. 7.1.4) erläutert werden. Der daraus resultierende Stichprobenplan und die finale Stichprobe werden im folgenden Abschnitt 7.2 beschrieben.

## 7.1.1 Vorüberlegungen zum Stichprobenplan

Da für die Bearbeitung der Mathematikaufgaben Lernende auszuwählen waren, die sich in Bezug auf ihre Sprachkompetenz und Mathematikleistung unterscheiden, wurde mit einem vor den Interviews festgelegten qualitativen Stichprobenplan gearbeitet. Ein qualitativer Stichprobenplan „wird bewusst so zusammengestellt, dass möglichst alle für den untersuchten Sachverhalt besonders wichtigen Merkmale und Merkmalskombinationen im Sample vorkommen" (Döring & Bortz, 2016, S. 303). Zwar können durch ein vorher festgelegtes Sampling nur Unterschiede zwischen den ausgewählten Merkmalsgruppen festgestellt und andere Merkmalskombinationen übersehen werden, allerdings haben Vorgängerprojekte die Sprachkompetenz als den entscheidenden Hintergrundfaktor mit besonders hoher Varianzaufklärung bezüglich der Mathematikleistung identifiziert (vgl. Abschn. 2.3.1, Abschn. 6.1). Da somit „schon **genügend Vorwissen** existiert, so dass die Auswahl der Merkmale für den Stichprobenplan gut fundiert erfolgen kann" (Döring & Bortz, 2016, S. 304, Hervorh. im Orig.), ist die Nutzung eines qualitativen Stichprobenplans basierend auf den Merkmalen hohe und niedrige Sprachkompetenz sowie gute und schlechte Mathematikleistung in der vorliegenden Studie indiziert. Die Kombination dieser Merkmale führt zu vier Gruppen (vgl. Tabelle 7.1): In Gruppe A sind Lernende mit niedriger Sprachkompetenz (C0) und schlechter Mathematikleistung (M0); Gruppe B besteht aus Lernenden mit hoher Sprachkompetenz (C1), aber schlechter Mathematikleistung (M0); Gruppe C setzt sich aus Lernenden mit niedriger Sprachkompetenz (C0) und guter Mathematikleistung (M1) zusammen; in Gruppe D befinden sich Lernende mit hoher Sprachkompetenz (C1) und guter Mathematikleistung (M1).

**Tabelle 7.1** Für das Sampling relevante Hintergrundfaktoren

| Sprachkompetenz<br><br>Mathematikleistung | Niedrige Sprachkompetenz (C0) | Hohe Sprachkompetenz (C1) |
|---|---|---|
| **Schlechte Mathematik-leistung (M0)** | Gruppe A – C0M0 (je 3 SuS von 3 Schulen) | Gruppe B – C1M0 (je 3 SuS von 3 Schulen) |
| **Gute Mathematikleistung (M1)** | Gruppe C – C0M1 (je 3 SuS von 3 Schulen) | Gruppe D – C1M1 (je 3 SuS von 3 Schulen) |

Damit die vier Gruppen gleichmäßig besetzt sind und um Auswirkungen der Merkmalskombinationen betrachten zu können, wurde geplant, pro Gruppe insgesamt neun Lernende von drei verschiedenen Schulen, also drei Lernende pro Schule zu betrachten.

Um eine entsprechende Auswahl der Lernenden für die Bearbeitung der Mathematikaufgaben vornehmen zu können, wurden an einem ersten Erhebungstermin von 141 Lernenden verschiedener Mathematik-E-Kurse[1] der zehnten Jahrgangsstufe von drei verschiedenen Gesamtschulen aus der Region Rhein-Ruhr Hintergrunddaten und die Sprachkompetenz erhoben (vgl. Abschn. 7.1.2, 7.1.3, 7.1.4). Der Fokus auf Mathematik-E-Kurse der zehnten Jahrgangsstufe begründet sich aus den Vorgängerprojekten, die bei Jugendlichen ebendieser Zielgruppe den Zusammenhang zwischen Sprachkompetenz und Mathematikleistung betrachteten (Prediger et al., 2015; Schlager et al., 2017). Es wurden Schulen ausgewählt, die bereits an der Studie des Projekts ZP10-Exp teilgenommen haben, da dies die vorbereitende Kommunikation erleichterte und die Wahrscheinlichkeit des Einverständnisses zu einer Interviewstudie mit Videoaufnahme erhöhte. Dabei wurde darauf geachtet, dass die Vielfalt der Lernenden abgebildet wird, indem die Standorttypen[2] der Schulen (Isaac, 2011; QUA-LiS NRW, 2017) berücksichtigt wurden. Die meisten Gesamtschulen in NRW (mit Ausnahme einiger vor allem privater Gesamtschulen) weisen einen Standorttyp zwischen drei (mittlere Bedingungen) und fünf (schlechte Bedingungen) auf. Knapp die Hälfte der am ersten Erhebungstermin teilnehmenden Lernenden stammen von einer Gesamtschule des Standorttyps drei, die andere Hälfte von Gesamtschulen des Standorttyps fünf. Die Auswahl der teilnehmenden Mathematik-E-Kurse der einzelnen Schulen wurde durch die Schule selbst getroffen.

---

[1]In E-Kursen (Erweiterungskursen) wird im Vergleich zu G-Kursen (Grundkursen) auf einem anspruchsvolleren Niveau unterrichtet. In den E-Kursen wird die Prüfung ZP10 für den mittleren Schulabschluss geschrieben. In G-Kursen wird eine vergleichbare Prüfung für den Hauptschulabschluss abgelegt.

[2]Das Standorttypenkonzept in NRW bietet den Schulen bei der Rückmeldung der Ergebnisse von Lernstandserhebungen oder zentralen Prüfungen die Möglichkeit eines fairen Vergleichs. Die Zuordnung zu einem Standorttyp wird basierend auf Daten der amtlichen Statistik vorgenommen, wobei der Anteil an Lernenden mit Migrationshintergrund sowie der sozio-ökonomische Status der Lernenden berücksichtigt wird. Für weitere Informationen siehe Isaac (2011), QUA-LiS NRW (2017) oder auch https://www.schulentwicklung.nrw.de/e/lernstand8/allgemeine-informationen/standorttypenkonzept/index.html (QUA-LiS NRW).

Die Erhebungen der Hintergrundinformationen und der Sprachkompetenz am ersten Erhebungstermin erfolgten kursweise und wurden von der Autorin selbst und bei parallel stattfindenden Erhebungen durch von ihr geschulte Kolleginnen und Kollegen der Mathematikdidaktik unter Verwendung eines Leitfadens durchgeführt. In fast jedem Raum war zudem eine Lehrkraft vor Ort, um eine konzentrierte Mitarbeit aller Lernenden zu gewährleisten. Nach einer kurzen Vorstellung und Einführung wurde zunächst mit den Lernenden gemeinsam ein individueller Code erstellt, der auf jedem Dokument vermerkt wurde, aber weder von den Lehrkräften noch von der Autorin zurückverfolgt werden kann. So wurde sichergestellt, dass die Erhebung der Daten und ihre Auswertung pseudonymisiert ablaufen, aber die einzelnen Dokumente der Lernenden einander und den späteren Bearbeitungen der Mathematikaufgaben zugeordnet werden konnten. Für die bessere Lesbarkeit werden in dieser Arbeit die Codes durch zufällig gewählte Pseudonyme, die lediglich das Geschlecht der Lernenden widerspiegeln, ersetzt. Nach der Erstellung des Codes füllten die Lernenden einzeln einen Fragebogen zu Hintergrundinformationen (vgl. Anhang A3) aus, wobei so viel Zeit wie nötig gegeben wurde. In der Regel dauerte dies circa zehn Minuten. Es folgte die Erhebung der Sprachkompetenz mit einem C-Test, der inklusive Einführung 30 Minuten dauerte. In allen Kursen lief die Erhebung ohne Zwischenfälle ordnungsgemäß und ruhig ab. Basierend auf den Ergebnissen des ersten Erhebungstermins wurden die Lernenden für die Bearbeitung der Mathematikaufgaben ausgewählt, wie im Folgenden (Abschn. 7.1.2, 7.1.3) erläutert wird.

## 7.1.2  Auswahl nach Sprachkompetenz

Erstes Kriterium für die Auswahl der Lernenden für die Bearbeitung der Mathematikaufgaben war ihre Sprachkompetenz. Diese wurde durch einen C-Test operationalisiert, mit dem eine zeitökonomische und standardisierte Erfassung eines komplexen Konstrukts von Sprachkompetenz, das sich nicht auf einzelne sprachliche Teilfertigkeiten beschränkt, möglich ist (Grotjahn, 1992). Eingesetzt wurde ein 30-minütiger C-Test mit Fokus auf der Bildungssprache, der von Melanie Goggin an der Universität Duisburg-Essen für die Klassenstufe 10 entwickelt wurde (unveröffentlicht)[3]. Er setzt sich aus fünf Texten mit je 20

---

[3]Für eine Beschreibung der Regeln zur Konstruktion eines C-Tests siehe Baur et al. (2013).

Lücken zusammen, bei denen jeweils der hintere Teil eines Worts ergänzt werden muss. Dieser Test hat sich bereits im Einsatz in mehreren Studien bewährt, unter anderem in der Mathematikdidaktik in den Projekten ZP10-2012 und ZP10-Exp (Prediger et al., 2015; Schlager et al., 2017).

Dieser C-Test wurde mit den 141 Lernenden der Gesamtstichprobe durchgeführt. Vor Bearbeitung des Tests, der für die Lernenden als „Wörterrätsel" bezeichnet wurde, erfolgte eine Einführung, in der ein Text aus einem anderen C-Test gemeinsam laut gelesen und ausgefüllt wurde.

In Anlehnung an Baur, Goggin und Wrede-Jackes (2013) wurden zwei Auswertungen des Tests vorgenommen.

- Die „Richtig/Falsch"-Auswertung (R/F-Wert) prüft, ob eine Ergänzung inhaltlich passend sowie ohne Rechtschreib- und Grammatikfehler ist. Wenn dies zutrifft, wird für die entsprechende Lücke ein Punkt vergeben. Alle Punkte werden addiert und ergeben den R/F-Wert.
- Die „Worterkennungs"-Auswertung (WE-Wert) prüft, ob der Lernende das Wort erkannt hat. Trotz Rechtschreib- oder Grammatikfehler wird ein Punkt gegeben, wenn ein inhaltlich passendes Wort zu erkennen ist. Die Punkte werden addiert und ergeben den WE-Wert.

Maximal sind bei jeder Auswertung pro Text 20 Punkte, also bei fünf Texten insgesamt 100 Punkte pro Auswertung zu erreichen.

Da in der vorliegenden Studie Textaufgaben verstanden und keine Texte produziert werden sollten, weisen die WE-Werte, die das rezeptive Verständnis kennzeichnen, hier eine größere Relevanz auf. Anhand dieses Wertes wurde die Auswahl der gemäß C-Test sprachlich schwachen und sprachlich starken Lernenden für die Aufgabenbearbeitungen vorgenommen, wie im Folgenden erläutert wird. Da es für die vorliegende qualitative Untersuchung und Gegenüberstellung der vier Gruppen sinnvoll ist, Lernende mit besonders guten bzw. schlechten Ergebnissen im C-Test auszuwählen, wurden gerade die im C-Test erzielten Randwerte extrem fokussiert. Dazu wurden schulweise die Lernenden mit den besten und schlechtesten WE-Werten im C-Test betrachtet und diejenigen gewählt, die zudem einen guten bzw. schlechten Mathematiknotendurchschnitt (vgl. Abschn. 7.1.3) aufwiesen. Wenn zwei Lernende denselben WE-Wert und Mathematiknotendurchschnitt hatten, wurden die R/F-Werte verglichen und bei der Auswahl als sprachlich schwach die Person mit niedrigerem R/F-Wert und bei der Auswahl als sprachlich stark die Person mit höherem R/F-Wert gewählt.

Die als sprachlich stark gewählten Lernenden von Schule 1 erreichten alle mindestens einen WE-Wert von 96 (im Durchschnitt 97,3) und gehörten zu den im C-Test besten 27,2 % ihrer Schule. Die als sprachlich stark gewählten Lernenden von Schule 2 erreichten alle mindestens einen WE-Wert von 92 (im Durchschnitt 93,2) und gehörten zu den im C-Test besten 33,3 % ihrer Schule. Die als sprachlich stark gewählten Lernenden von Schule 3 erreichten alle mindestens einen WE-Wert von 92 (im Durchschnitt 94,7) und gehörten zu den im C-Test besten 36,8 % ihrer Schule. Insgesamt erreichten die als sprachlich stark gemäß C-Test gewählten Lernenden alle WE-Werte von mindestens 92 und gehörten zu den im C-Test besten 36,8 % der Gesamtstichprobe.

Die als sprachlich schwach gewählten Lernenden von Schule 1 erreichten alle maximal einen WE-Wert von 87 (im Durchschnitt 81,5) und gehörten zu den im C-Test schwächsten 15 % ihrer Schule. Die als sprachlich schwach gewählten Lernenden von Schule 2 erreichten alle maximal einen WE-Wert von 84 (im Durchschnitt 77,3) und gehörten zu den im C-Test schwächsten 39,8 % ihrer Schule. Die als sprachlich schwach gewählten Lernenden von Schule 3 erreichten alle maximal einen WE-Wert von 77 (im Durchschnitt 69,8) und gehörten zu den im C-Test schwächsten 17,6 % ihrer Schule. Insgesamt erreichten also die als sprachlich schwach gemäß C-Test gewählten Lernenden alle WE-Werte von maximal 87 und gehörten zu den schwächsten 40 % der Gesamtstichprobe.

Somit entsprechen die WE-Werte der als sprachlich schwach gewählten Lernenden ungefähr dem unteren Drittel und die der als sprachlich stark gewählten Lernenden ungefähr dem oberen Drittel der Ergebnisse im C-Test[4].

## 7.1.3  Auswahl nach Mathematikleistung

Zur Auswahl der Lernenden hinsichtlich ihrer Mathematikleistung wurden bei den Lernenden der Gesamtstichprobe im Fragebogen zu den Hintergrundinformationen die Zeugnisnoten im Fach Mathematik der letzten drei

---

[4]Da eine Fokussierung der Ränder zur Auswahl der Lernenden für die Interview-Studie gewollt ist, bieten sich die im Projekt ZP10-2012 gewählten Einteilungen der Sprachkompetenzgruppen je nach Auswertung entlang des Medians (sprachlich starke vs. sprachlich schwache Hälfte) oder anhand von Perzentilen in Drittel (sprachlich schwache Lernende, Lernende mittlerer Sprachkompetenz, sprachlich starke Lernende) (Prediger et al., 2015; Wilhelm, 2016) hier weniger an. Die in der vorliegenden Arbeit geltenden WE-Werte entsprechen bei den sprachlich schwachen Lernenden den Werten der sprachlich schwachen Hälfte im Projekt ZP10-2012 (Prediger et al., 2015; Wilhelm, 2016) und bei den sprachlich starken Lernenden den Werten des sprachlich starken Drittels im Projekt ZP10-2012 (ebd.).

Zeugnisse sowie die Note in der letzten Mathematikarbeit erfragt. Zwar kann die Mathematikleistung nicht umfassend über die Noten abgebildet werden, jedoch bilden Noten die ordinale Reihung der Leistungen der Lernenden einer Lerngruppe gut ab. Innerhalb einer Schule ist die Korrelation zwischen Ergebnissen in externen Tests der Mathematikleistung und den Mathematiknoten zudem gut. So beträgt beispielsweise die Korrelation zwischen der Mathematiknote und dem Testwert im Fach Mathematik in PISA 2000 $r = -.46$ (Baumert & Deutsches-Pisa-Konsortium, 2003, S. 325). Da die Erfassung der Noten zudem zeitökonomisch erfolgen kann, fiel die Entscheidung auf dieses Kriterium als Maßstab. Die konkrete Mathematikleistung in den beiden betrachteten Inhaltsbereichen zeigt sich in den beobachteten Aufgabenbearbeitungen.

Als Grundlage der Auswahl wurde der Durchschnitt der von den Lernenden angegebenen Mathematiknoten herangezogen, wobei unter den sprachlich stärksten und schwächsten gemäß C-Test (vgl. Abschn. 7.1.2) diejenigen mit dem besten bzw. schlechtesten Mathematiknotendurchschnitt ausgewählt wurden. Dies entspricht für die als mathematikstark gewählten Lernenden an allen drei Schulen Lernenden mit einem Notendurchschnitt von 2,25 oder besser (durchschnittlicher Notendurchschnitt der als mathematikstark gewählten Lernenden an Schule 1 1,84, an Schule 2 1,75 und an Schule 3 1,60). Für die als mathematikschwach gewählten Lernenden entspricht dies an den Schulen 1 und 2 einem Notendurchschnitt von 3,25 oder schlechter (durchschnittlicher Notendurchschnitt der als mathematikschwach gewählten Lernenden an Schule 1 3,50 und an Schule 2 3,61) und an Schule 3 einem Notendurchschnitt von 2,5 oder schlechter (durchschnittlicher Notendurchschnitt der als mathematikschwach gewählten Lernenden an Schule 3 3,58).

### 7.1.4 Erhebung weiterer Hintergrundinformationen

Neben den beiden Auswahlmerkmalen Sprachkompetenz und Mathematikleistung wurden weitere Hintergrundfaktoren der Lernenden mithilfe des Fragebogens per Selbstauskunft erhoben. Dazu zählen das *Geschlecht* sowie das *Alter* der Lernenden, ihr *Migrationshintergrund*[5], ihre *Erst-* und *Familiensprache(n)*

---

[5]Erfasst wurde in Anlehnung an die übliche Praxis (z. B. OECD, 2016) das Geburtsland der Eltern und zudem das Geburtsland der Lernenden und ob die Großeltern in Deutschland geboren wurden.

sowie mögliche *Mehrsprachigkeit.* Zudem wurden der *sozio-ökonomische Status (SES)* der Lernenden[6] und ihr *Selbstkonzept Mathematik*[7] erfasst.

## 7.2    Stichprobenbeschreibung

Basierend auf den am ersten Erhebungstermin erhobenen Daten wurde entsprechend der beschriebenen Vorüberlegungen und Kriterien eine Auswahl der Lernenden im Sinne eines konkreten Stichprobenplans, der in Abschn. 7.2.1 beschrieben wird, vorgenommen. Da letztlich nicht alle ausgewählten Lernenden die Aufgaben bearbeiteten, ergab sich eine dazu leicht veränderte konkrete Stichprobe, die in Abschn. 7.2.2 dargelegt wird.

### 7.2.1    Konkreter Stichprobenplan

Aufgrund der dargelegten Kriterien für Sprachkompetenz und Mathematikleistung wurden insgesamt 10 Lernende für die Gruppe C0M0 (3 von Schule 1, 4 von Schule 2, 3 von Schule 3,), neun Lernende (3 pro Schule) für die Gruppe C1M0, neun Lernende (3 pro Schule) für die Gruppe C0M1 und zehn Lernende (4 von Schule 1, 3 von Schule 2, 3 von Schule 3) für die Gruppe C1M1 ausgewählt. Dass in zwei Gruppen von einer Schule je vier Lernende ausgewählt wurden, ist darin begründet, dass diese Lernenden den gleichen WE-Wert und einen ähnlichen Mathematiknotendurchschnitt aufwiesen wie andere ausgewählte

---

[6]Eingesetzt wurde das zeitökonomische fünfstufige Bücheritem mit Illustrationen (Paulus, 2009), das auch für sprachlich schwache Lernende gut verständlich ist sowie mit $r = 0{,}80$ eine gute Reliabilität aufweist (vgl. ebd.). Obwohl mit der Anzahl an Büchern eigentlich ausschließlich kulturelles Kapital erfasst werden kann, bietet dieses Item in der Praxis einen guten Indikator für den sozio-ökonomischen Status (vgl. ebd.) und wird somit häufig zu dessen Erfassung verwendet. Inwieweit in der heutigen Zeit auch elektronische Bücher berücksichtigt werden müssten, ist unklar.

[7]Die verwendeten drei Items „Im Fach Mathematik bekomme ich gute Noten.", „Mathematik ist eines meiner besten Fächer." und „Ich war schon immer gut in Mathematik." stammen aus *PISA 2000* und bildeten dort eine Skala mit sehr guten empirischen Kennwerten (Kunter et al., 2002, S. 170 f.).

Lernende dieser Schule, aber im Gegensatz zu den anderen drei dem anderen Geschlecht zugehörig sind.

Leider sagten zwei Lernende der Gruppe C0M0, zwei Lernende der Gruppe C1M0 und zwei Lernende der Gruppe C0M1 kurzfristig ab. Bei einem weiteren Lernenden der Gruppe C0M1 war ein Abbruch des Interviews nötig. Die Bearbeitung der Aufgaben durch andere, kurzfristig als Ersatz benannte Lernende scheiterte an der Organisation vor Ort. Da eine erste Sichtung der Daten der 31 Interviewten eine hinreichende Anzahl unterschiedlicher Bearbeitungen für eine Analyse und Beantwortung der Forschungsfragen indizierte, wurde von mit erheblichem Aufwand verbundenen Nacherhebungen abgesehen.

In Tabelle 7.2 sind die Mittelwerte der C-Test-WE-Werte und der Mathematikdurchschnittsnoten für die im Stichprobenplan ausgewählten Lernenden in den vier Gruppen dargestellt[8]. In Tabelle 7.3 sind die ausgewählten Lernenden mitsamt ihren Hintergrunddaten überblickartig dargestellt, wobei die Daten der ausgewählten, jedoch nicht am Interview teilgenommenen Lernenden grau hinterlegt sind.

**Tabelle 7.2** Mittelwerte WE-Wert und Mathematiknotendurchschnitt in den Gruppen laut Stichprobenplan

| Stichprobenplan (Die Werte der finalen Stichprobe weichen minimal hiervon ab und sind in Tabelle 7.4 in Abschn. 7.2.2 dargestellt.) | | |
|---|---|---|
| Sprachkompetenz <br><br> Mathematikleistung | Niedrige Sprachkompetenz (C0) | Hohe Sprachkompetenz (C1) |
| Schlechte Mathematikleistung (M0) | Gruppe A - C0M0 <br> n = 10 <br> Ø WE-Wert = 75,4 <br> Ø Mathematiknote = 3,8 | Gruppe B - C1M0 <br> n = 9 <br> Ø WE-Wert = 95,7 <br> Ø Mathematiknote = 3,4 |
| Gute Mathematikleistung (M1) | Gruppe C - C0M1 <br> n = 9 <br> Ø WE-Wert = 77,2 <br> Ø Mathematiknote = 2,0 | Gruppe D - C1M1 <br> n = 10 <br> Ø WE-Wert = 94,8 <br> Ø Mathematiknote = 1,5 |

---

[8]Analog hierzu findet sich eine entsprechende Tabelle für die finale Stichprobe der interviewten Lernenden in Tabelle 7.4 in Abschn. 7.2.2.

**Tabelle 7.3**   Überblick der Hintergrunddaten der Lernenden im Stichprobenplan

Legende: Reihenfolge der Angaben
(WE (RF), ∅Note Mathe, ∅Selbsteinschätzung Mathe, Migrationshintergrund (1. Gen., 2. Gen., 3. Gen, k. = ohne MiHi), Familiensprache (**deutsch**, **dx**=deutsch+x, **kd**= kein deutsch), SES (1=gering, 5=hoch), Geschlecht (**Männlich**, **Weiblich**)

| Schule 1 (13) | Schule 2 (13) | Schule 3 (12) |
|---|---|---|
| **C-Test schlecht, Mathe schlecht (C0M0)** | | |
| Max | Ivo | Dirk |
| (77 (65), 3,25, 1,7, 3./k, d, 3, M) | (78 (69), 3,5, 2,7, 2./3., kd, 1, M) | (49 (44); 4; 3; 2.; kd; 3; M) |
| Anna | Theo | Leon |
| (84 (79), 4,    3,    k., d, 2, W) | (83 (72), 4,25, 4,   2.,    d, 5, M) | (76 (70), 4; 3,3; 2., dx, 4, M) |
| Emil | ~~Peter~~ Absage | Vera |
| (87 (73), 3,25, 3,    3., dx, 4, M) | (60 (39); 4; 2,7; 2.; dx; 1; M) | (77 (64), 3,5, 2,    2., dx, 3, W) |
| | ~~Isabel~~ Absage | |
| | (83 (77), 3,75, 2,7, 2.,  dx, 3, W) | |
| **C-Test gut, Mathe schlecht (C1M0)** | | |
| Leila | Jan | Nelli |
| (99 (93), 3,75, 3, 3., dx, 2, W) | (94 (91), 3,75, 3,3, 1.,  kd, 3, M) | (95 (86), 3,25, 3, 2., dx, 1, W) |
| Laura | ~~Bernd~~ Absage | Ann-Mareen |
| (98 (94), 3,5, 3,   3., d, 3, W) | (92 (87), 3,25, 2,7, 3./k., d, 1, M) | (93 (86), 4,25, 4, k., d, 2, W) |
| Linus | ~~Elias~~ Absage | Mila |
| (99 (93), 3,25, 3,7, k., d, 2, M) | (95 (90), 2,75, 2,7, 2.,  dx, 1, M) | (96 (94), 2,5, 3, 2., dx, 3, W) |
| **C-Test schlecht, Mathe gut (C0M1)** | | |
| Noe | Tim | Ben |
| (81 (66), 2,    1,3, 1., dx, 3, M) | (72 (54), 2,25, 2,3, 2.,  dx, 1, M) | (77 (64), 1,5, 1,7,   2., dx, 4, M) |
| ~~Franz~~ Abbruch | Marie | Tom |
| (79 (61), 2,25, 1,3, k., d, 2, M) | (81 (70), 2,25, 1,   2.,  dx, 3, W) | (66 (59), 2,25, 1,7, 2., kd, 5, M) |
| ~~Ole~~ Absage | ~~Fritz~~ Absage | Sara |
| (81 (68), 2,25, 1,3, k., dx, 1, M) | (84 (79), 1,5, 1,7,   2.,  dx, 3, M) | (74 (52), 1,875, 2, 1., kd, 2, W) |
| **C-Test gut, Mathe gut (C1M1)** | | |
| Fee | Ida | Anton |
| (98 (95), 2,    2, k., d, 5, W) | (94 (91), 1,25, 1,3,  2., dx, 4, W) | (97 (94), 1,5,   1,   k., d, 3, M) |
| Pia | Jonas | Luisa |
| (96 (94), 1,125, 1,3, 2., d, 5, W) | (92 (88), 1,5, 1,7,  2., dx, 1, M) | (95 (91), 1,    1,   k., d, 3, W) |
| Lea | Levi | Elena |
| (96 (94), 1,25, 1,7, k., d, 3, W) | (92 (89), 1,75, 1,3, 3./k., d, 2, M) | (92 (85), 1,5, 1,3,  2., dx, 3, W) |
| Paul | | |
| (96, (90), 2,    2, k., d, 2, M) | | |

## 7.2.2   Finale Stichprobe

Die insgesamt 31 Lernenden, die an den Interviews teilnahmen, verteilen sich wie folgt auf die vier Gruppen: In der Gruppe A C0M0 befinden sich acht Lernende, in der Gruppe B C1M0 sieben Lernende, in der Gruppe C C0M1 sechs Lernende und in der Gruppe D zehn C1M1 Lernende. Die durchschnittliche

Sprachkompetenz der sprachlich schwachen Interviewten liegt in der Gruppe C0M0 bei einem WE-Wert von 76,38 Punkten und in der Gruppe C0M1 bei einem WE-Wert von 75,17 Punkten, während die sprachlich starken Interviewten in der Gruppe C1M0 einen durchschnittlichen WE-Wert von 96,29 Punkten und in der Gruppe C1M1 einen durchschnittlichen WE-Wert von 94,80 Punkten aufweisen (vgl. Tabelle 7.4). Die durchschnittliche Mathematikleistung liegt bei den mathematikschwachen Interviewten in der Gruppe C0M0 bei einer Durchschnittsnote von 3,8 und in der Gruppe C1M0 bei einer Durchschnittsnote von 3,4, während die mathematikstarken Lernenden in der Gruppe C0M1 eine Durchschnittsnote von 2,0 und in der Gruppe C1M1 eine Durchschnittsnote von 1,5 aufweisen (vgl. Tabelle 7.4).

**Tabelle 7.4**  Mittelwerte WE-Wert und Mathematiknotendurchschnitt in den Gruppen in der finalen Stichprobe

| Finale Stichprobe | Sprachkompetenz | |
|---|---|---|
| **Mathematikleistung** | **Niedrige Sprachkompetenz (C0)** | **Hohe Sprachkompetenz (C1)** |
| **Schlechte Mathematikleistung (M0)** | Gruppe A – C0M0<br>n = 8<br>Ø WE-Wert = 76,38 (d = 11,8)<br>Ø Mathematiknote = 3,7 (d = 0,4) | Gruppe B – C1M0<br>n = 7<br>Ø WE-Wert = 96,29 (d = 2,4)<br>Ø Mathematiknote = 3,5 (d = 0,5) |
| **Gute Mathematikleistung (M1)** | Gruppe C – C0M1<br>n = 6<br>Ø WE-Wert = 75,17 (d = 5,8)<br>Ø Mathematiknote = 2,0 (d = 0,3) | Gruppe D – C1M1<br>n = 10<br>Ø WE-Wert = 94,80 (d = 2,2)<br>Ø Mathematiknote = 1,5 (d = 0,3) |

Im Folgenden wird eine Stichprobenbeschreibung für die Gesamtgruppe der 31 Interviewten vorgenommen, die, im Vergleich mit den im Text nicht beschriebenen Daten aller am ersten Erhebungstermin teilnehmenden Lernenden, den Tabellen 7.5, 7.6, 7.7 zu entnehmen ist.

*Sprachkompetenz*
Eine Übersicht über die Sprachkompetenz der Interviewten ist in Tabelle 7.5 dargestellt.

**Tabelle 7.5**  Übersicht Sprachkompetenz der Interviewten

| Merkmal | Gruppenbildung | Gruppendefinition | Verteilung gesamt | Verteilung Interviewte |
|---|---|---|---|---|
| **Gesamt** | 3 Gesamtschulen | 9 Mathematik-E-Kurse | n = 141 | n = 31 |
| **WE-Wert C-Test** | <88 | (WE-Wert im C-Test) | 56 (39,7 %) | 14 (45,2 %) |
| | 88–91 | | 33 (23,4 %) | 0 (0 %) |
| | >91 | | 52 (36,9 %) | 17 (54,8 %) |
| | Mittelwert | | 87,16 (d = 10,596) | 86,58 (d = 11,781) |
| | Median | | 89 | 92 |
| **RF-Wert C-Test** | <80 | (RF-Wert im C-Test) | 57 (40,4 %) | 14 (45,2 %) |
| | 80–84 | | 21 (14,9 %) | 0 (0 %) |
| | >84 | | 63 (44,7 %) | 17 (54,8 %) |
| | Mittelwert | | 79,99 (d = 13,001) | 79 (d = 15,036) |
| | Median | | 83 | 86 |

Entsprechend des Stichprobenplans weist keiner der Lernenden WE-Werte zwischen 88 und 91 Punkten auf. Aufgrund spontaner Ausfälle befinden sich 14 von 31 der interviewten Lernenden in der Gruppe der sprachlich schwachen Lernenden mit einem WE-Wert unter 88 und einem RF-Wert unter 80 und die anderen 17 der 31 interviewten Lernenden in der Gruppe der sprachlich starken Lernenden mit einem WE-Wert über 91 und einem RF-Wert über 84. Der Mittelwert der WE-Werte liegt sowohl in der Gesamtgruppe als auch in der Gruppe der Interviewten bei 87 Punkten, der Mittelwert der RF-Werte in der Gesamtgruppe bei 80 und in der Gruppe der Interviewten bei 79 Punkten. Der Median liegt in der Gruppe der Interviewten für beide Werte geringfügig über dem Median der Gesamtgruppe.

*Mathematiknoten*
Die Angaben der Lernenden zu ihren Mathematiknoten sind Tabelle 7.6 zu entnehmen. Sie sind als relativ gleichmäßig über die Stichprobe verteilt zu bewerten.

**Tabelle 7.6** Übersicht Mathematiknoten der Interviewten

| Merkmal | Gruppenbildung | Gruppen-definition | Verteilung gesamt | Verteilung Interviewte |
|---|---|---|---|---|
| **Gesamt** | 3 Gesamtschulen | 9 Mathematik-E-Kurse | n = 141 | n = 31 |
| **Mathematiknote 10.1** | 1 | (Selbstangabe, vereinzelte Angaben zwischen zwei Noten wurden der schlechteren Note zugeordnet) | 15 (10,6 %) | 8 (25,8 %) |
| | 2 | | 43 (30,5 %) | 8 (25,8 %) |
| | 3 | | 60 (42,6 %) | 7 (22,6 %) |
| | 4 | | 19 (13,5 %) | 7 (22,6 %) |
| | 5 | | 4 (2,8 %) | 1 (3,2 %) |
| **Mathematiknote 9.2** | 1 | (Selbstangabe, vereinzelte Angaben zwischen zwei Noten wurden der schlechteren Note zugeordnet) | 12 (8,5 %) | 7 (22,6 %) |
| | 2 | | 50 (35,5 %) | 9 (29,0 %) |
| | 3 | | 49 (34,8 %) | 7 (22,6 %) |
| | 4 | | 26 (18,4 %) | 8 (25,8 %) |
| | 5 | | 1 (0,7 %) | – |
| | keine Angabe | | 3 (2,1 %) | – |
| **Mathematiknote 9.1** | 1 | (Selbstangabe, vereinzelte Angaben zwischen zwei Noten wurden der schlechteren Note zugeordnet) | 9 (6,4 %) | 4 (12,9 %) |
| | 2 | | 49 (34,8 %) | 11 (35,5 %) |
| | 3 | | 54 (38,3 %) | 9 (29,0 %) |
| | 4 | | 24 (17,0 %) | 7 (22,6 %) |
| | 5 | | 2 (1,4 %) | – |
| | keine Angabe | | 3 (2,1 %) | – |
| **Mathematiknote letzte Klausur** | 1 | (Selbstangabe, vereinzelte Angaben zwischen zwei Noten wurden der schlechteren Note zugeordnet) | 13 (9,2 %) | 7 (22,6 %) |
| | 2 | | 44 (31,2 %) | 6 (19,4 %) |
| | 3 | | 41 (29,1 %) | 6 (19,4 %) |
| | 4 | | 31 (22,0 %) | 9 (29,0 %) |
| | 5 | | 12 (8,5 %) | 3 (9,7 %) |

*Sonstige Hintergrundfaktoren*

Die Verteilung der Angaben zu den sonstigen Hintergrundfaktoren (Alter, Geschlecht, Migrationshintergrund, sozio-ökonomischer Status, Familiensprache, Alter und Ort des Deutscherwerbs, Muttersprache(n) und die Selbsteinschätzung Mathematik) für die interviewten Lernenden im Vergleich zur Gesamtstichprobe des ersten Erhebungstermins ist in Tabelle 7.7 dargestellt. Die prozentuale

Verteilung der Hintergrundmerkmale bei den Interviewten entspricht weitestgehend der Verteilung in der Gesamtstichprobe, sodass die Stichprobe der Interviewten repräsentativ für diese ist.

**Tabelle 7.7**  Übersicht sonstige Hintergrundfaktoren der Interviewten

| Merkmal | Gruppenbildung | Gruppen-definition | Verteilung gesamt | Verteilung Interviewte |
|---|---|---|---|---|
| **Gesamt** | 3 Gesamtschulen | 9 Mathematik-E-Kurse | n = 141 | n = 31 |
| **Alter** | 17/18 Jahre | (Selbstangabe) | 9 (6,4 %) | 4 (12,9 %) |
| | 16 Jahre | | 75 (53,2 %) | 15 (48,4 %) |
| | 15 Jahre | | 55 (39,0 %) | 12 (38,7 %) |
| | keine Angabe | | 2 (1,4 %) | – |
| **Geschlecht** | männlich | (Selbstangabe) | 68 (48,2 %) | 16 (51,6 %) |
| | weiblich | | 73 (51,8 %) | 15 (48,4 %) |
| **Migrations-hintergrund** | 1. Generation | selbst immigriert | 10 (7,1 %) | 3 (9,7 %) |
| | 2. Generation | Eltern immigriert | 67 (47,5 %) | 14 (45,2 %) |
| | 3. Generation | Großeltern immigriert | 10 (7,1 %) | 3 (9,7 %) |
| | kein / ab 4. Generation | weder noch | 41 (29,1 %) | 8 (25,8 %) |
| | 2. oder 3. Generation | „weiß nicht" | 2 (1,4 %) | 1 (3,2 %) |
| | 3. Generation oder kein | „weiß nicht" | 11 (7,8 %) | 2 (6,5 %) |
| **Sozio-öko-nomischer Status** | sehr niedriger SES | Bücheraufgabe 1 | 24 (17,0 %) | 4 (12,9 %) |
| | niedriger SES | Bücheraufgabe 2 | 40 (28,4 %) | 7 (22,6 %) |
| | mittlerer SES | Bücheraufgabe 3 | 39 (27,7 %) | 12 (38,7 %) |
| | hoher SES | Bücheraufgabe 4 | 19 (13,5 %) | 4 (12,9 %) |
| | sehr hoher SES | Bücheraufgabe 5 | 19 (13,5 %) | 4 (12,9 %) |
| **Familien-sprache** | nur Deutsch | (Angabe der in der Familie gesprochenen Sprachen) | 59 (41,8 %) | 13 (41,9 %) |
| | Deutsch + x | | 70 (49,6 %) | 13 (41,9 %) |
| | kein Deutsch | | 11 (7,8 %) | 5 (16,1 %) |
| | keine Angabe | | 1 (0,7 %) | – |

(Fortsetzung)

**Tabelle 7.7** (Fortsetzung)

| Merkmal | Gruppenbildung | Gruppen-definition | Verteilung gesamt | Verteilung Interviewte |
|---|---|---|---|---|
| **Alter bei Deutscherwerb** | jünger als 3 Jahre | (Selbstangabe) | 82 (58,2 %) | 18 (58,1 %) |
| | 3–6 Jahre | | 53 (37,6 %) | 12 (38,7 %) |
| | 6–10 Jahre | | 2 (1,4 %) | – |
| | älter als 10 Jahre | | 4 (2,8 %) | 1 (3,2 %) |
| **Ort des Deutsch-erwerbs** | in der Familie | (Selbstangabe, Mehrfachangabe möglich) | 107 (75,9 %) | 23 (74,2 %) |
| | im Kindergarten | | 104 (73,8 %) | 26 (83,9 %) |
| | in der Schule | | 68 (48,2 %) | 17 (54,8 %) |
| | Sonstiges | | 6 (4,3 %) | 2 (6,5 %) |
| **Mutter-sprachen** | nur Deutsch | (Angabe der zuerst gesprochenen Sprache(n)) | 68 (48,2 %) | 15 (48,4 %) |
| | Deutsch + x | | 28 (19,9 %) | 3 (9,7 %) |
| | nur Türkisch | | 18 (12,8 %) | 5 (16,1 %) |
| | nur Russisch | | 4 (2,8 %) | 3 (9,7 %) |
| | Sonstige | (Sprachen mit $n \leq 3$) | 23 (16,3 %) | 5 (16,0 %) |
| **In Mathematik bekomme ich gute Noten** | trifft völlig zu | (Selbstangabe) | 40 (28,4 %) | 13 (41,9 %) |
| | trifft eher zu | | 57 (40,4 %) | 6 (19,4 %) |
| | Dazwischen | | 2 (1,4 %) | – |
| | trifft eher nicht zu | | 38 (27,0 %) | 10 (32,3 %) |
| | trifft gar nicht zu | | 4 (2,8 %) | 2 (6,5 %) |
| **Mathematik ist eines meiner besten Fächer** | trifft völlig zu | (Selbstangabe) | 35 (24,8 %) | 11 (35,5 %) |
| | trifft eher zu | | 43 (30,5 %) | 7 (22,6 %) |
| | trifft eher nicht zu | | 48 (34,0 %) | 8 (25,8 %) |
| | Dazwischen | | 1 (0,7 %) | – |
| | trifft gar nicht zu | | 14 (9,9 %) | 5 (16,1 %) |
| **Ich war schon immer gut in Mathematik** | trifft völlig zu | (Selbstangabe) | 24 (17,0 %) | 5 (16,1 %) |
| | dazwischen | | 1 (0,7 %) | – |
| | trifft eher zu | | 44 (31,2 %) | 8 (25,8 %) |
| | dazwischen | | 2 (0,7 %) | – |
| | trifft eher nicht zu | | 59 (41,8 %) | 14 (45,2 %) |
| | trifft gar nicht zu | | 12 (8,5 %) | 4 (12,9 %) |

## 7.3     Interview unter Verwendung der Methode des Lauten Denkens

Um anhand von Aufgabenbearbeitungen die gestellten Forschungsfragen untersuchen zu können, sollten Lernenden der eben beschriebenen Stichprobe an einem zweiten Erhebungstermin an den Schulen Textaufgaben unter Verwendung der Methode des Lauten Denkens bearbeiten. Um zu verstehen, wie Lernende dabei vorgehen und welche Strategien sie dabei einsetzen, reicht es nicht aus, Schriftprodukte zu betrachten, da eine Vielzahl verschiedener Strategien und Bearbeitungsprozesse zu denselben Schriftprodukten führen können. Zudem erkennt „man ‚Denkfehler' an den schriftlichen Aufzeichnungen der Schülerinnen und Schüler nur unzureichend" (Franke & Ruwisch, 2010, S. 96). Insofern ist es zur Analyse von Strategien, die beim Lösen von Textaufgaben angewandt werden, wichtig, mehr Details über den Bearbeitungsprozess und die Gedanken und Überlegungen der Lernenden währenddessen zu erfahren. Deshalb erscheint es notwendig, Lernende im Bearbeitungsprozess zu beobachten und sie dabei ihre Gedanken mithilfe der Methode des Lauten Denkens verbalisieren zu lassen, wie auch Franke und Ruwisch (2010, S. 96) empfehlen. Lautes Denken ist definiert als „das gleichzeitige Aussprechen von Gedanken bei der Bearbeitung einer Aufgabe" (Knoblich & Öllinger, 2006, S. 692). Eine Verbalisierung, also Versprachlichung, scheint ein geeignetes Mittel zu sein, um einen indirekten Zugang zu den Gedanken zu bekommen, denn „[l]anguage is considered as a kind of *window* to see indirectly what is happening in the student's mind" (Radford & Barwell, 2016, S. 276, Hervorh. im Orig.).

Insgesamt ist die Methode, trotz einiger im Folgenden erläuterten Nachteile, als eine gute Möglichkeit zur Analyse von Bearbeitungsstrategien anerkannt (Stillman & Galbraith, 1998). Dies zeigt sich auch darin, dass die Methode im Projekt ZP10-Exp und in anderen aktuellen Studien, die den Zusammenhang zwischen Sprachkompetenz und Mathematikleistung untersuchen, angewandt wird (Plath & Leiss, 2018; Schlager et al., 2017; Elemente des Lauten Denkens finden sich auch in Wilhelm, 2016).

Im Folgenden werden die Methode des Lauten Denkens mit ihren Hintergründen (Abschn. 7.3.1), eine mögliche Beeinflussung von Bearbeitungsprozessen durch Lautes Denken (Abschn. 7.3.2) und schließlich der genaue Ablauf der Aufgabenbearbeitungen unter Verwendung der Methode des Lauten Denkens (Abschn. 7.3.3) dargelegt.

## 7.3.1  Die Methode des Lauten Denkens

Lautes Denken wird in der Forschung eingesetzt, um indirekt Erkenntnisse über den komplexen Bereich des Denkens zu erhalten und Einblicke in kognitive Prozesse zu erlangen, die nicht direkt beobachtbar sind (vgl. Bise, 2008, S. 57; Hussy et al., 2013, S. 236). Durch die Verbalisierung lassen sich Lösungswege gut nachvollziehen (vgl. Bise, 2008, S. 58) und „verwendete oder verworfene Strategien oder Hürden beim Bearbeiten von Aufgaben [werden] offenbar" (Schlager, Kaulvers & Büchter, 2018, S. 34).

Die Methode geht zurück auf Duncker (1935), der das Laute Denken als einer der ersten Psychologen zur Datenerhebung einsetzte. Er betonte laut Knoblich und Öllinger besonders die „Gleichzeitigkeit von Verbalisierung mit dem eigentlichen Denkprozess. Er postulierte, dass dadurch der direkte Bezug der verbalen Äußerungen zur Problemlöseaktivität erhalten bleibt" (Knoblich & Öllinger, 2006, S. 692). Dies passt zu Ericssons und Simons kognitionspsychologischem Modell des Lauten Denkens (Ericsson & Simon, 1993; Knoblich & Öllinger, 2006).

Grundlage für den Einsatz des Lauten Denkens in der Forschung stellen Annahmen über das Verhältnis von Denken und Sprechen dar. In der dualistischen Theorie wurde davon ausgegangen, dass kein Zusammenhang zwischen Denken und Sprechen besteht. Beide wurden als unabhängige psychologische Funktionen betrachtet, zwischen denen lediglich ein funktioneller Zusammenhang besteht (vgl. Bise 2008). Im Gegensatz dazu stehen monoistische Theorien, bei denen sich die Basisfunktion intern als Denken und extern als Sprache ausdrückt. Dies geht zurück auf Platon, der Denken als inneres Gespräch der Seele mit sich selbst beschreibt. Hier lässt sich auch Anna Sfards Commognition-Theorie einordnen (Sfard, 2008). Beim Problemlösen werden im inneren Sprechen immer neue Ideen und Lösungsansätze produziert und die Abfolge von Handlungsschritten geplant, sodass hier eine Steuerungs- und Stabilisierungsfunktion vorliegt, die durch das Laute Denken externalisiert, gegebenenfalls aber auch hierdurch verstärkt werden kann (vgl. Bise, 2008).

Es lassen sich zwei Formen des Lauten Denkens unterscheiden: Das *prozessbegleitende Laute Denken*[9] und die Retrospektion, also das *postaktionale Laute Denken* und somit die nachträgliche Rekonstruktion der Gedanken (vgl. Bise,

---

[9]Das prozessbegleitende Laute Denken wird auch als periaktionales Lautes Denken, manchmal auch als Introspektion bezeichnet, womit jedoch eher eine Selbstbeobachtung und Reflexion des Denkens gemeint ist.

2008, S. 59; Hussy et al., 2013, S. 236 f.). Beim *prozessbegleitenden Lauten Denken* sollen die Beforschten alles laut auszusprechen, was Ihnen während der Bearbeitung einer Aufgabe durch den Kopf geht. Hierbei lässt sich eine hohe Übereinstimmung zwischen der Verbalisierung der Beforschten und den von ihnen betrachteten Elementen einer Aufgabe oder Gegenständen feststellen (vgl. Deffner, 1984). Es ist zu beachten, dass der Laute Denker zugleich ein Hörer seiner verbalisierten Gedanken ist, was andere Reflexionen auslösen und somit eine Beeinflussung des Problemlöseprozesses ergeben kann (vgl. Abschn. 7.3.2). Das *postaktionale Laute Denken* kann direkt nach der Bearbeitung aller Aufgaben oder auch zu einem anderen späteren Zeitpunkt stattfinden und dient der Erklärung von Gedanken und Gedankenprozessen (Konrad, 2010). Hierbei ist zu berücksichtigen, dass im Nachgang an eine Aufgabenbearbeitung nicht mehr alle Gedanken erinnert werden und diese gegebenenfalls auch verändert werden, wobei solche Unterschiede mit steigendem zeitlichen Abstand größer werden (vgl. Hussy et al., 2013, S. 237).

Das prozessbegleitende Laute Denken ist vor allem für die Erforschung von Strategien gut geeignet und wird in diesem Bereich häufig eingesetzt. Es kann zur „Erforschung von Teststrategien seitens der Prüflinge" (Arras, 2013, S. 76) eingesetzt werden und dabei Aufschluss über den Umgang mit den Aufgaben, den Lösungsweg und das konkrete Vorgehen, die eingesetzten Strategien und deren Zielführigkeit liefern (vgl. ebd.). Damit werden auch „Einblicke in die Funktionsweise von Aufgaben" (ebd., S. 77) ermöglicht. Zudem werden auch Einblicke in emotionale Aspekte, Einstellungen, Motivationen und Absichten gewährt (vgl. Arras, 2013; Konrad, 2010). Dadurch bekommen die Forschenden Zugang zu Befindlichkeiten und bewusstseinsfähigen Daten, die strategischen Entscheidungen zugrunde liegen (Arras, 2013, S. 80). Allerdings erfolgt die Wahl von Bearbeitungsstrategien meist sehr schnell, sodass sich teilweise keine Abschnitte in den Laut-Denken-Protokollen finden lassen, die sich explizit mit der Wahl der Strategie beschäftigen (Deffner, 1989, S. 109). Entsprechend können Strategien bereits automatisiert sein oder aufgrund ihrer Simplizität nicht mehr als wichtig oder erwähnenswert erachtet werden (vgl. Ashcraft, 1990). Es ist auch möglich, dass Lernende wegen der Verbalisierung sozial erwünschte Strategien, leichter zu verbalisierende Strategien oder lediglich die bei der Lösung zuletzt verwendeten Strategien zum Ausdruck bringen (vgl. Ashcraft, 1990; Threlfall, 2009). Dabei ist auch zu beobachten, dass, wenn kein voller Zugang zu den kognitiven Prozessen möglich ist, eher eine reflektive Nacherzählung der Strategien erfolgt, obwohl ein prozessbegleitendes Lautes Denken erfolgen sollte.

Im konkreten Einsatz können das prozessbegleitende Laute Denken und das postaktionale Laute Denken miteinander kombiniert werden. Vor der Bearbeitung von Aufgaben mit dieser Methode ist eine sinnvolle Instruktion und eine Schulung im Lauten Denken notwendig, währenddessen sollte zudem eine Erinnerung (Reminder) an das Laute Denken erfolgen, wenn dieses vergessen wird (für Beispiele siehe Wallach & Wolf, 2001, S. 20 ff.). Frommann schlägt als möglichen Ablauf einer Studie mit der Methode des Lauten Denkens die vier Phasen *Einstieg* (hiermit ist die Schulung im Lauten Denken gemeint), *Beobachtung* (also das Laute Denken bei Bearbeitung der eigentlichen Aufgaben, während der Interviewer beobachtet), ein anschließendes *Interview*, in dem Fragen zu Aspekten gestellt werden, zu denen zuvor keine Aussagen getroffen wurden und schließlich die *Auswertung* vor (Frommann, 2005).

## 7.3.2 Mögliche Beeinflussung von Bearbeitungsprozessen

Das prozessbegleitende Laute Denken, das in der Forschung benutzt wird, um Denkinhalte und -vorgänge offenzulegen, wird von einigen Forscherinnen und Forschern vor allem wegen seiner Interaktion mit dem Vorgehen bei der Bearbeitung einer Aufgabe kritisiert[10]. Dies kann jedoch nicht in allen Studien nachgewiesen werden. Einen guten Überblick zu verschiedenen Studien, der hier kurz zusammengefasst wird, liefert Bise (2008).

Grundsätzlich ist beim Bearbeiten einer Aufgabe mit dem Lauten Denken von einer höheren kognitiven Belastung als beim Bearbeiten ohne eingeforderte Verbalisierung auszugehen, da manche Ressourcen für die Verbalisierung statt für die Aufgabenbearbeitung eingesetzt werden müssen (vgl. Hussy et al., 2013, S. 236). Ericsson und Simon (1993) gehen von einer Verlangsamung der Bearbeitungszeit aus, wenn Denkprozesse im nicht sprachnahen Code erfolgen und zur Verbalisierung umcodiert werden müssen. Die längere Bearbeitungszeit unter Anwendung des Lauten Denkens stellt laut Bise (2008, S. 74) eine Gemeinsamkeit der meisten Studien dar (vgl. Deffner, 1989, S. 99). Bezüglich der Lösungsgüte fasst Bise (2008, S. 64 ff.) zusammen, dass sich je nach Studie unterschiedliche Effekte des Lauten Denkens zeigen, die von schlechteren über

---

[10]Das postaktionale Laute Denken beeinflusst die Bearbeitungsprozesse nicht, da es erst nach Abschluss aller Aufgabenbearbeitungen eingesetzt wird.

gleichbleibende bis hin zu besseren Leistungen variieren (vgl. Deffner, 1989, S. 99 f.).

Laut Deffners Studie (1989, S. 105) zeigen sich keine deutlichen, statistisch signifikanten Effekte in den zur Aufgabenbearbeitung eingesetzten Bearbeitungsstrategien im Vergleich zwischen Still- und Laut-Denkern. Jedoch kann sich das Entdecken effizienter Strategien bei den Laut-Denkern verzögern, da diese seltener ihre Strategien wechseln (ebd., S. 105, 108 f.).

In eigenen Studien konnte jedoch auch beobachtet werden, dass das Laute Denken insbesondere bei der Klärung der Relationen zwischen relevanten Informationen, beim Mathematisieren oder beim Bilden des Situationsmodells unterstützen kann, da durch die Verlangsamung und die Verbalisierung länger über einzelne Ideen nachgedacht wird (vgl. Schlager et al., 2018). Teilweise wird Lautes Denken auch als Strategietraining eingesetzt: „Indem Lernende laut denken, lernen sie, wie man lernt" (Konrad, 2010, S. 483). Insofern können durch Verbalisierungen die metakognitiven Fähigkeiten gefördert werden.

### 7.3.3  Konkreter Ablauf der Datenerhebung mit dem Lauten Denken

Die in der Studie analysierten Aufgabenbearbeitungen orientieren sich an dem von Fromman (2005) vorgeschlagenen Ablauf einer Studie mit der Methode des Lauten Denkens mit den vier Phasen Einstieg, Beobachtung der Aufgabenbearbeitung, der anschließenden Diskussion und der späteren Auswertung.

*Allgemeines zur durchgeführten Studie*
Die ersten drei Phasen Einstieg, Beobachtung der Aufgabenbearbeitung und anschließende Diskussion wurden an einem zweiten Erhebungstermin an den drei Schulen von der Autorin mit den ausgewählten Lernenden durchgeführt. Dazu kamen die Lernenden einzeln nach einem festgelegten Zeitplan in einen entsprechend vorbereiteten Interviewraum. Dieser war mit zwei Videokameras ausgestattet, wobei eine das Heft des Lernenden fokussierte und die andere den Lernenden und seine Umgebung filmte. Zusätzlich war ein Diktiergerät auf dem Tisch aufgebaut, das auch geflüsterte Äußerungen aufzeichnete. Auf Wunsch mancher Lernenden wurde bei einigen Videos das Gesicht nicht mitgefilmt oder nachträglich unkenntlich gemacht.

Für die Beantwortung der Forschungsfragen dieser Studie ist die für die Bearbeitung der einzelnen Aufgaben benötigte Zeit irrelevant. Vielmehr hat die Möglichkeit, mehr über den Bearbeitungsprozess und dazugehörige Gedanken sowie vor allem über Strategien und die Überlegungen, die zur Wahl dieser geführt haben, zu erfahren, oberste Priorität. Somit werden in dieser Studie zunächst Bearbeitungsprozesse von Textaufgaben mit der Methode des prozessbegleitenden Lauten Denkens beobachtet.

*Einstieg*
Um eine effektive Umsetzung zu gewährleisten, wurden die Lernenden vorab in der Methode geschult. Nach einer Begrüßung wurde dem Lernenden erläutert, was beim prozessbegleitenden Lauten Denken zu tun ist. Die Erläuterung wurde in Anlehnung an Beispiele in Wallach und Wolf (2001, S. 20 ff.) formuliert und lautet:

> In unserem Interview sollst du gleich verschiedene Mathematikaufgaben bearbeiten und dabei „Laut Denken". Was bedeutet das für dich? Du musst alle deine Gedanken, Ideen aber auch Gefühle beim Bearbeiten der Aufgaben laut aussprechen.
> Dabei geht es nicht darum, ob das Ausgesprochene richtig oder falsch, gut oder schlecht ist. Ich will nur verstehen, warum du eine Aufgabe so löst, wie du es tust, und was genau in der Aufgabenstellung dir Probleme bereitet – oder auch nicht – also wie ich die Aufgaben für dich besser verständlich machen könnte. Dafür reicht es nicht, wenn ich deine Lösung sehe, sondern ich muss möglichst alle deine Gedanken auf dem Weg dahin kennenlernen.
> Wichtig ist es, dass du nicht versuchen sollst, mir etwas zu erklären. Du sollst das aussprechen, was gerade in deinem Kopf vorgeht – und wenn das abgehackte Sätze sind, dann möchte ich genau die hören. (Auszug Leitfaden)

Es folgte die Betrachtung eines im Projekt ZP10-Exp erstellten Lernvideos, in dem ein Mädchen, das ungefähr so alt wie die Lernenden ist, mit der Methode des prozessbegleitenden Lauten Denken eine Aufgabe zum logischen Denken bearbeitet. Nach Betrachtung des Videos wurden die Besonderheiten des Lauten Denkens mit den Lernenden besprochen. Hieran schloss sich als Übungsaufgabe die Bearbeitung eines Sudoku an. Es handelte sich also um eine Aufgabe, bei der Zahlen vorkommen, jedoch legen weder diese noch die Aufgabe des Videos Strategien oder Bearbeitungsschritte nahe, die bei der Bearbeitung der eigentlichen Aufgaben helfen. Vor der Bearbeitung des Sudoku wurde folgende Instruktion gegeben:

> Weil Lautes Denken gar nicht so einfach ist, bekommst du als nächstes eine kleine Probeaufgabe von mir.
> Während du die Aufgabe löst, sollst du wie das Mädchen im Video immer deine Gedanken aussprechen. Du sprichst also deinen Lösungsweg und alle anderen

Gedanken, die du während der Bearbeitung hast, aus. Wichtig dabei ist, dass du deine Gedanken nicht interpretierst oder versuchst sie zu rechtfertigen, sondern sie einfach ausprichst. Falls du für mehr als ein paar Sekunden schweigst, werde ich dich daran erinnern, deine Gedanken laut auszusprechen.

Ich setze mich jetzt hinter dich, so wie nachher auch, um dich nicht bei der Bearbeitung zu stören. Tu so, als wäre ich nicht da. (Auszug Leitfaden)

Nach einer Rückmeldung zur Umsetzung des prozessbegleitenden Lauten Denkens bei der Sudoku-Aufgabe folgte die Einführung der Bearbeitung der eigentlichen Mathematikaufgaben mit dem Lauten Denken, „wie wir es gerade geübt haben" (Leitfaden). Es wurde darauf hingewiesen, dass auch während des Lesens, Denkens und Rechnens immer alle Gedanken ausgesprochen werden sollen. Zudem sollte alles notiert werden, was auch in der ZP10 notiert werden würde. Die Benutzung einer Formelsammlung und eines Taschenrechners war, wie auch in der ZP10, erlaubt.

*Bearbeitung der Mathematikaufgaben und deren Beobachtung*
Im Anschluss wurden die vier Mathematikaufgaben (von denen zwei jeweils zwei Teilaufgaben umfassen) nach und nach den einzelnen Lernenden zur Bearbeitung mit der Methode des prozessbegleitenden Lauten Denkens vorgelegt. Die eingesetzten Mathematikaufgaben werden in Kapitel 8 betrachtet. Während der Bearbeitung aller Teilaufgaben setzte sich die Interviewerin hinter die Lernenden, damit kein Gespräch entstehen konnte. Falls die Lernenden längere Zeit schwiegen, wurden sie an das Verbalisieren der Gedanken erinnert (Reminder).

Die Interviewerin notierte sich während der Bearbeitung auf einem Beobachtungsbogen die Bearbeitungsschritte der einzelnen Lernenden sowie Auffälligkeiten, um in der anschließenden Diskussion auf entscheidende Überlegungen eingehen zu können. Dies ist unter anderem deshalb essentiell, weil die Lernenden nicht alle Lösungswege und -schritte, die sie benannten, auch aufschrieben. Für jede Aufgabe gab es einen eigenen Beobachtungsbogen, auf dem der Wortlaut der Aufgabe abgedruckt war. Darunter vermerkte die Interviewerin die folgenden Aspekte, sofern sie diese aus ihrer Position wahrnehmen konnte:

- Um den Ablauf des Bearbeitungsprozesses und mögliche Schwierigkeiten festhalten und später diskutieren zu können wurden notiert:
  - Wörter, die beim Lesen problematisch waren,
  - benannte Rechenoperationen inklusive der zugehörigen Begründung der Lernenden oder eigener Notizen dazu,
  - mögliche Ursachen für falsche Rechenoperationen,

- das Vorhandensein eines Antwortsatzes,
- der Zeitbedarf für die Bearbeitung, wenn dieser auffällig war,
- sonstige Auffälligkeiten.
- Entsprechend des Auswertungsschwerpunkts Oberflächlichkeit wurde eine intuitive Einschätzung notiert, ob es sich um eine oberflächliche Bearbeitung handelt oder nicht und warum.
- Um eine potenzielle Auswertung bezüglich eingesetzter Mikrostrategien (vgl. Abschn. 3.3.1) zu erleichtern, wurden notiert:
  - unterstrichene sowie herausgeschriebene Wörter,
  - Arbeitsstrategien, wie das Notieren von gegebenen und gesuchten Angaben, das Nutzen von Potenzen, die Erstellung einer Tabelle, etc.,
  - benutzte Kontrollstrategien.

Der ausgefüllte Beobachtungsbogen stellte die Basis der folgenden Diskussion dar. Für die spätere Datenauswertung (vgl. Kap. 9) hingegen wurden die detaillierten Videodaten herangezogen.

*Anschließende Diskussion*
Da es trotz Reminder möglich ist, dass nicht alle Gedanken verbalisiert wurden, zum Beispiel weil sie zu schnell oder unterbewusst abgelaufen sind (vgl. Deffner, 1989), wurde im Nachgang an die Aufgabenbearbeitung eine Diskussion mit den Lernenden durchgeführt, zu der die Interviewerin sich wieder zu der oder dem Lernenden an den Tisch setzte. Damit die durch die Diskussion ausgelöste zusätzliche Reflexion nicht den Bearbeitungsprozess anderer Aufgaben beeinträchtigte, fand diese erst nach der Bearbeitung der letzten Teilaufgabe statt. Mit Fragen an den oder die Lernende, noch einmal zu erklären, wie er oder sie eine Aufgabe gelöst, was er oder sie sich dabei gedacht und warum er oder sie gewisse Strategien (nicht) eingesetzt hat, wurden Elemente des postaktionalen Lauten Denkens genutzt, wie Frommann (2005) es vorschlägt.

Dazu wurde als Orientierung ein Leitfaden genutzt, sodass die Diskussion sich an die Methode der Leitfaden-Interviews anlehnt, die „ein Gerüst für Datenerhebung und Datenanalyse [bietet], das Ergebnisse unterschiedlicher Interviews vergleichbar macht. Dennoch lässt das Leitfaden-Interview genügend Spielraum, spontan aus der Interviewsituation heraus neue Fragen [...] einzubeziehen" (Döring & Bortz, 2016, S. 372; Einfügung SaS). Der Leitfaden setzte sich aus einem Pool an hauptsächlich offenen Fragen zusammen, die je nach Verlauf der Aufgabenbearbeitung gestellt wurden oder nicht. Ein Teil der Fragen ist allgemein und bezieht sich auf alle Aufgaben, während ein anderer Teil spezifische Fragen für jede Teilaufgabe beinhaltet. Es wurden nie alle Fragen gestellt, sondern selektiv je nach Bearbeitungsprozess einzelne Fragen ausgewählt. Zusätzlich zu diesem Leitfaden orientierte sich die Interviewerin an ihrem Beobachtungsbogen und den Notizen der Lernenden und bat um Erläuterungen oder Begründungen. Somit handelt es sich um einen Leitfaden, der nur einen sehr groben Orientierungsrahmen bietet. Die allgemeinen Fragen beschäftigten sich mit

- der empfundenen Schwierigkeit der Aufgaben,
- der Vorgehensweise der Lernenden (Strategien, alternative Lösungswege, Vergleichbarkeit und Regelmäßigkeit der Anwendung der Strategien),
- der Verständlichkeit der Aufgabenformulierung und gewünschten Umformulierungen,
- Begründungen, Erläuterungen, Regelmäßigkeit der Anwendung von Textmarkierungen, Herausschreiben, Darstellungsstrategien wie Tabelle etc., Rechenstrategien, Kontrollstrategien und Antwortsätzen.

Zu den einzelnen Aufgaben waren spezifische Fragen enthalten,

- um das Textverständnis der Lernenden zu überprüfen, wenn dies im Bearbeitungsprozess unklar geblieben war,
- um unerklärt gebliebene Rechenschritte explizieren zu lassen,
- um den Umgang mit Elementen, die oberflächliche Strategien begünstigen oder behindern, erläutert zu bekommen.

*Auswertung*

Für die Auswertung (zum Vorgehen vgl. Kap. 9) der Aufgabenbearbeitung mit dem prozessbegleitenden Lauten Denken ist zu berücksichtigen, dass die Zeitpunkte des Entdeckens von Strategien und zeitliche Aussagen nicht uneingeschränkt auf andere Situationen zu übertragen sind. Um auszuschließen, dass im Lauten Denken qualitativ andere Vorgehensweisen benutzt werden, empfiehlt Deffner (1989, S. 110), Vorgehensweisen bei der Bearbeitung der gewählten Aufgaben im Lauten und Stillen Denken zu vergleichen. Dazu können die im Projekt ZP10-Exp bzw. in der Pilotierung erhobenen schriftlichen Bearbeitungen der Aufgaben dienen.

Bei der Auswertung der Diskussion mit dem postaktionalen Lauten Denken ist zu beachten, dass die Lernenden sowie die Interviewerin in der Diskussion möglicherweise Strategien benannt oder deren Bericht hervorgerufen haben, die im ursprünglichen Bearbeitungsprozess nicht verwendet worden sind (vgl. Hussy et al., 2013, S. 237).

# Eingesetzte Aufgaben und ihre stoffdidaktische Analyse

**8**

In der für diese Dissertation durchgeführten Studie bearbeiteten die ausgewählten 31 Lernenden vier Aufgaben nach der Methode des Lauten Denkens (vgl. Abschn. 7.3.3). Diese Aufgaben werden in diesem Kapitel vorgestellt und analysiert. Dazu wird zunächst die Aufgabenauswahl und -entwicklung erläutert und begründet (Abschn. 8.1). Es folgen Ausführungen zu stoffdidaktischen Grundlagen zum ersten Themengebiet der Aufgaben, den proportionalen Zuordnungen (Abschn. 8.2), mithilfe derer im Folgenden die beiden Aufgaben zu diesem Thema analysiert werden (Abschn. 8.3). Es schließen sich Ausführungen zu stoffdidaktischen Grundlagen des exponentiellen Wachstums, dem zweiten Themengebiet der Aufgaben, an (Abschn. 8.4), die als Basis der Analysen der anderen beiden Aufgaben dienen (Abschn. 8.5). Das Kapitel schließt mit einer sprachlichen Analyse aller Aufgaben (Abschn. 8.6).

## 8.1 Aufgabenauswahl und -entwicklung

In der vorliegenden Studie wurden vier Aufgaben eingesetzt, deren grundsätzliche Orientierung an den ZP10 zunächst erläutert wird (Abschn. 8.1.1), bevor die konkrete Themen- und Aufgabenauswahl begründet (Abschn. 8.1.2) und weitere Aufgabenentwicklungen (Abschn. 8.1.3) dargestellt werden.

## 8.1.1  Orientierung an den ZP10

Da der zu klärende Zusammenhang zwischen Sprachkompetenz und Mathematikleistung für den deutschen Sprachraum zunächst in Prüfungen wie der Zentralen
Prüfung am Ende der Klasse 10 (ZP10) festgestellt wurde (Prediger et al., 2015)
(vgl. Abschn. 2.3.1), lehnen sich die in der vorliegenden Arbeit eingesetzten Aufgaben an die dortige Aufgabengestaltung an. Die Aufgaben der ZP 10 orientieren
sich eng an dem Verständnis von mathematischer Kompetenz (vgl. Abschn. 2.1),
wie es in den Kernlehrplänen für das Fach Mathematik entfaltet wird. Dieses
beruht auf Winters Konzept eines allgemeinbildenden Mathematikunterrichts
(Winter, 1995) und der „mathematical literacy" laut PISA (OECD, 2017, S. 67).
Die Prüfung setzt sich aus zwei Teilen zusammen. Die Aufgaben im ersten Teil
prüfen

> die im Laufe der Klassen 5 bis 10 entwickelten **Basiskompetenzen** [...]. Die
> Schülerinnen und Schüler [sollen] zeigen, dass sie über fachliches Grundwissen
> verfügen und wichtige Fachmethoden einsetzen können. [...] Im zweiten, umfang-
> reicheren Teil der schriftlichen Prüfungsarbeit werden Aufgaben gestellt, die
> Kompetenzen aus dem Doppeljahrgang 9/10 voraussetzen und sich auf **inhaltliche
> Schwerpunkte der Doppeljahrgangsstufe** beziehen. (Ministerium für Schule und
> Weiterbildung des Landes Nordrhein-Westfalen, 2017, Hervorh. im Orig.)

Weitere Details zu den Rahmenvorgaben der Prüfung ZP10 finden sich gut aufgearbeitet in Wilhelm (2016).

   Der Mathematiktest, der im Projekt ZP10-Exp, das den Ausgangspunkt der
vorliegenden Arbeit bildet, eingesetzt wurde, beinhaltet in Anlehnung an die
ZP10 ebenfalls Kurzaufgaben zu den Basiskompetenzen (neun Aufgaben) und
umfangreichere Aufgaben auf dem Niveau der Jahrgangsstufen 9 und 10 (vier
Aufgaben), die jedoch in gemischter Reihenfolge angeordnet sind. Neben dem
schriftlichen Test wurden im Projekt ZP10-Exp zwei kurze Aufgaben sowie zwei
umfangreiche Aufgaben, die alle vier statistisch auffällig waren, für qualitative
Interviews ausgewählt. Darunter fiel auch die in dieser Arbeit betrachtete Aufgabe
„Badewanne" zum mathematischen Themengebiet proportionale Zuordnungen.
Im Rahmen einer Masterarbeit (Lamers, 2017) wurden zwei der Kurzaufgaben zum mathematischen Themengebiet exponentielles Wachstum betrachtet,
darunter die in dieser Arbeit eingesetzte Aufgabe „Gerücht".

## 8.1.2 Begründung der Themen- und Aufgabenauswahl

Der Ausgangspunkt der vorliegenden Studie zur Überprüfung, inwiefern Oberflächlichkeit als Mediator zwischen Sprachkompetenz und Mathematikleistung fungiert, bilden Vermutungen, die sich bei der Betrachtung von Aufgaben und zugehörigen Bearbeitungen im Projekt ZP10-Exp ergeben haben (vgl. Abschn. 6.1). Deshalb wurden zwei der insgesamt vier in der vorliegenden Studie betrachteten Aufgaben aus dem Mathematiktest des Projekts ZP10-Exp übernommen (vgl. folgende Ausführungen), während die anderen beiden dazu passend entworfen wurden (vgl. Abschn. 8.1.3). Da nur minimale Anpassungen der übernommenen Aufgaben vorgenommen wurden (vgl. Abschn. 8.3 und 8.5), ermöglicht dies, die Ergebnisse nach Abschluss des Dissertationsvorhabens an den schriftlichen Bearbeitungen der größeren Stichprobe aus dem Projekt ZP10-Exp zu validieren.

Um die Verallgemeinerbarkeit der Ergebnisse zu erhöhen, wurden Aufgaben zu zwei mathematischen Themengebieten ausgewählt, die beide typisch für die ZP10 sind. Damit eine Analyse der Auswirkungen von Oberflächlichkeit möglich wurde, wurde zu jedem Themengebiet eine oberflächlich lösbare Aufgabe und eine nicht oberflächlich lösbare Aufgabe eingesetzt. Daraus ergibt sich für die Aufgaben der Studie die in Tabelle 8.1 dargestellte Matrix, in der die gewählten Themengebiete *proportionale Zuordnungen* und *exponentielles Wachstum* sowie die gewählten Aufgaben vermerkt sind. Um eine mögliche Beeinflussung der Aufgabenbearbeitungen durch eine der vorangehenden Aufgabenbearbeitungen zu minimieren, wurden, entsprechend der Beobachtungen aus der Pilotierung, die Aufgaben so angeordnet, dass die beiden mathematischen Themengebiete abwechselnd vorkamen, wobei das komplexere mathematische Themengebiet und die oberflächlich lösbaren Aufgaben zuerst zu bearbeiten waren.

**Tabelle 8.1** Aufgabenmatrix

| Oberflächliche Lösbarkeit<br><br>Themengebiet der Mathematik | oberflächlich lösbar | nicht oberflächlich lösbar |
|---|---|---|
| **Exponentielles Wachstum** | Aufgabe 1<br>Blattläuse | Aufgabe 3<br>Gerücht<br>(Projekt ZP10-Exp) |
| **Proportionale Zuordnungen** | Aufgabe 2<br>Bagger | Aufgabe 4<br>Badewanne<br>(Projekt ZP10-Exp) |

Zur Auswahl der beiden mathematischen Themengebiete und entsprechenden Aufgaben wurde zunächst betrachtet, welche Items aus dem im Projekt ZP10-Exp eingesetzten Test von der Gruppe der sprachlich schwachen Lernenden[1] sehr oder hoch signifikant (p<0,01) anders, in diesem Fall schlechter, als von der Gruppe der sprachlich starken Lernenden gelöst wurden[2]. Um sicherzustellen, dass in einem qualitativen Setting unterschiedliche Lösungswege zu beobachten sind, wurden zudem ausschließlich Items betrachtet, die in mindestens 20 % aller Bearbeitungen im Wesentlichen richtig[3] gelöst wurden und verschiedene Lösungswege zulassen. Die Aufgaben des Projekts ZP10-Exp, die die genannten Auswahlkriterien erfüllen, sind Tabelle 8.2 zu entnehmen.

**Tabelle 8.2**  Aufgaben aus dem Projekt ZP10-Exp, die die Auswahlkriterien erfüllen

| Themengebiet | Itemnr. | gewählt? | Begründung |
|---|---|---|---|
| Schätzen | 5, 12 | nein | bereits unter Blickwinkel sprachlicher Anforderungen betrachtet worden |
| Prozentrechnung | 2b, 7, 9b | nein | |
| lineare Funktionen | 10, 4 | nein | |
| Beschreibung eines Diagramms | 3 | nein | Fokus auf Sprachproduktion unpassend für Forschungsfrage |
| Addition / Multiplikation von Angaben aus Tabelle | 8b | nein | lediglich Basisfähigkeiten |
| proportionale Zuordnungen | 6, 9c | ja | |
| exponentielles Wachstum | 2a, 11 | ja | |

Von den in Tabelle 8.2 dargestellten Items wurden die Items zum Schätzen, zur Prozentrechnung und zu linearen Funktionen nicht gewählt, da diese mathematischen Themengebiete bereits unter dem Blickwinkel sprachlicher Anforderungen untersucht wurden (vgl. Pöhler, 2018; Wilhelm, 2016; Zindel, 2019). Die Items zur Beschreibung eines Diagramms wurden nicht gewählt,

---

[1]Im Projekt ZP10-Exp entspricht die Gruppe der sprachlich schwachen Lernenden der schwächeren Hälfte der Lernenden, geteilt entlang des Medians der WE-Werte im C-Test.

[2]Hierzu wurden Kreuztabellen (Sprachkompetenzgruppe x Lösungsrichtigkeit der einzelnen Aufgaben) mit einem Chi-Quadrat-Test analysiert.

[3]Im Wesentlichen richtig bedeutet, dass die Aufgabe vollständig richtig gelöst wurde oder, dass kleinere Fehler, z. B. Rechenfehler gemacht wurden, die wichtigsten mathematischen Überlegungen aber korrekt sind.

da ihr Fokus auf Sprachproduktion unpassend für die Forschungsfrage der vorliegenden Arbeit ist. Das Item zur Addition und Multiplikation wurde ausgeschlossen, da dieses lediglich Basisfähigkeiten thematisiert. Somit wurden die Aufgaben zu den Themengebieten proportionale Zuordnungen und exponentielles Wachstum ausgewählt[4]. Hierbei handelt es sich zudem um Kurzaufgaben, die sich besser als die umfangreichen Aufgaben für die Bearbeitung nach der Methode des Lauten Denkens eignen, wie das Projekt ZP10-Exp zeigte. Bei den umfangreichen Aufgaben ist im Projekt ZP10-Exp aufgrund des Lauten Denkens teils eine sehr lange Bearbeitungszeit und teils ein schneller Abbruch der Bearbeitung zu beobachten gewesen. Beides würde die Auswertbarkeit der Interviews für die vorgesehenen Analysen einschränken. Von den beiden Aufgaben zu proportionalen Zuordnungen wurde die Aufgabe „Badewanne" gewählt, da in der anderen Aufgabe ein Kreisdiagramm vorkam, sodass die Bearbeitung der Aufgabe auch Kenntnisse aus diesem mathematischen Themengebiet erfordert. Von den beiden Aufgaben zum exponentiellen Wachstum wurde die Aufgabe „Gerücht" gewählt, da diese hoch signifikante Unterschiede zwischen den Gruppen aufwies, während sich bei der anderen Aufgabe nur sehr signifikante Unterschiede zeigten. Die Aufgabe „Badewanne" war für die Lernenden im Vorgängerprojekt leichter zu lösen als die Aufgabe „Gerücht".

Beide Aufgaben waren für sprachlich schwache Lernende schwieriger zu lösen als für sprachlich starke Lernende. Sprachlich schwache Lernende lösten die Aufgabe Gerücht (Item 2a) nur zu 23,3 % im Wesentlichen richtig[5], während 43,3 % der sprachlich starken Lernenden diese Aufgabe im Wesentlichen richtig lösten (vgl. Tabelle 8.3). Der Unterschied zwischen den beiden Gruppen ist laut Chi-Quadrat-Test hoch signifikant (p = 0,000). Die Aufgabe „Badewanne" (Item 6) lösten 43,6 % der sprachlich schwachen und 55 % der sprachlich starken Lernenden im Wesentlichen richtig (vgl. Tabelle 8.4). Dieser Unterschied ist laut Chi-Quadrat-Test sehr signifikant (p = 0,006).

---

[4]Für einen Überblick über die stoffdidaktischen Hintergründe sowie Strategien und Schwierigkeiten bei der Bearbeitung von Aufgaben aus diesen beiden Themengebieten siehe Abschn. 8.2 und Abschn. 8.4.

[5]Im Wesentlichen richtig bedeutet, dass die Aufgabe vollständig richtig gelöst wurde oder, dass kleinere Fehler, z. B. Rechenfehler gemacht wurden, die wichtigsten mathematischen Überlegungen aber korrekt sind.

**Tabelle 8.3**  Aufgabe „Gerücht": Lösungsrichtigkeit in Abhängigkeit von der Sprachkompetenz im Projekt ZP10-Exp

**Lösungsrichtigkeit bei der Aufgabe Gerücht (Item 2a)**

|  |  | nicht im Wesentlichen richtig | im Wesentlichen richtig | Gesamt |
|---|---|---|---|---|
| Sprachlich schwache Hälfte | Anzahl | 222 | 67 | 289 |
|  | % | 76,8 % | 23,2 % | 100,0 % |
| Sprachlich starke Hälfte | Anzahl | 164 | 125 | 289 |
|  | % | 56,7 % | 43,3 % | 100,0 % |
| Gesamt | Anzahl | 386 | 192 | 578 |
|  | % | 66,8 % | 33,2 % | 100,0 % |

**Tabelle 8.4**  Aufgabe „Badewanne": Lösungsrichtigkeit in Abhängigkeit von der Sprachkompetenz im Projekt ZP10-Exp

**Lösungsrichtigkeit bei der Aufgabe Badewanne (Item 6)**

|  |  | nicht im Wesentlichen richtig | im Wesentlichen richtig | Gesamt |
|---|---|---|---|---|
| Sprachlich schwache Hälfte | Anzahl | 163 | 126 | 289 |
|  | % | 56,4 % | 43,6 % | 100,0 % |
| Sprachlich starke Hälfte | Anzahl | 130 | 159 | 289 |
|  | % | 45,0 % | 55,0 % | 100,0 % |
| Gesamt | Anzahl | 293 | 285 | 578 |
|  | % | 50,7 % | 49,3 % | 100,0 % |

Beide Aufgaben wurden im Test im Projekt ZP10-Exp mit unterschiedlichen sprachlichen Formulierungen eingesetzt. Für die vorliegende Arbeit wurde die sprachlich nicht variierte Version der Aufgaben gewählt, da keine zusätzlichen sprachlichen Hürden vorhanden sein sollten. Aufgrund einer vorläufigen Einschätzung anhand der theoretischen Kriterien (vgl. Abschn. 4.4.3) wurden beide Aufgaben als „nicht oberflächlich lösbar" klassifiziert. Diese Einschätzung wurde auch in den Pilotierungen bestätigt, in denen neben der grundsätzlichen Verständlichkeit auch eine Auswertung hinsichtlich Oberflächlichkeit pilotiert wurde. Eine detaillierte Analyse der oberflächlichen Lösbarkeit der Aufgaben findet sich in Abschnitt 12.2.

Die Aufgaben in ihrer finalen, nach der Pilotierung minimal veränderten Version werden in Abschnitt 8.3 und 8.5 vorgestellt und analysiert.

### 8.1.3   Entwicklung der weiteren Aufgaben

Zu den beiden gewählten nicht oberflächlich lösbaren Aufgaben aus dem Projekt ZP10-Exp wurde je eine passende Aufgabe entlang der folgenden Design-prinzipien geschaffen:

- gleiches mathematisches Themengebiet
- ähnliche theoretische fachliche Schwierigkeit
- sprachliche Vergleichbarkeit
- oberflächliche Lösbarkeit

Anhand dieser Prinzipien wurden verschiedene Aufgaben entwickelt, die in mehreren Zyklen mit anderen Forschenden diskutiert und daraufhin überarbeitet wurden. So entstanden zu den Aufgaben „Gerücht" und „Badewanne" passend die oberflächlich lösbaren Aufgaben „Blattläuse" und „Bagger". Die Aufgaben wurden in einer ersten Pilotierung in fünf Einzelinterviews nach der Methode des Lauten Denkens im Förderunterricht der Universität Duisburg-Essen erprobt und überarbeitet. Im Anschluss erfolgte eine zweite Pilotierung der Mathematik-aufgaben in Form von schriftlichen Bearbeitungen (n = 51) und Einzelinterviews nach der Methode des Lauten Denkens (n = 6) in einer zehnten Jahrgangsstufe einer Gesamtschule. Die finalen Aufgaben der Studie werden in Abschnitt 8.3 und 8.5 vorgestellt und analysiert. Eine detaillierte Analyse der oberflächlichen Lös-barkeit der Aufgaben findet sich in Abschnitt 12.2.

### 8.2   Stoffdidaktische Grundlagen zu proportionalen Zuordnungen

Das Themengebiet der proportionalen Zuordnungen ist fundamental für den Mathematikunterricht in der Sekundarstufe I, zum einen, weil es meist den Ein-stieg in die explizite Beschäftigung mit Funktionen darstellt, zum anderen, weil proportionale Zuordnungen auch im Alltag zu finden sind und somit ein Alltags-bezug im Mathematikunterricht hergestellt werden kann. Der fachliche und fach-didaktische Hintergrund sowie Lösungsstrategien und Schwierigkeiten bei der Bearbeitung von Aufgaben zu diesem Thema werden im Folgenden dargestellt und anschließend auf die in der Studie eingesetzten Aufgaben angewandt. Eine ausführliche Betrachtung der Proportionalität findet sich zum Beispiel bei Hafner (2012) oder Heiderich (2018).

## 8.2.1  Fachlicher Hintergrund

Eine proportionale Zuordnung bezeichnet die Zuordnung von zwei Größen zueinander, die eine und damit alle der im Folgenden genannten zueinander äquivalenten Eigenschaften erfüllen muss, die sich algebraisch, sprachlich, tabellarisch und grafisch ausdrücken lassen.

> Die zentrale Eigenschaft der Proportionalität lässt sich verbal ausdrücken: Zum Doppelten (Dreifachen,…) einer (unabhängigen) Größe gehört das Doppelte (Dreifache,…) der zugeordneten Größe. (Greefrath, Oldenburg, Siller, Ulm & Weigand, 2016, S. 98)

Dies ist die *Vervielfachungseigenschaft*. Im schulischen Kontext kann mit proportionalen Zuordnungen die Einführung des Funktionsbegriffs propädeutisch vorbereitet werden. Eine Funktion $f : \mathbb{R} \to \mathbb{R}$ ist proportional, wenn die Vervielfachungseigenschaft erfüllt ist, also wenn $f(q \cdot x) = q \cdot f(x)$ für alle $x$ und $q$ aus den reellen Zahlen gilt (vgl. Greefrath, 2010; Hafner, 2012; Heiderich, 2018). Die folgenden Eigenschaften[6], die für alle $x_1$ und $x_2$ aus den reellen Zahlen gelten, sind zu der Vervielfachungseigenschaft äquivalent (vgl. ebd.):

- *Verhältnisgleichheit:* $\frac{x_1}{x_2} = \frac{f(x_1)}{f(x_2)}, x_2 \neq 0, f(x_2) \neq 0$[7]
- *Quotientengleichheit:* $\frac{f(x_1)}{x_1} = \frac{f(x_2)}{x_2} = k, \ k \in \mathbb{R}$ konstanter Proportionalitätsfaktor, $x_1, x_2 \neq 0$
- *Additionseigenschaft:* $f(x_1 + x_2) = f(x_1) + f(x_2)$ (gilt analog für die Subtraktion)
- *Proportionalität:* $f(x_1) = k \cdot x_1, k \in \mathbb{R}$ konstanter Proportionalitätsfaktor

Proportionale Funktionen stellen einen Spezialfall der linearen Funktionen, definiert als $f : \mathbb{R} \to \mathbb{R}, f(x) = a \cdot x + b$ mit $a, b \in \mathbb{R}$ *konstant*, dar.[8]

---

[6]Die Eigenschaften werden hier in algebraischer Form dargestellt. Für die Darstellung in sprachlicher, tabellarischer und grafischer Form siehe Hafner (2012) und Heiderich (2018).

[7]Die Verhältnisgleichheit ist zudem nur anwendbar, wenn der Proportionalitätsfaktor ungleich null ist. Dies ist jedoch ein im jeweiligen Kontext uninteressanter Fall.

[8]Eine „proportionale Funktion" erfüllt die Linearitätseigenschaften (s. u.) und würde in der Linearen Algebra als „linear(e Abbildung)" bezeichnet werden. „Lineare Funktionen" im Allgemeinen, erfüllen diese Eigenschaften jedoch nicht; dies gilt konkret für alle $b \neq 0$. Sie würden in der Linearen Algebra als „affin-linear(e Abbildung)" bezeichnet

## 8.2.2  Fachdidaktische Überlegungen

Neben den fachlichen Hintergründen werden auch fachdidaktische Überlegungen zu proportionalen Zuordnungen betrachtet. Dazu wird zunächst dargestellt, welche Kompetenzen von dem Thema angesprochen werden und wie es
sich in dem für die Zielgruppe relevanten Kernlehrplan verortet. Anschließend
werden Beispiele, der typische Lernweg bei diesem Thema und typische
Grundvorstellungen für proportionale Zuordnungen dargelegt. Im folgenden
Abschnitt 8.4.3 wird auf spezifische Strategien und Schwierigkeiten eingegangen.

Da die vorliegende Studie sich an den ZP10 orientiert und Schülerinnen und
Schüler aus den Erweiterungs-Kursen (E-Kursen) der Jahrgangsstufe 10 von
Gesamtschulen in NRW betrachtet werden, wird im Folgenden der für diese Ziel-
gruppe geltende nordrhein-westfälische „Kernlehrplan für die Gesamtschule –
Sekundarstufe I" (Ministerium für Schule, Jugend und Kinder des Landes
Nordrhein-Westfalen, 2004) mit seinen Vorgaben betrachtet. Er stellt die für
diese Schulform und das Land NRW spezifische Umsetzung der bundesweiten
Bildungsstandards (Kultusministerkonferenz, 2003) dar. Die Kernlehrpläne des
Landes NRW für die einzelnen Fächer

> bestimmen durch die Ausweisung von verbindlichen Erwartungen die Bezugs-
> punkte für die Überprüfung der Lernergebnisse und der erreichten Leistungs-
> stände in der schulischen Leistungsbewertung, den Lernstandserhebungen und den
> Abschlussprüfungen mit zentral gestellten Aufgaben für die schriftlichen Prüfungen.
> (Ministerium für Schule, Jugend und Kinder des Landes Nordrhein-Westfalen,
> 2004, S. 9)

Bei Zitaten aus diesem Lehrplan sind in kursiver fetter Schrift die Erwartungen
genannt, die lediglich im E-Kurs zu erreichen sind.

Proportionale Zuordnungen lassen sich der Leitidee (L4) Funktionaler
Zusammenhang aus den Bildungsstandards zuordnen. Dazu gehört das

–  [A]nalysieren, interpretieren und vergleichen unterschiedliche[r] Darstellungen
   funktionaler Zusammenhänge (wie lineare, proportionale und antiproportionale),

---

werden. Eine Abbildung heißt linear, wenn für alle x und y aus $\mathbb{R}$ und für alle k aus $\mathbb{R}$ gilt
$f(x+y) = f(x) + f(y)$ und $f(k \cdot x) = k \cdot f(x)$. (vgl. Büchter & Henn, 2010, S. 44)

- [L]ösen realitätsnahe[r] Probleme im Zusammenhang mit linearen, proportionalen und antiproportionalen Zuordnungen (Kultusministerkonferenz, 2003, S. 11 f.).

Dies wird im Kernlehrplan für die relevante Zielgruppe näher ausgeführt. Aufgaben zu proportionalen Zuordnungen sprechen laut Kernlehrplan die *inhaltsbezogene Kompetenz* „Funktionen" an. Lernende am Ende der Sekundarstufe I sollen „proportionale und antiproportionale Funktionen [identifizieren], [und den] Dreisatz [anwenden können]" (Ministerium für Schule, Jugend und Kinder des Landes Nordrhein-Westfalen, 2004, S. 16). Zudem sollen sie funktionale Zusammenhänge, unter anderem auch lineare Funktionen, darstellen und interpretieren können (ebd., S. 15). Diese Kompetenzen werden bereits am Ende der Jahrgangsstufe 8 von den Lernenden erwartet (ebd., S. 25). Insgesamt lässt sich das Thema also in den Jahrgangsstufen 7 und 8 verorten. Aufgaben zu diesem Thema sind trotzdem vergleichbar zu ZP10-Aufgaben, da in den dort eingesetzten Kurzaufgaben im Laufe der Sekundarstufe I erworbenes Wissen geprüft wird.

Proportionale Zuordnungen oder auch proportionale Funktionen modellieren oft Realsituationen, sodass durch Aufgaben zu diesem Themengebiet die *prozessbezogene Kompetenz* „Modellieren" angesprochen wird. Dabei müssen Lernende die Situation in ein mathematisches Modell übersetzen, aber auch die dort gewonnenen Lösungen in der jeweiligen realen Situation überprüfen, interpretieren, bewerten und ggf. ihren Lösungsweg oder ihr Modell ändern (ebd., S. 14 f.). Genauer ausdifferenziert wird dies in den Kompetenzerwartungen am Ende der Jahrgangsstufe 8. Hier wird beim Modellieren, genauer Mathematisieren, gefordert, dass Lernende „einfache Realsituationen in mathematische Modelle (Zuordnungen, lineare Funktionen, Gleichungen, Zufallsversuche)" (ebd., S. 23) übersetzen können. Dafür müssen in manchen Fällen die realen Bedingungen idealisiert werden, damit das Modell der Proportionalität adäquat ist (vgl. z. B. Vollrath, 1978a).

Als Beispiele für proportionale Zusammenhänge werden bei Greefrath et al. (2016) proportionales Wachstum bei Populationen (ebd., S. 92), das Berechnen des Preises für mehrere gleiche Artikel (1 Packung Fliesen kostet x €, wie viel kosten y Packungen Fliesen?) (ebd., S. 98), oder auch der Zusammenhang zwischen der Dehnung einer Schraubfeder und der Kraft genannt. Weitere Beispiele sind Einkaufskontexte (Greefrath, 2010) oder Tarife, Verbräuche, Füllprozesse, Kaufkosten und der Einheitstausch (Heiderich, 2018). Auch in der Prozentrechnung finden sich viele Beispiele.

Heiderich (2018) hat an häufig eingesetzten Lehrwerken schulische Lernwege zum Thema proportionale Zuordnungen analysiert. Sie identifiziert, dass typischerweise zunächst die Zuordnungen im Allgemeinen, dann proportionale Zuordnungen und zugehörige Sachsituationen, gefolgt von antiproportionalen Zuordnungen und zugehörigen Sachsituationen und schließlich die Vermischung von proportionalen und antiproportionalen Zuordnungen erfolgt. Dabei wird dem Dreisatz sehr große Aufmerksamkeit in einem eigenen Kapitel oder zumindest in einem eigenen Abschnitt innerhalb eines Kapitels gewidmet. Dies erfolgt entweder in oder nach dem Kapitel zu proportionalen und anschließend zu antiproportionalen Zusammenhängen oder im Anschluss an die beiden Kapitel gemeinsam für proportionale und antiproportionale Zusammenhänge. (vgl. Heiderich, 2018)

Zum tiefgründigen Verständnis der proportionalen Zuordnungen müssen von den Lernenden tragfähige Grundvorstellungen aufgebaut werden, die sich aus den fachlichen Eigenschaften ableiten lassen. Es handelt sich um sekundäre Grundvorstellungen, also abstrahierte Handlungsvorstellungen, die an Anschauungsmittel wie Tabellen gebunden sind. Dazu gehören:

- **Vervielfachungsvorstellung**
  Verdoppelt man die Ausgangsgröße, so muss man auch die zugeordnete Größe verdoppeln.
- **Additionsvorstellung**
  Addiert man zwei Ausgangsgrößen, so muss man auch die zugeordneten Größen addieren.
- **Proportionalitätsvorstellung**
  Multipliziere die Ausgangsgröße mit dem Proportionalitätsfaktor. Man erhält die zugeordnete Größe.
- **Quotientenvorstellung**
  Dividiert man die zugeordnete Größe durch die Ausgangsgröße, so erhält man immer denselben Wert.
- **Verhältnisvorstellung**
  Dividiert man zwei zugeordnete Größen und die beiden Ausgangsgrößen, so erhält man dieselbe Zahl.

(Hafner, 2012, S. 34 f., Hervorh. im Orig.)[9]

---

[9]Dort findet sich auch je ein typisches Beispiel in tabellarischer Darstellung.

## 8.2.3   Strategien und Schwierigkeiten

Mit diesen Grundvorstellungen hängen Lösungsstrategien und Schwierigkeiten der Lernenden bei der Bearbeitung von Aufgaben zusammen. Abhängig von der konkreten Aufgabe, ihrer Struktur, dem Zahlenmaterial sowie individuellen Präferenzen können zur Lösung unterschiedliche im Folgenden vorgestellte *Verfahren* gewählt werden (vgl. Hafner, 2012).

Der *Dreisatz* (für die folgenden Ausführungen vgl. Greefrath, 2010; Hafner, 2012) ist das Verfahren zur Lösung von Aufgaben mit proportionalen Zuordnungen, dem in der Schule die meiste Aufmerksamkeit geschenkt wird. Es findet sich bereits bei Adam Ries im 16. Jahrhundert als „regula detri". Der Dreisatz ist dann anwendbar, wenn Proportionalität vorausgesetzt, ein Wertepaar gegeben und von einem zweiten Wertepaar ein Wert gesucht ist. Die *klassische Dreisatzrechnung* wird seit der ersten Hälfte des 19. Jahrhunderts verwendet. Sie besteht aus drei Zeilen, wobei in der ersten Zeile das gegebene Wertepaar zu finden ist. In der zweiten Zeile wird die Einheit und der ihr zugeordnete Wert und in der dritten Zeile das zweite Wertepaar mit dem zu berechnenden Wert angegeben. Die hierfür durchzuführenden Operationen basieren auf der Vervielfachungseigenschaft der proportionalen Zuordnungen. Die gesuchte Größe wird klassischerweise rechts angeführt, sodass in der mittleren Zeile links die Einheit steht. Alternativ zur Zeilenschreibweise kann auch eine Tabelle verwendet werden. Auszuführende Operationen können mit Pfeilen notiert werden. Gegebenenfalls kann statt der Einheit auch eine andere Zwischengröße gewählt werden.

Der *individuelle Dreisatz* (Hafner, 2012) besteht aus zwei Zeilen. In der ersten Zeile steht das vollständig gegebene Wertepaar. In der zweiten Zeile wird das zweite Wertepaar mit dem gesuchten Wert, der durch die Multiplikation mit einem passenden Faktor berechnet wurde, notiert.

Die Vorteile beider Dreisatz-Verfahren sind, dass sie übersichtlich und leicht erlernbar sind. Allerdings können die Verfahren leicht zu einem automatisierten Algorithmus werden, der ausgeführt wird, ohne dass die gegebenen Bedingungen, also die Proportionalität, hinterfragt werden (Greefrath, 2010). Ein weiterer Nachteil liegt darin, dass die relativ einfache direkte Rechnung (vgl. folgender Absatz) „aufwändiger als nötig durchgeführt wird" (ebd., S. 139).

Bei der *direkten Rechnung* (Greefrath, 2010) wird, wenn die Werte a, f(a) und b gegeben sind und f(b) gesucht ist, in einem Term direkt $f(b) = \frac{f(a)}{a} \cdot b$ berechnet, um so den gesuchten Wert zu erhalten. Auch hier besteht die Gefahr, dass die Rechnung unverstanden ausgeführt wird.

Eine andere Rechenstrategie ist das Erstellen und Umformen einer *Bruch-Verhältnis-Gleichung* (Greefrath, 2010; Hafner, 2012), die sich aus der Eigenschaft der Quotientengleichheit ergibt. Wenn die Werte a, f(a) und b gegeben sind und f(b) gesucht ist, so hat die Bruch-Verhältnis-Gleichung die Form $\frac{f(a)}{a} = \frac{f(b)}{b}$ und kann umgeformt werden zu f(b) $= \frac{f(a) \cdot b}{a}$.

Alternativ kann der gesuchte Wert auch über den Proportionalitätsfaktor berechnet werden (*Operator*-Strategie) (Hafner, 2012). Dazu wird zunächst der Proportionalitätsfaktor $k = \frac{f(a)}{a}$ bestimmt und dann f(b) $= k \cdot b$ berechnet.

In empirischen Studien wurde festgestellt, dass beim Thema proportionale Zuordnungen Aufgaben mit *ganzzahligen Zahlenverhältnissen* sowie *vorwärtsgerichtete* Aufgaben häufig gelöst werden (vgl. Hafner, 2012). Wenn die Behandlung des Themas bereits mehrere Jahre zurückliegt, so erweisen sich *individuelle Rechenstrategien* als erfolgreicher als auswendig gelernte Verfahren (vgl. ebd.).

Schwierigkeiten bzw. nicht tragfähige Strategien zeigen sich in einer *fehlerhaften Anwendung des (auswendig) gelernten* Schemas bzw. der (auswendig) gelernten Gleichung (vgl. ebd.). Zudem tritt die nicht tragfähige *additive bzw. constant difference strategy* (Van Dooren, de Bock, Evers & Verschaffel, 2009, S. 191) auf, bei der auf beiden Seiten (z. B. in der Tabelle) derselbe Wert addiert wird. Vor allem bei Lernenden, die das Thema Proportionalität noch nicht explizit behandelt haben, zeigte sich auch die *building-up-Strategie,* bei der mit der Addition und Halbierung von Werten gearbeitet wird (vgl. Hafner, 2012).

## 8.3   Analyse der Aufgaben zu proportionalen Zuordnungen

Die beiden Aufgaben zu proportionalen Zuordnungen sind die Aufgabe „Bagger" (vgl. Abb. 8.1) und die Aufgabe „Badewanne" (vgl. Abb. 8.2).

---

**2) Bagger**
Familie Maier möchte ein neues Einfamilienhaus bauen. Zu Beginn der Bauarbeiten soll ein Bagger die 364 m³ große Baugrube ausheben. Wenn der Bagger 364 m³ Erde ausheben soll, benötigt er dafür fünf Tage.
Wie viel m³ Erde hebt der Bagger dann durchschnittlich pro Tag aus? Notiere deine Rechnung.

---

**Abb. 8.1**   Aufgabe „Bagger"

**4) Badewanne**

Eine Badewanne hat einen Kaltwasserhahn und einen Warmwasserhahn. Die Badewanne wird mit 135 Litern Wasser gefüllt. Wenn beide Wasserhähne geöffnet sind, dauert es 9 Minuten, bis die Badewanne gefüllt ist. Wenn nur der Kaltwasserhahn geöffnet ist, dauert es 7,5 Minuten länger als mit beiden Wasserhähnen.
Wie viel Liter Wasser kommen pro Minute aus dem geöffneten Kaltwasserhahn? Notiere deine Rechnung.

**Abb. 8.2** Aufgabe „Badewanne"

Die Aufgabe „Badewanne" wurde unverändert von der sprachlich nicht variierten Version der entsprechenden Aufgabe im Projekt ZP10-Exp übernommen. Die Aufgabe „Bagger" wurde anhand der in Abschnitt 8.1.3 dargestellten Design-Kriterien dazu passend entwickelt. Beide Aufgaben werden im Folgenden fachlich und bezüglich möglicher Lösungswege (Abschn. 8.3.1) sowie fachdidaktisch (Abschn. 8.3.2) analysiert. Anschließend folgt eine Erörterung potenzieller fachlicher Schwierigkeiten bei der Bearbeitung (Abschn. 8.3.3).

### 8.3.1 Fachliche Analyse und mögliche Lösungsstrategien

Die beiden dargestellten Aufgaben lassen sich tragfähig durch proportionale Zuordnungen bzw. Funktionen modellieren.

*Aufgabe „Bagger"*
Bei der Aufgabe „Bagger" wird der Zeit (in Tagen) das Volumen (in $m^3$) zugeordnet. Durch das Wort „durchschnittlich" wird vorgegeben, dass im Modell davon ausgegangen werden kann, dass jeden Tag dieselbe Menge Erde ausgehoben wird. Somit liegt der Zuordnung eine Proportionalität zugrunde. Es gilt also, dass der Bagger doppelt so viel Erde aushebt, wenn er doppelt so lange arbeitet. Gegeben ist in der Aufgabe die Zuordnung des Werts „364 $m^3$ Erde" zum Wert „5 Tage" und gesucht ist der Wert, der einem Tag zugeordnet wird. Der Proportionalitätsfaktor $\frac{364}{5} = 72{,}8$ ist zugleich auch die gesuchte Zahl, da das Volumen gesucht ist, das einer Zeiteinheit zugeordnet ist.

Die Aufgabe lässt sich mit den in Abschnitt 8.2.3 aufgeführten Strategien lösen. Zu beachten ist jedoch, dass der Wert gesucht ist, der der Einheit (1 Tag) zugeordnet wird. Somit besteht der Dreisatz nur aus zwei Zeilen und bei der

Operator-Strategie sowie der Gleichungsumformung ergeben sich Multiplikationen mit 1. Somit sind die folgenden Lösungswege möglich:

- direkte Rechnung: $364:5 = 72,8$

- Operator-Strategie: $k = 364:5 = 72,8$; $k * 1 = 72,8 * 1 = 72,8$

- Gleichungsumformung: $\frac{x}{1} = \frac{364}{5} \Leftrightarrow x = \frac{364 * 1}{5} = 72,8$

- Dreisatz (2 Zeilen): $5\,\text{Tage} \triangleq 364\ \text{m}^3$
  $1\ \text{Tag} \triangleq 72,8\ \text{m}^3$

- Dreisatz (Tabelle):

| Zeit (in Tagen) | Volumen (in m³) |
|---|---|
| 5 | 364 |
| 1 | 72,8 |

*Aufgabe „Badewanne"*

Bei der Aufgabe „Badewanne" wird der Zeit (in Minuten) das Volumen (in l) zugeordnet. Es muss idealisierend angenommen werden, dass die Fließgeschwindigkeit des Wassers aus dem Wasserhahn während der benötigten 16,5 Minuten konstant bleibt, sodass der Zusammenhang als proportionale Zuordnung modelliert werden kann. Es gilt also, dass doppelt so viel Wasser in die Badewanne fließt, wenn der Wasserhahn doppelt so lange geöffnet ist. Gegeben ist zum einen die Zuordnung 9 Minuten $\rightarrow$ 135 l, die für die Lösung nicht benötigt wird, da sie die Dauer der Füllung mit beiden Wasserhähnen angibt. Zum anderen ist nach einer Addition die Zuordnung $9\,\text{min} + 7,5\,\text{min} = 16,5\,\text{min} \rightarrow 135\ \text{l}$ gegeben, die die Dauer der Füllung mit dem Kaltwasserhahn angibt. Gesucht ist das Volumen, das bei Füllung mit dem Kaltwasserhahn einer Minute zugeordnet wird. Der Proportionalitätsfaktor $\frac{135}{9+7,5} = 8,\overline{18}$ ist also zugleich auch die gesuchte Zahl.

Auch diese Aufgabe lässt sich mit den in Abschnitt 8.2.3 aufgeführten Strategien lösen. Es ist ebenfalls der Wert gesucht, der der Einheit (1 Minute) zugeordnet wird. Somit besteht der Dreisatz erneut nur aus zwei Zeilen und bei der Operator-Strategie sowie der Gleichungsumformung ergeben sich Multiplikationen mit 1.

Zudem ist zu berücksichtigen, dass der Ausgangswert der Zeit zunächst über eine Addition aus den beiden gegebenen Zeitangaben berechnet werden muss. Dies kann vorab erfolgen, sodass direkt das Wertepaar $(16,5 \rightarrow 135)$ entsteht und mit diesem gearbeitet wird. Alternativ kann die Addition jeweils als Term notiert und erst ganz am Ende berechnet werden. Im Folgenden sind mögliche Lösungswege dargestellt:

- direkte Rechnung:
  1 Term:    $135:(9+7,5) = 8,\overline{18}$
  2 Schritte:    $9+7,5 = 16,5$; $135:16,5 = 8,\overline{18}$

- Operator-Strategie:
  2 Schritte:    $k = 135:(9+7,5) = 8,\overline{18}$; $k \cdot 1 = 8,\overline{18} \cdot 1 = 8,\overline{18}$
  3 Schritte:    $9+7,5 = 16,5$; $k = 135:16,5 = 8,\overline{18}$; $k \cdot 1 = 8,\overline{18} \cdot 1 = 8,\overline{18}$

- Gleichungsumformung:
  2 Schritte:    $\frac{x}{1} = \frac{135}{9+7,5} \Leftrightarrow x = \frac{135 \cdot 1}{(9+7,5)} = 8,\overline{18}$

  3 Schritte:    $9 + 7,5 = 16,5$; $\frac{x}{1} = \frac{135}{16,5} \Leftrightarrow x = \frac{135 \cdot 1}{16,5} = 8,\overline{18}$

- Dreisatz (2 Zeilen):    $9\,\text{min} + 7,5\,\text{min} = 16,5\,\text{min} \mathrel{\hat=} 135\,\text{l}$
- Dreisatz (Tabelle):      $1\,\text{min} \mathrel{\hat=} 8,\overline{18}\,\text{l}$

| Zeit (in Minuten) | Volumen (in l) |
| --- | --- |
| $9+7,5 = 16,5$ | 135 |
| 1 | $8,\overline{18}$ |

## 8.3.2  Fachdidaktische Analyse

Im Folgenden erfolgt die fachdidaktische Analyse der beiden Aufgaben gemeinsam, wobei auf individuelle Unterschiede eingegangen wird. Beide Aufgaben geben eine Gesamtmenge (364 m³ ausgegrabene Erde bzw. 135 l Wasser in der Badewanne) sowie eine Gesamtzeitdauer (5 Tage bzw. $9+7,5$ Minuten) vor und fragen nach der Menge für eine Zeiteinheit. Basierend auf der Annahme, dass pro Tag durchschnittlich eine konstante Menge Erde ausgegraben wird bzw.

pro Minute eine konstante Menge Wasser in die Badewanne läuft, lässt sich der Sachzusammenhang jeweils mit einer proportionalen Zuordnung oder Funktion modellieren.

*Inhalts- und prozessbezogene Kompetenzen*
Basierend auf diesen Überlegungen lässt sich festhalten, dass bei beiden Aufgaben die prozessbezogene Kompetenz „Modellieren" angesprochen wird. Die Lernenden müssen die Situationen in das mathematische Modell der proportionalen Zuordnung übersetzen, aber auch die dort gewonnenen Lösungen in der jeweiligen realen Situation überprüfen, interpretieren, bewerten und ggf. ihren Lösungsweg oder ihr Modell ändern (Ministerium für Schule, Jugend und Kinder des Landes Nordrhein-Westfalen, 2004, S. 14 f., 23). Auch die prozessbezogene Kompetenz „Argumentieren und Kommunizieren" wird von den Aufgaben angesprochen, da die Lernenden aus der gegebenen Textaufgabe mathematische Informationen entnehmen (Lesekompetenz) und analysieren müssen (ebd., S. 14). Zudem müssen sie beim Lauten Denken ihren Lösungsweg beschreiben und ihre Arbeitsschritte verbalisieren (ebd., S. 22).

Im Bereich der inhaltsbezogenen Kompetenzen beziehen sich die Aufgaben auf das Inhaltsfeld „Funktionen". Angesprochen wird vor allem das Anwenden, da die Lernenden in der Realsituation die proportionale bzw. lineare Zuordnung erkennen müssen und „die Eigenschaften von proportionalen [...] und linearen Zuordnungen sowie einfache Dreisatzverfahren zur Lösung" der außermathematischen Problemstellung anwenden müssen (ebd., S. 15 f., 25). Die Lernenden müssen also realitätsnahe und innermathematische Probleme im Zusammenhang mit proportionalen Zuordnungen lösen und dafür die proportionalen Zusammenhänge identifizieren, interpretieren und darstellen (ebd., S. 25).

*Anforderungsbereiche*
Die Aufgabe „Bagger" lässt sich dem Anforderungsbereich I „Reproduzieren" (Kultusministerkonferenz, 2003) zuordnen, da es sich um eine einfache proportionale Dreisatz-Aufgabe handelt und diese bis zur Jahrgangsstufe 10 mehrfach thematisiert worden sein sollte. Insofern sollte lediglich eine Reproduktion erforderlich sein.

Die Aufgabe „Badewanne" lässt sich dem Anforderungsbereich II „Zusammenhänge herstellen" (ebd.) zuordnen. Die Lernenden müssen hier einen Zusammenhang zwischen den angegebenen Zeiten für einen und beide Wasserhähne herstellen und so die relevante Information erstellen, die sie für die proportionale Zuordnung benötigen, nach der gefragt wird. Grundsätzlich würde sich mit den Angaben auch eine proportionale Zuordnung zum Beispiel für den Warmwasserhahn erstellen lassen.

## 8.3.3   Potenzielle Schwierigkeiten bei der Bearbeitung

Grundsätzlich kann bei allen Zuordnungsaufgaben eine *falsche Zuordnung* der gegebenen Werte zueinander erfolgen, indem beispielsweise bei der Aufgabe „Bagger" der Angabe „1 Bagger" die Angabe „364 m³ Erde" zugeordnet wird oder bei der Aufgabe „Badewanne" der Angabe „7,5 Minuten" die Angabe „135 l". Bei diesen beiden Aufgaben können zusätzliche Schwierigkeiten in der Bearbeitung auftreten, weil nach der Größe gefragt ist, die der *Zeiteinheit* (1 Tag, 1 Minute) zugeordnet ist. Dies ist eine ungewohnte Frage, die in Bezug auf den natürlichen Zeitverlauf *rückwärtsgerichtet* ist, da angegeben ist, welche Werte 5 Tagen bzw. 16,5 Minuten zugeordnet sind, aber nach dem zeitlich davorliegenden Wert für einen Tag bzw. eine Minute gefragt ist. Zudem bedingt die Frage nach der Einheit, dass der *Dreisatz auf nur zwei Zeilen verkürzt* ist bzw. bei der Anwendung typischer Strategien eine *Multiplikation mit 1* erfolgt.

Eine weitere Schwierigkeit kann im *für die Sachsituation nicht tragfähigen Ausführen des Dreisatz-Algorithmus* liegen, indem beispielsweise ausgehend von der Mengeneinheit (1 m³, 1 l) die Zeit berechnet wird. Dies würde konkret zur Rechnung „5 Tage: 364 m³" bzw. „16,5 min: 135 l" führen. Analog kann auch die Operator- oder Gleichungsumformungsstrategie *für die Sachsituation nicht tragfähig* ausgeführt werden, indem zum Beispiel die *Werte an andere Stellen in die Brüche eingesetzt* werden.

Die nicht tragfähige *constant difference strategy* würde bei der Aufgabe „Bagger" die Subtraktion von 4 bedeuten, sodass in der zweiten Zeile das Wertepaar (1, 360) entsteht, und bei der Aufgabe „Badewanne" die Subtraktion von 15,5 bedeuten, sodass das Wertepaar (1, 118,5) entsteht. Mit diesem Fehler ist, da die Lernenden sich bereits in der zehnten Klasse befinden, nicht mehr zu rechnen.

Es ist bekannt, dass Aufgaben mit *ganzzahligen* Angaben einfacher zu lösen sind. Dies ist bei der Aufgabe „Bagger" der Fall, bei der lediglich das Ergebnis 72,8 nicht ganzzahlig ist. Bei der Aufgabe „Badewanne" hingegen sind die Zeitangaben 7,5 Minuten bzw. 16,5 Minuten nicht ganzzahlig. Zudem ist die derartige Angabe der Minuten *ungewöhnlich* (man würde eher von 16½ Minuten sprechen). Das Ergebnis ist eine *periodische Zahl*, was bei Schulbuchaufgaben nur selten vorkommt.

*Überflüssige Informationen*, die Schwierigkeiten erzeugen könnten, finden sich in der Aufgabe „Badewanne" keine. In der Aufgabe „Bagger" ist der Wert 364 doppelt angegeben, was ggf. zu Verwirrung führen könnte.

Ungewöhnlich für eine Proportionalitätsaufgabe ist zudem, dass der Ausgangswert des vollständig gegebenen Wertepaares zunächst durch eine *Addition* berechnet werden muss. Damit dies erfolgreich geschehen kann, muss die *Beziehung* von 9 und 7,5, die durch das Wort „länger" charakterisiert wird, richtig gedeutet werden.

## 8.4  Stoffdidaktische Grundlagen zu exponentiellen Wachstumsprozessen

Das exponentielle Wachstum stellt ein zentrales Themengebiet des Mathematikunterrichts in der Sekundarstufe I dar, bildet zugleich aber auch eine Basis für den Übergang zu komplexeren Ideen und zur höheren Mathematik (Ellis, Özgür, Kulow, Williams & Amidon, 2015; Thiel-Schneider, 2014). Der fachliche und fachdidaktische Hintergrund für dieses Themengebiet wird im Folgenden dargestellt und in Abschnitt 8.5 auf die in der vorliegenden Studie eingesetzten Aufgaben angewandt. Eine ausführliche Betrachtung des exponentiellen Wachstums sowie die Entwicklung eines Lehr-Lern-Arrangements zu diesem Thema finden sich in der Dissertation von Thiel-Schneider (2018).

### 8.4.1  Fachlicher Hintergrund

Das exponentielle Wachstum stellt ein mathematisches Modell für Wachstumsprozesse dar. Ausgehend von einem Ursprungsbestand $B_0$ findet eine Zunahme statt, die in einem bestimmten Zeitintervall proportional zum vorhandenen Bestand ist. Somit verändert sich der Bestand in einem bestimmten Zeitintervall stets um den gleichen Wachstumsfaktor q. Bei einer prozentualen Änderung p% setzt sich der Wachstumsfaktor als $1+p/100$ zusammen. Der Bestand nach der Zeit n kann über die Rekursionsvorschrift $B_n = B_{n-1} \cdot q = B_{n-1} + B_{n-1} \cdot (q-1)$ dargestellt werden, wodurch sich die Formel $B_n = B_0 \cdot q^n$ durch n-malige rekursive Anwendung herleiten lässt. Somit bieten diskrete exponentielle Wachstumsprozesse zugleich auch fachliche Anknüpfungspunkte für die Betrachtung von geometrischen Folgen mit $a_{k+1} = q \cdot a_k$ bzw. $a_k\colon k \to a_k = a_1 q^{k-1}$, mit k aus den natürlichen Zahlen und q und $a_1$ aus den reellen Zahlen, wobei, nach einem Fokus auf den iterativen Aspekt $a_k \to a_{k+1}$, in Wechselbeziehung die funktionale Sichtweise $k \to a_n$ entwickelt wird. (vgl. Greefrath et al., 2016, S. 102)

## 8.4.2 Fachdidaktische Überlegungen

Neben den fachlichen Hintergründen werden auch fachdidaktische Überlegungen zum exponentiellen Wachstum betrachtet. Dazu wird zunächst dargestellt, welche Kompetenzen von dem Thema angesprochen werden und wie es sich in den für die Zielgruppe relevanten Kernlehrplänen verortet, bevor das typische Vorgehen eines Lehrwerks und typische Beispiele exponentiellen Wachstums dargelegt werden. In Abschnitt 8.4.3 wird auf spezifische Strategien und Schwierigkeiten eingegangen.

Hinsichtlich der *prozessbezogenen Kompetenzen* werden im Lehrplan in den ausdifferenzierten Kompetenzerwartungen am Ende der Jahrgangsstufe 10 explizit exponentielle Wachstumsprozesse benannt. So sollen Lernende bezüglich der Kompetenz „Modellieren" am Ende der Jahrgangsstufe 10 im E-Kurs „Realsituationen, *insbesondere exponentielle Wachstumsprozesse*, in mathematische Modelle (Tabellen, Grafen, Terme)" (Ministerium für Schule, Jugend und Kinder des Landes Nordrhein-Westfalen, 2004, S. 28, Hervorh. im Orig.) übersetzen können (Mathematisieren). Außerdem sollen sie „zu einem mathematischen Modell (insbesondere lineare *und exponentielle* Funktionen) passende Realsituationen" (ebd., S. 28, Hervorh. im Orig.) finden können. Es werden also in den Jahrgangsstufen 9 und 10 lineare und exponentielle Modelle für Wachstumsprozesse betrachtet und Realsituationen zu linearen und exponentiellen Funktionen angegeben (ebd., S. 32). Weitere prozessbezogene Kompetenzen werden erst konkret bei den einzelnen Aufgaben betrachtet, da es grundsätzlich von den einzelnen Aufgaben abhängt, welche dieser Kompetenzen angesprochen werden.

Bezüglich der *inhaltsbezogenen Kompetenzen* lassen sich Aufgaben zu exponentiellen Wachstumsprozessen dem Bereich der „Arithmetik und Algebra" sowie dem der „Funktionen" zuordnen.

Im Bereich „Arithmetik und Algebra" sollen im E-Kurs „einfache exponentielle Gleichungen rechnerisch, grafisch oder durch Probieren" (ebd., S. 15) gelöst werden. Es wird ausdifferenziert, dass die Lernenden am Ende der Jahrgangsstufe 10

> die Potenzschreibweise mit ganzzahligen Exponenten [erläutern sowie] [...]
> **exponentielle Gleichungen der Form $b^x = c$ näherungsweise durch Probieren**
> [**lösen** und] [...] ihre Kenntnisse über quadratische Gleichungen **und exponentielle**

**Gleichungen** zum Lösen inner- und außermathematischer Probleme [verwenden können sollen]. (Ministerium für Schule, Jugend und Kinder des Landes Nordrhein-Westfalen, 2004, S. 29, Hervorh. im Orig.)

Lernende müssen also exponentielle Wachstumsprozesse darstellen, mit ihnen operieren und ihre Kenntnisse über diese anwenden können.

Bezüglich der inhaltsbezogenen Kompetenz „Funktionen" sollen die Lernenden „ein grundlegendes Verständnis von funktionaler Abhängigkeit [besitzen] und [...] ihre Kenntnisse zum Erfassen und Beschreiben von Beziehungen und Veränderungen in Mathematik und Umwelt [nutzen]" (ebd., S. 15). Dabei sollen im E-Kurs exponentielle Funktionen „in sprachlicher Form, in Tabellen, als Grafen und in Termen dar[gestellt] und [sachgerecht] interpretier[t]" (ebd., S. 15) werden. Zudem sollen Lernende „lineares, quadratisches und exponentielles Wachstum an Beispielen voneinander ab[grenzen]" (ebd., S. 16) können. Am Ende der Jahrgangsstufe 10 sollen Lernende exponentielle Funktionen darstellen, sie interpretieren und anwenden können (ebd., S. 30).

Der Kernlehrplan beruht auf den *Bildungsstandards* (Kultusministerkonferenz, 2003). Die dargestellten inhaltsbezogenen Kompetenzen passen zu den mathematischen Leitideen „Zahl" und „Funktionaler Zusammenhang". Aus dem Bereich „Zahl" ist relevant, dass die Lernenden

Vorgehensweisen und Verfahren, denen Algorithmen bzw. Kalküle zu Grunde liegen, [wählen, beschreiben und bewerten können sowie] [...] Ergebnisse in Sachsituationen unter Einbeziehung einer kritischen Einschätzung des gewählten Modells und seiner Bearbeitung [prüfen und interpretieren können]. (Kultusministerkonferenz, 2003, S. 10)

Wichtig aus dem Bereich Funktionaler Zusammenhang relevant ist das

[E]rkennen und [B]eschreiben funktionale[r] Zusammenhänge und [das Dar]stellen diese[r] in sprachlicher, tabellarischer oder graphischer Form sowie gegebenenfalls als Term [...] [und das An]wenden insbesondere lineare[r] und quadratische[r] Funktionen sowie Exponentialfunktionen bei der Beschreibung und Bearbeitung von Problemen [...]. (Kultusministerkonferenz, 2003, S. 11 f.)

Das Lehrwerk *Mathe live* (Emde, Kietzmann & Böer, 2004) berücksichtigt diese Kompetenzen bei seiner Aufbereitung des Themengebiets der exponentiellen Wachstumsprozesse. Da dieses Schulbuch in vielen Gesamtschulen eingesetzt wird, bietet eine Betrachtung der Inhalte einen guten Überblick über die zu erwartenden Lernendenvorstellungen und deren Vorwissen[10].

Eingangs wird die Wachstumsrate als Prozentsatz $p\%$ eingeführt, aus der sich dann der Wachstumsfaktor $q = 1 + \frac{p}{100}$ bestimmen lässt. Indem nach einer einfacheren Möglichkeit gesucht wird, eine Bestandsgröße, die „in gleich großen Abschnitten immer um den gleichen Prozentsatz wächst bzw. fällt, d. h. immer mit dem gleichen Faktor vervielfacht wird" (ebd., S. 65), nach mehreren Zeitintervallen zu bestimmen, wird das Modell des exponentiellen Wachstums genannt und die Formel zur direkten Bestimmung der Bestandsgröße nach $n$ Zeitintervallen angegeben. Anschließend werden im Sinne des Lösens linearer Gleichungen die Wachstumsrate sowie der Wachstumsfaktor bestimmt (ebd., S. 67), bevor lineares und exponentielles Wachstum miteinander verglichen und voneinander abgegrenzt werden (ebd., S. 68). Nach der Betrachtung quadratischen Wachstums (ebd., S. 72) wird die Exponentialfunktion eingeführt (ebd., S. 73) und es werden Vorschläge zum Lösen exponentieller Gleichungen gegeben: Graphisch, durch Probieren und mit Hilfe des Logarithmus (ebd., S. 75). Abschließend geht das Lehrwerk auf Halbwerts- und Verdopplungszeiten ein (ebd., S. 80). Aufgaben in diesem Zusammenhang erfordern in der Regel zunächst eine Bestimmung des Zeitintervalls $n$, bevor die Bestandsgröße nach $n$ Zeitintervallen bestimmt werden kann. (Lamers, 2017, S. 10)

Typische Beispiele für exponentielle Wachstumsprozesse, die auch in vielen Aufgaben aufgegriffen werden, sind:

- Anzahl der Weizenkörner auf einem Schachbrett bei fortlaufender Verdoppelung,
- Verbreitung einer mündlich übertragenen Nachricht bei Verdoppelung in festen Zeitintervallen,
- Fortgesetztes Papierfalten durch Halbieren,
- Radioaktiver Zerfall,
- Bakterienwachstum,
- Amplitudenabnahme bei einer gedämpften Schwingung,
- Zinseszinsrechnung

(Greefrath et al., 2016, S. 102)

---

[10]Die folgende Analyse wurde im Rahmen einer von Prof. Dr. Büchter betreuten und von der Autorin begleiteten Masterarbeit zu den Aufgaben zum exponentiellen Wachstum aus dem Projekt ZP10-Exp durchgeführt.

### 8.4.3   Strategien und Schwierigkeiten

Obwohl das exponentielle Wachstum ein so fundamental wichtiges Themengebiet am Ende der Sekundarstufe I darstellt und zudem viele Wachstumsprozesse der realen Welt mit exponentiellen Modellen beschrieben werden können, gibt es dazu bislang wenig differenzierte Ergebnisse zu Entwicklungen in Lernprozessen (Ellis et al., 2015; Thiel-Schneider, 2015). Der bekannte Forschungsstand wird hier kurz zusammengefasst.

Es ist bekannt, dass das Konzept des exponentiellen Wachstums bereits im Grundschulalter verwendet und verstanden werden kann. Diesbezüglich zeigen Confrey und Smith (1994) auf, dass drei intuitive Herangehensweisen an das Konzept vorliegen. Beim *multiplikativen* Verständnis liegt der Fokus auf der Multiplikation mit demselben Faktor bei jedem Schritt (also $B_n = B_{n-1} \cdot q$). Beim *additiven* Verständnis wird vor allem die Differenz aufeinanderfolgender Funktionswerte in den Blick genommen, die sich bei einer Ver-q-fachung pro Zeiteinheit ebenfalls ver-q-facht (also $B_n - B_{n-1} = (B_{n-1} - B_{n-2}) \cdot q$). Bei der Sichtweise *„proportional new to old"* wird fokussiert, dass zu dem vorherigen Wert ein prozentualer Anteil davon zu diesem addiert wird (also $B_n = B_{n-1} + B_{n-1} \cdot (q - 1)$). Alle diese Überlegungen können zur Formel $B_n = B_0 \cdot q^n$ führen. Ähnliche Überlegungen finden sich auch bei Ellis et al. (2015).

Als hilfreiche Hinführung zum exponentiellen Wachstum verstehen Confrey und Smith (1994) das *splitting*. „[S]plitting is defined as an action of creating simultaneously multiple versions of an original, an action which is often represented by a tree diagram" (Confrey & Smith, 1994, S. 146).

Eine zentrale Rolle beim Verstehen des Konzepts des exponentiellen Wachstums stellen der Kovariationsaspekt und die Änderungsrate dar. Es ist wichtig, dass die Lernenden es schaffen, die „two 'covarying' worlds" (Confrey & Smith, 1994, S. 139), von denen die eine additiv aufgebaut ist (wiederholte Addition auf Seiten der Zeit) und die andere multiplikativ aufgebaut ist (wiederholte Ver-q-fachung des Bestands) miteinander in Einklang zu bringen. Gelingt dies nicht, so kann es zu Schwierigkeiten kommen.

Als grundlegende Schwierigkeit beim Erlernen des Konzepts erweist sich, dass viele Lernende eine Übergeneralisierung des gut entwickelten Konzepts des linearen Wachstums auf exponentielle Wachstumsprozesse vornehmen (Ebersbach, van Dooren, van den Noortgate & Resing, 2008). Dies findet auch noch bei Erwachsenen statt:

People have a strong tendency to take the differences between the single steps of the non-linear process into account rather than focusing on the process as a whole, resulting in the implementation of a linear strategy that focuses on a constant rate of change, instead of considering a non-constant rate of change. (Ebersbach et al., 2008, S. 238)

Wenn grundsätzlich das Konzept des exponentiellen Wachstums gelehrt und verstanden wurde, besteht zudem gerade bei Schülerinnen und Schülern die Schwierigkeit des „Wachstumsfaktordualismus" (Thiel-Schneider, 2014). Dies bedeutet, dass für diese Lernenden keine Verbindung zwischen dem Konzept des ganzzahligen und des nicht-ganzzahligen Wachstumsfaktors besteht. Für ganzzahlige Wachstumsfaktoren ist das Konzept „proportional new to old" nicht hinreichend ausgeprägt, während für nicht-ganzzahlige Wachstumsfaktoren die Ver-q-fachung nicht gesehen wird.

Da auch das Schulbuch *Mathe live* das exponentielle Wachstum über prozentuales Wachstum einführt, ist damit zu rechnen, dass Lernende Probleme haben, einen ganzzahligen Wachstumsfaktor als solchen zu erkennen und stattdessen versuchen diesen mit der Formel für den Wachstumsfaktor $q = 1 + p/100$ zu berechnen. Diese ist zudem in der Formelsammlung unter „Zinseszinsen (exponentielles Wachstum)" auch als Zinsfaktor $q = (100 + p)/100$ angeführt, wobei auch die gesamte Formel $K_n = K_0 \cdot q^n$ angegeben ist. Dies könnte die Schwierigkeit verstärken.

## 8.5 Analyse der Aufgaben zum exponentiellen Wachstum

Aufbauend auf den dargestellten Grundlagen werden im Folgenden die beiden in dieser Studie eingesetzten Aufgaben zum exponentiellen Wachstum fachlich und bezüglich möglicher Lösungswege (Abschn. 8.5.1) sowie fachdidaktisch (Abschn. 8.5.2) analysiert. Anschließend folgt eine Erörterung potenzieller fachlicher Schwierigkeiten bei der Bearbeitung (Abschn. 8.5.3). Bei den beiden Aufgaben zum exponentiellen Wachstum handelt es sich um die Aufgabe „Blattläuse" (vgl. Abb. 8.3) und die Aufgabe „Gerücht" (vgl. Abb. 8.4).

---

**1) Blattläuse**
Blattläuse sind Insekten, die sich auf Blumen setzen und diesen schaden. Auf einer Blume sind zehn Blattläuse. Die Anzahl der Blattläuse verdreifacht sich jede Woche.
a) Wie viele Blattläuse sind nach vier Wochen auf der Blume? Notiere deine Rechnung.
b) Nach wie vielen Wochen sind mehr als 21.869 Blattläuse auf der Blume? Notiere deine Rechnung.

**Abb. 8.3**  Aufgabe „Blattläuse"

---

**3) Gerücht**
Die Geschwister-Scholl-Gesamtschule hat 1839 Schülerinnen und Schüler. Unter den Schülerinnen und Schülern an dieser Schule verbreitet sich das Gerücht, dass in der Stadt ein Primark-Geschäft eröffnet. Jede Person, die das Gerücht kennt, erzählt pro Stunde drei neuen Personen von dem Gerücht. Die Anzahl der Personen, die das Gerücht kennen, vervierfacht sich also jede Stunde. Um 8 Uhr kennt nur Anna das Gerücht.
a) Wie viele Schülerinnen und Schüler kennen das Gerücht um 11 Uhr? Notiere deine Rechnung.
b) Anna vermutet: „Um 14 Uhr kennen dann alle Schülerinnen und Schüler das Gerücht." Hat Anna recht? Notiere deine Rechnung.

**Abb. 8.4**  Aufgabe „Gerücht"

Die Aufgabe „Gerücht" entstammt der sprachlich nicht variierten Version der entsprechenden Aufgabe im Projekt ZP10-Exp, wobei minimale Veränderungen vorgenommen wurden. Der Name der Person, die das Gerücht als erstes kennt, wurde von *Mareike* zu *Anna* geändert, da sich in der ersten Pilotierung zeigte, dass *Mareike* für einige Lernende schwer auszusprechen ist. Zudem wurde Aufgabenteil b) verändert, da dieser ursprünglich eine Prozent-Aufgabe darstellte und dies nicht im Fokus dieser Arbeit steht. Die Aufgabe „Blattläuse" wurde anhand der in Abschnitt 8.1.3 genannten Design-Kriterien dazu passend entwickelt.

## 8.5.1   Fachliche Analyse und mögliche Lösungsstrategien

*Aufgabe „Blattläuse"*
Bei der Aufgabe „Blattläuse" handelt es sich um die Beschreibung eines exponentiellen Wachstumsprozesses. Dieses Modell ist tragfähig, da

die Zunahme der Bakterien [oder Blattläuse] in einem Zeitintervall proportional
zum vorhandenen Bestand und zur verstrichenen Zeit angenommen werden [kann],
jedenfalls bei Vernachlässigung weiterer Wechselwirkungen mit der Außenwelt
oder der Grenzen des Wachstumsprozesses durch die räumlichen Gegebenheiten.
(Greefrath et al., 2016, S. 15 f.; Einfügung SaS)

Der Ursprungsbestand in dieser Aufgabe sind zehn Blattläuse, die sich ändernde
Bestandsgröße somit die Anzahl der Blattläuse. Der Wachstumsfaktor ist 3. Auch
wenn eine kontinuierliche Änderung der Bestandsgröße erfolgt, werden diskrete
Zeiteinheiten von je einer Woche betrachtet. Für die Teilaufgabe a) ist der
Bestand nach vier Zeiteinheiten zu betrachten, während bei der Teilaufgabe b) die
zugehörige Zeitangabe zu einer Bestandsgröße, die erstmalig größer als 21.869
ist, zu bestimmen ist. Entsprechend kann die Situation mit der Formel $B_t = 10 \cdot 3^t$
modelliert werden.

Die Lösung ist auf verschiedene Weisen zu erreichen: Der Blattläuse-
bestand nach vier Wochen lässt sich aus dem Anfangsbestand $B_0 = 10$ mit dem
Wachstumsfaktor $q = 3$ für $n = 4$ Zeiteinheiten mithilfe der *Formel* $10 \cdot 3^4 = 810$
berechnen. Mithilfe eines *multiplikativen* Ansatzes lässt sich die Aufgabe
auch mit einer viermaligen Verdreifachung des Ausgangsbestandes in einem
*Term*, also $10 \cdot 3 \cdot 3 \cdot 3 \cdot 3 = 810$ oder *schrittweise* in Term- oder Tabellenform, also $10 \cdot 3 = 30$, $30 \cdot 3 = 90$, $90 \cdot 3 = 270$, $270 \cdot 3 = 810$ berechnen. Ein
*„proportional new to old"*-Ansatz in Form von $10 + 10 \cdot 2 = 30$, $30 + 30 \cdot 2 = 90$,
$90 + 90 \cdot 2 = 270$, $270 + 270 \cdot 2 = 810$ ist möglich, auf Basis der Aufgabenstellung
aber nicht naheliegend. Im Sinne des *splitting* ist auch eine grafische Darstellung
der Vervielfachung möglich. Aufgrund der großen Zahlen wird hier jedoch vermutlich eine Vermischung mit anderen Strategien stattfinden. Auch eine Vermischung der anderen Ansätze ist möglich.

Die Anzahl der Wochen bis mehr als 21.869 Blattläuse auf der Blume
sind, lässt sich über eine *Fortsetzung* der bisher genannten Ansätze, bis die
gewünschte Zahl überschritten wird, berechnen. Bei den Ansätzen, bei denen
kein Zwischenschritt für jede Woche notwendig ist, ist ein *systematisches* sowie
*unsystematisches Ausprobieren* der Wochenanzahl möglich. Der Taschenrechner kann hierbei gut unterstützen, indem zum Beispiel aus einer erstellten
Wertetabelle die Wochenanzahl abgelesen wird. Beispielhaft wird der multi-
plikative Ansatz fortgeführt: $n = 5$: $810 \cdot 3 = 2430$, $n = 6$: $2430 \cdot 3 = 7290$, $n = 7$:
$7290 \cdot 3 = 21.870$. Somit ist die Anzahl Blattläuse nach sieben Wochen erreicht.

*Aufgabe „Gerücht"*
Bei der Aufgabe „Gerücht" handelt es sich ebenfalls um die Beschreibung eines
exponentiellen Wachstumsprozesses, da auch hier die Zunahme der das Gerücht

kennenden Personen als proportional zu den das Gerücht bereits kennenden Personen und zu den vergangenen Stunden angenommen werden kann. Dazu wird die Annahme getroffen, dass sich die Anzahl der das Gerücht kennenden Personen jede Stunde exakt vervierfacht. Zudem wird in der Modellierung als exponentieller Wachstumsprozess nicht berücksichtigt, dass nach einer gewissen Zeit, wenn viele Lernende der Schule das Gerücht kennen, eine Sättigung eintritt.

Der Ausgangsbestand in dieser Aufgabe ist eine Person, die das Gerücht zu Beginn kennt. Die sich ändernde Bestandsgröße ist somit die Anzahl der das Gerücht kennenden Personen. Der Wachstumsfaktor ist 4. Es werden diskrete Zeiteinheiten von je einer Stunde betrachtet. Für die Teilaufgabe a) ist die Personenanzahl nach drei Zeiteinheiten zu betrachten, während bei der Teilaufgabe b) die Personenanzahl nach weiteren drei Zeiteinheiten zu betrachten und mit der Gesamtzahl der Lernenden an der Schule zu vergleichen ist. Es gilt die Formel $B_t = 1 \cdot 4^t$.

Für ein umfassendes Durchdringen der Aufgabe ist es erforderlich, dass die Beziehung zwischen „jede Person, die das Gerücht kennt, erzählt es pro Stunde drei neuen" und „die Anzahl der das Gerücht kennenden Personen vervierfacht sich jede Stunde" richtig erkannt und mathematisch durchdrungen wird. Wenn es pro Stunde von jeder das Gerücht kennenden Person drei neue erfahren, so ist der Zuwachs jede Stunde das Dreifache der alten Anzahl ($n \cdot 3$), was nach Addition der alten Anzahl ($n$) die neue Anzahl $n + n \cdot 3 = n \cdot (1+3) = n \cdot 4$ ergibt. Also ist der Wachstumsfaktor 4. Für ein verständiges Lösen der Aufgabe ist es also notwendig, die fachlichen Zusammenhänge zwischen dem „proportional new to old"-Ansatz und dem Wachstumsfaktor verstanden zu haben.

Die Lösung ist auch bei dieser Aufgabe auf verschiedene Weisen zu erreichen: Die Anzahl der Personen, die das Gerücht nach 3 Stunden, also um 11 Uhr kennen, lässt sich aus der Anfangsgröße $B_0 = 1$ mit dem Wachstumsfaktor $q = 4$ für $n = 3$ Zeiteinheiten mithilfe der *Formel* $1 \cdot 4^3 = 64$ bzw. mit der verkürzten Formel $4^3 = 64$ berechnen. Mithilfe eines *multiplikativen* Ansatzes lässt sich die Aufgabe auch mit einer dreimaligen Vervierfachung der Ausgangsgröße in einem *Term*, also $1 \cdot 4 \cdot 4 \cdot 4 = 64$ bzw. $4 \cdot 4 \cdot 4 = 64$ oder *schrittweise* in Term- oder Tabellenform, also $1 \cdot 4 = 4$, $4 \cdot 4 = 16$, $16 \cdot 4 = 64$ berechnen. Ein *„proportional new to old"*-Ansatz in Form von $1 + 1 \cdot 3 = 4$, $4 + 4 \cdot 3 = 16$, $16 + 16 \cdot 3 = 64$ ist hier naheliegend, da in der Aufgabe von einem Erzählen an je drei Personen berichtet wird. Vermutlich wird hier im ersten Schritt oft einfach $1 + 3 = 4$ gerechnet. Bei den folgenden Schritten ist dann auch eine Fortführung anhand des multiplikativen Ansatzes möglich. Im Sinne des *splitting* ist auch eine grafische Darstellung der Vervielfachung möglich. Auch dies ist durch das genannte Erzählen an drei Personen bei dieser Aufgabe naheliegend. Die Zahlen lassen hier ein konsequentes Verfolgen dieses Ansatzes bis zur Lösung zu, jedoch ist auch 64 bereits eine Zahl, bei der vermutlich eine Vermischung mit anderen Strategien stattfindet. Auch eine Vermischung der anderen Ansätze ist grundsätzlich möglich.

Analog kann die Anzahl der das Gerücht kennenden Personen nach sechs Zeiteinheiten bestimmt werden, wobei die Formel $1 \cdot 4^6$ das Ergebnis 4096 liefert. Der Vergleich mit der Gesamtschülerzahl 1839 zeigt, dass um 14 Uhr bereits alle Lernende das Gerücht kennen sollten und Anna somit recht hat. Dass das Modell des exponentiellen Wachstums für Exponenten größer als 5 im gegebenen Kontext keine sinnvollen Ergebnisse mehr liefert, zeigt, dass die Sachsituation ab diesem Wert nicht mehr sinnvoll mit dem exponentiellen Wachstum modelliert werden kann.

## 8.5.2  Fachdidaktische Analyse

Bei den Aufgaben „Blattläuse" und „Gerücht" handelt es sich um aus der Realität entnommene Beispiele für exponentielle Wachstumsprozesse, die in ähnlicher Form als „Bakterienwachstum" (Greefrath et al., 2016, S. 102) (vgl. Aufgabe „Blattläuse") bzw. „Verbreitung einer mündlich übertragenen Nachricht bei Verdoppelung in festen Zeitintervallen" (ebd.) (vgl. Aufgabe „Gerücht") bei Greefrath et al. (2016, S. 102) genannt werden. Somit handelt es sich um Kontexte, die typisch für dieses mathematische Themengebiet sind und sich beide auch in Schulbüchern finden lassen. Dort ist die Vermehrung von Blattläusen jedoch häufiger zu finden. Beiden Aufgaben liegt die Idee der Vermehrung oder der Verbreitung zu Grunde.

*Prozess- und inhaltsbezogene Kompetenzen*
Da bei den Aufgaben einer beschriebenen Realsituation ein mathematisches Modell zuzuordnen ist, wird vor allem die prozessbezogene Kompetenz „Modellieren" angesprochen. Es erfolgt ein Übersetzen der Realsituation des exponentiellen Wachstumsprozesses in ein mathematisches Modell in Form von Termen (vgl. Ministerium für Schule, Jugend und Kinder des Landes Nordrhein-Westfalen, 2004, S. 14). Die gewonnene Lösung soll zudem in der Realsituation überprüft, interpretiert und bewertet werden, wodurch eine Veränderung von Modell oder Lösungsweg hervorgerufen werden kann (vgl. ebd., S. 15).

Auch die prozessbezogene Kompetenz „Argumentieren und Kommunizieren" wird von den Aufgaben angesprochen, da die Lernenden aus der gegebenen Textaufgabe relevante Informationen entnehmen (Lesekompetenz) und analysieren sowie beim Lauten Denken ihren Lösungsweg beschreiben müssen (vgl. ebd., S. 14).

Für den Fall, dass bisher keine exponentiellen Zusammenhänge mit ganzzahligem Wachstumsfaktor betrachtet wurden, findet auch die prozessbezogene Kompetenz „Problemlösen" Anwendung, da Lernende nicht unmittelbar auf erlernte Verfahren zurückgreifen können (vgl. ebd.).

Von den beiden Aufgaben zu exponentiellen Zusammenhängen wird bei den inhaltsbezogenen Kompetenzen das Feld „Arithmetik und Algebra" angesprochen, da die Lernenden die aufgestellten exponentiellen Gleichungen rechnerisch bzw. im Aufgabenteil b) durch Probieren lösen müssen (vgl. ebd., S. 15), um dadurch das gegebene außermathematische Problem lösen zu können (vgl. ebd., S. 29). Bei diesem Probieren hilft unter anderem ein sachgerechter Umgang mit Zahlen in Anwendungszusammenhängen (vgl. ebd., S. 15). Je nach Lösungsweg wird für das Rechnen die Potenzschreibweise mit ganzzahligen Exponenten benötigt, dessen Verständnis ebenfalls in diesen Kompetenzbereich fällt (vgl. ebd., S. 29).

Als weitere inhaltsbezogene Kompetenzen werden „Funktionen" angesprochen, da die Lernenden ihr „grundlegendes Verständnis von funktionaler Abhängigkeit" (vgl. ebd., S. 15 f.) zum Erfassen der Blattläuse-Vermehrung bzw. Gerücht-Verbreitung nutzen müssen. Dabei müssen sie den funktionalen exponentiellen Zusammenhang erkennen und als Term darstellen und so die Exponentialfunktion bei der Bearbeitung und Beschreibung von Problemen anwenden. Dazu ist notwendig, das lineare Wachstum auszuschließen, also das exponentielle Wachstum hiervon abgrenzen zu können. Durch das Laute Denken und Notieren stellen die Lernenden ihre Ideen auch sprachlich dar. Am Ende müssen sie ihre Lösung situationsgerecht interpretieren (vgl. ebd.).

Das benötigte Wissen und die durch solche Aufgaben zu erwerbenden Kompetenzen sind im Lehrplan in den Jahrgangsstufen 9 und 10 verortet.

*Anforderungsbereiche*

Für den Fall, dass ähnliche Textaufgaben mit ganzzahligen Exponenten bereits im Unterricht behandelt wurden, lässt sich die Aufgabe Blattläuse a) im Anforderungsbereich I „Reproduzieren" (Kultusministerkonferenz, 2003) verorten, da die Lernenden das bekannte Schema für exponentielle Wachstumsprozesse anwenden müssen. Bei der Aufgabe Blattläuse b) muss zudem ein Zusammenhang erkannt werden, um den Rückschluss auf die richtige Wochenzahl treffen zu können. Insofern lässt dieser Aufgabenteil sich in den Anforderungsbereich II einordnen. Für den Fall, dass auch dies oft geübt worden ist, würde es sich jedoch auch hier nur um eine Reproduktion handeln.

Beide Teilaufgaben der Aufgabe „Gerücht" lassen sich in den Anforderungsbereich II „Zusammenhänge herstellen" (ebd.) einordnen, da hier der Zusammenhang zwischen „erzählt es drei Personen" und „vervierfacht sich" hergestellt
werden muss, der über die Gestalt des mathematischen Terms entscheidet. Bei der
Teilaufgabe b) muss zudem noch der Zusammenhang zu der gegebenen Zahl der
1839 Lernenden an der Schule hergestellt werden.

### 8.5.3    Potenzielle Schwierigkeiten bei der Bearbeitung

Durch *überflüssige Informationen* in den Aufgabentexten können bei Lernenden
Schwierigkeiten beim Erstellen eines Situationsmodells, eines zugehörigen
mathematischen Modells oder der Verknüpfungsstruktur entstehen. Betrachtet
man die in den Aufgaben gegebenen Informationen, so lässt sich festhalten, dass
der erste Satz der Aufgabe „Blattläuse" keine relevanten Informationen enthält,
allerdings dient er der thematischen Einleitung und sollte, da auch keine Zahlen
vorhanden sind, somit nicht zur Verwirrung führen. Bei der Aufgabe „Gerücht"
ist die gegebene Zahl der Lernenden an der Schule (1839) für den Aufgabenteil
a) überflüssig. Zudem ist mit „erzählt es drei neuen Personen" und „vervierfacht
sich" eine doppelte Information gegeben. Somit könnten sich hier aus den überflüssigen Informationen Schwierigkeiten ergeben, wenn die Lernenden der Logik
folgen, dass jede Angabe einmal verwendet werden muss.

Weitere potenzielle Schwierigkeiten können durch die Zahlen im *korrekten
Rechenterm* und deren Herleitung aus dem Situationstext entstehen. Bei der Aufgabe „Blattläuse" a) besteht der Term aus dem Vorfaktor 10, der Basis 3 und dem
Exponenten 4. Der Vorfaktor ist direkt aus dem Text „sind zehn Blattläuse" zu
entnehmen. Die Basis ist in dem Satz „verdreifacht sich jede Woche" gegeben,
wobei es keine weitere Störinformation, die möglicherweise eine andere Basis
darstellen könnte, gibt. Der Exponent ist in der Frage „nach vier Wochen" explizit
angegeben. Insgesamt sind hier also keine grundsätzlichen Schwierigkeiten auszu-
machen. Bei der Aufgabe „Blattläuse" b) ist nach der Anzahl der Wochen gefragt,
sodass sich die Lösung bei richtig aufgestelltem Term in a) durch Probieren ergibt.
Bei der Aufgabe „Gerücht" a) setzt sich der Term aus dem Vorfaktor 1, der Basis
4 und dem Exponenten 3 zusammen. Der Vorfaktor 1 könnte grundsätzlich weg-
fallen und ist eher untypisch für Aufgaben. Zudem ist er nur implizit im Text
gegeben, da davon gesprochen wird, dass „nur Anna das Gerücht" kennt. Die Basis
4 ist zwar im Text durch „vervierfacht sich jede Stunde" gegeben, allerdings liegt
hier eine Doppelung durch die Aussage „pro Stunde drei neuen" vor. Es ist eine
Verknüpfung dieser beiden Aussagen und ein Feststellen, dass beide dasselbe

aussagen, nötig, um die richtige Basis zu finden. Der Exponent 3 ist nur implizit im Text vorhanden, da er die Stundendifferenz repräsentiert und diese aus den gegebenen Uhrzeiten berechnet werden muss. Dies gilt auch für den Exponenten der Teilaufgabe b). Zudem muss hier ein Vergleich mit der gegebenen Zahl der Lernenden an der Schule (1839) vorgenommen werden.

Die verschiedenen Strategien, mit denen Aufgaben zum exponentiellen Wachstum zu lösen sind (vgl. Abschn. 8.3.1), führen teilweise zu daraus hervorgehenden potenziellen Schwierigkeiten. Ein *multiplikatives Verständnis* von exponentiellen Wachstumsprozessen kann bei beiden Aufgaben zum Erfolg führen, da ein schrittweises Vermehrfachen möglich ist. Ein *additives Verständnis* ist dann erfolgsversprechend bzw. zu erwarten, wenn Lernende sich die Frage stellen, wie viele Personen pro Stunde von dem Gerücht erfahren bzw. wie viele Blattläuse pro Stunde dazukommen. Wichtig ist, dass sie bei dieser Art Fragestellung nicht lineare Prozesse übergeneralisieren, sondern berücksichtigen, dass die Anzahl der hinzukommenden Elemente sich jede Zeiteinheit ver-q-facht. Das Verständnis „*proportional new to old*" ist, wie bereits in der fachlichen Analyse genannt, für die Aufgabe „Gerücht" naheliegender als für die Aufgabe „Blattläuse". Eine Anwendung der *Formel* $B_n = B_0 \cdot q^n$ ist vor allem von mathematikstarken Lernenden zu erwarten, da dies der fachlich komplexere und in der Darstellung kompakteste Weg ist. Der Ansatz über das *splitting* ist bei beiden Aufgaben möglich und erfolgsversprechend.

Weitere für exponentielles Wachstum bekannte Schwierigkeiten (vgl. Abschn. 8.4.3) treffen auch bei diesen beiden Aufgaben zu. Ein unzureichend verstandener *Kovariationsaspekt* kann bei beiden Aufgaben zu Schwierigkeiten führen, wenn die Lernenden, wie bei proportionalen Aufgaben, dieselbe Operation sowohl bei den Zeiteinheiten als auch bei der Bestandsgröße durchführen möchten. Es kann zu einer Übertragung sowohl der additiven wie auch der multiplikativen Struktur kommen. Grundsätzlich ist auch eine *Übergeneralisierung* des gut entwickelten Konzepts des linearen Wachstums auf die vorhandenen exponentiellen Wachstumsprozesse zu erwarten. In solchen Fällen ist zum Beispiel davon auszugehen, dass bei der Aufgabe „Gerücht" jede Stunde drei statt $n \cdot 3$ Personen addiert werden. Ebenfalls denkbar ist ein „*Wachstumsfaktordualismus*", da beide Aufgaben ganzzahlige Wachstumsfaktoren besitzen, viele Schulbücher das exponentielle Wachstum jedoch über prozentuelle Änderungsraten einführen. Es ist also naheliegend, dass die Lernenden von den nicht-ganzzahligen Wachstumsfaktoren auf ganzzahlige übergeneralisieren. Wenn Lernende aufgrund einer Verdreifachung $p\% = 3$ oder $p = 3$ setzen und dann den Wachstumsfaktor $q = 1 + p/100$ berechnen, sind Wachstumsfaktoren wie 1,3 statt 3 oder 1,03 statt 3 zu erwarten.

## 8.6    Sprachliche Analyse

Da die sprachliche Komplexität von Aufgaben in einigen Studien relevante Effekte gezeigt hat, soll diese in der vorliegenden Studie kontrolliert werden. Inwiefern dies bei den eingesetzten Aufgaben erfolgte, wird durch die folgenden Analysen hinsichtlich der Lesbarkeit der Aufgaben (Abschn. 8.6.1), der Häufigkeit der benutzten Wörter (Abschn. 8.6.2), der im Projekt ZP10-Exp variierten linguistischen Merkmale (Abschn. 8.6.3) und weiterer zu erwartender sprachlicher Schwierigkeiten (Abschn. 8.6.4) deutlich.

## 8.6.1    Lesbarkeit der Aufgaben

Um die Lesbarkeit der Aufgaben zu beurteilen, wird als Indikator der Textkomplexität Björnssons *Lesbarkeitsindex LIX* (Björnsson, 1968) herangezogen. Dieser berechnet sich mit der Formel LIX = (durchschnittliche Satzlänge) + (prozentualer Anteil langer Wörter mit mehr als 6 Buchstaben)[11]. Der LIX ordnet dem Text die Komplexität sehr leicht (Werte bis 30), leicht (Werte zwischen 31 und 40), durchschnittlich (Werte zwischen 41 und 50), schwierig (Werte zwischen 51 und 60) oder sehr schwierig (Werte ab 61) zu (ebd., S. 20 f.) und gibt eine vergleichbare Textgattung an. Werte von ungefähr 30 sind typisch für Kinder- und Jugendliteratur, Werte von ungefähr 40 für Belletristik, Werte von ungefähr 50 für Sachliteratur und Werte von ungefähr 60 für Fachliteratur (ebd., S. 22 f.). Je niedriger der LIX ist, desto besser ist der Text zu verstehen.

Sei zunächst die Lesbarkeit der Aufgaben zum exponentiellen Wachstum betrachtet (vgl. Tabelle 8.5). Für die Aufgabe „Blattläuse" ergibt sich ein LIX von 30,21, was bedeutet, dass der Text sehr leicht verständlich ist und er mit Kinder- und Jugendliteratur zu vergleichen ist (vgl. Tabelle 8.5). Für die Aufgabe „Gerücht" ergibt sich ein etwas höherer LIX von 38,11, der eine niedrige Textkomplexität bedeutet und typisch für Belletristik ist (vgl. Tabelle 8.5). Somit ist der Text der Aufgabe „Gerücht" etwas schwieriger, aber beide Aufgaben sind als sprachlich ähnlich und leicht verständlich einzustufen.

---

[11]Diese Berechnung lässt sich auch unter https://www.psychometrica.de/lix.html (Psychometrica) durchführen. Allerdings berechnet das Programm die Anzahl der Wörter, Buchstaben und Sätze anders, sodass leicht abweichende Werte ausgegeben werden, die jedoch derselben Klassifikation entsprechen.

**Tabelle 8.5** LIX für die Aufgaben zum exponentiellen Wachstum

| Aufgabe | Wörter | Sätze | ø Satzlänge | Anteil langer Wörter | LIX | Komplexität | vergleichbare Textgattung |
|---|---|---|---|---|---|---|---|
| Blattläuse | 53 | 7 | 7,57 Wörter | 12/53 = 22,64 % | 30,21 | sehr leicht | Kinder- / Jugendliteratur |
| Gerücht | 95 | 11 | 8,64 Wörter | 28/95 = 29,47 % | 38,11 | leicht | Belletristik |

**Tabelle 8.6** LIX für die Aufgaben zu proportionalen Zuordnungen

| Aufgabe | Wörter | Sätze | ø Satzlänge | Anteil langer Wörter | LIX | Komplexität | vergleichbare Textgattung |
|---|---|---|---|---|---|---|---|
| Bagger | 48 | 5 | 9,6 Wörter | 10/48 = 20,83 % | 30,43 | sehr leicht | Kinder- / Jugend- literatur |
| Bade- wanne | 59 | 6 | 9,83 Wörter | 18/59 = 30,51 % | 40,34 | leicht | Belletristik |

Die Lesbarkeit der Aufgaben zu proportionalen Zuordnungen ist vergleichbar (vgl. Tabelle 8.6). Mithilfe des LIX lässt sich die Aufgabe „Bagger" als ein
sehr leichter Text (LIX 30,43), vergleichbar zu Kinder- und Jugendliteratur, und
die Aufgabe „Badewanne" als ein leichter Text (LIX 40,34), vergleichbar zu
Belletristik, einordnen (vgl. Tabelle 8.6). Damit ist die Aufgabe „Badewanne"
etwas schwieriger, jedoch sind auch diese beiden Aufgaben laut LIX als sprachlich vergleichbar und als leicht verständlich einzuordnen.[12]

## 8.6.2    Häufigkeit der benutzten Wörter

Da davon auszugehen ist, dass häufiger benutzte Wörter bekannter und leichter
zu verstehen sind, wird neben der Lesbarkeit der Texte auch die Bekanntheit der

---

[12]Als Alternative zum LIX existiert der Flesch-Index zur Bestimmung der Lesbarkeit eines Textes. Dieser wurde ursprünglich für die englische Sprache konzipiert und
die Anpassungen der Berechnungen für die deutsche Sprache unterscheiden sich je nach
Quelle und sind teils nur schwer nachvollziehbar (z. B. die Art der Silbenzählung). Entsprechend wird in dieser Arbeit mit dem LIX gearbeitet. Führt man dennoch Berechnungen
der Flesch-Werte nach einer der Anpassungen durch (bspw. unter https://www.leichtlesbar.
ch/html/), ähneln diese den Ergebnissen der LIX-Einschätzung und bestätigen diese.

benutzten Wörter über eine Analyse der Häufigkeit ihres Vorkommens in der deutschen Sprache betrachtet. Zur Messung der Häufigkeit kann der Textkorpus der Universität Leipzig benutzt werden (https://www.wortschatz.uni-leipzig. de). Dabei wird für jedes Wort eine Häufigkeitsklasse angegeben. „Das häufigste Wort hat immer die Häufigkeitsklasse 0; ein Wort aus der Häufigkeitsklasse eins ist näherungsweise halb so häufig. Allgemein ist ein Wort der Häufigkeitsklasse $n+1$ etwa halb so häufig wie ein Wort aus der Häufigkeitsklasse n" (Universität Leipzig). Dieser Textkorpus wird in Analysen zum Zusammenhang zwischen Sprachkompetenz und Mathematikleistung auch von Plath und Leiss (2018) genutzt. Plath und Leiss klassifizieren Wörter bis zur Häufigkeitsklasse 9 als häufig, Wörter mit Häufigkeitsklassen zwischen 10 und 13 als mittel-häufig und Wörter mit Häufigkeitsklassen größer als 13 als weniger häufig (ebd.). Bei der Berechnung des Durchschnittswerts für den gesamten Text werden mehrfach vorkommende Wörter nur einmal berücksichtigt. Die im Folgenden erläuterte durchschnittliche Häufigkeitsklasse der Aufgabentexte ist in Tabelle 8.7 dargestellt.

**Tabelle 8.7** Durchschnittliche Häufigkeitsklassen der Aufgabentexte

|  | häufige Wörter (Kl. 0–9) | mittel-häufige Wörter (Kl. 10–13) | weniger häufige Wörter (Kl. > 13) | durchschnittliche Häufigkeitsklasse |
|---|---|---|---|---|
| **Blattläuse** | 23 | 6 | 3 | 7,28 (häufig) |
| **Gerücht** | 42 | 8 | 5 | 7,05 (häufig) |
| **Bagger** | 21 | 9 | 3 | 8,18 (häufig) |
| **Badewanne** | 28 | 6 | 6 | 7,95 (häufig) |

Bei der Aufgabe „Blattläuse" beträgt die durchschnittliche Worthäufigkeitsklasse 7,28, sodass die Wörter als häufig einzuschätzen sind. Im Text wurden 23 häufige, sechs mittel-häufige und drei weniger häufige Wörter (Blattläuse, Insekten, Notiere) verwendet. Insgesamt ist der Text also aufgrund dieses Kriteriums als verständlich einzustufen.

Bei der Aufgabe „Gerücht" beträgt die durchschnittliche Häufigkeitsklasse 7,05, die Wörter sind also häufig. Im Text kommen 42 häufige, acht mittelhäufige und fünf weniger häufige (Notiere, vervierfacht, Gerücht, Primark, Geschwister-Scholl-Gesamtschule) Wörter vor, wobei die beiden letztgenannten dieser weniger häufigen Wörter Eigennamen sind. Insgesamt ist der Text also aufgrund dieses Kriteriums als verständlich einzustufen und vergleichbar mit dem Text zur Aufgabe „Blattläuse".

Bei der Aufgabe „Bagger" gibt es 21 häufige, neun mittel-häufige und drei weniger häufige (Notiere, Baugrube, ausheben) Wörter. Im Durchschnitt ergibt sich eine Häufigkeitsklasse von 8,18, sodass man sagen kann, der Text zur Aufgabe „Bagger" besteht überwiegend aus häufigen Wörtern. Somit sollte er gut zu verstehen sein.

Die Aufgabe „Badewanne" setzt sich aus 28 häufigen, sechs mittel-häufigen und sechs weniger häufigen (Notiere, geöffneten, Wasserhähnen, Wasserhähne, Warmwasserhahn, Kaltwasserhahn) Wörtern zusammen. Im Durschnitt ergibt sich eine Häufigkeitsklasse von 7,95, sodass man sagen kann, der Text zur Aufgabe „Badewanne" besteht überwiegend aus häufigen Wörtern. Somit sollte er gut zu verstehen sein. Er ist in der Häufigkeit des Vorkommens seiner Wörter vergleichbar mit dem Text zur Aufgabe „Bagger".

### 8.6.3  Linguistische Merkmale aus dem Projekt ZP10-Exp

Im Folgenden werden die linguistischen Kriterien des Projekts ZP10-Exp überprüft. Da die beiden aus dem Projekt ZP10-Exp übernommenen Aufgaben der sprachlich nicht variierten Version entsprechen, sollten sie keine oder nur sehr wenige dieser Merkmale aufweisen. Die beiden selbst kreierten Aufgaben sollten laut Design-Prinzipien sprachlich auf einem ähnlichen Niveau sein und somit ebenso nur sehr wenige dieser Merkmale aufweisen.

In allen vier Aufgaben kommen keine *Nominalisierungen und Verdichtungen* vor. Stattdessen finden sich einfacher zu verstehende Nebensätze, vor allem Relativsätze.

In den vier Aufgaben sind keine Verben mit *präpositionalem Anschluss* zu finden. Als *trennbare Verben* wurde in der Aufgabe „Bagger" das Verb „ausheben" zwei Mal zusammengesetzt, aber auch einmal getrennt („Wie viel m³ Erde hebt der Bagger dann durchschnittlich pro Tag aus?") verwendet. Die Konstruktion ist jedoch als gut verständlich einzuschätzen, da das Wort zuvor zwei Mal zusammengesetzt benutzt wurde. Zudem wäre es für das Verständnis der Aufgabe auch ausreichend, wenn nur „hebt" gelesen würde. Der Teil „aus" suggeriert dabei keine andere Bedeutung. In der Aufgabe „Gerücht" befindet sich das Funktionsverbgefüge „recht haben", das aus dem Funktionsverb „haben" und dem Akkusativobjekt „Recht" besteht. Es kommt in der Kombination „Hat Anna recht?" vor, bei der beide Elemente des Funktionsverbgefüges sehr eng beieinanderstehen und nur der Eigenname als weiteres Wort auftaucht, sodass das Verständnis hierdurch nicht eingeschränkt werden sollte. In der Aufgabe „Blattläuse" kommen die reflexiven Verben „sich setzen" und „verdreifacht sich" (relationstragend) und in der Aufgabe „Gerücht" die reflexiven Verben „verbreitet sich" und „vervierfacht sich" (relationstragend) vor. In den letzten drei Fällen ist das *sich* direkt hinter dem Verb platziert, lediglich „sich setzen" ist durch die Wörter „auf Blumen" getrennt. Allerdings sollte dieses reflexive Verb den Lernenden aus dem Alltag gut bekannt sein. Bei „setzen" handelt es sich laut Leipziger Textkorpus um ein häufiges Wort und „sich" ist ein typisches Nachbarwort (https://www.wortschatz.uni-leipzig.de). Somit sollten auch hier keine Schwierigkeiten entstehen und die Relation sollte gut aus dem Text entnommen werden können.

Als nächstes wird die *Kontextlexik* betrachtet. Bei der Aufgabe „Blattläuse" sind die Wörter „Blattläuse", „Insekten" und „schaden" als Kontextlexik zu bezeichnen. Es handelt sich bei den ersten beiden um Wörter aus dem Kontext Biologie. „Blattläuse" ist dabei ein sehr spezifisches Wort, das jedoch mit „Insekt" erklärt wird. Das Wort „Insekt" sollte in der 10. Klasse aus dem Biologie-Unterricht bekannt sein. Das Verb „schaden" sollte in der 10. Klasse ebenfalls bekannt sein. Gegebenenfalls kann es dennoch zu Schwierigkeiten durch diesen biologischen Kontext kommen. Allerdings gibt es keine ähnlichen Wörter mit anderen Bedeutungen und die Wörter sind auch nicht mehrdeutig, sodass keine größeren Schwierigkeiten zu erwarten sind. Die Aufgabe „Gerücht" weist die Wörter „Gerücht" und „Primark-Geschäft" auf, die dem Aufgabenkontext geschuldet sind. „Gerücht" ist laut Leipziger Textkorpus ein mittelhäufiges, „Geschäft" ein häufiges Wort (https://www.wortschatz.uni-leipzig.de). Den Geschäftsnamen „Primark" kennen viele Lernende aus ihrem Alltag. Somit sollten beide Wörter den Lernenden keine Schwierigkeiten bereiten. Die Aufgabe „Bagger" bedient sich dem Kontext des Baus. An spezifischen Wörtern sind hier „Einfamilienhaus", „Baugrube" und „ausheben" zu finden. Das erste zusammengesetzte Wort „Ein-familien-haus" lässt sich gut über die drei Elemente, aus denen es zusammengesetzt ist, erschließen. Auch „Bau-grube" und „aus-heben" kann man sich über die einzelnen Wortteile und eine bildliche Vorstellung erschließen, ggf. bleiben die Bedeutungen aber unklar. Über den Bagger-Kontext sollte jedoch verständlich sein, dass ein Loch gegraben wird. Die Aufgabe „Badewanne" weist die kontextbezogenen Wörter „Kaltwasserhahn" und „Warmwasserhahn" auf, die keine Verständnisschwierigkeiten, sondern gegebenenfalls nur Leseschwierigkeiten hervorrufen sollten.

In den Aufgaben ist keine *undurchsichtige Referenzstruktur* zu erkennen. Lediglich bei der Aufgabe „Badewanne" muss ein referentieller Bezug hergestellt werden, da das Wort „beide" auf den Kalt- und den Warmwasserhahn bezogen werden muss. Da im Text jedoch nur zwei Wasserhähne benannt werden, sollte dies unproblematisch sein. Ansonsten sind Bezüge zwischen den Sätzen teilweise sogar durch Wiederholungen verdeutlicht worden.

## 8.6.4 Weitere zu erwartende Schwierigkeiten

In den Aufgaben „Bagger" und „Blattläuse" sind keine weiteren sprachlichen Schwierigkeiten zu erwarten.

Die Aufgabe „Gerücht" weist durch die in Relativsätzen angegebenen Bedingungen für Handlungen („Person, die das Gerücht kennt", „Personen, die das Gerücht kennen") eine gewisse Komplexität auf. Diese Schwierigkeit ist zudem damit verknüpft, dass lediglich das relationstragende Wort „also" ausdrückt, dass der dritte und der vierte Satz das Gleiche ausdrücken. Diese sprachliche Schwierigkeit geht damit einher, dass erkannt werden muss, dass die Vervierfachung einem Weitererzählen an je drei Personen entspricht (mathematische Schwierigkeit, vgl. Abschn. 8.4.3).

Die Aufgabe „Badewanne" weist durch die beiden Bedingungen, die in relationstragenden Wenn-Sätzen gegeben sind („Wenn beide Wasserhähne geöffnet sind", „Wenn nur der Kaltwasserhahn geöffnet ist"), eine sprachliche Komplexität auf. Typischerweise werden „Wenn-dann"-Konstruktionen verwendet, allerdings ist bei der Aufgabe „Badewanne" das Wort „dann", das die Folge einleiten würde („dann dauert es 9 Minuten..."), nicht vorhanden. Grundsätzlich ist jedoch zu erwarten, dass Lernende in der Jahrgangsstufe 10 mit solchen Satzkonstruktionen umgehen können. Eine weitere potenzielle Schwierigkeit verbirgt sich in der relationstragenden Phrase „länger als mit beiden Wasserhähnen". Dieser Vergleich muss richtig dechiffriert werden, damit die Aufgabe gelöst werden kann. Dass es sich um einen Vergleich handelt, ist jedoch gut an der Komparativ-Form länger (-ä- und -er als Kennzeichen des Komparativs) und dem Vergleichswort „als" zu erkennen.

# Methoden der Datenauswertung

Die Auswertung der Daten wird in mehreren aufeinanderfolgenden Schritten (vgl. auch Abb. 9.1) zunächst anhand der qualitativen Inhaltsanalyse nach Mayring (2015) vorgenommen. Nach der Organisation und Transkription der Daten werden die Bearbeitungsprozesse mit einer deduktiven Analyse nach dem Prozessmodell nach Reusser formal in die einzelnen Bearbeitungsphasen unterteilt.

Die segmentierten Transkripte und theoretische Überlegungen stellen die Basis für die Auswertungen zum Konstrukt Oberflächlichkeit dar. Diese unterteilen sich in drei Schritte, die der Untersuchung der ersten drei Forschungsfragen und somit den drei Teilkonstrukten „Oberflächliche Bearbeitungsstrategien", „Oberflächlichkeit einer Gesamtbearbeitung" und „Oberflächliche Lösbarkeit einer Teilaufgabe" entsprechen. Den ersten Auswertungsschritt zur Untersuchung von F1 (Welche oberflächlichen Bearbeitungsstrategien lassen sich in konkreten Bearbeitungsprozessen identifizieren und wie lassen sich diese in das Prozessmodell nach Reusser einordnen?) bildet eine deduktiv-induktive Analyse der oberflächlichen Bearbeitungsstrategien. Diese Auswertung resultiert im entsprechenden empirisch verfeinerten Teilkonstrukt. Die so analysierten Transkripte und theoretische Überlegungen stellen den Ausgangspunkt für den zweiten Auswertungsschritt dar. In diesem werden zur Untersuchung von F2 (Wie können Gesamtbearbeitungen als (eher) oberflächlich oder (eher) nicht oberflächlich eingeschätzt werden?) die aus theoretischen Überlegungen abgeleiteten Kriterien des Teilkonstrukts „Oberflächlichkeit einer Gesamtbearbeitung" in empirischer

© Der/die Herausgeber bzw. der/die Autor(en), exklusiv lizenziert durch Springer Fachmedien Wiesbaden GmbH, ein Teil von Springer Nature 2020
S. Schlager, *Zur Erforschung des Zusammenhangs zwischen Sprachkompetenz und Mathematikleistung*, Essener Beiträge zur Mathematikdidaktik,
https://doi.org/10.1007/978-3-658-31871-0_9

Anwendung überarbeitet und hiermit die Gesamtbearbeitungen bezüglich ihrer Oberflächlichkeit klassifiziert. Im dritten Auswertungsschritt wird F3 (Wie lassen sich Textaufgaben bezüglich ihrer oberflächlichen Lösbarkeit klassifizieren?) untersucht. Dazu wird erneut das in der ersten Auswertung erstellte Teilkonstrukt in Kombination mit theoretischen Überlegungen als Ausgangspunkt genutzt. Damit werden die Merkmale einer oberflächlich lösbaren Aufgabe empirisch überarbeitet und verfeinert sowie eine Klassifikation der in der Studie eingesetzten Aufgaben bezüglich ihrer oberflächlichen Lösbarkeit vorgenommen.

Die Erkenntnisse dieser qualitativen Analysen nutzend werden anschließend zur Untersuchung von F4 (Inwieweit findet durch oberflächliche Bearbeitungsstrategien eine Mediation des Zusammenhangs zwischen Sprachkompetenz und Mathematikleistung statt?) Analysen zu Zusammenhängen zwischen Sprachkompetenz, Mathematikleistung und Oberflächlichkeit durchgeführt.

Diesem generellen Ablauf entsprechend werden in diesem Kapitel, nach grundlegenden Informationen zur qualitativen Inhaltsanalyse (Abschn. 9.1), das Vorgehen bei der Aufbereitung der Daten (Abschn. 9.2), das Vorgehen bei den Analysen zum Konstrukt Oberflächlichkeit (Abschn. 9.3) und das Vorgehen bei den Analysen zu Zusammenhängen (Abschn. 9.4) dargelegt, bevor die Güte der Auswertungen erläutert wird (Abschn. 9.5).

## 9.1    Grundlegendes zur Qualitativen Inhaltsanalyse

Zur Auswertung der vorliegenden Daten wird zunächst ein interpretatives Verfahren, die qualitative Inhaltsanalyse nach Mayring (2015) genutzt. Diese „zeichnet sich durch zwei Merkmale aus: die Regelgeleitetheit […] und die Theoriegeleitetheit der Interpretation" (ebd., S. 59). Dabei bezeichnet Theoriegeleitetheit das Anknüpfen an Wissen mit dem Ziel einen „Erkenntnisfortschritt zu erreichen" (ebd., S. 60) und Regelgeleitetheit die Orientierung an einem konkreten Ablaufschema mit Interpretationsschritten, ihrer Reihenfolge und Analyseregeln. Hierdurch entsteht intersubjektive Nachvollziehbarkeit, Überprüfbarkeit und Übertragbarkeit, was eine Stärke der qualitativen Inhaltsanalyse darstellt (ebd., S. 61). Im Fokus steht die Entwicklung und Begründung von Kategorien und deren Zusammenführung in einem Kategoriensystem. Dieses entsteht „in einem Wechsel[spiel] zwischen der Theorie (der Fragestellung) und dem konkreten Material" (ebd., S. 61; Einfügung SaS). Die Kategorien werden dabei mehrfach überarbeitet und an Theorie und Material überprüft. Bei Veränderungen wird das gesamte Material erneut codiert, was „mit nicht unerheblichem Aufwand verbunden" (Kuckartz, 2016, S. 53) ist. Die erstellten Kategorien sollten in einem

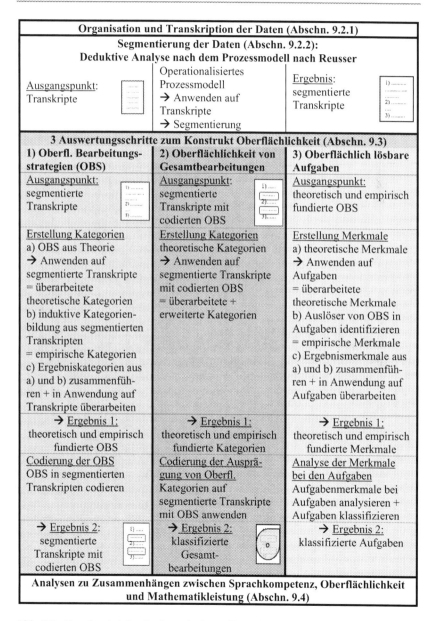

**Organisation und Transkription der Daten (Abschn. 9.2.1)**
**Segmentierung der Daten (Abschn. 9.2.2):**
**Deduktive Analyse nach dem Prozessmodell nach Reusser**

| Ausgangspunkt: Transkripte | | Operationalisiertes Prozessmodell → Anwenden auf Transkripte → Segmentierung | Ergebnis: segmentierte Transkripte | |
|---|---|---|---|---|

**3 Auswertungsschritte zum Konstrukt Oberflächlichkeit (Abschn. 9.3)**

| 1) Oberfl. Bearbeitungsstrategien (OBS) | 2) Oberflächlichkeit von Gesamtbearbeitungen | 3) Oberflächlich lösbare Aufgaben |
|---|---|---|
| Ausgangspunkt: segmentierte Transkripte | Ausgangspunkt: segmentierte Transkripte mit codierten OBS | Ausgangspunkt: theoretisch und empirisch fundierte OBS |
| Erstellung Kategorien a) OBS aus Theorie → Anwenden auf segmentierte Transkripte = überarbeitete theoretische Kategorien b) induktive Kategorienbildung aus segmentierten Transkripten = empirische Kategorien c) Ergebniskategorien aus a) und b) zusammenführen + in Anwendung auf Transkripte überarbeiten | Erstellung Kategorien theoretische Kategorien → Anwenden auf segmentierte Transkripte mit codierten OBS = überarbeitete + erweiterte Kategorien | Erstellung Merkmale a) theoretische Merkmale → Anwenden auf Aufgaben = überarbeitete theoretische Merkmale b) Auslöser von OBS in Aufgaben identifizieren = empirische Merkmale c) Ergebnismerkmale aus a) und b) zusammenführen + in Anwendung auf Aufgaben überarbeiten |
| → Ergebnis 1: theoretisch und empirisch fundierte OBS | → Ergebnis 1: theoretisch und empirisch fundierte Kategorien | → Ergebnis 1: theoretisch und empirisch fundierte Merkmale |
| Codierung der OBS OBS in segmentierten Transkripten codieren | Codierung der Ausprägung von Oberfl. Kategorien auf segmentierte Transkripte mit OBS anwenden | Analyse der Merkmale bei den Aufgaben Aufgabenmerkmale bei Aufgaben analysieren + Aufgaben klassifizieren |
| → Ergebnis 2: segmentierte Transkripte mit codierten OBS | → Ergebnis 2: klassifizierte Gesamtbearbeitungen | → Ergebnis 2: klassifizierte Aufgaben |

**Analysen zu Zusammenhängen zwischen Sprachkompetenz, Oberflächlichkeit und Mathematikleistung (Abschn. 9.4)**

**Abb. 9.1**   Vorgehen bei den Analysen in der vorliegenden Arbeit

Codierleitfaden mit Definition, Ankerbeispielen und Codierregeln festgehalten werden (Mayring, 2015, S. 97). Dieses Vorgehen wurde auch in der vorliegenden Arbeit gewählt.

Zur Erstellung der Kategorien lassen sich grundsätzlich eine deduktive und eine induktive Herangehensweisen unterscheiden, die jedoch auch miteinander kombinierbar sind (Kuckartz, 2016, S. 95 f.). Bei der häufig als *deduktiv* bezeichneten „A-priori-Kategorienbildung" (ebd., S. 64), werden die Kategorien vor dem Blick in die erhobenen Daten auf Grundlage von bestehenden Theorien oder theoretischen Überlegungen entwickelt. In diesem Fall handelt es sich meist um strukturierende Inhaltsanalysen (Mayring, 2015, S. 85). Wird dabei eine innere Struktur der Daten herausgestellt, so handelt es sich um eine formale Strukturierung (ebd., S. 99 ff.). Sollen Textstellen zu bestimmten Inhalten herausgefiltert und zusammengefasst werden, so liegt eine inhaltliche Strukturierung vor (ebd., S. 103 ff.). Eine Einschätzung nach Dimensionen entspricht einer skalierenden Strukturierung (von Kuckartz (2016, S. 124 ff.) als evaluativ bezeichnet), die auf eine Quantifizierung hinausläuft (Mayring, 2015, S. 106 ff.). Gegebenenfalls können evaluative Kategorien „auch auf die inhaltlich strukturierende Codierung aufbauen und die bereits geleistete Vorarbeit nutzen" (Kuckartz, 2016, S. 141). Bei der *induktiven* Kategorienbildung hingegen entstehen die Kategorien aus den Daten heraus, indem diese reduziert und verallgemeinert werden (Kuckartz, 2016, S. 64; Mayring, 2015, S. 85). Diese Form der qualitativen Inhaltsanalyse wird als „Zusammenfassung" (Mayring, 2015, S. 68) bezeichnet, da das Datenmaterial paraphrasiert wird und durch Selektion, Streichung, Bündelung, Konstruktion und Integration die Kategorien zunächst an den einzelnen Fällen und in einem weiteren Durchgang fallübergreifend entstehen. In Mischformen wird beispielsweise mit deduktiv erstellten Kategorien als Ausgangspunkt begonnen, die jedoch im weiteren Forschungsprozess mit aus den Daten gewonnen Kategorien ausdifferenziert oder erweitert werden. Man spricht von einem deduktiv-induktivem Vorgehen (Kuckartz, 2016, S. 95 f.).

Insgesamt unterscheidet Mayring acht Formen (gegliedert in drei Hauptformen) der qualitativen Inhaltsanalyse (vgl. Tabelle 9.1), von denen hier nur die in den Auswertungen dieser Studie verwendeten erläutert wurden.

**Tabelle 9.1**  Formen der qualitativen Inhaltsanalyse (Mayring, 2015, S. 68)

| Zusammenfassung | (1) | Zusammenfassung |
|---|---|---|
| | (2) | Induktive Kategorienbildung |
| Explikation | (3) | enge Kontextanalyse |
| | (4) | weite Kontextanalyse |
| Strukturierung (deduktive Kategorienanwendung) | (5) | formale Strukturierung |
| | (6) | inhaltliche Strukturierung |
| | (7) | typisierende Strukturierung |
| | (8) | skalierende Strukturierung |

## 9.2  Vorgehen bei der Aufbereitung der Daten

### 9.2.1  Organisation und Transkription der Daten

Zur Vorbereitung der Analysen wurde bei den Videodaten, wenn nötig, mithilfe des Programms „Movavi Video Editor 4" die Tonspur des Videos durch die des Diktiergeräts ersetzt. Zudem wurden die beiden von den unterschiedlich fokussierten Kameras stammenden Videos sowie die jeweiligen Scans der während der Bearbeitung erstellten Schriftprodukte der Lernenden in einer Videodatei zusammengeschnitten.

Um detaillierte, wortgenaue Analysen der Bearbeitungen zu ermöglichen, wurden die kompletten Bearbeitungsprozesse und alle Diskussionen unter Verwendung des Programms „f5" transkribiert. Es wurde auf eine wörtliche und leicht geglättete Transkription wert gelegt, wobei Dialekt, Kennzeichen mündlicher Sprache und Interpunktion in der Verschriftlichung möglichst dem Schriftdeutsch angenähert wurden. Dabei würde zum Beispiel aus „Er hatte noch so'n Buch genannt" die Schriftform „Er hatte noch so ein Buch genannt". „Verständnissignale des gerade nicht Sprechenden wie ‚mhm [...]' etc. w[u]rden nicht transkribiert" (Dresing & Pehl, 2015, S. 22), sofern sie den Redefluss der befragten Person nicht unterbrechen. Betonungen wurden durch Großbuchstaben gekennzeichnet, (.), (..), (...) stehen für Pausen von einer, zwei oder drei Sekunden, (Xs) für Pausen von X Sekunden. Es wurden nicht alle Handlungen und nonverbalen Ereignisse transkribiert, da immer die Videos zusätzlich zur Rate gezogen werden konnten. Zum besseren Verständnis wurden jedoch bedeutsame Ereignisse zwischen zwei runden Klammern erfasst. Dazu zählen z. B. wenn der Aufgabentext vorgelesen wird, wenn etwas aufgeschrieben wird, wenn auf etwas Relevantes gezeigt wird (z. B. Text, Graf, etc.) oder wenn etwas in den Taschenrechner eingegeben wird. Zeitgleiches Reden und Notieren oder Tippen wurde durch eckige Klammern deutlich gemacht. Weitere Erläuterungen finden sich in den Transkriptionsregeln im Anhang A1. Zur weiteren Analyse wurden die Transkripte und Videos in das Programm MaxQDA importiert, in dem alle Codierungen vorgenommen wurden.

Nach der Transkription wurden die einzelnen Bearbeitungen der Teilaufgaben der Lernenden gesichtet und jeweils knapp zusammengefasst. Kuckartz spricht hier von einer „sehr hilfreich[en] […] erste[n] Fallzusammenfassung (‚Case Summary') [(hier entspricht ein Fall einer Bearbeitung einer Teilaufgabe)] [, wobei] […] es sich um eine systematisch ordnende, zusammenfassende Darstellung der Charakteristika dieses Einzelfalls [handelt]" (Kuckartz, 2016, S. 58; Einfügung SaS). Zusätzlich wurde die Korrektheit der Bearbeitung vermerkt. Diese Kurzzusammenfassungen ermöglichten einen schnellen Überblick über die Daten und ein schnelles Erfassen der einzelnen Bearbeitungsprozesse während der weiteren Analyseschritte, aber auch bei der Diskussion der Analysen mit anderen Forschenden sowie der Darstellung von Ergebnissen.

### 9.2.2   Segmentierung in Bearbeitungsphasen mithilfe des Prozessmodells nach Reusser

Als erster Schritt wurde nach der Transkription eine deduktive Analyse der Daten mithilfe des Prozessmodells nach Reusser vorgenommen (für ein Beispiel vgl. Abschn. 10.1). Dieses theoretische Modell wurde mit dem Ziel auf die Daten angewandt, den Bearbeitungsprozess der Lernenden in einzelne Phasen zu segmentieren, die sich an diesem Prozessmodell orientieren. Dadurch konnte später ein Vergleich der codierten oberflächlichen Bearbeitungsstrategien mit den identifizierten Phasen und somit die Integration des Konstrukts Oberflächlichkeit in das Prozessmodell nach Reusser erfolgen. Da durch eine Segmentierung die innere Struktur der Daten herausgestellt wird, handelt es sich um eine deduktive formal strukturierende Inhaltsanalyse (vgl. Mayring, 2015, S. 99 ff.; vgl. Abschn. 9.1). Für die Analyse wurde das Prozessmodell nach Reusser in ein Codiermanual überführt, indem aus den einzelnen Prozessschritten codierbare Kategorien abgeleitet wurden. Das Codierverfahren wurde als Pilotierung an Daten aus dem Vorgängerprojekt erprobt und verbessert. Dabei entstanden auch die in der Operationalisierung im nächsten Hauptabschnitt dieses Kapitels angeführten weiteren Kategorien. Nach der Codierung wurden die Transkripte an den Stellen der Phasenwechsel durch Zeilenumbrüche segmentiert und zeilenweise je Aufgabe nummeriert, sodass jede neue Bearbeitungsphase einer neuen Zeile entspricht. In der Diskussion entspricht jeder Sprecherwechsel einer Zeile. Während eines ersten Codierdurchlaufs der Daten der Hauptstudie wurde das Codiermanual mehrfach angepasst.

Die entsprechend segmentierten Transkripte bildeten den Ausgangspunkt für weitere Analysen der Daten (vgl. Abb. 9.1). Neben der Segmentierung verfolgte diese Analyse das Ziel, die Bearbeitungsprozesse der einzelnen Lernenden vergleichbar zu machen. Der codierte Bearbeitungsprozess wurde zudem in ein Prozessverlaufsdiagramm überführt, das die Abfolge der einzelnen Phasen des Prozessmodells in den konkreten Bearbeitungsprozessen veranschaulicht. Details dazu sind dem Beispiel in Abschnitt 10.1 zu entnehmen. Bei einzelnen vertieft betrachteten Bearbeitungsprozessen wurde im Prozessverlaufsdiagramm auch die zeitliche Dauer der einzelnen Phasen erfasst. Dazu war es nötig, die Codes aus den Transkripten auf die Videodateien zu übertragen, diese als Zeitangaben zu exportieren und händisch in ein Diagramm zu überführen, da MaxQDA eine solche Funktion nicht direkt anbietet (vgl. auch Futter, 2017). Aufgrund des großen Zeitaufwands und weil sich zwischen den Diagrammen mit und ohne Erfassung der zeitlichen Dauer keine grundsätzlichen, die Beantwortung der Forschungsfrage beeinträchtigenden Unterschiede zeigten, wurde darauf verzichtet, dies für alle Bearbeitungen durchzuführen.

*Operationalisierung des Prozessmodells nach Reusser*
Das Prozessmodell nach Reusser beschreibt einen idealisierten Bearbeitungsverlauf beim Lösen von Textaufgaben, wie er von Computerprogrammen durchgeführt werden könnte (vgl. Abschn. 3.2.2, 3.2.3). Somit ist es nicht eins-zu-eins möglich, dieses Modell für die Beschreibung von realen Bearbeitungsprozessen von Lernenden beim Lösen von Textaufgaben zu nutzen (vgl. auch Prediger & Krägeloh, 2015b). Zentrale Elemente im Prozessmodell nach Reusser sind einzelne fertige Produkte wie eine Textbasis, ein Problemmodell oder ein Antwortsatz. Diese sind jeweils durch die hierfür nötigen Tätigkeiten wie Enkodieren, Situationsanalyse oder Reduktion miteinander verbunden. In realen Bearbeitungsprozessen wird zum einen nicht jede dieser Tätigkeiten und nicht jedes dieser Produkte verbalisiert und somit beobachtbar. Zum anderen sind die Tätigkeiten und die hierdurch entstehenden Produkte in den meisten Fällen nicht klar voneinander zu trennen, da normalerweise zum Beispiel nach einer durch-

geführten Situationsanalyse nicht erneut das gesamte Situationsmodell dargelegt wird oder nach der expliziten Erläuterung von Reduktionsschritten nicht erneut zusammenfassend das gesamte mathematische Modell dargelegt wird. Durch die Nutzung der Methode des Lauten Denkens in der dargelegten Studie wurde eine Anwendung des Modells erleichtert, da die Lernenden versuchten, schnell ablaufende Gedanken zu verbalisieren. Trotzdem war aus den genannten Gründen eine Adaptation des in Abschnitt 3.2.3 im Detail beschriebenen Modells und dessen Operationalisierung notwendig. Diese wird im Folgenden beschrieben und in Abb. 9.2 dargestellt.

Ausgangspunkt jeder Bearbeitung ist der *Problemtext*, also der gegebene Aufgabentext. Dieser wurde immer dann codiert, wenn im Laufe der Bearbeitung der Text korrekt oder fehlerhaft gelesen, etwas im Text unterstrichen, auf den Text gezeigt oder eindeutig auf den Text geguckt wird.

Im Prozessmodell nach Reusser entsteht aus dem Problemtext durch Enkodieren eine Textbasis, also eine mentale Repräsentation des Textes ohne eine Repräsentation der Gesamtsituation, wobei die Bedeutung der Wörter und ihr Zueinander innerhalb der einzelnen Sätze relevant ist. Da Tätigkeit und Produkt in realen Prozessen nur schwer zu trennen sind, wurde beides zum Code *Textverständnis* zusammengefasst. Dieses läuft automatisiert ab und wird oft nicht verbalisiert, sodass meist nur aus dem Situationsverständnis oder in einer Diskussion Rückschlüsse auf das Textverständnis gezogen werden können. Explizit kann es sich in einem satzweisen Ringen um das Verständnis des Aufgabentextes, der Frage nach der Bedeutung einzelner Wörter oder der Fokussierung einzelner Wörter losgelöst vom Zusammenhang zeigen.

Nach Reusser entstehen im Folgenden durch eine Situationsanalyse ein episodisches Situationsmodell und durch Fragengenerierung ein episodisches Problemmodell, das die Gesamtzusammenhänge beinhaltet, oder durch eine fragegeleitete Situationsanalyse direkt ein episodisches Problemmodell. Da in dieser Studie nur Aufgaben mit Fragen vorkommen, wurden beide Stränge zusammengefasst. Da wie oben beschrieben nach einer Situationsanalyse nicht zusammenfassend das gesamte Problemmodell genannt wird, wurden diese Elemente als *Situationsverständnis* zusammengefasst. Die Phase des Situationsverständnisses zeigt sich in der Rekapitulation des Aufgabeninhalts, in Reflexionen über Bezüge, im Erstellen von Notizen zum Aufgabentext, in situativen Erklärungen und immer dann, wenn explizit situative Elemente aus dem Aufgabentext beschrieben werden.

Diese drei Kategorien beschreiben die erste wichtige Phase des Text- und Situationsverständnisses.

Im Prozessmodell nach Reusser entsteht anschließend durch Reduktion und Abstraktion ein mathematisches Problemmodell. Auch diese beiden Elemente wurden zusammengefasst zum *Aufbau eines mathematischen Modells.* Laut Reusser findet hier eine Abstraktion von konkreten Handlungen und Personen statt. Es werden quantitative, funktionale und temporale Informationen und vor allem die gesuchte mathematische Größe fokussiert, während eine Verknüpfungsstruktur noch implizit ist. Beobachtbar ist dies

- in einer reduzierten Zusammenfassung der gegebenen Situation, die lediglich relevante mathematische Informationen und eventuell die wichtigsten situationalen Informationen enthält,
- in Notizen dazu, was gegeben und was gesucht ist, wenn diese bereits auf das Wesentliche reduziert sind,
- in mathematischen Erklärungen und Erläuterungen, was gerechnet werden soll, wenn diese noch nicht explizit die Verknüpfungsstruktur nennen,
- in Planungsschritten, dem Suchen in Formelsammlungen oder dem Nennen von mathematischen Formeln, Modellen, Algorithmen, Verfahren oder Themengebieten.

Nach Reusser entsteht im Folgenden durch Abstraktion und Reduktion die Verknüpfungsstruktur. Da bei Äußerungen der Lernenden das Erstellen und die vollständige Verknüpfungsstruktur ineinander verwoben und nicht zu trennen sind, wurde der Code *Verknüpfungsstruktur erstellen* vergeben. Dazu gehört das Ableiten der Verknüpfungsstruktur aus dem Modell und die konkrete Verknüpfungsstruktur, wie sie genannt oder aufgeschrieben wird. In manchen Fällen wird die Verknüpfungsstruktur sofort in den Taschenrechner eingegeben. Dies zählt auch zu Verknüpfungsstruktur erstellen.

Wird die Verknüpfungsstruktur jedoch erst genannt oder notiert und dann in den Taschenrechner eingegeben, so handelt es sich bereits um den nächsten Schritt *Rechnen/Operieren*. Dieser Code umfasst nach Reusser den Schritt „Rechenoperationen", der von der „Verknüpfungsstruktur" zur „Numerischen Antwort" führt. Es kann sich um ein Ausrechnen mit dem Taschenrechner, aber auch um Operationen im Kopf oder ein Umstellen von Gleichungen oder Ähnliches handeln.

Hierdurch entsteht die *Numerische Antwort*, die als solche codiert wurde, wenn sie explizit (mit oder ohne Einheit) genannt wird. Erfasst wurden sowohl Zwischen- als auch Endergebnisse.

Nach Reusser wird die numerische Antwort im Folgenden durch eine semantische Interpretation in einen Antwortsatz überführt. Da in der vorliegenden Arbeit von den Lernenden aufgrund des Lauten Denkens oft keine Antwortsätze formuliert wurden, sondern meist die Interpretation als ausreichend empfunden wurde, wurde beides zu *Situationsbezogene Antwort* zusammengefasst. Hierunter fällt, wenn ein Teil der Antwortstruktur vor der Rechnung genannt wird, eine Deutung von Zwischen- oder Endergebnissen sowie der konkrete Antwortsatz.

Ergänzt wurde die Phase *Beurteilen/Überprüfen*, die Reflexionen zu Ergebnissen, Proberechnungen und Ähnlichem umfasst und im Prozessmodell nach Reusser nicht zu finden ist.

Die restlichen Äußerungen, die teils durch das Laute Denken entstanden, wurden in den Kategorien *Metakommentar* und *Nicht definierbar* (Wiederholung von Inhalten durch ihr Notieren, Pausen und Füllwörter wie hm oder ehm) erfasst. Diese wurden jedoch nicht in den Prozessverlaufsdiagrammen abgebildet, da sie nicht den eigentlichen Prozessverlauf abbilden. Zudem wurden Äußerungen, die direkt vor und nach der eigentlichen Bearbeitung und ohne Relevanz für diese getätigt wurden als *Vor-/Nachgeschehen* erfasst, um so den Beginn und das Ende der eigentlichen Bearbeitung zu kennzeichnen.

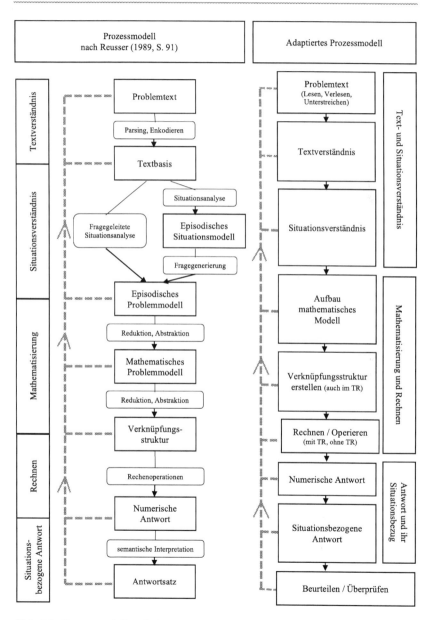

**Abb. 9.2** Prozessmodell nach Reusser und adaptiertes Prozessmodell

## 9.3 Vorgehen bei den Analysen zum Konstrukt Oberflächlichkeit

Die Analyse des Konstrukts Oberflächlichkeit, deren Vorgehen im Folgenden vorgestellt wird, dient der Untersuchung der ersten drei Forschungsfragen (vgl. Abschn. 5.3). Es erfolgt zunächst die Erläuterung des Vorgehens bei der Analyse oberflächlicher Bearbeitungsstrategien (Abschn. 9.3.1), die zur Beantwortung von F1 beiträgt (vgl. Kap. 10). Hierauf baut eine Darstellung des Vorgehens bei der Analyse der Oberflächlichkeit einer Gesamtbearbeitung auf (Abschn. 9.3.2), die der Untersuchung von F2 dient (vgl. Kap. 11). Es schließt eine Erläuterung des Vorgehens bei der Analyse der oberflächlichen Lösbarkeit von Textaufgaben an (Abschn. 9.3.3), die zur Beantwortung von F3 beiträgt (vgl. Kap. 12).

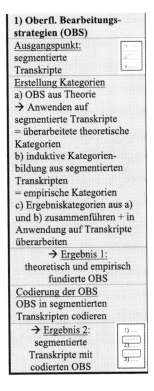

**Abb. 9.3** Analyse oberflächlicher Bearbeitungsstrategien (vgl. Abb. 9.1)

**1) Oberfl. Bearbeitungsstrategien (OBS)**
Ausgangspunkt:
segmentierte
Transkripte
Erstellung Kategorien
a) OBS aus Theorie
→ Anwenden auf
segmentierte Transkripte
= überarbeitete theoretische
Kategorien
b) induktive Kategorien-
bildung aus segmentierten
Transkripten
= empirische Kategorien
c) Ergebniskategorien aus a)
und b) zusammenführen + in
Anwendung auf Transkripte
überarbeiten
→ Ergebnis 1:
theoretisch und empirisch
fundierte OBS
Codierung der OBS
OBS in segmentierten
Transkripten codieren
→ Ergebnis 2:
segmentierte
Transkripte mit
codierten OBS

## 9.3.1   Vorgehen bei der Analyse oberflächlicher Bearbeitungsstrategien

Als Ausgangspunkt für die Analyse oberflächlicher Bearbeitungsstrategien (vgl. Abb. 9.3) dienten die in Bearbeitungsphasen segmentierten Transkripte, die das Ergebnis der segmentierenden deduktiven Analyse darstellen (vgl. Abschn. 9.2.2). Diese Daten wurden deduktiv-induktiv ausgewertet, wobei eine Bearbeitungsphase eine Codiereinheit darstellt. Zum einen wurde deduktiv, ausgehend von der in Abschn. 4.4.1 beschriebenen Theorie geprüft, inwiefern sich die dort theoretisch hergeleiteten oberflächlichen Bearbeitungsstrategien

– *unzureichende relationale Verarbeitung*
– *oberflächliches Leseverständnis*
– *Schlüsselwortstrategie*
– *unreflektiertes Operieren*
– *Ausblendung realitätsbezogener Überlegungen*

in den Daten identifizieren lassen (deduktive inhaltlich strukturierende Inhaltsanalyse, vgl. Mayring, 2015, S. 103 ff.; vgl. Abschn. 9.1).

Zum anderen wurde unabhängig davon eine *induktive Kategorienbildung* vorgenommen, indem von den segmentierten Transkripten ausgehend empirische Kategorien oberflächlicher Bearbeitungsstrategien generiert wurden. Die deduktiv überarbeiteten und die induktiv gewonnenen Kategorien wurden verglichen, zusammengefasst, unterteilt und neu strukturiert. Dieses Kategoriensystem wurde erneut auf die Daten angewandt und in weiteren Zyklen mit induktiv gewonnenen Erkenntnissen überarbeitet, bis eine Sättigung und Überschneidungsfreiheit gewährleistet war. Das erste Ergebnis dieser Auswertung bildet ein theoretisch und empirisch fundiertes Kategoriensystem oberflächlicher Bearbeitungsstrategien (vgl. Kap. 10). Dieses wurde in einem finalen Codierdurchlauf auf die segmentierten Transkripte angewandt, um diese inhaltlich zu strukturieren. Das zweite Ergebnis dieser Auswertung sind somit die bezüglich oberflächlicher Bearbeitungsstrategien codierten segmentierten Transkripte, die die Basis für die Analyse zur Einschätzung einer Gesamtbearbeitung hinsichtlich ihrer Oberflächlichkeit darstellen (Abschn. 9.3.2). Das Kategoriensystem zum Teilkonstrukt oberflächlicher Bearbeitungsstrategien (Ergebnis 1 dieser Auswertung) stellt die Basis zur Klassifikation einer oberflächlich lösbaren Aufgabe dar (Abschn. 9.3.3).

Es erfolgte eine Einordnung der theoretisch und empirisch fundierten oberflächlichen Bearbeitungsstrategien im Prozessmodell nach Reusser, wozu neben
theoretischen Überlegungen auch im Code-Relations-Browser von MaxQDA
Überschneidungen der codierten oberflächlichen Bearbeitungsstrategien mit den
zuvor codierten Phasen des Prozessmodells nach Reusser betrachtet wurden.

### 9.3.2 Vorgehen bei der Analyse zur Einschätzung der Oberflächlichkeit einer Gesamtbearbeitung

Ausgangspunkt der Analysen zur Einschätzung der Oberflächlichkeit einer
Gesamtbearbeitung (vgl. Abb. 9.4) stellten die segmentierten Transkripte mit
codierten oberflächlichen Bearbeitungsstrategien dar. In diesem Auswertungsschritt wurde jede Gesamtbearbeitung einer Teilaufgabe bezüglich ihrer Oberflächlichkeit eingeschätzt, indem ihr eine der Ausprägungen *nicht oberflächlich,
eher nicht oberflächlich, eher oberflächlich* oder *oberflächlich* zugeordnet
wurde. Als Entscheidungsgrundlage hierfür dienten die codierten oberflächlichen Bearbeitungsstrategien. Da die Bearbeitungen auf einer Skala eingeschätzt
wurden, handelt es sich bei der Inhaltsanalyse um eine skalierende (evaluative)
Strukturierung, die auf der zuvor durchgeführten inhaltlich strukturierenden
Inhaltsanalyse aufbaut und deren Erkenntnisse nutzt (vgl. Kuckartz, 2016,
S. 124 ff.; Mayring, 2015, S. 106 ff.; vgl. Abschn. 9.1).

**Abb. 9.4**  Analyse zur
Oberflächlichkeit von
Gesamtbearbeitungen
(vgl. Abb. 9.1)

2) **Oberflächlichkeit von
Gesamtbearbeitungen**
Ausgangspunkt:
segmentierte
Transkripte mit
codierten OBS
Erstellung Kategorien
theoretische Kategorien
→ Anwenden auf
segmentierte Transkripte
mit codierten OBS
= überarbeitete + erweiterte
Kategorien
→ Ergebnis 1:
theoretisch und empirisch
fundierte Kategorien
Codierung der Ausprägung
von Oberflächlichkeit
Kriterien auf segmentierte
Transkripte mit OBS
anwenden
→ Ergebnis 2:
klassifizierte
Gesamt-
bearbeitungen

Auch dieses Vorgehen ist deduktiv-induktiv, da die aus theoretischen Überlegungen entwickelten Beschreibungen der Ausprägungen des Teilkonstrukts
einer oberflächlichen Gesamtbearbeitung (vgl. Abschn. 4.4.2) im Verlauf
mehrerer Codierzyklen mit induktiv gewonnenen Eindrücken und Kategorien
überarbeitet und ergänzt wurden. Ein erstes Ergebnis daraus bilden die in Kap. 11
vorgestellten theoretisch und empirisch fundierten Ausdifferenzierungen der
einzelnen Ausprägungen der Oberflächlichkeit einer Gesamtbearbeitung. Bei
dieser Analyse fand also keine unabhängige rein induktive Kategorienbildung
statt, sondern das induktive Vorgehen diente direkt der besseren Ausarbeitung der
deduktiv erstellten Vorlage. Das theoretisch und empirisch fundierte Kategoriensystem wurde in einem abschließenden Codierdurchgang auf das gesamte Datenmaterial angewandt, sodass als zweites Ergebnis bezüglich Oberflächlichkeit
klassifizierte Gesamtbearbeitungen vorliegen.

214 9 Methoden der Datenauswertung

## 9.3.3 Vorgehen bei der Analyse zur Klassifikation von Textaufgaben hinsichtlich ihrer oberflächlichen Lösbarkeit

Ziel des dritten Analyseschritts (vgl. Abb. 9.5) zum Konstrukt Oberflächlichkeit ist die Identifikation verschiedener Aufgabenmerkmale zur Klassifikation von Textaufgaben hinsichtlich ihrer oberflächlichen Lösbarkeit. Diese Aufgabenmerkmale ermöglichen die Überprüfung der vor der Erhebung vorgenommenen Einschätzung der oberflächlichen Lösbarkeit der eingesetzten Aufgaben und die Klassifikation weiterer Aufgaben. Die zur Klassifikation herangezogenen Aufgabenmerkmale sind durch zwei unabhängige Herangehensweisen entstanden, die im Anschluss miteinander kombiniert wurden.

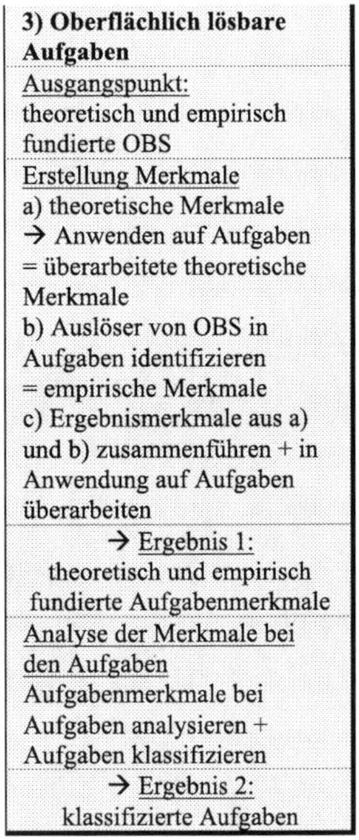

**Abb. 9.5** Analyse oberflächlich lösbarer Aufgaben (vgl. Abb. 9.1)

> **3) Oberflächlich lösbare Aufgaben**
> Ausgangspunkt:
> theoretisch und empirisch
> fundierte OBS
> Erstellung Merkmale
> a) theoretische Merkmale
> → Anwenden auf Aufgaben
> = überarbeitete theoretische
> Merkmale
> b) Auslöser von OBS in
> Aufgaben identifizieren
> = empirische Merkmale
> c) Ergebnismerkmale aus a)
> und b) zusammenführen + in
> Anwendung auf Aufgaben
> überarbeiten
> → Ergebnis 1:
> theoretisch und empirisch
> fundierte Aufgabenmerkmale
> Analyse der Merkmale bei
> den Aufgaben
> Aufgabenmerkmale bei
> Aufgaben analysieren +
> Aufgaben klassifizieren
> → Ergebnis 2:
> klassifizierte Aufgaben

Zum einen wurden die in Abschnitt 4.4.3 dargestellten aus der Theorie abgeleiteten Aufgabenmerkmale einer oberflächlich (nicht) lösbaren Aufgabe an den konkreten Aufgaben analysiert und dabei überarbeitet. Zum anderen wurden die theoretisch und empirisch fundierten oberflächlichen Bearbeitungsstrategien, also das erste Ergebnis des ersten Analyseschritts zum Konstrukt Oberflächlichkeit (vgl. Abschn. 9.3.1 und Kap. 10), als Basis genommen und an den konkreten Aufgaben überprüft, welche Merkmale der Aufgaben den Erfolg dieser verschiedenen oberflächlichen Bearbeitungsstrategien begünstigen und inwiefern diese bei den Aufgaben zur Lösung führen können. Im Folgenden wurden die überarbeiteten theoretischen Merkmale und die empirisch erstellten Merkmale miteinander verglichen, zusammengefasst, unterteilt und neu strukturiert.

Daraus entstanden als erstes Ergebnis dieser Analyse die theoretisch und empirisch fundierten Merkmale oberflächlich lösbarer Aufgaben. Hiermit wurden abschließend die in der Studie eingesetzten Aufgaben klassifiziert (Kap. 12). Da insgesamt Merkmale von Aufgaben beschrieben und damit eine Einschätzung nach Dimensionen vorgenommen wurde, handelt es sich bei der Inhaltsanalyse um eine skalierende (evaluative) Strukturierung (vgl. Kuckartz, 2016, S. 124 ff.; Mayring, 2015, S. 106 ff.; vgl. Abschn. 9.1).

## 9.4 Vorgehen bei den Analysen zu Zusammenhängen zwischen Sprachkompetenz, Mathematikleistung und Oberflächlichkeit

Zur Beantwortung der vierten Forschungsfrage, ob eine Mediation, also eine Vermittlung, des Zusammenhangs zwischen Sprachkompetenz und Mathematikleistung durch Oberflächlichkeit erfolgt, werden zunächst drei Unterfragen zu F4 formuliert. Diese Unterfragen dienen der fokussierten Betrachtung zwischen jeweils zwei der Faktoren und beziehen sich auf die vorliegenden Bearbeitungen.

- F4.1: Welche Zusammenhänge bestehen zwischen der Sprachkompetenz der Lernenden und ihrer Mathematikleistung?
- F4.2: Welche Zusammenhänge bestehen zwischen der Sprachkompetenz der Lernenden und oberflächlichen Bearbeitungen?
- F4.3: Welche Zusammenhänge bestehen zwischen einer oberflächlichen Bearbeitung der eingesetzten Aufgaben und der Mathematikleistung?

Zur Analyse der paarweisen Zusammenhänge zwischen Sprachkompetenz, Oberflächlichkeit und Mathematikleistung wurden in einem ersten Schritt die in Abschnitt 9.4.2 vorgestellten heuristisch-explorativen Analysen zur Beantwortung dieser drei Unterfragen durchgeführt (für Ergebnisse s. Kap. 14). Hieran schloss sich in einem zweiten Schritt eine Analyse des Gesamtzusammenhangs an, die

auf Basis der Antworten auf die drei Unterfragen und mithilfe von Mediationsanalysen, die in Abschnitt 9.4.3 erläutert werden, zur Beantwortung von F4 führt
(für Ergebnisse s. Kap. 15). Dieser Zweischritt ist in Abb. 9.6 veranschaulicht.
Die in den Analysen verwendeten Kenngrößen der einzelnen Faktoren werden in
Abschnitt 9.4.1 dargestellt.

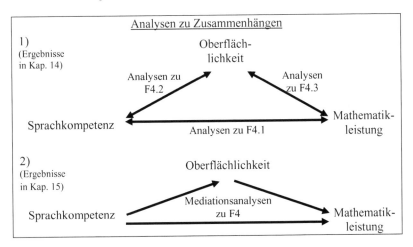

**Abb. 9.6**  Analysen zu Zusammenhängen

## 9.4.1  Verwendete Faktoren

Um die vierte Forschungsfrage mit ihren Unterfragen beantworten zu können,
müssen die Zusammenhänge verschiedener Faktoren betrachtet werden, die im
Folgenden mit ihren Kenngrößen dargestellt werden.

Als relevanter Hintergrundfaktor wurde in den Analysen die vor Bearbeitung
der Mathematikaufgaben von den Lernenden erhobene Sprachkompetenz
betrachtet. Für diese wurden in den Analysen zwei Kenngrößen verwendet:

– *C-Test-Score*: Die im C-Test erreichten WE-Werte entsprechen Punktzahlen
  zwischen 0 und 100 Punkten und wurden für die statistischen Analysen ohne
  zu großen Fehler als metrisch skalierte Daten betrachtet.
– *Sprachkompetenzgruppe*: Die Lernenden wurden anhand ihres C-Test-WE-
  Wertes den Sprachkompetenzgruppen sprachlich schwache Lernende (C0)
  oder sprachlich starke Lernende (C1) zugeordnet. Entsprechend handelt es
  sich um eine dichotome Betrachtung.

In einige Analysen wurde zudem die Sprachkompetenz- und Mathematikleistungsgruppe als Hintergrundfaktor herangezogen. Diese wurde wie folgt
erfasst:

- *Sprachkompetenz- und Mathematikleistungsgruppe*: Entsprechend des Durch-
  schnitts der im jeweiligen Fragebogen angegebenen Noten wurden die Lernenden
  den beiden Gruppen mathematikstarke Lernende (M1) oder mathematikschwache
  Lernende (M0) zugeteilt. Diese Gruppen wurden kombiniert mit den Sprachkompetenzgruppen, sodass sich die vier Gruppen C0M0, C0M1, C1M0, C1M1
  ergaben.

Durch die qualitativen Analysen der Aufgabenbearbeitungen konnten Aussagen
über die Faktoren Mathematikleistung und Oberflächlichkeit der Bearbeitungen
der einzelnen Lernenden getroffen werden. Die Mathematikleistung wurde in
zwei Kenngrößen erfasst:

- *Richtigkeit einer Teilaufgabe*: Die Bearbeitungen der Aufgaben wurden für
  die weiteren Analysen reduzierend ausgewertet. Dazu wurde für jede von den
  einzelnen Lernenden bearbeitete Teilaufgabe erfasst, ob diese im Wesentlich richtig oder nicht im Wesentlichen richtig bearbeitet wurde, oder ob die
  Bearbeitung abgebrochen wurde. Für die statistischen Analysen wurde eine
  dichotome Sicht gewählt, bei der abgebrochene Bearbeitungen als nicht im
  Wesentlichen richtig gewertet wurden. Als im Wesentlichen richtig gelten
  dabei Bearbeitungen, die letztlich mit einer tragfähigen Rechnung die Aufgabe
  gelöst haben bzw. in denen nur kleinere Rechenfehler vorliegen. Im Folgenden
  wird „im Wesentlichen richtig" auch mit „gelöst" gleichgesetzt.
- *Anteil gelöster Teilaufgaben*: Für alle Lernenden wurde erfasst, wie viele Teilaufgaben im Wesentlichen richtig bearbeitet wurden, was Werten zwischen
  0 und 6 entspricht. Da nicht alle Lernenden alle Aufgaben zur Bearbeitung
  erhalten haben, wurde dieser Wert ins Verhältnis mit den vom Lernenden
  bearbeiteten Teilaufgaben gesetzt und so der prozentuale Anteil gelöster Teilaufgaben bestimmt (0 %–100 %). Die Daten können ohne zu großen Fehler
  als metrisch skalierte Daten betrachtet werden.

Die Oberflächlichkeit der Bearbeitungen der einzelnen Teilaufgaben wurde
in zwei Kenngrößen erfasst, die die beiden Teilkonstrukte „Oberflächliche
Bearbeitungsstrategien" und „Oberflächlichkeit einer Gesamtbearbeitung" widerspiegeln:

–  *Verwendete oberflächliche Bearbeitungsstrategien*: Für jede der identifizierten oberflächlichen Bearbeitungsstrategien wurde für alle Lernenden erfasst, ob sie gar nicht oder mindestens einmal verwendet wurden. Es handelt sich also um eine dichotome Betrachtung.

–  *Oberflächliche Bearbeitung einer Teilaufgabe*: Für alle Lernenden wurde für jede bearbeitete Teilaufgabe erfasst, ob diese insgesamt oberflächlich, eher oberflächlich, eher nicht oberflächlich oder nicht oberflächlich bearbeitet wurde. Diese vier Ausprägungen wurden in den Analysen meist dichotomisiert zu (eher) oberflächlichen bzw. (eher) nicht oberflächlichen Bearbeitungen.

Aus der Einschätzung der Oberflächlichkeit der Teilaufgaben können Aussagen über die Neigung der Lernenden zu oberflächlichen Bearbeitungen abgeleitet werden. Dies kann als viertes Teilkonstrukt des Gesamtkonstrukts Oberflächlichkeit angesehen werden, das empirische Untersuchungen mit Oberflächlichkeit als Personenmerkmal ermöglicht. Zur Erfassung dieses Konstrukts wurden zwei Kenngrößen herangezogen:

–  *Anteil (eher) oberflächlich bearbeiteter Teilaufgaben*: Für alle Lernenden wurde der prozentuale Anteil der (eher) oberflächlich bearbeiteten von allen bearbeiteten Teilaufgaben erfasst (0 %–100 %). Diese Daten können ohne zu großen Fehler als annähernd metrisch skaliert betrachtet werden.

–  *Neigung zu (eher) oberflächlichen Bearbeitungen*: Für alle Lernenden wurde die Neigung zu (eher) oberflächlichen Bearbeitungen erfasst. Unter Lernenden mit Neigung zu (eher) oberflächlichen Bearbeitungen werden diejenigen betrachtet, deren Anteil (eher) oberflächlich bearbeiteter Teilaufgaben größer als 50 % ist. Lernende, für die dies nicht gilt, werden als Lernende mit Neigung zu (eher) nicht oberflächlichen Bearbeitungen betrachtet. Es handelt sich somit um eine dichotome Betrachtung.

### 9.4.2   Vorgehen bei den Analysen zur Beantwortung der Unterfragen der vierten Forschungsfrage

Im Folgenden wird das Vorgehen bei der Analyse getrennt nach den Unterfragen der vierten Forschungsfrage dargelegt. Grundsätzlich wurden zur Betrachtung der Zusammenhänge heuristisch-explorative Betrachtungen durchgeführt, wozu bei metrisch skalierten Daten einfaktorielle Varianzanalysen ggf. mit einer Post-hoc-Scheffé-Prozedur und bei kategorial skalierten Daten Chi-Quadrat-Analysen durchgeführt wurden, um Gruppenunterschiede auf Signifikanz zu testen[1].

Mit einer einfaktoriellen Varianzanalyse (ANOVA) wurde heuristisch-explorativ untersucht, ob zwischen zwei oder mehr verschiedenen Gruppen, im Sinne von Ausprägungen einer unabhängigen Variablen, signifikante Unterschiede im Mittelwert einer abhängigen metrisch skalierten Variablen bestehen (vgl. Bortz & Döring, 2006, S. 614). Durch diesen Vergleich der Mittelwerte kann der Einfluss der unabhängigen Variablen auf die abhängige Variable untersucht werden (Bortz & Schuster, 2010, S. 205). Für den Vergleich von zwei Gruppen ist die ANOVA äquivalent zum T-Test. Werden mehr als zwei Gruppen miteinander verglichen, so kann mit einer Post-Hoc-Scheffé-Prozedur im Nachhinein paarweise ermittelt werden, zwischen welchen der Gruppen sich die Mittelwerte signifikant unterscheiden (vgl. Döring & Bortz, 2016, S. 709). Zudem kann mit einer ANOVA die Varianzaufklärung Eta-Quadrat berechnet werden, die angibt, wie viel Prozent einer abhängigen Variablen durch die unabhängige Variable erklärt wird (Bortz & Döring, 2006, S. 622). Also Null-Hypothese $H_0$ wurde jeweils angenommen, dass sich die Mittelwerte zwischen den verschiedenen Gruppen nicht unterscheiden.

Der Chi-Quadrat-Test wurde dazu angewendet, heuristisch-explorativ die stochastische Unabhängigkeit der Ergebnisse von zwei oder mehr Gruppen zu untersuchen, wobei als Null-Hypothese $H_0$ angenommen wurde, dass die Merkmale stochastisch unabhängig sind.

Sind sie dies nicht, so besteht offensichtlich ein Zusammenhang zwischen den Merkmalen. Oft spiegelt eines der Merkmale eine Zugehörigkeit zu einer Gruppe [(hier: Sprachkompetenzgruppe)] wider, sodass in diesen Fällen der Merkmalszusammenhang auch als *Gruppenunterschied* interpretier[t] werden kann. (Bortz & Schuster, 2010, S. 137, Hervorh. im Orig.; Einfügung SaS)

Wird der Test signifikant, so bedeutet dies also, dass beide Merkmale zusammenhängen bzw. der Anteil einer Ausprägung eines Merkmals sich in den verschiedenen Gruppen signifikant unterscheidet. Konkret werden bei Chi-Quadrat-Analysen „die empirisch beobachteten Häufigkeiten mit den gemäß $H_0$ erwarteten Häufigkeiten verglichen" (Bortz & Döring, 2006, S. 725). Für die Gültigkeit des Tests ist es erforderlich, dass die erwarteten Häufigkeiten jeweils

---

[1]Die folgenden Erläuterungen der eingesetzten Analysemethoden beruhen auf Bortz & Döring (2006), Bortz & Schuster (2010) und Döring & Bortz (2016).

mindestens 5 betragen. Die Skalierung der Daten ist bei diesem Test beliebig. Bei der Untersuchung, ob die Verteilung eines dichotomen Merkmals in zwei Gruppen unterschiedlich ist, spricht man von einem Vierfeldertest in einer 2×2-Tabelle bzw. Kreuztabelle. In diesem Fall ist der exakte Test nach Fischer anwendbar, der im Gegensatz zum Chi-Quadrat-Test keine Voraussetzungen an die erwarteten Häufigkeiten in den einzelnen Feldern der Kreuztabelle stellt (vgl. oben) und somit dann genutzt wird, wenn mindestens eine erwartete Häufigkeit kleiner als 5 ist.

In dieser Arbeit wurde bei allen Tests auf dem konventionellen 5 %-Signifikanzniveau getestet (vgl. Bortz & Schuster, 2010, S. 101). Signifikanzwerte von $p < 0,05$ gelten als signifikant (*), von $p < 0,01$ als sehr signifikant (**) und von $p < 0,001$ als hoch signifikant (***).

*Analyse zu Zusammenhängen zwischen Sprachkompetenz und Mathematikleistung*

Zur Beantwortung von F4.1, welche Zusammenhänge bei den vorliegenden Bearbeitungen zwischen der Sprachkompetenz der Lernenden und ihrer Mathematikleistung bestehen, wurden Gruppenunterschiede zwischen den beiden Sprachkompetenzgruppen bezüglich des *Anteils gelöster Teilaufgaben* und bezüglich der *Lösungshäufigkeiten bei den einzelnen Teilaufgaben* betrachtet. Die Ergebnisse dieser Analysen finden sich in Abschnitt 14.1.

Für den ersten Aspekt wurden die Mittelwerte der Anteile gelöster Teilaufgaben der beiden Gruppen heuristisch verglichen. Zudem wurde ein Mittelwertvergleich mit einer einfaktoriellen Varianzanalyse (ANOVA) durchgeführt. Ergänzend wurde die Varianzaufklärung Eta-Quadrat durch den Hintergrundfaktor Sprachkompetenz berechnet.

Für den zweiten Aspekt der Lösungshäufigkeiten bei den einzelnen Teilaufgaben wurde spezifisch für die einzelnen Teilaufgaben analysiert, welche Gruppenunterschiede bei der Lösung der Teilaufgaben vorliegen. Dazu wurde für jede Teilaufgabe mit einem Chi-Quadrat-Test bzw. dem exakten Test nach Fischer der Anteil gelöster Aufgaben zwischen den beiden Sprachkompetenzgruppen verglichen und auf Signifikanz getestet.

*Analyse zu Zusammenhängen zwischen Sprachkompetenz und Oberflächlichkeit*

Zur Beantwortung von F4.2, welche Zusammenhänge zwischen der Sprachkompetenz der Lernenden und oberflächlichen Bearbeitungen bestehen, wurden verschiedene im Folgenden erläuterte heuristisch-explorative Analysen durchgeführt.

Zur Untersuchung des Zusammenhangs zwischen Sprachkompetenz und oberflächlichen Bearbeitungsstrategien (Ergebnisse in Abschn. 14.2.1) wurden für
jede oberflächliche Bearbeitungsstrategie die Verwendung in den beiden Sprachkompetenzgruppen verglichen, wozu die Unterschiede ergänzend mit einem
Chi-Quadrat-Test bzw. exakten Test nach Fischer auf Signifikanz getestet wurden.

Zur Untersuchung des Zusammenhangs zwischen Sprachkompetenz und
oberflächlichen Gesamtbearbeitungen (Ergebnisse in Abschn. 14.2.2) wurden
Unterschiede der Sprachkompetenzgruppen bezüglich des Anteils (eher) oberflächlich bearbeiteter Aufgaben analysiert, wozu die Mittelwerte dieser Daten
mit einer ANOVA verglichen und Unterschiede auf Signifikanz getestet wurden.
Dies wurde sowohl für oberflächliche und eher oberflächliche Bearbeitungen
gemeinsam als auch isoliert für rein oberflächliche Bearbeitungen durchgeführt.
Zudem wurden Gruppenunterschiede der beiden Sprachkompetenzgruppen
bezüglich der Neigung zu oberflächlichen Bearbeitungen betrachtet und mit
einem Chi-Quadrat-Test auf Signifikanz untersucht.

Zur Untersuchung des Zusammenhangs zwischen Sprachkompetenz und
Oberflächlichkeit innerhalb der Mathematikleistungsgruppen (Ergebnisse in
Abschn. 14.2.3) wurden die vier Gruppen C0M0, C0M1, C1M0 und C1M1
mit einer ANOVA und einer Post-Hoc-Scheffé-Prozedur hinsichtlich signifikanter Unterschiede bezüglich des Anteils oberflächlicher Bearbeitungen und
der Neigung der Lernenden zu oberflächlichen Bearbeitungen untersucht. Dabei
wurde auch die Varianzaufklärung (Eta-Quadrat) des Anteils oberflächlicher
Bearbeitungen durch die Sprachkompetenz- bzw. die Mathematikleistungsgruppe
berechnet.

Zur Untersuchung des Zusammenhangs zwischen diesen Faktoren im Vergleich der verschiedenen Teilaufgaben (Ergebnisse in Abschn. 14.2.4) wurde
spezifisch für die einzelnen Teilaufgaben mit einem Chi-Quadrat-Test untersucht,
ob signifikante Unterschiede der beiden Sprachkompetenzgruppen bezüglich
einer (eher) oberflächlichen und einer (eher) nicht oberflächlichen Bearbeitung
bestehen.

*Analyse zu Zusammenhängen zwischen Oberflächlichkeit und Mathematikleistung*
Zur Beantwortung von F4.3, welche Zusammenhänge zwischen einer oberflächlichen Bearbeitung der eingesetzten Aufgaben und der gezeigten Mathematikleistung bestehen, wurden heuristische Betrachtungen durchgeführt. Dazu
wurde zunächst der Zusammenhang der Lösungshäufigkeiten der einzelnen Aufgaben mit der oberflächlichen Lösbarkeit dieser betrachtet. Anschließend wurde
der Zusammenhang zwischen oberflächlichen Gesamtbearbeitungen und der
Lösung der Aufgaben betrachtet, wobei sowohl die oberflächliche Lösbarkeit der

Aufgaben als auch deren Thema bei der Analyse berücksichtigt wurden. Gestützt wurden diese Ergebnisse im Folgenden mit Untersuchungen der Unterschiede des Anteils im Wesentlichen richtiger Bearbeitungen zwischen den Gruppen mit (eher) oberflächlichen und (eher) nicht oberflächlichen Bearbeitungen für die einzelnen Teilaufgaben mit Chi-Quadrat-Tests bzw. mit dem exakten Test nach Fischer. Zudem wurde der Mittelwertunterschied des Anteils im Wesentlichen richtiger Bearbeitungen insgesamt in Abhängigkeit von der Neigung der Lernenden zu Oberflächlichkeit in einer ANOVA auf Signifikanz getestet. Entsprechende Ergebnisse sind in Abschnitt 14.3 dargestellt.

### 9.4.3    Methode der Mediationsanalyse zur Beantwortung der vierten Forschungsfrage

Um beurteilen zu können, ob Oberflächlichkeit als potenzieller Mediator des Zusammenhangs zwischen Sprachkompetenz und Mathematikleistung fungiert, wurden Mediationsanalysen[2] durchgeführt. „Mediation analysis is a statistical method used to help answer the question as to how some causal agent X [(hier: Sprachkompetenz)] transmits its effect on Y [(hier: Mathematikleistung)]" (Hayes, 2014, S. 86; Einfügung SaS). Eine Mediation im Kontext dieser Arbeit würde bedeuten (vgl. Abb. 9.7), dass der totale Effekt, den Sprachkompetenz (X) auf Mathematikleistung (Y) ausübt, nicht nur durch einen direkten Effekt von Sprachkompetenz (X) auf Mathematikleistung (Y), sondern zum Teil über den Mediator Oberflächlichkeit (M), also einen indirekten Effekt, erklärt würde (vgl. Kenny, 2018)[3]. „Eine Mediatorvariable vermittelt also zwischen zwei Variablen und spezifiziert den Mechanismus, der die Einflussbeziehung zwischen X- und Y-Variable erzeugt" (Urban & Mayerl, 2018, S. 325). Konkret basieren die Wirkungsrichtungen dabei auf theoretischen oder empirischen Annahmen.

---

[2]Die folgenden Erläuterungen zum Verfahren der Mediationsanalyse beruhen auf Baron & Kenny (1986), Hayes (2014), Kenny (2018), Urban & Mayerl (2018, S. 325 ff.) und Wentura & Pospeschill (2015, S. 69 ff.).

[3]Bei Mediationsanalysen werden totale, direkte und indirekte Effekte unterschieden (vgl. Urban & Mayerl, 2018, S. 335): Direkte Effekte sind Beziehungen zwischen zwei Variablen, die nicht durch eine dritte mediiert werden. Hierzu zählen in Abb. 9.7 die Effekte von X auf Y, von X auf M und von M auf Y. Der indirekte Effekt von X auf Y (mediiert durch M) ergibt sich durch Multiplikation der direkten Effekte von X auf M und von M auf Y. Der totale Effekt entspricht der Summe des direkten und des indirekten Effekts von X auf Y.

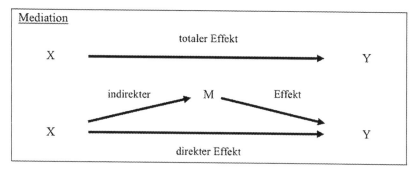

**Abb. 9.7** Schema einer Mediation

Die empirisch-statistische Untersuchung der Mediatoreffekte erfolgt mithilfe von drei Regressionsanalysen (Baron & Kenny, 1986, S. 1177; vgl. Urban & Mayerl, 2018, S. 343 ff.):

- In einem ersten bivariaten Regressionsmodell wird die Wirkung von X auf Y betrachtet und geprüft, ob der Regressionskoeffizient von X signifikant ist (totaler Effekt).
- In einem zweiten bivariaten Regressionsmodell wird die Wirkung von X auf M betrachtet und ebenfalls geprüft, ob der Regressionskoeffizient von X signifikant ist (direkter Effekt von X auf M).
- In einem dritten multivariaten Regressionsmodell wird die Wirkung von X und M auf Y untersucht und analysiert, ob der Regressionskoeffizient von M signifikant ist (direkter Effekt von M auf Y) und ob der Regressionskoeffizient von X (direkter Effekt von X auf Y) kleiner ist als der Regressionskoeffizient von X in Modell 1 (totaler Effekt von X auf Y).
- Der indirekte Effekt, den X über M auf Y ausübt, berechnet sich durch die Multiplikation des direkten Effekts von X auf M mit dem direkten Effekt von M auf Y.

Sind diese Bedingungen erfüllt, so gilt die Mediation als signifikant. Allerdings kann mit diesem Vorgehen keine Aussage über die Signifikanz des indirekten Effekts getroffen werden. Dies ist unter anderem mit einem Bootstrapping-Verfahren, wie es in der PROCESS-Implikation für SPSS von Andrew

F. Hayes[4] implementiert ist (Hayes, 2014), möglich[5]. Mit dieser Implikation werden die vorgenannten Regressionsanalysen und Berechnungen auf einmal ausgeführt. Zudem wird abschließend die Signifikanz des indirekten Effekts über Bootstrapping überprüft.

> Generell versteht man in der Statistik unter *Bootstrapping* solche Verfahren, die Verteilungscharakteristiken anhand der einen Stichprobe, die zur Verfügung steht, schätzen. [...] Hier bedeutet es, dass man durch den Computer mehrere tausendmal eine Zufallsstichprobe der Größe *n* aus den *n* Datenpunkten der vorhandenen Stichprobe (mit Zurücklegen!) ziehen lässt, jedes Mal das Produkt *a·b* [der direkten Effekte von X auf M und von M auf Y] bestimmt und das Intervall zwischen 2.5-tem und 97.5-tem Perzentil als 95%-Vertrauensintervall nimmt. Liegt der Wert null nicht im Vertrauensintervall, wird der indirekte Pfad als signifikant gewertet. (Wentura & Pospeschill, 2015, S. 71, Hervorh. im Orig.; Einfügung SaS)

Für die durchgeführten Mediationsanalysen wurde Sprachkompetenz als *C-Test-Score*, Oberflächlichkeit als *Anteil (eher) oberflächlich bearbeiteter Teilaufgaben* und Mathematikleistung als *Anteil gelöster Teilaufgaben* operationalisiert. Auch hierbei handelt es sich aufgrund der für statistische Auswertungen recht kleinen Fallzahlen um heuristisch-explorative Untersuchungen.

## 9.5  Güte der Auswertungen

Um die Güte der Auswertungen zu belegen, werden für die verschiedenen Auswertungsschritte Gütekriterien überprüft. Dazu werden zunächst die verschiedenen Gütekriterien vorgestellt (Abschn. 9.5.1) und anschließend zum einen für die Auswertungen zum Konstrukt Oberflächlichkeit (Abschn. 9.5.2) und zum anderen für die Auswertungen zu Zusammenhängen überprüft (Abschn. 9.5.3).

---

[4]Es handelt sich um eine SPSS-Prozedur, die von Andrew F. Hayes geschrieben wurde und unter www.afhayes.com kostenfrei erhältlich ist. Weitere Dokumentation findet sich in Hayes (2014).

[5]Die Überprüfung der Signifikanz des indirekten Effekts kann alternativ mit den traditionellen sogenannten Sobel-Tests erfolgen. Da diese jedoch „als unnötig konservativ" (Wentura & Pospeschill, 2015, S. 71) gelten, wird ein Bootstrapping-Verfahren empfohlen (vgl. ebd.).

## 9.5.1 Gütekriterien

Für die in dieser Arbeit durchgeführten Auswertungen, die sich zum einen an der qualitativen Inhaltsanalyse und zum anderen an quantitativen Untersuchungen von Zusammenhängen und Gruppenunterschieden orientieren, gelten unterschiedliche Gütekriterien. Zunächst werden die klassischen Gütekriterien, die in der quantitativen Forschung Anwendung finden, erläutert, bevor für qualitative Inhaltsanalysen gültige Gütekriterien vorgestellt werden.

*Gütekriterien bei quantitativen Auswertungen*
Die klassischen Gütekriterien der quantitativen Forschung sind die Objektivität, die Reliabilität und die Validität (vgl. Bortz & Döring, 2006, S. 193 ff.). Die Objektivität gibt an, ob die Auswertungen und Interpretationen objektiv, also vom Auswertenden unabhängig sind (vgl. ebd., S. 195). „Die Reliabilität (Zuverlässigkeit) gibt den Grad der Messgenauigkeit (Präzision)" (ebd., S. 196) an. Reliabilität beantwortet die Frage, ob zu einem anderen Zeitpunkt dasselbe Ergebnis entstehen würde (vgl. Mayring, 2015, S. 123). Die Validität, also die Gültigkeit, gibt an, ob das gemessen wird, was beabsichtigt wurde (vgl. Mayring, 2015, S. 123). Sie wird in die Inhaltsvalidität, die aussagt, ob die Items das Konstrukt erschöpfend erfassen, die Kriteriumsvalidität, die aussagt, ob die Messung dem späteren Handeln entspricht und die Konstruktvalidität, die aussagt, ob die Testwerte so ausfallen, wie die aus der Theorie und Empirie abgeleiteten Hypothesen, unterteilt.

Neben diesen drei klassischen Kriterien gibt es zudem drei Kriterien für die Gültigkeit bzw. Aussagekraft der erwarteten Untersuchungsergebnisse (vgl. Bortz & Döring, 2006, S. 53). Die innere Gültigkeit gibt an, inwiefern die Ergebnisse kausal eindeutig interpretierbar sind, also ob es wenige Alternativerklärungen gibt (vgl. ebd.). Die äußere Gültigkeit trifft eine Aussage dazu, inwiefern die Ergebnisse über die Untersuchungssituation und die untersuchten Personen hinaus generalisierbar sind (vgl. ebd.). Die statistische Gültigkeit gibt an, inwiefern es Probleme aufgrund zu kleiner Stichproben, ungenauer Messinstrumente oder Fehlern bei der Anwendung statistischer Verfahren geben könnte (vgl. ebd.).

*Gütekriterien bei Auswertungen mit der qualitativen Inhaltsanalyse*
Die Segmentierung nach Reusser und die Auswertungen zum Konstrukt Oberflächlichkeit wurden anhand der qualitativen Inhaltsanalyse nach Mayring (2015) vorgenommen (vgl. Abschn. 9.2.2, Abschn. 9.3).

Um die Qualität der qualitativen Inhaltsanalyse zu sichern, sind die klassischen aus der quantitativen Forschung stammenden Gütekriterien Objektivität, Reliabilität und Validität nur begrenzt anwendbar, sodass auf andere Kriterien zurückgegriffen werden muss (Mayring, 2015, S. 123 ff.). Zunächst kann bei „der Validierung von Interpretationen der interpersonale Konsens als Gütekriterium herangezogen" (Bortz & Döring, 2006, S. 335) werden. Mayring spricht hier vom Gütekriterium der „kommunikative[n] Validierung" (Mayring, 2015, S. 125 ff.) und der „argumentative[n] Interpretationsabsicherung" (ebd., S. 125), Kuckartz vom konsensuellen Codieren (Kuckartz, 2016, S. 211). Dies entspricht der Einbeziehung anderer Codierer und der Diskussion der Codes miteinander, was gegebenenfalls zu Anpassungen der Kategorien führt. Hierdurch ergibt sich eine „die Analyse begleitende Suche nach Argumenten für Reliabilität und Validität statt ausschließlich einer einmaligen Einschätzung am Ende der Analyse" (Mayring, 2015, S. 53 f.). Dennoch wird dies üblicherweise ergänzt mit einer Berechnung der Übereinstimmung der Codierungen mehrerer Codierer, der Intercoderreliabilität. Laut Mayring misst dieses Vorgehen „*Objektivität* […], als[o] die Unabhängigkeit der Ergebnisse von der untersuchenden Person" (Mayring, 2015, S. 124, Hervorh. im Orig.) und überprüft das Gütekriterium der Reproduzierbarkeit (ebd., S. 127). „Reliabilität im engeren Sinne wäre, wenn der gleiche Inhaltsanalytiker am Ende der Analyse nochmals das Material (oder relevante Ausschnitte) kodiert, ohne seine ersten Kodierungen zu kennen (*Intracoderreliabilität*)" (ebd., S. 124, Hervorh. im Orig.). Hierdurch wird das Gütekriterium der Stabilität überprüft (ebd., S. 127). Zur Messung der Inter- oder Intracoderreliabilität kann zum einen die prozentuale Übereinstimmung der Codes, oder das von Cohen entwickelte Maß Kappa (ein alternatives Maß ist Krippendorffs Alpha), das den Zufall bei der Codevergabe berücksichtigt und typisch für die Anwendung bei kategorialen Codes ist, gewählt werden. Details zur Berechnung von Kappa finden sich unter anderem bei Bortz und Döring (2006, S. 276 f.). „Eine gute Übereinstimmung [der Codierungen] erfordert κ-Werte zwischen 0,60 und 0,75 (Fleiss & Cohen, 1973)" (Bortz & Döring, 2006, S. 277; Einfügung SaS). Kuckartz nennt als „Faustregel […]: Kappa-Werte zwischen [sic!] von 0,6 bis 0,8 gelten als gut, ab 0,8 als sehr gut" (Kuckartz, 2016, S. 210). Laut Mayring sollten zudem idealerweise die Gütekriterien „Verfahrensdokumentation, […], Nähe zum Gegenstand, Regelgeleitetheit, […] und Triangulation" (Mayring, 2015, S. 125) erfüllt sein.

## 9.5.2 Güte der Auswertungen zum Konstrukt Oberflächlichkeit

Zur Sicherung der Qualität und Reliabilität der Segmentierung nach Reusser (vgl. Abschn. 9.2.2) und der Auswertungen zum Konstrukt Oberflächlichkeit (vgl. Abschn. 9.3) wurden Teile der Daten mehrfach codiert und abschließend mit den theoretisch und empirisch fundierten Kategorien („finales Codierschema") ein erneuter Codierdurchlauf für das gesamte Datenmaterial vorgenommen.

Zusätzlich wurde die semantische Gültigkeit (vgl. Krippendorf, 1980) der Codierungen sichergestellt, indem alle zu einem Code gehörigen Textstellen gesichtet, mit der Codieranweisung für diesen Code verglichen und in ihrer Homogenität geprüft wurden (vgl. Mayring, 2015, S. 126).

Teile der Daten wurden zudem von Kolleginnen der Mathematikdidaktik codiert. Bei der Segmentierung nach Reusser wurden für eine Aufgabe 20 % der Daten von einer Kollegin codiert, die ebenfalls mit dem Reusser-Modell arbeitet. Bei der Auswertung der oberflächlichen Bearbeitungsstrategien wurden mit dem finalen Codierschema 20 % der Daten einer Aufgabe pro mathematischem Thema von einer Kollegin codiert, die gut über den theoretischen Hintergrund und die Auswertungsverfahren informiert ist. Bei der Auswertung zur Oberflächlichkeit der Gesamtbearbeitungen wurden mit dem finalen Codierschema für eine Aufgabe zu proportionalen Zuordnungen 20 % der Daten, für die weiteren drei Aufgaben je 10 % der Daten von derselben Kollegin codiert.

Zur Steigerung der Qualität der Auswertungen wurden die Codierungen der verschiedenen Codierer und aus den verschiedenen Codierdurchläufen verglichen und über unterschiedlich codierte Stellen diskutiert, sodass eine verbesserte, begründete Endfassung der Codierung erstellt werden konnte. Da die Analysen zu Zusammenhängen (vgl. Abschn. 9.4) auf der Codierung der Gesamtbearbeitungen hinsichtlich Oberflächlichkeit basieren, wurden bei dieser Auswertung zudem alle Codierungen, bei denen keine 100 %-ige Sicherheit bei der Zuteilung des Codes vorlag, mit der zweitcodierenden Kollegin diskutiert und so abgesichert. Über das in diesem Absatz beschriebene Vorgehen ist eine „argumentative Interpretationsabsicherung [...] [sowie eine] kommunikative Validierung" (Mayring, 2015, S. 125; Einfügung SaS) der Auswertungen gegeben.

Die Reliabilität bzw. Objektivität der Auswertungen ist gegeben, wie die folgende Angabe der Intercoderreliabilitäten (vgl. Mayring, 2015, S. 124) zeigt. Bei der *Reusser-Segmentierung* wurde dazu das von Cohen entwickelte Maß Kappa gewählt, da es sich um kategoriale Codes handelt. Der Kappa-Wert liegt insgesamt im guten Bereich (0,72) und für jedes einzelne betrachtete Transkript zwischen 0,60 und 0,9, sodass teilweise sogar eine sehr gute Übereinstimmung vorliegt. Da aufgrund des hohen zeitlichen Codieraufwands dieser Auswertung nur 10 % der Daten einer Aufgabe von einer anderen Person codiert wurden, wurde hier zudem die Intraraterreliabilität[6] zwischen dem ersten und zweiten vollständigen Codierdurchlauf bestimmt. Die Kappa-Werte liegen insgesamt für 4945 verglichene Codes bei 0,70, bei den einzelnen Aufgaben je zwischen 0,60 und 0,75. Obwohl nach dem ersten Codierdurchlauf das Manual noch überarbeitet wurde und mehrfach Flüchtigkeitsfehler identifiziert werden konnten, liegt somit insgesamt eine gute Übereinstimmung vor. Bei der *Auswertung der oberflächlichen Bearbeitungsstrategien* ist der Kappa-Wert kein aussagekräftiges Maß, da den meisten Codiereinheiten kein Code (also keine oberflächliche Bearbeitungsstrategie) zugeordnet wurde[7]. Da die Codierung jedoch mit großer Sorgfalt vorgenommen und bei jeder Codiereinheit begründet entschieden wurde, ob dieser ein Code zugeordnet wird oder nicht, wird die Intercoderreliabilität mit der prozentualen Übereinstimmung angegeben. Diese beläuft sich insgesamt auf 87 %, bei der Aufgabe zur proportionalen Zuordnung auf 83 % und bei der Aufgabe zum exponentiellen Wachstum auf 90 %. Insgesamt liegt also eine sehr gute Übereinstimmung vor. Bei der *Auswertung der Gesamtbearbeitungen hinsichtlich Oberflächlichkeit* wird die Intercoderreliabilität über den Kappa-Wert angegeben. Dieser beläuft sich insgesamt auf $\kappa = 0{,}79$, bei den Aufgaben zu proportionalen Zuordnungen auf $\kappa = 0{,}78$ und bei den Aufgaben zum exponentiellen Wachstum auf $\kappa = 0{,}79$. Damit befinden sich die Werte an der Grenze zwischen einer guten und sehr guten Intercoderreliabilität.

Diese vorgenommenen Auswertungsverfahren wurden in Codiermanualen dokumentiert und bei der Auswertung wurde sich streng hieran orientiert, sodass die Gütekriterien „Verfahrensdokumentation, […] [und] Regelgeleitetheit" (Mayring, 2015, S. 125) erfüllt sind. Die „Triangulation" (ebd.) ist sichergestellt, da zur Erstellung der Kategorien verschiedene Herangehensweisen kombiniert wurden und die Studie grundsätzlich triangulär ausgelegt ist (vgl. Abschn. 6.2).

---

[6]Die Berechnung der Intraraterreliabilität ist bei dieser Auswertung sinnvoll, da zwischen dem ersten und dem zweiten vollständigen Codierdurchlauf zeitlich circa ein halbes Jahr Abstand bestand. Da während dieses Zeitraums eine Beschäftigung mit anderen Teilen des Dissertationsprojekts erfolgte, kann die zweite Codierung als unabhängig von der ersten angesehen werden.

[7]Berechnet man die Kappa-Werte trotzdem, so ergibt sich für die Aufgaben zu proportionalen Zuordnungen ein Kappa-Wert von 0,56 knapp unterhalb des guten Bereichs, und für die Aufgaben zum exponentiellen Wachstum ein guter Kappa-Wert von 0,6.

## 9.5.3 Güte der Auswertungen zu Zusammenhängen

In diesem Abschnitt wird auf die Güte der Auswertungen zu Zusammenhängen eingegangen. Dazu werden im Folgenden die drei klassischen Gütekriterien Objektivität, Reliabilität und Validität und das Kriterium der Gültigkeit (vgl. Abschn. 9.5.1) je für die verschiedenen in den Analysen betrachteten Faktoren dargelegt.

Das Gütekriterium der Objektivität ist für die vorliegenden Analysen erfüllt. Der Hintergrundfaktor der Sprachkompetenz ist auswertungsobjektiv, da der C-Test nach einem festen Manual ausgewertet wird, und interpretationsobjektiv, da die Einteilung in die Sprachkompetenzgruppen vergleichbar zum Vorgehen in anderen Studien ist und vorgeschrieben wurde (vgl. Abschn. 7.1.2). Die bei der Bearbeitung der Mathematikaufgaben gezeigte Mathematikleistung ist auswertungsobjektiv, da die Auswertung nach „im Wesentlichen richtig" und „nicht im Wesentlichen richtig" nach einem Manual erfolgte. Sie ist interpretationsobjektiv, da mit dem prozentualen Anteil weitergearbeitet wurde. Die gezeigte Oberflächlichkeit ist auswertungs- und interpretationsobjektiv, da die dazu erforderlichen qualitativen Analysen und Interpretationen in ihrer Güte gesichert sind (vgl. Abschn. 9.5.2) und auf einem Manual basieren.

Das Gütekriterium der Reliabilität ist erfüllt, da zur Erhebung der Sprachkompetenz ein bestehender reliabler Test genutzt wurde. Bei der gezeigten Mathematikleistung und Oberflächlichkeit ist zu berücksichtigen, dass die Tagesform der Lernenden einen großen Einfluss auf ihre Bearbeitung nimmt, was jedoch nicht kontrolliert werden kann.

Das Kriterium der Validität ist ebenfalls erfüllt. Die erhobene Sprachkompetenz ist inhalts- und kriteriumsvalide, da zur Erhebung ein vorhandenes valides Instrument verwendet wurde. Sie ist konstruktvalide, da z. B. wenige zugleich sprachlich schwache und mathematikstarke Lernende gefunden wurden, was sich mit dem bestehenden Zusammenhang zwischen Sprachkompetenz und Mathematikleistung (vgl. z. B. Prediger et al., 2015; vgl. Abschn. 2.3.1) begründet. Die gezeigte Mathematikleistung ist für die beiden betrachteten Themenbereiche und die betrachteten Aufgaben inhaltsvalide und mit theoretischen Überlegungen auch über diese Aufgaben hinaus. Sie ist kriteriumsvalide, da ein vergleichbares Verhalten der Lernenden in einer Klassenarbeit oder Prüfung wahrscheinlich ist. Sie ist konstruktvalide, da Lernende mit schlechteren Mathematiknoten weniger Aufgaben im Wesentlichen richtig bearbeiteten. Die gezeigte Oberflächlichkeit ist inhaltsvalide, da sie entsprechend des erstellten Konstrukts erfasst wurde. Sie ist kriteriumsvalide, da davon ausgegangen wird, dass in vergleichbaren Aufgaben ein ähnliches Verhalten gezeigt wird. Sie ist konstruktvalide, da die Ergebnisse den zuvor erstellten Hypothesen entsprechen.

Das Kriterium der Gültigkeit der Analysen ist weitestgehend erfüllt. Die Analysen besitzen eine interne Gültigkeit, da alle aus Theorie und Empirie bekannten relevanten Hintergrundfaktoren[8] berücksichtigt wurden. Da Oberflächlichkeit in dieser Studie explorativ als Mediator untersucht wurde, sind andere Erklärungen des Zusammenhangs grundsätzlich denkbar und müssten in Folgestudien im Vergleich zur Oberflächlichkeit betrachtet werden. Die Analysen besitzen äußere Gültigkeit, da sie aufgrund theoretischer Überlegungen über die Aufgaben hinaus generalisierbar sind. Allerdings wäre dies ebenso wie die Übertragbarkeit auf andere Personen empirisch mit anderen Aufgaben und Themengebieten und einer anderen Stichprobe zu überprüfen. Statistische Gültigkeit ist gegeben, da zwar eine kleine Stichprobe vorliegt, diese aber auf der Basis theoretischer Überlegung bewusst gewählt wurde, die Messinstrumente den Gütekriterien entsprechen und Fehler in der Anwendung statistischer Verfahren durch die Prüfung der Voraussetzungen vermieden werden sollen. Dabei sind die Voraussetzungen nicht ideal aber für heuristisch-explorative Untersuchungen hinreichend erfüllt.

---

[8]Nicht berücksichtigt wurde die Intelligenz der Lernende, wobei jedoch in anderen Studien gezeigt wurde, dass sie sowohl die Sprachkompetenz als auch die Mathematikleistung beeinflusst. Es wird entsprechend berücksichtigt, dass Intelligenz auch immer einen Teil der Leistungsunterschiede mit erklärt.

# Teil III

# Ergebnisse zum Konstrukt Oberflächlichkeit

Um das aus den vorliegenden Theorie-Elementen fundierte Konstrukt Oberflächlichkeit zu prüfen, zu überarbeiten und anwendbar zu machen, werden zunächst
die konkreten Aufgabenbearbeitungen hinsichtlich oberflächlicher Bearbeitungsstrategien (Kap. 10) und der Oberflächlichkeit der Gesamtbearbeitung
(Kap. 11) analysiert. Im Anschluss werden die eingesetzten Aufgaben hinsichtlich ihrer oberflächlichen Lösbarkeit untersucht (Kap. 12). Die Ergebnisse und die überarbeiteten Teilkonstrukte werden in Kapitel 13 im theoretisch
und empirisch fundierten Oberflächlichkeits-Konstrukt zusammengefasst und
mit einem intuitiven Verständnis von Mathematiklehrkräften und Mathematikdidaktikerinnen und -didaktikern verglichen.

Als Hintergrund für die folgenden Erläuterungen werden vorab die sich stark
unterscheidenden Lösungshäufigkeiten bei den sechs zu bearbeitenden Teilaufgaben dargestellt (vgl. Abb. III.1). Da manchen der insgesamt 31 Lernenden

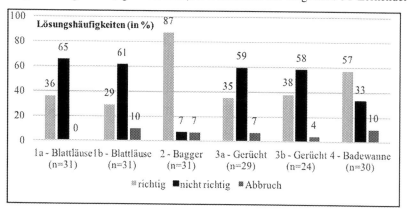

**Abb. III.1** Lösungshäufigkeiten der einzelnen Aufgaben

aus Zeitgründen nicht jede Aufgabe vorgelegt wurde, werden die Lösungshäufigkeiten zur besseren Vergleichbarkeit trotz kleiner Fallzahlen in Prozent angegeben. Es zeigt sich, dass die Aufgabe „Bagger" empirisch gesehen am leichtesten war, an zweiter Stelle lag die Aufgabe „Badewanne" und am schwierigsten waren die beiden Aufgaben zum exponentiellen Wachstum.

# Identifikation oberflächlicher Bearbeitungsstrategien

**10**

Die oberflächlichen Bearbeitungsstrategien, welche die Lernenden bei der Bearbeitung der vorgelegten Aufgaben einsetzten, wurden mit einer deduktiv-induktiven Analyse (zum Vorgehen vgl. Abschn. 9.3.1) identifiziert. Die in diesem Kapitel dargestellte Analyse mit ihren Ergebnissen dient der Beantwortung der Forschungsfrage F1:

> **F1: Welche oberflächlichen Bearbeitungsstrategien lassen sich in konkreten Bearbeitungsprozessen identifizieren und wie lassen sich diese in das Prozessmodell nach Reusser einordnen?**

Damit im Folgenden die Einordnung oberflächlicher Bearbeitungsstrategien in das Prozessmodell nach Reusser besser nachzuvollziehen ist, wird zunächst beispielhaft ein Bearbeitungsprozess einer Teilaufgabe („Gesamtbearbeitung") eines Lernenden mit seiner Segmentierung in die Bearbeitungsphasen des Prozessmodells vorgestellt (Abschn. 10.1). Es folgt die Analyse und somit auch die Vorstellung der zwölf identifizierten oberflächlichen Bearbeitungsstrategien mitsamt ihrer Verortung im Prozessmodell (Abschn. 10.2). Dazu werden verschiedene Beispiele, unter anderem aus der zuvor dargestellten Bearbeitung, herangezogen. Die Analyse mündet in einer zusammenfassenden Darstellung des Teilkonstrukts „Oberflächliche Bearbeitungsstrategien", das als Teil des Oberflächlichkeits-Konstrukts ein Ergebnis dieser Arbeit darstellt (Abschn. 10.3).

© Der/die Herausgeber bzw. der/die Autor(en), exklusiv lizenziert durch Springer Fachmedien Wiesbaden GmbH, ein Teil von Springer Nature 2020
S. Schlager, *Zur Erforschung des Zusammenhangs zwischen Sprachkompetenz und Mathematikleistung,* Essener Beiträge zur Mathematikdidaktik, https://doi.org/10.1007/978-3-658-31871-0_10

## 10.1   Beispiel einer in Bearbeitungsphasen segmentierten Gesamtbearbeitung

Zur besseren Nachvollziehbarkeit der Erläuterungen zu den einzelnen oberflächlichen Bearbeitungsstrategien und ihrer Einordnung in das Prozessmodell nach Reusser in den folgenden Abschnitten wird zunächst beispielhaft eine Gesamtbearbeitung mit ihrer Segmentierung in die Bearbeitungsphasen des adaptierten Prozessmodells vorgestellt. Hierdurch wird erkennbar, wie eine Anwendung dieses Modells auf konkrete Bearbeitungsprozesse erfolgen kann, und dass somit nicht nur eine theoretische, sondern auch eine empirische Einordnung von Bearbeitungsstrategien in das Prozessmodell möglich wird. Dazu wird das adaptierte Prozessmodell (vgl. Abb. 9.2) verwendet.

Exemplarisch wird die Gesamtbearbeitung der Aufgabe „Badewanne" des Lernenden Tim betrachtet. Tim, der zu der Gruppe der sprachlich schwachen aber mathematikstarken Lernenden gehört, wurde ausgewählt, weil seine Bearbeitungen der sechs Teilaufgaben diverse oberflächliche Bearbeitungsstrategien aufweisen und im Grad ihrer Oberflächlichkeit variieren. Entsprechend wird die Erläuterung der oberflächlichen Bearbeitungsstrategien in Abschn. 10.2 immer wieder an Bearbeitungen von Tim erfolgen. Zur Darstellung der Segmentierung einer Gesamtbearbeitung wurde seine Bearbeitung der Aufgabe „Badewanne" gewählt, da diese und ihre Segmentierung in die Bearbeitungsphasen gut nachvollziehbar ist und eine gute Länge für eine vollständige Präsentation aufweist. Zudem stellt sie ein interessantes Beispiel einer Bearbeitung dar, die trotz verschiedener oberflächlicher Bearbeitungsstrategien und Fehlern letztlich zur Lösung geführt hat. Abb. 10.1 zeigt die Aufgabe sowie das, was Tim dazu aufgeschrieben hat.

---

**4) Badewanne**

Eine Badewanne hat einen Kaltwasserhahn und einen Warmwasserhahn. Die Badewanne wird mit 135 Litern Wasser gefüllt. Wenn beide Wasserhähne geöffnet sind, dauert es 9 Minuten, bis die Badewanne gefüllt ist. Wenn nur der Kaltwasserhahn geöffnet ist, dauert es 7,5 Minuten länger als mit beiden Wasserhähnen.

Wie viel Liter Wasser kommen pro Minute aus dem geöffneten Kaltwasserhahn? Notiere deine Rechnung.

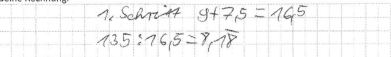

**Abb. 10.1**   Bearbeitung der Aufgabe „Badewanne" von Tim

Während der folgenden Beschreibung von Tims Bearbeitung der Aufgabe „Badewanne" wird jeweils die zugeordnete Bearbeitungsphase des adaptierten Prozessmodells in Klammern kursiv angegeben. Das vollständige Transkript der Bearbeitung, seine Segmentierung und Zuordnung zu den Bearbeitungsphasen ist Tabelle 10.1 zu entnehmen, die im Folgenden angegebenen Zeilennummern verweisen hierauf.

Tim liest zunächst den Aufgabentext (Z. 1, *Problemtext*), wobei er sich mehrfach verliest und bei manchen Wörtern mehrfach ansetzt. Im Anschluss rekapituliert er die Situation, dass zwei Wasserhähne 9 Minuten zur Füllung benötigen und der Kaltwasserhahn 7,5 Minuten länger (Z. 4, *Situationsverständnis*). Daraus leitet er den Term „9+7,5" ab (Z. 5, *Verknüpfungsstruktur*) und berechnet diesen korrekt (Z. 7, *Numerische Antwort*). Das Ergebnis 16,5 interpretiert er als (zeitliche) Länge (Z. 8, *Situationsbezogene Antwort*).

Als nächstes liest der Schüler erneut die Frage und die Aufgabenstellung (Z. 9, *Problemtext*) und rekapituliert die Situation unter Berücksichtigung des neu gewonnenen Zwischenergebnisses, dass der Kaltwasserhahn 16,5 Minuten für die Füllung benötigt (Z. 10, 12, *Situationsverständnis*). Es folgt der erste falsche Ansatz, bei dem er direkt im Taschenrechner den Term „1,5·10" erstellt (Z. 14, *Verknüpfungsstruktur*) und berechnet (Z. 15, *Numerische Antwort*). Tim verändert diesen Ansatz mit der Wahl der Zahl 11 als zweitem Faktor (1,5·11) (Z. 16, *Verknüpfungsstruktur*) und erhält 16,5 (Z. 17, *Numerische Antwort*). Er deutet daraufhin als Endergebnis die Zahl 11 als „pro Minute (…) 11 Liter" (Z. 19, *Situationsbezogene Antwort*). Vermutlich hat Tim also versucht, eine Multiplikation zur Berechnung der gesuchten Liter pro Minute zu finden, deren Ergebnis 16,5 ist. Als ersten Faktor hat er dabei jeweils die 1,5 gewählt, die möglicherweise als Ergebnis einer Subtraktion der beiden im Text gegebenen Zeiten 9 und 7,5 Minuten entstanden ist.

Im Folgenden beurteilt Tim diese Lösung als falsch (Z. 20, *Beurteilung*). Mit dem Ansatz „16,5·11" (Z. 22, *Verknüpfungsstruktur*), der ihm als Ergebnis 181 (und nicht 135) liefert (Z. 24, *Numerische Antwort*) prüft er vermutlich, ob 11 als Ergebnis in Frage kommt.

Nach einer nicht definierbaren Phase, in der der Schüler quasi nicht redet (Z. 26, *nicht definierbar*), folgt der richtige Ansatz „135:16,5" (Z. 22, *Verknüpfungsstruktur*) mit der Lösung 8,$\overline{18}$ (Z. 29, *Numerische Antwort*). Doch auch diese wird zunächst wieder verworfen (Z. 31, *Beurteilung*). Ein Metakommentar (Z. 32) zeigt die Unsicherheit des Schülers.

Tim liest erneut die Fragestellung (Z. 34, *Problemtext*), rekapituliert die Situation (Z. 36, *Situationsverständnis*) und liest erneut den Aufgabentext (Z. 37,

*Problemtext*). In die dort geschilderte Situation ordnet er seine erste Zwischenantwort 16,5 ein (Z. 38, *Situationsbezogene Antwort*). Dann liest er ein weiteres Mal die Fragestellung (Z. 39, *Problemtext*) und beantwortet die Frage mit seinem ersten Endergebnis 11 Liter pro Minute (Z. 41, *Situationsbezogene Antwort*). Er verwirft die Antwort wieder (Z. 43, *Beurteilung*) und versucht erneut den Ansatz der Multiplikation mit 1,5 (Z. 45, *Verknüpfungsstruktur*). Auch diesen verwirft Tim wieder und kehrt zum richtigen Ansatz „135:16,5" zurück (Z. 46, *Verknüpfungsstruktur*), mit dem er das Ergebnis 8,$\overline{18}$ erhält (Z. 47, *Numerische Antwort*). Er notiert dieses (Z. 48–50), überprüft noch einmal das berechnete Zwischenergebnis 16,5 mit dem Taschenrechner (Z. 51, *Rechnen/Operieren*) und beurteilt es als richtig (Z. 52, *Beurteilung*). Abschließend formuliert er mündlich einen Antwortsatz (Z. 53, *Situationsbezogene Antwort*).

Das so codierte Transkript der Bearbeitung von der Aufgabe „Badewanne" kann in das folgende Prozessverlaufsdiagramm überführt werden (vgl. Abb. 10.2).

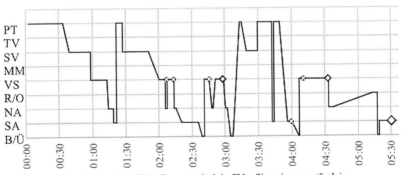

Tim - C0M1 - Badewanne
x = ab der gerade abgeschlossenen Phase nicht mehr fachlich tragfähig
Raute = ab der gerade abgeschlossenen Phase wieder fachlich tragfähig
große Raute am Ende = Gesamtbearbeitung als richtig gewertet

PT = Problemtext, TV = Textverständnis, SV = Situationsverständnis,
MM = Aufbau mathematisches Modell, VS = Verknüpfungsstruktur erstellen,
R/O = Rechnen / Operieren, NA = Numerische Antwort,
SA = Situationsbezogene Antwort, B/Ü = Beurteilen / Überprüfen

**Abb. 10.2** Prozessverlaufsdiagramm, Tim, Badewanne

Am Diagramm ist abzulesen, dass der Bearbeitungsprozess in den ersten zwei Minuten regelmäßig durch die Bearbeitungsphasen des Prozessmodells verläuft und fachlich tragfähige Überlegungen aufweist. Ab dem dann auftretenden Fehler werden die Phasen des Prozessmodells nach Reusser sehr sprunghaft durchlaufen, wobei eine Vielzahl an fachlich nicht tragfähigen Ansätzen sich mit dem fachlich tragfähigen Ansatz abwechselt. Alle diese Ansätze werden jedoch von Tim als falsch beurteilt. Nach gut drei Minuten erfolgt eine fast einminütige Rückkehr zum Problemtext, die zunächst zur Rekapitulation von zwei fachlich nicht tragfähigen Lösungswegen, aber schlussendlich zur Wahl eines fachlich tragfähigen Lösungswegs und dessen Notation führt. Der formulierte Antwortsatz bestätigt noch einmal das für richtig gehaltene Ergebnis.

**Tabelle 10.1** Tim – Aufgabe „Badewanne" – Transkript mit Zuordnung der Bearbeitungsphasen

| Z. | Transkript Tim | Bearbeitungsphasen Code (Untercode) |
|---|---|---|
| 1 | ((dreht das Blatt um)) (..) | Vor-/Nachgeschehen (Vorgeschehen) |
| 2 | ((liest vor:)) „Badewanne. Eine Badewanne hat einen Kaltwasserhahn und einen (.) Warmwasserhahn. Die Badewanne wird mit Hundertacht/ 135 Litern Wassern gefüllt. Wenn beide Wasserhähne geöffnet sind, dauert das/ dauert es 9 Minuten bis die Badewanne gefüllt ist. Wenn nur de/ der Kaltwasserhahn geöff/ geöffnet ist, dauert es 7,5 Minuten länger als mit den/ mit beiden Wasserhähnen. Wie viel Liter Wasser kommen pro Minute aus dem geöffneten (.) Kaltwasserhahn? Notiere deine Rechnung." | Problemtext (Text lesen) |
| 3 | (…) | nicht definierbar (reine Pause) |
| 4 | Also wenn (.) wenn (..) Wenn zwei/ also wenn beide offen sind, dauert es 9 Minuten. Wenn nur das Kaltwasserhahn geöffnet ist, dauert es 7,5 Minuten länger. | Situationsverständnis |
| 5 | Also muss man zuerst (.) erster Schritt wäre dann ((schreibt „1. Schritt")) erster Schritt wäre dann 9+7,5 ((schreibt „9+7,5")) | Verknüpfungsstruktur (Verknüpfungsstruktur erstellen) |
| 6 | (..) | nicht definierbar (reine Pause) |
| 7 | ((schreibt „=")) wären dann 16,5 ((schreibt „16,5")). | Numerische Antwort (Zwischenergebnis ohne Einheiten) |
| 8 | Also 16,5 Minuten Länge. | Situationsbezogene Antwort (Deutung Zwischenergebnis) |

(Fortsetzung)

**Tabelle 10.1**   (Fortsetzung)

| Z. | Transkript Tim | Bearbeitungsphasen Code (Untercode) |
|---|---|---|
| 9 | ((liest leise)) ((liest vor:)) „Wasser kommt pro Minute aus dem geöffneten Kaltwasser… Notiere deine" | Problemtext (Text lesen) |
| 10 | Also wenn nach ne/ wenn nach 16,5 (.) 16,5 Minuten (..) 135 Liter Wasser gefüllt wird (.) nämlich Kaltwasser. Dann wird jede Minute | Situationsverständnis |
| 11 | (5s) | nicht definierbar (reine Pause) |
| 12 | jede Minute wird dann | Situationsverständnis |
| 13 | (…) | nicht definierbar (reine Pause) |
| 14 | ((tippt in den Taschenrechner „1,5·10")) 1,5·10 | Verknüpfungsstruktur (im Taschenrechner) |
| 15 | wären 15. | Numerische Antwort (Zwischenergebnis ohne Einheiten) |
| 16 | ((tippt in den Taschenrechner „1,5·11=")) 1,5·11 | Verknüpfungsstruktur (im Taschenrechner) |
| 17 | wären 16,5. | Numerische Antwort (Zwischenergebnis ohne Einheiten) |
| 18 | (…) | nicht definierbar (reine Pause) |
| 19 | Also würde das (…) pro Minute (…) 11 Liter. | Situationsbezogene Antwort (Deutung Endergebnis) |
| 20 | Nein. | Beurteilung (richtig / falsch) |
| 21 | (…) | nicht definierbar (reine Pause) |
| 22 | Dann muss ich ((tippt in den Taschenrechner „16,5·11=")) 16,5·11 | Verknüpfungsstruktur (im Taschenrechner) |
| 23 | (.) | nicht definierbar (reine Pause) |
| 24 | sind 181. | Numerische Antwort (Zwischenergebnis ohne Einheiten) |
| 26 | (…) Wieso | nicht definierbar |
| 27 | 135 ((tippt in den Taschenrechner „135:16,5=")) 135:16,5 | Verknüpfungsstruktur (im Taschenrechner) |
| 28 | (..) | nicht definierbar (reine Pause) |
| 29 | ((Taschenrechner zeigt „8.181818182")) (..) 8, (.) 18. | Numerische Antwort (Endergebnis ohne Einheiten) |

(Fortsetzung)

**Tabelle 10.1** (Fortsetzung)

| Z. | Transkript Tim | Bearbeitungsphasen Code (Untercode) |
|---|---|---|
| 30 | (..) | nicht definierbar (reine Pause) |
| 31 | Nee. | Beurteilung (richtig / falsch) |
| 32 | Jetzt weiß ich nicht wie es/ wie ich das machen soll. | Metakommentar |
| 33 | (…) | nicht definierbar (reine Pause) |
| 34 | ((liest vor:)) „Kommen pro Minute aus dem geöffneten" | Problemtext (Text lesen) |
| 35 | (…) | nicht definierbar (reine Pause) |
| 36 | Minuten. 135 Liter Wasser gefüllt wird. (.) Die Badewa/ Badewa/ | Situationsverständnis |
| 37 | ((liest vor:)) „Die Badewanne wird mit 135 Litern Wasser gefüllt. Wenn beide Wasserhähne geöffnet sind, dauert es 9 Minuten (..) bis die Badewanne gefüllt. Wenn nur der Kaltwasserhahn geöffnet ist, dauert es 7,5 Minuten länger." | Problemtext (Text lesen) |
| 38 | Also 16,5. | Situationsbezogene Antwort (Deutung Zwischenergebnis) |
| 39 | ((liest vor:)) „Wie viel Liter Wasser kommen pro Minute aus dem geöffneten Wasserhahn? Notiere deine Rechnung." | Problemtext (Text lesen) |
| 40 | (…) | nicht definierbar (reine Pause) |
| 41 | Ja, dann kommen da 11 Liter pro Minute. | Situationsbezogene Antwort (Deutung Endergebnis) |
| 42 | (…) | nicht definierbar (reine Pause) |
| 43 | Nee. | Beurteilung (richtig / falsch) |
| 44 | ((tippt in den Taschenrechner „1,5·")) 1,5 Mal | Verknüpfungsstruktur (im Taschenrechner) |
| 45 | Nee 1,5 ((unverständlich)) | nicht definierbar |
| 46 | 16,5 Minuten also müsste ich (…) ((tippt in den Taschenrechner „135:16,5=")) 135 geteilt durch 16,5 rechnen. | Verknüpfungsstruktur (im Taschenrechner) |
| 47 | Das wäre dann 8,18 Periode. | Numerische Antwort (Endergebnis ohne Einheiten) |
| 48 | (…) Also (…) | nicht definierbar |

(Fortsetzung)

**Tabelle 10.1** (Fortsetzung)

| Z. | Transkript Tim | Bearbeitungsphasen Code (Untercode) |
|---|---|---|
| 49 | ((schreibt „135")) 135 (…) ((schreibt „:16,5=")) geteilt durch 16,5 wäre ((schreibt „8, $\overline{18}$")) 8, (..) 18 Periode. | nicht definierbar (Wiederholung durch Aufschreiben) |
| 50 | Also wäre das dann (..) | nicht definierbar |
| 51 | ((tippt in den Taschenrechner „9+7,5=")) | Rechnen / Operieren (im Taschenrechner) |
| 52 | Ja. | Beurteilung (richtig / falsch) |
| 53 | Dann. Dann kommt pro Minute 8/ 8, (.) 18 Periode (..) Wasser. aus das Kaltwasser. | Situationsbezogene Antwort (Antwortsatz) |
| 54 | Ja. ((dreht sich zur Interviewerin um)) | Vor-/Nachgeschehen (Nachgeschehen) |

## 10.2 Analyse der einzelnen oberflächlichen Bearbeitungsstrategien

Im Folgenden wird dargelegt, welche oberflächlichen Bearbeitungsstrategien bei der deduktiv-induktiven Analyse der Bearbeitungsprozesse (zum Vorgehen vgl. Abschn. 9.3.1) identifiziert werden können. Damit kann das theoretische Konstrukt „Oberflächliche Bearbeitungsstrategien" überarbeitet, ausdifferenziert und ergänzt werden. Konkret werden die zwölf oberflächlichen Bearbeitungsstrategien ‚oberflächliches Leseverständnis', ‚Assoziation', ‚Schlüsselwortstrategie', ‚oberflächliches Verknüpfen', ‚oberflächliches Ausführen einer Rechenoperation', ‚oberflächlicher Algorithmus', ‚Wechsel der Rechenoperationen', ‚Verbalisierung der Oberflächlichkeit', ‚Ergebnis ohne Sachbezug', ‚unrealistisches Ergebnis ohne Reflexion', ‚oberflächliche Anpassungen und Zuordnungen' und ‚oberflächliche Beurteilungen' im Folgenden (Abschn. 10.2.1–10.2.12) beschrieben, an Beispielen dargestellt, im Verhältnis zu der in Kapitel 4 dargestellten Theorie betrachtet und anschließend anhand theoretischer Überlegungen und empirischer Befunde in das adaptierte Prozessmodell eingeordnet. Die dargestellten oberflächlichen Bearbeitungsstrategien bilden die Grundlage der Gesamtdarstellung dieses Teilkonstrukts des Oberflächlichkeits-Konstrukts und der Beantwortung der ersten Forschungsfrage (Abschn. 10.3).

## 10.2.1 Oberflächliches Leseverständnis

Mit der Strategie ‚oberflächliches Leseverständnis' wird das überlesende Lesen, das falsche Verstehen von Wörtern und ungenaues oder falsches Erfassen von Zusammenhängen innerhalb eines Satzes bzw. das fehlende, falsche oder ungenaue Herstellen von Verknüpfungen im Gesamtzusammenhang bezeichnet. Dabei wird ein Wiedergeben oder Notieren von Informationen, das nicht dem Aufgabentext entspricht, immer als ‚oberflächliches Leseverständnis' gekennzeichnet. Bei Fehlern beim lauten Vorlesen wird unterschieden: Da Lesefehler nicht zwingend ein oberflächliches Lesen bedeuten müssen, wird grundsätzlich davon ausgegangen, dass die entsprechenden Worte nur falsch vorgelesen, aber richtig erfasst wurden. Dies ist zum Beispiel der Fall, wenn bei der Aufgabe „Badewanne" das Wort „Meter" statt „Minuten" gelesen, im Folgenden aber richtig mit Minuten gerechnet wird. Wenn jedoch in einer folgenden Operation erkennbar wird, dass eine falsche Sinnentnahme erfolgt ist, werden Lesefehler bei relevanten Informationen nachträglich als ‚oberflächliches Leseverständnis' markiert. Die Operation gilt dann als folgerichtig abgeleitet und damit als nicht oberflächlich. Dies wäre der Fall, wenn bei der Aufgabe „Badewanne" vorgelesen wird „Der Kaltwasserhahn braucht 7,5 Minuten." und dies im Folgenden in der Operation „135:7,5" mündet. Hier würde also ein ‚oberflächliches Leseverständnis', jedoch keine ‚oberflächliches Verknüpfen' (vgl. Abschn. 10.2.4) vorliegen.

*Beispiele*
Ein prototypisches Beispiel des ‚oberflächlichen Leseverständnisses' befindet sich in Tims Bearbeitung der Teilaufgabe b) der Aufgabe „Blattläuse":

**Transkript – Tim – Blattläuse b)**
1  ((dreht das Blatt um)) (…)
2  ((liest vor:)) „Nach wie vielen Wochen sind mehr als ein/ nach vielen Wochen sind mehr als 21869 Blattläuse auf der Blume? Notiere deine Rechnung."
3  (..)
4  Achso nach WIE vielen Wochen sind mehr als 21000.

Im Transkript lässt sich erkennen, dass der Textanfang zunächst bis zu einem Stocken bei der Zahl korrekt vorgelesen wird. Es folgt ein zweiter Leseansatz, bei dem das Wort „wie" überlesen (Z. 2) und somit die Information nur oberflächlich aufgenommen wird. Die Betonung des Worts „Wie" beim Ausdruck des Textverständnisses nach einer kurzen Pause bestätigt, dass dieses Wort zunächst nicht in seiner Bedeutung wahrgenommen wurde. Es liegt somit ein ‚oberfläch-liches Leseverständnis' im Bereich des Textverständnisses vor. Der Lernende ver-steht den Text also zunächst als Aussage im Sinne von „Nach vielen Wochen sind mehr als 21869 Blattläuse auf der Blume.". Die Pause (Z. 3) zeigt an, dass er ver-unsichert ist, eventuell noch einmal leise den Text liest. Daraufhin kann dieses ‚oberflächliche Leseverständnis' vom Lernenden sehr schnell korrigiert werden (Z. 4). Einige weitere Beispiele der insgesamt 47 gefundenen Stellen zum ‚ober-flächlichen Leseverständnis' sind Tabelle 10.2 zu entnehmen[1].

**Tabelle 10.2**   Weitere Beispiele für ‚Oberflächliches Leseverständnis' bei den einzelnen Aufgaben

**Beispiele für ‚Oberflächliches Leseverständnis'
bei den Aufgaben zu proportionalen Zuordnungen**

|  | Aufgabe „Bagger" | Aufgabe „Badewanne" |
|---|---|---|
| relevanter Kontext | Ausschnitt aus der Aufgabe: […] Wenn der Bagger 364 m³ Erde ausheben soll, benötigt er dafür fünf Tage. Wie viel m³ Erde hebt der Bagger dann durchschnittlich pro Tag aus? […] | Ausschnitt aus der Aufgabe: […] Wenn beide Wasserhähne geöffnet sind, dauert es 9 Minuten, bis die Badewanne gefüllt ist. Wenn nur der Kaltwasserhahn geöffnet ist, dauert es 7,5 Minuten länger als mit beiden Wasserhähnen. Wie viel Liter Wasser kommen pro Minute aus dem geöffneten Kaltwasserhahn? […] |
| **Beispiele für oberfl. Leseverständnis** | – „Der Bagger schafft 364 m³ an 1 Tag." – „Bauarbeiter" statt „Bagger" – „Es ist nach der Menge nach 5 Tagen gefragt." | – „Der Kaltwasserhahn braucht 7,5 Minuten zum Füllen." – „Beide Wasserhähne brauchen 16,5 Minuten." – „Die Frage ist, wie lange die Füllung dauert." – Äußerungen, die zeigen, dass erst nicht alles verstanden wurde (z. B. „Achso, bei Kaltwasser.") |
| *Gegenbeispiele* | – *„(Quadrat-)Meter" statt „Kubikmeter"* – *„1 Bagger entspricht 364 m³"* | – *„Meter" statt „Minuten"* |

(Fortsetzung)

---

[1]Beispiele in „ " sind eine inhaltliche Wiedergabe der Worte der Lernenden, die jedoch zur besseren Verständlichkeit leicht umformuliert wurden (analog für die Tabellen in Abschn. 10.2.2–10.2.12).

**Tabelle 10.2** (Fortsetzung)

**Beispiele für ,Oberflächliches Leseverständnis'**
**bei den Aufgaben zum exponentiellen Wachstum**

| | Aufgabe „Blattläuse" | Aufgabe „Gerücht" |
|---|---|---|
| **relevanter Kontext** | Ausschnitt aus der Aufgabe: [...] Wie viele Blattläuse sind nach vier Wochen auf der Blume? [...] | Ausschnitt aus der Aufgabe: Die Geschwister-Scholl-Gesamtschule hat 1839 Schülerinnen und Schüler. [...]. Jede Person, die das Gerücht kennt, erzählt pro Stunde drei neuen Personen von dem Gerücht. Die Anzahl der Personen, die das Gerücht kennen, vervierfacht sich also jede Stunde. Um 8 Uhr kennt nur Anna das Gerücht. [...] b) Anna vermutet: „Um 14 Uhr kennen dann alle Schülerinnen und Schüler das Gerücht." [...] |
| **Beispiele für oberfläch-liches Leseverständnis** | – „Wie viele Blattläuse kommen pro Woche dazu?" – „Wie viele Blumen sind es?" | – 1839 wird als Jahreszahl verstanden – „vervielfacht" statt „ver-vierfacht" – „Um 8 Uhr kennen es 12 Personen." – „Jede Stunde erzählen 3 Personen das Gerücht." – „alle Schülerinnen und Schüler, also 30" |

*Verhältnis zu den theoretischen Überlegungen*
Auch in der theoretischen Erstellung des Konstrukts Oberflächlichkeit wurde ein
,oberflächliches Leseverständnis' beschrieben, das zu falschem Verständnis und
falschen Bearbeitungen führt. Dieses ,oberflächliche Leseverständnis' zeichnet
sich durch ein Übersehen grammatischer Signale, ein Wahrnehmen von lediglich vereinzelten Informationen und eine Fokussierung auf Schlüsselwörter, die
gründliches Hinsehen verhindert, aus (vgl. Abschn. 4.2.3, vgl. Prediger, 2015b;
Hessisches Kultusministerium & SINUS, 2013). Diese Elemente sind in die zuvor
als Ergebnis der empirischen Analysen beschriebene Strategie ,oberflächliches
Leseverständnis' integriert, sodass diese eine große Nähe zu den theoretischen
Überlegungen aufweist, die die Wahl derselben Bezeichnung begründet. Die

Empirie kann jedoch mithilfe einer Vielzahl an Beispielen diese Bearbeitungs-strategie noch fassbarer machen. Wichtig ist zudem die Feststellung, dass dieses ‚oberflächliche Leseverständnis' auch in der Jahrgangsstufe 10 noch identifizier-bar ist. In den gefundenen Beispielen zeichnet es sich dabei weniger durch einen Fokus auf Schlüsselwörter, als vielmehr durch das falsche Erfassen einzelner Wörter oder das Ignorieren von gelesenen Informationen oder Wörtern aus.

*Einordnung in das Prozessmodell*
Bisher war das ‚oberflächliche Leseverständnis' in der groben Phase Text- und Situationsverständnis im Prozessmodell verortet (vgl. Abschn. 4.4.1). Diese theoretische Einordnung kann nach der Unterfütterung der Kategorie detaillierter vorgenommen werden, da drei Bearbeitungsphasen identifiziert wurden, auf deren Ebene sich das ‚oberflächliche Leseverständnis' befinden kann. Es ist auf der Ebene des *Problemtextes* zu verorten, wenn Wörter falsch gelesen oder überlesen werden, da der laut ausgesprochene Problemtext in diesem Fall nicht mehr dem ursprünglichen Problemtext entspricht. Des Weiteren ist es auf der Ebene des *Text-verständnisses* zu verorten, wenn Wörter falsch verstanden oder Zusammenhänge innerhalb eines Satzes ungenau oder falsch erfasst werden. In beiden Fällen gibt es Probleme beim Übergang vom Problemtext zum Textverständnis. Das ‚oberfläch-liche Leseverständnis' lässt sich zudem auf der Ebene des *Situationsverständnisses* verorten, wenn Informationen nicht, falsch oder ungenau in den Gesamtzusammen-hang gesetzt werden. Dann liegen Probleme beim Übergang vom Problemtext oder Textverständnis zum Situationsverständnis vor. Unabhängig davon, in welcher der Bearbeitungsphasen das ‚oberflächliche Leseverständnis' auftritt, werden die jeweils anderen Phasen trotzdem durchlaufen. Die dargelegte Einordnung ist schematisch der folgenden Tabelle 10.3 zu entnehmen.

Tabelle 10.3 sowie die Tabellen zur Verortung der weiteren oberfläch-lichen Bearbeitungsstrategien im Prozessmodell (in Abschn. 10.2.2–10.2.12) sind wie folgt aufgebaut: Zur besseren Übersichtlichkeit werden die einzel-nen Bearbeitungsphasen des adaptierten Prozessmodells (vgl. Abb. 9.2) in ihrer Abfolge untereinander auf der linken Seite dargestellt. Auf der rechten Seite sind die verschiedenen zuvor beschriebenen Möglichkeiten der Verortung der ober-flächlichen Bearbeitungsstrategie im Prozessverlauf dargestellt. Die oberfläch-liche Bearbeitungsstrategie, hier das ‚oberflächliche Leseverständnis', wird in den Ablauf der Bearbeitungsphasen eingeordnet, indem es die Phase ersetzt, in der es sich verorten lässt. Sie wird durch eine hellgraue Hinterlegung und fette Schrift hervorgehoben. Für den Fall, dass aufgrund einer oberflächlichen Bearbeitungs-strategie Phasen ausgelassen werden, so sind diese dunkelgrau hinterlegt und mit „ / " gekennzeichnet. Die nicht oberflächlichen Bearbeitungsphasen werden auf der rechten Seite durch ihre Abkürzungen repräsentiert.

**Tabelle 10.3** Einordnung von ‚oberflächlichem Leseverständnis' in das adaptierte Prozessmodell

| Bearbeitungsphasen im adaptierten Prozessmodell | Bearbeitungsphasen mit oberflächlichem Leseverständnis | | |
|---|---|---|---|
| Problemtext (PT) | oberfl. Leseverständnis | PT | PT |
| Textverständnis (TV) | TV | oberfl. Leseverständnis | TV |
| Situationsverständnis (SV) | SV | SV | oberfl. Leseverständnis |
| Aufbau math. Modell (MM) | MM | MM | MM |
| Verknüpfungsstruktur (VS) | VS | VS | VS |
| Rechnen / Operieren (R/O) | R/O | R/O | R/O |
| Numerische Antwort (NA) | NA | NA | NA |
| Situationsbezogene Antwort (SA) | SA | SA | SA |
| Beurteilen / Überprüfen (B/Ü) | B/Ü | B/Ü | B/Ü |

Eine Betrachtung der Überschneidungen der Codes zum ‚oberflächlichen Leseverständnis' mit den Codes zu den Bearbeitungsphasen nach dem Prozessmodell im Code-Relations-Browser von MaxQDA bestätigt, dass das ‚oberflächliche Leseverständnis' vor allem in den Phasen *Problemtext* und *Situationsverständnis* vorzufinden ist. Seltener kommt es im *Textverständnis* vor, was sich damit begründen lässt, dass diese Phase kaum codiert werden konnte, da sie meist implizit und automatisiert beim Lesen des Textes abläuft und meist nicht verbalisiert wurde. Interessant ist die Beobachtung, dass das oberflächliche Leseverständnis selten auch in der Phase des *Aufbaus eines mathematischen Modells* verortet ist. Dies ist so zu erklären, dass beispielsweise durch eine sehr knappe Darstellung des Situationsverständnisses manche Aspekte erst beim Erstellen eines Modells verbalisiert werden.

## 10.2.2 Assoziation

Bei der oberflächlichen Bearbeitungsstrategie ‚Assoziation' werden von den Lernenden zu einzelnen Wörtern oder Satzteilen aus dem Problemtext, aus dem gegebenen Kontext oder aus dem von ihnen gewonnen Situationsverständnis Modelle und Operationen assoziiert. So kann beispielsweise ein Einkaufskontext die ‚Assoziation' von proportionalem Wachstum hervorrufen. Auch der Impuls Einheiten umzurechnen ist als ‚Assoziation' zu bezeichnen. Dabei wird von den im Aufgabentext vorhandenen Einheiten die ‚Assoziation' ausgelöst, dass diese umgerechnet werden müssen, egal ob dies für die Lösung der Aufgabe nötig ist oder nicht. Es scheint also die Regel befolgt zu werden „Wenn in der Aufgabe Einheiten gegeben sind (z. B. m, m³, min), so rechne diese um". Neben der einmaligen ‚Assoziation' fällt unter diese Bearbeitungsstrategie auch der Wechsel zwischen verschiedenen Assoziationen, bei dem beispielsweise kurz hintereinander verschiedenste mathematische Themenbereiche genannt werden, die der Lernende mit einem Wort oder dem Kontext der Aufgabe assoziiert.

*Beispiele*

Es konnten 16 Fälle der Strategie ‚Assoziation' identifiziert werden, bei denen eine Umrechnung assoziiert wurde. Dies betraf meist die Umrechnung von zeitlichen Einheiten (7× Wochen in Tage bei der Aufgabe „Blattläuse", 1× Tage in Stunden bei der Aufgabe „Bagger", 2× Minuten in Sekunden bei der Aufgabe „Badewanne"). Auch Volumenangaben wurden versucht umzurechnen (3× Kubikmeter bei der Aufgabe „Bagger", 2× Liter bei der Aufgabe „Badewanne"). Konkret drückt sich diese Strategie zum Beispiel bei Lea wie folgt aus:

**Transkript – Lea – Blattläuse a**

1–3 ((dreht das Blatt um)) ((liest den Text korrekt vor)) Ehm.

4 Also wir haben zehn Blattläuse und die verdreifachen sich jede Woche,

5 [((schreibt „10·3")) also 10·3].

6 Und ehm,

7 da sie sich jede Woche vermehren

8 und eh

9 eine Woche hat 7 Tage

10 rechne ich [10·3 hoch 7 ((schreibt $^{7}$))]

11 ehm.

12 ((liest vor:)) „Wie viele Blattläuse sind nach vier Wochen auf der Blume?"

13 Ehm.

14 Dann würde ich rechnen ((schreibt „7·4")) 7·4, also 7 Tage mal 4 Wochen.

15 [Wären dann ((schreibt „=")] 21. A. Sind [28 ((schreibt „28"))].

16 Ehm.

17 Und dann würde ich aufschreiben [10·3 hoch 28 ((schreibt „10·3²⁸"))].

18 Wären dann ((tippt in den Taschenrechner „10·3^28="))

In dieser Bearbeitung ist die oberflächliche Bearbeitungsstrategie ‚Assoziation' zu identifizieren (Z. 6–9). Hier assoziiert Lea zu dem Begriff „Woche", dass eine

Umrechnung in Tage möglich ist. In der in den Zeilen 5 und 10 entstehenden Verknüpfungsstruktur lässt sich erkennen, dass die Lernende den Aufgabentext in das korrekte mathematische Modell des exponentiellen Wachstums überführt, indem sie die gegebene Anzahl Blattläuse mit dem Vervielfachungsfaktor multipliziert und die Zeitangabe in den Exponenten schreibt. Durch die Assoziation der Umrechnung wird allerdings die 7 und nicht die 4 im Exponenten notiert, was mit einer täglichen Verdreifachung und der Frage nach der Menge nach 7 Tagen und somit einer Woche gleichzusetzen wäre. Nach einem erneuten Lesen der Frage (Z. 12) wird Lea noch einmal darauf gelenkt, dass eine Angabe für die Zeit nach vier Wochen gesucht war, was zur Umrechnung der vier Wochen in 28 Tage führt (Z. 14/15). Dies mündet in der korrigierten Verknüpfungsstruktur „$10 \cdot 3^{28}$" (Z. 17), die nun zwar die Menge nach 28 Tagen und somit vier Wochen angibt, allerdings fälschlicherweise eine tägliche statt wöchentliche Verdreifachung voraussetzt. Es folgen verschiedene andere oberflächliche Strategien, die jeweils zu Ergebnissen führen, mit denen Lea sich nicht als Lösung zufriedengibt. Ein mehrfaches Nachdenken über das Wort „verdreifacht" führt letztendlich dazu, dass Lea schrittweise das korrekte Endergebnis berechnet.

An 26 Stellen wurde der Code ‚Assoziation eines Modells oder einer Operation' vergeben. Meist assoziierten die Lernenden, dass die Bearbeitung mithilfe eines Dreisatzes erfolgen muss (12×). Zudem wurden Begriffe wie Volumen, Masse oder Kapital assoziiert (5×). Außerdem trat die Assoziation verschiedener Rechenoperationen (4×, Wurzel / Summe / 3er-Reihe), verschiedener Funktionen (2×, quadratische / lineare Funktion) und die Assoziation der Prozentrechnung (3×) auf. Die Assoziation eines Dreisatzes ging meist von der Zuordnung einer Zeit zu einer Anzahl aus, wie auch das folgende Transkript zeigt.

**Transkript – Ben – Blattläuse b**

1  ((dreht das Blatt um)) Ok. (…) Ok.

2  ((liest vor:)) „1b. Nach wie vielen Wochen sind es mehr als 21869 Blattläuse auf der Blume? Notiere deine Rechnung."

3/4  gegeben ist (6s)

5  Also nach vier ((schreibt „4 Wochen = 810")) Wochen hatte ich 810.

6  Dann kann ich halt einen Dreisatz machen ((schreibt einen Pfeil))

Der Lernende Ben erkennt richtig, dass er zur Bearbeitung der Teilaufgabe b) das Ergebnis aus der Teilaufgabe a) nutzen kann (Z. 5). Dort hatte er letztlich über eine schrittweise Verdreifachung die richtige Anzahl von 810 Blattläusen nach vier Wochen erhalten. Er schlussfolgert daraus, dass er dann „einen Dreisatz machen" kann (Z. 6). Ben assoziiert den Dreisatz zu den Informationen einer gegebenen Zeitangabe mit dazugehöriger Anzahl und einer gesuchten Zeitangabe für eine weitere gegebene Anzahl. Bei anderen Lernenden wird diese Assoziation bereits in Teilaufgabe a) durch die Zuordnung von 1 Blume und 10 Blattläusen oder der Zuordnung von 1 Woche und 10 Blattläusen und der Frage nach der Anzahl an Blattläusen nach 4 Wochen ausgelöst.

Ein Wechsel zwischen verschiedenen Assoziationen konnte nur in einem Fall identifiziert werden:

**Transkript – Ida – Blattläuse b**

1    ((dreht das Blatt um)) Ah. So.
2/3    ((liest vor:)) „Nach wie vielen Wochen sind mehr als 21.869 Blattläuse auf der Blume? Notiere deine Rechnung." (..)
4    Oh, das hatten wir in der Schule. Was war das nochmal?
5    Irgendwas mit einer Exponential…
6/7    Also. Wenn ich (…) Hm. […]
8    (..) Ich (.)
9    was muss man da machen.
10    Ich muss (.) eh,
11    Achso das stand auf der Formel/ auf dem Formelblatt, genau.
12    ((guckt auf Formelblatt)) Irgendwo stand das. Potenzgesetze waren es nicht.
13    Doch. Ah. Hm. Ehm.
14    Ah genau, der (..) Zins…
15    nein. Doch. Ich weiß es nicht.
16    (…)
17    Zinsgesetze. Potenzgesetze. Was war das nochmal?

Hier ist erkennbar, dass Ida die verschiedenen Assoziationen „Irgendwas mit einer Exponential…" (Z. 5), „Potenzgesetze" (Z. 12), „Zins" (Z. 14), „Zinsgesetze" (Z. 17) und „Potenzgesetze" (Z. 17) kurz nacheinander aufruft. Ausgelöst wird dies dadurch, dass sie sich nach dem Lesen der Aufgabe daran erinnert, eine ähnliche Aufgabe bereits in der Schule bearbeitet zu haben. Die Aufgabe scheint also Wiedererkennungswert zu haben, vielleicht sogar als stereotype Aufgabe (vgl. Abschn. 4.3.4) erkannt zu werden – allerdings weiß Ida nicht mehr genau, für welches mathematische Thema die Aufgabe typisch ist. Dies führt zu einem Wechsel zwischen verschiedenen Assoziationen und im folgenden auch Operationen, vermutlich in der Hoffnung, eine passende Operation oder eine passende Antwort zu finden, die sie aus ihrer Erinnerung heraus als richtig einstufen kann. Die Aufgabe und ihr Kontext rücken dabei völlig in den Hintergrund.

Einige weitere Beispiele aus den insgesamt 43 gefundenen Stellen zur Strategie ‚Assoziation' finden sich in Tabelle 10.4. Da bei den Aufgaben zum gleichen mathematischen Thema jeweils sehr ähnliche Beispiele der oberflächlichen Bearbeitungsstrategie „Assoziation" zu finden sind, werden die weiterführenden Beispiele in Tabelle 10.4 je zusammengefasst für die beiden Aufgaben zu einem mathematischen Thema dargestellt.

**Tabelle 10.4**  Weitere Beispiele für ‚Assoziationen' bei den einzelnen Aufgaben

**Beispiele für ‚Assoziationen'**
**bei den Aufgaben zu proportionalen Zuordnungen (Bagger / Badewanne)**

| relevanter Kontext | tragfähige Ansätze: | *Bagger* | *Badewanne* |
|---|---|---|---|
| | Division: | $364{:}5 = 72,8$ | $135{:}16,5 = 8,\overline{18}$ |
| | 2-zeiliger „Dreisatz": | $364\,m^3 - 5\ \text{Tage}$ | $135\,l - 16,5\ \text{min}$ |
| | | $72,8\,m^3 - 1\ \text{Tag}$ | $8,\overline{18}\,l - 1\ \text{min}$ |
| **Beispiele für Assoziationen** | – Prozent<br>– Verfahren als Schlagwort nennen: „vielleicht Dreisatz? Nee, doch nicht."<br>– Umrechnen ($m^3$ / Tage bzw. Minuten / Liter)<br>z. B. $5{\cdot}24\,h = 120\,h$<br>– typischer 3-zeiliger-Dreisatz z. B. $135\,l - 9\ \text{min}$<br>$15\,l - 1\ \text{min}$<br>$112,5\,l - 7,5\ \text{min}$<br>spezifisch für die Aufgabe „Bagger"<br>– „$m^3$, also Volumen, also Länge·Breite·Höhe"<br>– „$m^3$, also Wurzelziehen" | | |
| **Gegenbeispiele** | *Dreisatz (außer 3-zeilig / Schlagwort)*<br>spezifisch für die Aufgabe „Bagger": *Erkennen, dass $m^3$ eine Volumenangabe ist* | | |
| **relevanter Kontext** | tragfähige Ansätze:<br>– Modell des exponentiellen Wachstums<br>– schrittweise Verdrei- bzw. Vervierfachung | | |
| **Beispiele für Assoziationen** | – Dreisatz (auch Ausführung ohne explizite Benennung)<br>– „Die Frage ist ‚Wie viele?', also muss ich eine Summe berechnen."<br>– Quadratische Funktionen, Lineare Funktionen, $y = m \cdot x + b$<br>– Zinsgesetze, Potenzgesetze<br>spezifisch für die Aufgabe „Blattläuse"<br>– Umrechnen (Woche)<br>– 3er-Reihe | | |
| **Gegenbeispiele** | *„Da müsste man eine Gleichung aufstellen."* | | |

*Verhältnis zu den theoretischen Überlegungen*

In den in der Theorie dargestellten Elementen einer oberflächlichen Bearbeitung findet sich keine der 'Assoziation' entsprechende Strategie. Am ähnlichsten ist die 'Schlüsselwortstrategie', bei der aus gegebenen Signalwörtern eine Verknüpfungsstruktur abgeleitet wird. Verschaffel et al. (2000, S. 12 f.) sprechen hier von der Assoziation der mathematischen Operation, wobei das mathematische Modell übersprungen wird. Bei der hier erläuterten, in den empirischen Analysen identifizierten Strategie 'Assoziation' handelt es sich jedoch gerade um die oberflächliche Assoziation eines solchen mathematischen Modells. Es wird nicht begründet aus dem Situationsverständnis abgeleitet, sondern zu einzelnen Ideen oder Vorstellungen aus dem Problemtext oder dem Situationsverständnis assoziiert. Dabei scheinen der Kontext und die Struktur der gegebenen Informationen einen Auslöser darstellen zu können. Insofern ist diese Strategie rein aus den empirischen Daten entstanden und lässt sich als Ausdifferenzierung der 'Schlüsselwortstrategie' und ihre Anpassung an komplexere mathematische Themen verstehen. Bei arithmetischen Aufgaben bedeutet die Assoziation der Addition zu einem Schlüsselwort sofort, dass das Rechenzeichen „+" zu verwenden ist. Dadurch ist mit dem mathematischen Modell der Addition direkt auch die Verknüpfungsstruktur gegeben (und umgekehrt). Bei komplexeren Themengebieten ist dies nicht so offensichtlich, denn auch wenn ein Lernender weiß, dass es sich um eine Aufgabe zum exponentiellen Wachstum handelt, ist noch nicht offensichtlich, wie die zugehörige Verknüpfungsstruktur aussieht. Zudem reichen einzelne Wörter nicht mehr aus, um Signale für Rechenoperationen (oder Modelle) zu geben. Vielmehr sind es zum einen die Beziehung zwischen den Objekten und zum anderen der Kontext, die als Signal aufgefasst werden können.

*Einordnung in das Prozessmodell*

Die Strategie 'Assoziation' beschreibt die Assoziation von Modellen und Operationen. Das mathematische Modell wird nicht durch Abstraktion erstellt, sondern assoziiert. Somit ist die Strategie in der Bearbeitungsphase des *Aufbaus eines mathematischen Modells* einzuordnen, da Schwierigkeiten beim Übergang zum mathematischen Modell vorliegen. Dabei lassen sich drei Fälle unterscheiden. Wenn ein einzelnes Wort oder ein Satzteil des *Problemtextes* die 'Assoziation' hervorruft, werden die Phasen *Text-* und *Situationsverständnis* übersprungen. Es ist auch möglich, dass die 'Assoziation' an das *Textverständnis* anschließt und somit lediglich das *Situationsverständnis* übersprungen wird. Zudem kann zu einer vom Lernenden entwickelten Situationsvorstellung assoziiert werden, sodass sich die ,Assoziation' an die Phase des *Situationsverständnisses* anschließt, ohne dass eine Phase übersprungen wird. Die dargelegte Einordnung dieser Strategie (in Tabelle 10.5 hellgrau hinterlegt) in das adaptierte Prozessmodell ist schematisch Tabelle 10.5 zu entnehmen, die demselben Aufbau folgt wie Tabelle 10.3. Die Phasen, die bei Einsatz der oberflächlichen Bearbeitungsstrategie ,Assoziation' ausgelassen werden, sind in der Tabelle durch „ / " gekennzeichnet und dunkelgrau hinterlegt.

**Tabelle 10.5** Einordnung von ,Assoziation' in das adaptierte Prozessmodell

| Bearbeitungsphasen im adaptierten Prozessmodell | Bearbeitungsphasen mit Assoziation | | |
|---|---|---|---|
| Problemtext (PT) | PT | PT | PT |
| Textverständnis (TV) | / | TV | TV |
| Situationsverständnis (SV) | / | / | SV |
| Aufbau math. Modell (MM) | Assoziation | Assoziation | Assoziation |
| Verknüpfungsstruktur (VS) | VS | VS | VS |
| Rechnen / Operieren (R/O) | R/O | R/O | R/O |
| Numerische Antwort (NA) | NA | NA | NA |
| Situationsbezogene Antwort (SA) | SA | SA | SA |
| Beurteilen / Überprüfen (B/Ü) | B/Ü | B/Ü | B/Ü |

Eine Betrachtung der Überschneidungen der Codes zur ,Assoziation' mit den Codes zu den Bearbeitungsphasen im Code-Relations-Browser von MaxQDA zeigt, dass der Code hauptsächlich und zu großer Mehrheit in der Phase des *Aufbaus eines mathematischen Modells* zu finden ist. Deutlich seltener findet er sich in den Phasen *Verknüpfungsstruktur* erstellen, *Numerische Antwort* oder *Rechnen / Operieren*. Dies liegt daran, dass die Assoziationen nicht immer expliziert, sondern manchmal direkt in eine Rechenoperation umgesetzt werden. Dies bedeutet jedoch, dass die ,Assoziation' im *mathematischen Modell* des Lernenden stattgefunden hat, auch wenn dieses nicht verbalisiert wurde.

## 10.2.3 Schlüsselwortstrategie

Bei der ,Schlüsselwortstrategie' wird die Verknüpfungsstruktur aus einzelnen Wörtern, Satzteilen oder aus dem Text entwickelten Vorstellungen abgeleitet.

*Beispiele*
Tim wendet diese Strategie bei der Teilaufgabe b) der Aufgabe „Blattläuse" an:

**Transkript – Tim – Blattläuse b)**
33    Keine Ahnung.
34    (..)
35    Oder ich mach einfach ((schreibt „21869:3")) 21869:3 ((schreibt „=")) ist gleich
36    ((tippt in den Taschenrechner „21869:3=")) 21869:3
37-47 [...] ((erneutes Lesen und Überlegung ob eine Multiplikation nötig ist – Nein))
48    ((tippt in den Taschenrechner „21869:3=")) 21869:3,
49    das sind 7289,6 Periode.
50    (5s)
51    ((schreibt „7289,6 Periode")) 89,6 Periode.
52    Ja ich glaub das ist. ((dreht sich zur Interviewerin um))

Nachdem er mit seinen anfänglichen Überlegungen nicht weitergekommen ist und „Keine Ahnung" (Z. 33) mehr hat, bedient er sich der ‚Schlüsselwortstrategie'. Dass er eine Division durch 3 durchführen muss, folgert er aus dem gegebenen Wort „verdreifacht" (Teilaufgabe a) und daraus, dass sich die Rechenrichtung umgekehrt hat, weil statt der Blattläuseanzahl die Wochenanzahl gesucht wird. Diese Entscheidung stützt er nicht mit situativen oder mathematischen Begründungen. Das zeigt sich auch im Ergebnis, das in seiner numerischen Form ohne jegliche Interpretation das Ende der Bearbeitung darstellt. Dass der Schüler nicht wusste, wie er die Aufgabe bearbeiten sollte, löste somit die oberflächliche Schlüsselwortstrategie aus, die das Endergebnis auf der Ebene der symbolischen Mathematik ohne Rückkopplung zum Sachzusammenhang verbleiben ließ.

Einige weitere Beispiele aus den insgesamt 11 gefundenen Stellen zur ‚Schlüsselwortstrategie' finden sich in Tabelle 10.6.

**Tabelle 10.6**  Weitere Beispiele für ‚Schlüsselwortstrategien' bei den einzelnen Aufgaben

**Beispiele für ‚Schlüsselwortstrategien'**
**bei den Aufgaben zu proportionalen Zuordnungen**
*(„…" = Schlüsselwort bzw. -ausdruck;*
*hinter dem Pfeil (→) steht die abgeleitete Rechenoperation)*

|  | Aufgabe „Bagger" | Aufgabe „Badewanne" |
|---|---|---|
| **Beispiele für Schlüssel-wortstrategien** | / | – „es sind 2, ich brauche einen" → :2 (außer wenn Modell: „brauchen gleich lang") <br> – „7,5 Minuten länger" → 135+7,5 <br> – „pro Minute" → :1 bzw. :60 |

**Beispiele für ‚Schlüsselwortstrategien'**
**bei den Aufgaben zum exponentiellen Wachstum**
*(„…" = Schlüsselwort bzw. -ausdruck;*
*hinter dem Pfeil (→) steht die abgeleitete Rechenoperation)*

|  | Aufgabe „Blattläuse" | Aufgabe „Gerücht" |
|---|---|---|
| **Beispiele für Schlüssel-wortstrategien** | b): Es erfolgen verschiedene Umkehrungen <br> – „drei Mal vermehren" → :3 <br> – „auf der Blume sind 10 Blatt-läuse" → 21869:10 <br> – „Ergebnis ist 21869" → 21869 : | – „Sie erzählen es noch-mal." → ·2 |

*Verhältnis zu den theoretischen Überlegungen*

Auch wenn die ‚Schlüsselwortstrategie' hinreichend in der Literatur diskutiert und als oberflächlich bezeichnet wurde (vgl. Abschn. 4.2.2), ist die hier identifizierte Strategie nicht ganz identisch zu der in der Theorie dargestellten. Dies liegt daran, dass nicht immer ein Signalwort im Text potenzieller Auslöser einer Rechenoperation sein muss. Dies wäre zwar der Fall, wenn z. B. das Wort „länger" eine Addition auslöst. Wenn die Struktur „sie erzählen es nochmal" eine Verdopplung oder die Kombination aus der Verdreifachung und der Umkehrung der Fragerichtung eine Division hervorrufen, so sind die potenziellen Auslöser jedoch bereits aus dem Text entwickelte Vorstellungen. Somit handelt es sich bei dem Vorgang eher um ein Ableiten der Rechenoperation als um ein Übersetzen in die Rechenoperation. Zudem werden auch nicht zwingend die gegebenen Zahlen durch die abgeleitete Rechenoperation verknüpft. Dies ist zwar bei der Division „21869:10" bei der Aufgabe „Blattläuse" der Fall (vgl. Tabelle 10.6), bei einer Division durch 60 ausgelöst durch das Signalwort „pro Minute" oder einer Verdopplung hervorgerufen durch das Signalwort „nochmal" wird jedoch eine Operation gemeinsam mit einer Zahl assoziiert. Im Unterschied zur Strategie ‚Assoziation‘, bei der Modelle oder Operationsvorstellungen assoziiert werden, wird bei der ‚Schlüsselwortstrategie‘ sofort die Verknüpfungsstruktur mit entsprechendem Rechenzeichen und Zahlen assoziiert. Insgesamt ist diese Strategie als sehr nah an der Theorie einzuschätzen, sie wurde jedoch unterfüttert und um einzelne Bestandteile erweitert.

*Einordnung in das Prozessmodell*
Die ‚Schlüsselwortstrategie‘ zeichnet sich durch das Überspringen mehrerer Bearbeitungsphasen des Prozessmodells aus. Einzelne Wörter oder Ausdrücke werden direkt in eine Verknüpfungsstruktur übersetzt. Dies ist erfolgreich, wenn die Wörter mit der auszuführenden Operation übereinstimmen (Konsistenz, vgl. z. B. Boonen et al., 2013). Bei einer ‚Schlüsselwortstrategie‘ (in Tabelle 10.7 hellgrau) wird also die *Verknüpfungsstruktur* aus einem Wort oder Satzteil des *Problemtextes* oder des *Textverständnisses* oder auch des vom Lernenden ausgedrückten *Situationsverständnisses* erstellt. Die auf die jeweilige Phase folgenden Phasen bis zur Verknüpfungsstruktur fehlen oder werden ignoriert (also TV, SV, MM bzw. SV, MM bzw. MM, in Tabelle 10.7 dunkelgrau, „ / “).

**Tabelle 10.7**   Einordnung von ‚Schlüsselwortstrategie‘ in das adaptierte Prozessmodell

| Bearbeitungsphasen im adaptierten Prozessmodell | Bearbeitungsphasen mit Schlüsselwortstrategie | | |
|---|---|---|---|
| Problemtext (PT) | PT | PT | PT |
| Textverständnis (TV) | / | TV | TV |
| Situationsverständnis (SV) | / | / | SV |
| Aufbau math. Modell (MM) | / | / | / |
| Verknüpfungsstruktur (VS) | Schlüsselwortstrategie | Schlüsselwortstrategie | Schlüsselwortstrategie |
| Rechnen / Operieren (R/O) | R/O | R/O | R/O |
| Numerische Antwort (NA) | NA | NA | NA |
| Situationsbezogene Antwort (SA) | SA | SA | SA |
| Beurteilen / Überprüfen (B/Ü) | B/Ü | B/Ü | B/Ü |

Eine Betrachtung der Überschneidungen der Codes zur ‚Schlüsselwortstrategie‘ mit den Codes zu den Bearbeitungsphasen im Code-Relations-Browser von MaxQDA zeigt, dass diese Strategie sich empirisch primär im Erstellen der *Verknüpfungsstruktur* verortet. Manchmal finden sich auch Überschneidungen mit dem *Situationsverständnis.* Dies liegt daran, dass in diesen Fällen, wie dargestellt, eine Ableitung aus dem Situationsverständnis erfolgt und somit die Markierung der Strategie bereits dort erfolgt. Dabei wird teilweise nur ein sehr knappes Situationsverständnis mit den Elementen, aus denen die Verknüpfungsstruktur abgeleitet wird, expliziert.

## 10.2.4 Oberflächliches Verknüpfen

Die oberflächliche Bearbeitungsstrategie ‚oberflächliches Verknüpfen' lässt sich in vier Dimensionen unterteilen. Sie bezeichnet das

- Verknüpfen von Zahlen in gegebener Reihenfolge,
- das beliebige Verknüpfen gegebener bzw. berechneter Zahlen,
- das Aufstellen nicht herleitbarer, nicht begründbarer oder willkürlicher Operationen und
- das Ausprobieren, welche Verknüpfung eine vorliegende bzw. gewünschte Zahl ergibt. Nicht dazu gehört ein systematisches Ausprobieren oder Annähern an eine Zahl.

*Beispiele*
Ein Beispiel dieser oberflächlichen Bearbeitungsstrategie, bei der *durch Ausprobieren eine gewünschte Zahl* erreicht werden soll, stellt die in Abschnitt 10.1 vorgestellte Bearbeitung der Aufgabe „Badewanne" von Tim dar.

**Transkript – Tim – Badewanne**
10  Also wenn nach ne/ wenn nach 16,5 (.) 16,5 Minuten (..) 135 Liter Wasser gefüllt wird (.) nämlich Kaltwasser. Dann wird jede Minute
11  (5s)
12  jede Minute wird dann
13  (...)
14  ((tippt in den Taschenrechner „1,5·10")) 1,5·10
15  wären 15.
16  ((tippt in den Taschenrechner „1,5·11=")) 1,5·11
17  wären 16,5.
18  (...)
19  Also würde das (...) pro Minute (...) 11 Liter.

Tim versucht eine Multiplikation zu finden, deren Ergebnis 16,5 beträgt.
Dabei ist der erste Faktor in beiden Versuchen 1,5. Die 16,5 hat er zuvor aus der
Addition von 7,5 und 9 Minuten berechnet und richtig der Dauer mit dem Kaltwasserhahn zugeordnet (Z. 10). Die Zahl 1,5 könnte die Differenz von 9 und
7,5 Minuten sein. Da dazu keine Erläuterung folgt, könnte es jedoch auch eine
willkürlich gewählte Zahl sein. Nachdem er mit „1,5·11" (Z. 16) eine passende
Operation gefunden hat (Z. 17), interpretiert er die Zahl 11 so, dass pro Minute
11 Liter aus dem Wasserhahn kommen (Z. 19). Es gibt keinerlei Anhaltspunkte,
wieso dies so zulässig wäre, sodass hier insgesamt ein oberflächliches Vorgehen
vorliegt. Es folgt anschließend ein neuer Ansatz.

Ein Beispiel zum *Verknüpfen von Zahlen in ihrer Reihenfolge* ist in den
Notizen zur Aufgabe „Blattläuse" der Schülerin Fee zu erkennen (vgl. Abb. 10.3).
Sie hat sich notiert, dass „10 [Blattläuse] auf 1 Blume" sind und diese sich jede
Woche verdreifachen („x 3 pro Woche"). Daraus leitet Fee die Verknüpfungs-
struktur „10+1+ ³" ab, wie in ihren Äußerungen im folgenden Transkript zu
erkennen ist. Der Ansatz wird von Fee abgebrochen und es folgt ein anderer.

**Abb. 10.3**   Erster Ansatz
zur Aufgabe „Blattläuse"
von Fee

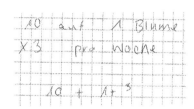

**Transkript – Fee – Blattläuse**

6   Und dann könnte man das (..) glaube ich
    mit dem Wachstumsfaktor machen. (.)
7   Wo ich die Formel natürlich jetzt
    auswendig kann.
8   (..)
9   Ist ehm ((schreibt „10+1+")) 10+1+ dann
    3·, das heißt ((schreibt „³"))
10  (…) ok.

Einige weitere Beispiele aus den insgesamt 56 gefundenen Stellen zur Strategie
‚oberflächliches Verknüpfen' finden sich, unterteilt in die vier Dimensionen, in
Tabelle 10.8.

**Tabelle 10.8** Weitere Beispiele für ‚oberflächliches Verknüpfen' bei den einzelnen Aufgaben

**Beispiele für ‚oberflächliches Verknüpfen'**
**bei den Aufgaben zu proportionalen Zuordnungen**

| | | Aufgabe „Bagger" | Aufgabe „Bade-wanne" |
|---|---|---|---|
| **relevanter Kontext** | im Text gegebene Zahlen in ihrer Reihenfolge: | 364, m³, 5 | 135, 9, 7,5 |
| **Beispiele für oberflächliches Verknüpfen** | Zahlen in Reihenfolge | *NICHT:* 364:5, da ggf. nicht oberflächlich | – 135:9 = 15, 15·7,5 = 112,5 – 135:9 = 15, 15:7,5 = 1,2 |
| | Beliebiges Verknüpfen gegebener / berechneter Zahlen | – 364:3 (außer wenn Modell „Wie viel in 3 Tagen?") – 364³:5 (außer wenn 364³ als Umrechnung gedacht) – (364³:5)³ | – 135:7,5 = 18, 18–9 = 9; – 9:7,5 – 16,5:135 |
| | Willkürliche / nicht herleitbare / nicht begründbare Operation | / | – auf 100 runterrechnen |
| | Ausprobieren, welche Verknüpfung eine bestimmte Zahl ergibt | / | – gewünschtes Ergebnis: 135 5·27? Ja. |

**Beispiele für ‚oberflächliches Verknüpfen'**
**bei den Aufgaben zum exponentiellen Wachstum**

| | | Aufgabe „Blattläuse" | Aufgabe „Gerücht" |
|---|---|---|---|
| **relevanter Kontext** | im Text gegebene Zahlen in ihrer Reihenfolge: | 10, 3, a) 4, b) 21869 | 1839, 3, 4, 8, a) 11, b) 14 |

(Fortsetzung)

**Tabelle 10.8** (Fortsetzung)

**Beispiele für ‚oberflächliches Verknüpfen'
bei den Aufgaben zum exponentiellen Wachstum**

| | | Aufgabe „Blatt-läuse" | Aufgabe „Gerücht" |
|---|---|---|---|
| **Beispiele für ober-flächliches Ver-knüpfen** | Zahlen in Reihen-folge | – a) $10+1+^3$ | – a) $1839 \cdot 3 \cdot 4 \cdot (11-8)$ |
| | Beliebiges Ver-knüpfen gegebener / berechneter Zahlen | – a) $3 \cdot 4$<br>– a) $10 \cdot 4$<br>– b) $21.869 \cdot$ | – a) $8 \cdot 4$<br>– a) $12+3, +3+3+3$ |
| | Willkürliche / nicht herleitbare / nicht begründbare Operation | – a) $1 \cdot 10^1$<br>– a) $3 \cdot 4 = 12,$<br>$12+16 = 28$ | – a) $(1+3)^3 = 64,$<br>$64{:}4$<br>– a) $:3 \cdot$ |
| | Ausprobieren, welche Verknüpfung eine bestimmte Zahl ergibt | – b) gewünschtes Ergebnis: $21869$<br>$27 \cdot 15$? Nein. $13 \cdot 33$? Nein. | – b) gewünschtes Ergebnis: $1839$<br>$367 \cdot 5 = 1835$ |

*Verhältnis zu den theoretischen Überlegungen*

Die Bearbeitungsstrategie ‚oberflächliches Verknüpfen' bildet einen Teil der Aspekte des theoretischen Elements ‚unreflektiertes Operieren' (vgl. Abschn. 4.2.4) ab. Dabei handelt es sich vor allem um das dort genannte Verknüpfen in beliebiger Reihenfolge bzw. in der Reihenfolge des Vorkommens in der Aufgabe (vgl. Franke & Ruwisch, 2010, S. 481 ff.; Verschaffel et al., 2000) sowie um das unsystematische Explorieren im Sinne des Ausprobierens (Stein & Lane, 1996). Das unreflektierte Anwenden von Methoden und Formeln (vgl. Stein et al., 1996) wird in der Strategie ‚oberflächlicher Algorithmus' erfasst. Insofern bildet die Strategie die Theorie ab, ist aber deutlich expliziert worden.

*Einordnung in das Prozessmodell*

Bezüglich der Phasen im Prozessmodell lässt sich festhalten, dass das ‚ober-flächliche Verknüpfen' (in Tabelle 10.9 hellgrau) direkt aus dem *Problemtext* erfolgen kann und das Erstellen der *Verknüpfungsstruktur* betrifft. Dies bedeutet, dass alle oder einige der vorherigen Phasen übersprungen werden können (aber nicht müssen) (in Tabelle 10.9 dunkelgrau, „ / "). Ebenso kann keine Phase übersprungen und ein *mathematisches Modell* erstellt werden, jedoch trotzdem ein ‚oberflächliches Verknüpfen' der Zahlen erfolgen.

**Tabelle 10.9** Einordnung von ‚oberflächlichem Verknüpfen' in das adaptierte Prozessmodell

| Bearbeitungsphasen im adaptierten Prozessmodell | Bearbeitungsphasen mit oberflächlichem Verknüpfen | | | |
|---|---|---|---|---|
| Problemtext (PT) | PT | PT | PT | PT |
| Textverständnis (TV) | / | TV | TV | TV |
| Situationsverständnis (SV) | / | / | SV | SV |
| Aufbau math. Modell (MM) | / | / | / | MM |
| Verknüpfungsstruktur (VS) | oberfl. Verknüpfen | oberfl. Verknüpfen | oberfl. Verknüpfen | oberfl. Verknüpfen |
| Rechnen / Operieren (R/O) | R/O | R/O | R/O | R/O |
| Numerische Antwort (NA) | NA | NA | NA | NA |
| Situationsbez. Antwort (SA) | SA | SA | SA | SA |
| Beurteilen / Überprüfen (B/Ü) | B/Ü | B/Ü | B/Ü | B/Ü |

Eine Betrachtung der Überschneidungen der Codes zum ‚oberflächlichen Verknüpfen' mit den Codes zu den Bearbeitungsphasen im Code-Relations-Browser von MaxQDA zeigt, dass diese Strategie empirisch vor allem in den Phasen der *Verknüpfungsstruktur* sowie der *Numerischen Antwort* auftritt. Dies lässt sich dadurch begründen, dass für die Klassifikation einer Verknüpfungsstruktur als Ausprobieren auch ihr Ergebnis mit betrachtet werden muss. Ebenso gilt bei Verknüpfungen, dass diese teilweise mehrschrittig sind und zwischen den einzelnen Schritten oft andere Bearbeitungsphasen durchlaufen werden.

## 10.2.5 Oberflächliches Ausführen einer Rechenoperation

Die oberflächliche Bearbeitungsstrategie ‚oberflächliches Ausführen einer Rechenoperation' umfasst vier Dimensionen. Sie bezeichnet

– das inkonsequente Ausführen von Verfahren wie dem Dreisatz, die inkonsequente Ausführung mehrschrittiger Operationen oder den Wechsel des Schemas zwischen den Schritten,
– das Weiterrechnen mit negativem Zwischenergebnis
– das Verrechnen bei den einfachsten Operationen und
– das falsche Umsetzen einfacher Operationen, bei der eine Operation z. B. die Multiplikation gemeint, aber eine andere z. B. die Addition ausgeführt wird.

In dieser Strategie zeigt sich Oberflächlichkeit somit in einem unaufmerksamen, unsauberen Ausführen der Rechnung.

*Beispiele*
Ein *inkonsequentes Ausführen* eines schrittweisen Vorgehens zeigt sich vor allem beim schrittweisen Lösen der Aufgaben zum exponentiellen Wachstum. Wenn hier die Daten in einer Tabelle angeordnet werden, wird teilweise bei der Anzahl der Wochen oder Stunden immer dieselbe Zahl addiert, während auf der Seite der Anzahl der Blattläuse oder das Gerücht kennenden Personen je Schritt unterschiedliche Operationen durchgeführt werden.

Ein *Verrechnen bei den einfachsten Operationen* zeigt sich beispielsweise beim schrittweisen Lösen der Aufgabe „Blattläuse". Der Schüler Jan (vgl. folgendes Transkript) nimmt für die erste und zweite Woche eine Verdreifachung der Ausgangszahl 10 vor, sodass er die Zwischenergebnisse 30 und 90 erhält. Für die dritte Woche erhält er das Zwischenergebnis 120, was einer Addition von 30 statt einer Verdreifachung entspricht. Hier zeigt sich ein oberflächliches, unreflektiertes Operieren. Der Schüler wird jedoch im Folgenden stutzig und überprüft die Verdreifachung mit dem Taschenrechner, sodass er letztlich zum richtigen Endergebnis gelangt.

**Transkript – Jan – Blattläuse a)**
24 In der 1. Woche haben wir 30 ((schreibt „1. Woche" vor die 30)). In der zweiten Woche ((schreibt „+ 1 Woche" hinter die 90)) nachschreiben. Zweiten Woche hätten wir 90 ((schreibt „2. Woche" vor die 90)). In der dritten Woche hätten wir 120 ((schreibt „120 + 1 Woche")). Woche. 3. Woche ((schreibt „3. Woche" vor 120))

Tim zeigt bei der Aufgabe „Gerücht" ein Verrechnen bei einfachsten Operationen, indem er berechnet, dass es von 8 bis 11 Uhr vier statt drei Stunden sind.

Das *falsche Umsetzen einfacher Operationen* zeigt sich zum Beispiel bei den Aufgaben zum exponentiellen Wachstum darin, dass manche Lernende die Vervielfachung in eine Addition oder Potenzierung überführen, also z. B. bei einer Verdreifachung statt „·3" „+3" rechnen. Ein anderes Beispiel ist Linus Bearbeitung der Aufgabe „Badewanne". Linus spricht von einer Differenz, führt aber zu ihrer Berechnung eine Division aus.

Bei der Aufgabe „Bagger" wurde die Strategie ‚oberflächliches Ausführen einer Rechenoperation' nie, bei der Aufgabe „Badewanne" nur im angegebenen Beispiel von Linus beobachtet. Insgesamt wurden 26 Stellen mit der Anwendung dieser Strategie identifiziert. Einige weitere Beispiele aus den Bearbeitungen der

Aufgaben „Blattläuse" und „Gerücht" sind, unterteilt in die vier Dimensionen, in Tabelle 10.10 dargestellt.

**Tabelle 10.10**  Weitere Beispiele für ‚oberflächliches Ausführen einer Rechenoperation' bei den Aufgaben zum exponentiellen Wachstum

**Beispiele für ‚oberflächliches Ausführen einer Rechenoperation'**
**bei den Aufgaben zum exponentiellen Wachstum**

|  |  | Aufgabe „Blatt-läuse" | Aufgabe „Gerücht" |
|---|---|---|---|
| **Beispiele für ober-flächliches Aus-führen** | – mit negativem Zwischenergebnis weiterrechnen | Zwischenergebnis: $-160$ nächster Schritt: $-160 \cdot 21869$ | / |
|  | – inkonsequente Ausführung der Operation / des Drei-satzes bei mehreren Schritten; Wechsel des Schemas | <u>Dreisatz:</u> – erst Wochen +1, BL +30, dann Wochen $\cdot 2$, BL $\cdot 2$ <u>Schrittweises Vor-gehen:</u> – 10 30 60 120 (also $\cdot 3$, +30, +60) | <u>Schrittweises Vor-gehen:</u> – 3+1, 4·4, 8·4, 12·4, 16·4, 20·4, 21·4 – mehrfach ·4, dann ·3 |
|  | – Verrechnen bei ein-fachsten Operationen | – 3·90 = 210 – 30·3 sind 60 | – 4·4 = 8 |
|  | – einfache Operationen falsch umsetzen | – Verdreifacht, also hoch 3 – „Ist ‚10·3·4' dasselbe wie ‚10·3·3·3'?" | – Vervierfacht, also +4 / hoch 4 – „Anna erzählt es in einer Stunde drei Leuten, also ·3" |

*Verhältnis zu den theoretischen Überlegungen*

Die in dieser Kategorie zusammengefassten Vorgehensweisen von Lernenden sind bisher in der Literatur noch nicht entsprechend beschrieben bzw. als oberflächlich gekennzeichnet worden. Sie passen aber stimmig zum dort beschriebenen unreflektiertem Operieren (vgl. Abschn. 4.2.4). Insofern stellt diese Kategorie eine durch die induktiven Analysen gewonnene Erweiterung des Teilkonstrukts dar.

*Einordnung in das Prozessmodell nach Reusser*

Das ‚oberflächliche Ausführen einer Rechenoperation' (in Tabelle 10.11 hell-grau) kann beim Erstellen einer *Verknüpfungsstruktur* auftreten. Zudem kann es beim *Rechnen und Operieren* vorkommen, dann zeigt es sich jedoch explizit erst bei der *numerischen Antwort*. Dies wird in der schematischen Darstellung in Tabelle 10.11 dadurch ausgedrückt, dass sowohl die Phase *Rechnen und Operieren*, als auch die Phase *Numerische Antwort* in einer Spalte durch das oberflächliche Ausführen ersetzt werden.

**Tabelle 10.11**   Einordnung von ‚oberflächlichem Ausführen einer Rechenoperation' in das adaptierte Prozessmodell

| Bearbeitungsphasen im adaptierten Prozessmodell | Bearbeitungsphasen mit oberflächlichem Ausführen einer Rechenoperation | |
|---|---|---|
| Problemtext (PT) | PT | PT |
| Textverständnis (TV) | TV | TV |
| Situationsverständnis (SV) | SV | SV |
| Aufbau math. Modell (MM) | MM | MM |
| Verknüpfungsstruktur (VS) | oberfl. Ausführen | VS |
| Rechnen / Operieren (R/O) | R/O | oberfl. Ausführen |
| Numerische Antwort (NA) | NA | oberfl. Ausführen |
| Situationsbezogene Antwort (SA) | SA | SA |
| Beurteilen / Überprüfen (B/Ü) | B/Ü | B/Ü |

Eine Betrachtung der Überschneidungen der Codes zum ‚oberflächlichen Ausführen einer Rechenoperation' mit den Codes zu den Bearbeitungsphasen im Code-Relations-Browser von MaxQDA bestätigt, dass diese Strategie vor allem in den Phasen der *Verknüpfungsstruktur* sowie der *Numerischen Antwort* auftritt

## 10.2.6 Oberflächlicher Algorithmus

Die oberflächliche Bearbeitungsstrategie ‚oberflächlicher Algorithmus' beschreibt sowohl das Anwenden einer Formel oder das Ausführen eines Algorithmus als auch das Einsetzen in ebendiese, ohne dass dabei eine Reflexion erfolgt. Dazu zählen bereits Ansätze, die im Folgenden abgebrochen werden. Sowohl bei den Aufgaben zu proportionalen Zuordnungen als auch bei den Aufgaben zum exponentiellen Wachstum wurde diese Strategie in Form eines schematischen Ausführens eines Dreisatzes identifiziert. Im Fall der Aufgaben zum exponentiellen Wachstum zeigte die Strategie sich zudem in einem unreflektierten Einsetzen in die Formel zum exponentiellen Wachstum oder einem Ausprobieren mit dieser Formel oder mit dem Logarithmus.

*Beispiele*

Ein Beispiel dieser Strategie ist in der Bearbeitung der Aufgabe „Bagger" von Ivo zu identifizieren (vgl. folgendes Transkript).

**Transkript – Ivo – Bagger**

6 Mach ich Dreisatz ((zeichnet Tabelle)) Mach ich hier ((zeigt auf die rechte Spalte)), oder? Ich weiß nicht. ((unverständlich)) Ku/ Kubikmeter muss glaub ich hier hin ((zeigt auf linke Spalte)) ((schreibt „m^3" in die Kopfzeile der linken Spalte)). Kubikmeter. 346 ((schreibt „364" in die linke Spalte)). Und hier kommt Tage hin ((schreibt „T" in die Kopfzeile der rechten Spalte)). 5 Tage ((schreibt „5" in die rechte Spalte)). Dann 1 ((schreibt „1" unter die 364))

7 (…)

8 Nein, das ist doch falsch oder?

9 (…) Hm. (..)

10 ((liest vor:)) „Wie viel Kubikmeter hebt der Bagger dann durchschnittlich pro Tag aus? Notiere deine Rechnung."

11 (..)

12 Ich muss (…) 346 in 5 Tagen ((schreibt „364 in 5 Tagen")) fünf Tagen.

13 (…)

14 Dreisatz. 364, 5 Tage.

15 dann ((unverständlich))

16 für einen Kubikmeter, muss ich hier geteilt ((schreibt „|:" hinter die erste Zeile)),

17 nein, das ist falsch (…). Ach das ist glaub ich, ja, das ist falsch gemacht ((streicht Tabelle durch))

18 Hier muss Tage hin ((zeichnet senkrechten Strich für neue Tabelle)) auf die linke Seite ((zeichnet waagerechten Strich für die Tabelle)) (..) Und auf die rechte Seite. ((hält Stift über linke Spalte)) Hm. Kubik, nein, Tage ((schreibt „T" in die Kopfzeile der linken Spalte)) Kubikmeter ((schreibt „m^3" in die Kopfzeile der rechten Spalte)). (..) Dann (..) so, 5 Tage ((schreibt „5" in die linke Spalte)) 346 ((schreibt „364" in die rechte Spalte)) (.) 364. An einem Tag ((schreibt „1" in die linke Spalte))

19 ((macht eine eckige Klammer von 364 in die nächste Zeile)) 364 ((tippt in den Taschenrechner „364")) 364:5 ((tippt in den Taschenrechner „:5=")）

20 dann ((schreibt „72,8" in die rechte Spalte))

Der Schüler erzeugt beim Dreisatz anscheinend immer in der linken Spalte eine 1. Durch die Anordnung der Kubikmeter in der linken und der Tage in der rechten Spalte ergibt sich eine 1 bei den Kubikmetern. Dies verwundert ihn (Z. 7–9), allerdings begeht Ivo in seinem zweiten Anlauf den Fehler erneut (Z. 12–16). Erst im dritten Anlauf gelingt es ihm durch ein Tauschen der Spalten eine tragfähige Verknüpfung zu erstellen (Z. 18). Dies zeigt, dass die Anordnung der Spalten für Ivo und auch für einige weitere Schüler, bei denen diese Strategie identifiziert wurde, der einzige Grund für die durchgeführte Operation ist. Ein Vertauschen der Spalten und nicht ein wünschenswertes Verändern des Situationskontextes führt zu einer anderen Rechnung. Somit ist dieses Vorgehen als oberflächlich zu bezeichnen, da ein Schema ohne jegliche mathematische oder situative Reflexion abgearbeitet wird.

In dieselbe Kategorie fällt auch das Ausführen eines typischen 3-zeiligen-Dreisatzes (z. B. „135:9·7,5"), obwohl bei den zu bearbeitenden Aufgaben nur ein Schritt erforderlich ist. Einige weitere Beispiele aus den insgesamt 19 identifizierten Stellen zur Strategie ‚oberflächlicher Algorithmus' sind in Tabelle 10.12 dargestellt.

**Tabelle 10.12** Weitere Beispiele für ‚oberflächlicher Algorithmus' bei den einzelnen Aufgaben

**Beispiele für ‚oberflächlicher Algorithmus'**
**bei den Aufgaben zu proportionalen Zuordnungen**

|  | Aufgabe „Bagger" | Aufgabe „Badewanne" |
|---|---|---|
| Beispiele für oberfl. Algorithmus | / | Durchführen eines typischen Dreisatzes ohne Reflexion, z. B. 135:9·16,5<br>– 16,5:135 (wenn durch Dreisatz entstanden)<br>– „1 (Wasserhahn) entspricht 7,5 min; jetzt ·135" |

**Beispiele für ‚oberflächlicher Algorithmus'**
**bei den Aufgaben zum exponentiellen Wachstum**

|  | Aufgabe „Blattläuse" | Aufgabe „Gerücht" |
|---|---|---|
| Beispiele für oberfl. Algorithmus | – Dreisatz schematisch ausführen<br>– in Formel für exponentielles Wachstum ($y = a \cdot q^x$) ausprobierend einsetzen<br>– „a ist bestimmt 1, x bestimmt 10"<br>– $10 \cdot 10^4$<br>– 10 ist das Kapital<br>– Ausprobieren mit dem Logarithmus: log (21896), log1/log2 | – Dreisatz schematisch ausführen,<br>z. B. „Stunden −3, SuS +3" |
| Gegenbeispiel | *Versuch, sich an die Formel für das exponentielle Wachstum zu erinnern* |  |

*Verhältnis zu den theoretischen Überlegungen*
Die Strategie ,oberflächlicher Algorithmus' bildet den theoretischen Aspekt eines unreflektierten Anwendens von Methoden oder Formeln (vgl. Stein et al., 1996) ab, der in den theoretischen Ausführungen zum ,unreflektierten Operieren' (vgl. Abschn. 4.2.4) dargestellt wurde. Gemeinsam mit dem ,oberflächlichen Verknüpfen' und dem ,oberflächlichen Ausführen einer Rechenoperation' liegt hiermit eine Ausdifferenzierung des theoretischen Konstrukts vor. Diese Ausdifferenzierung begründet sich in der Vielzahl an beobachteten Fällen ,unreflektierten Operierens', die in ihrer Qualität hinsichtlich Oberflächlichkeit unterschiedlich einzuschätzen sind.

*Einordnung in das Prozessmodell*
Der ,oberflächliche Algorithmus' (in Tabelle 10.13 hellgrau) ersetzt das verständige Erstellen der *Verknüpfungsstruktur*, insofern ist er in diese Bearbeitungsphase einzuordnen (vgl. Tabelle 10.13).

**Tabelle 10.13**  Einordnung von ,oberflächlichem Algorithmus' in das adaptierte Prozessmodell

| Bearbeitungsphasen im adaptierten Prozessmodell | Bearbeitungsphasen mit oberflächlichem Algorithmus |
|---|---|
| Problemtext (PT) | PT |
| Textverständnis (TV) | TV |
| Situationsverständnis (SV) | SV |
| Aufbau math. Modell (MM) | MM |
| Verknüpfungsstruktur (VS) | oberflächlicher Algorithmus |
| Rechnen / Operieren (R/O) | R/O |
| Numerische Antwort (NA) | NA |
| Situationsbezogene Antwort (SA) | SA |
| Beurteilen / Überprüfen (B/Ü) | B/Ü |

Eine Betrachtung der Überschneidungen der Codes zum ,oberflächlichen Algorithmus' mit den Codes zu den Bearbeitungsphasen im Code-Relations-Browser von MaxQDA zeigt, dass dieser häufig in der Phase der *Verknüpfungsstruktur* auftritt. Allerdings gibt es auch Überschneidungen mit der *Numerischen Antwort* und seltener mit *Rechnen und Operieren*, dem *mathematischen Modell* oder dem *Situationsverständnis*. Dies liegt daran, dass sich das Einsetzen in die Formel des exponentiellen Wachstums sowie der

schematische Dreisatz über mehrere Bearbeitungsphasen erstrecken, da sie mehrschrittig erfolgen und dabei zwischenzeitlich Ergebnisse berechnet und knappe
Begründungen oder Situationsbezüge erstellt werden. Entsprechend bleibt der
Ursprung immer die Phase des Erstellens der Verknüpfungsstruktur, weshalb
der ‚oberflächliche Algorithmus‘ im Prozessmodell lediglich in diese Phase eingeordnet wurde (vgl. Tabelle 10.13).

## 10.2.7 Wechsel der Rechenoperationen

Die oberflächliche Bearbeitungsstrategie ‚Wechsel von Rechenoperationen‘
beschreibt das (mehrfache) Wechseln zwischen verschiedenen Rechenoperationen
im Sinne eines Ausprobierens, welche Operation die richtige sein müsste. Dazu
kann gehören, dass zwischen verschiedenen oberflächlichen Verknüpfungsstrukturen (‚Schlüsselwortstrategien‘, ‚oberflächliches Verknüpfen‘, ‚oberflächlicher Algorithmus‘, ‚oberflächliches Ausführen‘) gewechselt wird, oder dass
ausprobiert wird, welche Verknüpfungsstruktur zu einem Ergebnis führt, das
basierend auf Erfahrungswerten vermutlich richtig ist. Oft wird diese Strategie
begleitet von einer ‚oberflächlichen Beurteilung‘ (vgl. Abschn. 10.2.12), die den
Wechsel auslöst, und einer ‚Verbalisierung der Oberflächlichkeit‘, insbesondere
des Ausprobierens (vgl. Abschn. 10.2.8), die die neue Operation einleitet. Wenn
eine begründete Reflexion, wie das Bemerken eines Fehlers oder das intensive
Nachlesen im Text, eine neue Verknüpfungsstruktur hervorbringen, so ist dies
kein oberflächliches Wechseln zwischen Rechenoperationen, sondern ein neuer
Ansatz.

*Beispiele*
Der ‚Wechsel der Rechenoperationen‘ kann sich in sehr kurzer Abfolge zeigen,
wenn Lernende innerhalb einer Äußerung von einer Rechenoperation zur
nächsten wechseln. Einen solchen Wechsel stellt Maries Äußerung „Ich muss
doch erst mal 7,5 nein geteilt durch." bei der Aufgabe „Badewanne" dar. Sie
wechselt von der Multiplikation („mal") zur Division („geteilt durch").
   Ein ‚Wechsel der Rechenoperationen‘ ausgelöst durch eine oberflächliche
Beurteilung findet sich in der Bearbeitung der Aufgabe „Badewanne" durch Noe:

**Transkript – Noe – Badewanne**
   5  Ja das sind dann (.) dass das dann ((schreibt „16,5"))
   6  16,5 Minuten dauert bis 135 Liter Wasser in die Badewanne eingefüllt
      werden.

7   Und (.) pro Minute (.) ehm müssen dann
8   ((schreibt „135:")) 153 geteilt durch ((schreibt „16,5")) 16,5 rechnen.
9   ((tippt in den Taschenrechner „135:16,5=")) Dann eh kommt eh
10  ((Taschenrechner zeigt „8.181818182")) (…)
11  Nee
12  man muss ((tippt in den Taschenrechner „16,5: 1 (.) 3 5=")) 16,5:Hundert(.)
    fünfunddreißig.
13  Dann kommt 0, ((Taschenrechner zeigt „0.122222222"))
14  (..) hm ((murmelt))
15  135 Liter. ((tippt in den Taschenrechner „135:")) Hundertdrei Komma 5 :
16  […]
17  Eh ((tippt in den Taschenrechner „16,5=")) 16,5
18  sind dann 8, ((schreibt „8,18")) 818.

Noe wechselt aufgrund des periodischen Ergebnisses, das er oberflächlich als falsch beurteilt (Z. 11, 14 vgl. Abschn. 10.2.12), zwischen den Rechenoperationen „135:16,5", „16,5:135" und erneut „135:16,5".

Der ‚Wechsel der Rechenoperationen‘ im Sinne eines Ausprobierens und begleitet von entsprechenden Verbalisierungen der Oberflächlichkeit zeigt sich in der Bearbeitung der Aufgabe „Blattläuse" von Levi.

**Transkript – Levi – Blattläuse b)**

29  Ich probiere mal 10 ((schreibt auf Zettel mit Aufgabe 1a) „$(10\cdot3)^4$")) mal 3 in
    Klammern setze ich das und dann hoch 4.
30  Gucken wir mal was rauskommt
31  ((tippt in den Taschenrechner „$(10\cdot3)^4$"))
32  Das ist falsch. ((streicht durch))
33  (..) Ehm. (…)
34  ((schreibt „$10\cdot3^4$")) 10·3 hoch 4.
35  ((tippt in den Taschenrechner „$10\cdot3^4$"))
36  Nein, das ist auch falsch. ((streicht durch)).
37  Ehm. (…)
38  Vielleicht das Ergebnis von 10·3 ((schreibt „10·3")) sind 30, ((schreibt
    „$30^4$")) 30 hoch 4
39  dann ((tippt in den Taschenrechner „$10\cdot3\cdot30^4$"))
40  Auch falsch. (..) ((streicht durch))

Levi äußert explizit, dass er etwas ausprobiert (Z. 29) und gucken will, „was raus-kommt" (Z. 30). Er gleicht das Ergebnis dabei mit dem von ihm bei Teilaufgabe

a) erzielten (falschen) Ergebnis ab und klassifiziert die ausprobierten Operationen alle als falsch, weil sie andere Ergebnisse liefern. So wechselt Levi zwischen den Rechenoperationen „$(10\cdot3)^4$" (Z. 29–32), „$10\cdot3^4$" (Z. 34–36) und „$10\cdot3\cdot30^4$" (Z. 38–40). Es folgt ein komplett anderer Ansatz.

Einige weitere Beispiele der insgesamt 30 identifizierten Stellen zur Strategie ‚Wechsel der Rechenoperationen' finden sich in Tabelle 10.14.

**Tabelle 10.14**   Weitere Beispiele für ‚Wechsel der Rechenoperationen' bei den einzelnen Aufgaben

| **Beispiele für ‚Wechsel der Rechenoperationen' bei den Aufgaben zu proportionalen Zuordnungen** | | |
|---|---|---|
| | **Aufgabe „Bagger"** | **Aufgabe „Badewanne"** |
| **Beispiele** | – „Dass ich einfach 364:3 rechne. [...] Oder, dass ich einfach 364:5 rechne." | – „Wenn ich durch 9 teile? Oder wenn ich durch 16,5 teile? Oder Über-Kreuz rechnen?"<br>– 135 l : 16,5 min, Division mit einer Zahl umgerechnet, Division mit beiden Zahlen umgerechnet |

| **Beispiele für ‚Wechsel der Rechenoperationen' bei den Aufgaben zum exponentiellen Wachstum** | |
|---|---|
| | **Aufgabe „Blattläuse"** | **Aufgabe „Gerücht"** |
| **Beispiele** | „21 869 · 10, nee geteilt durch 10" | – „Geteilt durch 3. Mal 3." |

*Verhältnis zu den theoretischen Überlegungen*

Der ‚Wechsel der Rechenoperationen' im Sinne eines Ausprobierens wurde bisher noch nicht entsprechend in der Theorie beschrieben. Die Kategorie passt jedoch zum ‚unreflektierten Operieren', da es sich auch hierbei um ein exploratives Ausprobieren handelt, allerdings nicht nur auf der Ebene einer, sondern mehrerer Verknüpfungen. Somit stellt die Strategie eine in der Empirie häufig anzutreffende Erweiterung des theoretischen Konstrukts dar, fügt sich aber in dieses stimmig ein.

*Einordnung in das Prozessmodell*

Der ‚Wechsel der Rechenoperationen' kann innerhalb des Erstellens der *Verknüpfungsstruktur* erfolgen, aber auch folgende Bearbeitungsphasen einschließen, die in einer Schleife erneut für die andere(n) Operation(en) durchlaufen werden (in Tabelle 10.15 durch einen kreisförmigen Pfeil dargestellt). Es werden also mehrfach *Verknüpfungsstrukturen* erstellt. Dadurch ergibt sich folgende Einordnung in das adaptierte Prozessmodell (vgl. Tabelle 10.15):

**Tabelle 10.15** Einordnung von ‚Wechsel der Rechenoperationen' in das adaptierte Prozessmodell

| Bearbeitungsphasen im adaptierten Prozessmodell | Bearbeitungsphasen mit Wechsel der Rechenoperationen ( ○ ) | | | | |
|---|---|---|---|---|---|
| Problemtext (PT) | PT | PT | PT | PT | PT |
| Textverständnis (TV) | TV | TV | TV | TV | TV |
| Situationsverständnis (SV) | SV | SV | SV | SV | SV |
| Aufbau math. Modell (MM) | MM | MM | MM | MM | MM |
| Verknüpfungsstruktur (VS) | ○ | ○ | ○ | ○ | ○ |
| Rechnen / Operieren (R/O) | R/O | | | | |
| Numerische Antwort (NA) | NA | NA | | | |
| Situationsbezogene Antwort (SA) | SA | SA | SA | | |
| Beurteilen / Überprüfen (B/Ü) | B/Ü | B/Ü | B/Ü | B/Ü | |

Eine Betrachtung der Überschneidungen der Codes zum ‚Wechsel der Rechenoperationen' mit den Codes zu den Bearbeitungsphasen im Code-Relations-Browser von MaxQDA zeigt, dass die Strategie vor allem Überschneidungen mit der *Verknüpfungsstruktur*, aber auch mit den darauffolgenden Phasen aufweist. Einige Überschneidungen sind aber auch mit dem *Situationsverständnis* bzw. dem *Aufbau eines mathematischen Modells* zu beobachten. Dies ist damit zu begründen, dass ein Ausprobieren der Rechenoperation als oberflächliche Bearbeitungsstrategie ‚Wechsel der Rechenoperationen' gewertet wird, sodass nicht jedes Mal, wenn ein Rückgriff auf das *Situationsverständnis* erfolgt, ein neuer Ansatz vorliegt.

## 10.2.8  Verbalisierung der Oberflächlichkeit

Als Begleitung der oberflächlichen Bearbeitungsstrategien, vor allem in den Phasen des Mathematisierens und Berechnens, ist die ‚Verbalisierung der Oberflächlichkeit' zu beobachten. Sie äußert sich in einer Verbalisierung des *Ausprobierens*, der *Ignoranz*, beispielsweise der Ignoranz eines wahrgenommenen Fehlers oder einer Unlogik, der *fehlenden Kontrolle und des Unwissens* sowie der *Unsicherheit*. Die ‚Verbalisierung der Oberflächlichkeit' wird nur codiert, wenn sie in Kombination mit anderen oberflächlichen Bearbeitungsstrategien auftritt und diese somit unterstreicht.

*Beispiele*

In Tims Bearbeitung der Aufgabe „Blattläuse" wurden bisher bereits einige oberflächliche Bearbeitungsstrategien identifiziert. Diese gehen einher mit mehreren ‚Verbalisierungen der Oberflächlichkeit'. Zu den Verbalisierungen des Ausprobierens zählen „Ich probiere mal" und „Oder ich mach einfach". Eine Ignoranz wird nicht verbalisiert. Zu den Verbalisierungen der fehlenden Kontrolle bzw. des Unwissens gehört „Eh. Keine Ahnung." Als Verbalisierungen der Unsicherheit gelten „ich weiß nicht", „Vielleicht mal" und „Ja ich glaub das ist". Dies passt dazu, dass bei Tim aufgrund von Unsicherheit, Unwissen und Ausprobieren ein häufiger Wechsel zwischen den Rechenoperationen stattfindet. Eine mathematische Begründung scheint es jeweils nicht zu geben. Am Ende wählt Tim eine der vielen während des Bearbeitungsprozesses berechneten Operationen aus, weil er fälschlicherweise glaubt, dass diese die richtige sei. Somit bleibt selbst Tims Antwort unsicher und oberflächlich.

In Tims Bearbeitung der Aufgabe „Badewanne" liegen oberflächliche Beurteilungen vor (vgl. Abschn. 10.2.12). Dies wird ergänzt durch eine Verbalisierung des Unwissens und der fehlenden Kontrolle (vgl. folgendes Transkript). In dem Moment, in dem der Taschenrechner als Ergebnis der durchgeführten richtigen Operation (Z. 27) eine Zahl mit einer Periode anzeigt (Z. 28), folgt eine oberflächliche Beurteilung (Z. 30) und der Lernende „weiß [...] nicht wie es/ wie [...] [er] das machen soll" (Z. 31).

**Transkript – Tim – Badewanne**
27 135 ((tippt in den Taschenrechner „135:16,5=")) 135:16,5
28 ((Taschenrechner zeigt „8.181818182")) (..)8, 18.
29 (..)
30 Nee.
31 Jetzt weiß ich nicht wie es/ wie ich das machen soll.

Einige weitere Beispiele der insgesamt 118 identifizierten Stellen zur ‚Verbalisierung der Oberflächlichkeit' finden sich, unterteilt in die vier Dimensionen, in Tabelle 10.16. Die Beispiele sind aufgabenübergreifend dargestellt, da sie theoretisch bei allen Aufgabenbearbeitungen gleichermaßen auftreten können.

**Tabelle 10.16** Aufgabenübergreifende Beispiele für ‚Verbalisierung der Oberflächlichkeit'

| Beispiele für ‚Verbalisierung der Oberflächlichkeit' - aufgabenübergreifend - | | |
|---|---|---|
| **Beispiele für Verbalisierung der Oberflächlichkeit** | – Verbalisierung des Ausprobierens | – „Nee, ich probiere das anders." <br> – „Das? Oder das?" <br> – „Und wenn man …" (im Sinne eines Ausprobierens) |
| | – Verbalisierung der Ignoranz (explizites Ignorieren eines Fehlers oder einer Unlogik) | – „Da kommt etwas Negatives raus. Ach, egal." <br> – „Das kann nicht sein. Egal." <br> – „Das ist eh falsch. ((schreibt Antwortsatz))" |
| | – Verbalisierung des Unwissens / der fehlenden Kontrolle | – „Ich habe keine Ahnung." <br> – „Was mache ich eigentlich?" <br> – „Wie geht das nochmal?" |
| | – Verbalisierung der Unsicherheit | – „vielleicht" <br> – „ich weiß nicht" <br> – „ich glaube …" (außer wenn „glaube" eine Reflexion/Begründung ausdrückt) <br> – ja/nein-Wechsel |

*Verhältnis zu den theoretischen Überlegungen*

Diese Kategorie der ‚Verbalisierung der Oberflächlichkeit' ist aus der induktiven Analyse der vorliegenden Daten hervorgegangen. Sie ergänzt das Theorie-Konstrukt um eine Bearbeitungsstrategie, die die Oberflächlichkeit der anderen Strategien bestätigt. Äußerungen in dieser Kategorie bringen vor allem die Unreflektiertheit in aller Deutlichkeit zum Ausdruck, auf der oberflächliches Handeln basiert und die in der Theorie in der Strategie unreflektiertes Operieren gefasst ist. Es ist jedoch zu berücksichtigen, dass derartige Äußerungen vor allem durch das Untersuchungssetting mit dem Lauten Denken getätigt wurden. Grundsätzlich sind sie aber auch in Partner- oder Gruppenarbeiten zu erwarten.

*Einordnung in das Prozessmodell*

Da die ‚Verbalisierung der Oberflächlichkeit' (in Tabelle 10.17 hellgrau hinterlegt) in Kombination mit den fünf zuvor genannten anderen oberflächlichen Bearbeitungsstrategien zu beobachten ist, ist sie im Prozessmodell additiv zu den vier Phasen zwischen *mathematischem Modell* und *numerischer Antwort* zu finden, in denen die fünf zuvor genannten oberflächlichen Bearbeitungsstrategien sich verorten. Die Additivität ist in der schematischen Darstellung in Tabelle 10.17 durch das Zeichen „&" gekennzeichnet.

**Tabelle 10.17**  Einordnung von ‚Verbalisierung der Oberflächlichkeit' in das adaptierte Prozessmodell

| Bearbeitungsphasen im adaptierten Prozessmodell | Bearbeitungsphasen mit Verbalisierung der Oberflächlichkeit |
|---|---|
| Problemtext (PT) | PT |
| Textverständnis (TV) | TV |
| Situationsverständnis (SV) | SV |
| Aufbau math. Modell (MM) | MM & Verbalisierung der Oberflächlichkeit |
| Verknüpfungsstruktur (VS) | VS & Verbalisierung der Oberflächlichkeit |
| Rechnen / Operieren (R/O) | R/O & Verbalisierung der Oberflächlichkeit |
| Numerische Antwort (NA) | NA & Verbalisierung der Oberflächlichkeit |
| Situationsbezogene Antwort (SA) | SA |
| Beurteilen / Überprüfen (B/Ü) | B/Ü |

Eine Betrachtung der Überschneidungen der Codes zur ‚Verbalisierung der Oberflächlichkeit' mit den Codes zu den Bearbeitungsphasen im Code-Relations-Browser von MaxQDA zeigt, dass die Kategorie sich vor allem in den erwarteten vier Phasen verortet. Sehr oft tritt sie zudem in Metakommentaren auf, was durch die Definition der Kategorie begründet ist.

## 10.2.9 Ergebnis ohne Sachbezug

Die oberflächliche Bearbeitungsstrategie ‚Ergebnis ohne Sachbezug' impliziert, dass nach der Rechnung die erhaltene numerische Antwort nicht in Beziehung zum Sachkontext gesetzt wird. Dies bedeutet, die Antwort ist lediglich das numerische Ergebnis oder das numerische Ergebnis mit einer Einheit. Wenn die Lernenden noch einmal die Frage lesen und daraufhin das numerische Ergebnis wiederholen, so gilt dieses hingegen als interpretiert.

*Beispiele*
Der schon häufig betrachtete Schüler Tim, der bei der Teilaufgabe b) der Aufgabe „Blattläuse" aufgrund einer ‚Schlüsselwortstrategie' „21869:3" gerechnet hat (vgl. Abschn. 10.2.3), wendet im Folgenden auch die Strategie ‚Ergebnis ohne Sachbezug' an. Er lässt das erhaltene Ergebnis $7289,\overline{6}$ ohne jeglichen Sachbezug stehen (vgl. Z. 51/52).

**Transkript – Tim Blattläuse b)**
48 ((tippt in den Taschenrechner „21869:3=")) 21869:3,
49 das sind 7289,6 Periode.
50 (5s)
51 ((schreibt „7289,$\overline{6}$ ")) 89,6 Periode.
52 Ja ich glaub das ist. ((dreht sich zur Interviewerin um))

Einige weitere Beispiele der insgesamt elf identifizierten Stellen zur Strategie ‚Ergebnis ohne Sachbezug' sind in Tabelle 10.18 dargestellt.

**Tabelle 10.18**  Weitere Beispiele für ‚Ergebnis ohne Sachbezug' bei den einzelnen Aufgaben

**Beispiele für ‚Ergebnis ohne Sachbezug'
bei den Aufgaben zu proportionalen Zuordnungen**

|  | Aufgabe „Bagger" | Aufgabe „Badewanne" |
|---|---|---|
| **relevanter Kontext** | nicht oberflächlicher, richtiger Antwortsatz:<br>Pro Tag hebt der Bagger 72,8 m³ Erde aus. | nicht oberflächlicher, richtiger Antwortsatz:<br>Es kommen ca. 8,18 l/min aus dem Kaltwasserhahn. |
| **Beispiele für Ergebnis ohne Sachbezug** | – 72,8<br>– 72,8 m³ | – 8,18<br>– 8,18 l bzw. 8,18 pro Minute |
| **Gegenbeispiele** | – *Pro Tag 72,8 m³.*<br>– *Das sind 72,8 m³ Erde.*<br>– *((liest vor:)) „Wie viel m³ Erde hebt der Bagger pro Tag aus?" 72,8.* | – *8,18 l/min*<br>– *1 min → 8,18 l* |

**Beispiele für ‚Ergebnis ohne Sachbezug'
bei den Aufgaben zum exponentiellen Wachstum**

|  | Aufgabe „Blattläuse" | Aufgabe „Gerücht" |
|---|---|---|
| **relevanter Kontext** | nicht oberflächlicher, richtiger Antwortsatz:<br>a) Nach vier Wochen sind 810 Blattläuse auf der Blume.<br>b) Nach sieben Wochen (sind mehr als 21869 Blattläuse auf der Blume). | nicht oberflächlicher, richtiger Antwortsatz:<br>a) Um 11 Uhr kennen 64 Schülerinnen und Schüler das Gerücht.<br>b) Um 14 Uhr kennen alle Schülerinnen und Schüler das Gerücht. |
| **Beispiele für Ergebnis ohne Sachbezug** | a) 810.<br>b) 21870. | a) 40.<br>a) Dann sind das 64. |
| **Gegenbeispiele** | – *a) 810 Blattläuse.*<br>– *a) ((liest vor:)) „Wie viele Blattläuse sind nach vier Wochen auf der Blume?" 810.* | – *a) „3. Stunde sind schon 36 Personen."* |

*Verhältnis zu den theoretischen Überlegungen*

In den aus der Theorie abgeleiteten oberflächlichen Bearbeitungsstrategien gehört die fehlende Interpretation eines Ergebnisses zur ,Ausblendung realitätsbezogener Überlegungen' (vgl. Abschn. 4.2.5). Diese wurde empirisch ausdifferenziert in die beiden Strategien ,Ergebnis ohne Sachbezug' und ,unrealistisches Ergebnis ohne Reflexion' (vgl. Abschn. 10.2.10). Diese Unterscheidung ist essentiell, da beides eine unterschiedlich starke Oberflächlichkeit impliziert. Da in der Schule immer ein Ergebnis mit Sachbezug gefordert und bereits in der Grundschule mit dem Frage-Rechnung-Antwort-Schema trainiert wird, wird das Fehlen eines solchen Sachbezuges immer als oberflächlich gewertet. Allerdings hat dies, im Gegensatz zum unrealistischen Ergebnis (vgl. Abschn. 10.2.10), für die Einschätzung einer Gesamtbearbeitung hinsichtlich ihrer Oberflächlichkeit lediglich eine sehr geringe Auswirkung. Es handelt sich also um eine Ausdifferenzierung der in der Literatur aufgeführten Strategie aufgrund unterschiedlicher Bedeutungen für die Oberflächlichkeit.

*Einordnung in das Prozessmodell*

Da bei einem ,Ergebnis ohne Sachbezug' (in Tabelle 10.19 hellgrau hinterlegt) die *numerische Antwort* nicht interpretiert wird, ist es im Prozessmodell in die Phase der *numerischen Antwort* einzuordnen (vgl. Tabelle 10.19). Die *situationsbezogene Antwort* entfällt entsprechend (in Tabelle 10.19 dunkelgrau, „ / ").

**Tabelle 10.19**  Einordnung von ,Ergebnis ohne Sachbezug' in das adaptierte Prozessmodell

| Bearbeitungsphasen im adaptierten Prozessmodell | Bearbeitungsphasen mit Ergebnis ohne Sachbezug |
|---|---|
| Problemtext (PT) | PT |
| Textverständnis (TV) | TV |
| Situationsverständnis (SV) | SV |
| Aufbau math. Modell (MM) | MM |
| Verknüpfungsstruktur (VS) | VS |
| Rechnen / Operieren (R/O) | R/O |
| Numerische Antwort (NA) | Ergebnis ohne Sachbezug |
| Situationsbezogene Antwort (SA) | / |
| Beurteilen / Überprüfen (B/Ü) | B/Ü |

Eine Betrachtung der Überschneidungen der Codes zum Ergebnis ohne Sachbezug mit den Codes zu den Bearbeitungsphasen im Code-Relations-Browser von MaxQDA bestätigt, dass das Ergebnis ohne Sachbezug ausschließlich gemeinsam mit der Phase *Numerische Antwort* auftritt.

## 10.2.10 Unrealistisches Ergebnis ohne Reflexion

Die oberflächliche Bearbeitungsstrategie ‚unrealistisches Ergebnis ohne Reflexion' besteht darin, dass Lernende eine erhaltene numerische Antwort ohne ein Hinterfragen oder einen Abgleich mit der Realität stehen lassen, obwohl diese im gegebenen Situationskontext sehr unrealistisch ist. Da Lernende häufig Ergebnisse nicht noch einmal explizit validieren und reflektieren, wird diese fehlende Reflexion nur bei unrealistischen Ergebnissen als oberflächlich markiert. In diesem Fall wäre zu erwarten gewesen, dass die Lernenden sich über das Ergebnis wundern und daraufhin ihr Vorgehen reflektieren. Geschieht dies nicht, so liegt ein oberflächlicher Umgang mit dem Situationskontext und dem numerischen Ergebnis vor.

*Beispiele*
Als Beispiel hierfür dient noch einmal das Transkript von Tim zur Bearbeitung der Teilaufgabe b) der Aufgabe „Blattläuse", das auch in Abschnitt 10.2.9 betrachtet wurde. Der Schüler erhält das Ergebnis $7289,\overline{6}$, was er, wie gerade gesehen, nicht in den Sachkontext einordnet. Im Kontext würde es bedeuten, dass nach 7289,6 Wochen, also nach circa 140 Jahren, 21869 Blattläuse auf der Blume wären. Dass dies eine absolut unrealistische Zahl ist, reflektiert Tim nicht.
Die Strategie ist aber auch dann häufig zu beobachten, wenn die Lernenden das Ergebnis in den Sachkontext einordnen. Bei der Aufgabe „Badewanne" erhält die Schülerin Mila das Ergebnis 112,5. Ihr Antwortsatz lautet:

**Transkript – Mila – Badewanne**
53 Antwort. ((schreibt „A: Pro Minute kommen 112,5 l Wasser aus dem Kaltwasserhahn.")) Pro Minute kommen 112 Liter Wasser aus dem Kaltwasserhahn.
54 Ok.

Milas Antwortsatz beantwortet also die gestellte Frage und auch die von ihr angegebenen Einheiten sind korrekt. Allerdings wundert es die Schülerin keineswegs, dass 112 Liter Wasser in einer Minute aus dem Wasserhahn kommen sollen. Dies könnte natürlich daran liegen, dass sie keine Vorstellung davon hat, wie viel Wasser pro Minute aus einem Wasserhahn kommen kann oder wie viel 112 Liter Wasser eigentlich sind. Allerdings handelt es sich bei 112 l/min um ein äußerst unrealistisches Ergebnis. Insofern scheint ein oberflächliches Verhalten vorzuliegen, bei dem Mila ohne jegliche Reflexion einen Standard-Antwortsatz passend zur Frage formuliert und in diesen das erhaltene Ergebnis einsetzt.

Einige weitere Beispiele der insgesamt 37 Fundstellen zur Strategie ‚unrealistisches Ergebnis ohne Reflexion' sind in Tabelle 10.20 dargestellt.

**Tabelle 10.20**  Weitere Beispiele für ‚unrealistisches Ergebnis ohne Reflexion' bei den einzelnen Aufgaben

**Beispiele für ‚unrealistisches Ergebnis ohne Reflexion' bei den Aufgaben zu proportionalen Zuordnungen**

|  | Aufgabe „Bagger" | Aufgabe „Badewanne" |
|---|---|---|
| relevanter Kontext | richtiges Ergebnis: 72,8 | richtiges Ergebnis: 8, $\overline{18}$ |
| Beispiele für unrealistisches Ergebnis ohne Reflexion | / <br> unrealistisch: <br> <30 m³, >200 m³, | „Pro Minute kommen 1012,5 l aus dem geöffneten Kalt- wasserhahn." <br> unrealistisch: <br> <4 l/min, >30 l/min |

**Beispiele für ‚unrealistisches Ergebnis ohne Reflexion' bei den Aufgaben zum exponentiellen Wachstum**

|  | Aufgabe „Blattläuse" | Aufgabe „Gerücht" |
|---|---|---|
| relevanter Kontext | richtiges Ergebnis: <br> a) 810 Blattläuse <br> b) nach 7 Wochen | richtiges Ergebnis: <br> a) 64 Lernende <br> b) alle Lernenden (4096) |
| Beispiele für unrealistisches Ergebnis ohne Reflexion | b) „Nach 2186,9 Wochen." <br> unrealistisch: <br> – a): <100, >50.000 <br> – b): <5, >50 | a) „Bis elf Uhr kennen es 1655 Schüler." <br> unrealistisch: <br> – a): <36, >2000 <br> – b): <36, >100000, <br> kleiner als das Ergebnis bei a) |

*Verhältnis zu den theoretischen Überlegungen*

Wie bereits in Abschnitt 10.2.9 erwähnt, wäre eine fehlende Reflexion eines unrealistischen Ergebnisses in der Theorie ein Aspekt der ‚Ausblendung reali- tätsbezogener Überlegungen' (vgl. Abschn. 4.2.5). Bei einem ‚Ergebnis ohne Sachbezug' oder der nicht beobachteten Validierung oder Reflexion ist davon auszugehen, dass die Lernenden entweder den Sachbezug herstellen, ohne ihn zu verbalisieren, oder dass sie nicht die Notwendigkeit einer expliziten Validierung sehen, weil das Ergebnis ihnen im Sachkontext eindeutig erscheint. In diesem Sinne ist bei einem unrealistischen Ergebnis davon auszugehen, dass eine Verwunderung und hierdurch eine Verbalisierung ausgelöst werden müsste. Geschieht dies nicht, so hat der entsprechende Lernende vermutlich in Gedanken keine Einordnung bzw. keine Validierung im Situationskontext vorgenommen, sondern diesen vermutlich nur noch oberflächlich wahrgenommen. Dass der gesamte Situationskontext nicht berücksichtigt und die Realität in der gesamten Bearbeitung ignoriert wird, ist in den beobachteten Bearbeitungsprozessen nicht vorgekommen. Insofern ist einerseits eine Einschränkung der theoretischen Kategorie ‚keine realitätsbezogenen Überlegungen‘ auf den Umgang mit dem Ergebnis vorgenommen worden, andererseits ist eine Ausdifferenzierung in die beiden Kategorien ‚Ergebnis ohne Sachbezug‘ und ‚unrealistisches Ergebnis‘ vorgenommen worden, da beide eine unterschiedlich ausgeprägte Oberflächlichkeit widerspiegeln.

*Einordnung in das Prozessmodell*
Da bei dieser oberflächlichen Bearbeitungsstrategie ein unrealistisches Ergebnis nicht reflektiert wird, findet die Phase *Beurteilen oder Überprüfen* des Prozessmodells nicht statt (in Tabelle 10.21 dunkelgrau, „ / “). Das unrealistische Ergebnis selbst (in Tabelle 10.21 hellgrau hinterlegt) lässt sich in die Phasen *Numerische Antwort* und *Situationsbezogene Antwort* einordnen. Bei dieser oberflächlichen Bearbeitungsstrategie bleibt ein unrealistisches Ergebnis sowohl in seiner nicht-interpretierten als auch in seiner interpretierten Form unreflektiert.

**Tabelle 10.21** Einordnung von ‚unrealistisches Ergebnis ohne Reflexion‘ in das adaptierte Prozessmodell

| Bearbeitungsphasen im adaptierten Prozessmodell | Bearbeitungsphasen mit unrealistischem Ergebnis ohne Reflexion |
|---|---|
| Problemtext (PT) | PT |
| Textverständnis (TV) | TV |
| Situationsverständnis (SV) | SV |
| Aufbau math. Modell (MM) | MM |
| Verknüpfungsstruktur (VS) | VS |
| Rechnen / Operieren (R/O) | R/O |
| Numerische Antwort (NA) | **unrealistisches Ergebnis ohne Reflexion** |
| Situationsbezogene Antwort (SA) | **unrealistisches Ergebnis ohne Reflexion** |
| Beurteilen / Überprüfen (B/Ü) | *I* |

Eine Betrachtung der Überschneidungen der Codes zum unrealistischen Ergebnis ohne Reflexion mit den Codes zu den Bearbeitungsphasen im Code-Relations-Browser von MaxQDA bestätigt, dass das unrealistische Ergebnis ohne Reflexion fast ausschließlich gemeinsam mit den Phasen *Numerische Antwort* und hauptsächlich *Situationsbezogene Antwort* auftritt.

## 10.2.11 Oberflächliche Anpassungen und Zuordnungen

Die oberflächliche Bearbeitungsstrategie ,oberflächliche Anpassungen und Zuordnungen' lässt sich in drei Dimensionen unterteilen. Die erste ist die *oberflächliche Anpassung einer Zahl oder Operation*. Die oberflächliche Anpassung einer Zahl äußert sich in Form des Anhängens von Nullen, des Verschiebens eines Kommas, oder des Interpretierens eines Tausenderpunkts als Komma. Ein Grund hierfür kann beispielsweise sein, dass Lernende hierdurch versuchen, realistischere Ergebnisse zu erzielen. Die oberflächliche Anpassung einer Operation besteht darin, dass Lernende aufgestellte Verknüpfungsstrukturen und damit die dahinterstehenden Operationen verändern, indem sie beispielsweise andere Rechenzeichen in den Taschenrechner eingeben, als sie ursprünglich gesagt hatten, oder diese in ihren Äußerungen verändern. Dies kann die Ursache haben, dass die Lernenden nicht aufmerksam genug handeln und durch dieses oberflächliche Vorgehen der Fehler entsteht. Es kann aber auch sein, dass die Lernenden ganz bewusst diese Operationen verändern, um diese oder das Eingeben in den Taschenrechner zu vereinfachen. Neben den oberflächlichen Anpassungen sind auch oberflächliche Zuordnungen zu beobachten. Diese äußern sich zum einen in der anscheinend *grundlosen Zuordnung einer Einheit* (zweite Dimension). Dies bedeutet, dass eine Einheit so verändert wird, dass sie zur Frage passt, ein Ergebnis ohne Grund einer Einheit zugeordnet wird, oder eine fragende Suche nach verschiedenen Einheiten und ein Zuweisen dieser erfolgt, was wie ein Ausprobieren der richtigen Einheit wirkt. Zum anderen erfolgt eine Zuordnung im Sinne der *Festlegung eines Ergebnisses* (dritte Dimension), wobei ein Zwischenergebnis zum Endergebnis deklariert wird, Ergebnisse dargestellt werden, nach denen nicht gefragt wurde, oder willkürlich eine Ergebniszahl genannt wird.

*Beispiele*
Ein Beispiel für die oberflächliche Anpassung einer Zahl in Form der Reinterpretation des Tausenderpunkts und des Verschiebens eines Kommas ist in Max Bearbeitung der Aufgabe „Blattläuse" zu sehen:

**Transkript – Max – Blattläuse b)**

4  ((liest vor:)) „Nach wie viel Wochen sind mehr als 21.869 Blattläuse auf der Blume? Notiere deine Rechnung."

5  Also erstmal 120 (.) ((schreibt „120")) Blattläuse die nach 4 Wochen. ((schreibt „= 4 Wochen")) = 4 Wochen.

6  Dann muss man das (..) 21 ((schreibt „21,869")),869, dann muss man das geteilt durch ((schreibt „:")) geteilt durch (..) ((schreibt „30")) 30,

7  dann muss man ((tippt in den Taschenrechner „21.869:30=")) 21 Punkt 869 geteilt durch 30

8  = 0,72 ((schreibt „=")) dann sind das (..) sind das 7 (..) sind das (.) ((schreibt „0,72")) 0,72

9  sind das ((schreibt „=7,2 Wochen")) 7 2 Wochen.

Obwohl Max beim Vorlesen von Einundzwanzigtausendachthundertneunundsechzig Blattläusen gesprochen hat, redet er im Folgenden von 21,869 (Z. 6), was als oberflächliche Anpassung der Zahl zu deuten ist. Er gibt daraufhin „21.869:30" in den Taschenrechner ein, wobei ihm bewusst ist, dass er auf dem Taschenrechner auf einen Punkt drückt (Z. 7). Es findet jedoch keine Reflexion darüber statt, inwiefern der Punkt im Aufgabentext, der Punkt auf dem Taschenrechner und das von ihm notierte Komma dieselbe oder unterschiedliche Bedeutungen besitzen. Das Ergebnis seiner Rechnung lautet 0,72 (Z. 8). Da Max dieses Ergebnis anscheinend im Situationskontext als unpassend erscheint, erfolgt mit dem Antwortsatz eine Anpassung der Zahl durch Verschiebung des Kommas, sodass er 7,2 Wochen erhält (Z. 9).

Die Ausprägung der Strategie in Form einer oberflächlichen Anpassung einer Einheit lässt sich bei Tim bei der Aufgabe „Badewanne" beobachten.

**Transkript – Tim – Badewanne**

10  Also wenn nach ne/ wenn nach 16,5 (.) 16,5 Minuten (..) 135 Liter Wasser gefüllt wird (.) nämlich Kaltwasser. Dann wird jede Minute

11  (5s)

12  jede Minute wird dann

13  (…)

14  ((tippt in den Taschenrechner „1,5·10")) 1,5·10

15  wären 15.

16  ((tippt in den Taschenrechner „1,5·11=")) 1,5·11

17  wären 16,5.

18  (…)

19  Also würde das (…) pro Minute (…) 11 Liter.

20  (…).

21  Nein.

Nachdem Tim berechnet hat, dass die Füllung mit dem Kaltwasserhahn 16,5 Minuten dauert (Z. 10), probiert er aus, welche Zahl mit 1,5 multipliziert 16,5 ergibt (Z. 14–16). Die Zahl 1,5 ist vermutlich das Ergebnis der Subtraktion „9 min – 7,5 min". Dabei bleibt unklar, welche Einheiten die Zahlen 1,5, 10 und 11 haben (Z. 14, 16). Insofern ist die Zuordnung der 11 zu den l/min (Z. 19) grundlos und somit eine oberflächliche Zuordnung einer Einheit, die sich ausschließlich über die gestellte Frage begründet.

Ein Beispiel für das oberflächliche Festlegen eines Ergebnisses bietet die Bearbeitung der Aufgabe „Blattläuse" von Anna. Die Schülerin liest den Text korrekt vor, überlegt circa 10 Sekunden und äußert daraufhin:

**Transkript – Anna – Blattläuse a)**
4   Ja, ich rechne einfach ehm (..) ((schreibt „4·10=") 4·10
5   das sind dann ((schreibt „40") 40.
6   pro Woche.
7   Ja. (…) ((dreht sich zur Interviewerin um)) fertig.

Anna hat die beiden im Text gegebenen Zahlen 4 (Wochen) und 10 (Blattläuse) multipliziert (Z. 4). Das Ergebnis interpretiert sie als „40 pro Woche" (Z. 5/6), wobei es sich mit Hinblick auf die Frage um ein Zwischenergebnis handelt. Durch ihre Äußerung „Ja […] fertig" (Z. 7) wird dieses zum Endergebnis, jedoch handelt es sich um eine Antwort auf eine nicht vorhandene Frage der Art „Wie viele Blattläuse kommen pro Woche dazu?".

Einige weitere Beispiele der insgesamt 35 gefundenen Stellen zur Strategie „oberflächliche Anpassungen und Zuordnungen" sind, unterteilt in die drei Dimensionen, in Tabelle 10.22 dargestellt.

**Tabelle 10.22**  Weitere Beispiele für ‚oberflächliche Anpassungen und Zuordnungen‘ bei den einzelnen Aufgaben

| Beispiele für ‚oberflächliche Anpassungen und Zuordnungen‘ bei den Aufgaben zu proportionalen Zuordnungen | | | |
|---|---|---|---|
| | | Aufgabe „Bagger" | Aufgabe „Badewanne" |
| **Beispiele für oberflächliche Anpassungen / Zuordnungen** | Anpassung einer Zahl / Operation | – „Jetzt muss man doch das Komma verschieben." | – geteilt durch 7,5 ((tippt in den Taschenrechner „·7,5=")). |
| | grundlose Zuordnung einer Einheit | – „Was wäre das? Meter? Millimeter?" <br> – „Das wären dann m² vielleicht." | – 9 min : 7,5 min → Ergebnis ist 1,2 l <br> – erst Zuordnung „Minuten", dann „Liter" (ohne Begründung) |
| | Festlegung eines Ergebnisses | / | – „(9–7,5)·7,5=11,25. Dann dauert es 11,25 Minuten, bis sie voll ist." |

**Tabelle 10.22** (Fortsetzung)

Beispiele für ,oberflächliche Anpassungen und Zuordnungen'
bei den Aufgaben zum exponentiellen Wachstum

| | | Aufgabe „Blatt-läuse" | Aufgabe „Gerücht" |
|---|---|---|---|
| **Beispiele für ober-flächliche Anpassungen / Zuordnungen** | Anpassung einer Zahl / Operation | – 0en bei Ergebnis wegstreichen<br>– „$10 \cdot 3^{728}$ sind ((TR zeigt Fehler-meldung)) keine Ahnung. [...] ((tippt in den Taschen-rechner „$10 \cdot 3=$ ANS$\cdot 728=$"))" | / |
| | grundlose Zuordnung einer Einheit | – Wochen und Tage multi-plizieren ➔ Ergebnis ist „Blattläuse"<br>– Ergebnis ist „pro Woche" | / |
| | Festlegung eines Ergebnisses | – „Nach einer Woche 30. Nach zwei Wochen 60. Also Antwort: Nach vier Wochen sind es 60 Blattläuse."<br>– b) „Ich schätze nach 100 Wochen." | – Einem Sach-verhalt wird eine Zahl zugeordnet, die nicht durch die Operationen ent-standen ist: „Eine Person kennt es. Immer hoch 4. Sind dann nach einer Stunde 4 Personen." |

*Verhältnis zu den theoretischen Überlegungen*

Diese Kategorie ist induktiv aus der Empirie entstanden und hat keine Ent-sprechung in der Theorie. Das in der Strategie erfasste Verhalten der Lernenden ist als oberflächlich zu bewerten, da diese hier anscheinend unreflektiert, plan-los oder gar im Widerspruch zum geplanten Vorgehen handeln. Insofern passt die Kategorie zu den Attributen, die bei einem ,unreflektierten Operieren' in der Theorie verwendet werden. Damit gliedert sich die Bearbeitungsstrategie ,ober-flächliche Anpassungen und Zuordnungen' stimmig in das aus der Theorie ent-wickelte Teilkonstrukt ein, stellt jedoch eine neue, ergänzende Kategorie dar.

*Einordnung in das Prozessmodell*

Die Strategie ‚oberflächliche Anpassungen und Zuordnungen' ist im Prozessmodell als Ergänzung der Phasen *Verknüpfungsstruktur* erstellen, *Rechnen und Operieren, Numerische Antwort* und *Situationsbezogene Antwort* einzuordnen (in Tabelle 10.23 mit einem & dargestellt). Dies liegt daran, dass die jeweilige Phase grundsätzlich normal verläuft und lediglich beispielsweise eine oberflächliche Anpassung der Einheit oder der Zahl vorgenommen wird.

**Tabelle 10.23**   Einordnung von ‚oberflächliche Anpassungen und Zuordnungen' in das adaptierte Prozessmodell

| Bearbeitungsphasen im adaptierten Prozessmodell | Bearbeitungsphasen mit oberflächlichen Anpassungen und Zuordnungen (oA/Z) | | | |
|---|---|---|---|---|
| Problemtext (PT) | PT | PT | PT | PT |
| Textverständnis (TV) | TV | TV | TV | TV |
| Situationsverständnis (SV) | SV | SV | SV | SV |
| Aufbau math. Modell (MM) | MM | MM | MM | MM |
| Verknüpfungsstruktur (VS) | VS & oA/Z | VS | VS | VS |
| Rechnen / Operieren (R/O) | R/O | R/O & oA/Z | R/O | R/O |
| Numerische Antwort (NA) | NA | NA | NA & oA/Z | NA |
| Situationsbezogene Antwort (SA) | SA | SA | SA | SA & oA/Z |
| Beurteilen / Überprüfen (B/Ü) | B/Ü | B/Ü | B/Ü | B/Ü |

Eine Betrachtung der Überschneidungen der Codes zu ‚oberflächlichen Anpassungen und Zuordnungen' mit den Codes zu den Bearbeitungsphasen im Code-Relations-Browser von MaxQDA bestätigt, dass diese Strategie vor allem in den Phasen *Numerische Antwort* und *Situationsbezogene Antwort* und etwas seltener in den Phasen *Rechnen/Operieren* oder *Verknüpfungsstruktur* erstellen auftritt.

## 10.2.12 Oberflächliche Beurteilungen

Die oberflächliche Bearbeitungsstrategie ‚oberflächliche Beurteilungen' unterteilt sich in die Dimensionen *oberflächliche Beurteilung eines Ergebnisses* und *oberflächliche Beurteilung einer Rechnung.* Erstes beschreibt die Beurteilung eines Ergebnisses aufgrund äußerer Merkmale. Zu diesen Merkmalen zählen Zahlen mit vielen Nachkommastellen oder periodische Zahlen, sehr kleine oder sehr große Zahlen. Da Lernende oft damit rechnen, dass Ergebnisse diese Merkmale nicht aufweisen, wird die Beurteilung eines Ergebnisses auf dieser Grundlage als oberflächlich betrachtet. Die Beurteilung basiert auf keinerlei mathematischer oder situativer Überlegung, sondern auf der Annahme, dass dies untypisch für Mathematikaufgaben sei. Da realitätsbezogene Überlegungen bei Lernenden nur äußerst selten anzutreffen sind, wird auch wenn ein Ergebnis diese Merkmale aufweist und es im Anschluss ohne Begründung beurteilt wird, davon ausgegangen, dass diese oberflächlichen Merkmale ausschlaggebend für die Beurteilung waren. Somit wird dieses ebenfalls als (implizite) oberflächliche Beurteilung betrachtet. Auch wenn Ergebnisse ohne offensichtliche Gründe willkürlich beurteilt werden, ist dies als oberflächlich zu bezeichnen. Dazu gehört beispielsweise die Entscheidung für ein Ergebnis, was dem Lernenden richtiger erscheint als ein anderes, ohne dass es dafür offensichtliche oder genannte Gründe gibt. Die *oberflächliche Beurteilung einer Rechnung* bezeichnet Begründungen für Rechenschritte, die ohne Gehalt und damit oberflächlich sind.

*Beispiele*
Ein Beispiel für ‚oberflächliche Beurteilungen' bietet die Bearbeitung der Aufgabe „Badewanne" von Tim (vgl. folgendes Transkript).

**Transkript – Tim – Badewanne**
27 135 ((tippt in den Taschenrechner „135:16,5=")) 135:16,5
28 ((Taschenrechner zeigt „8.181818182")) (..)8, 18.
29 (..)
30 Nee.
31 Jetzt weiß ich nicht wie es/ wie ich das machen soll.

Nachdem Tim „135:16,5" berechnet hat (Z. 27), zeigt der Taschenrechner das korrekte Ergebnis 8.181818182 an (Z. 28). Nach einer kurzen Pause (Z. 29) beurteilt der Schüler dieses Ergebnis und dadurch auch seine Rechnung als falsch, indem er „Nee. Jetzt weiß ich nicht wie es/ wie ich das machen soll." (Z. 30/31) sagt. Hieran erkennt man, dass Tim aufgrund des periodischen Ergebnisses davon ausgeht, dass dieser Ansatz falsch sein muss. Dies bestätigt der Schüler auch in später erfolgten Diskussion mit der Interviewerin: „also immer wenn/ wenn so Perioden dabei sind, dann denke ich immer das ist falsch und so. Weil man muss ja/ als ob da jetzt so Periode rauskommt und so. Das denke ich dann immer. Dann denke ich immer, das muss eine gerade Zahl sein." Situative oder mathematische Überlegungen spielen also keinerlei Rolle. Somit ist dieses Verhalten als ‚oberflächliche Beurteilung' einzustufen.

Ähnlich verläuft die Bearbeitung von Noe (vgl. folgendes Transkript). Hier führt das periodische Ergebnis (Z. 10) im Folgenden dazu, dass die Zahlen in der Verknüpfungsstruktur vertauscht werden und „16,5:135" berechnet wird (Z. 12). Sowohl das periodische Ergebnis $8,\overline{18}$ als auch das sehr kleine und erneut periodische Ergebnis $0,1\overline{2}$ erscheinen dem Schüler als nicht richtig und werden mit einer ‚oberflächlichen Beurteilung' „Nee" (Z. 11) bzw. „hm" (Z. 14) als falsch gekennzeichnet. Im Folgenden entscheidet sich Noe dann für die erste Rechnung und das Ergebnis $8,\overline{18}$. Diese periodische Zahl erscheint ihm wohl wahrscheinlicher, da eine periodische und zudem noch sehr kleine Zahl untypischer als Ergebnis zu sein scheint als eine „nur periodische" Zahl.

**Transkript – Noe – Badewanne**

5  Ja das sind dann (.) dass das dann ((schreibt „16,5"))
6  16,5 Minuten dauert bis 135 Liter Wasser in die Badewanne eingefüllt werden.
7  Und (.) pro Minute (.) ehm müssen dann
8  ((schreibt „135:")) 153 geteilt durch ((schreibt „16,5")) 16,5 rechnen.
9  ((tippt in den Taschenrechner „135:16,5=")) Dann eh kommt eh
10  ((Taschenrechner zeigt „8.181818182")) (…)
11  Nee
12  man muss ((tippt in den Taschenrechner „16,5: 1 (.) 3 5=")) 16,5:Hundert(.) fünfunddreißig.
13  Dann kommt 0, ((Taschenrechner zeigt „0.122222222"))
14  (..) hm ((murmelt))

Einige weitere Beispiele der insgesamt 19 gefundenen Stellen zur Strategie ‚oberflächliche Beurteilungen' finden sich, unterteilt in die beiden Dimensionen, in Tabelle 10.24.

**Tabelle 10.24**  Weitere Beispiele für ‚oberflächliche Beurteilungen' bei den einzelnen Aufgaben

**Beispiele für ‚oberflächliche Beurteilungen'**
**bei den Aufgaben zu proportionalen Zuordnungen**

|  |  | Aufgabe „Bagger" | Aufgabe „Bade-wanne" |
|---|---|---|---|
| **Beispiele für oberfl. Beurteilungen** | oberfl. Beurteilung eines Ergebnisses | *meist eher implizit erkennbar*<br>– ((Taschenrechner zeigt „9645708.8")) (..) ja ok, dann bringt das nichts.<br>– erst sehr große, falsche Ergebnisse, dann 72,8: „Ja ok. Das ist gut." | *meist eher implizit erkennbar*<br>– „Ich glaube, das erste ist richtig" (ohne Grund) |
|  | oberfl. Beurteilung einer Rechnung | / | – Dreisatz? „Ja, passt eigentlich." (ohne Grund) |

**Beispiele für ‚oberflächliche Beurteilungen'**
**bei den Aufgaben zum exponentiellen Wachstum**

|  |  | Aufgabe „Blattläuse" | Aufgabe „Gerücht" |
|---|---|---|---|
| **Beispiele für oberfl. Beurteilungen** | oberfl. Beurteilung eines Ergebnisses | *meist eher implizit erkennbar*<br>– „((Taschenrechner zeigt „4.371242175·10$^{-13}$")) hm. Hä."<br>– Rechnung: 10^2, 10^3,... „Wieso kommt immer das gleiche raus?" | / |
|  | oberfl. Beurteilung einer Rechnung | – „Rechne ich so, weil man sonst in der Arbeit zu viel Zeit damit verliert."<br>– „Rechne ich so, um zu gucken, ob das Ergebnis dann richtiger ist." | / |

*Verhältnis zu den theoretischen Überlegungen*

Die oberflächliche Bearbeitungsstrategie ‚oberflächliche Beurteilungen' wurde bisher noch nicht entsprechend beschrieben und findet sich nicht in dem aus der Theorie entwickelten Teilkonstrukt wieder. Allerdings scheint eine Ursache für ‚oberflächliche Begründungen' zu sein, dass manche Ergebnisse mehr oder weniger typisch für „stereotype" Mathematikaufgaben sind. Die Beurteilungen scheinen also auf einer ‚sozial begründeten Rationalität' zu beruhen (vgl.

Abschn. 4.3.5), die sich in den ‚oberflächlichen Beurteilungen' zeigt. Somit lässt sich das aus der Theorie entwickelte Teilkonstrukt um diese oberflächliche Bearbeitungsstrategie erweitern. Auch wenn sich im Nachhinein ein stimmiges Bild ergibt und es offensichtlich scheint, dass die ‚sozial begründete Rationalität' zu solchen Begründungen führt, wäre diese Kategorie ohne eine induktive Interpretation der Transkripte nicht aufgefallen.

*Einordnung in das Prozessmodell*
Da es sich bei dieser oberflächlichen Bearbeitungsstrategie um die Beurteilung eines Ergebnisses oder einer Operation handelt, ist diese in die Phase *Beurteilen oder Überprüfen* einzuordnen (vgl. Tabelle 10.25, ‚oberflächliche Beurteilungen' hellgrau hinterlegt).

**Tabelle 10.25**   Einordnung von ‚oberflächliche Beurteilungen' in das adaptierte Prozessmodell

| Bearbeitungsphasen im adaptierten Prozessmodell | Bearbeitungsphasen mit oberflächlichen Beurteilungen |
|---|---|
| Problemtext (PT) | PT |
| Textverständnis (TV) | TV |
| Situationsverständnis (SV) | SV |
| Aufbau math. Modell (MM) | MM |
| Verknüpfungsstruktur (VS) | VS |
| Rechnen / Operieren (R/O) | R/O |
| Numerische Antwort (NA) | NA |
| Situationsbezogene Antwort (SA) | SA |
| Beurteilen / Überprüfen (B/Ü) | oberflächliche Beurteilungen |

Eine Betrachtung der Überschneidungen der Codes zu ‚oberflächlichen Beurteilungen' mit den Codes zu den Bearbeitungsphasen im Code-Relations-Browser von MaxQDA bestätigt, dass diese Strategie in der Phase des *Beurteilens oder Überprüfens* auftritt. Dabei gibt es teilweise zusätzlich auch Überschneidungen mit der Phase der *Numerischen Antwort*, wenn diese in der Beurteilung nicht wiederholt wird. In diesem Fall ist nur durch die zusätzliche Codierung des numerischen Ergebnisses erkennbar, welches Ergebnis oberflächlich beurteilt wird. Dennoch handelt es sich bei der Phase lediglich um das

Beurteilen oder Überprüfen des entsprechenden Ergebnisses, sodass die ‚oberflächlichen Beurteilungen‘ in Tabelle 10.25 lediglich in diese Phase eingeordnet wurden.

## 10.3   Das aus den deduktiv-induktiven Analysen resultierende Teilkonstrukt „Oberflächliche Bearbeitungsstrategien"

Die erfolgte Betrachtung der einzelnen oberflächlichen Bearbeitungsstrategien und deren Analyse an konkreten Bearbeitungen (vgl. Abschn. 10.2) ermöglicht im Folgenden eine zusammenfassende Erläuterung der einzelnen oberflächlichen Bearbeitungsstrategien und ihre Einordnung in das adaptierte Prozessmodell (Abschn. 10.3.1). Zudem erfolgt eine Darstellung ihres Theoriebezugs (Abschn. 10.3.2). Darauf aufbauend ergibt sich das aus den deduktiv-induktiven Analysen resultierende Teilkonstrukt „Oberflächliche Bearbeitungsstrategien" (Abschn. 10.3.3) Somit werden die bisherigen Ergebnisse gebündelt, um eine Antwort auf die erste Forschungsfrage zu erhalten.

### 10.3.1  Verortung im adaptierten Prozessmodell

Als Zusammenfassung der vorangehend erläuterten oberflächlichen Bearbeitungsstrategien werden diese in der Chronologie des Verlaufs eines Bearbeitungsprozesses laut dem adaptierten Prozessmodell dargestellt. Die Verortung folgt dabei den in Abschnitt 10.2 dargelegten Begründungen und führt zu der in Abb. 10.4 dargestellten Erweiterung des adaptierten Prozessmodells

Zu Beginn eines Bearbeitungsprozesses oder Bearbeitungsansatzes erfolgt die grobe Phase des Lesens und Situationsverstehens (*Problemtext, Text- und Situationsverständnis*). In dieser groben Phase äußert sich oberflächliches Vorgehen in einem ‚oberflächlichen Leseverständnis‘. Dieses zeichnet sich durch ein ungenaues Lesen, ein Überlesen von Informationen sowie eine fehlende Erstellung eines Gesamtzusammenhangs aus. Konkret kann sich das ‚oberflächliche Leseverständnis‘ beim Lesen oder Unterstreichen im *Problemtext*, ebenso wie beim Erstellen einer *Textbasis* und eines *episodischen Situations-* oder *Problemmodells* zeigen.

Da die ‚Assoziation' von Modellen oder Operationen meist in einer ersten Annäherungsphase an den Text erfolgt und zu einem mathematischen Modell führt, ist diese oberflächliche Bearbeitungsstrategie der folgenden Phase des *Aufbaus eines mathematischen Modells* zuzuordnen.

In der Bearbeitungsphase des *Erstellens einer Verknüpfungsstruktur* lassen sich mehrere oberflächliche Bearbeitungsstrategien verorten. Bei einer ‚Schlüsselwortstrategie', wird die Verknüpfungsstruktur aus einzelnen Wörtern, Satzteilen oder aus dem Text entwickelten Vorstellungen abgeleitet. Eine Verknüpfungsstruktur entsteht durch ‚oberflächliches Verknüpfen', wenn unreflektiert mit naheliegenden Zahlen (aus dem Text) operiert wird und diese augenscheinlich willkürlich verknüpft werden. Beim ‚oberflächlichen Algorithmus' werden Verfahren oder Formeln schematisch angewandt.

In den Phasen des *Erstellens einer Verknüpfungsstruktur, des Rechnens und Operierens* und der daraus entstehenden *Numerischen Antwort* lassen sich das ‚oberflächliche Ausführen einer Rechenoperation' sowie die ‚oberflächlichen Anpassungen und Zuordnungen' verorten, bei denen vor allem Zahlen und Operationen angepasst werden.

Der ‚Wechsel von Rechenoperationen' ist eine übergreifende oberflächliche Bearbeitungsstrategie, die das (mehrfache) Wechseln der Rechenoperationen, also quasi ein Ausprobieren der verschiedenen Möglichkeiten, beschreibt. Entsprechend kann sie die Phasen vom *Erstellen einer Verknüpfungsstruktur* bis zum *Beurteilen oder Überprüfen* in mehreren Durchläufen umfassen.

In Kombination mit den oberflächlichen Bearbeitungsstrategien, die während des *Erstellens der Verknüpfungsstruktur* sowie dem *Rechnen und Operieren* vorkommen können, ist oft eine ‚Verbalisierung der Oberflächlichkeit' zu beobachten, die beispielsweise die Unsicherheit, das Ausprobieren oder die Ignoranz erkannter Fehler zum Ausdruck bringt.

Im Umgang mit Zwischen- und Endergebnissen in den Phasen der *numerischen* und *situationsbezogenen Antwort* ist es möglich, dass ein ‚Ergebnis ohne Sachbezug' als numerisches Ergebnis das Ende eines Bearbeitungsansatzes oder der Bearbeitung darstellt. Auch wenn ein Ergebnis auf die Sachsituation bezogen wird, kann es oberflächlich behandelt werden, indem ‚unrealistische

Ergebnisse ohne Reflexion' stehen gelassen und nicht hinterfragt werden. Empirisch wurde zudem beobachtet, dass manche Ergebnisse angepasst werden, indem beispielsweise das Komma verschoben, Einheiten angepasst, oder das Ergebnis grundlos einer Sachgröße zugeordnet werden. Diese ‚oberflächlichen Anpassungen und Zuordnungen' wurden bei der Sichtung des Forschungsstands nicht identifiziert.

Auch bei der ergänzten Phase der *Beurteilung oder Überprüfung* eines Ergebnisses oder Vorgehens (vgl. Abschn. 9.2.2) sind oberflächliche Herangehensweisen in Form von ‚oberflächlichen Beurteilungen' möglich. Diese kennzeichnen sich durch eine Beurteilung aufgrund äußerer Merkmale wie Nachkommastellen oder durch das Fehlen von Begründungen und beruhen auf einer ‚sozial begründeten Rationalität' (vgl. Abschn. 4.3.5).

Eine Betrachtung der Verteilung der oberflächlichen Bearbeitungsstrategien im adaptierten Prozessmodell (vgl. Abb. 10.4) zeigt, dass Oberflächlichkeit in der Phase des Lese- und Situationsverständnisses nur mit einer Kategorie erfasst wird, während in den einzelnen Schritten der Mathematisierungs- und Rechenphase eine detailliertere Zuordnung von Oberflächlichkeit möglich ist. Dies lässt sich damit begründen, dass gerade bei oberflächlichen Herangehensweisen meist die Phase des Situationsverständnisses übersprungen und direkt aus der Textbasis mathematisiert und operiert wird. Das Fehlen solcher Phasen in Transkripten von Bearbeitungsprozessen lässt allerdings keinen Rückschluss darauf zu, ob wirklich kein Modell erstellt wurde oder dieses nur implizit erfolgte. Dadurch sind diesen Phasen weniger oberflächliche Bearbeitungsstrategien zuzuordnen. Insgesamt konnte also jeder Bearbeitungsphase eine oberflächliche Bearbeitungsstrategie zugeordnet werden und umgekehrt. Oft wurden die einzelnen Strategien mehreren Bearbeitungsphasen zugeordnet. Somit kann mit den Kategorien der oberflächlichen Bearbeitungsstrategien im gesamten Verlauf einer Bearbeitung Oberflächlichkeit identifiziert werden.

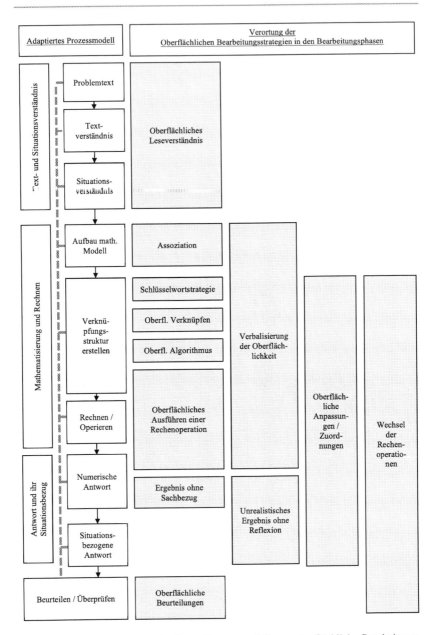

**Abb. 10.4**  Erweiterung des adaptierten Prozessmodells um oberflächliche Bearbeitungsstrategien

Die beschriebenen, aus den Analysen resultierenden zwölf oberflächlichen Bearbeitungsstrategien werden in Tabelle 10.26 knapp zusammengefasst.

**Tabelle 10.26** Beschreibung der aus den Analysen resultierenden oberflächlichen Bearbeitungsstrategien

| Aus den Analysen resultierende oberflächliche Bearbeitungsstrategien und ihre knappe Beschreibung |
| --- |
| **Oberflächliches Leseverständnis** |
| – Wörter werden falsch verstanden oder überlesen |
| – Zusammenhängen innerhalb eines Satzes werden ungenau oder falsch erfasst |
| – Informationen werden nicht, falsch oder ungenau in den Gesamtzusammenhang gesetzt |
| **Assoziation** |
| – Fokussierung eines Wortes, eines Satzteils oder des Kontextes & Assoziation von Inhalten (Modell / Operation) |
| – Wechsel zwischen verschiedenen Assoziationen |
| – Umrechnung von Einheiten |
| **Schlüsselwortstrategie** |
| – aus einzelnen Wörtern, Satzteilen oder aus dem Text entwickelten Vorstellungen wird eine Verknüpfungsstruktur abgeleitet |
| **Oberflächliches Verknüpfen** |
| – Zahlen werden in vorkommender Reihenfolge verknüpft |
| – Operationen sind willkürlich oder nicht herleitbar |
| – es wird ausprobiert, welche Verknüpfung eine vorliegende bzw. gewünschte Zahl ergibt |
| **Oberflächliches Ausführen von Rechenoperationen** |
| – Weiterrechnen mit einer negativen Zahl |
| – inkonsequentes Ausführen eines Dreisatzes oder einer Operation bei mehreren Schritten |
| – Verrechnen oder falsches Umsetzen von Operationen |
| **Oberflächlicher Algorithmus** |
| – (Ansätze von) Ausführen von oder Einsetzen in einen Algorithmus oder eine Formel ohne Reflexion |
| **Wechsel Rechenoperationen** |
| – (mehrfaches) Wechseln der Rechenoperationen (Ausprobieren welche Operation richtig) |
| **Verbalisierung der Oberflächlichkeit** |
| – Verbalisierung des Ausprobierens |
| – Verbalisierung der Ignoranz (explizites Ignorieren eines Fehlers oder einer Unlogik) |
| – Verbalisierung des Unwissens / der fehlenden Kontrolle |
| – Verbalisierung der Unsicherheit |
| **Ergebnis ohne Sachbezug** |
| – kein Bezug des Ergebnisses zum Sachkontext, sondern nur numerisches Ergebnis (ggf. mit Einheit) |
| **Unrealistisches Ergebnis ohne Reflexion** |
| – unrealistische Ergebnisse werden nicht hinterfragt und mit der Realität abgeglichen |

(Fortsetzung)

**Tabelle 10.26**   (Fortsetzung)

**Aus den Analysen resultierende oberflächliche Bearbeitungsstrategien und ihre knappe Beschreibung**

**Oberflächliche Anpassungen / Zuordnungen**
- Anpassung einer Zahl
- Anpassung einer Operation
- grundlose Zuordnung einer Einheit
- Zuweisung als Ergebnis

**Oberflächliche Beurteilungen**
- Oberflächliche Beurteilung eines Ergebnisses
- Oberflächliche Beurteilung einer Rechnung

## 10.3.2 Theoriebezug

Die Bezüge der resultierenden oberflächlichen Bearbeitungsstrategien zu den theoretischen Überlegungen (vgl. Kap. 4) sind sehr unterschiedlich und zeigen sich in Explizierungen, Ausdifferenzierungen, Anpassungen, Erweiterungen oder rein empirisch gewonnenen Ergänzungen, die ggf. Rückschlüsse auf theoretische Aspekte zulassen (vgl. Abb. 10.5, die im Folgenden erläutert wird).

Bei den beiden Strategien ,*oberflächliches Leseverständnis*' und ,*Schlüsselwortstrategie*' handelt es sich um Explizierungen der entsprechenden aus der Theorie abgeleiteten Strategien. Diese wurden empirisch mit Beispielen gefüllt. Ein ,*oberflächliches Leseverständnis*' lässt zudem einen Rückschluss auf die empirisch nicht beobachtbare ,unzureichende relationale Verarbeitung' zu. Bei der Strategie ,*Schlüsselwortstrategie*' wurde das in der Theorie genannte Übersetzen in eine Rechenoperation verändert in das Ableiten einer Rechenoperation. Im Gegensatz zur Theorie kann der Ausgangspunkt hierfür nicht nur ein Schlüsselwort, sondern eine ganze Schlüsselkonstruktion oder Schlüsselvorstellung sein.

Insgesamt sieben der Strategien stellen eine empirische Ausdifferenzierung des theoretischen Konstrukts dar. Die ,*Assoziation*' lehnt sich an die ,Schlüsselwortstrategien' an, passt diese aber für komplexere mathematische Themen an und geht mit der Assoziation mathematischer Modelle weit über die in der Theorie beschriebenen Aspekte hinaus. Die theoretische Kategorie ‚Ausblendung realitätsbezogener Überlegungen' wurde ausdifferenziert in die beiden Strategien ‚*Ergebnis ohne Sachbezug*' sowie ‚*unrealistisches Ergebnis ohne Reflexion*'. Beide bilden einen unzureichenden Bezug zur Realität ab, weisen aber eine unterschiedliche Aussagekraft und Relevanz hinsichtlich Oberflächlichkeit auf, da bei erstem ein impliziter Bezug zur Realität vorhanden sein kann, dies bei zweitem jedoch auszuschließen ist (vgl. Abschn. 10.2.9, 10.2.10). Aus der in der Theorie erläuterten Strategie ‚unreflektiertes Operieren' sind empirisch die vier Strategien ‚*oberflächliches Verknüpfen*', ‚*oberflächliches Ausführen von Rechenoperationen*', ‚*oberflächlicher Algorithmus*' sowie ‚*Wechsel der Rechenoperationen*' entstanden. Diese Ausdifferenzierung hat sich aufgrund der Häufigkeit von ‚unreflektiertem Operieren' in den Bearbeitungsprozessen ergeben. Diese vier Bearbeitungsstrategien umfassen dabei einzelne Aspekte der ursprünglichen theoretischen Kategorie, die sich im zugrundeliegenden Vorgehen bei der Bearbeitung unterscheiden. Zugleich hat eine Erweiterung des aus der Theorie entwickelten Konstrukts stattgefunden, da dort nicht genannte Aspekte in die Strategien mit aufgenommen wurden.

Eine Erweiterung des aus der Theorie entwickelten Konstrukts wurde zudem mit der Strategie ‚*oberflächliche Beurteilungen*' vorgenommen. Derartige Beurteilungen sind in der induktiven Betrachtung der Bearbeitungsprozesse aufgefallen und lassen sich im Nachhinein direkt aus der in der Theorie dargestellten Ursache oberflächlichen Verhaltens, der ‚sozial begründeten Rationalität' ableiten.

Eine Ergänzung des aus der Theorie entwickelten Konstrukts wurde mit der Strategie ‚*oberflächliche Anpassungen und Zuordnungen*' vorgenommen, die sich rein aus der Empirie ergeben hat. Zudem wurde das aus der Theorie entwickelte Konstrukt um die ‚*Verbalisierung der Oberflächlichkeit*' ergänzt, da in der Empirie ersichtlich wurde, dass diese in Kombination mit den Bearbeitungsstrategien auftritt. Beide Ergänzungen passen zu ‚unreflektiertem Operieren', da sich in ihnen genau diese Unreflektiertheit widerspiegelt bzw. diese dort ausgedrückt wird.

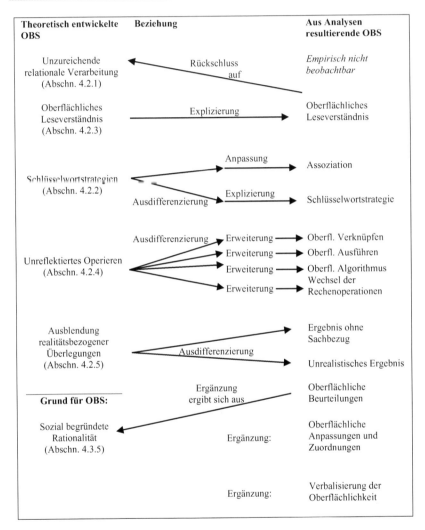

**Abb. 10.5** Aus den Analysen resultierende OBS und ihr Bezug zu den theoretisch entwickelten OBS

### 10.3.3  Das theoretisch und empirisch fundierte Teilkonstrukt „Oberflächliche Bearbeitungsstrategien"

Die zuvor dargestellten Analysen und Ausführungen beschreiben eine Veränderung der ursprünglichen theoretischen Überlegungen zum Teilkonstrukt „Oberflächliche Bearbeitungsstrategien" (Abb. 4.2, Abschn. 4.6). Das theoretisch und empirisch fundierte Teilkonstrukt umfasst die zwölf in das adaptierte Prozessmodell eingeordneten oberflächlichen Bearbeitungsstrategien (vgl. Abb. 10.4). Eine leicht vergröberte Darstellung dieses Teilkonstrukts mit den zwölf Bearbeitungsstrategien und ihrer ungefähren Verortung in den groben Phasen des Prozessmodells (Abb. 10.6) ermöglicht später eine Integration aller drei Teilkonstrukte in eine Darstellung (vgl. Abb. 13.1).

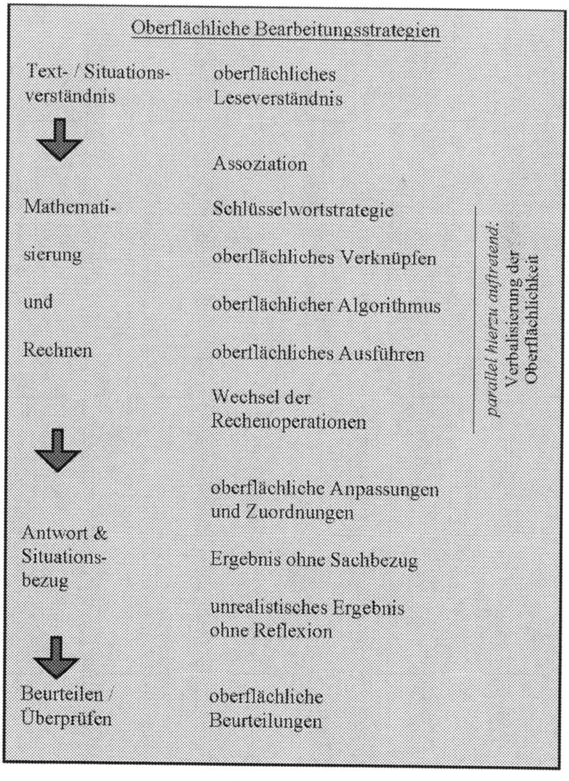

**Abb. 10.6** Theoretisch und empirisch fundiertes Teilkonstrukt „Oberflächliche Bearbeitungsstrategien"

# Einschätzung der Oberflächlichkeit einer Gesamtbearbeitung

11

Nachdem im vorangegangenen Kapitel zur Beantwortung der ersten Forschungsfrage F1 die verschiedenen in den betrachteten Schülerbearbeitungen identifizierten oberflächlichen Bearbeitungsstrategien dargestellt wurden, widmet sich dieses Kapitel der Beantwortung der zweiten Forschungsfrage:

**F2: Wie können Gesamtbearbeitungen als (eher) oberflächlich oder (eher) nicht oberflächlich eingeschätzt werden?**

Unter einer Gesamtbearbeitung wird dabei der gesamte Bearbeitungsprozess einer Teilaufgabe verstanden. Wenn ein Lernender alle sechs Teilaufgaben (1a, 1b, 2, 3a, 3b, 4) bekommen und bearbeitet hat, liegen für diesen Lernenden insgesamt sechs Gesamtbearbeitungen vor, die hinsichtlich ihrer Oberflächlichkeit einzuschätzen sind.

Um die Forschungsfrage F2 zu beantworten, werden mithilfe der identifizierten oberflächlichen Bearbeitungsstrategien (vgl. Kap. 10) die verschiedenen Gesamtbearbeitungen jeder Teilaufgabe mit einer evaluativen Analyse (vgl. Abschn. 9.3.2) bezüglich ihrer Oberflächlichkeit klassifiziert. Dieses Vorgehen wird beispielhaft an einer Gesamtbearbeitung veranschaulicht (Abschn. 11.1). Es folgt die Erläuterung der empirisch überarbeiteten Kategorien zur graduellen Einschätzung der Oberflächlichkeit einer Gesamtbearbeitung mitsamt Beispielen (Abschn. 11.2). Darauf aufbauend wird als Ergebnis der empirischen Auswertung das Konstrukt „Oberflächlichkeit einer Gesamtbearbeitung" mit seinem Theoriebezug dargestellt, das einen Teil des Oberflächlichkeits-Konstrukts bildet (Abschn. 11.3).

S. Schlager, *Zur Erforschung des Zusammenhangs zwischen Sprachkompetenz und Mathematikleistung*, Essener Beiträge zur Mathematikdidaktik, https://doi.org/10.1007/978-3-658-31871-0_11

## 11.1   Beispiel einer Einschätzung der Oberflächlichkeit einer Gesamtbearbeitung

Da Tims Bearbeitung der Aufgabe „Badewanne" bereits bekannt ist (vgl. Abschn. 10.1), wird an diesem Beispiel im Folgenden erläutert, wie eine Einschätzung einer Gesamtbearbeitung bezüglich ihrer Oberflächlichkeit erfolgt. Dazu wird zunächst dargestellt, welche oberflächlichen Bearbeitungsstrategien Tim im Verlaufe der Bearbeitung dieser Aufgabe zeigt (vgl. Tabelle 11.1). Auf dieser Grundlage wird die Einschätzung der Oberflächlichkeit dargelegt.

Tim liest den Aufgabentext der Aufgabe „Badewanne" korrekt und führt den ersten Schritt der Berechnung der Dauer der Füllung mit dem Kaltwasserhahn korrekt durch (Z. 1–8). Dennoch zeigt er ab dem zweiten Schritt *oberflächliche Bearbeitungsstrategien*: Nach Rekapitulation der Fragestellung und der Situation mit dem berechneten Zwischenergebnis (Z. 9/10) scheint dem Lernenden das Vorgehen zur Berechnung der Literanzahl pro Minute unklar zu sein, was sich in insgesamt acht Sekunden Pause (Z. 11/13) ausdrückt. Dies mündet im oberflächlichen Ausprobieren, mit welcher Multiplikation die 16,5 Minuten berechnet werden könnten (*‚oberflächliches Verknüpfen'*, Z. 14–17). Die Zahl 11, die multipliziert mit 1,5 den Wert 16,5 ergibt, nimmt Tim als Ergebnis an und ordnet somit dieser Zahl oberflächlich die Einheit Liter pro Minute zu (Z. 19). Diese *‚oberflächliche Zuordnung'* der Einheit (Z. 19) steht also in direkter Beziehung mit dem Ausprobieren bei der Verknüpfungsstruktur. Wenn bisher die 135 Liter keine Rolle gespielt haben, so erscheint Tim sein Ergebnis doch unwahrscheinlich (Z. 20) und er führt eine Probe (16,5·11) durch (Z. 22–24), um zu prüfen, ob dies 135 ergibt. Dass dies nicht der Fall ist, scheint ihn zu verwundern (Z. 26). Daraufhin folgt der richtige Ansatz (Z. 27), dessen periodisches Ergebnis jedoch oberflächlich als falsch beurteilt wird (*‚oberflächliche Beurteilung'*, Z. 29–31). Daraufhin verbalisiert Tim, dass er nicht weiß, wie er vorgehen soll (*‚Verbalisierung der Oberflächlichkeit'*, Z. 32). Die oberflächliche Beurteilung gemeinsam mit der Verbalisierung der Oberflächlichkeit, speziell des Unwissens, legt die Schlussfolgerung nahe, dass Tim von diesem Ansatz nicht überzeugt ist und es sich insgesamt um ein oberflächliches Ausprobieren handelt. Dies bestätigt das Wiederholen des ersten Ansatzes (Z. 39–45), bei dem er erneut versucht eine Multiplikation mit 1,5 auszuführen (*‚oberflächliches Verknüpfen'*, Z. 44). Letztlich entscheidet Tim sich für den richtigen Weg und löst die Aufgabe korrekt (Z. 46–54). In der späteren Diskussion mit der Interviewerin äußert er jedoch „Ich glaub, es ist nicht richtig".

Die Bearbeitung von Tim macht offensichtlich, dass die einzelnen Bearbeitungsstrategien einander auslösen können und nur gemeinsam ein stimmiges Bild der Oberflächlichkeit der Gesamtbearbeitung darstellen. Zudem zeigt sie, dass einer korrekt notierten Lösung zuvor verschiedene oberflächliche Herangehensweisen an die Aufgabe vorausgegangen sein können, die sich im Sinne eines Ausprobierens (mehrfach) mit tragfähigen Herangehensweisen abwechseln können. Das Eintragen der identifizierten oberflächlichen Bearbeitungsstrategien in das Prozessverlaufsdiagramm (Abb. 11.1) verdeutlicht, dass der Anfang und das Ende von Tims Bearbeitungsprozess nicht oberflächlich sind.

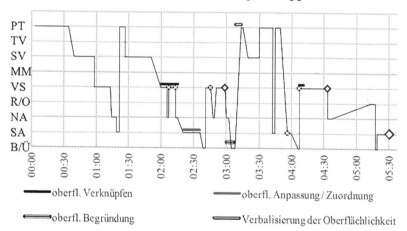

**Abb. 11.1** Oberflächliche Bearbeitungsstrategien im Prozessverlaufsdiagramm (Tim, Badewanne)

**Tabelle 11.1** Oberflächliche Bearbeitungsstrategien (Tim, Badewanne)

| Zeile | Transkript – Tim – Badewanne | OBS |
|---|---|---|
| | OV = oberflächliches Verknüpfen | |
| | OAZ = oberflächliche Anpassung / Zuordnung | |
| | OB = oberflächliche Beurteilung | |
| | VO = Verbalisierung der Oberflächlichkeit | |
| 1–8 | [Lesen der Aufgabe, Berechnung der Dauer der Füllung mit dem Kaltwasserhahn: 9 + 7,5=16,5 Minuten] | |
| 9 | ((liest leise)) ((liest vor:)) „Wasser kommt pro Minute aus dem geöffneten Kaltwasser... Notiere deine" | |
| 10 | Also wenn nach ne/ wenn nach 16,5 (.) 16,5 Minuten (..) 135 Liter Wasser gefüllt wird (.) nämlich Kaltwasser. Dann wird jede Minute | |
| 11–13 | (5s) jede Minute wird dann (...) | |
| 14 | ((tippt in den Taschenrechner „1,5·10")) 1,5·10 | OV |
| 15 | wären 15. | |
| 16 | ((tippt in den Taschenrechner „1,5·11=")) 1,5·11 | |
| 17 | wären 16,5. | |
| 18 | (...) | |
| 19 | Also würde das (...) pro Minute (...) 11 Liter. | OAZ |
| 20–21 | Nein. (...) | |
| 22 | Dann muss ich ((tippt in den Taschenrechner „16,5·11=")) 16,5·11 | |
| 23–25 | (.) sind 181. | |
| 26 | (...) Wieso | |
| 27–28 | 135 ((tippt in den Taschenrechner „135:16,5=")) 135:16,5 (..) | |
| 29 | ((Taschenrechner zeigt „8.181818182")) (..)8, (.) 18. | OB |
| 30–31 | (..) Nee. | |
| 32 | Jetzt weiß ich nicht wie es/ wie ich das machen soll. | VO |
| 33–35 | (...) ((liest vor:)) „Kommen pro Minute aus dem geöffneten" (...) | |
| 36 | Minuten. 135 Liter Wasser gefüllt wird. (.) Die Badewa/ Badewa/ | |
| 37 | [liest Aufgabentext (ohne Frage) erneut] | |
| 38 | Also 16,5. | |
| 39 | [liest Frage erneut] | |
| 40–43 | (...) Ja, dann kommen da 11 Liter pro Minute. (...) Nee. | |
| 44 | ((tippt in den Taschenrechner „1,5·")) 1,5 Mal | OV |
| 45 | Nee 1,5 ((unverständlich)) | |
| 46 | 16,5 Minuten also müsste ich (...) ((tippt in den Taschenrechner „135:16,5=")) 135 geteilt durch 16,5 rechnen. | |
| 47 | Das wäre dann 8,18 Periode. | |
| 48 | (...) Also (...) | |
| 49 | ((schreibt „135")) 135 (...) ((schreibt „:16,5=")) geteilt durch 16,5 wäre ((schreibt „8,18̅")) 8, (..) 18 Periode. | |
| 50 | Also wäre das dann (..) | |
| 51 | ((tippt in den Taschenrechner „9+7,5=")) | |
| 52 | Ja. | |
| 53 | Dann. Dann kommt pro Minute 8/ 8, (.) 18 Periode (..) Wasser. aus das Kaltwasser. | |
| 54 | Ja. ((dreht sich zur Interviewerin um)) | |

Einerseits liegen somit zu Beginn und gegen Ende von Tims Bearbeitungs-prozess Phasen vor, die nicht durch oberflächliche Strategien geprägt sind. Andererseits zeichnet sich jedoch der Mittelteil der Bearbeitung durch nicht korrigiertes oberflächliches Ausprobieren von Verknüpfungsstrukturen und ober-flächliche Überlegungen aus. Die von ihm gezeigten, nicht korrigierten ober-flächlichen Bearbeitungsstrategien sind bedeutsam für Teile der Bearbeitung, aber nicht für die gesamte Bearbeitung. Dies entspricht der theoretisch erstellten Kategorie zur Einschätzung einer Gesamtbearbeitung als ‚eher oberflächlich' (vgl. Abschn. 4.4.2), die in diesem Fall identisch mit der Kategorie nach der empirischen Überarbeitung ist (vgl. Abschn. 11.2.3).

## 11.2 Analyse von Gesamtbearbeitungen bezüglich ihrer Oberflächlichkeit

Nachdem anhand von Tims Bearbeitung der Aufgabe „Badewanne" das grund-sätzliche Vorgehen zur Einschätzung der Oberflächlichkeit einer Gesamt-bearbeitung veranschaulicht wurde, werden im Folgenden die vier möglichen Ausprägungen der Oberflächlichkeit einer Gesamtbearbeitung basierend auf empirischen Analysen etabliert. Dazu werden die vier Ausprägungen ‚nicht ober-flächlich' (Abschn. 11.2.1), ‚eher nicht oberflächlich' (Abschn. 11.2.2), ‚eher oberflächlich' (Abschn. 11.2.3) und ‚oberflächlich' (Abschn. 11.2.4) in ihrer empirischen Ausdifferenzierung jeweils beschrieben und mit einer Zusammen-fassung der entsprechend codierten Gesamtbearbeitungen sowie je ein bis zwei intensiver analysierten Beispielen erläutert. Diese vier Ausprägungen erscheinen theoretisch und empirisch geeignet, dieses Teilkonstrukt des Oberflächlichkeits-Konstrukts zu erfassen.

### 11.2.1 Gesamtbearbeitung nicht oberflächlich

Eine Gesamtbearbeitung ist ‚nicht oberflächlich',

- wenn sie entweder keine oberflächlichen Bearbeitungsstrategien aufweist (NO1),
- oder aber alle oberflächlichen Bearbeitungsstrategien durch selbständige Reflexion des Lernenden korrigiert werden, ohne dass sie zuvor bestimmend für einen Bearbeitungsansatz sind (NO2).

*NO1 – Keine oberflächlichen Bearbeitungsstrategien*
Eine Gesamtbearbeitung weist keine oberflächlichen Bearbeitungsstrategien auf, wenn keine entsprechenden Codes vergeben wurden. Dies entspricht den theoretischen Überlegungen für diese Kategorie (vgl. Abschn. 4.4.2). Ebenfalls in diese Kategorie fallen Bearbeitungen, bei denen nur Codes für Verbalisierungen der Oberflächlichkeit vergeben wurden. In diesem Fall sind keine konkreten oberflächlichen Strategien zu erkennen, sodass die Verbalisierung der Oberflächlichkeit eher im Sinne einer Verbalisierung von Unsicherheit zu deuten ist.

Bei der Aufgabe „Bagger" ließen sich 16 Bearbeitungen ohne oberflächliche Bearbeitungsstrategien identifizieren. Diese Bearbeitungen sind teils sehr kurz und folgen fast immer in der Reihenfolge der Phasen des Prozessmodells nach Reusser aufeinander, weisen aber teils auch mehrfaches Nachlesen und längeres Überlegen auf. In den Bearbeitungen lassen sich verschiedene Vorgehensweisen und Rechenoperationen beobachten, sodass sich keine typischen Rechenwege für nicht oberflächliches Vorgehen identifizieren lassen.

Bei der Aufgabe „Badewanne" wurden acht Bearbeitungen ohne oberflächliche Bearbeitungsstrategien identifiziert. Auch diese sind teilweise sehr kurz und verlaufen entsprechend des Prozessmodells. Einige der Bearbeitungen zeichnen sich aber auch durch ein intensives Situationsverständnis oder Überprüfen aus.

Bei der Aufgabe „Blattläuse" ließen sich bei Teilaufgabe a) sieben und bei Teilaufgabe b) sechs Bearbeitungen ohne oberflächliche Bearbeitungsstrategien identifizieren. Nur bei zwei Lernende wurde in beiden Teilaufgaben eine solche Bearbeitung identifiziert (Leila, C1M0; Ivo, C0M0). Beide Lernende nutzen eine schrittweise Verdreifachung, in einer der beiden Bearbeitungen wird davon ausgegangen, dass die Startanzahl von zehn Blattläusen erst nach einer Woche auf der Blume ist. In den anderen Bearbeitungen zeigen sich neben diesem Vorgehen der schrittweisen Verdreifachung auch eine Vielzahl verschiedener anderer Vorgehensweisen. Insgesamt ließen sich sowohl richtige als auch falsche Bearbeitungen dieser Kategorie zuordnen.

Bei der Aufgabe „Gerücht" wurden 24, davon bei Teilaufgabe a) acht und bei Teilaufgabe b) 16 Bearbeitungen ohne oberflächliche Bearbeitungsstrategien identifiziert. Bei fünf Lernenden wurde sowohl die Bearbeitung der Teilaufgabe a) als auch die der Teilaufgabe b) so klassifiziert. Es lassen sich keine Zusammenhänge einer Bearbeitung ohne oberflächliche Strategien mit spezifischen Rechenwegen erkennen.

Als konkretes Beispiel einer Gesamtbearbeitung ohne oberflächliche Bearbeitungsstrategien sei das Vorgehen des Schülers Linus bei der Aufgabe „Bagger" betrachtet:

**Transkript – Linus – C1M0 – Bagger**

0   Ok. ((dreht das Blatt um))

1   ((liest vor:)) „2. Bagger. Familie Maier möchte ein neues Fa/ Ein/ Ein-
    familienhaus bauen. Zu Beginn der Bauarbeiten soll ein Bagger mit 364 (.)
    Kubikmeter große Grube ausheben. Wenn der Bagger 364 Kubikmeter Erde
    ausheben soll, benötigt er dafür fünf Tage. (..) Wie viele Kubikmeter Erde
    hebt der Bagger dann durchschnittlich pro Tag aus? deine Rechnung."

2   (..)

3   Ich nehme mir meinen Startwert, also die 364 ((schreibt „364 m³")) Kubik-
    meter

4   und eh die Anzahl der Tage.

5   Diese kann ich dann einfach ((schreibt „:")) durch teilen und dann sollte das
    auch schon die Lösung sein. ((schreibt „5"))

6   ((tippt in den Taschenrechner „364:5="))

7   Ich habe das in den Taschenrechner eingegeben und

8   ich komme auf eine Lösung von ((schreibt „=")) 72,8 ((schreibt „72,8")).

9   Also denke ich der Bagger hebt 72,8 Kubikmeter aus ((schreibt „m³")) pro
    Tag.

10  (..) ((dreht sich zur Interviewerin um))

Diese Bearbeitung weist keine oberflächlichen Bearbeitungsstrategien auf und ist
prototypisch für eine richtige, nicht oberflächliche Bearbeitung.

Ebenso kann eine falsche Aufgabenbearbeitung als ‚nicht oberflächlich'
klassifiziert werden, wie am folgenden Beispiel von Tim gezeigt wird:

**Transkript – Tim – C0M1 – Blattläuse a**

1        ((liest vor:)) „Blattläuse. Blattläuse sind Insekten, die sich auf (.) Wo/
         Blumen setzen und diese schaden. Auf einer Blume sind zehn Blattläuse.
         Die Anzahl der Blattläuse verdreifacht sich jede Woche. Wie viele Blatt-
         läuse sind nach vier Wochen auf der Blume? Notiere deine Rechnung."

2–4      (.) Ah, diese Aufgabe hatte ich schonmal. (..)

5–6      ((liest vor:)) „Die Anzahl der Blattläuse verdreifacht sich jede Woche." (..)

7        Also muss ich dann (..) erste Woche (..) ((schreibt „1. Woche")) 1.
         Woche (..)
         ((schreibt „10·3")) 10·3 rechnen.

9–11     (.) Und (…) Dann z/ zweite Woche ((schreibt „2. Woche")) ((schreibt
         „10")) 10· (..) 11 ((schreibt „·6")) 6. Und dritte Woche ((schreibt
         „3. Woche")) (.) ((schreibt „10·9")) 10·9. (…) 4. Woche ((schreibt „4.
         Woche")) ((schreibt „10·12")) 10·12 rechnen. (.)

12    Also muss ich dann $10 \cdot 12=$ ((tippt in den Taschenrechner „$10 \cdot 12=$"))
13    120. (..) ((schreibt „$=120$")) Hab ich 120.
14–15   (..) Also sind dann nach vier Wochen ((schreibt „Nach")) ((streicht „Nach"
        wieder durch)) Nach vier Wochen 120 Blattläuse auf einer Blume.

Diese Aufgabenbearbeitung weist keine oberflächlichen Bearbeitungsstrategien
auf. Der Schüler erinnert sich daran, dass er „diese Aufgabe" schon einmal
bearbeitet hat (Z. 3), wobei er vermutlich eher eine ähnliche Aufgabe meint.
Jedoch ergibt sich daraus keine Replizierung des damaligen Vorgehens, was
einem oberflächlichen Anwenden eines Algorithmus oder ähnlichem entspräche. Aus der wöchentlichen Verdreifachung (Z. 5) schlussfolgert der Schüler,
dass er die Ausgangszahl mit 3 multiplizieren muss (Z. 7). Er berechnet keine
Zwischenergebnisse, sondern überlegt direkt, was das für die weiteren Wochen
bedeuten würde und kommt zum Vorgehen $10 \cdot 3$, $10 \cdot 6$, $10 \cdot 9$ und $10 \cdot 12$ für die
erste bis vierte Woche. Dies ist falsch, kann jedoch nicht als oberflächlich klassifiziert werden, da lediglich eine nicht tragfähige Übersetzung des Modells der
wöchentlichen Verdreifachung in eine Rechenoperation vorliegt. Die Begründung
des Schülers in der anschließenden Diskussion bestätigt dies:

**Transkript – Tim (T) – C0M1 – Diskussion über Blattläuse**
T:   nach jeder Woche verdreifacht sich das. Also da habe ich dann schon/ also
     verdrei/ also verdreifacht habe ich schon nicht kapiert, ne? Aber dann habe
     ich mir so verdreifacht, das heißt doch einfach mal 3 nehmen. Also habe ich
     einfach geschrieben $10 \cdot 3$ und in der zweiten Woche halt $10 \cdot 6$. […] Weil es
     verdreifacht sich doch jede Woche. Darum habe ich dann $10 \cdot 6$ geschrieben.
I:   Ok, und bei der dritten Woche wäre es dann, weil es sich drei Mal verdrei-
     facht, deswegen bist du bei 9 gewesen?
T:   Ja

Hier erläutert der Schüler explizit, dass eine wöchentliche Verdreifachung für die
zweite Woche in die Rechenoperation $10 \cdot 6$ übersetzt werden muss.

*NO2 – Oberflächliche Bearbeitungsstrategien werden korrigiert und haben keine*
*Bedeutung für die Bearbeitung*
Eine Gesamtbearbeitung wird ebenfalls als ‚nicht oberflächlich' klassifiziert,
wenn alle oberflächlichen Bearbeitungsstrategien durch selbständige Reflexion
korrigiert werden und keine Bedeutung für die Bearbeitung haben. Das heißt,
dass die oberflächlichen Bearbeitungsstrategien meist kurz nach ihrem Auftreten

begründet verworfen werden. Typischerweise handelt es sich dabei um die oberflächlichen Bearbeitungsstrategien ‚oberflächliches Leseverständnis‘, ‚oberflächliches Ausführen‘ im Sinne von Rechen- oder Tippfehlern oder blitzlichtartige
oberflächliche Elemente, wie das Nennen eines falschen Rechenzeichens. Damit
unterscheidet sich diese Kategorie von den theoretischen Überlegungen (vgl.
Abschn. 4.4.2) dahingehend, dass die korrigierten oberflächlichen Bearbeitungsstrategien unbedeutend für die Bearbeitung sind. Wenn sie hingegen eine
Bedeutung für einen Teil der Bearbeitung aufweisen, so gilt die Bearbeitung als
‚eher nicht oberflächlich‘ (vgl. Abschn. 11.2.2).

Bei der Aufgabe „Bagger“ ließ sich nur eine Bearbeitung identifizieren, bei
der oberflächliche Bearbeitungsstrategien vorhanden sind, jedoch korrigiert
werden und keine Bedeutung für die Bearbeitung haben (Max, C0M0). Max
korrigiert sein ‚oberflächliches Leseverständnis‘, dass der Bagger drei Tage für
das Ausheben benötige, durch erneutes Lesen. Zudem gibt er die oberflächliche
Verknüpfung „364³:5=“ in den Taschenrechner ein, korrigiert sie jedoch sofort in
„364:5“.

Bei der Aufgabe „Badewanne“ wurden drei nicht oberflächliche
Bearbeitungen der Kategorie NO2 identifiziert (Luisa, C1M1; Pia, C1M1;
Ivo, C0M0). In allen drei Bearbeitungen zeigen die Lernenden das ‚oberflächliche Leseverständnis‘, dass die Füllung mit dem Kaltwasserhahn 7,5 Minuten
dauere, korrigieren es jedoch ziemlich schnell zum korrekten Verständnis, dass
die Füllung mit dem Kaltwasserhahn 7,5 Minuten länger dauert als mit beiden
Wasserhähnen.

Bei der Aufgabe „Blattläuse“ a) konnten vier, bei der Aufgabe „Blattläuse“ b)
keine Bearbeitungen identifiziert werden, bei denen oberflächliche Bearbeitungsstrategien vorhanden sind, jedoch korrigiert werden und keine Bedeutung für die
Bearbeitung haben. In einer der Bearbeitungen zeigt die Schülerin eine ‚oberflächliche Assoziation‘ einer linearen Funktion, die sie im Folgenden als falsch
deklariert (Luisa, C1M1). Zwei andere Bearbeitungen weisen ein ‚oberflächliches Ausführen‘ von Rechenoperationen in Form von Verrechnen (Ida, C1M1)
oder dem falschen Ausführen einfacher Operationen (Ben, C0M1) aus, die jedoch
während der Bearbeitung von den Lernenden korrigiert werden. Dirk (C0M0)
wechselt in seiner Bearbeitung innerhalb kurzer Zeit zwischen zwei Rechenoperationen, bevor er sich begründet für eine entscheidet.

Bei der Aufgabe „Gerücht“ a) konnten drei, bei der Aufgabe „Gerücht“ b) keine
nicht oberflächlichen Bearbeitungen der Kategorie NO2 identifiziert werden. In
zwei Bearbeitungen interpretieren die Schüler (Ben, C0M1; Jonas, C1M1) die
Gesamtschülerzahl zunächst als Jahreszahl (oberflächliches Leseverständnis). In der

dritten Bearbeitung zeigt Levi (C1M1) ein oberflächliches Ausführen einer Rechen-operation im Sinne eines Verrechnens, was er jedoch schnell korrigiert.

Als prototypisches Beispiel für eine oberflächliche Gesamtbearbeitung mit korrigierten oberflächlichen Bearbeitungsstrategien, die keine Bedeutung für einen Ansatz haben, wird die Bearbeitung der Aufgabe „Badewanne" von Luisa betrachtet:

**Transkript – Luisa – C1M1 – Badewanne**

| | |
|---|---|
| 1 | ((liest vor:)) „Aufgabe 4. Eine Badewanne hat einen Kaltwasserhahn und einen Warmwasserhahn. Die Badewanne wird mit 135 Litern Wasser gefüllt. Wenn beide Wasserhähne geöffnet sind, dauert es 9 Minuten bis die Badewanne gefüllt ist. Wenn nur der Kaltwasserhahn geöffnet ist, dauert es 7,5 Minuten länger als (.) mit beiden Wasser-hähnen. Wie viel Liter kommen pro Minute aus dem geöffneten Kalt-wasserhahn. Notiere deine Rech/ deine Rechnung." |
| 2 | Also wenn (.) Die Badewanne mit 135 Litern gefüllt. Bei beiden Wasser-hähnen dauert es 9 Minuten. (…) Und wenn nur der Kaltwasserhahn geöffnet ist, dauert es 7,5 Minuten (..) LÄNGER. (…) Länger als mit Beiden. |
| 3–4 | Das heißt, dann würde es (.) 16,5 Minuten dauern. (..) |
| 5 | Und also [((schreibt „9+7,5")) 9+7,5] |
| 6 | [((schreibt „=16,5 min")) =16,5 Minuten.] |
| 7 | (..) Und (..) man muss (.) |
| 8 | also das heißt [((schreibt „135 l in 16,5 min")) 135 Liter in 16,5 Minuten]. |
| 9–12 | [Schülerin rechnet und notiert 135:16,5=8,18 l und einen Antwortsatz] |

Die Schülerin liest zwar den Aufgabentext mit dem Wort „länger" vor (Z. 1), bei der Wiedergabe ihres Situationsverständnisses macht sie jedoch eine Pause nachdem sie gesagt hat, dass es mit dem Kaltwasserhahn 7,5 Minuten dauere (Z. 2). Die dann erfolgende Betonung auf dem Wort „LÄNGER" und die erneute Wiederholung nach einer weiteren Pause „Länger als mit beiden" zeigt, dass sie dieses Wort „länger" zunächst nicht wahrgenommen hat. Es liegt somit ein ‚ober-flächliches Leseverständnis' vor, das schnell korrigiert wird, ohne dass daraus ein Rechenansatz entstanden wäre. Die folgende Bearbeitung weist keinerlei weitere oberflächliche Bearbeitungsstrategien auf. Dadurch handelt es sich ins-gesamt um eine ‚nicht oberflächliche' Bearbeitung, bei der zwar eine oberfläch-liche Bearbeitungsstrategie vorkommt, diese jedoch korrigiert wird und keine Bedeutung für einen Ansatz hat.

## 11.2.2 Gesamtbearbeitung eher nicht oberflächlich

Eine Gesamtbearbeitung ist ‚eher nicht oberflächlich',

- wenn alle oberflächlichen Bearbeitungsstrategien korrigiert werden, aber bedeutsam für einen Teil der Bearbeitung sind (ENO1),
- wenn es nicht korrigierte oberflächliche Bearbeitungsstrategien gibt, die keine Bedeutung für die Bearbeitung haben (ENO2),
- oder wenn ein oberflächliches Leseverständnis die Bearbeitung bestimmt (ENO3).

*ENO1 – Oberflächliche Bearbeitungsstrategien werden korrigiert, sind aber bedeutsam für einen Teil der Bearbeitung*
Eine Gesamtbearbeitung weist korrigierte oberflächliche Bearbeitungsstrategien auf, die bedeutsam für einen Teil der Bearbeitung sind, wenn solche auftreten und während der Bearbeitung von den Lernenden begründet verworfen werden, aber für einen Teil der Bearbeitung von Bedeutung sind. Dies zeigte sich in der vorliegenden Studie in Bearbeitungen, in denen

- ein assoziiertes mathematisches Modell angewandt und erst einige Schritte danach durch ein anderes ersetzt wurde,
- ein oberflächliches Leseverständnis eine Rechnung ausgelöst hat und erst später korrigiert wurde,
- die oberflächliche Ausführung eines Algorithmus erst nach einiger Zeit durch eine sinnvolle Ausführung ersetzt wurde,
- eine oberflächliche Verknüpfung später durch die Reflexion von Wortbedeutungen verworfen wurde,
- ein inkonsequentes Ausführen von Rechenoperationen erst nach einigen Schritten korrigiert wurde.

Da hier den oberflächlichen Ideen eine Bedeutung für den Lösungsprozess zukommt, werden entsprechende Bearbeitungen als ‚eher nicht oberflächlich' klassifiziert. In den theoretischen Überlegungen war dieser Fall nicht bedacht, sondern davon ausgegangen worden, dass korrigierte oberflächliche Bearbeitungsstrategien unbedeutsam für eine Bearbeitung sind und diese damit nicht oberflächlich sein muss (vgl. Abschn. 4.4.2). Somit wurden die theoretischen Überlegungen durch die empirischen Betrachtungen ausdifferenziert.

Bei der Aufgabe „Bagger" ließen sich zwei Bearbeitungen identifizieren, bei denen oberflächliche Bearbeitungsstrategien bedeutsam für einen Teil der Bearbeitung sind, aber im Laufe der Bearbeitung korrigiert werden (Nelli, C1M0, vgl. Abb. 11.2; Ivo, C0M0, vgl. Abb. 11.3).

**Abb. 11.2**  Nellis
schriftliche Bearbeitung der
Aufgabe „Bagger"

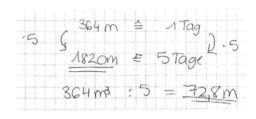

**Abb. 11.3**  Ivos
schriftliche Bearbeitung der
Aufgabe „Bagger"

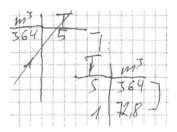

Bei beiden Bearbeitungen führen die Lernenden einen falschen Dreisatz aus, den sie nach erneutem Textlesen im ersten bzw. zweiten Anlauf korrigieren. In beiden Fällen wird dies von ‚Verbalisierungen der Oberflächlichkeit' entweder im Sinne eines Ausprobierens („Also ich versuch das jetzt mit dem Dreisatz" (Nelli)) oder im Sinne der Unsicherheit („Ich weiß nicht" (Ivo)) begleitet. Konkret besteht der oberflächliche Dreisatz bei Ivo darin, dass er in zwei Ansätzen in der linken Spalte seiner Dreisatz-Tabelle die 1 berechnet, was zur Division „5:364" führt. Bei Nelli ergibt sich aus dem ‚oberflächlichen Leseverständnis', dass 364 m$^3$ einem Tag entspräche und der Wert für 5 Tage gesucht sei, im Dreisatz die Multiplikation 364·5.

Bei der Aufgabe „Badewanne" wurden keine Bearbeitungen identifiziert, bei denen oberflächliche Bearbeitungsstrategien einen Teil der Bearbeitung bestimmen, aber im Laufe der Bearbeitung korrigiert werden. Dies könnte daran liegen, dass bei der Aufgabe „Badewanne" aufgrund der Aufgabenmerkmale einer nicht oberflächlich lösbaren Aufgabe (vgl. Kap. 12) oberflächliche Bearbeitungsstrategien schwer zu korrigieren sind (vgl. Abschn. 12.2.5).

Bei der Aufgabe „Blattläuse" konnten zwei Bearbeitungen identifiziert werden, bei denen oberflächliche Bearbeitungsstrategien bedeutsam für einen Teil der Bearbeitung sind, aber im Laufe der Bearbeitung korrigiert werden. Beides sind Bearbeitungen der Teilaufgabe a) (Laura, C1M0; Jan, C1M0) und zeichnen sich durch das oberflächliche Ausführen von Rechenoperationen aus, das korrigiert wird (vgl. Erläuterungen im übernächsten Absatz).

Bei der Aufgabe „Gerücht" konnten vier Bearbeitungen (Noe, C0M1; Jan, C1M0; Tim, C0M1; Nelli, C1M0) identifiziert werden, bei denen oberflächliche Bearbeitungsstrategien Bedeutung für einen Teil der Bearbeitung haben, aber im Laufe der Bearbeitung korrigiert werden, davon je zwei pro Teilaufgabe. Es handelt sich dabei jeweils um eine oberflächliche Rechenoperation (Schlüsselwortstrategie, oberflächliches Verknüpfen, Wechsel der Rechenoperationen, Assoziation), die im Folgenden begründet verworfen wird.

Als konkretes Beispiel sei die Bearbeitung der Teilaufgabe b) der Aufgabe „Gerücht" von Tim betrachtet.

**Transkript – Tim – Gerücht b**

| | |
|---|---|
| 2–3 | ((liest vor:)) „Anna vermutet: „Um 14 Uhr kennen/ kennen dann alle Schülerinnen und Schüler das Gerücht." Hat Anna recht? Notiere deine Rechnung." (..) |
| 4 | Also wenn man um 11 Uhr 64 Schüler (..) dass das sind. |
| 5 | ((guckt auf die a)) (…) |
| 6 | Aber wie viel/ hat 18 (..) achso 1839 hä? (…) Wie viele Schüler. Achso. EintausendACHThundertneununddreißig Schülerinnen und Schüler. |
| 7 | (…) ((unverständlich)) Anna (..) |
| 8 | ((liest vor:)) „Um 14 Uhr kennen dann alle Schülerinnen und Schüler das Gerücht. Hat Anna recht? Notiere deine Rechnung." |
| 9–11 | Vier mal 16 sind v/ (…) 9 10 (…) mal 4. |
| 12–13 | Dann 12 13 14 sind ((unverständlich)) Stunden. |
| 14 | Also wenn es dann jede Stunde das sich vervierfacht. |
| 15–16 | Dann muss man (…) ((tippt in den Taschenrechner „4·")) |
| 17–18 | Also um 12 wissen das ((tippt in den Taschenrechner „20=")) |
| 19 | 80 Schüler. |
| 20–21 | ((tippt in den Taschenrechner „4·21=")) (..) Um (..) 13 Uhr |
| 22 | Nee, |
| 23 | was mach ich denn. Wie soll ich das jetzt machen? (…) Ich weiß gerade nicht. |

Der Schüler zeigt ein ‚oberflächliches Leseverständnis', weil er 1839 zunächst als Jahreszahl auffasst (Z. 6). Dies korrigiert er sofort. Er möchte im Folgenden seinen Ansatz aus der Teilaufgabe a) fortführen, bei dem er schrittweise 4·4, 4·8, 4·12 und 4·16 (analog zur Bearbeitung der Aufgabe „Blattläuse", vgl. Abschn. 11.2.1) gerechnet hat. Allerdings kommt es zu einem ‚oberflächlichen Ausführen' der Rechenoperation, da er inkonsequent bei seinen Schritten vorgeht, indem er als nächstes 4·20 (Z. 16–18), dann jedoch 4·21 (Z. 20–21) rechnet. Daraufhin folgt eine ‚Verbalisierung der Oberflächlichkeit' (Z. 23). Im Anschluss werden nach einem erneuten Lesen des Textes die folgerichtigen Schritte im Hinblick auf den Ansatz aus Teilaufgabe a) durchgeführt. Das oberflächliche Vorgehen fällt dem Lernenden somit selbst auf und wird korrigiert, allerdings bestimmt es einen Bearbeitungsansatz, sodass die Bearbeitung insgesamt als ‚eher nicht oberflächlich' einzustufen ist.

*ENO2 – Nicht korrigierte oberflächliche Bearbeitungsstrategien sind nicht bedeutsam für die Bearbeitung*
Gesamtbearbeitungen werden zudem als ‚eher nicht oberflächlich' klassifiziert, wenn sie nicht korrigierte oberflächliche Bearbeitungsstrategien aufweisen, die nicht bedeutsam für die Bearbeitung sind, sondern eher wie Blitzlichter auftauchen. Dies betrifft das kurze Nennen einer oberflächlichen Idee, die nicht weiterverfolgt wird, oder ein grundsätzlich sinnvolles und konsistentes Arbeiten, was jedoch ein ‚Ergebnis ohne Sachbezug', ein ‚unrealistisches Ergebnis ohne Reflexion', ein ‚oberflächliches Ausführen' im Sinne eines Rechenfehlers oder einen Wechsel der Operation von Teilaufgabe a) zu Teilaufgabe b) beinhaltet. Diese Kategorie entspricht den theoretischen Überlegungen (vgl. Abschn. 4.4.2) und konnte in den empirischen Betrachtungen mit Beispielen expliziert werden.

Bei der Aufgabe „Bagger" wurden fünf Bearbeitungen identifiziert, bei denen nicht korrigierte oberflächliche Bearbeitungsstrategien vorliegen, die jedoch unbedeutsam für die Bearbeitung sind. Zwei der Fälle zeichnen sich dadurch aus, dass ihre einzige oberflächliche Bearbeitungsstrategie das ‚Ergebnis ohne Sachbezug' ist, wobei beide Lernende das richtige Ergebnis mithilfe einer korrekten Operation berechnen (Paul, C1M1; Anna, C0M0). Eine Bearbeitung weist als einzige oberflächliche Bearbeitungsstrategie die blitzlichtartige ‚Assoziation' „Das heißt, das ist das Volumen. ((schreibt „V")) (4s) [ist gleich a·b·c ((schreibt „=a·b·c"))]." auf, die nicht weiterverfolgt wird (Fee, C1M1). Bei den anderen beiden Bearbeitungen finden sich mehrere oberflächliche Bearbeitungsstrategien. So findet sich in der einen Bearbeitung (Marie, C0M1) sowohl die oberflächliche ‚Assoziation', ob etwas bezüglich des Volumens gemacht werden muss, ein richtiges ‚Ergebnis ohne Sachbezug', ein ‚Wechsel der Rechenoperation' bei der

Probe „Also 72,8 [((tippt in den Taschenrechner „72,8")) 72,8] 72,8 geteilt durch, nein mal 5" und eine ‚Verbalisierung der Oberflächlichkeit' im Sinne des Ausprobierens („Nee, ich mach einfach"). In der anderen Bearbeitung (Ida, C1M1) findet sich ein ‚oberflächliches Leseverständnis', das im Laufe des Lesens selbst korrigiert wird („Erstmal (..) also der Bauarbeiter soll einen Bagger, also nein, zu Beginn der Bauarbeiter soll ein Bagger, also erstmal die Baugrube ist ((schreibt „Baugrube 364 m³")) 364 m hoch 3 groß. Ah nein, der soll die ausheben, genau."), eine ‚Verbalisierung der Unsicherheit' („Also ((macht Kreuzbewegung mit dem Stift)) ehm über Kreuz rechnen glaube ich"), wobei die Überlegung im Folgenden bestätigt wird, und das richtige ‚Ergebnis ohne Sachbezug' ermittelt wird.

Bei der Aufgabe „Badewanne" wurden zwei Bearbeitungen identifiziert, bei denen nicht korrigierte oberflächliche Bearbeitungsstrategien vorliegen, die jedoch keine Bedeutung für die Bearbeitung haben. Einer der Fälle zeichnet sich dadurch aus, dass seine einzige oberflächliche Bearbeitungsstrategie das ‚Ergebnis ohne Sachbezug' ist, wobei das richtige Ergebnis mithilfe einer korrekten Operation berechnet wird (Paul, C1M1). Das gleiche Vorgehen zeigt dieser Schüler auch bei der Aufgabe „Bagger". Beim zweiten Fall (Lea, C1M1) liegt die nicht weiterverfolgte ‚Assoziation' des Umrechnens der Literangabe sowie das nicht weiterverfolgte ‚oberflächliche Verknüpfen' in Form des „Runterrechnens" auf 100 mithilfe von „100 geteilt" vor, die von einer Verbalisierung der Unsicherheit begleitet wird. Letztlich wird jedoch die richtige Rechenoperation mit Probe durchgeführt.

Bei der Aufgabe „Blattläuse" wurden acht Bearbeitungen identifiziert, bei denen nicht korrigierte oberflächliche Bearbeitungsstrategien vorliegen, die jedoch die Bearbeitung nicht beeinflussen, davon drei bei der Teilaufgabe a) und fünf bei der Teilaufgabe b), jeweils bei unterschiedlichen Lernenden. Bei der Teilaufgabe a) zeichnen sich zwei der Bearbeitungen durch ein Blitzlicht, einmal im Sinne einer oberflächlichen Verknüpfung der Addition von 10 (Noe, C0M1) und einmal im Sinne einer ‚Assoziation' des Umrechnens (Linus, C1M0) aus. Die dritte (Marie, C0M1) enthält ein ‚Ergebnis ohne Sachbezug' sowie mehrere Verbalisierungen von Ausprobieren und Unsicherheit. Bei den Bearbeitungen der Teilaufgabe b) liegen zwei ‚unrealistische Ergebnisse ohne Reflexion' vor (Jonas, C1M1; Sara, C0M1), ein ‚Ergebnis ohne Sachbezug' (Paul, C1M1), eine blitzlichtartige ‚Schlüsselwortstrategie', die jedoch sofort revidiert wird (Lea, C1M1) sowie unterschiedliche Rechenoperationen in Teilaufgabe b) im Vergleich zur Teilaufgabe a) (Jan, C1M0).

Bei der Aufgabe „Gerücht" wurden fünf Bearbeitungen identifiziert, bei denen nicht korrigierte oberflächliche Bearbeitungsstrategien vorliegen, die jedoch keinen Einfluss auf die Bearbeitung haben, davon vier bei der Teilaufgabe a) und einer bei der Teilaufgabe b), jeweils bei unterschiedlichen Lernenden. Dabei liegt in einem Fall ein ‚unrealistisches Ergebnis ohne Reflexion' (Tom a), C0M1), in einem Fall ein ‚Ergebnis ohne Sachbezug' (Paul a), C1M1), in zwei Fällen ein Blitzlicht (Anton a), C1M1; Laura a), C1M0) und in einem Fall ein ‚Wechsel der Rechenoperation' von Teilaufgabe a) zu b) vor (Fee b), C1M1).

Als Beispiel für diese Kategorie sei die Bearbeitung von Fee (C1M1) betrachtet:

**Transkript – Fee – C1M1 – Bagger**

1 ((liest vor:)) „Bagger. Familie Maier möchte ein neues Einfamilienhaus bauen. Zu Beginn der Bauarbeiten soll ein Bagger die 364 Quadratmeter große Baugrube ausheben. Wenn der Bagger 364 Quadratmeter Erbe/ Er/ Kubikmeter Erde ausheben soll, benötigt er dafür 5 Tage. Wie viele Quadra/ Kubikmeter Erde hebt der Bagger dann durchschnittlich pro Tag aus. Notiere deine Rechnung."

2 (…) Ehm.

3 Also die [364 Kubikmeter ((schreibt „364 m$^3$"))] sind ja erstmal ((schreibt „="))) nach [5 Tagen ((schreibt „fünfTa"))] ((macht einen Strich zwischen f und T)) ((schreibt „ge")) ((macht den Strich deutlicher)) 5 Tage.

4 Das heißt, das ist das Volumen. ((schreibt „V")) (4s) [ist gleich a·b·c ((schreibt „=a·b·c"))].

5 (6s)

6 Dann würde ich einfach die 364 ((schreibt „364 m^3:5")) geteilt durch 5 rechnen.

7 ((tippt in den Taschenrechner „364:5="))

8 Sind dann [72,8 Kubikmeter pro Tag ((schreibt „72,8 m$^3$ pro Tag"))].

Die Schülerin zeigt die oberflächliche ‚Assoziation' der Volumenformel (Z. 4), die durch die gegebene Einheit m$^3$ ausgelöst wurde. Allerdings wird diese Assoziation nicht weiterverfolgt, sodass sie die Bearbeitung nicht bestimmt. Ein explizites Verwerfen dieser Assoziation erfolgt jedoch nicht. Insgesamt ist diese Bearbeitung somit als ‚eher nicht oberflächlich' zu klassifizieren, wobei nicht korrigierte oberflächliche Bearbeitungsstrategien vorliegen, die keine Ansätze bestimmen.

*ENO3 – Oberflächliches Leseverständnis bestimmt Bearbeitung*
Eine Gesamtbearbeitung wird zudem als ‚eher nicht oberflächlich' klassifiziert, wenn das ‚oberflächliche Leseverständnis' die Bearbeitung bestimmt, das heißt, wenn es die einzige oberflächliche Bearbeitungsstrategie ist und zu einer falschen, aber folgerichtigen Rechnung führt. Nach den theoretischen Überlegungen (vgl. Abschn. 4.4.2) läge eine oberflächliche Strategie mit Bedeutung für die Gesamtbearbeitung und somit eine oberflächliche Gesamtbearbeitung vor. Eine derartige Klassifikation erscheint jedoch nicht zielführend, da der fachliche Teil der Bearbeitung durchaus reflektiert und tragfähig sein kann und lediglich die Sinnentnahme aus dem Aufgabentext eine oberflächliche Bearbeitungsstrategie aufweisen kann. Entsprechend wurde diese Kategorie im Laufe der empirischen Analysen als Indikator zur Einschätzung einer Gesamtbearbeitung als ‚eher nicht oberflächlich' ergänzt.

Bei der Aufgabe „Bagger" wurde eine Bearbeitung identifiziert, bei der ein Lesefehler beim zweiten Lesen zu einer falschen, aber folgerichtigen Bearbeitung führt. Bei dieser Bearbeitung (Emil, C0M0) führt das ‚oberflächliche Leseverständnis', dass der Bagger für die 364 m$^3$ drei Tage benötige, zur Operation „364:3=121".

Bei der Aufgabe „Badewanne" wurde eine Bearbeitung identifiziert, bei der ein ‚oberflächliches Leseverständnis' die Bearbeitung bestimmt (Leila, C1M0). Die Schülerin kann kein richtiges Verständnis der Aufgabe aufbauen, was zu einer starken Verbalisierung von Unwissen in Bezug auf das anzuwendende Vorgehen und letztlich zum Abbruch der Bearbeitung führt.

Bei der Aufgabe „Blattläuse" wurde keine und bei der Aufgabe „Gerücht" eine (Elena a), C1M1) Bearbeitung identifiziert, bei der ein ‚oberflächliches Leseverständnis' die Bearbeitung bestimmt.

## 11.2.3  Gesamtbearbeitung eher oberflächlich

Eine Gesamtbearbeitung ist ‚eher oberflächlich', wenn nicht korrigierte oberflächliche Bearbeitungsstrategien bedeutsam für Teile der Bearbeitung, aber nicht für die gesamte Bearbeitung sind. Das heißt, die oberflächlichen Bearbeitungsstrategien prägen längere Bearbeitungsphasen, andere Bearbeitungsphasen sind jedoch durch nicht oberflächliche Strategien geprägt. Diese Kategorie entspricht den theoretischen Überlegungen (vgl. Abschn. 4.4.2) und wurde nicht weiter in verschiedene Aspekte ausdifferenziert. Dies begründet sich darin, dass die in der empirischen Analyse entsprechend eingeschätzten Gesamtbearbeitungen eine homogene Gruppe bilden, die eine weitere Ausdifferenzierung nicht erforderlich macht.

Bei der Aufgabe „Bagger" wurden zwei ‚eher oberflächliche' Bearbeitungen identifiziert, bei denen nicht korrigierte oberflächliche Bearbeitungsstrategien zwar bedeutsam für Teile der Bearbeitung, aber nicht für die Gesamtbearbeitung sind. Die erste Bearbeitung (Jonas, C1M1) zeichnet sich dadurch aus, dass ein oberflächlicher ‚Wechsel der Rechenoperationen' „364:5" und „364:120" erfolgt, wobei die 120 durch die oberflächliche ‚Assoziation', dass die Anzahl der Tage in Stunden umgerechnet werden müsse, entstanden ist. Dieser wird begleitet von Verbalisierungen des Ausprobierens wie „So dann mach ich einfach" und „Probiere ich jetzt erstmal noch eine andere Rechnung/ Rechnungsart durch". Nach erneutem Lesen der Frage findet jedoch eine Entscheidung für den korrekten Weg statt. Die zweite Bearbeitung (Tim, C0M1) zeichnet sich durch eine oberflächliche ‚Assoziation' („Masse") und einen oberflächlichen ‚Wechsel der Rechenoperationen' zwischen der oberflächlichen Verknüpfung „364³:5" und „364:5" aus, der durch eine ‚oberflächliche Beurteilung' ausgelöst wird. Letztlich wird sich für die richtige Rechenoperation entschieden.

Bei der Aufgabe „Badewanne" wurden sechs ‚eher oberflächliche' Bearbeitungen identifiziert, bei denen nicht korrigierte oberflächliche Bearbeitungsstrategien zwar Bearbeitungsteile beeinflussen, aber nicht die Gesamtbearbeitung. Bei einer Bearbeitung führen mehrmaliges ‚oberflächliches Verknüpfen' zu dem Zwischenergebnis, dass die Füllung mit dem Kaltwasserhahn 10,2 Minuten dauert und daraufhin zur folgerichtigen Operation „135:10,2" (Emil, C0M0). Bei einer anderen Bearbeitung liegen verschiedene oberflächliche Ansätze vor, letztlich wird jedoch die durch ein ‚oberflächliches Leseverständnis' bestimmte folgerichtige Operation „135:7,5" ausgeführt (Marie, C0M1). Bei einer weiteren Bearbeitung löst eine ‚Schlüsselwortstrategie' die Addition von 135 und 7,5 aus. Im Folgenden wird allerdings folgerichtig diese Gesamtliteranzahl durch 16,5 Minuten geteilt (Nelli, C1M0). Zwei der Bearbeitungen (Elena, C1M1; Noe, C0M1) zeichnen sich dadurch aus, dass nach einem ‚Wechsel der Rechenoperationen' im Sinne eines Ausprobierens letztlich doch der erste, richtige Lösungsansatz verfolgt wird. Diese Entscheidung wird von einer ‚oberflächlichen Beurteilung' des Ergebnisses begleitet. Tims (C0M1) Bearbeitung der Aufgabe Badewanne weist einen fachlich tragfähigen Anfangs- und Endteil auf, ist aber im Mittelteil von ‚oberflächlichem Verknüpfen', der ‚oberflächlichen Zuordnung' einer Einheit und dem vorübergehenden Verwerfen der Lösung mit einer ‚oberflächlichen Beurteilung' geprägt (vgl. Abschn. 11.1).

Bei der Aufgabe „Blattläuse" wurden acht ‚eher oberflächliche' Bearbeitungen identifiziert, bei denen nicht korrigierte oberflächliche Bearbeitungsstrategien bedeutsam für Teile der Bearbeitung, aber nicht für die Gesamtbearbeitung sind, davon je vier bei den einzelnen Teilaufgaben. Bei einem Lernenden wurde diese Kategorie bei beiden Teilaufgaben identifiziert. In den Bearbeitungen kommen verschiedene oberflächliche Bearbeitungsstrategien vor, insbesondere das ‚oberflächliche Verknüpfen', ‚Assoziationen' oder ‚Wechsel der Rechenoperationen', zudem zeigen sich aber auch immer nicht oberflächliche Ansätze. In fünf Fällen verwenden die Lernenden neben verschiedenen oberflächlichen Bearbeitungsstrategien die nicht oberflächliche schrittweise Verdreifachung (Mila a), C1M0; Ben a), C0M1; Lea a), C1M1; Ida b), C1M1; Noe b), C0M1). Fee (a), C1M1) entscheidet sich nach einem oberflächlichen Verknüpfen in der Reihenfolge ihrer Notizen ($10+1+3$, vgl. Abschn. 10.2.4) für die schrittweise Addition von 30. Ben (b), C0M1) verwendet zunächst verschiedene oberflächliche Ansätze, setzt dann jedoch verschiedene Zahlen in die Formel „$10 \cdot 3^x$" ein, um sich der Zahl 21869 zu nähern. Nelli (b), C1M0) führt ihren Ansatz aus Teilaufgabe a) fort, kommt jedoch aufgrund einer ‚oberflächlichen Anpassung' von Zahlen zu einem unrealistischen Ergebnis, das sie nicht reflektiert.

Bei der Aufgabe „Gerücht" wurden sechs ‚eher oberflächliche' Bearbeitungen identifiziert, bei denen nicht korrigierte oberflächliche Bearbeitungsstrategien zwar Teile der Bearbeitung bestimmen, aber nicht die Gesamtbearbeitung, davon vier bei Teilaufgabe a) und zwei bei Teilaufgabe b), je bei verschiedenen Lernenden. Vier der Bearbeitungen zeichnen sich durch oberflächliche Ansätze in Kombination mit einem nicht oberflächlichen Ansatz aus (Sara, C0M1; Tim, C0M1; Nelli, C1M0; Lea, C1M1). In einer Bearbeitung wird ein unrealistisches Ergebnis, das bemerkt wird, ignoriert (Elena, C1M1). In einer anderen Bearbeitung wird eine oberflächliche Operation unbegründet durchgeführt, die jedoch zu begründen gewesen wäre (Max, C0M0).

Als ausführliches Beispiel der Kategorie ‚eher oberflächlich' sei auf Tims Bearbeitung der Aufgabe „Badewanne" verwiesen, deren Einschätzung auf Basis der oberflächlichen Bearbeitungsstrategien in Abschn. 11.1 dargelegt wurde.

## 11.2.4 Gesamtbearbeitung oberflächlich

Eine Gesamtbearbeitung ist ‚oberflächlich', wenn einige nicht korrigierte oberflächliche Bearbeitungsstrategien bedeutsam für die Gesamtbearbeitung sind (O1), oder wenn eine Vielzahl verschiedenster, nicht korrigierter oberflächlicher

Bearbeitungsstrategien bedeutsam für die Gesamtbearbeitung ist (O2) und stellt somit eine Ausdifferenzierung der ursprünglichen theoretischen Überlegungen (vgl. Abschn. 4.4.2) dar.

*O1 – Einige nicht korrigierte oberflächliche Bearbeitungsstrategien sind bedeutsam für die Gesamtbearbeitung*
Einige nicht korrigierte oberflächliche Bearbeitungsstrategien sind bedeutsam für die Gesamtbearbeitung, wenn eine oder einige oberflächliche Bearbeitungsstrategien zentral für diese sind oder eine willkürliche Operation vorliegt.

Bei der Aufgabe „Bagger" ließ sich eine ‚oberflächliche' Bearbeitung identifizieren, bei der einige nicht korrigierte oberflächliche Bearbeitungsstrategien bedeutsam für die Gesamtbearbeitung sind. Diese Bearbeitung (Dirk, C0M0) operiert mit der oberflächlichen Verknüpfung „364$^3$:5" begleitet von der Verbalisierung des Ausprobierens „Ja dann machen wir einfach", ändert dann aber (auf dem Video und in den Sprachäußerungen nicht erkennbar wie) die Eingabe im Taschenrechner und kommt zu dem Ergebnis 91 m$^3$ Erde pro Tag.

Bei der Aufgabe „Badewanne" ließen sich acht ‚oberflächliche' Bearbeitungen identifizieren, bei denen einige nicht korrigierte oberflächliche Bearbeitungsstrategien bedeutsam für die Gesamtbearbeitung sind. Fünf der Fälle zeichnen sich dadurch aus, dass mehrere oberflächliche Bearbeitungsstrategien bedeutsam für die Bearbeitung sind und der Bearbeitungsprozess mit einem ‚unrealistischen Ergebnis ohne Reflexion' beendet wird (Theo, C0M0; Vera, C0M0; Leon, C0M0; Linus, C1M0; Mila, C1M0). Bei einer Bearbeitung endet der Prozess nach mehreren oberflächliche Schritten in der Beantwortung einer anderen Frage, nämlich der nach welcher Zeit die Badewanne vollständig gefüllt ist (Max, C0M0). Eine weitere Bearbeitung zeichnet sich durch zwei verschiedene Ansätze aus, die beide von Oberflächlichkeit geprägt sind (Ben, C0M1). Ida probiert in ihrer Bearbeitung verschiedene Rechenoperationen aus, wobei das zweimalige Berechnen derselben Rechenoperation unbemerkt bleibt. Aufgrund des auf diese Weise zwei Mal erhaltenen identischen Ergebnisses, entscheidet sie sich letztlich für dieses (Ida, C1M1).

Bei der Aufgabe „Blattläuse" ließen sich 20 ‚oberflächliche' Bearbeitungen identifizieren, bei denen einige nicht korrigierte oberflächliche Bearbeitungsstrategien bedeutsam für die Gesamtbearbeitung sind, davon elf bei der Teilaufgabe a) und neun bei der Teilaufgabe b), dabei wurde die Kategorie bei fünf Lernenden bei beiden Teilaufgaben vergeben.

Bei der Aufgabe „Gerücht" ließen sich acht ‚oberflächliche' Bearbeitungen identifizieren, bei der einige nicht korrigierte oberflächliche Bearbeitungsstrategien eine Bedeutung für die Gesamtbearbeitung haben, davon sechs bei Teilaufgabe a) und zwei bei Teilaufgabe b), dabei wurde die Kategorie bei zwei Lernenden bei beiden Teilaufgaben identifiziert.

Ein konkretes Beispiel einer ‚oberflächlichen' Bearbeitung stellt das Vorgehen von Anna bei der Aufgabe „Blattläuse" dar:

**Transkript – Anna – C0M0 – Blattläuse a**
1  ((liest vor:)) „Blattläuse. Blattläuse sind Insekten, die sich auf Blumen setzen und diesen schaden. Auf einer Blume sind 10 Blattläuse. Die Anzahl der Blattläuse verdreifacht sich jede Woche. Wie viele Blattläuse sind nach vier Wochen auf der Blume. Notiere deine Rechnung."
2–3  (..) Ehm. (6s) […]
4  Ja, ich rechne einfach ehm (..) ((schreibt „4·10=") 4·10
5  das sind dann ((schreibt „40") 40.
6  pro Woche.
7  Ja. (…) ((dreht sich zur Interviewerin um)) fertig.

In dieser Bearbeitung ist die oberflächliche Verknüpfung „4·10=40" (Z. 4/5) zu sehen, die ein beliebiges ‚oberflächliches Verknüpfen' einiger gegebener Zahlen aus dem Text darstellt. Dem Ergebnis (Z. 5) wird in einem zweiten Schritt (Z. 6) die Teileinheit „pro Woche" zugeordnet, was als ‚oberflächliche Zuordnung' zu klassifizieren ist, da es hierfür keinerlei Grund gibt. Dieses Ergebnis wird als Endergebnis verwendet, sodass hier eine ‚oberflächliche Zuordnung' in Form der grundlosen Festlegung dieser Zahl mit ihrer Einheit als Antwort erfolgt. Somit sind einige oberflächliche Bearbeitungsstrategien bedeutsam für diese Bearbeitung und sie ist insgesamt als oberflächlich zu klassifizieren.

*O2 – Eine Vielzahl nicht korrigierter oberflächlicher Bearbeitungsstrategien ist bedeutsam für die Gesamtbearbeitung*
Eine Gesamtbearbeitung ist zudem als ‚oberflächlich' zu klassifizieren, wenn eine Vielzahl nicht korrigierter oberflächlicher Bearbeitungsstrategien bedeutsam für die Gesamtbearbeitung ist. Das bedeutet, dass die gesamte Bearbeitung auf verschiedensten oberflächlichen Überlegungen basiert und auch die Entscheidung für das Endergebnis oberflächlich bleibt. Dabei gibt es verschiedenste oberflächliche Überlegungen, aber keine nicht oberflächlichen.

Bei der Aufgabe „Bagger" ließen sich zwei ‚oberflächliche' Bearbeitungen identifizieren, bei der eine Vielzahl nicht korrigierter oberflächlicher Bearbeitungsstrategien bedeutsam für die Gesamtbearbeitung ist. Im Gegensatz zu den anderen Bearbeitungen sind diese im Durchschnitt deutlich länger. Bei den Bearbeitungen lässt sich eine Vielzahl an ‚Verbalisierungen der Oberflächlichkeit', ‚oberflächliche Anpassungen und Zuordnungen', oberflächliche ‚Assoziationen', ‚oberflächliche Beurteilungen' des Ergebnisses und ‚Wechsel der Rechenoperationen' identifizieren. Eine der beiden Bearbeitungen wird irgendwann abgebrochen (Lea, C1M1), während sich in der anderen mit einer ‚oberflächlichen Beurteilung' der verschiedenen Ergebnisse und einer ‚oberflächlichen Zuordnung' der Einheit letztlich für die richtige Rechenoperation entschieden wird (Leila, C1M0).

Bei der Aufgabe „Badewanne" ließen sich keine ‚oberflächlichen' Bearbeitungen identifizieren, bei der eine Vielzahl nicht korrigierter oberflächlicher Bearbeitungsstrategien bedeutsam für die Gesamtbearbeitung sind.

Bei der Aufgabe „Blattläuse" ließen sich fünf ‚oberflächliche' Bearbeitungen identifizieren, bei der eine Vielzahl nicht korrigierter oberflächlicher Bearbeitungsstrategien bedeutsam für die Gesamtbearbeitung sind. Es handelt sich bei allen um Bearbeitungen der Teilaufgabe b). Sie zeichnen sich durch eine Vielzahl *verschiedenster* oberflächlicher Bearbeitungsstrategien und somit auch durch lange Bearbeitungszeiten aus (Levi, C1M1; Tim, C0M1; Marie, C0M1; Mila, C1M0; Fee, C1M1).

Bei der Aufgabe „Gerücht" ließen sich keine ‚oberflächlichen' Bearbeitungen identifizieren, bei der eine Vielzahl nicht korrigierter oberflächlicher Bearbeitungsstrategien die Gesamtbearbeitung bestimmen.

Als konkretes Beispiel für O2 wird hier Tims Bearbeitung der Teilaufgabe b) der Aufgabe „Blattläuse" analysiert[1]. In der Mehrheit seiner Äußerungen lassen sich verschiedene oberflächliche Bearbeitungsstrategien identifizieren. Es lässt sich kein fachlich tragfähiger Ansatz identifizieren. Schon zu Beginn der Bearbeitung zeigt Tim ein ‚oberflächliches Leseverständnis', indem er zunächst das Wort „wie" in der Frage überliest. Sein unsicherer Versuch sein schrittweises Vorgehen aus der Teilaufgabe a) fortzusetzen, führt ihn zu einem inkonsequenten und somit ‚oberflächlichen Ausführen' der Schritte, das letztlich zu einem Ausprobieren wird, wie er selbst äußert („Ich probiere mal"). Nach einer Verbalisierung des Unwissens führt Tim die Operation „21869:3" aus.

---

[1]Zur besseren Nachvollziehbarkeit ist das Transkript dieser Bearbeitung mit den identifizierten oberflächlichen Bearbeitungsstrategien im Anhang A2 dargestellt.

Diese hat er aus dem ‚Schlüsselwort' „verdreifacht" und der Umkehrung der Aufgabe abgeleitet, wie er in der anschließenden Diskussion begründet: „Dann habe ich mir, weil ja hier steht verdreifacht sich jede Woche, habe ich dann einfach hier geteilt durch 3 gerechnet." In Kombination mit einer ‚Verbalisierung der Oberflächlichkeit' äußert der Schüler das ‚oberflächliche Verknüpfen' mit der Multiplikation („Vielleicht mal"). Letztlich entscheidet Tim sich doch für die Division und lässt das erhaltene unrealistische Ergebnis ohne jeglichen Sachbezug stehen. Dies bestätigt, dass die durchgeführte Operation oberflächlich und nicht situativ begründet war. Dass er selbst auch unsicher ist, drückt sich in der ‚oberflächlichen Beurteilung' des Ergebnisses aufgrund der Periode und der verbalisierten Unsicherheit aus. Tim hat also zwischen verschiedenen Rechenoperationen gewechselt. Insgesamt zeigt Tim somit eine Vielzahl verschiedenster oberflächlicher Bearbeitungsstrategien, die bedeutsam für die Gesamtbearbeitung sind, sodass die Bearbeitung insgesamt als ‚oberflächliche' Bearbeitung O2 eingeschätzt wird.

## 11.3 Das aus den deduktiv-induktiven Analysen resultierende Teilkonstrukt „Oberflächlichkeit einer Gesamtbearbeitung"

Nachdem die einzelnen Ausdifferenzierungen der Ausprägungen der Oberflächlichkeit einer Gesamtbearbeitung im Detail präsentiert wurden, erfolgt zunächst die Zusammenfassung dieser als Ergebnis der vorangegangenen Analysen (Abschn. 11.3.1). Diese werden zudem bezüglich ihres Theoriebezugs (Abschn. 11.3.2) und ihres Bezugs zum Prozessmodell nach Reusser (Abschn. 11.3.3) diskutiert, bevor das aus den deduktiv-induktiven Analysen resultierende Teilkonstrukt der Oberflächlichkeit einer Gesamtbearbeitung in seiner Gesamtheit (Abb. 11.4) dargestellt wird (Abschn. 11.3.4).

### 11.3.1 Ausprägungen der Oberflächlichkeit einer Gesamtbearbeitung

Zusammenfassend werden in Tabelle 11.2 die vier Ausprägungen des Teilkonstrukts der Oberflächlichkeit einer Gesamtbearbeitung mit ihren Ausdifferenzierungen als Ergebnis der vorangegangenen Analysen dargestellt.

**Tabelle 11.2** Aus den deduktiv-induktiven Analysen resultierende Klassifizierung der Oberflächlichkeit einer Gesamtbearbeitung

| Dichotome Klassifizierung | Graduelle Klassifizierung | Indikator |
|---|---|---|
| (eher) nicht oberflächlich | nicht oberflächlich | NO1 – Die Gesamtbearbeitung weist keine oberflächlichen Bearbeitungsstrategien auf. |
| | | NO2 – Alle oberflächlichen Bearbeitungsstrategien werden durch Reflexion korrigiert und haben keine Bedeutung für die Bearbeitung (d. h. sie werden direkt oder kurz nach ihrem Auftreten verworfen oder korrigiert, wie z. B. Rechen- oder Tippfehler). |
| | eher nicht oberflächlich | ENO1 – Oberflächliche Bearbeitungsstrategien werden korrigiert, sind aber bedeutsam für einen Teil der Bearbeitung. |
| | | ENO2 – Manche oberflächliche Bearbeitungsstrategien werden nicht korrigiert, sind aber nicht bedeutsam für die Bearbeitung, sondern treten eher als nicht verfolgte Blitzlichter auf |
| | | ENO3 – Oberflächliches Leseverständnis bestimmt die Bearbeitung und führt zu einer folgerichtigen Rechnung. |
| (eher) oberflächlich | eher oberflächlich | EO – Nicht korrigierte oberflächliche Bearbeitungsstrategien sind bedeutsam für Teile der Bearbeitung, aber nicht für die Gesamtbearbeitung. |
| | oberflächlich | O1 – Einige nicht korrigierte oberflächliche Bearbeitungsstrategien sind bedeutsam für die Gesamtbearbeitung. |
| | | O2 – Eine Vielzahl verschiedenster nicht korrigierter oberflächlicher Bearbeitungsstrategien ist bedeutsam für die Gesamtbearbeitung. |

## 11.3.2 Theoriebezug

Ein Vergleich dieses Ergebnisses der dargestellten Klassifizierung der Oberflächlichkeit einer Gesamtbearbeitung mit den diesbezüglichen theoretischen Überlegungen (vgl. Abschn. 4.4.2) zeigt, dass die empirischen Analysen teilweise Anpassungen der theoretischen Überlegungen erforderlich machten.

Die Klassifizierung einer Gesamtbearbeitung als ‚nicht oberflächlich' konnte für den Fall, dass keine oberflächlichen Bearbeitungsstrategien vorhanden sind, identisch in den empirischen Analysen umgesetzt werden. Für den Fall, dass oberflächliche Bearbeitungsstrategien alle durch Reflexion korrigiert wurden, musste eine Ausdifferenzierung vorgenommen werden. Nur wenn diese keine Bedeutung für die Bearbeitung hatten, gilt die Bearbeitung als ‚nicht oberfläch-lich'.

Die Klassifizierung einer Gesamtbearbeitung als ‚eher nicht oberflächlich' wurde in drei Kategorien unterteilt. Die erste (ENO1) entstammt der gerade erwähnten Ausdifferenzierung und enthält Gesamtbearbeitungen mit korrigierten oberflächlichen Bearbeitungsstrategien, die jedoch bedeutsam für einen Teil der Bearbeitung sind. Die zweite (ENO2) entspricht den ursprünglichen theoretischen Überlegungen. Ergänzt wurde die Kategorie ENO3, die zutrifft, wenn aus einem ‚oberflächlichen Leseverständnis' eine folgerichtige Bearbeitung entsteht. Nach den ursprünglichen theoretischen Überlegungen würde in so einem Fall die nicht korrigierte oberflächliche Bearbeitungsstrategie ‚oberflächliches Leseverständnis' die Gesamtbearbeitung oder zumindest einen Teil der Bearbeitung bestimmen. Damit würde die Bearbeitung als ‚oberflächlich' oder ‚eher oberflächlich' ein-gestuft. Diese Klassifizierung erscheint nicht zielführend, wenn die fachlichen Schritte tragfähig sind. Somit wurde hier eine zusätzliche Unterkategorie einer ‚eher nicht oberflächlichen' Bearbeitung eingeführt.

Die theoretischen Überlegungen zu einer ‚eher oberflächlichen' Gesamt-bearbeitung konnten ohne Erweiterungen in den empirischen Analysen umgesetzt werden.

Bei der Klassifizierung einer Gesamtbearbeitung als ‚oberflächlich' zeigten die empirischen Analysen die Notwendigkeit einer Ausdifferenzierung auf. Innerhalb der als ‚oberflächlich' klassifizierten Bearbeitungen zeigten sich deut-liche Unterschiede hinsichtlich der Anzahl und Diversität an oberflächlichen Bearbeitungsstrategien, sodass eine Ausdifferenzierung in die zwei Kategorien O1 und O2 vorgenommen wurde. Zu O1 gehören Gesamtbearbeitungen mit einer oder einigen oberflächlichen Bearbeitungsstrategien, die bedeutsam für die Gesamtbearbeitung sind. Zu O2 zählen Gesamtbearbeitungen mit einer Viel-zahl verschiedenster oberflächlicher Bearbeitungsstrategien, die bedeutsam für die Gesamtbearbeitung sind. Dies ermöglicht eine differenziertere Erfassung der gezeigten Oberflächlichkeit.

Insgesamt lässt sich festhalten, dass das Ergebnis der empirischen Analysen mit Hinblick auf dieses Teilkonstrukt eine Bestätigung und Ausdifferenzierungen hervorgerufen hat, vor allem aber die abstrakten theoretischen Überlegungen mit Beispielbearbeitungen unterfüttern und konkretisieren konnte.

## 11.3.3 Bezug zum Prozessmodell nach Reusser

Wenn eine Gesamtbearbeitung als ‚oberflächlich' klassifiziert wird, so bedeutet dies, dass an vielen Stellen oberflächliche Bearbeitungsstrategien zu finden sind. Die einzelnen oberflächlichen Bearbeitungsstrategien wiederum implizieren, dass Schritte aus dem Prozessmodell nach Reusser übersprungen oder nicht hinreichend intensiv durchgeführt wurden (vgl. Abschn. 10.3.1). Insofern müsste sich eine ‚oberflächliche' Gesamtbearbeitung im Prozessmodell darin widerspiegeln, dass nicht alle Schritte durchlaufen werden bzw. die Reihenfolge des Durchlaufens der Schritte nicht dem Prozessmodell entspricht. Somit ist eine ‚oberflächliche' Gesamtbearbeitung – eingeschätzt aufgrund oberflächlicher Bearbeitungsstrategien, die im Prozessmodell nach Reusser verankert sind – kompatibel mit einer Einschätzung des Bearbeitungsprozesses mithilfe des Prozessmodells nach Reusser. Analoge Überlegungen gelten für die anderen Ausprägungen der Oberflächlichkeit einer Gesamtbearbeitung.

## 11.3.4 Das theoretisch und empirisch fundierte Teilkonstrukt „Oberflächlichkeit einer Gesamtbearbeitung"

Die zuvor dargestellten Analysen und Ausführungen hinsichtlich der Veränderungen des ursprünglich aus theoretischen Überlegungen entwickelten Teilkonstrukts einer oberflächlichen Gesamtbearbeitung (Abb. 4.2, Abschn. 4.6) führen zu dessen Überarbeitung. Das resultierende theoretisch und empirisch fundierte Teilkonstrukt ist in Abb. 11.4 dargestellt.

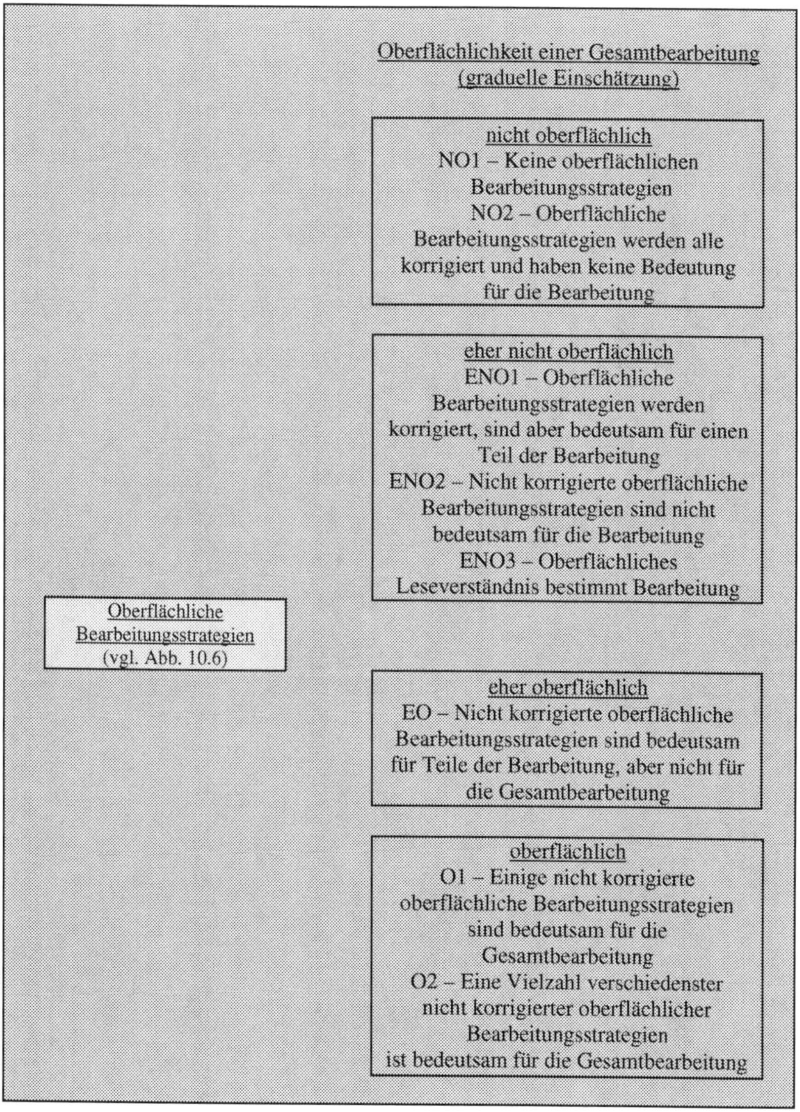

Oberflächlichkeit einer Gesamtbearbeitung
(graduelle Einschätzung)

nicht oberflächlich
NO1 – Keine oberflächlichen
Bearbeitungsstrategien
NO2 – Oberflächliche
Bearbeitungsstrategien werden alle
korrigiert und haben keine Bedeutung
für die Bearbeitung

eher nicht oberflächlich
ENO1 – Oberflächliche
Bearbeitungsstrategien werden
korrigiert, sind aber bedeutsam für einen
Teil der Bearbeitung
ENO2 – Nicht korrigierte oberflächliche
Bearbeitungsstrategien sind nicht
bedeutsam für die Bearbeitung
ENO3 – Oberflächliches
Leseverständnis bestimmt Bearbeitung

Oberflächliche
Bearbeitungsstrategien
(vgl. Abb. 10.6)

eher oberflächlich
EO – Nicht korrigierte oberflächliche
Bearbeitungsstrategien sind bedeutsam
für Teile der Bearbeitung, aber nicht für
die Gesamtbearbeitung

oberflächlich
O1 – Einige nicht korrigierte
oberflächliche Bearbeitungsstrategien
sind bedeutsam für die
Gesamtbearbeitung
O2 – Eine Vielzahl verschiedenster
nicht korrigierter oberflächlicher
Bearbeitungsstrategien
ist bedeutsam für die Gesamtbearbeitung

**Abb. 11.4** Theoretisch und empirisch fundiertes Teilkonstrukt „Oberflächlichkeit einer Gesamtbearbeitung"

# Klassifikation von Aufgaben bezüglich oberflächlicher Lösbarkeit

Mit der Darlegung und Analyse der identifizierten oberflächlichen Bearbeitungsstrategien (Kap. 10) und der darauf basierenden Einschätzung der betrachteten Gesamtbearbeitungen hinsichtlich ihrer Oberflächlichkeit (Kap. 11) ist die Beantwortung der ersten beiden Forschungsfragen F1 und F2 erfolgt. Dabei ist deutlich geworden, dass bei den verschiedenen Teilaufgaben unterschiedliche oberflächliche Bearbeitungsstrategien vermehrt verwendet werden und dass unterschiedliche Häufigkeiten von (eher) oberflächlichen und (eher) nicht oberflächlichen Gesamtbearbeitungen je nach Teilaufgabe vorliegen. Um klären zu können, inwieweit dies die Mathematikleistung beeinflusst, wird im Folgenden auf Aufgabenebene betrachtet, bei welchen Aufgaben oberflächliche Bearbeitungsstrategien und (eher) oberflächliche Gesamtbearbeitungen zur Lösung führen können. Entsprechend widmet sich dieses Kapitel der dritten Forschungsfrage:

**F3: Wie lassen sich Textaufgaben bezüglich ihrer oberflächlichen Lösbarkeit klassifizieren?**

Dazu werden zunächst die an den eingesetzten Aufgaben und den hieran beobachteten Bearbeitungen identifizierten sieben Kategorien von Aufgabenmerkmalen, die begünstigen, dass oberflächliche Bearbeitungsstrategien erfolgreich sein können, an Beispielen dargelegt (Abschn. 12.1). Im Folgenden werden die eingesetzten Aufgaben entlang dieser Merkmale analysiert und hierauf aufbauend eine Klassifikation bezüglich ihrer oberflächlichen Lösbarkeit vorgenommen (Abschn. 12.2). Abschließend wird darauf aufbauend als Ergebnis der empirischen Auswertung das Teilkonstrukt „Oberflächliche Lösbarkeit einer Textaufgabe", das die Aufgabenebene des Oberflächlichkeits-Konstrukts bildet,

S. Schlager, *Zur Erforschung des Zusammenhangs zwischen Sprachkompetenz und Mathematikleistung*, Essener Beiträge zur Mathematikdidaktik, https://doi.org/10.1007/978-3-658-31871-0_12

mit seinem Theoriebezug und seinen Bezügen zu oberflächlichen Bearbeitungsstrategien dargestellt (Abschn. 12.3).

## 12.1 Analyse von Merkmalen oberflächlich lösbarer Aufgaben

Oberflächliche Bearbeitungen und somit oberflächliche Bearbeitungsstrategien können zur Lösung einer Aufgabe führen. Dies ist eher der Fall, wenn die Aufgabe sich durch Merkmale auszeichnet, die dazu führen, dass oberflächlichen Bearbeitungsstrategien, die zu einer erfolgreichen Bearbeitung führen können, besondere Bedeutung zukommt. Hierbei handelt es sich um *Merkmale einer oberflächlich lösbaren Aufgabe*, die jeweils den Erfolg von einer oder mehreren oberflächlichen Bearbeitungsstrategien begünstigen. Im Folgenden (Abschn. 12.1.1, 12.1.2, 12.1.3, 12.1.4, 12.1.5, 12.1.6, 12.1.7) werden die sieben Kategorien, in denen die einzelnen Merkmale einer oberflächlich lösbaren Aufgabe gebündelt werden, beschrieben, an einem Beispiel erläutert und in Beziehung zu den oberflächlichen Bearbeitungsstrategien (vgl. Kap. 10) und zur Theorie (vgl. Kap. 4) gesetzt. Es folgt eine Beschreibung, wie basierend auf den Aufgabenmerkmalen eine Klassifikation von Aufgaben bezüglich ihrer oberflächlichen Lösbarkeit erfolgen kann (Abschn. 12.1.8).

### 12.1.1 Im Text gegebene Zahlen

Eine Textaufgabe kann durch die in ihr gegebenen Zahlen die Wahrscheinlichkeit erhöhen, dass oberflächliche Bearbeitungsstrategien zu einer tragfähigen Verknüpfungsstruktur und zur Lösung der Aufgabe führen können. Dies ist der Fall, wenn im Text *wenige Zahlen gegeben* und somit deren *Verknüpfungsmöglichkeiten begrenzt* sind, wenn *alle für die Rechenoperation benötigten* und *keine unnötigen Zahlen* direkt im Text gegeben sind, und noch stärker, wenn diese bereits in der Reihenfolge, in der sie verknüpft werden müssen, vorliegen (*Linearität*).

Beispielsweise sind im Text der Aufgabe „Bagger" *nur* die *zwei Zahlen* „364" und „fünf" gegeben, wenn man von der Zahl „3" in der Angabe der Einheit „m$^3$" und dem unbestimmten Artikel „Ein" vor dem Wort „Bagger" absieht. Dadurch sind die willkürlichen *Verknüpfungsmöglichkeiten* der beiden Zahlen *begrenzt*. Dadurch, dass die gegebenen Zahlen *alle* für die richtige Rechenoperation *benötigten Zahlen* sind, ist die Wahrscheinlichkeit groß, dass die richtige

Verknüpfung „364:5" per Zufall gewählt wird. Dies wird zudem dadurch begünstigt, dass die „364" vor der „fünf" im Text vorkommt, sodass die *Linearität* der Angaben eingehalten ist. Dadurch, dass die „364" zwei Mal im Text angegeben ist, lässt sich nicht ohne Einschränkung sagen, dass *keine unnötigen Zahlen* gegeben sind. Da es sich jedoch um dieselbe Zahl und eine lediglich Wiederholung eines Sachverhaltes handelt, ist nicht davon auszugehen, dass diese Zahl doppelt verwendet und dadurch die oberflächliche Lösbarkeit der Aufgabe eingeschränkt wird.

Wenn die im Text gegebenen Zahlen die oben genannten Merkmale aufweisen, kann ohne Reflexion die richtige Operation entstehen, wie für die Aufgabe „Bagger" erläutert wurde. Dies begünstigt, dass die oberflächlichen Bearbeitungsstrategien „oberflächliches Verknüpfen" sowie „oberflächlicher Algorithmus" zur Lösung führen können. Zudem führen die Merkmale dazu, dass nur begrenzt viele verschiedene Kombinationen der Zahlen und dadurch auch nur begrenzt viele Operationen möglich sind. Somit ist die Wahrscheinlichkeit groß, dass bei der oberflächlichen Bearbeitungsstrategie „Wechsel der Rechenoperationen" die richtige Rechenoperation gewählt wird und diese zu einer Lösung führen kann.

Insgesamt sind die gerade genannten Merkmale aufgaben- und themenübergreifend gültig, auch wenn beachtet werden muss, dass je nach Aufgabe unterschiedlich viele Zahlen benötigt werden. Bei Aufgaben, die eine Verknüpfung vieler Zahlen erfordern, ist also automatisch die oberflächliche Lösbarkeit eingeschränkt.

Die hier beschriebene Kategorie ‚im Text gegebenen Zahlen' verortet sich in den theoretischen Ausführungen zu

- stereotypen Aufgaben (Abschn. 4.3.4), da das (lineare) Kombinieren der im Text gegebenen Zahlen als Kennzeichen solcher Aufgaben gilt.
- niedrigen kognitiven Anforderungen (Abschn. 4.3.3), da das Kombinieren der gegebenen Zahlen eine niedrige kognitive Anforderung darstellt.
- dem Kontext (Abschn. 4.3.2), da kein überflüssiger Kontext im Sinne von unnötigen Zahlen vorhanden sein sollte.

Somit stellt sie eine Kombination verschiedener theoretischer Elemente dar. Das in der Kategorie ebenso enthaltene Merkmal weniger im Text vorhandener Zahlen und damit einer begrenzten Anzahl an Verknüpfungsmöglichkeiten ist in der Theorie nicht explizit benannt. Seine Relevanz für oberflächliche Bearbeitungen ist durch die empirischen Betrachtungen deutlich geworden, bei der die Ausprägungen eines Ausprobierens mit den im Text gegebenen Zahlen analysiert wurden. Somit hat dieses Merkmal die theoretischen Überlegungen erweitert.

## 12.1.2 Auszuführende Operationen

Neben den gegebenen Zahlen können auch die für die Lösung einer Textauf-gabe auszuführenden Operationen den Erfolg einer oberflächlichen Bearbeitung begünstigen. Dies ist dann der Fall, wenn es sich um auszuführende *Standard-operationen* handelt und diese *ohne Reflexion* ausführbar sind. Standard-operationen stellen die Grundrechenarten sowie die im entsprechenden Themengebiet häufig durchgeführten oder geübten Operationen dar. Im Themengebiet der proportionalen Zuordnungen wäre dies der Dreisatz, beim exponentiellen Wachstum die Formel $y = a_0 \cdot p^t$ und die schrittweise Multi-plikation. Somit sind *Standardoperationen* verschiedener Themengebiete hin-sichtlich ihrer mathematischen Komplexität nicht miteinander vergleichbar. Eine Ausführung von Operationen ohne Reflexion ist möglich, wenn es sich um *triviale Verknüpfungen*, also die einfachsten Formen von Verknüpfungen handelt. Dabei gilt, dass diese nicht für die Lernenden trivial zu lösen sein müssen und sich zudem in ihrer mathematischen Komplexität zwischen ver-schiedenen Themengebieten unterscheiden. Eine Ausführung von Operationen ohne Reflexion ist zudem möglich, wenn nur die Notwendigkeit der *Reproduktion von Wissen* und des *Anwendens* von Operationen und Algorithmen *ohne ein not-wendiges tieferes Verständnis oder die Reflexion von Gründen* besteht. Dies bedeutet, dass es zum Beispiel ausreichend ist, eine Formel zu reproduzieren und die entsprechende Rechenoperation auszuüben, wie es beispielsweise mit der Formel zum exponentiellen Wachstum in ihrer trivialen Form möglich ist.

Als Beispiel sei erneut die Aufgabe „Bagger" betrachtet, zu deren Lösung die Division der Zahl 364 durch die Zahl 5 auszuführen ist. Damit handelt es sich um eine *Standardoperation* in Form einer *trivialen Verknüpfung*, die auch *ohne das Hinterfragen*, ob ein proportionaler Zusammenhang vorliegt, korrekt angewandt werden kann. Somit kann hier insgesamt ein *Ausführen der Rechenoperationen ohne Reflexion* zum Lösen der Aufgabe führen.

Wenn Standardoperationen und triviale Verknüpfungen ohne Reflexion anwendbar sind, wird begünstigt, dass die oberflächlichen Bearbeitungsstrategien ‚oberflächliches Verknüpfen' sowie ‚oberflächlicher Algorithmus' zur Lösung der Aufgabe führen.

Die hier beschriebene Kategorie „auszuführende Operationen" verortet sich in den theoretischen Ausführungen zu

– stereotypen Aufgaben (Abschn. 4.3.4), da das Ausführen von Standard-operationen ein Kennzeichen solcher Aufgaben darstellt.

– niedrigen kognitiven Anforderungen (Abschn. 4.3.3), da das Ausführen von Operationen ohne Reflexion ebenfalls einer niedrigen kognitiven Anforderung entspricht.

Insofern bildet diese Kategorie eine für die Aufgabenanalyse optimierte Kombination aus zwei aus der Theorie abgeleiteten Merkmalen, die um das Merkmal trivialer Verknüpfungen erweitert wurde. Dieses Merkmal wurde in der Theorie vermutlich deshalb nicht explizit benannt, da im Grundschulkontext, in dem die bisherigen Studien sich verorten, seltener nicht-triviale Verknüpfungen vorkommen. Im Kontext komplexerer Aufgaben erhöhen triviale Verknüpfungen jedoch die Wahrscheinlichkeit, dass oberflächliche Bearbeitungsstrategien erfolgreich sein können, deutlich.

## 12.1.3 Ergebnis

Das richtige Ergebnis einer Textaufgabe begünstigt den Erfolg einer oberflächlichen Bearbeitung, wenn es *eindeutig als das richtige* zu erkennen und *stereotyp* ist. Erstes ist der Fall, wenn die Größenordnung des richtigen Endergebnisses schätzbar ist und wenn falsche Verknüpfungen zu gänzlich anderen Ergebnissen führen, die im Kontext der Aufgabe unwahrscheinlicher sind. Zweites ist der Fall, wenn das Ergebnis *kaum Nachkommastellen* aufweist und *weder sehr klein noch sehr groß* ist, so wie Lernende es von richtigen Ergebnissen oft erwarten, also beispielsweise weder zwischen 0 und 1 liegt, noch größer als 1000 ist. Diese Merkmale sind in gleicher Weise für jegliche Aufgabe und jegliches Thema gültig.

Beispielhaft wird auch diese Kategorie an der Aufgabe „Bagger" erläutert, bei der das richtige numerische Ergebnis 72,8 lautet. Nicht tragfähige Verknüpfungen der gegebenen Zahlen 364 und 5, wie deren Multiplikation oder Addition oder die Operation „5:364", führen zu Ergebnissen, die sehr groß oder sehr klein, weit vom richtigen Ergebnis entfernt und meist unrealistisch oder zu nah an der 364 sind. Somit ist das richtige Ergebnis *eindeutig identifizierbar*. Es handelt sich zudem um ein *stereotypes* Ergebnis, da es nur eine Nachkommastelle aufweist und weder sehr klein noch sehr groß ist.

Die genannten Aufgabenmerkmale lassen zu, dass die oberflächliche Bearbeitungsstrategie ‚oberflächliche Begründungen' in Kombination mit dem ‚Wechsel der Rechenoperationen', ‚oberflächlichem Verknüpfen' und ʻoberflächlichen Algorithmen' zur Lösung führen können.

Die hier beschriebene Kategorie ‚Ergebnis' verortet sich in den theoretischen Ausführungen zu

- stereotypen Aufgaben (Abschn. 4.3.4), da es bei solchen Aufgaben ein Ergebnis gibt, das sich durch Ausprobieren finden lässt.
- niedrigen kognitiven Anforderungen (Abschn. 4.3.3), da ein eindeutiges Ergebnis dazu beiträgt, kognitive Anforderungen gering zu halten.

Allerdings wurden die konkreten Merkmale dieser Kategorie und deren Bedeutung aus den empirischen Betrachtungen extrahiert, da vor allem durch die oberflächlichen Begründungen der Lernenden deutlich wurde, wann ein Ergebnis als richtig zu identifizieren ist. Somit ist dieses Aufgabenmerkmal zwar eine Kombination von aus der Theorie abgeleiteten Merkmalen, hier überwiegt aber die durch die Empirie gewonnene Explizierung und Ausdifferenzierung.

### 12.1.4 Sprachliche Formulierung

Die sprachliche Formulierung einer Textaufgabe kann den Erfolg oberflächlicher Bearbeitungsstrategien begünstigen, wenn eine *Unmarkiertheit* und eine *Konsistenz* im Text vorliegen. Erstes bedeutet, dass im Text die mathematisch relevanten Wörter unmarkiert, also in einem Begriffspaar positiv geprägt sind. Dies wird ausgeweitet auf Wörter und Satzteile, die auf die „einfachere" mathematische Operation von einem Operationspaar, also beispielsweise auf die Addition und nicht die Subtraktion verweisen. Beispiele zu proportionalen Zuordnungen sind das Wort „vermehrfachen" sowie die Frage nach einer größeren Anzahl an Zeit- oder Geldeinheiten, so wie man sie sich auch im Leben stellen würde. Beispiele zum exponentiellen Wachstum sind ebenfalls das Wort vermehrfachen und die Aufgabe, eine Menge oder Anzahl in der Zukunft zu bestimmen. Eine Konsistenz kann in drei verschiedenen Ausprägungen vorliegen. Dazu gehört zum einen, dass *naheliegende Operationen* auszuführen sind, also Operationen, die sich direkt aus dem Aufgabentext erschließen lassen oder offensichtlich oder durch Wörter wie „verdreifachen" gegeben sind. Zum anderen müssen dazu *konsistente relationale Wörter* vorkommen, also die Bedeutung eines Wortes mit der auszuführenden Operation übereinstimmen. Dies wäre beispielsweise der Fall, wenn im Text „verdreifacht" steht und eine Verdreifachung auszuführen ist. Drittens sollten *wegweisende Signalwörter oder*

*Signalkonstruktionen* vorhanden sein, die auf ein tragfähiges mathematisches Modell oder eine tragfähige Verknüpfungsstruktur verweisen. In Bezug auf verschiedene Aufgaben und Themen gilt, dass Unmarkiertheit und Konsistenz in jedem Aufgabentext analysierbar sind, es muss lediglich für jedes mathematische Thema geklärt werden, was Signalkonstruktionen sind und worauf diese verweisen.

Diese Kategorie wird beispielhaft am Kontrast zwischen der Aufgabe „Blattläuse" und der Aufgabe „Bagger" dargestellt. Bei der Aufgabe „Blattläuse" ist nach der Anzahl an Blattläusen nach einer gewissen Zeit gefragt, was als *unmarkiert* gilt, da es einer natürlichen Fragerichtung entspricht. Bei der Aufgabe „Bagger" hingegen ist die ausgehobene Erde nach fünf Tagen angegeben und es wird nach der ausgehobenen Erde nach einem Tag gefragt. Somit steht die Fragerichtung dem natürlichen Zeitverlauf entgegen, sodass die Frage als *markiert* eingeschätzt wird. Allerdings ist die Aufgabe „Bagger" *konsistent*, da die Wörter „pro" und „durchschnittlich" auf eine Division verweisen und dies die auszuführende Operation ist. Dadurch ist eine Orientierung an diesem Schlüsselwort möglich. Einen weiteren Hinweis bietet der Kontext, dass eine Menge nach 5 Tagen gegeben und nach einer Menge nach einem Tag gefragt ist, der die Division als Operation nahelegt.

So begünstigen die dargestellten Merkmale den Erfolg der oberflächlichen Bearbeitungsstrategien ‚oberflächliches Verknüpfen‘, ‚oberflächlicher Algorithmus‘ sowie ‚Schlüsselwortstrategien‘.

Die hier beschriebene Kategorie ‚sprachliche Formulierung‘ verortet sich in den theoretischen Ausführungen zu

- stereotypen Aufgaben (Abschn. 4.3.4), da Signalwörter ein Kennzeichen solcher Aufgaben darstellen und für deren erfolgreiche Nutzung Konsistenz vorliegen muss.
- offensichtlicher relationaler Verarbeitung, Konsistenz und Unmarkiertheit (Abschn. 4.2.1, 4.3.1), da eben dies die in dieser Kategorie abgebildeten Merkmale sind, zu denen ebenfalls Schlüsselwörter zählen.

Damit entspricht die Kategorie vor allem dem letztgenannten in der Theorie dargestellten Merkmal, zeigt aber mit den identifizierten Beispielen auf, wie die Ausprägung der Merkmale bei Aufgaben zu den Themen proportionale Zuordnungen und exponentielles Wachstum zu verstehen sind, die über die in bisherigen Studien typischerweise betrachteten grundlegenden arithmetischen Probleme hinausgehen.

## 12.1.5 Sachkontext

Der Sachkontext einer Textaufgabe kann in drei Fällen den Erfolg oberflächlicher Bearbeitungen begünstigen. Dies kann erstens sein, wenn er zulässt, dass *keine Beziehungen* zwischen Informationen *rekonstruiert* werden müssen. Das bedeutet, dass einzelne Informationen oder Sätze isoliert betrachtet werden können und nicht eigenständig ein Zusammenhang zwischen den Informationen hergestellt werden muss oder dieser explizit im Text genannt ist. Zweitens ist das der Fall, wenn *keine irrelevanten* und verwirrenden *Kontextinformationen* gegeben sind. Das heißt, dass notwendiges Hintergrundwissen zum Kontext in der Aufgabe gegeben wird und keine Überforderung durch zu viel Kontext stattfindet, also keine mathematisch relevanten Informationen gegeben werden, die nicht benötigt werden. Drittens kann das bedeuten, dass der Kontext den *Weg zu einer richtigen Bearbeitung weist*. Das heißt, der Kontext gibt einen Hinweis auf die auszuführende Rechenoperation oder das mathematische Modell. Bei proportionalen Zuordnungen sind dies beispielsweise Einkaufskontexte, beim exponentiellen Wachstum Kontexte mit schnellem Wachstum von Bakterien oder Ähnlichem. Die Kategorie ist in gleicher Weise aufgaben- und themenübergreifend gültig. Lediglich beim *wegweisenden Kontext* ist für jedes Thema bzw. jede Operation eigens festzulegen, welcher Kontext wegweisend sein kann.

Als Beispiel sei erneut die Aufgabe „Bagger" betrachtet. Zur Lösung müssen die beiden Informationen „364 m$^3$" und „fünf Tage" *nicht* besonders *in Beziehung gesetzt* werden, da sie beide in einem Satz stehen und ihre Beziehung durch die Formulierung „benötigt dafür" explizit gegeben ist. Es liegen *keine irrelevanten Kontextinformationen* vor, da die im dritten Satz und der Frage gegebenen Informationen für die Rechnung benötigt werden, während die ersten beiden Sätze die Situation erläutern, in der die Frage verortet ist, ohne dabei jedoch weitere mathematisch relevante Informationen zu liefern. Da es sich bei dem Kontext um die Zuordnung von den beiden Größen „m$^3$" und „Tage" handelt, was typisch für proportionale Zuordnungen ist, ist der Kontext bereits *wegweisend* für das mathematische Modell und die erforderliche Rechenoperation.

Da keine Beziehungen rekonstruiert, sondern beispielsweise aus dem Kontext ein tragfähiges Modell und ein tragfähiger Algorithmus abgeleitet werden können, begünstigen die angeführten Merkmale des Sachkontextes, dass die oberflächlichen Bearbeitungsstrategien ‚oberflächliches Leseverständnis', ‚Assoziation' und ‚oberflächlicher Algorithmus' zur Lösung der Aufgabe führen können.

Die hier beschriebene Kategorie ‚Sachkontext' verortet sich in den theoretischen Ausführungen zu

- stereotypen Aufgaben (Abschn. 4.3.4), da Kontexte wegweisend sein können, wenn sie immer wieder in Aufgaben vorkommen und somit stereotyp sind.
- offensichtlicher relationaler Verarbeitung, Konsistenz und Unmarkiertheit (Abschn. 4.2.1, 4.3.1), da sich diese Idee auf einen Kontext, der konsistent mit den auszuführenden Operationen ist, ausweiten lässt und somit wegweisend ist.
- dem Kontext (Abschn. 4.3.2), da gerade die Hinweise durch den Kontext auf das mathematische Modell oder die auszuführenden Rechenoperationen dort beschrieben wurden.

Somit stellt diese Kategorie eine Kombination verschiedener theoretischer Merkmale dar, die um die Idee erweitert wurde, dass auch der Kontext als „Schlüssel" zur Lösung fungieren kann. Diese Idee wurde aus dem in der Theorie dargestellten Merkmal ‚Konsistenz' in Kombination mit empirischen Betrachtungen abgeleitet.

## 12.1.6 Aufgabenstruktur

Eine Textaufgabe begünstigt zudem den Erfolg oberflächlicher Bearbeitungen, wenn es sich um eine *Standardaufgabe* handelt, also um eine Aufgabe, die so oder in strukturell oder thematisch ähnlicher Form im Schulunterricht häufig zum Einsatz kommt und Lernende dadurch häufig damit konfrontiert sind. Dies kann der Fall sein, wenn das Thema, die Frage, das Vorgehen oder auch die gegebenen und gesuchten Elemente vergleichbar sind. Die Kategorie ist in gleicher Weise aufgaben- und themenübergreifend gültig.

Bei vielen Aufgaben zum proportionalen Wachstum werden Zeiteinheiten, wie Tagen, gewisse Mengen zugeordnet und es ist nach der Menge nach einer gewissen Anzahl an Zeiteinheiten gefragt. Somit handelt es sich bei der Aufgabe „Bagger" um eine *Standardaufgabe*.

Dieses Merkmal führt dazu, dass die oberflächliche „Assoziation" des für diese Standardaufgabe typischen mathematischen Modells oder die oberflächliche Bearbeitungsstrategie „Algorithmus" durch Verwendung des für diese Aufgaben typischen Verfahrens zur Lösung der Aufgabe führen können.

Die hier beschriebene Kategorie „Aufgabenstruktur" verortet sich in den theoretischen Ausführungen zu
- stereotypen Aufgaben (Abschn. 4.3.4), da Standardaufgaben ein Bestandteil stereotyper Aufgaben sind.

Damit bildet sie dieses in der Theorie dargestellte Merkmal gut ab und expliziert es durch Beispiele für exponentielles Wachstum und proportionale Zuordnungen.

## 12.1.7  Rolle des Vorwissens

Die Rolle, die das Vorwissen der Lernenden bei der Bearbeitung einer Textaufgabe einnimmt, kann ebenso den Erfolg einer Bearbeitung mit oberflächlichen Strategien begünstigen. Dies ist zum einen der Fall, wenn *kein zusätzliches Wissen* erforderlich ist. Das bedeutet, dass *keine zusätzlichen Modell- oder Vorannahmen* getroffen werden müssen, und *kein Aktivieren oder Verknüpfen eigenen Wissens* notwendig ist. Ein Zusammenführen von Überlegungen aus verschiedenen mathematischen Bereichen und zusätzliches inhaltliches oder mathematisches Wissen aus anderen Themenbereichen außer den Grundrechenarten sind somit nicht nötig. Zum anderen ist es der Fall, wenn eigene *Vorstellungen* zur Lösung der Aufgabe *passen*, also wenn typische Schülervorstellungen, wie „Die große Zahl muss durch die kleine geteilt werden", greifen, und wenn die notwendigen Überlegungen *mit Alltagsüberlegungen kompatibel* sind, also das Thema den Jugendlichen bekannt ist und Sachzusammenhänge realistisch abgebildet werden.

Zur Erläuterung der Kategorie an Beispielen werden die Aufgaben „Bagger" und „Gerücht" betrachtet. Bei der Aufgabe „Bagger" sind alle benötigten Informationen in der Aufgabe gegeben und die Aufgabe ist mit einer Standardoperation zu lösen, sodass *kein zusätzliches Wissen* erforderlich ist. Zudem greift die *typische Schülervorstellung*, dass große Zahlen durch kleine Zahlen dividiert werden müssen. Eine *Kompatibilität mit Alltagsüberlegungen* liegt beispielsweise bei der Aufgabe „Gerücht" vor, da das intuitive Verständnis, dass Gerüchte sich schnell verbreiten, zum mathematischen Modell des exponentiellen Wachstums passt.

Die dargestellten Merkmale führen dazu, dass die oberflächlichen Bearbeitungsstrategien ‚oberflächlicher Algorithmus', ‚unrealistisches Ergebnis ohne Reflexion' sowie ‚oberflächliche Begründungen' zur Lösung führen können.

Die hier beschriebene Kategorie ‚Rolle des Vorwissens' verortet sich in den theoretischen Ausführungen zu

- stereotypen Aufgaben (Abschn. 4.3.4), da eines ihrer Merkmale ihre Erscheinung als verbale Vignetten (Reusser & Stebler, 1997, S. 323) mit wenig Kontext sind.
- niedrigen kognitiven Anforderungen (Abschn. 4.3.3), da ein fehlendes oder nicht erforderliches Reflektieren des Vorgehens eine niedrige kognitive Anforderung bedeutet.
- der sozial begründeten Rationalität (Abschn. 4.3.5), da die Passung zu typischen Vorstellungen der Lernenden aus einer sozial begründeten Rationalität entstammt.

Somit stellt sie eine Kombination verschiedener theoretischer Merkmale dar. Vor allem das zuletzt genannte Merkmal wurde jedoch mithilfe empirischer Betrachtungen expliziert, indem benannt werden konnte, dass die Passung von typischen Schülervorstellungen und Alltagsüberlegungen einen Aspekt der sozial begründeten Rationalität darstellt.

## 12.1.8 Aus den Merkmalen folgende Klassifikation von Aufgaben

Damit eine Aufgabe als oberflächlich lösbar einzustufen ist, müssen nicht alle aufgeführten Merkmale erfüllt sein (vgl. Abschn. 4.4.3). Stattdessen wird zur Einschätzung der Aufgaben vor allem berücksichtigt, inwiefern die Aufgabenmerkmale begünstigen, dass oberflächliche Bearbeitungsstrategien zur Lösung führen können. Dieses Vorgehen begründet sich in der engen Verknüpfung der Merkmale einer oberflächlich lösbaren Aufgabe mit den oberflächlichen Bearbeitungsstrategien und deren Bedeutung für die Lösung, die in den Analysen deutlich und in den Abschnitten 12.1.1 bis 12.1.7 dargestellt wurde.

Für die Klassifikation von Aufgaben hinsichtlich ihrer oberflächlichen Lösbarkeit wird berücksichtigt, inwiefern die Aufgabenmerkmale

- begünstigen oder erschweren, dass oberflächliche Bearbeitungsstrategien (OBS) zur Lösung der Aufgabe führen können,
- zulassen, dass die Lösung der Aufgabe allein mit oberflächlichen Bearbeitungsstrategien (OBS) erreicht werden kann,
- oberflächliche Bearbeitungsstrategien (OBS) zulassen, die nicht zur Lösung führen.

Somit ist eine Aufgabe *oberflächlich lösbar* (vgl. Tabelle 12.1), wenn ihre Aufgabenmerkmale begünstigen, dass oberflächliche Bearbeitungsstrategien zur Lösung führen, und sie zulassen, dass oberflächliche Bearbeitungsstrategien selbständig zur Lösung führen können. Gegebenenfalls werden zudem durch die Aufgabenmerkmale wenige oberflächliche Bearbeitungsstrategien zugelassen, die nicht zur Lösung führen. Eine Aufgabe ist *nicht oberflächlich lösbar* (vgl. Tabelle 12.1), wenn ihre Aufgabenmerkmale erschweren oder verhindern, dass oberflächliche Bearbeitungsstrategien zur Lösung führen können. Stattdessen werden für relevante Schritte nicht oberflächliche Reflexionen benötigt und die Aufgabenmerkmale lassen viele oberflächliche Bearbeitungsstrategien zu, die nicht zur Lösung führen können.

**Tabelle 12.1**   Klassifikation von Aufgaben nach oberflächlicher Lösbarkeit

| Oberflächlich lösbare Textaufgabe | Nicht oberflächlich lösbare Textaufgabe |
|---|---|
| Die Aufgabenmerkmale | Die Aufgabenmerkmale |
| – begünstigen, dass OBS zur Lösung führen können. | – verhindern bzw. erschweren, dass OBS zur Lösung führen können. |
| – lassen zu, dass die Lösung der Aufgabe allein mit OBS erreicht werden kann. | – führen dazu, dass die Lösung der Aufgabe nicht allein mit OBS erreicht werden kann, da relevante Schritte Reflexion erfordern. |
| – lassen wenige OBS zu, die nicht zur Lösung führen können. | – lassen viele OBS zu, die nicht zur Lösung führen können. |

## 12.2    Analyse der oberflächlichen Lösbarkeit konkreter Aufgaben

Nachdem die verschiedenen Kategorien und Merkmale zur Analyse von Aufgaben hinsichtlich ihrer oberflächlichen Lösbarkeit dargelegt wurden, folgt die Analyse der vier in dieser Studie eingesetzten Aufgaben (Abschn. 12.2.1, 12.2.2, 12.2.3, 12.2.4). Zur Einschätzung, ob eine Aufgabe oberflächlich lösbar ist, werden zum einen die einzelnen Aufgaben hinsichtlich der o.g. Aufgabenmerkmale analysiert. Zum anderen wird betrachtet, inwiefern oberflächliche Bearbeitungsstrategien bei den gegebenen Aufgabenmerkmalen zur Lösung der Aufgabe führen können. Im Anschluss an die Klassifikation der Aufgaben erfolgt eine Betrachtung der empirischen Zusammenhänge zwischen den Aufgabenmerkmalen und den oberflächlichen Bearbeitungsstrategien (Abschn. 12.2.5).

## 12.2.1 Aufgabe „Bagger"

Um festzustellen, ob die Aufgabe „Bagger" oberflächlich lösbar ist, ist zu betrachten, welche *Merkmale oberflächlich lösbarer Aufgaben* zutreffen und inwiefern dadurch begünstigt wird, dass oberflächliche Bearbeitungsstrategien zur Lösung der Aufgabe führen können.

Bei der Aufgabe „Bagger" kann ein ‚oberflächliches Leseverständnis', bei dem der erste und zweite Satz nur oberflächlich gelesen oder verstanden werden, zu einer richtigen Bearbeitung führen, da im *Sachkontext* nur der zweite und dritte Satz sowie die Frage relevant sind.

Die oberflächliche Bearbeitungsstrategie ‚Assoziation', in der vom Verhältnis einer Größe zu einer Zeitangabe die Assoziation des Dreisatzes oder durch den Kontext des Baggers die Assoziation der Proportionalität ausgelöst wird, kann aufgrund des *wegweisenden Kontextes* und der vorliegenden *Standardaufgabe* zur Lösung führen. Irritieren könnte höchstens, dass im Zusammenhang mit Baggern in Schulbuchaufgaben oft danach gefragt wird, welche Menge eine größere Anzahl an Baggern befördern könnte, was dazu führen könnte, dass die Angaben „Ein Bagger" und „364 m³ Erde" als gegebene relevante Größen angesehen werden könnten.

Die Wahrscheinlichkeit, dass ein ‚oberflächliches Verknüpfen' zum richtigen Term „364:5" führen kann, wird dadurch erhöht, dass alle *Zahlen im Text* in *linearer Reihenfolge* und keine weiteren Zahlen, außer einer Wiederholung der „364", *gegeben* sind. Zudem handelt es sich bei der *auszuführenden Operation* um die Standardoperation der Division. Welche Zahl der Divisor ist, wird dabei durch die greifende *typische Vorstellung* „große Zahl geteilt durch kleine Zahl", begünstigt. Sie wird zudem durch die Schlüsselwörter und das Verhältnis von 5 Tagen zu 1 Tag begünstigt, was erwarten lässt, dass die Zahl deutlich kleiner wird.

Dass der Dreisatz oder das Über-Kreuz-Rechnen als ‚oberflächliche Algorithmen' zur Lösung führen können, wird dadurch begünstigt, dass es für die *auszuführende* triviale *Operation* nicht notwendig ist zu hinterfragen, ob der Kontext wirklich proportional ist. Der *Sachkontext* unterstützt, weil die relevanten Informationen „364 m³" und „5 Tage" in einem Satz stehen und deren Beziehung explizit durch „benötigt dafür" gegeben ist. Irritieren könnte jedoch, dass nach der Menge für eine Zeiteinheit (1 Tag) gesucht wird, was untypisch für Dreisatzaufgaben ist und somit eine *Markiertheit* darstellt.

Eine ‚Schlüsselwortstrategie' kann bei dieser Aufgabe erfolgreich sein, da die *sprachliche Formulierung* die Schlüsselwörter „pro" und „durchschnittlich" enthält, die mit der auszuführenden Operation konsistent sind. Sie verweisen ebenso auf eine Division wie das Verhältnis von fünf Tagen zu einem Tag, das anzeigt, dass die Menge deutlich kleiner werden muss.

‚Oberflächliche Begründungen‘, dass sehr kleine oder sehr große sowie Ergebnisse mit vielen Nachkommastellen falsch seien, können zum Erfolg führen, da das *Ergebnis* 72,8 diesen Merkmalen nicht entspricht. Ebenso ist die Begründung, dass man die große durch die kleine Zahl teilen muss (*typische Vorstellung*), zielführend.

Die oberflächliche Lösbarkeit wird von der Aufgabe dadurch eingeschränkt, dass der Kontext mit der Angabe von Zeit- und Volumenangaben grundsätzlich die oberflächliche ‚Assoziation‘ zulässt, Angaben in andere Einheiten umzurechnen, was bei unsorgfältiger Ausführung zum falschen Ergebnis führen kann. Dadurch, dass Lernenden in ihrem *Alltag* nicht bekannt ist, wie viel Erde ein Bagger pro Tag ausheben kann, können *unrealistische Ergebnis ohne Reflexion* als richtig angenommen werden.

Dass das Wort „durchschnittlich" von manchen Lernenden als Schlüsselwort für die Division durch zwei verstanden wird und die Kubikmeterangabe zum Wurzelziehen animieren kann, ist jedoch nicht in der Aufgabe angelegt, wenn auch eindeutig ist, dass es von den Lernenden daraus abgeleitet wird.

Somit begünstigt die Aufgabe, dass eine Vielzahl oberflächlicher Bearbeitungsstrategien zur Lösung führen können. Die wenigen von der Aufgabe zugelassenen oberflächlichen Bearbeitungsstrategien, die nicht zur Lösung führen, sind in ihrer Relevanz zu vernachlässigen. Da keine Reflexion nötig ist und der Erfolg oberflächlicher Herangehensweisen nicht verhindert wird, ist die Aufgabe „Bagger" insgesamt als ‚*oberflächlich lösbar*‘ einzuschätzen.

## 12.2.2 Aufgabe „Badewanne"

Auch zur Klassifikation der Aufgabe „Badewanne" wird betrachtet, welche *Merkmale oberflächlich lösbarer Aufgaben* zutreffen und inwiefern dadurch begünstigt wird, dass oberflächliche Bearbeitungsstrategien zur Lösung der Aufgabe führen können.

Ein ‚oberflächliches Leseverständnis‘ ist bei der Aufgabe „Badewanne" nur erfolgreich, wenn der erste Satz oberflächlich gelesen oder verstanden wird, denn nur dieser stellt eine irrelevante Information im Sachkontext dar.

Die ‚Assoziation‘ eines Dreisatzes zu dem Sachkontext, dass einer Gesamtmenge eine Zeit zugeordnet wird, kann erfolgreich sein, da der *Sachkontext* hier wegweisend ist und die Aufgabe zudem einer *Standardaufgabe* zu proportionalen Zuordnungen entspricht.

Das Ableiten der Addition aus dem vorhandenen Schlüsselwort „länger" („Schlüsselwortstrategie') ist erfolgreich, da dieses *konsistent* und *unmarkiert* ist.

Die ‚oberflächliche Begründung', dass sehr kleine oder sehr große Ergebnisse falsch seien, ist bei dieser Aufgabe erfolgreich, da das *Ergebnis* $8,\overline{18}$ weder sehr groß noch sehr klein ist. Dadurch, dass das *Ergebnis* periodische Nachkommastellen aufweist und somit nicht stereotyp ist, führt eine ‚oberflächliche Begründung', dass periodische Ergebnisse falsch sein müssen, allerdings von der Lösung weg.

Die Wahrscheinlichkeit, dass durch ein ‚oberflächliches Verknüpfen' der Term „135:(9+7,5)" entsteht, wird zwar durch die Linearität der *gegebenen Zahlen*, bei denen keine unnötigen Zahlen vorkommen, erhöht, allerdings ist die *auszuführende Operation* nicht trivial, auch wenn sie aus den Standardoperationen Addition und Division zusammengesetzt ist, sodass insgesamt fraglich ist, ob diese Verknüpfungsstruktur auf oberflächliche Weise entstehen kann.

Mit dem Aufgabentext lassen sich zudem einige nicht erfolgreiche Bearbeitungsstrategien erklären. So wird das ‚oberflächliche Leseverständnis' „lang" statt „länger" dadurch erklärt, dass das Adjektiv in der schwieriger zu verstehenden Komparativ-Form vorliegt (*sprachliche Formulierung*). Zudem schließt sich die Konstruktion „als mit beiden" an, die ebenfalls im Zusammenhang mit dem „länger" richtig gedeutet und daraus die richtige Beziehung zwischen den Zahlen 7,5 und 9 rekonstruiert werden muss. Beide Zahlen befinden sich dabei in verschiedenen Sätzen (*Sachkontext*). Bei einer oberflächlichen Rekonstruktion dieser Beziehung kann es im Folgenden auch zu falschen ‚oberflächlichen Verknüpfungen' kommen.

Dass Sachkontexte mit Badewannen eher in *Standardaufgaben* mit Zuflussraten oder ähnlichen komplexeren Themen vorkommen, erklärt die ‚Assoziation' eines entsprechenden mathematischen Modells.

Dass im *Sachkontext* zwei Wasserhähne gegeben sind und nicht direkt die Zeit, die der Kaltwasserhahn benötigt, und die Wasserhähne zudem unterschiedlichen Wasserdurchfluss pro Minute aufweisen, kann zur nicht tragfähigen Rechenoperation der Division durch zwei führen. Diese leitet sich aus der Schlüsselidee ab, dass man zwei Wasserhähne gegeben hat und etwas für einen ausrechnen muss (‚Schlüsselwortstrategie').

Im Allgemeinen müssen für das Erstellen eines tragfähigen Situations- und mathematischen Modells und einer tragfähigen Verknüpfungsstruktur also Informationen in Beziehung gesetzt werden, wofür wenn-Bedingungssätze sowie die Verteilung der Zahlen auf drei Sätze richtig zu entschlüsseln sind. Zwar ist kein Hinterfragen der Proportionalität nötig, aber es muss erkannt werden, dass zwei Schritte für die Lösung der Aufgabe notwendig sind und dass der

Wasserdurchfluss bei dem Warm- und dem Kaltwasserhahn unterschiedlich ist. Da verschiedene für die Aufgabe nicht tragfähige Operationen zu ähnlichen Ergebnissen wie dem korrekten, nicht-stereotypen Ergebnis $8,\overline{18}$ führen, ist ein oberflächlich ausprobierendes Finden der Lösung erschwert.

Insgesamt lässt die Aufgabe also zu, dass ein paar oberflächliche Bearbeitungsstrategien erfolgreich sein können, diese sind allein jedoch nicht hinreichend für die vollständige Bearbeitung der Aufgabe, da der entscheidende Schritt der Erstellung der Verknüpfungsstruktur Reflexion erfordert. Es lassen sich zudem manche nicht erfolgreichen oberflächlichen Bearbeitungsstrategien direkt aus der Aufgabe ableiten. Somit ist die Aufgabe „Badewanne" als ,*nicht oberflächlich lösbar*' einzustufen.

### 12.2.3 Aufgabe „Blattläuse"

Auch zur Klassifikation der Aufgabe „Blattläuse" wird bei beiden Teilaufgaben betrachtet, welche *Merkmale oberflächlich lösbarer Aufgaben* zutreffen und inwiefern dadurch begünstigt wird, dass oberflächliche Bearbeitungsstrategien zur Lösung der Aufgabe führen können.

*Teilaufgabe a)*
Bei Teilaufgabe a) kann ein ,oberflächliches Leseverständnis', bei dem der erste Satz oberflächlich gelesen oder verstanden oder der Kontext nicht erfasst wird, zur Lösung führen. Dies wird durch den *Sachkontext* der Aufgabe begünstigt, in dem kaum Kontext, ein irrelevanter und nur in die Thematik einführender erster Satz und insgesamt wenige, in einer logischen Beziehung stehende Informationen gegeben sind. Es ist irrelevant, ob es in der Aufgabe um Blattläuse, Bakterien oder Sonstiges geht, da der Kontext eher schmückendes Beiwerk ist.

Der Erfolg einer oberflächlichen ,Assoziation' wird durch den Blattläuse-*Kontext* im Zusammenspiel mit der Ähnlichkeit zu vielen Schulbuch-*Standardaufgaben* oder der Signalkonstruktion „verdreifacht sich jede Woche" (*sprachliche Formulierung*) begünstigt, da hierdurch das mathematische Modell des exponentiellen Wachstums nahegelegt wird, das bei korrekter Ausführung zur Lösung führt.

Der ,oberflächliche Algorithmus', bei dem die Zahlen in der Reihenfolge ihres Auftretens in die Wachstumsformel $y = a_0 \cdot p^t$ eingesetzt werden, ist erfolgreich, da die Wachstumsformel in ihrer Standardform $y = a_0 \cdot p^t$ angewandt werden kann (*triviale auszuführende Operationen*) und in der Aufgabe *alle benötigten Zahlen in linearer Reihenfolge gegeben* sind. Somit müssen lediglich die gegebenen

Zahlen in die auswendiggelernte Formel eingesetzt werden. Ebenso begünstigt die unmarkierte und konsistente *sprachliche Formulierung* sowie die Tatsache, dass *keine zusätzlichen Modellannahmen* notwendig sind und es sich um eine *Standardaufgabe* aus vielen Schulbüchern handelt, dass der ‚oberflächliche Algorithmus‘ erfolgreich ausgeführt werden kann.

Dieselben Merkmale begünstigen auch den Erfolg des ‚oberflächlichen Verknüpfens‘. Allerdings ist bei einem Ausprobieren das *Ergebnis* nur schwer als richtig zu identifizieren, da beispielsweise die nicht tragfähige Operation „10•4³" zu dem Ergebnis „640" führt, das eine ähnliche Größenordnung wie das richtige Ergebnis „810" aufweist.

Die oberflächliche ‚Schlüsselwortstrategie‘, bei der aus der Schlüsselkonstruktion „verdreifacht sich jede Woche" auf die Verknüpfungsstruktur „•3ˣ" geschlossen wird, ist erfolgreich, da die vorliegende Schlüsselkonstruktion *konsistent* mit der auszuführenden Operation ist.

‚Oberflächliche Begründungen‘ wie „sehr kleine oder sehr große Ergebnisse sind falsch" oder „Ergebnisse mit vielen Nachkommastellen sind falsch" können bei dieser Aufgabe richtig sein, da das korrekte Ergebnis 810 keine Nachkommastellen aufweist und weder sehr groß noch sehr klein und somit *stereotyp* ist.

Leicht einschränkend auf ein erfolgreiches Anwenden der oberflächlichen Bearbeitungsstrategien wirkt dabei im Allgemeinen, dass erkannt werden muss (auch wenn es nahegelegt wird), dass es sich um exponentielles Wachstum handelt oder bei einem schrittweisen Vorgehen verstanden werden muss, dass die jeweils neue Menge sich verdreifacht. Somit sind also eine gewisse *Reflexion* und minimales *Vorwissen* zum exponentiellen Wachstum erforderlich. Zudem ist es ungewöhnlich, dass bei der *Standardaufgabe* kein prozentuales Wachstum gegeben ist.

Neben diesen oberflächlichen Bearbeitungsstrategien, die zur Lösung führen können, lässt sich auch ein falsches ‚unrealistisches Ergebnis ohne Reflexion‘ durch die Aufgabe erklären. Dies liegt daran, dass im Sachkontext nicht explizit aufgeführt ist, dass Blattläuse sich schnell vermehren und ein solcher Kontext den Lernenden in ihrem Alltag nicht begegnet, weshalb auch kleine Ergebnisse als richtig angenommen werden könnten.

Weitere oberflächliche Bearbeitungsstrategien, die zu einer nicht richtigen Bearbeitung führen können, werden von der Aufgabe eher behindert, denn die *sprachliche Formulierung* „Auf einer Blume sind 10 Blattläuse" im ersten Satz legt weder das ‚oberflächliche Verknüpfen‘ mit der Addition noch die ‚Assoziation‘ oder den ‚oberflächlichen Algorithmus‘ des Dreisatzes nahe, sondern klassifiziert die Angabe der Blume eher als irrelevante Kontextinformation. Vor allem durch die Linearität der *gegebenen Zahlen* legt die

Aufgabe auch keine falschen ‚oberflächlichen Verknüpfungen' oder falsches ‚oberflächliches Ausführen' des Algorithmus nahe. Auch ein ‚oberflächliches Leseverständnis', wie das Bearbeiten einer anderen Fragestellung, wird nicht durch die Aufgabe nahegelegt.

Somit begünstigt die Aufgabe, dass viele oberflächliche Bearbeitungsstrategien zur Lösung führen können. Zudem wird lediglich die nicht erfolgreiche Bearbeitungsstrategie eines unrealistischen Ergebnisses zugelassen, alle anderen eher behindert. Dadurch ist die Aufgabe „Blattläuse" insgesamt als ‚*oberflächlich lösbar*' einzuschätzen.

*Teilaufgabe b)*

Da die Teilaufgabe b) auf den Informationen von Teilaufgabe a) aufbaut und je nach Vorgehen auch mit dem dortigen Ergebnis weitergerechnet wird, sind viele der vorangegangenen Erläuterungen auch für die Teilaufgabe b) gültig. Hier werden nur die für b) spezifischen ergänzt.

Wenn in der Teilaufgabe a) noch kein exponentielles Wachstum identifiziert worden ist, so ist dessen ‚Assoziation' von dem im Text gegebenen *Sachkontext*, dass 21869 Blattläuse auf der Blume sein sollen, möglich, da große Zahlen typisch für Aufgaben zum exponentiellen Wachstum sind.

Da die Lösung der Aufgabe ‚Nach 7 Wochen' ist, und dieses *Ergebnis* keine Nachkommastellen aufweist und nicht besonders groß ist, führen entsprechende ‚oberflächliche Begründungen' zur Lösung. Allerdings ist das Ergebnis im Vergleich zur gegebenen Zahl 21869 sehr klein, sodass die *typische Vorstellung* „bei einer großen gegebenen Zahl ist das Ergebnis groß" nicht greift. Diese führt nicht zur Lösung, wenn sie als ‚oberflächliche Begründung' genutzt wird.

Zudem gibt es Aufgabenmerkmale, die den Erfolg oberflächlicher Bearbeitungsstrategien, die zur Lösung führen können, eher behindern.

So ist es zwar grundsätzlich möglich einen ‚oberflächlichen Algorithmus' anzuwenden und in die Formel für das exponentielle Wachstum Zahlen einzusetzen ohne Nachzudenken, jedoch werden nicht alle *gegebenen Zahlen* benötigt, da das Ergebnis gegeben ist und die in den Exponenten einzusetzende Zahl bestimmt werden muss. Es handelt sich also bei der *auszuführenden Operation* nicht um eine Standardoperation mit einer trivialen Verknüpfung, sondern um eine komplexe Verknüpfung. Zur Lösung muss verstanden werden, wofür die einzelnen Zahlen in der Formel stehen, damit an der richtigen Stelle ausprobiert wird. Dies spiegelt sich auch in der *sprachlichen Formulierung* wider, da nach der Zeit für eine gewisse Menge gefragt ist. Dies entspricht einer Unmarkiertheit und Inkonsistenz. Es liegt keine *Standardaufgabe* vor, da die Zahl im Exponenten zu bestimmen ist, was Lernende richtig aus dem Situationskontext herleiten müssen.

Dazu muss *eigenes Wissen* aktiviert werden, das über die Reproduktion der korrekten Formel hinausgeht.

Die Bestimmung des korrekten Ergebnisses über ein ‚oberflächliches Verknüpfen' oder ein Ausprobieren mit ‚Wechsel der Rechenoperationen' wird ebenso von der Aufgabe erschwert. Dies liegt daran, dass die korrekten Operationen nicht eindeutig als richtig zu erkennen sind, da auch nicht tragfähige auf dem Ergebnis 810 der Teilaufgabe a) aufbauende Operationen wie „27•810" zum *Ergebnis* 21870 führen. Zudem muss erkannt werden, dass es sich bei der *gegebenen Zahl* 21869 um das Ergebnis handelt.

Im Aufgabentext wird durch das Adverb „mehr als" ausgedrückt, dass eine Zahl größer als 21869 zu bestimmen ist. Das ‚oberflächliche Leseverständnis' „Wann sind 21869 Blattläuse auf der Blume?" lässt sich dadurch erklären, dass ebendiese im Adverb enthaltene Beziehung nicht richtig rekonstruiert wird.

Insgesamt begünstigt die Teilaufgabe b) also bei deutlich weniger oberflächlichen Bearbeitungsstrategien, dass diese zur Lösung führen können. Bei manchen oberflächlichen Bearbeitungsstrategien erschwert die Aufgabe zudem, dass sie zur richtigen Lösung führen. Stattdessen lässt die Aufgabe manche nicht erfolgreichen oberflächlichen Bearbeitungsstrategien zu. Zudem weist sie viele Aufgabenmerkmale auf, die eine Reflexion erforderlich machen und somit eine oberflächliche korrekte Bearbeitung verhindern. Die oberflächlichen Bearbeitungsstrategien, die zu einer richtigen Lösung führen können, reichen allein für eine Lösung der Aufgabe nicht aus, da die entscheidenden Schritte des Erstellens der Verknüpfungsstruktur nicht oberflächlich erfolgen können. Insgesamt ist die Aufgabe somit ‚nicht oberflächlich lösbar'.

## 12.2.4 Aufgabe „Gerücht"

Auch zur Klassifikation der Aufgabe „Gerücht" wird bei beiden Teilaufgaben betrachtet, welche *Merkmale oberflächlich lösbarer Aufgaben* zutreffen und inwiefern dadurch begünstigt wird, dass oberflächliche Bearbeitungsstrategien zur Lösung der Aufgabe führen können.

*Teilaufgabe a)*
Bei Teilaufgabe a) kann ein ‚oberflächliches Leseverständnis', bei dem der erste und zweite Satz sowie der dritte oder vierte Satz oberflächlich gelesen werden, zu einer erfolgreichen Bearbeitung führen. Dies wird dadurch begünstigt, dass im *Sachkontext* im ersten und zweiten Satz irrelevante Kontextinformationen

gegeben werden, während die Sätze drei und vier beide denselben Inhalt ausdrücken.

Die Aufgabe begünstigt die richtige ‚Assoziation' des exponentiellen Wachstums aus der gegebenen *Signalkonstruktion* „vervierfacht sich jede". Gleiches gilt für diese Assoziation aus dem *Sachkontext* „Gerücht", denn die „Verbreitung einer mündlich übertragenen Nachricht" (Greefrath et al., 2016, S. 102) ist ein typisches Beispiel für exponentielles Wachstum.

Die ‚Schlüsselwortstrategie', bei der aus der gegebenen Signalkonstruktion „vervierfacht sich jede" die Verknüpfungsstruktur „•$4^x$" abgeleitet wird, ist erfolgreich, da eine *Konsistenz* vorliegt.

Dadurch, dass das *Ergebnis* keine Nachkommastellen aufweist, ist die entsprechende *oberflächliche Begründung* erfolgreich.

Schwieriger wird es beim ‚oberflächlichen Algorithmus'. Es ist zwar möglich mit der Standardform der Formel zum exponentiellen Wachstum (*Standardoperation*) zu arbeiten, allerdings sind viele Zahlen gegeben, darunter auch die für Teilaufgabe a) unnötige Zahl 1839, die zudem nicht in der in der Operation zu verwendenden Reihenfolge vorliegt (*keine Linearität*). Es liegen *keine trivialen Verknüpfungen* vor, da zum einen aus den Uhrzeiten zunächst die Zeitdifferenzen zu berechnen sind und zum anderen verstanden werden muss, dass die Informationen „vervierfacht sich" und „erzählt es drei neuen" dieselbe Bedeutung haben. Gleiches gilt für den untypischen Vorfaktor 1. Es ist also viel Reflexion und ein In-Beziehung-Setzen der Informationen nötig, um zur richtigen Bearbeitung zu gelangen. Dazu ist es hilfreich, wenn der „proportional new to old"-Ansatz (vgl. Abschn. 8.4.3) bekannt ist, weil dieser erklären kann, wieso das Erzählen an drei neue Personen mit der Vervierfachung identisch ist (vgl. Abschn. 8.5). Allerdings wird diese Bedeutungsgleichheit auch durch das Wort „also" ausgedrückt. Das *Ergebnis* 64 ist für eine Aufgabe zum exponentiellen Wachstum verhältnismäßig klein. Dadurch führen ‚oberflächliche Begründungen', dass bei Aufgaben zum exponentiellen Wachstum Ergebnisse groß sein müssen, nicht zur Lösung.

Insgesamt begünstigt die Teilaufgabe a) der Aufgabe „Gerücht" zwar, dass manche oberflächlichen Bearbeitungsstrategien zu richtigen Bearbeitungsschritten führen, allerdings reichen diese allein nicht aus, um die Aufgabe vollständig zu bearbeiten. Für einige der erforderlichen Bearbeitungsschritte ist eine ausreichende Reflexion unabdingbar, sodass hier nicht oberflächliche Strategien notwendig werden. Des Weiteren wird der Erfolg einiger oberflächlicher Bearbeitungsstrategien durch Aufgabenmerkmale erschwert und viele oberflächliche Bearbeitungsstrategien führen zu nicht richtigen Bearbeitungen. Diese Gründe führen dazu, dass die Teilaufgabe *‚nicht oberflächlich lösbar'* ist.

*Teilaufgabe b)*

Da die Teilaufgabe b) auf den Informationen von Teilaufgabe a) aufbaut und je nach Vorgehen auch mit dem dortigen Ergebnis weitergerechnet wird, sind viele der vorangegangenen Ausführungen auch für die Teilaufgabe b) gültig. Hier werden nur für b) spezifische Argumente ergänzt.

Wenn die Teilaufgabe a) richtig gelöst wurde, so lässt sich die Teilaufgabe b) analog lösen. In diesem Sinne ist auch ein korrektes Lösen mit einem ‚oberflächlichen Algorithmus‘ grundsätzlich wieder denkbar, jedoch mit denselben Einschränkungen wie bei der Teilaufgabe a) verbunden.

Da das *Ergebnis* 4096 eine große Zahl ohne Nachkommastellen ist, sind entsprechende ‚oberflächliche Begründungen‘ erfolgreich.

An neuen Aufgabenmerkmalen, die den Erfolg einer oberflächlichen Bearbeitung erschweren, kommt in Teilaufgabe b) hinzu, dass das Ergebnis 4096 deutlich größer als die Gesamtschüleranzahl 1839 ist, was eine Reflexion über die Tragfähigkeit der Modellierung mit dem exponentiellen Wachstum nahelegt. Außerdem ist eine Transferleistung erforderlich, da das numerische Ergebnis nicht automatisch die Beantwortung der Frage darstellt. Zudem ist die Gesamtschülerzahl als dort irrelevante Information im ersten Satz der Teilaufgabe a gegeben und wird in Teilaufgabe b) nicht wiederholt, sodass die Beziehung zwischen dem Wort „alle" und der Zahl „1839" hergestellt werden muss.

Insgesamt ist die Teilaufgabe b) der Aufgabe „Gerücht" also ohne viel Reflexion lösbar, wenn in der Bearbeitung der Ansatz aus Teilaufgabe a) fortgeführt wird. Andernfalls ist jedoch viel Reflexion und In-Beziehung-Setzen erforderlich. Deshalb können oberflächliche Strategien alleine nicht zur Lösung führen, sodass die Aufgabe als *‚nicht oberflächlich lösbar'* einzustufen ist.

## 12.2.5 Empirische Zusammenhänge zwischen (nicht) oberflächlich lösbaren Aufgaben und oberflächlichen Bearbeitungsstrategien

Genaueren Aufschluss über die analysierten Zusammenhänge zwischen den Merkmalen oberflächlich lösbarer Aufgaben und den oberflächlichen Bearbeitungsstrategien bietet die Betrachtung empirischer Zusammenhänge. Dazu werden die in den Bearbeitungen konkret gezeigten oberflächlichen Bearbeitungsstrategien mit Hinblick auf die Lösung analysiert, was zunächst für die beiden Aufgaben zu proportionalen Zuordnungen und im Anschluss zu den Aufgaben zum exponentiellen Wachstum erfolgt.

*Aufgaben zu proportionalen Zuordnungen*

Die Bearbeitungsstrategie ‚*oberflächliches Leseverständnis*' zeigt sich bei beiden Aufgaben zu proportionalen Zuordnungen. Bei der Aufgabe „Bagger" redet Ida (C1M1) von einem Bauarbeiter statt einem Bagger, der die Grube ausheben soll und anschließend geht sie davon aus, dass die Grube bereits ausgehoben ist. Die beiden Fälle eines ‚oberflächlichen Leseverständnisses' verändern zwar das Situationsmodell, jedoch nicht die Rechnung. Schon eher zeigt das ‚oberflächliche Leseverständnis' von Nelli (C1M0), dass die Erdmenge an einem Tag (statt an 5 Tagen) ausgehoben wird, Auswirkungen auf die Lösung. Da dies allerdings der Frage widerspricht, ist eine Korrektur wahrscheinlich. Diese erfolgt bei Nelli nach einem erneuten Lesen der Aufgabe. Das ‚oberflächliche Leseverständnis', dass die Menge nach 5 Tagen gesucht (Nelli) oder 3 Tage für die gegebene Menge benötigt werden (Emil, C0M0), führt zu einer nicht richtigen Bearbeitung, wenn es nicht korrigiert wird. Insgesamt hat das gezeigte ‚oberflächliche Leseverständnis' bei dieser Aufgabe also nur teilweise Auswirkungen auf den Lösungserfolg. Bei der Aufgabe „Badewanne" hingegen zeigen elf Lernende das ‚oberflächliche Leseverständnis', dass der Kaltwasserhahn 7,5 Minuten für die Füllung benötigt (statt 7,5 Minuten länger), was einen direkten Einfluss auf das Situationsmodell und die Rechnung hat. Auch Unklarheiten, welcher Wasserhahn zu betrachten ist oder wie viel Wasser insgesamt in die Badewanne gefüllt wird, müssen ebenso wie anders wiedergegebene Fragen zu nicht richtigen Bearbeitungen führen. Bei dieser Aufgabe hat das oberflächliche Lesen also potenzielle Auswirkungen auf den Lösungserfolg.

Auch ‚*Assoziationen*' treten bei beiden Aufgaben auf. Dabei gibt es bei beiden Aufgaben je drei Lernende, die Einheiten *umrechnen*. Bei der Aufgabe „Bagger" rechnet Jonas (C1M1) Tage in Stunden um und Lea (C1M1) und Leila (C1M0) Kubikmeter in verschiedene andere Einheiten. Bei der Aufgabe „Badewanne" rechnen Mila (C1M0) und Elena (C1M1) Minuten in Sekunden um und Lea (C1M1) und Elena (C1M1) Liter in verschiedene andere Einheiten. Wenn dies in der Bearbeitung weiterverfolgt wird, kann es nicht zur Lösung der Aufgabe führen. Bei der *Assoziation von Modellen und Operationen* werden bei der Aufgabe „Bagger" von den Lernenden Volumen, Masse, Wurzelziehen, Dreisatz und Prozent assoziiert, die Aufgabe jedoch meist gelöst. Bei der Aufgabe „Badewanne" assoziieren Marie (C0M1) und Theo (C0M0) die Prozentrechnung, wobei beide zu einem falschen Ergebnis bei der Aufgabe kommen. Somit beeinflusst vor allem die ‚Assoziation' des Umrechnens den Lösungserfolg, während die ‚Assoziation' von Modellen und Operationen bei der Aufgabe „Bagger" anscheinend nicht weiterverfolgt wird und damit keinen Einfluss auf den Lösungserfolg ausübt.

Bezüglich oberflächlicher Bearbeitungsstrategien zur Erstellung und Berechnung der Verknüpfungsstruktur zeigen sich je nach oberflächlicher Lösbarkeit der Aufgabe unterschiedliche Auswirkungen. Bei der Aufgabe „Bagger" wurden keine ‚Schlüsselwortstrategien' oder ‚oberflächliches Ausführen' einer Rechenoperation identifiziert. Die von den Lernenden verwendeten ‚oberflächlichen Verknüpfungen' weisen wenig Diversität auf, da in allen die Division genutzt wird. Schwierigkeiten beruhen auf der Zahl 3, die sich in der Einheit m$^3$ befindet, aber von manchen Lernenden als Zahl in die Verknüpfungsstruktur eingebunden wird. Der ‚oberflächliche Algorithmus' wird nur von Ivo (C0M0) verwendet, der den Dreisatz schematisch ausführt, und so zur Rechnung 5:364 gelangt, die er jedoch sofort als wenig plausibel und falsch identifiziert. Ein ‚Wechsel der Rechenoperationen' beschränkt sich meist auf Überlegungen, welche Operation zu wählen ist und wie mit der 3 im Exponenten der Einheit umzugehen ist. Somit weist die Aufgabe „Bagger" wenig Spielraum für nicht tragfähige oberflächliche Verknüpfungsstrukturen auf, die oft sogar sehr ähnlich zum richtigen Term und damit leicht korrigierbar sind. Teilweise zeigt sich sogar direkt in der Ausführung, wie beim schematischen Dreisatz, dass der entsprechende Weg vermutlich falsch ist. Bei der Aufgabe „Badewanne" führt das Schlüsselwort „länger" zur Addition 135+7,5 (‚Schlüsselwortstrategie') oder die Angabe von zwei Wasserhähnen zur Division durch 2. Beim ‚oberflächlichen Verknüpfen' zeigen die Lernenden eine Vielzahl verschiedenster Kombinationen der im Text gegebenen Zahlen mit unterschiedlichen Operationen, die fast immer in falschen Gesamtbearbeitungen münden. Linus führt eine Rechenoperation oberflächlich aus, indem er die Zeitangaben dividiert, um deren Differenz zu berechnen (‚oberflächliches Ausführen'). Als ‚oberflächlicher Algorithmus' wurden verschiedene schematisch ausgeführte Dreisätze (135:9•16,5; 7,5•135; 7,5:9) beobachtet, die von den Lernenden nicht automatisch als falsch identifiziert wurden. Ein ‚Wechsel der Rechenoperationen' hing meist mit dem korrekten periodischen Ergebnis zusammen und führte dadurch (zunächst) von der Lösung weg. Somit weist die Aufgabe „Badewanne" einen großen Spielraum für entsprechende oberflächliche Bearbeitungsstrategien auf, die meist nicht zur Lösung führen.

Oberflächliche Bearbeitungsstrategien bei der Ergebnis-Deutung zeigen sich bei der Aufgabe „Bagger" nicht in Form von ‚unrealistischen Ergebnissen', aber in einigen ‚Ergebnissen ohne Sachbezug', allerdings hier immer bei korrekten Ergebnissen. Zudem lösten sehr große Ergebnisse, die meist durch das Umrechnen entstanden, ‚oberflächliche Begründungen' aus, in denen diese als falsch und 72,8 als das korrekte Ergebnis identifiziert wurden. Als ‚oberflächliche Anpassungen und Zuordnungen' zeigten Lea (C1M1) und Leila

(C1M0) die Suche nach einer Einheit und Lea zudem eine Kommaverschiebung bei durch das Umrechnen entstandenen Ergebnissen. Leila hingegen entfernte zunächst die Einheit und hängte sie später „einfach jetzt an [...] [ihr] Ergebnis wieder dran" (Leila). Auch diese Strategie müsste eher darauf aufmerksam machen, dass der eingeschlagene Weg falsch ist. Insgesamt wirken sich also bei der Aufgabe „Bagger" oberflächliche Strategien hinsichtlich des Ergebnisses nicht negativ auf den Lösungserfolg aus, sondern sogar eher positiv. Bei der Aufgabe „Badewanne" sind verschiedene ‚unrealistische Ergebnisse ohne Reflexion‘ sowie ein korrektes ‚Ergebnis ohne Sachbezug‘ zu identifizieren. ‚Oberflächliche Begründungen‘ betreffen das korrekte Ergebnisse 8, $\overline{18}$, das aufgrund seiner Periode für unwahrscheinlich gehalten wird, was zunächst von der Lösung wegführt. Zudem finden sie auch bei manch anderem falschen Ergebnis Anwendung. ‚Oberflächliche Anpassungen und Zuordnungen‘ zeigen sich darin, dass dem Endergebnis die in der Frage genannte Einheit grundlos zugeordnet wird oder es Unsicherheiten gibt, welche Einheit das Ergebnis hat, obwohl dies in der Frage vorgegeben ist. Insgesamt führen die oberflächlichen Strategien beim Ergebnis bei der Aufgabe „Badewanne" also eher von der Lösung weg und verschaffen den Lernenden mehr Sicherheit bei ihrem nicht richtigen Ergebnis.

Betrachtet man die verschiedenen gezeigten oberflächlichen Bearbeitungsstrategien zusammen, so zeigt sich, dass die oberflächlich lösbare Aufgabe „Bagger" wenig Spielraum für falsche oberflächliche Bearbeitungen lässt. Oberflächliche Bearbeitungsstrategien zeigen hier teils keinen Einfluss auf die Lösung oder führen gar eher von nicht richtigen Ergebnissen weg (‚oberflächliche Begründungen‘ bei großen Zahlen oder Einheitenfrage nach Umrechnen, nicht stereotype Operation bei schematisch ausgeführtem Dreisatz). Oberflächlich erstellte Verknüpfungsstrukturen sind relativ ähnlich zu tragfähigen Verknüpfungsstrukturen, was eine Korrektur erleichtert. Die nicht oberflächlich lösbare Aufgabe „Badewanne" hingegen lässt eine Vielzahl oberflächlicher nicht tragfähiger Herangehensweisen zu, die oft die Lösung verhindern. Teilweise führen sie dabei sogar eher vom richtigen Weg fort. Oberflächlich erstellte Verknüpfungsstrukturen sind sehr divers und sehr verschieden vom korrekten Term, sodass eine Korrektur schwierig wird. Dies bestätigt auch aus Sicht der empirisch gezeigten Bearbeitungsstrategien die Klassifikation dieser beiden Aufgaben hinsichtlich oberflächlicher Lösbarkeit.

*Aufgaben zum exponentiellen Wachstum*
Bei den Aufgaben zum exponentiellen Wachstum zeigen sich insgesamt weniger Unterschiede.

Die Bearbeitungsstrategie ‚*oberflächliches Leseverständnis*' wird bei allen Teilaufgaben zum exponentiellen Wachstum von Lernenden verwendet. Bei der Aufgabe „Blattläuse" zeigt Leon (C0M0) ein oberflächliches Leseverständnis, indem er erfasst, dass die Blattläuse auf einem Blatt statt einer Blume sitzen. Dies führt zwar zu einem anderen Situationsmodell, hat sonst aber keine weiteren Auswirkungen. Zudem Erfassen Lernende die Frage falsch: Mila (C1M0) formuliert „Wie viele Blumen sind es nach vier Wochen?" und Tim (C0M1) versteht zunächst „Nach vielen Wochen sind 21869 Blattläuse auf der Blume.". Beides ist schnell zu korrigieren. Nellis (C1M0) Situationsverständnis, dass nach einer Woche erst 10 Blattläuse auf der Blume sind, ist falsch, aber die sich daraus ergebenden Operationen sind sehr ähnlich zu den korrekten, nur verschoben. Eine falsche Interpretation des Tausenderpunktes als Komma, wie bei Noe (C0M1), führt schnell zu unrealistischen Ergebnissen und müsste somit schnell korrigierbar sein. Noe kommt das Ergebnis zwar falsch vor, er schafft es jedoch nicht, seinen Fehler zu identifizieren. Insgesamt wirkt sich ein ‚oberflächliches Leseverständnis' bei dieser Aufgabe also wenig auf den Lösungserfolg aus. Anders sieht es bei der Aufgabe „Gerücht" aus. Lediglich das falsche Interpretieren der Gesamtschülerzahl 1839 als Jahreszahl ist ohne Auswirkungen, da es für die Teilaufgabe eine überflüssige Information darstellt. Weitere Beispiele, wie die Interpretation, dass jede Stunde drei neue Personen von dem Gerücht erfahren, die Fragen, wer das Gerücht um 8 Uhr kennt, wann Anna es kennt oder wer es wann erzählt, haben immer Auswirkungen auf die richtige Bearbeitung.

Eine ‚*Assoziation*' in Form des Umrechnens von Angaben zeigt sich nur bei der oberflächlich lösbaren Teilaufgabe a) der Aufgabe „Blattläuse", bei der sechs Lernende Wochen in Tage umrechnen, was zu einer falschen Bearbeitung führt, wenn es nicht revidiert wird. Die ‚Assoziation' eines mathematischen Modells erfolgt vor allem in der Aufgabe „Blattläuse", in der die Lernenden in Teil a) Kapital, Summe, 3er-Reihe, lineare Funktion und Dreisatz assoziieren. Bei der Teilaufgabe b) assoziieren sie Wachstumsfaktor, Exponential- oder Quadratische Funktion, Potenz- und Zinsgesetze sowie den Dreisatz. Meist erfolgen die ‚Assoziationen' in der Explorationsphase und werden nach einer nicht zufriedenstellenden Suche in der Formelsammlung verworfen, zeigen aber insgesamt die Unsicherheit der Lernenden. Bei der Aufgabe „Gerücht" wird nur der Dreisatz assoziiert.

Oberflächliche Herangehensweisen beim Erstellen und Berechnen der Verknüpfungsstruktur zeigen sich gleichermaßen in allen Teilaufgaben. So wenden Lernende ‚*Schlüsselwortstrategien*' an, um bei der Aufgabe „Gerücht" und der Teilaufgabe a) der Aufgabe „Blattläuse" aus dem Wort „nochmal" die Verdopplung zu schlussfolgern und bei der Teilaufgabe b) der Aufgabe „Blattläuse" die Zahl 21869 durch 10, durch 3 oder durch beide zu dividieren. ‚*Oberfläch-liches Ausführen*‘ und ‚*oberflächliche Algorithmen*‘ zeigen sich in allen Teil-aufgaben in gleicher Weise. Die von den Lernenden erstellten ‚*oberflächlichen Verknüpfungsstrukturen*‘, die oft mit dem ‚*Wechsel von Rechenoperationen*‘ ein-hergehen, weisen eine Vielzahl verschiedenster Terme und Formeln auf, die ver-schiedenste Verknüpfungen der gegebenen Zahlen genauso wie eine erkennbare Missachtung des exponentiellen Wachstums, also eine fehlende Vervielfachung der jeweils neuen Menge, ausdrücken. Hinzu kommen Schwierigkeiten durch die Uminterpretation des Tausenderpunktes in ein Komma und unsystematisches Ausprobieren, vor allem in der Teilaufgabe b) der Aufgabe „Gerücht".

Der Umgang der Lernenden mit dem Ergebnis zeigt in allen Teilaufgaben vergleichbare ‚*Ergebnisse ohne Sachbezug*‘ sowie ‚*unrealistische Ergebnisse*‘. ‚*Oberflächliche Anpassungen und Zuordnungen*‘ hingegen zeigen sich, außer bezüglich des Umgangs mit den Einheiten, nicht bei der oberflächlich lösbaren Teilaufgabe a) der Aufgabe „Blattläuse", aber bei allen anderen Teilaufgaben. ‚*Oberflächliche Begründungen*‘ wurden nur bei der Aufgabe „Blattläuse" identi-fiziert, in der sie teilweise von falschen, sehr großen Ergebnissen wegführen. Dies bedeutet aber oft nicht, dass die entsprechenden Lernenden stattdessen einen richtigen Bearbeitungsansatz wählen.

Insgesamt zeigen sich bei den Aufgaben zum exponentiellen Wachstum kaum Unterschiede zwischen der oberflächlich lösbaren Teilaufgabe a) der Aufgabe „Blattläuse" und den anderen. Vielmehr erscheint es so, als ob bei der Aufgabe „Blattläuse" mehr oberflächliche Bearbeitungsstrategien angewandt werden. Dies lässt sich zum einen damit begründen, dass die Aufgabe als erstes bearbeitet wurde und somit bei der vergleichbaren Aufgabe „Gerücht" das mathematische Modell übertragen werden konnte. Zudem erscheint die Aufgabe „Gerücht" für viele Lernende aufgrund der Nähe zur Handlung des Weitererzählens, die man sich besser vorstellen kann als die Vermehrung von Blattläusen, eher zu einem bildlichen oder schrittweisen Lösen anzuregen. Dadurch werden oberflächliche Herangehensweisen seltener nötig. Bei den beiden Strategien der oberflächlichen Begründung sowie des oberflächlichen Leseverständnisses zeigen sich jedoch ähnliche Unterschiede, wie bei den Aufgaben zu proportionalen Zuordnungen. Die ‚oberflächlichen Begründungen‘ können auch bei der Teilaufgabe a) der Auf-gabe „Blattläuse" von einem falschen Ergebnis wegführen. Ein ‚oberflächliches Leseverständnis‘ hat bei ebendieser oberflächlich lösbaren Teilaufgabe weniger Auswirkungen auf die Gesamtbearbeitung. Alles in allem überwiegt aber die mathematische Komplexität der Aufgaben für die betrachteten Lernenden, die dazu führt, dass eine Vielzahl falscher oberflächlicher Bearbeitungen entsteht, vor allem wenn das exponentielle Wachstum nicht erkannt wird.

Zusammenfassend lässt sich also sagen, dass sich bei nicht oberflächlich lösbaren Aufgaben im Vergleich zu oberflächlich lösbaren Aufgaben mit größerer Wahrscheinlichkeit oberflächliche Bearbeitungsstrategien zeigen, die zu falschen Gesamtbearbeitungen führen. Dies wird jedoch von der Komplexität eines mathematischen Themas für die entsprechende Zielgruppe überdeckt, da auch bei oberflächlich lösbaren Aufgaben, die sich als zu anspruchsvoll für viele Lernende darstellen, eine Vielzahl verschiedenster falscher oberflächlicher Herangehensweisen gezeigt wird.

## 12.3 Das aus den deduktiv-induktiven Analysen resultierende Teilkonstrukt „Oberflächliche Lösbarkeit einer Textaufgabe"

Aufbauend auf der Analyse der einzelnen Merkmale (vgl. Abschn. 12.1) und der hiermit erfolgten Analyse und Klassifikation von konkreten Aufgaben (vgl. Abschn. 12.2) werden im Folgenden die aus den deduktiv-induktiven Analysen resultierenden Kategorien zur Klassifikation einer oberflächlich lösbaren Aufgabe gebündelt dargestellt (Abschn. 12.3.1) und ihr Theoriebezug (Abschn. 12.3.2) sowie ihr Bezug zu oberflächlichen Bearbeitungsstrategien (Abschn. 12.3.3) erläutert. Das Kapitel mündet in der Darstellung des theoretisch und empirisch fundierten Teilkonstrukts „Oberflächliche Lösbarkeit einer Textaufgabe" (Abschn. 12.3.4), das die Aufgabenebene des Oberflächlichkeits-Konstrukts darstellt. Im Gegensatz zur *graduellen* Einschätzung einer Gesamtbearbeitung bezüglich ihrer Oberflächlichkeit, wird auf Aufgabenebene eine *dichotome* Klassifizierung in oberflächlich lösbare und nicht oberflächlich lösbare Aufgaben vorgenommen. Dies begründet sich darin, dass die Aufgabenmerkmale entweder begünstigen, dass oberflächliche Bearbeitungsstrategien zur Lösung führen können, oder nicht.

### 12.3.1 Merkmale und Klassifikation oberflächlich lösbarer Aufgaben

Aus den empirischen Analysen resultieren sieben Kategorien von Aufgabenmerkmalen, die begünstigen, dass eine Aufgabe oberflächlich lösbar ist. Diese, in Tabelle 12.2 mit ihren Merkmalen zusammenfassend dargestellt, sind

– die im Text gegebenen Zahlen,
– die auszuführenden Operationen,
– das Ergebnis,

- die sprachliche Formulierung,
- der Sachkontext,
- die Aufgabenstruktur einer Standardaufgabe und
- die Rolle des Vorwissens der Lernenden.

**Tabelle 12.2**   Aus den empirischen Analysen resultierende Merkmale einer oberflächlich lösbaren Aufgabe

**Merkmale von oberflächlich lösbaren Aufgaben**

| Kategorie | Merkmale |
|---|---|
| **Im Text gegebene Zahlen** | – Wenige Zahlen gegeben und somit begrenzte Anzahl an Verknüpfungsmöglichkeiten |
| | – Benötigte Zahlen direkt gegeben |
| | – Keine unnötigen Zahlen |
| | – Linearität der relevanten Zahlen im Text |
| **Auszuführende Operationen** | – Standardoperationen |
| | – Operationen ohne Reflexion auszuführen, d. h. |
| |    – triviale Verknüpfung |
| |    – nur Reproduktion von Wissen & Anwenden ohne tieferes Verständnis / Reflexion der Gründe |
| **Ergebnis** | – Ergebnis eindeutig als richtig erkennbar |
| | – Stereotypes Ergebnis, d. h. |
| |    – kaum Nachkommastellen |
| |    – nicht sehr klein oder sehr groß |
| **Sprachliche Formulierung** | – Unmarkiertheit |
| | – Konsistenz, d. h. |
| |    – naheliegende Operationen |
| |    – konsistente (relationale) Wörter |
| |    – wegweisende Signalwörter und -konstruktionen |
| **Sachkontext** | – kein „In-Beziehung-Setzen" der Informationen notwendig |
| | – irrelevante Kontextinformationen |
| | – wegweisender / hinweisgebender / typischer Kontext |
| **Aufgabenstruktur** | – Standardaufgaben |
| **Rolle des Vorwissens** | – kein zusätzliches Wissen, d. h. |
| |    – keine zusätzlichen Modellannahmen nötig |
| |    – kein Aktivieren / Verknüpfen eigenen Wissens notwendig |
| | – Passung mit Wissen, d. h. |
| |    – typische Vorstellungen greifen |
| |    – Kompatibilität mit Alltagsüberlegungen |

Ob eine Aufgabe als oberflächlich lösbar zu klassifizieren ist, hängt letztlich davon ab, ob ihre Aufgabenmerkmale begünstigen, dass oberflächliche Bearbeitungsstrategien zum Erfolg führen können. Relevant ist dabei vor allem die Frage, ob die entsprechenden oberflächlichen Bearbeitungsstrategien für die Lösung der Aufgabe ausreichend sind, oder ob für entscheidende Schritte, wie das Erstellen der Verknüpfungsstruktur, Reflexion erforderlich ist. Im Allgemeinen ist es immer möglich, dass es auch oberflächliche Bearbeitungsstrategien geben wird, die nicht zu einer erfolgreichen Bearbeitung führen können, sich aber mit Aufgabenmerkmalen erklären lassen. Genauso kann es auch bei oberflächlichen Bearbeitungsstrategien, die grundsätzlich zur Lösung führen können, durch Bearbeitungsfehler oder Wechsel des Vorgehens dazu kommen, dass diese nicht erreicht wird. Letzteres wird bei der Klassifikation der Aufgaben nicht berücksichtigt.

## 12.3.2 Theoriebezug

Interessant ist die Frage, in welchem Verhältnis diese in einem deduktiv-induktiven Prozess entwickelten Kategorien zu den ursprünglichen aus der Literatur entstandenen Überlegungen zu einer oberflächlich lösbaren Aufgabe stehen. In Abschnitt 4.3 wurden Forschungsergebnisse zu den Aufgabenmerkmalen Konsistenz und Markiertheit (Abschn. 4.3.1), Kontext (Abschn. 4.3.2), kognitive Anforderungen von Aufgaben (Abschn. 4.3.3) und Merkmale stereotyper Aufgaben (Abschn. 4.3.4) sowie zur sozial begründeten Rationalität (Abschn. 4.3.5) dargelegt und daraus das das Konstrukt einer oberflächlich lösbaren Aufgabe theoretisch fundiert. Dabei wurden die sozial begründete Rationalität sowie oberflächlich lösbare Aufgaben, die sich durch die Merkmale ‚niedrige kognitive Anforderungen‘, ‚offensichtliche relationale Verarbeitung‘, ‚Konsistenz und Unmarkiertheit‘, ‚stereotype Aufgaben‘ und ‚hinweisgebender Kontext‘ auszeichnen, als Ursache oberflächlicher Bearbeitungsstrategien gesehen (Abschn. 4.4.3 und 4.6). Im Laufe der empirischen Analysen ist eine Ergänzung, Umstrukturierung und neue Zusammenfassung der Aufgabenmerkmale zu Kategorien erfolgt, sodass diese leichter an konkreten Aufgaben zu überprüfen sind. Dadurch sind die theoretischen Wurzeln der Merkmale oft nicht mehr offensichtlich zu erkennen, weshalb deren bereits bei der Vorstellung der Kategorien erläuterte Verbleib im Folgenden zusammenfassend dargelegt wird (vgl. auch Abb. 12.1).

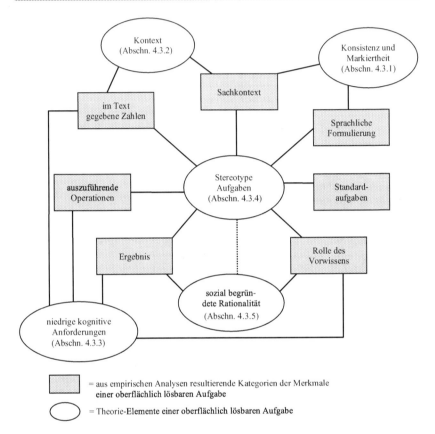

**Abb. 12.1** Theoriebezug der Kategorien einer oberflächlich lösbaren Aufgabe

Ein theoretisch entwickeltes Merkmal oberflächlich lösbarer Aufgaben war die Frage, ob sie *Stereotype* (Abschn. 4.3.4) und somit puzzleähnlich ohne Reflexion zu lösen sind. Dabei finden sich Merkmale stereotyper Aufgaben in jeder einzelnen der aus den empirischen Analysen resultierenden Kategorien (in Abb. 12.1 als Rechteck gekennzeichnet) wieder. Das Merkmal stereotyper Aufgaben, dass zu ihrer Lösung nur selten das Aktivieren des eigenen Vorwissens und alltäglicher Erfahrungen erforderlich ist, ist in der aus den empirischen Analysen resultierenden Kategorie ‚Rolle des Vorwissens' aufgegriffen. Ein weiteres in der Theorie dargestelltes Merkmal stereotyper Aufgaben ist, dass ihre Lösung durch Kombination der gegebenen Informationen und Integration aller gegebener Zahlen, beispielsweise in der im Text gegebenen Reihenfolge („straightforward use of arithmetic operations" (Reusser & Stebler, 1997, S. 311), irgendwann gefunden werden muss. Dieses findet sich in den aus den empirischen Analysen resultierenden Kategorien ‚im Text gegebene Zahlen', ‚auszuführende Operationen' sowie ‚Ergebnis' wieder. Dass stereotype Aufgaben Schlüsselwörter enthalten, die in die richtigen Operationen übersetzt werden können, wird in der Kategorie ‚sprachliche Formulierung' aufgegriffen. Der Aspekt der *Standardaufgaben* ist zu einer Kategorie geworden. Dass stereotype Aufgaben verbale Vignetten (Reusser & Stebler, 1997, S. 323) mit wenig Kontext sind, findet sich in der Kategorie ‚Sachkontext' wieder.

Ein weiteres aus der Theorie entwickeltes Merkmal oberflächlich lösbarer Aufgaben sind *niedrige kognitive Anforderungen* (Abschn. 4.3.3). Diese zeichnen sich dadurch aus, dass zur Lösung einer Aufgabe unsystematisch und / oder nicht-produktiv exploriert werden kann, Formeln und Wissen nur abgerufen und wiedergegeben sowie Prozeduren und Algorithmen ohne ein tiefergehendes Reflektieren angewandt werden können. Möchte man dies an einer Aufgabe prüfen, so ist an den ‚gegebenen Zahlen', den ‚auszuführenden Operationen' und dem ‚Ergebnis' zu prüfen, ob ein unsystematisches oder rein reproduktives Vorgehen zur Lösung führen kann. Ob ein Reflektieren des Vorgehens notwendig ist, wird zudem in der ‚Rolle des Vorwissens' der Lernenden aufgegriffen.

Das aus der Theorie entwickelte Element des *Kontextes* (Abschn. 4.3.2), der Hinweise auf ein tragfähiges mathematisches Modell oder auszuführende Rechenoperationen gibt, ist in der Kategorie ‚Sachkontext' sowie in Bezug auf das Nichtvorhandensein überflüssiger Informationen auch bei den ‚im Text gegebenen Zahlen' verortet.

Ein weiteres aus der Theorie entwickeltes Merkmal oberflächlich lösbarer Aufgaben ist eine *einfache relationale Verarbeitung und eine konsistente sowie unmarkierte Formulierung* (Abschn. 4.3.1). In der ursprünglichen Form findet sich dies in der Kategorie 'sprachliche Formulierung' wieder. Erweitert man die Idee auf einen Kontext, der konsistent mit den auszuführenden Operationen ist, so wirkt sie sich auch auf den ‚Sachkontext' aus.

Als mögliche Ursache für eine oberflächliche Bearbeitung wurde in der Theorie auch die *sozial begründete Rationalität* genannt (Abschn. 4.3.5), also die Tatsache, dass aufgrund der gegebenen Aufgaben eine oberflächliche Bearbeitung oft ausreicht. Die Lernenden können also aus ihren Erfahrungen im Unterricht bei der Bearbeitung von Aufgaben Rückschlüsse für weitere Aufgaben ziehen und wenden diese dann (meist erfolgreich) ohne weitere Reflexion an. Hier haben die empirischen Analysen der Interviews gezeigt, dass solche Gründe beispielsweise das Aussehen der Ergebniszahl oder individuelle Vorstellungen, wie „das Große muss durch das Kleine geteilt werden" sind. Deshalb ist die ursprüngliche Kategorie in den empirisch gesicherten Kategorien ‚Ergebnis' sowie ‚Rolle des Vorwissens' zu finden. Implizit wirkt sie jedoch über die *stereotypen Aufgaben*, die die Ursache dafür sind, dass es eine solche *sozial begründete Rationalität* gibt, auf alle empirisch gesicherten Kategorien.

Insgesamt sind die empirisch überarbeiteten Kategorien also Kombinationen, Ausdifferenzierungen und Erweiterungen der theoretischen Kategorien, in dem Sinne, dass eine Analyse von Aufgaben vereinfacht wird und die Kategorien zu den empirisch beobachteten oberflächlichen Bearbeitungsstrategien passen.

### 12.3.3 Bezug zu oberflächlichen Bearbeitungsstrategien

Da für die Klassifikation der Aufgaben bezüglich ihrer oberflächlichen Lösbarkeit betrachtet wurde, inwiefern die Aufgabenmerkmale den Erfolg von oberflächlichen Bearbeitungsstrategien begünstigen oder erschweren, werden die Bezüge der Kategorien einer oberflächlich lösbaren Aufgabe zu den oberflächlichen Bearbeitungsstrategien im Folgenden zusammenfassend dargestellt. Eine Übersicht, die die komplexen Beziehungen darstellt, findet sich in Abb. 12.2.

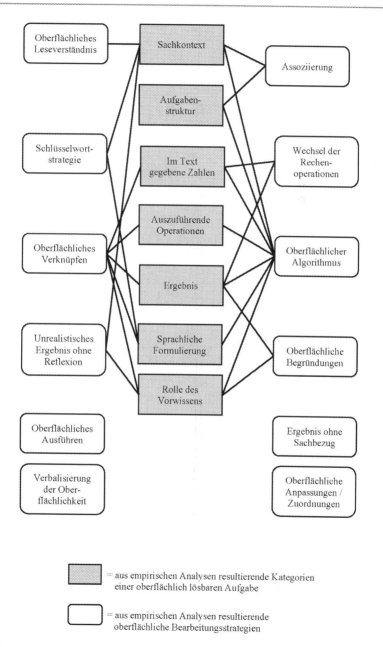

**Abb. 12.2** Bezug oberflächlich lösbare Aufgabe – oberflächliche Bearbeitungsstrategien

Der *Sachkontext* einer Aufgabe kann vor allem die Wahrscheinlichkeit erhöhen, dass ein ‚oberflächliches Leseverständnis' und eine ‚Assoziation' zur Lösung führen können. Seltener führt der *Sachkontext* dazu, dass ein ‚oberflächlicher Algorithmus', ‚Schlüsselwortstrategien' oder ‚unrealistische Ergebnisse ohne Reflexion' erfolgreich sein können. Durch die *Aufgabenstruktur* in Form von Standardaufgaben wird die Wahrscheinlichkeit des Erfolgs von ‚Assoziationen' sowie einem ‚oberflächlichen Algorithmus' erhöht. Aufgrund der *im Text gegebenen Zahlen* kann der Erfolg von ‚oberflächlichem Verknüpfen' und einem ‚oberflächlichen Algorithmus' begünstigt werden. Die *sprachliche Formulierung* kann den Erfolg von ‚Schlüsselwortstrategien', aber auch eines ‚oberflächlichen Algorithmus' und eines ‚oberflächlichen Verknüpfens' ermöglichen. Die *auszuführenden Operationen* können die Wahrscheinlichkeit des Erfolgs eines ‚oberflächlichen Verknüpfens' sowie eines ‚oberflächlichen Algorithmus' beeinflussen. Das *Ergebnis* begünstigt den Erfolg eines ‚oberflächlichen Verknüpfens' und eines ‚oberflächlichen Algorithmus' und zwar meist im Zusammenspiel mit der Begünstigung des Erfolgs von oberflächlichen Begründungen. Hierüber und über seine Erkennbarkeit als richtig oder falsch bestimmt es zudem über den Erfolg des ‚Wechsels der Rechenoperationen'. Die *Rolle des Vorwissens* kann den Erfolg eines ‚oberflächliches Verknüpfens', eines ‚oberflächlichen Algorithmus', eines ‚unrealistischen Ergebnisses ohne Reflexion' sowie ‚oberflächlicher Begründungen' beeinflussen.

Insgesamt lässt sich also festhalten, dass die vier oberflächlichen Bearbeitungsstrategien ‚Verbalisierung der Oberflächlichkeit', ‚Ergebnis ohne Sachbezug', ‚oberflächliche Anpassungen / Zuordnungen' und ‚oberflächliches Ausführen' nicht im Zusammenhang mit Aufgabenmerkmalen stehen. Die ‚Verbalisierung der Oberflächlichkeit' tritt gemeinsam mit anderen oberflächlichen Bearbeitungsstrategien auf. Die Wahrscheinlichkeit, dass Lernende sie zeigen, hängt dabei davon ab, wie gut die Lernenden es schaffen, laut zu denken, also ihre entsprechenden Gedanken zu verbalisieren. Ein ‚Ergebnis ohne Sachbezug' ist nie die Lösung der Aufgabe, sodass kein Aufgabenmerkmal den Erfolg dieser Strategie beeinflussen könnte. Zudem lässt sich diese oberflächliche Bearbeitungsstrategie nicht mit einem Merkmal der Aufgabe erklären. Gleiches gilt für das ‚oberflächliche Ausführen' sowie die ‚oberflächlichen Anpassungen / Zuordnungen'. Die weiteren oberflächlichen Bearbeitungsstrategien stehen in Beziehung zu mindestens einer (für ‚oberflächliches Leseverständnis'), meist zwei und manchmal mehr als zwei (für ‚oberflächliches Verknüpfen', ‚oberflächlicher Algorithmus') Kategorien von Aufgabenmerkmalen. So ist ein ‚oberflächliches Leseverständnis' eher erfolgreich, wenn der *Sachkontext* dies zulässt, indem z. B. die Aufgabe auch ohne Verständnis des ersten Satzes lösbar ist. Der

Erfolg z. B. der oberflächlichen Bearbeitungsstrategie ‚Assoziation' wird durch zwei Kategorien beeinflusst. Wenn es sich um eine *Standardaufgabe* handelt ist die Assoziation der typischen Operationen tragfähig. Dies gilt in ähnlicher Weise, wenn der *Sachkontext* typisch für das tragfähige mathematische Modell ist. Der Erfolg des ‚oberflächlichen Verknüpfens' wird von mehreren Kategorien von Aufgabenmerkmalen beeinflusst. So führt es z. B. eher zur richtigen Lösung, wenn

- alle benötigten und keine überflüssigen *Zahlen im Text gegeben* sind,
- die *auszuführenden Operationen* trivial sind,
- das richtige *Ergebnis* stereotyp ohne Nachkommastellen ist,
- die *sprachliche Formulierung* unmarkiert, sodass die Relation leicht erschlossen werden kann,
- oder wenn im *Vorwissen* vorhandene Lernendenvorstellungen wie „Man muss die große Zahl durch die kleine Zahl dividieren." greifen.

Ob eine Aufgabe oberflächlich lösbar ist, hängt also damit zusammen, inwiefern ihre Aufgabenmerkmale die Lösung einer Aufgabe mit oberflächlichen Bearbeitungsstrategien begünstigen.

### 12.3.4 Das theoretisch und empirisch fundierte Teilkonstrukt „Oberflächliche Lösbarkeit einer Textaufgabe"

Die zuvor dargestellten Analysen und Ausführungen führen zu einer Überarbeitung des Teilkonstrukts „Oberflächliche Lösbarkeit einer Textaufgabe (vgl. Abb. 12.3). Neben den bereits beschriebenen Veränderungen der Kategorien der theoretischen Überlegungen (vgl. Abschn. 12.3.2), ist vor allem zu bemerken, dass die sozial begründete Rationalität nicht mehr isoliert als mögliche Ursache einer oberflächlichen Bearbeitung betrachtet wird, sondern durch Ausdifferenzierung in die Kategorien einer oberflächlich lösbaren Aufgabe integriert werden konnte.

Des Weiteren hat sich herausgestellt, dass die oberflächliche Lösbarkeit einer Aufgabe nur in gemeinsamer Betrachtung mit den oberflächlichen Bearbeitungsstrategien, deren Erfolg in Bezug auf die Lösung der Aufgabe sie beeinflussen kann, zu bestimmen ist. Dabei können einzelne Merkmale oberflächlich lösbarer Aufgaben nur jeweils bei bestimmten oberflächlichen Bearbeitungsstrategien beeinflussen, inwiefern diese zur Lösung führen (vgl. Abschn. 12.1, 12.3.3).

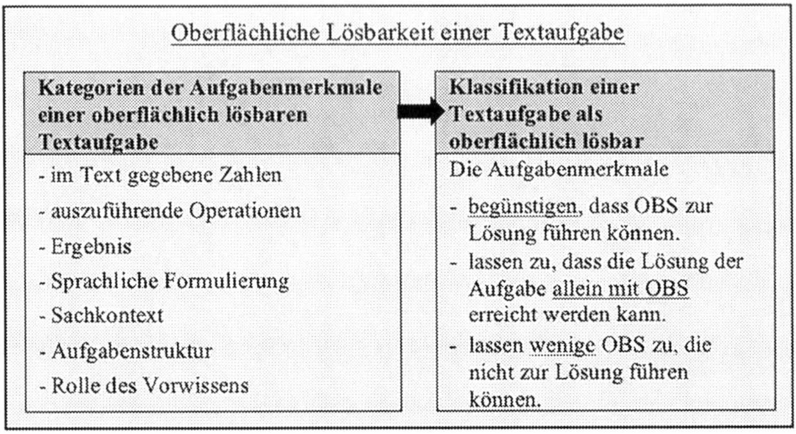

| Oberflächliche Lösbarkeit einer Textaufgabe | |
|---|---|
| **Kategorien der Aufgabenmerkmale einer oberflächlich lösbaren Textaufgabe** | **Klassifikation einer Textaufgabe als oberflächlich lösbar** |
| - im Text gegebene Zahlen | Die Aufgabenmerkmale |
| - auszuführende Operationen | - begünstigen, dass OBS zur Lösung führen können. |
| - Ergebnis | - lassen zu, dass die Lösung der Aufgabe allein mit OBS erreicht werden kann. |
| - Sprachliche Formulierung | |
| - Sachkontext | |
| - Aufgabenstruktur | - lassen wenige OBS zu, die nicht zur Lösung führen können. |
| - Rolle des Vorwissens | |

**Abb. 12.3** Theoretisch und empirisch fundiertes Teilkonstrukt „Oberflächliche Lösbarkeit einer Textaufgabe"

# Das resultierende theoretisch und empirisch fundierte Oberflächlichkeits-Konstrukt

# 13

Aus den Erläuterungen und Analysen der vorangegangenen Kapitel (Kap. 10, 11, 12), die jeweils ein Teilkonstrukt des Gesamtkonstrukts Oberflächlichkeit näher betrachtet haben, wird in Abschnitt 13.1 das aus den Analysen resultierende theoretisch und empirisch fundierte Oberflächlichkeits-Konstrukt abgeleitet, das zugleich eine Beantwortung der ersten drei Forschungsfragen darstellt. Dieses Konstrukt wird in Abschnitt 13.2 mit dem intuitiven und alltäglichen Verständnis von Lehrkräften und Mathematikdidaktikerinnen und -didaktikern abgeglichen.

## 13.1 Das resultierende Oberflächlichkeits-Konstrukt als Beantwortung der ersten drei Forschungsfragen

Die in den vorigen Kapiteln dargestellten Analysen führen zu einer Überarbeitung des in Abb. 4.2 (Abschn. 4.6) dargestellten, aus theoretischen Überlegungen entwickelten Gesamtkonstrukts Oberflächlichkeit. Wie dieses setzt sich auch das aus den Analysen resultierende Gesamtkonstrukt auf Aufgabenebene aus einer graduellen Einschätzung der Gesamtbearbeitung hinsichtlich ihrer Oberflächlichkeit (*„Oberflächlichkeit einer Gesamtbearbeitung"*), die sich mithilfe der identifizierbaren *„oberflächlichen Bearbeitungsstrategien"* erstellen lässt, zusammen und enthält auf Aufgabenebene das Teilkonstrukt *„Oberflächliche Lösbarkeit von Textaufgaben"*.

Neu hinzugekommen ist die Verbindung zwischen den oberflächlichen Bearbeitungsstrategien und den oberflächlich lösbaren Aufgaben, da die empirischen Analysen deren enge Verknüpfung aufgezeigt haben. Ebenso ist

© Der/die Herausgeber bzw. der/die Autor(en), exklusiv lizenziert durch Springer Fachmedien Wiesbaden GmbH, ein Teil von Springer Nature 2020
S. Schlager, *Zur Erforschung des Zusammenhangs zwischen Sprachkompetenz und Mathematikleistung*, Essener Beiträge zur Mathematikdidaktik,
https://doi.org/10.1007/978-3-658-31871-0_13

die ‚sozial begründete Rationalität' nicht mehr als isolierte Ursache aufgeführt, sondern ist in den Merkmalen oberflächlich lösbarer Aufgaben aufgegangen (vgl. Abschn. 12.3.2). Die Details der einzelnen Teilkonstrukte des Gesamtkonstrukts Oberflächlichkeit werden in Abb. 13.1 dargestellt und zur Beantwortung der ersten drei Forschungsfragen im Folgenden beschrieben.

Die in der Studie durch eine deduktiv-induktive Analyse identifizierten *oberflächlichen Bearbeitungsstrategien*, die in Kap. 10 ausführlich mit Beispielen beschrieben wurden, beantworten die erste Forschungsfrage

**F1: Welche oberflächlichen Bearbeitungsstrategien lassen sich in konkreten Bearbeitungsprozessen identifizieren und wie lassen sich diese in das Prozessmodell nach Reusser einordnen?**

Sie werden im Folgenden mit ihrer Verortung im Prozessmodell nach Reusser zusammenfassend dargestellt: In der Phase des Text- und Situationsverständnisses, also der Erstellung eines Situationsmodells, ist ein ‚oberflächliches Leseverständnis' möglich. Ein mathematisches Modell kann durch die oberflächliche ‚Assoziation' eines solchen entstehen. Bei der weiteren Mathematisierung und dem Rechnen treten die oberflächlichen Bearbeitungsstrategien ‚oberflächliches Verknüpfen', ‚oberflächliches Ausführen einer Rechenoperation', ‚oberflächlicher Algorithmus', ‚Schlüsselwortstrategien' sowie der ‚Wechsel der Rechenoperationen', der jedoch auch die folgenden Bearbeitungsphasen mit umfassen kann, auf. Bei der Interpretation des Ergebnisses und der situationsbezogenen Antwort lassen sich ein ‚Ergebnis ohne Sachbezug', ein ‚unrealistisches Ergebnis ohne Reflexion' sowie ‚oberflächliche Anpassungen und Zuordnungen' beobachten. Letzteres ist auch bereits in der Phase des Mathematisierens und Rechnens identifizierbar. In der Phase des Beurteilens und Überprüfens zeigen Lernende ‚oberflächliche Beurteilungen'. Während des Lösens einer Aufgabe lassen sich zudem ‚Verbalisierungen der Oberflächlichkeit' beobachten.

Basierend auf diesen oberflächlichen Bearbeitungsstrategien lässt sich die *Oberflächlichkeit einer Gesamtbearbeitung* einschätzen, was die Beantwortung der zweiten Forschungsfrage darstellt.

**F2: Wie können Gesamtbearbeitungen als (eher) oberflächlich oder (eher) nicht oberflächlich eingeschätzt werden?**

Wenn Lernende in einer Gesamtbearbeitung keine dieser oberflächlichen Bearbeitungsstrategien (OBS) zeigen (NO1) oder alle gezeigten durch Reflexion korrigieren, ohne dass diese einen Teil der Bearbeitung prägen (NO2), so wird die Gesamtbearbeitung als *,nicht oberflächlich'* eingeschätzt. Werden oberflächliche Bearbeitungsstrategien zwar korrigiert, sind sie jedoch für Teile der Bearbeitung bedeutsam (ENO1), oder werden sie nicht korrigiert, haben aber auch keine Bedeutung für die Bearbeitung (ENO2) oder wird ein Ansatz durch ,oberflächliches Leseverständnis' bestimmt und sonst treten keine oberflächlichen Bearbeitungsstrategien auf (ENO3), so wird die Gesamtbearbeitung als *,eher nicht oberflächlich'* eingeschätzt. In einer Gesamtbearbeitung, die als *,eher oberflächlich'* eingeschätzt wird, sind nicht korrigierte oberflächliche Bearbeitungsstrategien bedeutsam für Teile der Bearbeitung, jedoch nicht für die Gesamtbearbeitung. Eine Gesamtbearbeitung, die als *,oberflächlich'* eingeschätzt wird, zeichnet sich durch einige nicht korrigierte (O1) oder eine Vielzahl verschiedenster nicht korrigierter oberflächlicher Bearbeitungsstrategien (O2) aus, die Bedeutung für die Gesamtbearbeitung haben.

Auf der Aufgabenebene des Oberflächlichkeits-Konstrukts befindet sich das Teilkonstrukt *Oberflächliche Lösbarkeit von Textaufgaben*. Die Darstellung der Merkmale oberflächlich lösbarer Textaufgaben und ihrer Beziehung zu den oberflächlichen Bearbeitungsstrategien beantwortet die dritte Forschungsfrage

**F3: Wie lassen sich Textaufgaben bezüglich ihrer oberflächlichen Lösbarkeit klassifizieren?**

*Oberflächlich lösbare* Textaufgaben zeichnen sich durch die im Text gegebenen Zahlen, die auszuführenden Operationen, das Ergebnis, die sprachliche Formulierung, den Sachkontext, die Aufgabenstruktur und die Rolle, die das Vorwissen beim Lösen der Aufgabe spielt, aus. Diese begünstigen, dass oberflächliche Bearbeitungsstrategien zur Lösung der Aufgabe führen können. Dabei muss es möglich sein, die Lösung der Aufgabe allein mit oberflächlichen Bearbeitungsstrategien erreichen zu können. Zudem sollte die Aufgabe nur wenige oberflächliche Bearbeitungsstrategien zulassen, die nicht zur Lösung führen.

Insgesamt setzt sich das aus den empirischen Analysen resultierende theoretisch und empirisch fundierte Oberflächlichkeits-Konstrukt somit aus allen drei Teilkonstrukten zusammen, wie Abb. 13.1 zu entnehmen ist. Die Darstellung ermöglicht einen Überblick über das Konstrukt, der jedoch inbesondere bei der Verortung der oberflächlichen Bearbeitungsstrategien in den Phasen des Prozessmodells leicht vergröbernd ist. Die detaillierte Verortung ist Abb. 10.4 zu entnehmen.

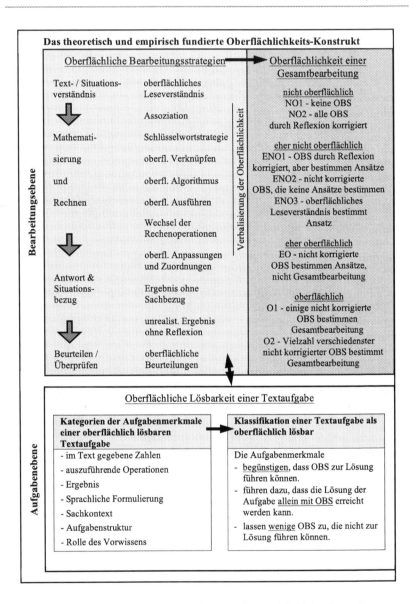

**Abb. 13.1** Das theoretisch und empirisch fundierte Oberflächlichkeits-Konstrukt

## 13.2 Vergleich des Konstrukts mit dem intuitiven und alltäglichen Begriffsverständnis

Nachdem das Konstrukt Oberflächlichkeit umfassend betrachtet und zusammengefasst wurde, erfolgt abschließend und in gewisser Weise ergänzend zur literaturbasierten Begründung der Begriffswahl (Abschn. 4.1.1) eine Positionierung zum intuitiven und alltäglichen Begriff der Oberflächlichkeit. Dazu erfolgt ein Abgleich zum einen mit den im Duden gegebenen Bedeutungen (Abschn. 13.2.1) und zum anderen mit den Einschätzungen von Mathematikdidaktikerinnen und Mathematikdidaktikern sowie Mathematiklehrkräften (Abschn. 13.2.2, 13.2.3, 13.2.4).

### 13.2.1 Vergleich mit den im Duden gegebenen Bedeutungen

Im Duden (vgl. www.duden.de) hat das Wort „oberflächlich" zwei Bedeutungen. Zum einen wird es in der Fachsprache für etwas „sich an oder auf der Oberfläche befindend[es]" gebraucht (z. B. ein oberflächlicher Bluterguss). Zum anderen werden ihm die Bedeutungen „nicht gründlich, flüchtig", wie bei einer oberflächlichen Betrachtung und dem oberflächlichen Lesen, oder „am Äußeren haftend; ohne geistig-seelische Tiefe", wie bei einem oberflächlichen Menschen, zugeordnet. Als Synonyme zu oberflächlich werden genannt:

- äußerlich; (Medizin) peripher
- fehlerhaft, flüchtig, lässig, mangelhaft, nachlässig, nicht gründlich; (oft abwertend) lax; (österreichisch abwertend) schlampert; (umgangssprachlich abwertend) schlampig, schludrig, schusselig
- gehaltlos, geistlos, inhaltsleer, inhaltslos, nichtssagend, ohne Substanz/Tiefe/ Tiefgang; (bildungssprachlich) banal, substanzlos, trivial; (abwertend) flach, hohl, platt, seicht
- flatterhaft, leichtsinnig, sprunghaft, wechselhaft

Das Nomen „Oberflächlichkeit" bedeutet „das Oberflächlichsein". Als Synonyme ordnet ihm der Duden die Nominalisierungen der unter dem voranstehenden dritten und vierten Spiegelstrich genannten Adjektive zu.

Die Definition des Dudens passt zum zuvor definierten Konstrukt einer oberflächlichen Bearbeitung. So befinden sich Schlüsselwörter oder Zahlen, die willkürlich verknüpft werden, *an der Oberfläche* des Textes. Es wird zudem *oberflächlich gelesen*, und die Modellbildung erfolgt nur *flüchtig* oder *nicht gründlich*. Beurteilungen des Ergebnisses aufgrund äußerer Merkmale bleiben *am Äußeren haftend*. Somit kann ein solches Vorgehen durchaus als *nachlässig* und *nicht gründlich* beschrieben werden, allerdings ist es nicht immer *fehlerhaft*. Wenn eine Reflexion über mathematische Modelle oder Verknüpfungsstrukturen fehlt und diese einfach angewandt werden, so sind hier die Synonyme *inhaltsleer* oder *substanzlos* passend. Das häufige Wechseln von Rechenoperationen spricht für ein *sprung-* und *wechselhaftes* Verhalten. Allerdings ist zu berücksichtigen, dass das Wort oberflächlich im Duden auch als abwertendes Wort bezeichnet wird. Dies ist beim hier definierten Konstrukt nicht der Fall, da es sich zunächst um eine wertfreie Beschreibung handelt. Zudem kann eine oberflächliche Bearbeitung aufgrund sozialer Begebenheiten eine durchaus sinnvolle Vorgehensweise sein.

## 13.2.2 Anlage der Befragung zum Vergleich mit der Meinung von Mathematikdidaktikerinnen und -didaktikern und Mathematiklehrkräften

Es ist möglich, dass der Begriff „oberflächlich" bzw. „Oberflächlichkeit" nicht nur in einer Teilbedeutung des Dudens als abwertend bezeichnet wird, sondern auch von vielen Menschen als wertend wahrgenommen wird und emotional aufgeladen ist. Dies wurde in einigen Vorträgen der Autorin bestätigt, bei denen sich einige Zuhörende von ihrem intuitiven und alltäglichen Begriffsverständnis leiten ließen und sich somit nur schwer auf die theoretisch fundierte Definition des Konstrukts einlassen konnten. Zur Überprüfung, inwieweit ein alltägliches Verständnis des Begriffs von dem hier definierten Konstrukt abweicht, wurde eine Expertenbefragung durchgeführt.

Um das alltägliche Verständnis von Oberflächlichkeit im Allgemeinen und im Kontext von Textaufgaben im Mathematikunterricht in Erfahrung zu bringen, wurde eine halbstandardisierte schriftliche Befragung (vgl. Bortz & Döring, 2006, S. 252, 308; Gläser & Laudel, 2010, S. 41) durchgeführt. Dazu wurden den Teilnehmenden offene Fragen, also Fragen ohne vorgegebene Antwortmöglichkeiten, in einem online-basierten Fragebogen präsentiert. Dadurch wurde sichergestellt, dass keine möglichen Bedeutungen des Konstrukts Oberflächlichkeit nahegelegt wurden, wie es bei Antwortmöglichkeiten der Fall gewesen wäre. Zudem erfolgte keinerlei Beeinflussung durch eine interviewende Person und die Erhebung sowie Auswertung konnten zeitökonomisch verlaufen.

In einem online präsentierten Fragebogen sollten die Befragten ihr allgemeines Verständnis des Begriffs „Oberflächlichkeit" und dessen Gegenteil erläutern. Zudem wurde mit Bezug auf das Bearbeiten von Textaufgaben im Mathematikunterricht nach Kennzeichen einer oberflächlichen Bearbeitung von Textaufgaben, nach dem Gegenteil von einer oberflächlichen Bearbeitung einer Textaufgabe und nach Kennzeichen von Textaufgaben, die sich mit einer oberflächlichen Bearbeitung lösen lassen, gefragt. Als Hintergrundinformationen wurden erfasst, ob der oder die Befragte derzeit an einer Universität oder einer Schule tätig ist und wie viel Lehrerfahrung im Fach Mathematik die Person besitzt. Der Fragebogen wurde an drei Mathematikdidaktikerinnen pilotiert, was zu einer Verbesserung der Frageformulierungen und Formatierungen führte.

Da das in dieser Arbeit erstellte Oberflächlichkeits-Konstrukt zum einen für Mathematikdidaktikerinnen und -didaktiker und zum anderen für Mathematiklehrkräfte relevant ist, wurden für die Befragung aus diesen beiden Teilgruppen Teilnehmende ausgewählt. Die Personen beider Gruppen verfügen jeweils über das Wissen, das in ihrem sozialen Kontext relevant ist und sind somit in ihrem Bereich als Experten zu betrachten (Gläser & Laudel, 2010, S. 11 f.). An der Umfrage nahmen elf Mathematikdidaktikerinnen und -didaktiker und zehn Lehrkräfte teil. Die Mathematikdidaktikerinnen und -didaktiker verschiedener Standorte in Deutschland sollten unterschiedlich viel wissenschaftliche Erfahrung aufweisen, sodass drei Professorinnen und Professoren, vier Post-Docs und vier Promovierende gewählt wurden. Bei den Lehrkräften wurden fünf eher erfahrene und fünf weniger erfahrene Lehrkräfte ausgewählt, die an verschiedenen Schulen in Nordrhein-Westfalen tätig sind. Da eine der Lehrkräfte im Fragebogen angab, an einer Universität tätig zu sein (vermutlich abgeordnet), ergibt sich insgesamt das Bild von zwölf an der Universität und neun an der Schule tätigen Personen. Wegen diesen unterschiedlichen Fallzahlen werden die folgenden Ergebnisse in Prozent angegeben. Die Lehrerfahrung im Fach Mathematik an der Schule weist die gewünschte Diversität auf (vgl. Abb. 13.2).

a   Lehrerfahrung Mathematik Schule
    (Lehrkräfte)

b   Lehrerfahrung Mathematik Schule
    (Didaktikerinnen und Didaktiker)

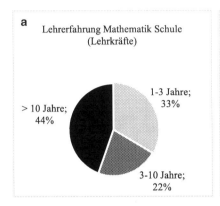

> 10 Jahre;
44%

1-3 Jahre;
33%

3-10 Jahre;
22%

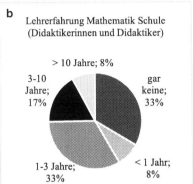

> 10 Jahre; 8%

3-10
Jahre;
17%

gar
keine;
33%

1-3 Jahre;
33%

< 1 Jahr;
8%

**Abb. 13.2**   Lehrerfahrung im Fach Mathematik an Schulen laut Befragung

## 13.2.3   Darstellung der Ergebnisse der Befragung

*Oberflächlichkeit im Allgemeinen*
Oberflächlichkeit im Allgemeinen hat für die Teilnehmenden verschiedene, sich
teils überschneidende Bedeutungen (vgl. Abb. 13.3).

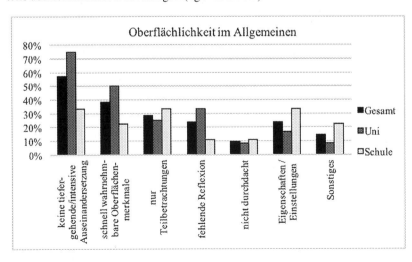

**Abb. 13.3**   Oberflächlichkeit im Allgemeinen laut Befragung

Für die meisten Befragten (gesamt 57 %, Uni 75 %, Schule 33 %) bedeutet Oberflächlichkeit, dass *eine tiefergehende oder intensive Auseinandersetzung* mit einem Thema nicht stattfindet.

Zudem zeichne sich Oberflächlichkeit dadurch aus, dass nur auf *schnell wahrnehmbare Oberflächenmerkmale* fokussiert wird (gesamt 38 %, Uni 50 %, Schule 22 %). Dabei legen die Befragten den Schwerpunkt auf das schnelle Hinsehen bzw. die Flüchtigkeit (gesamt 19 %, Uni 17 %, Schule 22 %) oder auf das Wahrnehmen von Offensichtlichem, Oberflächenmerkmalen und Äußerlichkeiten und somit nicht auf das Analysieren einer Tiefenstruktur (gesamt 29 %, Uni 42 %, Schule 11 %).

Ein weiteres Merkmal ist, dass nur *Teilbetrachtungen* erfolgen (gesamt 29 %, Uni 25 %, 33 % Schule). In diesen werden Details nicht in den Blick genommen (gesamt 19 %, Uni 8 %, Schule 33 %), nur Teilaspekte berücksichtigt (gesamt 10 %, Uni 17 %, Schule 0 %), und der Kontext bleibt unberücksichtigt (gesamt 5 %, Uni 0 %, Schule 11 %).

Außerdem zeichnet sich Oberflächlichkeit durch *fehlende Reflexion* (gesamt 24 %, Uni 33 %, Schule 11 %) in Sinne von einem fehlenden Nach- oder Hinterfragen, einer fehlenden Sinnreflexion, einer fehlenden Kontrolle oder allgemein durch Unreflektiertheit aus.

Dabei kann sich Oberflächlichkeit auch durch *nicht durchdachtes Handeln* oder gar *Handeln ohne Denken* auszeichnen (gesamt 10 %, Uni 8 %, Schule 11 %).

Von einigen wird Oberflächlichkeit auch mit *Eigenschaften oder Einstellungen* der handelnden Personen in Beziehung gesetzt (gesamt 24 %, Uni 17 %, Schule 33 %), wie mangelnder Konzentration, fehlendes echtes Interesse, fehlendes Einlassen, Unwille oder ledigliche Pflichterfüllung.

*Gegenteil von Oberflächlichkeit im Allgemeinen*

Das Gegenteil von Oberflächlichkeit im Allgemeinen wird ebenfalls mit verschiedenen Konzepten assoziiert (vgl. Abb. 13.4).

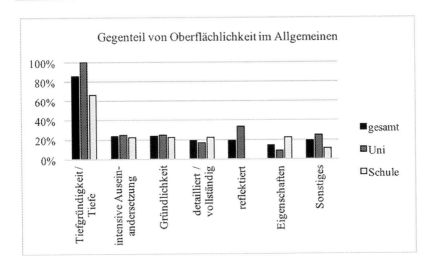

**Abb. 13.4**  Gegenteil von Oberflächlichkeit im Allgemeinen laut Befragung

Konsistent zur Beschreibung der Bedeutung von Oberflächlichkeit ist das Gegenteil für die meisten eine *Tiefgründigkeit bzw. Tiefe* (gesamt 86 %, Uni 100 %, Schule 67 %). Deutlich seltener wird es mit einer *intensiven Auseinandersetzung* (gesamt 24 %, Uni 25 %, Schule 22 %) und einer *Gründlichkeit* (einmal im Sinne von *Präzision*) (gesamt 24 %, Uni 25 %, Schule 22 %) in Beziehung gesetzt. Zudem wird als Gegenteil von oberflächlich *detailliert* bzw. *vollständig* (gesamt 19 %, Uni 17 %, Schule 22 %) und *reflektiert* (gesamt 19 %, Uni 33 %, Schule 0 %) genannt. Auch die *Eigenschaften* Weisheit, Neugier, Aufmerksamkeit und aus eigenem Interesse werden genannt (gesamt 14 %, Uni 8 %, Schule 22 %).

*Oberflächliche Bearbeitung von Textaufgaben*
Eine oberflächliche Bearbeitung von Textaufgaben wird mit verschiedenen Tätigkeiten bzw. deren Ausbleiben identifiziert (vgl. Abb. 13.5).

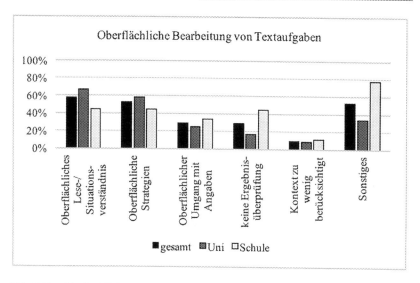

**Abb. 13.5** Oberflächliche Bearbeitung von Textaufgaben laut Befragung

Für die meisten (gesamt 57 %, Uni 67 %, Schule 44 %) bedeutet das oberflächliche Bearbeiten einer Textaufgabe, dass die Aufgabe *oberflächlich gelesen und damit die Situation nicht richtig erfasst* wird. Dabei wird der Fokus vor allem auf das oberflächliche Textverständnis (gesamt 29 %, Uni 33 %, Schule 22 %), die nur kurze Beschäftigung mit dem Text im Sinne eines Überfliegens oder einmaligen Lesens (gesamt 14 %, Uni 17 %, Schule 11 %), das fehlende Herstellen eines Zusammenhangs zwischen den Informationen (gesamt 14 %, Uni 25 %, Schule 0 %) oder das fehlende Erfassen der Problemstellung (gesamt 10 %, Uni 0 %, Schule 22 %) gelegt.

Zudem wird eine oberflächliche Bearbeitung mit *nicht tragfähigen Strategien* beschrieben (gesamt 52 %, Uni 58 %, Schule 44 %), mit denen das (willkürliche) Verknüpfen von Zahlen (gesamt 29 %, Uni 33 %, Schule 22 %), Schlüsselwortstrategien (gesamt 24 %, Uni 33 %, Schule 11 %) und das Anwenden gerade thematisierter Schemata (gesamt 10 %, Uni 8 %, Schule 11 %) gemeint sind.

Etwas seltener wird ein *oberflächlicher Umgang mit Angaben* (gesamt 29 %, Uni 25 %, Schule 33 %) angeführt. Hiermit ist gemeint, dass nicht alle relevanten Informationen berücksichtigt werden bzw. nicht kontrolliert wird, ob alle berücksichtigt wurden (gesamt 19 %, Uni 8 %, Schule 33 %) bzw. nur schnell wahrnehmbare Oberflächenmerkmale betrachtet werden (gesamt 10 %, Uni 17 %, Schule 0 %).

Außerdem bedeutet eine oberflächliche Bearbeitung für die Teilnehmenden, dass (unrealistische) *Ergebnisse nicht validiert, interpretiert und reflektiert* werden (gesamt 29 %, Uni 17 %, Schule 44 %).

Des Weiteren wird genannt, dass eine oberflächliche Bearbeitung den *Kontext zu wenig berücksichtigt* (gesamt 10 %, Uni 8 %, Schule 11 %).

*Gegenteil einer oberflächlichen Bearbeitung von Textaufgaben*
Das Gegenteil einer oberflächlichen Bearbeitung von Textaufgaben wird mit den in Abb. 13.6 dargestellten Bedeutungen erläutert.

Von den meisten wird das Gegenteil einer oberflächlichen Bearbeitung mit einem *guten Verständnis* der Aufgabe beschrieben (gesamt 52 %, Uni 50 %, Schule 56 %). Dies äußert sich in einer tiefgehenden Auseinandersetzung (gesamt 43 %, Uni 50 %, Schule 33 %), im Erstellen von Beziehungen zwischen Angaben (gesamt 14 %, Uni 25 %, Schule 0 %) und dem Betrachten aller Angaben (gesamt 10 %, Uni 8 %, Schule 11 %).

Verweise auf das *Ergebnis* werden auch häufig vorgenommen (gesamt 38 %, Uni 25 %, Schule 56 %). Dabei wird Wert gelegt auf das Hinterfragen des Ergebnisses (gesamt 14 %, Uni 8 %, Schule 22 %), eine Interpretation im Kontext (gesamt 19 %, Uni 17 %, Schule 22 %) und darauf, dass es stimmig und umfassend ist (gesamt 10 %, Uni 8 %, Schule 11 %).

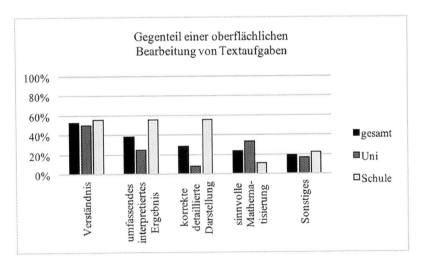

**Abb. 13.6**  Gegenteil einer oberflächlichen Bearbeitung von Textaufgaben laut Befragung

Wert gelegt wird vor allem von Lehrkräften auch auf die *Darstellung* des Lösungswegs und des Ergebnisses (gesamt 29 %, Uni 8 %, Schule 56 %). Dazu werden zum einen Strategien wie eine Skizze, Markieren, Notizenanfertigen oder das Schema Frage-Rechnung-Antwort genannt (gesamt 14 %, Uni 8 %, Schule 22 %). Zum anderen sollte alles gut dokumentiert sein (gesamt 24 %, Uni 8 %, Schule 44 %), also begründet, kommentiert und somit nachvollziehbar notiert werden und strukturiert, vollständig und sorgfältig dargestellt sein.

Von einigen wird auch die *Mathematisierung* angesprochen (gesamt 24 %, Uni 33 %, Schule 11 %). Dabei wird vor allem die Planung des Vorgehens (gesamt 14 %, Uni 17 %, Schule 11 %) und eine erst nach dem Situationsverständnis vorzunehmende Mathematisierung (gesamt 14 %, Uni 25 %, Schule 0 %) fokussiert.

Lediglich von Lehrkräften wird das Gegenteil einer oberflächlichen Bearbeitung mit einer *richtigen* (33 %) bzw. einer *nicht zwingend richtigen* (11 %) Bearbeitung in Beziehung gesetzt.

*Merkmale von oberflächlich lösbaren Textaufgaben*
Es werden von den Befragten eine Vielzahl an Merkmalen oberflächlich lösbarer Textaufgaben genannt (vgl. Abb. 13.7).

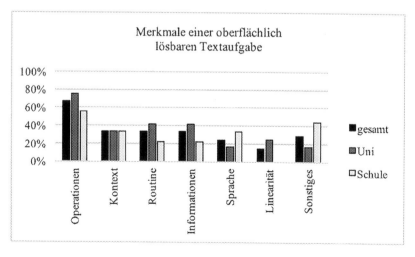

**Abb. 13.7** Merkmale einer oberflächlich lösbaren Textaufgabe laut Befragung

Die meisten nennen hier die durchzuführenden *Operationen* (gesamt 67 %, Uni 75 %, Schule 56 %). Diese sollten sich aus den Schlüsselwörtern herleiten lassen (gesamt 33 %, Uni 58 %, Schule 0 %), mathematisch einfach (gesamt 19 %, Uni 0 %, Schule 44 %), eindeutig (gesamt 24 %, Uni 33 %, Schule 11 %) und ggf. einschrittig sein und lediglich eine Reproduktion oder maximal eine Anwendung umfassen (je gesamt 5 %).

Zudem wird der *Kontext* genannt (gesamt 33 %, Uni 33 %, Schule 33 %). Für eine oberflächlich lösbare Aufgabe sollte dieser nebensächlich oder unbedeutend (gesamt 24 %, Uni 25 %, Schule 22 %), realitätsfern oder nicht sinnvoll (gesamt 10 %, Uni 8 %, Schule 11 %) und ähnlich zu Kontexten anderer Aufgaben mit ähnlichen Operationen (gesamt 5 %, Uni 8 %, Schule 0 %) sein.

Relevant scheint zudem eine *Routine* im Sinne von wiederkehrenden Operationen oder Verfahren (gesamt 33 %, Uni 42 %, Schule 22 %).

Des Weiteren werden die *gegebenen Informationen* thematisiert (gesamt 33 %, Uni 42 %, Schule 22,2 %). Dabei wird vor allem Wert darauf gelegt, dass keine zusätzlichen bzw. überflüssigen Informationen oder Zahlen im Text enthalten sind (gesamt 29 %, Uni 33 %, Schule 22 %).

Auch die *sprachliche Formulierung* spielt eine Rolle bei der oberflächlichen Lösbarkeit von Textaufgaben (gesamt 24 %, Uni 17 %, Schule 33 %). Der Text sollte nicht zu lang (gesamt 14 %, Uni 8 %, Schule 22 %) und gut verständlich, also sprachlich eher einfach (gesamt 24 %, Uni 17 %, Schule 33 %) sein.

Einige nennen auch die *Linearität* der Informationen oder Zahlen als Kriterium (gesamt 14 %, Uni 25 %, Schule 0 %).

## 13.2.4 Vergleich der Ergebnisse der Befragung mit dem Konstrukt Oberflächlichkeit

Im Folgenden werden die Umfrageergebnisse mit dem in dieser Arbeit erstellten Konstrukt „Oberflächlichkeit" zunächst bezogen auf die Bearbeitung einer Textaufgabe und im Anschluss bezogen auf Merkmale von oberflächlich lösbaren Textaufgaben verglichen.

*Oberflächliche Bearbeitung von Textaufgaben*
Das in dieser Arbeit erstellte Konstrukt Oberflächlichkeit auf der Ebene der Bearbeitung von Textaufgaben deckt sich mit einigen, jedoch nicht mit allen in der Umfrage genannten Aspekten (vgl. Tabelle 13.1).

**Tabelle 13.1** Oberflächliche Bearbeitung von Textaufgaben – Vergleich Umfrage & Konstrukt

| Konstrukt „Oberflächliche Bearbeitungsstrategien" | Aspekte einer oberflächlichen Bearbeitung laut Umfrage | Gegenteil einer oberflächlichen Bearbeitung laut Umfrage |
|---|---|---|
| oberflächliches Leseverständnis | – oberfl. Lese-/ Situationsverständnis<br>– oberflächliches Textverständnis<br>– kurze Beschäftigungszeit<br>– fehlender Zusammenhang<br>– falsche Problemstellung<br>– oberflächlicher Umgang mit Angaben | – gutes Verständnis<br>– tiefgehende Auseinandersetzung<br>– Beziehungen analysiert<br>– alle Angaben berücksichtigt<br>– Situationsverständnis vor Mathematisierung |
| Assoziation | / | / |
| Schlüsselwortstrategien | – nicht tragfähige Strategien:<br>– Schlüsselwortstrategien | – Mathematisierung<br>– Planung |
| oberflächliches Verknüpfen | – nicht tragfähige Strategien:<br>– (willkürliches) Verknüpfen | |
| oberflächliches Ausführen | / | |
| oberflächlicher Algorithmus | – nicht tragfähige Strategien:<br>– Anwenden gerade thematisierter Schemata | |
| Wechsel der Rechenoperationen | / | |
| Verbalisierung der Oberflächlichkeit | / | / |
| Ergebnis ohne Sachbezug | – Ergebnisse<br>– keine Interpretation<br>– Kontext zu wenig berücksichtigt | – Ergebnisse<br>– Interpretation |
| unrealistisches Ergebnis ohne Reflexion | – Ergebnisse<br>– keine Validierung / Reflexion | – Ergebnisse<br>– Hinterfragen |
| oberflächliche Anpassungen und Zuordnungen | / | / |
| oberflächliche Beurteilungen | / | – Darstellung<br>– gut begründet / kommentiert |

(Fortsetzung)

**Tabelle 13.1** (Fortsetzung)

| Konstrukt „Oberflächliche Bearbeitungsstrategien" | Aspekte einer oberflächlichen Bearbeitung laut Umfrage | Gegenteil einer oberflächlichen Bearbeitung laut Umfrage |
|---|---|---|
| | | – Ergebnis – stimmig / umfassend |
| | | – Darstellung – Notizen, … |
| | | *nur Lehrkräfte:* – richtige Bearbeitung |

Sowohl bei der Erläuterung einer oberflächlichen Bearbeitung als auch deren Gegenteil werden die Kategorien *‚oberflächliches Leseverständnis', ‚Schlüsselwortstrategien', ‚oberflächliches Verknüpfen', ‚oberflächlicher Algorithmus', ‚Ergebnis ohne Sachbezug'* und *‚unrealistisches Ergebnis ohne Reflexion'* genannt. Am Rande gestreift wird die Kategorie *‚oberflächliche Beurteilungen',* wenn davon gesprochen wird, dass das Gegenteil einer oberflächlichen Bearbeitung sich durch Kommentare und gute Begründungen auszeichnet. Dies meint jedoch nicht automatisch, dass eine oberflächliche Bearbeitung sich durch Begründungen wie „Das Ergebnis hat Nachkommastellen, das muss falsch sein." auszeichnet, wie es im Konstrukt gemeint ist. Gar nicht genannt werden *‚Assoziationen', der ‚Wechsel von Rechenoperationen', die ‚Verbalisierung der Oberflächlichkeit', ‚oberflächliches Ausführen einer Rechenoperation'* und *‚oberflächliche Anpassungen und Zuordnungen'.* Dies zeigt, dass ein intuitives Verständnis einer oberflächlichen Bearbeitung auf einige Teilaspekte eingeschränkt ist. Auffällig ist, dass die Idee einer oberflächlichen Bearbeitung im Sinne eines Ausprobierens gar nicht präsent ist. Abweichend vom Konstrukt ist auch, dass das Gegenteil von einer oberflächlichen Bearbeitung, vor allem von Lehrkräften, als eine umfassende und richtige Bearbeitung eingeschätzt wird, die sich in der Darstellung verschiedenen Mikrostrategien wie Notizenmachen oder Skizzen (vgl. Abschn. 3.3) bedient. Insofern ist es wichtig herauszustellen, dass das in dieser Arbeit erstellte Konstrukt Oberflächlichkeit von einer falschen oder richtigen Bearbeitung einer Aufgabe losgelöst ist. Notizen, Skizzen u.Ä. sind zunächst vom Konstrukt Oberflächlichkeit ausgeschlossen worden, da theoretisch trotz einer Skizze oder dem Anfertigen von Notizen eine oberflächliche Bearbeitung erfolgen kann. Es wäre empirisch zu prüfen, ob eine Korrelation zwischen den in der Befragung genannten Mikrostrategien und nicht oberflächlichen Bearbeitungen vorliegt.

Das Verständnis von Oberflächlichkeit und dessen Gegenteil im Allgemeinen zeigt sich als eine verallgemeinerte Version der Aspekte, die von den Befragten im Laufe der Umfrage für Textaufgaben expliziert wurden. Somit sind sie nicht zusätzlich mit dem in dieser Arbeit erstellten Konstrukt zu vergleichen.

Insgesamt lässt sich also sagen, dass das Konstrukt einer oberflächlichen Bearbeitung in vielen Aspekten in ein intuitives Verständnis von Oberflächlichkeit einzubetten ist. Einige oberflächliche Bearbeitungsstrategien werden jedoch von den Befragten intuitiv nicht erwähnt, dafür werden andere, nicht mit dem Konstrukt übereinstimmende genannt. Dies muss bei knappen Vorstellungen dieses Konstrukts, z. B. im Rahmen von Vorträgen, berücksichtigt werden.

*Merkmale von oberflächlich lösbaren Textaufgaben*
Vergleicht man die von den Befragten genannten Merkmale oberflächlich lösbarer Textaufgaben mit den theoretisch und empirisch fundierten Merkmalen des Konstrukts Oberflächlichkeit, so lässt sich feststellen, dass viele, aber nicht alle Merkmale identisch sind (vgl. Tabelle 13.2).

**Tabelle 13.2** Merkmale oberflächlich lösbarer Textaufgaben – Vergleich Umfrage & Konstrukt

| **Merkmale oberflächlich lösbarer Textaufgaben** | |
|---|---|
| **laut Konstrukt** | **laut Umfrage** |
| **im Text gegebene Zahlen** | |
| – wenige Zahlen gegeben | / |
| – Anzahl der Verknüpfungsmöglichkeiten der Zahlen begrenzt | / |
| – benötigte Zahlen direkt gegeben | – einschrittige Operationen (5 %) |
| – keine unnötigen Zahlen | – keine zusätzlichen / überflüssigen Informationen (29 %) |
| – Linearität der relevanten Zahlen im Text | – Linearität (14 %) |
| **auszuführende Operationen** | |
| – Standardoperationen | – Routine (33 %) |

(Fortsetzung)

**Tabelle 13.2** (Fortsetzung)

| Merkmale oberflächlich lösbarer Textaufgaben | |
|---|---|
| **laut Konstrukt** | **laut Umfrage** |
| – Operationen ohne Reflexion auszuführen<br>– triviale Verknüpfung<br>– nur Reproduktion von Wissen<br>– Anwenden ohne tieferes Verständnis /<br>  Reflexion Gründe | – Operationen<br>– mathematisch einfach (19 %)<br>– Reproduktion, max. Anwendung (5 %)<br>/ |
| **Sprachliche Formulierung** | |
| – Unmarkiertheit | / |
| – Konsistenz<br>– naheliegende Operationen<br>– konsistente relationale Wörter<br>– wegweisende Signalwörter | – Operationen<br>– eindeutig (24 %)<br>– Schlüsselwörter (33 %)<br>– Schlüsselwörter (33 %) |
| **Ergebnis eindeutig erkennbar** | |
| – eindeutig als richtig erkennbar | / |
| – stereotypes Ergebnis<br>– kaum NKS<br>– nicht sehr klein oder sehr groß | / |
| **Sachkontext** | Kontext (33 %) |
| – kein "In-Beziehung-Setzen" der<br>  Informationen notwendig | – keine Beziehungen zwischen Informationen<br>  nötig (5 %) |
| – irrelevante Kontextinfos | – Kontext nebensächlich / unbedeutend<br>  (24 %) |
| – wegweisender Kontext | – Kontext ähnlich zu Kontexten anderer Auf-<br>  gaben (5 %) |
| **Aufgabenstruktur** | |
| – Standardaufgaben | – Routine (33 %)<br>– Kontext (33 %) |
| **Rolle des Vorwissens** | |
| – kein zusätzliches Wissen<br>– keine zusätzlichen Modellannahmen<br>  müssen getroffen werden<br>– kein Aktivieren / Verknüpfen eigenen<br>  Wissens notwendig | – alle notwendigen Informationen gegeben<br>  (5 %)<br><br>/ |
| – Passung mit Wissen<br>– typische Vorstellungen greifen<br>– Kompatibilität mit Alltagsüberlegungen | /<br>/ |
| **Sonstiges** | – Sprache; Kontext realitätsfern/nicht sinnvoll |

Merkmale, die in dieser Arbeit herausgearbeitet wurden, jedoch *nicht* von den Befragten genannt wurden, sind

- im Bereich des Zahlenmaterials, dass wenige Zahlen gegeben sind und somit die Verknüpfungsmöglichkeiten begrenzt sind,
- im Bereich der auszuführenden Operationen, dass diese ohne tieferes Verständnis und Reflexion der Gründe angewandt werden können,
- der Bereich der Unmarkiertheit,
- der Bereich eines eindeutig erkennbaren Ergebnisses, z. B. durch kaum Nachkommastellen oder weil es weder sehr klein noch sehr groß ist,
- im Bereich der Rolle des Vorwissens, dass kein Aktivieren von oder Verknüpfen mit eigenem Wissen notwendig ist, dass typische Vorstellungen greifen, und die Kompatibilität mit Alltagsüberlegungen.

Einige dieser Aspekte wurden jedoch bei der Frage nach einer oberflächlichen Bearbeitung genannt, wie beispielsweise die Orientierung an Faustregeln und die fehlende Reflexion, sodass hier lediglich die Übertragung auf ein Aufgabenmerkmal nicht erfolgte. Es ist somit davon auszugehen, dass die Befragten auch diesen Merkmalen zustimmen würden. Bei der gesamten Umfrage nicht genannt wurden die Aspekte des Zahlenmaterials, des Ergebnisses und der Unmarkiertheit. Bei letzterem ist davon auszugehen, dass dies weitgehend unbekannt ist und dadurch nicht genannt werden konnte. Wenige Zahlen sowie ein eindeutiges Ergebnis werden als passend zu anderen genannten Aspekten eingeschätzt. Deshalb ist zu vermuten, dass auch hier eine Übereinstimmung mit den Merkmalen vorhanden ist und lediglich nicht an diese Merkmale gedacht wurde.

Von den Befragten genannt, aber nicht Teil des in dieser Arbeit erstellten Konstrukts einer oberflächlich lösbaren Textaufgabe sind zum einen sprachliche Aspekte und zum anderen ein realitätsferner und nicht sinnvoller Kontext.

Die Realitätsnähe oder Sinnhaftigkeit eines Kontextes wurde nicht in das Konstrukt aufgenommen, weil auch bei einem realitätsnahen Kontext oberflächliche Bearbeitungsstrategien wie das oberflächliche Verknüpfen der Zahlen greifen können. Ebenso begünstigt ein realitätsferner Kontext nicht zwingend ‚oberflächliches Verknüpfungen‘, weil auch in solchen Fällen reflektiert und z. B. mit Situationsmodellen gearbeitet werden kann. Lediglich ein Überprüfen des Ergebnisses an der Realität ist nicht möglich. Dieser Aspekt ist unter ‚Kompatibilität mit Alltagsüberlegungen‘ im Konstrukt abgebildet.

Die sprachlichen Aspekte wurden im erstellten Konstrukt nicht aufgenommen, da es weitgehend unabhängig von sprachlichen Merkmalen sein sollte. Die Aufgaben sind alle sprachlich gut verständlich formuliert worden und sollten keine

größeren sprachlichen Schwierigkeiten aufweisen. Grundsätzlich ist jedoch festzuhalten, dass sprachlich einfache Texte öfter konsistent sind und besser bei oberflächlichem Lesen zu erfassen sind.

Im Vergleich der Gruppen der Befragten zeigt sich, dass die Merkmale eher
von den Mathematikdidaktikerinnen und -didaktikern genannt wurden als von
den Mathematiklehrkräften. Besonders auffällig ist dies bei den konsistenten
Schlüsselwörtern, die 58 % der Didaktikerinnen und Didaktiker, aber keine
Lehrkräfte nannten. Insofern ist davon auszugehen, dass Didaktikerinnen und
Didaktiker über mehr Hintergrundwissen aus der Literatur verfügen, das sie hier
anwenden konnten, während Lehrkräfte sich eher an dem orientieren konnten,
was sie im Unterricht selbst wahrgenommen haben. Grundsätzlich ist aber auch
bei den Lehrkräften eine Übereinstimmung der Merkmale zu beobachten.

Insgesamt lässt sich somit für die Merkmale von oberflächlich lösbaren Aufgaben festhalten, dass diese von Mathematikdidaktikerinnen und -didaktikern
und Mathematiklehrkräften geteilt werden und zu deren intuitivem Verständnis
passen. Dies bestärkt das erstellte Konstrukt.

*Zusammenfassung*
Insgesamt ist festzustellen, dass das intuitive Verständnis von Oberflächlichkeit
gut zu dem in dieser Arbeit theoretisch und empirisch fundierten Konstrukt passt.
Die Merkmale einer oberflächlich lösbaren Aufgabe decken sich sehr gut mit
einem intuitiven Verständnis und ein großer Teil der Aspekte des Konstrukts einer
oberflächlichen Bearbeitung werden von den Befragten intuitiv genannt. Diese
Arbeit trägt dazu bei, die verschiedenen intuitiven Assoziationen zur Oberflächlichkeit zu vereinheitlichen und eine theoretische Sensibilisierung zur Erkennung
von oberflächlichen Bearbeitungen und Merkmalen oberflächlich lösbarer Aufgaben im Mathematikunterricht vorzunehmen.

Der vierte Teil dieser Arbeit widmet sich den Analysen und Ergebnissen zu Zusammenhängen zwischen dem Hintergrundfaktor Sprachkompetenz, der Oberflächlichkeit und der gezeigten Mathematikleistung. Insgesamt dient dies der Beantwortung der vierten Forschungsfrage.

**F4: Inwieweit findet durch oberflächliche Bearbeitungsstrategien eine Mediation des Zusammenhangs zwischen Sprachkompetenz und Mathematikleistung statt?**

Um diese Frage beantworten zu können, wird ein zweistufiges Vorgehen gewählt (vgl. Abb. IV.1). Zunächst werden umfassende heuristisch-explorative

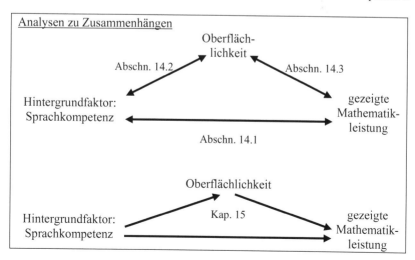

**Abb. IV.1** Aufbau Teil IV

Betrachtungen der einzelnen Zusammenhänge vorgenommen (Kap. 14). Dies entspricht der Beantwortung der drei Unterfragen der vierten Forschungsfrage (vgl. Abschn. 9.4). In Kapitel 15 wird durch eine Interpretation dieser Zusammenhänge und anhand einer Mediationsanalyse die vierte Forschungsfrage beantwortet.

# Detaillierte Betrachtung der einzelnen Zusammenhänge

# 14

Zur Untersuchung der drei Unterfragen von F4 werden in diesem Kapitel zunächst Zusammenhänge zwischen Sprachkompetenz und der im Test gezeigten Mathematikleistung genauer betrachtet (Abschn. 14.1). Es folgen Analysen zu den Zusammenhängen zwischen Sprachkompetenz und der bei den Bearbeitungen gezeigten Oberflächlichkeit (Abschn. 14.2). Abschließend werden Zusammenhänge zwischen Oberflächlichkeit und Mathematikleistung untersucht (Abschn. 14.3).

## 14.1 Zusammenhänge zwischen Sprachkompetenz und Mathematikleistung

Um zu prüfen, ob auch bei den im Interview eingesetzten Aufgaben ein Zusammenhang zwischen Sprachkompetenz und Mathematikleistung besteht, werden im Folgenden der Anteil gelöster Aufgaben sowie die Lösungshäufigkeiten der einzelnen Teilaufgaben in Abhängigkeit von der zuvor erhobenen Sprachkompetenz betrachtet. Dies dient der Beantwortung der ersten Unterfrage von F4.

F4.1: Welche Zusammenhänge bestehen zwischen der Sprachkompetenz der Lernenden und ihrer Mathematikleistung?

*Unterschiede der Anteile gelöster Aufgaben*
Betrachtet man die Mittelwerte der Anteile gelöster Teilaufgaben an den bearbeiteten Aufgaben in Abhängigkeit von der Sprachkompetenz (vgl. Tabelle 14.1), so zeigt sich, dass die sprachlich schwachen Lernenden weniger Teilaufgaben lösen als die sprachlich starken Lernenden.

S. Schlager, *Zur Erforschung des Zusammenhangs zwischen Sprachkompetenz und Mathematikleistung*, Essener Beiträge zur Mathematikdidaktik, https://doi.org/10.1007/978-3-658-31871-0_14

**Tabelle 14.1**  Zusammenhang zwischen Sprachkompetenz und Mittelwerten der Anteile gelöster Teilaufgaben an bearbeiteten Aufgaben

| Hintergrund-faktor | Gruppe | Anzahl der Lernenden | Mittelwert Anteil gelöster Teilauf-gaben an bearbeiteten Teilaufgaben, m (SD) | Signifikante Unterschiede |
|---|---|---|---|---|
| | Gesamt | n = 31 | 47 % (31 %) | |
| Sprachkompetenz | C0 | n = 14 | 32 % (27 %) | ANOVA: |
| | C1 | n = 17 | 59 % (30 %) | p = 0,016 |

Diese Unterschiede sind nach einer einfaktoriellen ANOVA signifikant (p = 0,016). Somit übt über einen C-Test erhobene Sprachkompetenz einen signifikanten Einfluss auf den Anteil erfolgreicher Bearbeitungen aus.

Die beobachtete Varianz in den Mittelwerten der Anteile erfolgreicher Bearbeitungen lässt sich laut einfaktorieller Varianzanalyse zu 18 % von der über den C-Test ermittelten Sprachkompetenzgruppe (C0 / C1) erklären (vgl. Tabelle 14.2).

**Tabelle 14.2**  Varianzaufklärung (Mittelwerte Anteil Lösungen) durch Sprachkompetenz

| Hintergrundfaktor | Verfahren | Varianzaufklärung | df | F | Signifikanz |
|---|---|---|---|---|---|
| Sprachkompetenzgruppe | ANOVA | Eta-Quadrat = 0,183 | 1 | 6,485 | p = 0,016 |

Das Ergebnis ähnelt den Ergebnissen von Prediger et al. zur ZP10-Prüfung, in der über einen C-Test ermittelte Sprachkompetenz 14 % der Leistungsunterschiede erklären konnte (Prediger et al., 2015, S. 89). Somit fügt es sich stimmig in den in Teil II der Arbeit diskutierten Forschungsstand ein.

*Lösungshäufigkeiten der einzelnen Aufgaben nach Sprachkompetenz*
Eine Betrachtung der Lösungshäufigkeiten innerhalb der Sprachkompetenzgruppen (vgl. Abb. 14.1) zeigt eine Variation zwischen den verschiedenen Teilaufgaben[1]. In der Gruppe C1 der sprachlich starken Lernenden wurden die Teilaufgaben zum exponentiellen Wachstum von 41–54 % der Lernenden und die Teilaufgaben zu proportionalen Zuordnungen von 75–88 % gelöst. Von den Lernenden der Gruppe C0 der sprachlich schwachen Lernenden lösten nur 14–18 % die Teilaufgaben zum exponentiellen Wachstum und 36 % die Aufgabe „Badewanne" sowie 86 % die

---

[1]Trotz der geringen Fallzahlen werden die Ergebnisse im Folgenden in Prozent berichtet, damit eine Vergleichbarkeit zwischen den unterschiedlich großen Sprachkompetenzgruppen (C0: n = 14, C1: n = 17) und der unterschiedlichen Anzahl an Lernenden, die die einzelnen Aufgaben bearbeitet haben, gegeben ist.

Aufgabe „Bagger" zu proportionalen Zuordnungen. Somit haben die Unterschiede in der Sprachkompetenz bei der verhältnismäßig leichten oberflächlich lösbaren Aufgabe „Bagger" nicht zu Unterschieden in der gezeigten Leistung geführt. Laut Chi-Quadrat-Test sind die Unterschiede in der prozentualen Lösungshäufigkeit zwischen den beiden Sprachkompetenzgruppen signifikant bei den beiden Teilaufgaben a) der Aufgaben zum exponentiellen Wachstum (1a, 3a) und bei der Aufgabe „Badewanne" (4), der nicht oberflächlich lösbaren Aufgabe zu proportionalen Zuordnungen (vgl. Abb. 14.1).

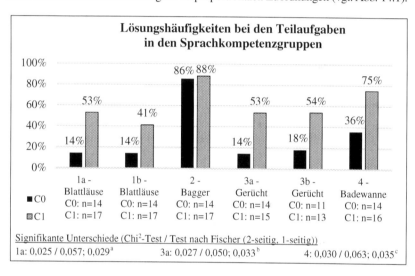

**Abb. 14.1** Lösungshäufigkeiten bei den Teilaufgaben in den Sprachkompetenzgruppen
[a]Für Aufgabe 1a ist die Signifikanz des Chi-Quadrat-Tests p = 0,025, allerdings ist die erwartete Häufigkeit in einer Zelle kleiner als 5 (4,97) und somit die Voraussetzung nicht erfüllt.
[b]Für Aufgabe 3a ist die Signifikanz des Chi-Quadrat-Tests p = 0,027, allerdings ist die erwartete Häufigkeit in einer Zelle kleiner als 5 (4,83) und somit die Voraussetzung nicht erfüllt.
[c]Da bei Aufgabe 4 in allen Zellen die erwartete Häufigkeit größer als 5 ist, sind die Voraussetzungen für den Chi²-Test erfüllt.

Insgesamt zeigt sich also, dass Unterschiede in der Sprachkompetenz mit signifikanten Unterschieden in der Häufigkeit der Lösung der im Interview eingesetzten Aufgaben einhergehen. Dies zeigt sich vor allem bei Aufgaben zum exponentiellen Wachstum und bei der oberflächlich nicht lösbaren Aufgabe zu proportionalen Zuordnungen. Aufgrund der mit n = 31 recht geringen Fallzahl und nur zwei Aufgaben pro mathematischem Thema sind die Ergebnisse lediglich als Tendenz zu werten und müssten auf breiterer Basis überprüft werden. Eine Kausalität des Zusammenhangs wird mit den Analysen nicht nachgewiesen, sondern basiert auf den theoretischen Überlegungen (vgl. Kap. 2).

*Zusammenfassende Darstellung der Zusammenhänge*
Die erste Unterfrage der vierten Forschungsfrage, welche Zusammenhänge bei
den vorliegenden Bearbeitungen zwischen der erhobenen Sprachkompetenz und
der gezeigten Mathematikleistung bestehen, lässt sich mit den vorangegangenen
Analysen beantworten. In dieser Studie besteht zwischen der über einen C-Test
erhobenen Sprachkompetenz und der gezeigten Mathematikleistung in Form von
richtig bearbeiteten Aufgaben ein signifikanter Zusammenhang, wobei Sprach-
kompetenz circa 18 % der vorliegenden Leistungsunterschiede erklären kann.
Betrachtet man die eingesetzten Aufgaben einzeln, so zeigt sich vor allem ein
Zusammenhang zwischen Sprachkompetenz und der Lösungshäufigkeit bei den
Aufgaben zum exponentiellen Wachstum und der nicht oberflächlich lösbaren
Aufgabe zu proportionalen Zuordnungen.

## 14.2 Zusammenhänge zwischen Sprachkompetenz und Oberflächlichkeit

Zur Analyse der Zusammenhänge zwischen Sprachkompetenz und Oberflächlichkeit werden im Folgenden zunächst die Zusammenhänge dieses Hintergrundfaktors mit oberflächlichen Bearbeitungsstrategien (Abschn. 14.2.1) und im
Anschluss mit oberflächlichen Gesamtbearbeitungen betrachtet (Abschn. 14.2.2).
Es folgt eine Betrachtung dieser Zusammenhänge innerhalb der Mathematikleistungsgruppe (Abschn. 14.2.3). Indem Unterschiede in den einzelnen Teilaufgaben betrachtet werden, wird der Einfluss der oberflächlichen Lösbarkeit der
Aufgaben analysiert (Abschn. 14.2.4). Damit kann abschließend (Abschn. 14.2.5)
die zweite Unterfrage der vierten Forschungsfrage beantwortet werden.

F4.2: Welche Zusammenhänge bestehen zwischen der Sprachkompetenz der
Lernenden und oberflächlichen Bearbeitungen?

### 14.2.1 Zusammenhänge zwischen Sprachkompetenz und oberflächlichen Bearbeitungsstrategien

Die Nutzung der verschiedenen oberflächlichen Bearbeitungsstrategien unterscheidet sich in Abhängigkeit von der Sprachkompetenz der Lernenden (vgl.
Tabelle 14.3).

**Tabelle 14.3** Eher von sprachlich starken bzw. sprachlich schwachen Lernenden verwendete oberflächliche Bearbeitungsstrategien (OBS)

| oberflächliche Bearbeitungsstrategien (OBS) | Gruppe (n) | OBS nicht verwendet | OBS mind. 1x verwendet | Signifikanz (Chi² bzw. Fischer, falls Vor. für Chi² nicht erfüllt) |
|---|---|---|---|---|
| **eher von sprachlich starken Lernenden (C1) verwendet – signifikant** | | | | |
| oberflächliches Ausführen | C0 (14) | 11 (79 %) | 3 (21 %) | p = 0,016 |
| | C1 (17) | 6 (35 %) | 11 (65 %) | |
| Assoziation des Umrechnens | C0 (14) | 13 (93 %) | 1 (7 %) | Fischer (2-seit., 1-seit.): p = 0,045, p = 0,038 |
| | C1 (17) | 10 (59 %) | 7 (41 %) | |
| **eher von sprachlich starken Lernenden (C1) verwendet – Tendenz** | | | | |
| oberflächliche Beurteilungen | C0 (14) | 11 (79 %) | 3 (21 %) | p = 0,242 |
| | C1 (17) | 10 (59 %) | 7 (41 %) | |
| Assoziation | C0 (14) | 7 (50 %) | 7 (50 %) | p = 0,242 |
| | C1 (17) | 5 (29 %) | 12 (71 %) | |
| **eher von sprachlich schwachen Lernenden (C0) verwendet – Tendenz** | | | | |
| oberflächliche Anpassungen / Zuordnungen eines Ergebnisses | C0 (14) | 8 (57 %) | 6 (43 %) | Fischer (2-seit., 1-seit.): p = 0,097, p = 0,060 |
| | C1 (17) | 15 (88 %) | 2 (12 %) | |
| Ergebnis ohne Sachbezug | C0 (14) | 9 (64 %) | 5 (36 %) | Fischer (2-seit., 1-seit.): p = 0,198, p = 0,124 |
| | C1 (17) | 15 (88 %) | 2 (12 %) | |
| Schlüsselwortstrategie | C0 (14) | 8 (57 %) | 6 (43 %) | Fischer (2-seit., 1-seit.): p = 0,233, p = 0,127 |
| | C1 (17) | 14 (82 %) | 3 (18 %) | |
| oberflächliches Verknüpfen | C0 (14) | 2 (14 %) | 12 (86 %) | Fischer (2-seit., 1-seit.): p = 0,240, p = 0,180 |
| | C1 (17) | 6 (35 %) | 11 (65 %) | |
| oberflächliche Anpassungen / Zuordnungen einer Einheit | C0 (14) | 7 (50 %) | 7 (50 %) | p = 0,242 |
| | C1 (17) | 12 (71 %) | 5 (29 %) | |

(Fortsetzung)

**Tabelle 14.3**   (Fortsetzung)

| oberflächliche Bearbeitungs-strategien (OBS) | Gruppe (n) | OBS nicht ver-wendet | OBS mind. 1x verwendet | Signifikanz (Chi$^2$ bzw. Fischer, falls Vor. für Chi$^2$ nicht erfüllt) |
|---|---|---|---|---|
| Verbalisierung des Unwissens | C0 (14) | 7 (50 %) | 7 (50 %) | p = 0,242 |
|  | C1 (17) | 12 (71 %) | 5 (29 %) |  |
| oberflächliche Anpassungen / Zuordnungen | C0 (14) | 3 (21 %) | 11 (79 %) | Fischer (2-seit., 1-seit.): p = 0,258, p = 0,134 |
|  | C1 (17) | 8 (47 %) | 9 (53 %) |  |
| Verbalisierung der Ignoranz | C0 (14) | 11 (79 %) | 3 (21 %) | Fischer (2-seit., 1-seit.): p = 0,304, p = 0,228 |
|  | C1 (17) | 16 (94 %) | 1 (6 %) |  |

**kaum Unterschiede**

oberfl. Algorithmus, Wechsel Rechenoperationen, oberfl. Leseverständnis, unrealistisches Ergebnis, Assoziation von Modellen / Operationen, oberfl. Anpassung einer Zahl oder Operation, Verbalisierung der Oberflächlichkeit, insbesondere des Ausprobierens / der Unsicherheit

Signifikant mehr (p = 0,016, Chi$^2$) sprachlich starke Lernende (65 %) als sprachlich schwache Lernende (21 %) nutzten die oberflächliche Bearbeitungs-strategie ‚oberflächliches Ausführen' einer Rechenoperation[2]. Dies gilt ebenso für die oberflächliche Bearbeitungsstrategie ‚Assoziation' des Umrechnens (p = 0,045, Fischer 2-seitig), die von 41 % der sprachlich starken Lernenden, aber nur von 7 % der sprachlich schwachen Lernenden mindestens einmal verwendet wurde. Nicht statistisch signifikant, aber tendenziell nutzten mehr sprachlich starke als sprach-lich schwache Lernende die oberflächlichen Bearbeitungsstrategien ‚oberflächliche Begründung' (C1 41 %, C0 21 %) und ‚Assoziation' im Allgemeinen[3] (C1 71 %, C0 50 %). Im Gegensatz dazu wurde tendenziell (p = 0,097, Fischer 2-seitig) von mehr sprachlich schwachen (43 %) als sprachlich starken Lernenden (12 %) die

---

[2]Trotz der geringen Fallzahlen werden die Ergebnisse im Folgenden in Prozent berichtet, damit eine Vergleichbarkeit zwischen den unterschiedlich großen Sprachkompetenz-gruppen gegeben ist.

[3]Mit „im Allgemeinen" ist hier gemeint, dass alle Ausprägungen dieser oberflächlichen Bearbeitungsstrategie berücksichtigt sind. Zusätzlich werden die spezifischen Aus-prägungen auch einzeln betrachtet.

oberflächliche Bearbeitungsstrategie ‚oberflächliche Anpassung / Zuordnung‘ eines Ergebnisses verwendet. Zudem wurden tendenziell von mehr sprachlich schwachen Lernenden die oberflächlichen Bearbeitungsstrategien ‚Ergebnis ohne Sachbezug‘ (C0 36 %, C1 12 %), ‚Schlüsselwortstrategien‘ (C0 43 %, C1 18 %), ‚oberflächliches Verknüpfen‘ (C0 86 %, C1 65 %), ‚oberflächliche Anpassung / Zuordnung einer Einheit‘ (C0 50 %, C1 29 %), ‚Verbalisierung des Unwissens‘ (C0 50 %, C1 29 %), ‚oberflächliche Anpassungen / Zuordnungen‘ im Allgemeinen (C0 79 %, C1 53 %) und ‚Verbalisierung der Oberflächlichkeit‘ in Form der Ignoranz (C0 21 %, C1 6 %) verwendet. Bei den restlichen oberflächlichen Bearbeitungsstrategien zeigen sich kaum Verwendungsunterschiede in Abhängigkeit von der Sprachkompetenz. (vgl. Tabelle 14.3)

Insgesamt lässt sich also festhalten, dass sprachlich starke Lernende (C1M1) vor allem die folgenden oberflächlichen Bearbeitungsstrategien vermehrt verwendeten[4]:

– ‚oberflächliches Ausführen von Rechenoperationen‘ (*)
– ‚Assoziation‘, insbesondere Assoziation des Umrechnens (*)
– ‚oberflächliche Beurteilungen‘

Die sprachlich schwachen Lernenden nutzten hingegen diese oberflächlichen Bearbeitungsstrategien vermehrt:

– ‚Schlüsselwortstrategien‘
– ‚oberflächliche Anpassungen / Zuordnungen‘, insbesondere die Zuordnung eines Ergebnisses sowie einer Einheit
– ‚oberflächliches Verknüpfen‘
– ‚Verbalisierung der Oberflächlichkeit‘ in Form der Ignoranz und des Unwissens
– ‚Ergebnis ohne Sachbezug‘

Dies lässt die Schlussfolgerung zu, dass sprachlich schwache Lernende eher willkürlich an der Oberfläche operierten und ausprobierten, indem sie Zahlen oberflächlich verknüpften, sich an Schlüsselwörtern orientierten oder Ergebnisse und Einheiten zuordneten. Dabei wussten sie oft nicht genau, was zu tun ist (Verbalisierung des Unwissens) oder ignorierten gar Unstimmigkeiten

---

[4]Das * gibt an, dass die Unterschiede in der Nutzung im Vergleich der Gruppen C0 und C1 laut Chi²-Test bzw. exaktem Test nach Fischer signifikant sind; die anderen Unterschiede bestehen tendenziell (vgl. Tabelle 14.3).

(Verbalisierung der Ignoranz). Dabei schien der Lösungsprozess eher von der Sachsituation losgelöst zu sein, was sich auch in Ergebnissen ohne Sachbezug äußerte. Bei den sprachlich starken Lernenden hingegen zeigte sich Oberflächlichkeit eher in einem mathematisch orientierten Ausprobieren, das sich in der Assoziation, oberflächlichen Beurteilungen und oberflächlichem Ausführen von Operationen, also eher in durch Flüchtigkeit begründeter Oberflächlichkeit, äußerte.

## 14.2.2 Zusammenhänge zwischen Sprachkompetenz und oberflächlichen Gesamtbearbeitungen

Ergänzend zu der Betrachtung oberflächlicher Bearbeitungsstrategien werden im Folgenden die Zusammenhänge zwischen Sprachkompetenz und oberflächlichen Gesamtbearbeitungen betrachtet. Dazu wird zunächst der prozentuale Anteil (eher) oberflächlich bearbeiteter Teilaufgaben und daraufhin die Neigung eines Lernenden zu (eher) oberflächlichen Bearbeitungen in Abhängigkeit von der Sprachkompetenz betrachtet.

*Prozentualer Anteil (eher) oberflächlich bearbeiteter Teilaufgaben*
Mithilfe von einfaktoriellen Varianzanalysen wird im Folgenden die Frage beantwortet, ob sich der prozentuale Anteil der (eher) oberflächlich bearbeiteten Teilaufgaben (EO und O) sowie der oberflächlich bearbeiteten Teilaufgaben (nur O) in den nach Sprachkompetenz differenzierten Gruppen unterscheidet. Dazu wurde für die einzelnen Lernenden berechnet, wie viel Prozent der von ihnen bearbeiteten Teilaufgaben sie (eher) oberflächlich und wie viel Prozent sie oberflächlich bearbeitet haben. Damit lassen sich die Mittelwerte der Anteile für die sprachlich schwache (C0) und sprachlich starke (C1) Gruppe vergleichen (vgl. Tabelle 14.4).

**Tabelle 14.4** Vergleich der Mittelwerte (eher) oberflächlich bearbeiteter Teilaufgaben bzgl. Sprachkompetenz

| | Sprachkompetenzgruppe | Mittelwert m (SD) | Signifikanz (ANOVA) |
|---|---|---|---|
| **Anteil (eher) oberflächlich bearbeiteter Teilaufgaben (EO/O)** | Gesamt (n = 31) | 41 % (28 %) | |
| | C0 (n = 14) | 52 % (23 %) | p = 0,066 |
| | C1 (n = 17) | 34 % (30 %) | |
| **Anteil oberflächlich bearbeiteter Teilaufgaben (O)** | Gesamt (n = 31) | 29 % (26 %) | |
| | C0 (n = 14) | 38 % (27 %) | p = 0,103 |
| | C1 (n = 17) | 22 % (24 %) | |

In der sprachlich schwachen Gruppe wurde gut die Hälfte aller bearbeiteten Teilaufgaben (eher) oberflächlich bearbeitet, wohingegen in der sprachlich starken Gruppe nur gut ein Drittel der bearbeiteten Teilaufgaben (eher) oberflächlich bearbeitet wurde. Diese Unterschiede sind laut einfaktorieller ANOVA knapp nicht signifikant auf dem 5 %-Niveau (p = 0,066). Betrachtet man ausschließlich die oberflächlich bearbeiteten Teilaufgaben, so lösten im Mittel die sprachlich schwachen Lernenden 38 % der Teilaufgaben oberflächlich und die sprachlich starken Lernenden nur 22 %, wobei der Unterschied laut einfaktorieller ANOVA tendenziell besteht (p = 0,103). Insgesamt zeigt sich, dass sprachlich schwache Lernende häufiger (eher) oberflächliche Bearbeitungen von Textaufgaben zeigen als sprachlich starke Lernende.

*Neigung von Lernenden zu oberflächlichen Bearbeitungen*
Um zu prüfen, ob es Unterschiede bezüglich der Sprachkompetenz in der Neigung der einzelnen Lernenden zu (eher) oberflächlichen Bearbeitungen gibt, wurde die Anzahl an Lernenden mit Neigung zu (eher) nicht oberflächlichen Bearbeitungen sowie die Anzahl an Lernenden mit Neigung zu (eher) oberflächlichen Bearbeitungen in einer Kreuztabelle verglichen. Die Unterschiede wurden mit dem Chi-Quadrat-Test auf Signifikanz getestet (vgl. Tabelle 14.5). Als Neigung eines Lernenden zu (eher) oberflächlichen Bearbeitungen gilt dabei, wenn der Lernende die Hälfte oder mehr der von ihm bearbeiteten Teilaufgaben eher oberflächlich oder oberflächlich bearbeitet hat.

**Tabelle 14.5** Vergleich der Anzahl Lernender mit Neigung zu (eher) oberflächlichen Bearbeitungen bzgl. Sprachkompetenz

| Hintergrund-faktor | Gruppe | Neigung zu (eher) nicht oberflächlichen Bearbeitungen | Neigung zu (eher) ober-flächlichen Bearbeitungen | Signifikante Unterschiede (Chi-Quadrat) |
|---|---|---|---|---|
| | Gesamt (n=31) | 16 (52 %) | 15 (48 %) | |
| Sprach-kompetenz | C0 (n=14) | 4 (29 %) | 10 (71 %) | p = 0,02* |
| | C1 (n=17) | 12 (71 %) | 5 (29 %) | |

Es zeigt sich, dass 71 % der sprachlich schwachen Lernenden (C0) zu (eher) oberflächlichen Bearbeitungen neigen, wohingegen derselbe Anteil an sprachlich starken Lernenden (C1) zu (eher) *nicht* oberflächlichen Bearbeitungen neigt. Dieser Unterschied ist laut Chi-Quadrat-Test signifikant (p = 0,02).

## 14.2.3 Zusammenhänge zwischen Sprachkompetenz und Oberflächlichkeit innerhalb der Mathematikleistungsgruppe

Zur Absicherung des Ergebnisses, dass vor allem sprachlich schwache Lernende vermehrt zu oberflächlichen Bearbeitungen neigen, soll im Folgenden der Faktor der Mathematikleistung, der möglicherweise ebenfalls einen Zusammenhang mit Oberflächlichkeit aufweist, kontrolliert werden. Dazu werden die vier zur Stichprobenbildung hinsichtlich Sprachkompetenz (operationalisiert über einen C-Test) und Mathematikleistung (operationalisiert über Mathematiknoten) gebildeten Gruppen bezüglich des Anteils an (eher) oberflächlich bzw. oberflächlich bearbeiteten Teilaufgaben verglichen (vgl. Tabelle 14.6).

**Tabelle 14.6** Vergleich der Mittelwerte (eher) oberflächlich bearbeiteter Teilaufgaben bzgl. Sprachkompetenz unter Kontrolle der Mathematikleistung

| | Gruppen nach Sprachkompetenz (C-Test) & Mathematikleistung (Noten) | | Mittelwert m (SD) | Signifikante Unterschiede (ANOVA, ggf. Post-Hoc Scheffé) |
|---|---|---|---|---|
| **Anteil (eher) oberflächlich bearbeiteter Teilaufgaben (EO, O)** | Gesamt | | 41 % (28 %) | |
| | mathematikschwach | C0M0 (n = 8) | 58 % (25 %) | p = 0,107 |
| | | C1M0 (n = 7) | 45 % (36 %) | |
| | mathematikstark | C0M1 (n = 6) | 44 % (14 %) | |
| | | C1M1 (n = 10) | 26 % (24 %) | |
| **Anteil oberflächlich bearbeiteter Teilaufgaben (O)** | Gesamt | | 29 % (26 %) | |
| | mathematikschwach | C0M0 (n = 8) | 53 % (26 %) | **p = 0,005\*\*,** C0M0&C1M1: p = 0,008\*\* |
| | | C1M0 (n = 7) | 34 % (33 %) | |
| | mathematikstark | C0M1 (n = 6) | 19 % (13 %) | |
| | | C1M1 (n = 10) | 14 % (11 %) | |

Bei Betrachtung des Anteils (eher) oberflächlich bearbeiteter Teilaufgaben liegt laut einfaktorieller ANOVA kein signifikanter aber ein tendenzieller Unterschied (p = 0,107) zwischen den vier Gruppen C0M0, C1M0, C0M1, C1M1 vor. Der Unterschied zwischen den Mittelwerten des Anteils (eher) oberflächlich bearbeiteter Teilaufgaben der mathematikschwachen sprachlich schwachen und der mathematikschwachen sprachlich starken Lernenden, liegt bei 13 %. Bei den mathematikstarken Lernenden liegt dieser Unterschied zwischen den sprachlich schwachen und den sprachlich starken Lernenden bei 18 %. Ähnliche Unterschiede zeigen sich bei ausschließlicher Betrachtung des Anteils oberflächlich gelöster Teilaufgaben. Bei den mathematikschwachen Lernenden führt unterschiedliche Sprachkompetenz zu einem Unterschied von 19 %, bei den mathematikstarken zu 5 %. Laut Post-Hoc Scheffé-Prozedur bestehen signifikante Unterschiede zwischen den Gruppen C0M0 und C1M1 (p = 0,008).

Vergleicht man die nach Sprachkompetenz und Mathematikleistung differenzierten Gruppen C0M0, C0M1, C1M0 und C1M1 hinsichtlich der Neigung zu oberflächlichen Bearbeitungen, so liegen laut einfaktorieller ANOVA signifikante Unterschiede (p = 0,037) vor (vgl. Tabelle 14.7). Diese zeigen sich insbesondere zwischen den sprach- und mathematikschwachen (C0M0) und den sprach- und mathematikstarken (C1M1) Lernenden. Sowohl innerhalb der mathematikschwachen als auch der mathematikstarken Lernenden ist erkennbar, dass (44,5 % bzw. 30 %) mehr sprachlich schwache Lernende zu (eher) oberflächlichen Bearbeitungen neigen als sprachlich starke (vgl. Tabelle 14.7).

**Tabelle 14.7** Vergleich der Anzahl Lernender mit Neigung zu (eher) oberflächlichen Bearbeitungen bzgl. Sprachkompetenz unter Kontrolle der Mathematikleistung

| Gruppen nach Sprachkompetenz & Mathematikleistung | | Neigung zu (eher) nicht oberflächlichen Bearbeitungen | Neigung zu (eher) oberflächlichen Bearbeitungen | Signifikante Unterschiede (ANOVA, Post-Hoc Scheffé) |
|---|---|---|---|---|
| Gesamt (31) | | 16 (52 %) | 15 (48 %) | |
| mathematikschwach | C0M0 (8) | 1 (12,5 %) | 7 (87,5 %) | **p = 0,037\***, C0M0&C1M1: p = 0,039\* |
| | C1M0 (7) | 4 (57 %) | 3 (43 %) | |
| mathematikstark | C0M1 (6) | 3 (50 %) | 3 (50 %) | |
| | C1M1 (10) | 8 (80 %) | 2 (20 %) | |

Eine Varianzanalyse zeigt, dass die Sprachkompetenzgruppe 10 % und die Mathematikleistungsgruppe 13 % der Varianz im Anteil (eher) oberflächlicher Bearbeitungen aufklären kann (vgl. Tabelle 14.8). Beide Faktoren weisen also eine vergleichbare Varianzaufklärung auf.

**Tabelle 14.8**  Varianzaufklärung (Mittelwerte des Anteils (eher) oberflächlich bearbeiteter Teilaufgaben) bzgl. Sprachkompetenz- und Mathematikleistungsgruppe

| Hintergrundfaktor | Verfahren | Varianzaufklärung | df | F | Signifikanz |
|---|---|---|---|---|---|
| Sprachkompetenzgruppe | ANOVA | Eta-Quadrat = 0,10 | 1 | 3,066 | p = 0,090 |
| Mathematikleistungsgruppe | ANOVA | Eta-Quadrat = 0,13 | 1 | 4,187 | p = 0,050 |

Insgesamt ist festzuhalten, dass bei gleicher Mathematikleistungsgruppe (operationalisiert über die Mathematiknoten) geringere Sprachkompetenz eine Tendenz zu stärkerer Oberflächlichkeit bewirkt.

## 14.2.4  Unterschiede in den einzelnen Teilaufgaben

Um zu untersuchen, ob der Anteil an (eher) oberflächlichen Bearbeitungen in Abhängigkeit von der Sprachkompetenz bei den einzelnen Teilaufgaben variiert, wird der Anteil an (eher) oberflächlichen Bearbeitungen der Teilaufgaben zwischen beiden Gruppen in einer Kreuztabelle verglichen. Die Signifikanz der Unterschiede wird mit Chi-Quadrat-Tests überprüft.

Es ergeben sich lediglich signifikante Unterschiede auf 5 %-Niveau bei der Aufgabe „Badewanne" (vgl. Tabelle 14.9). Diese wurde von 75 % der sprachlich schwachen Lernenden (eher) oberflächlich, jedoch nur von 31 % der sprachlich starken Lernenden (eher) oberflächlich gelöst. Der Unterschied zwischen den beiden Sprachkompetenzgruppen ist laut Chi-Quadrat Test signifikant (p = 0,022).

**Tabelle 14.9**  (Eher) oberflächliche Bearbeitungen der Aufgabe „Badewanne" in Abhängigkeit von der Sprachkompetenz

| Aufgabe Badewanne | (eher) nicht ober- flächlich | (eher) oberflächlich | Signifikanz (Chi-Quadrat) |
|---|---|---|---|
| sprachlich schwach C0 (12) | 3 (25 %) | 9 (75 %) | p = 0,022* |
| sprachlich stark C1 (16) | 11 (69 %) | 5 (31 %) | |
| Gesamt (28) | 14 (50 %) | 14 (50 %) | |

Ähnliche, allerdings nicht signifikante Tendenzen zeigen sich bei drei weiteren Teilaufgaben (vgl. Tabelle 14.10). Die Teilaufgabe a) der Aufgabe „Gerücht" bearbeiteten 54 % der sprachlich schwachen Lernenden, aber nur 20 % der sprachlich starken Lernenden (eher) oberflächlich. Die Teilaufgabe b) der Aufgabe „Blattläuse" wurde von 77 % der sprachlich schwachen Lernenden, jedoch nur von 50 % der sprachlich starken Lernenden (eher) oberflächlich bearbeitet. Die Teilaufgabe b) der Aufgabe „Gerücht" bearbeiteten 30 % der sprachlich schwachen Lernenden, aber nur 8 % der sprachlich starken (eher) oberflächlich.

Die *oberflächlich lösbaren* Teilaufgaben Bagger und Blattläuse a) hingegen wurden von sprachlich schwachen und sprachlich starken Lernenden in vergleichbarer Weise (eher) oberflächlich oder (eher) nicht oberflächlich bearbeitet (vgl. Tabelle 14.10). Die Aufgabe „Bagger" wurde von 14 % der sprachlich schwachen Lernenden und 19 % der sprachlich starken (eher) oberflächlich bearbeitet. Die Teilaufgabe a) der Aufgabe „Blattläuse" wurde von 57 % der sprachlich schwachen Lernenden und 41 % der sprachlich starken (eher) oberflächlich bearbeitet.

**Tabelle 14.10** (Eher) oberflächliche Bearbeitungen der weiteren Aufgaben in Abhängigkeit von der Sprachkompetenz

| (eher) oberflächlich bearbeitete Teilaufgaben | | |
|---|---|---|
| Aufgabe | sprachlich schwach (C0) | sprachlich stark (C1) |
| tendenzielle Unterschiede bzgl. Sprachkompetenz | | |
| Gerücht a) (C0: 13, C1: 15) | 54 % | 20 % |
| Blattläuse b) (C0: 13, C1: 16) | 77 % | 50 % |
| Gerücht b) (C0: 10, C1: 13) | 30 % | 8 % |
| kaum Unterschiede bzgl. Sprachkompetenz | | |
| Blattläuse a) (C0: 14, C1: 17) | 57 % | 41 % |
| Bagger (C0: 14, C1: 16) | 14 % | 19 % |

Insgesamt zeigen sich Unterschiede der Sprachkompetenzgruppen somit insbesondere bei nicht oberflächlich lösbaren Teilaufgaben. Niedrigere Sprachkompetenz geht dabei vor allem bei der Aufgabe „Badewanne", aber tendenziell auch bei den beiden Teilaufgaben der Aufgabe „Gerücht" und der Teilaufgabe b) der Aufgabe „Blattläuse" mit häufigeren (eher) oberflächlichen Bearbeitungen einher. Es gibt keine Tendenzen in Abhängigkeit vom mathematischen Themengebiet. Zusammenfassend lässt sich also festhalten, dass es eine Tendenz gibt, dass sprachlich schwache Lernende vor allem nicht oberflächlich lösbare Aufgaben häufiger (eher) oberflächlich bearbeiten.

## 14.2.5　Zusammenfassende Darstellung der Zusammenhänge

Die zweite Unterfrage der vierten Forschungsfrage, welche Zusammenhänge bei den vorliegenden Bearbeitungen zwischen der erhobenen Sprachkompetenz und oberflächlichen Bearbeitungen bestehen, kann basierend auf den vorangegangenen Analysen beantwortet werden. Es hat sich herausgestellt, dass sprachlich schwache Lernende auch bei gleicher Mathematikleistungsgruppe häufiger (eher) oberflächliche Bearbeitungen von Textaufgaben zeigten und dabei insgesamt eine stärkere Neigung zu oberflächlichen Bearbeitungen aufwiesen als sprachlich starke. Dies zeigte sich vor allem bei nicht oberflächlich lösbaren Aufgaben und unabhängig von den beiden betrachteten mathematischen Themengebieten. Spezifische oberflächliche Bearbeitungsstrategien wurden dabei vermehrt in der Gruppe der sprachlich schwachen bzw. der sprachlich starken Lernenden verwendet, während andere kaum Unterschiede in der Verwendung über die Gruppen hinweg aufzeigten. Insgesamt verwendeten die sprachlich schwachen Lernenden eher oberflächliche Bearbeitungsstrategien, die für ein willkürliches vom Sachkontext losgelöstes Ausprobieren sprechen, während sprachlich starke Lernende in ihren oberflächlichen Bearbeitungsstrategien eher mathematisches Ausprobieren zeigten.

Insgesamt besteht bei gleicher Mathematikleistungsgruppe also ein Zusammenhang zwischen niedriger Sprachkompetenz und vermehrten oberflächlichen Gesamtbearbeitungen und somit der Neigung zur Oberflächlichkeit. Unabhängig hiervon wurden jedoch von den beiden Sprachkompetenzgruppen unterschiedliche oberflächliche Bearbeitungsstrategien vermehrt eingesetzt. Insofern müssen die von den sprachlich starken Lernenden eingesetzten oberflächlichen Bearbeitungsstrategien seltener zu einer oberflächlichen Gesamtbearbeitung führen als die von den sprachlich schwachen Lernenden eingesetzten oberflächlichen Bearbeitungsstrategien.

## 14.3　Zusammenhänge zwischen Oberflächlichkeit und Mathematikleistung

Zur Beantwortung der dritten Unterfrage zu F4 wird betrachtet, ob Zusammenhänge zwischen einer oberflächlichen Bearbeitung einer Aufgabe und ihrer Lösung bestehen.

F4.3: Welche Zusammenhänge bestehen zwischen einer oberflächlichen Bearbeitung der eingesetzten Aufgaben und der Mathematikleistung?

Dazu werden im Folgenden Zusammenhänge zwischen (eher) oberflächlichen Gesamtbearbeitungen und der Lösung der Aufgaben analysiert (Abschn. 14.3.1) und anschließend zusammengefasst (Abschn. 14.3.2).

## 14.3.1  Oberflächliche Gesamtbearbeitung und Lösung

Bei der folgenden Analyse von Zusammenhängen zwischen (eher) oberflächlichen Gesamtbearbeitungen von Aufgaben und ihrer Lösung soll der Einfluss der oberflächlichen Lösbarkeit der Aufgaben berücksichtigt werden. Deshalb wird zunächst betrachtet, welcher Zusammenhang zwischen der oberflächlichen Lösbarkeit der Aufgaben und ihrer Lösungshäufigkeit besteht, bevor der Zusammenhang zwischen (eher) oberflächlichen Gesamtbearbeitungen bzw. der Neigung zu Oberflächlichkeit und der Lösung der Aufgaben analysiert wird.

*Oberflächlich lösbare Aufgaben und Lösungshäufigkeiten der Teilaufgaben*
Ein Vergleich der Lösungshäufigkeiten zwischen den oberflächlich lösbaren und den nicht oberflächlich lösbaren Aufgaben (vgl. Abb. 14.2), zeigt dass von den beiden Aufgaben zu proportionalen Zuordnungen, die oberflächlich lösbare Aufgabe „Bagger" in 87 % der Fälle, die nicht oberflächlich lösbare Aufgabe „Badewanne" deutlich seltener, nämlich nur in 57 % der Fälle gelöst wurde. Weniger deutlich zeigen sich Unterschiede bei den Aufgaben zum exponentiellen Wachstum, die alle von zwischen 29 % und 38 % der Lernenden, die sie bearbeitet haben, gelöst wurden.

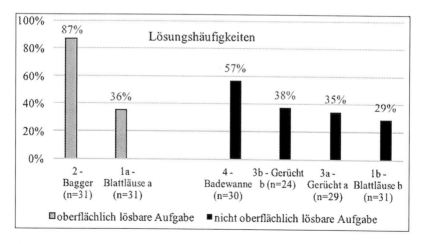

**Abb. 14.2**  Lösungshäufigkeiten bei den einzelnen Aufgaben sortiert nach oberflächlicher Lösbarkeit

Die oberflächlich lösbare Teilaufgabe a) der Aufgabe „Blattläuse" wurde also nicht häufiger gelöst als die nicht oberflächlich lösbaren Teilaufgaben zum exponentiellen Wachstum. Dies lässt sich über die fachliche Komplexität dieser Aufgaben für die Lernenden begründen. Die Tendenz zur Lösung einer oberflächlich lösbaren Aufgabe kann also durch die fachliche Komplexität der Aufgabe aufgehoben werden. Dies sieht man bei den Aufgaben zum exponentiellen Wachstum daran, dass für eine oberflächliche, richtige Bearbeitung trotzdem erkannt werden muss, dass exponentielles Wachstum vorliegt. Erfolgt dies nicht, kann die Aufgabe nicht gelöst werden.

*Oberflächliche Gesamtbearbeitung und Lösungshäufigkeiten der Teilaufgaben*

Zur Betrachtung der Zusammenhänge zwischen (eher) oberflächlichen Gesamtbearbeitungen von Aufgaben und ihrer Lösung wird der prozentuale Anteil im Wesentlichen richtiger (gelöster) und nicht im Wesentlichen richtiger (nicht gelöster) (eher) oberflächlicher Gesamtbearbeitungen in den einzelnen Teilaufgaben und insgesamt verglichen (vgl. Tabelle 14.11).

**Tabelle 14.11** Oberflächliche Lösbarkeit von Aufgaben und (eher) oberflächliche, im Wesentlichen richtige Bearbeitungen[a]

| | Oberflächlich lösbare Aufgaben | | Nicht oberflächlich lösbare Aufgaben | | | | Gesamt |
|---|---|---|---|---|---|---|---|
| | 1a-BLa | 2-Bag | 1b-BLb | 3a-Gera | 3b-Gerb | 4-BW | alle Teilaufgaben |
| bzgl. Oberflächlichkeit beurteilt | 31 | 30 | 29 | 28 | 23 | 28 | 169 |
| (Eher) oberflächliche Gesamtbearbeitungen | 15 (100 %) | 5 (100 %) | 18 (100 %) | 10 (100 %) | 4 (100 %) | 14 (100 %) | 66 (100 %) |
| davon im Wesentlichen richtig | 2 (13 %) | 3 (60 %) | 3 (17 %) | 0 (0 %) | 0 (0 %) | 4 (29 %) | 12 (18 %) |
| davon nicht im Wesentlichen richtig | 13 (87 %) | 2 (40 %) | 15 (83 %) | 10 (100 %) | 4 (100 %) | 10 (71 %) | 54 (82 %) |

[a]Die Anzahl der bzgl. Oberflächlichkeit eingeschätzten Bearbeitungen einer Teilaufgabe unterscheidet sich ggf. von der Anzahl der Bearbeitungen dieser Teilaufgabe (vgl. Abb. 14.2), da sehr kurze abgebrochene Bearbeitungen, die z. B. direkt nach dem Lesen abgebrochen wurden, nicht hinsichtlich Oberflächlichkeit eingeschätzt werden können.

Es sind keine Unterschiede in Abhängigkeit von der oberflächlichen Lösbarkeit für die Aufgaben zum exponentiellen Wachstum (1, 3), jedoch für die Aufgaben zu proportionalen Zuordnungen (2, 4) zu erkennen. Die oberflächlich lösbare Aufgabe „Bagger" wird in 60 % der (eher) oberflächlichen Gesamtbearbeitungen gelöst, während die nicht oberflächlich lösbare Aufgabe „Badewanne" nur in 29 % der (eher) oberflächlichen Gesamtbearbeitungen gelöst wird. Bei den Aufgaben zum exponentiellen Wachstum zeigt sich unabhängig von der oberflächlichen Lösbarkeit der Aufgaben, dass (eher) oberflächliche Gesamtbearbeitungen nur äußerst selten (in 13–17 % bei der Aufgabe „Blattläuse") oder gar nicht (bei der Aufgabe „Gerücht") zu einem richtigen Endergebnis führen. Auch dies lässt sich darüber begründen, dass nur oberflächliche Bearbeitungen, bei denen erkannt wurde, dass es sich um exponentielles Wachstum handelt, zur Lösung führen können. Insofern zeigt sich insgesamt eine leichte Tendenz, dass bei fachlich nicht zu anspruchsvollen oberflächlich lösbaren Aufgaben oberflächliche Gesamtbearbeitungen eher zu einer Lösung führen. Allerdings konnten richtige Vorgehensweisen, bei denen nicht zu identifizieren war, ob sie aus einer Oberflächlichkeit oder aus reflektierten, gegebenenfalls jedoch intuitiven, nicht explizierten Überlegungen hervorgegangen sind, wie die Operation „364:5" bei der Aufgabe „Bagger", aufgrund dieser Unsicherheit nicht als oberflächlich codiert werden. Insofern ist es möglich, dass die Zahl im Wesentlichen richtiger oberflächlicher Gesamtbearbeitungen, vor allem bei den Aufgaben zu proportionalen Zuordnungen, insgesamt etwas höher als angegeben ist.

Insgesamt zeigt sich jedoch, dass (eher) oberflächliche Gesamtbearbeitungen deutlich häufiger zu nicht im Wesentlichen richtigen (82 %) als zu im Wesentlichen richtigen (18 %) Bearbeitungen führen. Bei den oberflächlich lösbaren Aufgaben führen sie dabei in 25 % der Fälle zur Lösung, bei nicht oberflächlich lösbaren Aufgaben nur in 15 % der Fälle. Bei den Aufgaben zum exponentiellen Wachstum führen 11 % der (eher) oberflächlichen Gesamtbearbeitungen zur Lösung, bei den Aufgaben zu proportionalen Zuordnungen 37 %. Dies lässt sich mit der Komplexität des Themengebiets des exponentiellen Wachstums und den sich daraus für die Lernenden ergebenden Schwierigkeiten in der Aufgabenbearbeitung erklären.

Ein Vergleich der Lösungshäufigkeiten zwischen den (eher) nicht oberflächlichen und den (eher) oberflächlichen Gesamtbearbeitungen innerhalb der einzelnen Teilaufgaben zeigt, dass bei allen Teilaufgaben (eher) nicht oberflächliche Bearbeitungen häufiger zur Lösung führen als (eher) oberflächliche (vgl. Tabelle 14.12). Signifikant sind diese Unterschiede laut Chi–Quadrat-Test in den Teilaufgaben „Blattläuse a)" (1a, p = 0,013) und „Badewanne" (4, p < 0,001). Bei den anderen Teilaufgaben ist die Voraussetzung in den erwarteten Häufigkeiten für diesen Test nicht erfüllt, sodass der exakte Test nach Fischer verwendet wurde. Hiernach gibt es ebenfalls signifikante Unterschiede bei der Teilaufgabe a) der Aufgabe „Gerücht" (3a) (p = 0,004 2-seitig, p = 0,003 1-seitig) und der Teilaufgabe b) der Aufgabe „Blattläuse" (1b) (p = 0,048, 2-seitig, p = 0,043 1-seitig).

**Tabelle 14.12** Vergleich der Lösungshäufigkeiten zwischen (eher) nicht oberflächlichen und (eher) oberflächlichen Gesamtbearbeitungen innerhalb der einzelnen Teilaufgaben

| Signifikanz | Aufgabe (Anzahl gelöster Aufgaben) | Lösung bei (eher) nicht oberfl. Gesamtbearbeitung | Lösung bei (eher) oberfl. Gesamtbearbeitung | Signifikanz ($Chi^2$) | Signifikanz Fischer (2-seitig, 1-seitig) |
|---|---|---|---|---|---|
| * | 1a (11) | 9 (56 %) | 2 (13 %) | 0,013 (Vor. erfüllt) | 0,023, 0,016 |
| * | 1b (9) | 6 (55 %) | 3 (17 %) | 0,032 (Vor. nicht erfüllt) | 0,048, 0,043 |
| - | 2 (27) | 24 (96 %) | 3 (60 %) | 0,014 (Vor. nicht erfüllt). | 0,064, 0,064 |
| ** | 3a (10) | 10 (56 %) | 0 (0 %) | 0,003 (Vor. nicht erfüllt) | 0,004, 0,003 |
| - | 3b (9) | 9 (47 %) | 0 (0 %) | 0,078 (Vor. nicht erfüllt) | 0,127, 0,113 |
| *** | 4 (17) | 13 (76,5 %) | 4 (23,5 %) | <0,001 (Vor. erfüllt) | 0,001, 0,001 |

\* $p \leq 0,05$; \*\* $p \leq 0,01$; \*\*\* $p \leq 0,001$; – nicht signifikant

*Neigung zu oberflächlichen Gesamtbearbeitungen und Lösung der Teilaufgaben*
Um beurteilen zu können, inwieweit Zusammenhänge zwischen dem Anteil gelöster Teilaufgaben und der Neigung zu (eher) oberflächlichen Gesamtbearbeitungen bestehen, werden im Folgenden Unterschiede der Mittelwerte des Anteils gelöster Teilaufgaben zwischen den Lernenden, die zu (eher) oberflächlichen Gesamtbearbeitungen neigen und denen, die nicht zu (eher) oberflächlichen Gesamtbearbeitungen neigen, mit einer ANOVA auf Signifikanz geprüft (vgl. Tabelle 14.13).

**Tabelle 14.13**  Neigung zu (eher) oberflächlichen Gesamtbearbeitungen und Anteil gelöster Teilaufgaben

| Faktor | Ausprägung | n | Mittelwert Anteil gelöster an bearbeiteten Teilaufgaben, m (SD) | Signifikante Unterschiede |
|---|---|---|---|---|
| | Gesamt | 31 | 47 % (31 %) | |
| Neigung zu (eher) oberflächlichen Gesamtbearbeitungen | neigt nicht zu (eher) oberfl. Gesamtbearbeitungen | 16 | 69 % (24 %) | ANOVA: p < 0,001 |
| | neigt zu (eher) oberfl. Gesamtbearbeitungen | 15 | 24 % (19 %) | |

Lernende, die nicht zu (eher) oberflächlichen Gesamtbearbeitungen neigen, lösen deutlich mehr Teilaufgaben (im Mittel 69 %) als Lernende, die zu oberflächlichen Gesamtbearbeitungen neigen (im Mittel 24 %). Dieser Unterschied ist laut ANOVA hoch signifikant ($p < 0,001$).

## 14.3.2  Zusammenfassende Darstellung der Zusammenhänge

Die dritte Unterfrage der vierten Forschungsfrage, welche Zusammenhänge zwischen einer oberflächlichen Bearbeitung der eingesetzten Aufgaben und der gezeigten Mathematikleistung bestehen, lässt sich mit den vorangegangenen Analysen beantworten. Es wurde gezeigt, dass (eher) oberflächliche Gesamtbearbeitungen, vor allem bei nicht oberflächlich lösbaren und mathematisch komplexeren Aufgaben deutlich seltener zur Lösung der Aufgaben führen. Lernende, die zu (eher) oberflächlichen Bearbeitungen neigen, lösen signifikant weniger Teilaufgaben als Lernende, die nicht zu (eher) oberflächlichen Bearbeitungen neigen. Somit besteht ein Zusammenhang zwischen einer Neigung zu (eher) oberflächlichen Gesamtbearbeitungen und niedrigerer Mathematikleistung.

# Oberflächlichkeit als potenzieller Mediator

15

Aufbauend auf den Ergebnissen aus Kapitel 14, in dem die drei Unterfragen der vierten Forschungsfrage beantwortet wurden, wird in diesem Kapitel die Hauptfrage F4 beantwortet.

**F4: Inwieweit findet durch oberflächliche Bearbeitungsstrategien eine Mediation des Zusammenhangs zwischen Sprachkompetenz und Mathematikleistung statt?**

Dazu werden die Ergebnisse aus Kapitel 14 zunächst mit Hinblick auf diese Frage interpretiert (Abschn. 15.1) und diese Interpretation anschließend mit einer explorativen Mediationsanalyse gestützt (Abschn. 15.2). Diese Ausführungen enden in der Beantwortung der vierten Forschungsfrage als Abschluss des Teils IV dieser Arbeit (Abschn. 15.3).

## 15.1 Interpretation der bisher dargestellten Zusammenhänge

Um die Ergebnisse der vorangegangenen Kapitel mit Blick auf die vierte Forschungsfrage interpretieren zu können, werden diese zunächst knapp zusammengefasst.

Es wurde gezeigt, dass bei den untersuchten Aufgabenbearbeitungen zwischen Sprachkompetenz und gezeigter Mathematikleistung ein positiver Zusammenhang besteht, dass also sprachlich starke Lernende mehr Aufgaben lösten als sprachlich schwache Lernende. Dieser Zusammenhang hat sich vor

allem bei Aufgaben zu exponentiellem Wachstum und bei der nicht oberflächlich lösbaren Aufgabe zu proportionalen Zuordnungen, also insgesamt eher bei
mathematisch komplexeren oder nicht oberflächlich lösbaren Aufgaben gezeigt
(vgl. Abschn. 14.1).

Auch zwischen Sprachkompetenz und Oberflächlichkeit konnte ein
Zusammenhang beobachtet werden (vgl. Abschn. 14.2). Sprachlich schwache
Lernende lösten mehr Aufgaben (eher) oberflächlich, neigten also eher zu (eher)
oberflächlichen Gesamtbearbeitungen. Dies ist unabhängig vom mathematischen
Themengebiet und zeigt sich insbesondere bei nicht oberflächlich lösbaren
Aufgaben. Die Beobachtung, dass geringere Sprachkompetenz eine Tendenz
zu stärkerer Oberflächlichkeit bewirkt, besteht auch innerhalb der gleichen
Mathematikleistungsgruppe (operationalisiert über die Mathematiknoten). Die
von den Lernenden vermehrt eingesetzten oberflächlichen Bearbeitungsstrategien
unterscheiden sich je nach Sprachkompetenzgruppe. Insgesamt setzten sprachlich schwache Lernende eher Strategien des willkürlichen und vom Sachkontext
losgelösten Ausprobierens und sprachlich starke Lernende eher Strategien des
mathematischen Ausprobierens ein.

(Eher) oberflächliche Gesamtbearbeitungen sind insgesamt häufiger nicht im
Wesentlichen richtige Bearbeitungen als (eher) nicht oberflächliche Bearbeitungen.
Dieser Zusammenhang zeigt sich insbesondere bei mathematisch komplexeren und
nicht oberflächlich lösbaren Aufgaben (vgl. Abschn. 14.3).

Aus diesen Erkenntnissen ergibt sich, im Einklang mit den ersten existierenden
Ergebnissen (vgl. Abschn. 4.5), folgender Gesamtzusammenhang (vgl. Abb. 15.1).

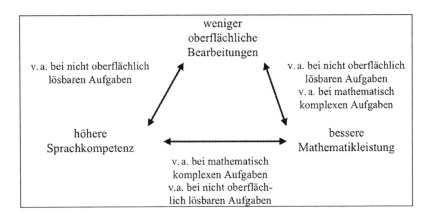

**Abb. 15.1** Interpretierter Gesamtzusammenhang zwischen Sprachkompetenz, oberflächlichen Bearbeitungen und Mathematikleistung

Eine höhere Sprachkompetenz weist einen positiven Zusammenhang mit der Mathematikleistung auf. Zudem geht eine höhere Sprachkompetenz mit weniger oberflächlichen Bearbeitungen einher. Weniger oberflächliche Bearbeitungen wiederum stehen im Zusammenhang mit mehr gelösten Mathematikaufgaben und somit einer besseren Mathematikleistung. Dies lässt die Schlussfolgerung zu, dass Oberflächlichkeit als potenzieller Mediator des Zusammenhangs zwischen Sprachkompetenz und Mathematikleistung fungiert, was im folgenden Abschn. 15.2 statistisch mit einer Mediationsanalyse überprüft wird.

Zur Spezifizierung der Erkenntnisse können die betrachteten mathematischen Themen und die oberflächliche Lösbarkeit der Aufgaben herangezogen werden (vgl. Abb. 15.1). Der Zusammenhang zwischen Sprachkompetenz und Mathematikleistung, Sprachkompetenz und Oberflächlichkeit und zwischen Oberflächlichkeit und Mathematikleistung zeigt sich insbesondere bei nicht oberflächlich lösbaren Aufgaben. Insbesondere bei mathematisch komplexeren Aufgaben zeigt sich der Zusammenhang zwischen Sprachkompetenz und Mathematikleistung und zwischen Oberflächlichkeit und Mathematikleistung. Bei mathematisch komplexen Aufgaben ist eine (eher) oberflächliche Bearbeitung also seltener erfolgreich als eine (eher) nicht oberflächliche Bearbeitung. Insgesamt ergibt sich daraus die Schlussfolgerung, dass sich bei nicht oberflächlich lösbaren und mathematisch komplexeren Aufgaben Sprachkompetenz besonders stark auf Mathematikleistung auswirkt und der negative Zusammenhang zwischen der Oberflächlichkeit der Bearbeitungen und der Mathematikleistung besonders stark ist.

## 15.2 Mediationsanalyse

Um auch statistisch zu prüfen, ob Oberflächlichkeit als potenzieller Mediator des Zusammenhangs zwischen Sprachkompetenz und Mathematikleistung fungieren könnte, wurde eine explorative Mediationsanalyse durchgeführt. Dabei wurde der Effekt von Sprachkompetenz (C-Test-Score) auf die Mathematikleistung (Anteil gelöster Teilaufgaben) unter Berücksichtigung von Oberflächlichkeit (Anteil (eher) oberflächlich bearbeiteter Teilaufgaben) mit PROCESS (vgl. Hayes, 2014, S. 98 ff.) untersucht (zum Vorgehen vgl. Abschn. 9.4.3). Die Voraussetzungen sind dabei nicht immer ideal, aber für das explorative Vorgehen in dieser Arbeit ausreichend erfüllt. Die Hypothese war, dass Sprachkompetenz einen positiven Effekt auf Mathematikleistung aufweist, der mediiert wird über einen negativen

Effekt von Sprachkompetenz auf Oberflächlichkeit, die wiederum einen negativen Effekt auf Mathematikleistung ausübt. Die PROCESS-Analyse ergab die folgenden Ergebnisse.

Es besteht ein *totaler Effekt* von Sprachkompetenz auf Mathematikleistung in der Form, dass bessere Sprachkompetenz zu besserer Mathematikleistung führt ($\text{ß}_{\text{standardisiert}} = 0{,}442$; $\text{ß}_{\text{nicht stand.}} = 1{,}169$). Dieses Regressionsgewicht ist signifikant ($p = 0{,}013$, korr. $R^2 = 0{,}167$). Dieser totale Effekt lässt sich in einen direkten und einen indirekten Effekt aufteilen. Der *direkte Effekt* von Sprachkompetenz auf Mathematikleistung ($\text{ß}_{\text{standardisiert}} = 0{,}181$; $\text{ß}_{\text{nicht stand.}} = 0{,}479$) ist nicht signifikant ($p = 0{,}137$)[1]. Der *indirekte Effekt*, dass bessere Sprachkompetenz durch Oberflächlichkeit vermittelt zu besserer Mathematikleistung führt ($\text{ß}_{\text{standardisiert}} = 0{,}261$; $\text{ß}_{\text{nicht stand.}} = 0{,}690$), ist hingegen signifikant[2]. Dieser indirekte Effekt setzt sich zusammen durch einen signifikanten *direkten Effekt*, in der Form, dass bessere Sprachkompetenz zu weniger Oberflächlichkeit führt ($\text{ß}_{\text{standardisiert}} = -0{,}357$; $\text{ß}_{\text{nicht stand.}} = -0{,}844$, $p = 0{,}048$), und einen hoch signifikanten *direkten Effekt* von Oberflächlichkeit auf Mathematikleistung, in der Form, dass weniger Oberflächlichkeit zu besserer Mathematikleistung führt ($\text{ß}_{\text{standardisiert}} = -0{,}729$; $\text{ß}_{\text{nicht stand.}} = -0{,}817$, $p < 0{,}001$). Sowohl das Regressionsmodell des direkten Effekts von Sprachkompetenz auf Oberflächlichkeit ($p = 0{,}048$, korr. $R^2 = 0{,}098$), als auch das Regressionsmodell der direkten Effekte von Sprachkompetenz und Oberflächlichkeit auf Mathematikleistung ($p < 0{,}001$, korr. $R^2 = 0{,}635$) sind signifikant.

Die nicht standardisierten Regressionskoeffizienten erlauben die folgende Interpretation, für deren Verständnis es hilfreich ist zu wissen, dass sich die Gruppe der sprachlich schwachen Lernenden und der sprachlich starken Lernenden im Mittel durch 20 Sprachkompetenzpunkte unterscheidet. 10 Punkte mehr Sprachkompetenz führen insgesamt zu 11,7 % mehr gelösten Aufgaben, was bei sechs Aufgaben gut zwei Dritteln einer Aufgabe entspricht (*totaler Effekt*). Dieser Effekt wird durch die oberflächliche Bearbeitung der Aufgaben mediiert. Somit führen 10 Punkte mehr Sprachkompetenz *direkt* zu 4,8 % mehr gelösten Aufgaben und *indirekt* über den Mediator Oberflächlichkeit zu 6,9 % mehr gelösten Aufgaben. Dieser *indirekte Effekt* besteht darin, dass 10 Punkte mehr Sprachkompetenz zu 8,4 % weniger (eher) oberflächlich bearbeiteten Aufgaben und diese 8,4 % weniger (eher) oberflächlich bearbeiteten Aufgaben

---

[1]Dass dieser direkte Effekt nicht signifikant ist, bedeutet, dass ggf. eine vollständige Mediation über Oberflächlichkeit erfolgt (Wentura & Pospeschill, 2015, S. 70).

[2]Das Bootstrapping ergibt das Intervall [0,038; 0,471] und beinhaltet damit nicht die 0.

wiederum zu 6,9 %[3] mehr gelösten Aufgaben führen. Insgesamt wird also mehr als die Hälfte des Effekts von Sprachkompetenz auf Mathematikleistung potenziell durch Oberflächlichkeit vermittelt.

Eine Veranschaulichung der Effekte mit ihren standardisierten Regressionskoeffizienten in einem Mediationsschema wird in Abb. 15.2 vorgenommen.

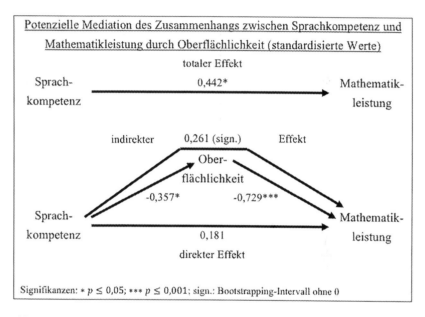

**Abb. 15.2** Potenzielle Mediation des Zusammenhangs zwischen Sprachkompetenz und Mathematikleistung durch Oberflächlichkeit (standardisierte Regressionskoeffizienten)

Da alle Effekte außer dem direkten Effekt von Sprachkompetenz auf Mathematikleistung signifikant sind, stellt Oberflächlichkeit tatsächlich einen potenziellen Mediator des Zusammenhangs zwischen Sprachkompetenz und Mathematikleistung dar.

---

[3]Ein Prozent weniger (eher) oberflächlich bearbeitete Aufgaben führt zu 0,82 % mehr gelösten Aufgaben, also führen 8,4 % weniger (eher) oberflächlich bearbeitete Aufgaben zu $(-8,4) \cdot (-0,8) = 6,9$ % mehr gelösten Aufgaben.

## 15.3    Beantwortung der vierten Forschungsfrage

Basierend auf der Interpretation der Zusammenhänge (Abschn. 15.1) und
den Erkenntnissen der Mediationsanalyse (Abschn. 15.2) lässt sich die vierte
Forschungsfrage, inwiefern durch oberflächliche Bearbeitungsstrategien eine
Mediation des Zusammenhangs zwischen Sprachkompetenz und Mathematikleistung stattfindet, beantworten. Insbesondere bei nicht oberflächlich lösbaren und mathematisch komplexeren Aufgaben lässt sich Oberflächlichkeit
als potenzieller Mediator vermuten, da sowohl ein positiver Zusammenhang
zwischen höherer Sprachkompetenz und besserer Mathematikleistung besteht, als
auch ein Zusammenhang zwischen höherer Sprachkompetenz und weniger oberflächlichen Bearbeitungen und zwischen weniger oberflächlichen Bearbeitungen
und besserer Mathematikleistung. Inwiefern eine Bearbeitung dabei als oberflächlich gilt, hängt dabei von den verwendeten oberflächlichen Bearbeitungsstrategien
und ihrer Bedeutung für die Gesamtbearbeitung und Lösung der Aufgabe ab.
Diese Schlussfolgerung wurde durch eine Mediationsanalyse mit PROCESS
bestätigt, die aufgezeigt hat, dass der totale Effekt von Sprachkompetenz auf
Mathematikleistung ($\beta_{stand.} = 0{,}442$) durch einen indirekten Effekt von Sprachkompetenz über Oberflächlichkeit auf Mathematikleistung vermittelt wird
($\beta_{stand.} = 0{,}261$). Die Mediation ist signifikant. Basierend auf den vorliegenden
Daten ist also zu schlussfolgern, dass Oberflächlichkeit als potenzieller Mediator
des Zusammenhangs zwischen Sprachkompetenz und Mathematikleistung
fungiert.

# Teil V

# Fazit

# Zusammenfassung, Diskussion und Ausblick

**16**

Als Fazit werden in diesem Kapitel die Arbeit zusammengefasst und die Ergebnisse synthetisiert (Abschn. 16.1), bevor eine Diskussion der Studie und ihrer Ergebnisse und Grenzen erfolgt (Abschn. 16.2). Dies mündet in einem Ausblick mit Darstellung der Implikationen und möglicher Anschlussfragen sowie einer Schlussbemerkung (Abschn. 16.3).

## 16.1 Zusammenfassung der Arbeit und Synthese der Ergebnisse

Um das Fazit dieser Arbeit ziehen zu können, werden zunächst die Erkenntnisse, Vorgehensweisen und Ergebnisse dieser Arbeit zusammengefasst (Abschn. 16.1.1), bevor daraus eine Synthese der Ergebnisse abgeleitet wird (Abschn. 16.1.2).

### 16.1.1 Zusammenfassung der Arbeit

Ziel der vorliegenden Arbeit war es, einen Teil zur Erklärung des Zusammenhangs zwischen Sprachkompetenz und Mathematikleistung beizutragen und dabei Oberflächlichkeit als potenziellen Mediator in den Blick zu nehmen.

Um dieses Ziel zu erreichen, wurde zunächst der aktuelle theoretische und empirische Forschungsstand gesichtet. Hierauf basierend wurde herausgestellt, dass über einen C-Test erhobene Sprachkompetenz mit dem Fokus auf Bildungssprache sowohl theoretisch durch verschiedene Rollen, Funktionen und spezifische Merkmale der Sprache im Mathematikunterricht, als auch empirisch als stärkster Prädiktor im Vergleich zu anderen Hintergrundfaktoren einen Zusammenhang mit Mathematikleistung aufweist. Dieser Zusammenhang konnte vor allem bei Textaufgaben nachgewiesen werden, die deshalb in dieser Arbeit betrachtet wurden. Deren Bearbeitung weist verschiedene Hürden auf, von denen einige spezifisch für sprachlich schwache Lernende sind. Ebenso existieren verschiedene Bearbeitungsstrategien, verstanden als bewusste oder unbewusste Prozesse zur Aufgabenbearbeitung. Diese lassen sich in eine Makroebene, die den gesamten Bearbeitungsprozess beschreibt und bei Textaufgaben gut mit dem Prozessmodell nach Reusser (1989) zu beschreiben ist, und eine Mikroebene, die sich auf einzelne Elemente der Bearbeitung bezieht, unterteilen. Zur Klärung des Zusammenhangs zwischen Sprachkompetenz und Mathematikleistung wurden aus der Literatur sieben existierende, jedoch teils widerlegte oder unzureichende Ansätze auf den drei Ebenen Aufgabenmerkmale, Bearbeitungsprozesse und Lernzeit zusammengetragen. Oberflächliche Bearbeitungsstrategien, die Schwierigkeiten beim Lösen von Textaufgaben hervorrufen können, wurden zwar in der bestehenden Literatur hypothetisch als Erklärung genannt, jedoch noch nicht weiter untersucht. Da bisher kein theoretisch fundiertes und für empirische Untersuchungen operationalisiertes Konstrukt Oberflächlichkeit existierte, wurde das Modell einer „superficial solution" von Verschaffel et al. (2000) als Ausgangspunkt genommen und mit verschiedenen Theorieelementen angereichert und ausdifferenziert. Das hierauf aufbauende, aus theoretischen Überlegungen entwickelte Konstrukt umfasst eine Bearbeitungsebene, die sich aus den beiden Teilkonstrukten „Oberflächliche Bearbeitungsstrategien" und „Oberflächlichkeit einer Gesamtbearbeitung" zusammensetzt sowie eine Aufgabenebene, auf der das Teilkonstrukt „Oberflächliche Lösbarkeit einer Textaufgabe" angesiedelt ist. Oberflächlichkeit wird als potenzieller Mediator des Zusammenhangs zwischen Sprachkompetenz und Mathematikleistung vermutet. Dem identifizierten Forschungsbedarf einer genaueren Klärung des Zusammenhangs zwischen Sprachkompetenz und Mathematikleistung und insbesondere der Rolle, die das Konstrukt Oberflächlichkeit in diesem Zusammenhang einnimmt, wurde mit vier Forschungsfragen begegnet. Die drei Forschungsfragen zur empirischen Fundierung des Konstrukts Oberflächlichkeit fokussieren die identifizierbaren oberflächlichen Bearbeitungsstrategien und deren Einordnung in das Prozessmodell nach Reusser (F1), die Einschätzung verschiedener Ausprägungen von Oberflächlichkeit in Gesamtbearbeitungen (F2) und Merkmale (nicht) oberflächlich lösbarer Aufgaben (F3). Die vierte, in drei Unterfragen unterteilte Forschungsfrage nimmt Oberflächlichkeit als potenziellen Mediator des Zusammenhangs zwischen Sprachkompetenz und Mathematikleistung in den Blick (F4). (vgl. Teil I)

Zur Beantwortung dieser Forschungsfragen wurde eine auf dem Projekt ZP10-Exp (Schlager et al., 2017) aufbauende mixed-methods Studie durchgeführt.

Ausgehend vom existierenden quantitativen Befund, dass Sprachkompetenz Prädiktor von Mathematikleistung ist, wurde qualitativ das Konstrukt Oberflächlichkeit als potenzielle erklärende Variable an Fällen, die mit quantitativen Methoden ausgewählt wurden, untersucht (F1–F3). Anschließend wurde das Konstrukt Oberflächlichkeit explorativ mit quantitativen Untersuchungen auf seine Rolle als potenzieller Mediator des Zusammenhangs zwischen Sprachkompetenz und Mathematikleistung getestet (F4). Dazu wurden 31 Lernende aus insgesamt 141 anhand eines Stichprobenplans ausgewählt, sodass die vier Gruppen, die durch Kombination der relevanten Merkmale gute bzw. schlechte Sprachkompetenz (gemäß C-Test) und gute bzw. schlechte Mathematikleistung (gemäß Mathematiknoten) gebildet wurden, gleichmäßig besetzt waren. Diese Lernenden bearbeiteten vier Aufgaben nach der Methode des Lauten Denkens. Es schloss sich ein leitfadengestütztes Interview über die Bearbeitungen an. Aus dem im Projekt ZP10-Exp eingesetzten Mathematiktest wurde dazu begründet je eine Aufgabe zu proportionalen Zuordnungen und zum exponentiellen Wachstum ausgewählt, die beide nicht oberflächlich lösbar waren (Badewanne, Gerücht). Entsprechend den Designprinzipien *gleiches mathematisches Thema, ähnliche theoretische fachliche Schwierigkeit, sprachliche Vergleichbarkeit* und *oberflächliche Lösbarkeit* wurde zu jedem Thema eine weitere Aufgabe entwickelt (Bagger, Blattläuse). Zur Auswertung wurden die videographierten Bearbeitungsprozesse transkribiert, nach der qualitativen Inhaltsanalyse nach Mayring (2015) zunächst in Phasen in Anlehnung an das Prozessmodell nach Reusser (1989) segmentiert und anschließend hinsichtlich des Konstrukts Oberflächlichkeit ausgewertet. Abschließend wurde mit Zusammenhangsbetrachtungen und Mediationsanalysen eine Untersuchung der potenziellen Mediation vorgenommen. (vgl. Teil II)

Als erstes Ergebnis ergab sich das mit empirischen Erkenntnissen überarbeitete und somit theoretisch und empirisch fundierte Oberflächlichkeits-Konstrukt (vgl. Abb. 13.1). Dieses setzt sich aus der Bearbeitungs- und der Aufgabenebene zusammen. Die Bearbeitungsebene unterteilt sich in die beiden Teilkonstrukte „Oberflächliche Bearbeitungsstrategien" und „Oberflächlichkeit einer Gesamtbearbeitung". Auf der Aufgabenebene ist das Teilkonstrukt „Oberflächliche Lösbarkeit einer Textaufgabe" verortet. Die oberflächliche Lösbarkeit einer Textaufgabe steht mit den bei ihrer Lösung möglichen oberflächlichen Bearbeitungsstrategien in engem Zusammenhang. Hiermit konnten die ersten drei Forschungsfragen beantwortet werden.

F1: Welche oberflächlichen Bearbeitungsstrategien lassen sich in konkreten Bearbeitungsprozessen identifizieren und wie lassen sich diese in das Prozessmodell nach Reusser einordnen?

Es konnten die zwölf oberflächlichen Bearbeitungsstrategien *oberflächliches Leseverständnis, Assoziation, Schlüsselwortstrategie, oberflächliches Verknüpfen, oberflächliches Ausführen einer Rechenoperation, oberflächlicher Algorithmus, Wechsel der Rechenoperationen, Ergebnis ohne Sachbezug,* ein unrealistisches *Ergebnis ohne Reflexion, oberflächliche Anpassungen und Zuordnungen, oberflächliche Beurteilungen* und *Verbalisierungen der Oberflächlichkeit* identifiziert werden. Diese entsprechen einer Explizierung, Ausdifferenzierung, Erweiterung, Ergänzung und Anpassung des aus der Theorie entwickelten Teilkonstrukts oberflächlicher Bearbeitungsstrategien. Sie lassen sich wie in Abb. 10.4 dargestellt im adaptierten Prozessmodell, das sich an das Prozessmodell nach Reusser (1989) anlehnt, verorten, was einer Erweiterung des Modells entspricht.

F2: Wie können Gesamtbearbeitungen als (eher) oberflächlich oder (eher) nicht oberflächlich eingeschätzt werden?

*Nicht oberflächliche Bearbeitungen* zeichnen sich durch fehlende oberflächliche Bearbeitungsstrategien (OBS) oder eine reflektierte Korrektur aller vorhandenen OBS aus. Bei *eher nicht oberflächlichen Bearbeitungen* werden die OBS korrigiert, sind aber für Teile der Bearbeitung bedeutsam, oder werden nicht korrigiert, haben aber auch keine Bedeutung für die Bearbeitung, oder es wird ein Ansatz durch oberflächliches Leseverständnis bestimmt, ohne dass weitere OBS auftreten. Eine *eher oberflächliche Bearbeitung* enthält nicht korrigierte OBS, die bedeutsam für Teile der Bearbeitung, jedoch nicht für die Gesamtbearbeitung sind. Eine *oberflächliche Bearbeitung* zeichnet sich durch einige nicht korrigierte oder eine Vielzahl verschiedenster nicht korrigierter oberflächlicher Bearbeitungsstrategien aus, die Bedeutung für die Gesamtbearbeitung haben. Damit wurde das aus der Theorie entwickelte Teilkonstrukt einer oberflächlichen Gesamtbearbeitung ausdifferenziert, angepasst und expliziert.

F3: Wie lassen sich Textaufgaben bezüglich ihrer oberflächlichen Lösbarkeit klassifizieren?

Oberflächlich lösbare Aufgaben lassen sich danach klassifizieren, ob ihre Aufgabenmerkmale *im Text gegebene Zahlen, auszuführende Operationen,* das *Ergebnis,* die *sprachliche Formulierung,* der *Sachkontext,* die *Aufgabenstruktur* und die *Rolle, die das Vorwissen beim Lösen der Aufgabe spielt,* oberflächliche Bearbeitungsstrategien begünstigen, die zu einer Lösung der Aufgabe führen können. Dieses Teilkonstrukt ist das Ergebnis einer Ergänzung, Umstrukturierung und leichter anwendbaren Zusammenfassung der ursprünglichen aus der Theorie entwickelten Überlegungen.

Das durch die Beantwortung der ersten drei Forschungsfragen weiterentwickelte Konstrukt Oberflächlichkeit steht einem intuitiven und alltäglichen Verständnis von Oberflächlichkeit nicht entgegen. Es deckt sich bezüglich der oberflächlichen Lösbarkeit von Aufgaben gut und bezüglich oberflächlicher Bearbeitungen in Teilen mit den intuitiven Äußerungen von Mathematiklehrkräften und Mathematikdidaktikerinnen und -didaktikern, die mit einem Fragebogen erhoben wurden. (vgl. Teil III)

Aufbauend auf diesem Ergebnis konnte die vierte Forschungsfrage untersucht werden.

F4: Findet durch oberflächliche Bearbeitungsstrategien eine Mediation des Zusammenhangs zwischen Sprachkompetenz und Mathematikleistung statt?

Oberflächlichkeit konnte als potenzieller Mediator von Sprachkompetenz und Mathematikleistung identifiziert werden. Vor allem bei mathematisch komplexen und nicht oberflächlich lösbaren Aufgaben besteht ein Zusammenhang zwischen Sprachkompetenz und Mathematikleistung. Insbesondere bei nicht oberflächlich lösbaren Aufgaben und unabhängig vom mathematischen Themengebiet führt geringere Sprachkompetenz zu häufigerer (eher) oberflächlicher Bearbeitung und häufigerer Neigung zu Oberflächlichkeit. Oberflächliche Bearbeitungsstrategien werden von Lernenden aller Gruppen verwendet. Dabei werden vor allem von sprachlich schwachen Lernenden eher oberflächliche Bearbeitungsstrategien, die als willkürliches vom Sachkontext losgelöstes Ausprobieren zusammengefasst werden können, und von sprachlich starken Lernenden eher oberflächliche Bearbeitungsstrategien im Sinne eines mathematisch orientierten Ausprobierens eingesetzt. Vor allem bei mathematisch komplexen und nicht oberflächlich lösbaren Aufgaben führen (eher) oberflächliche Bearbeitungen häufiger zu falschen Lösungen. Der daraus resultierende Gesamtzusammenhang, dass Sprachkompetenz direkt mit Mathematikleistung, aber genauso über Oberflächlichkeit mit Mathematikleistung zusammenhängt, konnte in einer Mediationsanalyse bestätigt werden (vgl. Abb. 15.2). Es besteht eine signifikante Mediation des Zusammenhangs zwischen Sprachkompetenz und Mathematikleistung, bei der circa die Hälfte des Effekts über den Mediator Oberflächlichkeit erklärt werden kann. Sprachlich schwache Lernende lösen Aufgaben vermehrt oberflächlich und unter anderem deshalb vermehrt falsch. Somit stellt Oberflächlichkeit vor allem bei mathematisch komplexen und nicht oberflächlich lösbaren Aufgaben einen potenziellen Mediator des Zusammenhangs zwischen Sprachkompetenz und Mathematikleistung dar. (vgl. Teil IV)

## 16.1.2 Synthese der Ergebnisse

Aus dieser zusammenfassenden Darstellung werden im Folgenden die zentralen theoretischen und empirischen Ergebnisse dieser Arbeit synthetisiert.

Als Ergebnis der theoretischen Auseinandersetzung mit bestehenden Theorien und bereits durchgeführten empirischen Studien zum Zusammenhang zwischen Sprachkompetenz und Mathematikleistung konnten die sieben Erklärungsansätze *sprachliche Komplexität der Aufgaben* auf Ebene der Aufgabenmerkmale, *Lesehürden, prozessuale Hürden, konzeptuelle Hürden* und *kulturell und sprachlich bedingte andere Vorgehens- und Denkweisen* auf Ebene der Bearbeitungsprozesse und *Bewältigung sprachlicher Anforderungen* sowie *fehlende Lerngelegenheiten* auf Ebene der Lernzeit zusammengetragen werden (vgl. Abb. 2.1).

Als Ergebnis von Theoriebetrachtungen und deduktiv-induktiven Analysen der erhobenen Daten ist das theoretisch und empirisch fundierte und für empirische Untersuchungen operationalisierte Konstrukt Oberflächlichkeit entstanden, das sowohl die Bearbeitungs- als auch die Aufgabenebene integriert (vgl. Abb. 13.1). Auf der Mikrobearbeitungsebene konnten zwölf oberflächliche Bearbeitungsstrategien (OBS) herausgearbeitet werden, die eine Untersuchung weiterer Bearbeitungsprozesse ermöglichen. Ihre Integration in das operationalisierte und um die Phase ‚Beurteilen und Überprüfen' ergänzte Prozessmodell nach Reusser („adaptiertes Prozessmodell") stellt eine Erweiterung des Modells für die Betrachtung der Oberflächlichkeit in Bearbeitungsprozessen dar (vgl. Abb. 10.4). Durch diese Verankerung wird deutlich, dass aus den oberflächlichen Bearbeitungsstrategien die Oberflächlichkeit der Gesamtbearbeitung (Makroebene) abgeleitet werden kann. Mit den identifizierten Kriterien zur Klassifikation einer Bearbeitung hinsichtlich ihrer Oberflächlichkeit existiert nun ein Instrument, das in der Forschung angewandt werden kann (vgl. Abb. 11.4). Gleichzeitig ermöglicht diese Betrachtung auf Makroebene eine Quantifizierung der Oberflächlichkeit („Anteil (eher) oberflächlich bearbeiteter Teilaufgaben") und ermöglicht somit statistische Analysen. Auf Aufgabenebene bietet der entstandene Katalog an theoretisch fundierten und für Untersuchungen operationalisierten Aufgabenmerkmalen ein Instrument zur Klassifikation von Aufgaben hinsichtlich ihrer oberflächlichen Lösbarkeit (vgl. Abb. 12.3).

Ergebnis der Betrachtungen der Zusammenhänge zwischen Sprachkompetenz, Oberflächlichkeit und Mathematikleistung ist eine tendenzielle Bestätigung und eine Ausdifferenzierung der Hypothese, dass Oberflächlichkeit eine Mediatorrolle einnimmt. Vor allem bei nicht oberflächlich lösbaren und mathematisch komplexeren Aufgaben fungiert Oberflächlichkeit als Mediator des Zusammen-

hangs zwischen Sprachkompetenz und Mathematikleistung. Wenn Leistungsüberprüfungen viele derartige Aufgaben enthalten, ist es somit wahrscheinlich,
dass sprachlich schwache Lernende schlechtere Ergebnisse zeigen als sprachlich
starke. Somit stellt das Konstrukt Oberflächlichkeit einen Erklärungsansatz des
betrachteten Zusammenhangs dar.

Insgesamt leistet diese Arbeit mit der theoretischen und empirischen
Fundierung des Konstrukts Oberflächlichkeit also einen wesentlichen Beitrag
zur Theoriebildung und -weiterentwicklung und stellt zugleich anwendungs-
fähige Analyseinstrumente für die Untersuchung von Oberflächlichkeit auf
Bearbeitungs- und Aufgabenebene bereit. Zusätzlich leistet sie einen Beitrag
zur Klärung des Zusammenhangs zwischen Sprachkompetenz und Mathematikleistung, indem erste Evidenzen für die Erklärungsmacht des Konstrukts Oberflächlichkeit gefunden wurden. Die zuvor dargestellten Ergebnisse sind in der
Übersicht in Abb. 16.1 zusammengefasst.

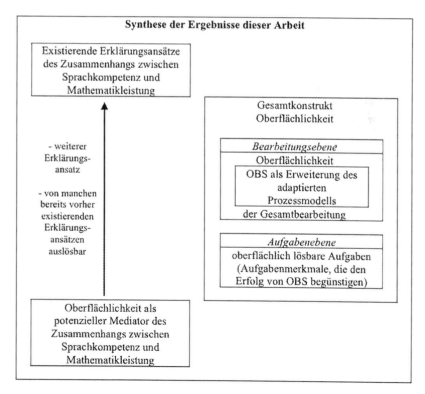

**Abb. 16.1** Synthese der Ergebnisse dieser Arbeit

## 16.2    Diskussion der Studie und ihrer Ergebnisse

Diese Ergebnisse und der ihnen vorangegangene Prozess werden im Folgenden
diskutiert. Dazu wird zunächst explizit das Konstrukt Oberflächlichkeit
(Abschn. 16.2.1) und dessen Rolle als Mediator und somit Erklärungsansatz
des Zusammenhangs zwischen Sprachkompetenz und Mathematikleistung
(Abschn. 16.2.2) diskutiert, bevor eine Methodenkritik geübt wird, in der auch
auf die Grenzen der Studie eingegangen wird (Abschn. 16.2.3).

### 16.2.1  Diskussion des Konstrukts Oberflächlichkeit

Bereits vor der vorliegenden Arbeit wurde der Begriff „oberflächlich" zur
Bezeichnung verschiedener Strategien oder Schwierigkeiten beim Bearbeiten
von Textaufgaben, insbesondere auch im Zusammenhang mit den sogenannten
Kapitänsaufgaben, verwendet. Dabei wurde der Begriff jedoch nicht definiert
oder theoretisch fundiert, sondern eher in seinem intuitiven Verständnis benutzt.
Im Zusammenhang mit der Betrachtung der Bearbeitungen von sogenannten
Kapitänsaufgaben erstellten Verschaffel et al. das Modell einer „superficial
solution" (Verschaffel et al., 2000), das als einziger Vorläufer eines Konstrukts
Oberflächlichkeit identifiziert werden konnte. Entsprechend war ein Ziel dieser
Arbeit die theoretische und empirische Fundierung und Operationalisierung eines
Konstrukts Oberflächlichkeit mithilfe von theoretischen Erkenntnissen sowie
Erkenntnissen aus empirischen Analysen. Dieses Ziel wurde erreicht, indem aus
verschiedenen Theorieelementen ein Konstrukt entwickelt und dieses anhand
einer deduktiv-induktiven Analyse von Bearbeitungsprozessen von Aufgaben
erweitert und überarbeitet wurde. Mit dem in dieser Arbeit erstellten Konstrukt
Oberflächlichkeit werden oberflächliche Bearbeitungsstrategien, oberflächliche
Gesamtbearbeitungen und oberflächlich lösbare Aufgaben beschrieben. Dabei
ist es theoretisch verankert und bietet ein Kategoriensystem für die Analyse von
Aufgabenbearbeitungen, das für Aufgaben zum exponentiellen Wachstum und zu
proportionalen Zuordnungen in seiner Anwendung abgesichert ist.
    Das Konstrukt Oberflächlichkeit lässt sich wie folgt gegenüber der „superficial
solution" (Verschaffel et al., 2000) positionieren. Die „superficial solution"
beschreibt die Bearbeitung von eigentlich unlösbaren, sinnlosen Textaufgaben,
wie sogenannten Kapitänsaufgaben, sowie von Aufgaben, bei denen der Kontext
besondere Interpretationen des numerischen Ergebnisses erfordert, beispielsweise
auf- statt abrunden. Das erstellte Konstrukt Oberflächlichkeit hingegen bezieht
sich auf Textaufgaben im Allgemeinen. Dabei nutzt es in der theoretischen

Fundierung Erkenntnisse aus dem Bereich der Arithmetik in der Grundschule und wurde an den mathematisch komplexeren Themen proportionale Zuordnungen und exponentielles Wachstum überarbeitet. Damit wurde seine Gültigkeit für einige Themen verschiedener mathematischer Komplexität gezeigt. Die „superficial solution" wurde in einen Modellierungskreislauf integriert dargestellt. Dies wurde für das Konstrukt Oberflächlichkeit ebenfalls vorgenommen, wobei das Prozessmodell nach Reusser ausgewählt wurde, das sich spezifisch auf Bearbeitungsprozesse von Textaufgaben bezieht. Die Verortung in diesem Prozessmodell wurde nicht nur theoretisch vorgenommen, sondern empirisch abgesichert. Konkret werden für die „superficial solution" die Bearbeitungsstrategien „superficial strategy" als direkter Übergang vom Text zum mathematischen Modell und der direkte Bericht des numerischen Ergebnisses ohne Interpretation angeführt. Die erste wurde im Konstrukt Oberflächlichkeit erheblich ausdifferenziert, um fassbar zu machen, was eine „superficial" Strategie bedeuten kann. Der direkte Bericht stellt im theoretisch und empirisch fundierten Konstrukt Oberflächlichkeit als Bearbeitungsstrategie ‚Ergebnis ohne Sachbezug' eine von verschiedenen oberflächlichen Bearbeitungsstrategien dar. Als Ursache oberflächlicher Bearbeitungen werden von Verschaffel et al. (2000) stereotype Textaufgaben mit Schlüsselwörtern und der Umgang mit solchen Aufgaben im Unterricht genannt. Die dort beschriebene, sehr stereotype Art von Textaufgaben ist inzwischen kaum noch in Schulbüchern und Tests vorzufinden. Stattdessen greift das Konstrukt Oberflächlichkeit verschiedene Aufgabenmerkmale auf, die den Erfolg oberflächlicher Bearbeitungsstrategien begünstigen können und eine Klassifikation von Aufgaben hinsichtlich ihrer oberflächlichen Lösbarkeit ermöglichen. Somit geht das Konstrukt Oberflächlichkeit über die „superficial solution" von Verschaffel et al. (2000) hinaus und ist zugleich für konkrete empirische Untersuchungen zugänglich.

Das Konstrukt Oberflächlichkeit ist in die Bearbeitungs- und die Aufgabenebene unterteilt und berücksichtigt damit, dass Bearbeitungsprozesse besser im Kontext ihrer Aufgabe zu analysieren sind und Aufgaben ihre Komplexität oder ihre Herausforderungen besser im Zusammenspiel mit (hypothetischen) Bearbeitungen offenbaren.

Auf der Bearbeitungsebene wird zum einen das Teilkonstrukt „Oberflächliche Bearbeitungsstrategien" betrachtet. ‚Schlüsselwortstrategien', die in der Literatur als oberflächlich bezeichnet wurden (vgl. Abschn. 4.2.2), finden sich in diesem Teilkonstrukt wieder. Bei den zwölf identifizierten oberflächlichen Bearbeitungsstrategien wird kein Anspruch auf Vollständigkeit gestellt. Es ist durchaus möglich, dass in Bearbeitungsprozessen anderer Lernender oder auch in den Bearbeitungen anderer Aufgaben oder anderer mathematischer

Themengebiete weitere oberflächliche Bearbeitungsstrategien auftreten. Dass es Bearbeitungen gibt, die „Unverstandenes oberflächlich richtig aussehen [...] lassen" (Ullmann, 2013, S. 1019), ist im zweiten Teilkonstrukt der Bearbeitungsebene, der „Oberflächlichkeit einer Gesamtbearbeitung", wiederzufinden, da es oberflächliche Gesamtbearbeitungen gibt, die im Wesentlichen richtig sind und bei denen nur der letzte richtige Rechenschritt und keine der oberflächlichen Überlegungen notiert werden. Während der Analysen zeigte sich zudem, dass einige der korrekten schriftlichen Bearbeitungen sich eher als Zufallsprodukte am Ende eines (eher) oberflächlichen Gesamtbearbeitungsprozesses herausstellten. Dies zeigt auf, dass schriftliche Schülerprodukte weniger über Lösungsprozesse aussagen als über das laute Denken verbalisierte Gedanken. Andererseits konnte in den Analysen der verbalisierten Gedanken der Lernenden auch identifiziert werden, dass vermeintlich oberflächliche Bearbeitungen durch kleine Äußerungen einer Begründung sich als reflektierte Bearbeitungen herausstellen. Insofern sollte ein Bearbeitungsprozess weder vorschnell als oberflächlich noch vorschnell als nicht oberflächlich eingestuft werden. Hilfreich ist dabei, dass das Teilkonstrukt einer oberflächlichen Gesamtbearbeitung graduell angelegt ist und somit auch (eher) (nicht) oberflächliche Bearbeitungen erfasst werden können. Aufgrund der geringen Stichprobengröße konnte diese Ausdifferenzierung jedoch in den weiteren eher quantitativen Auswertungen nicht hinreichend berücksichtigt werden (vgl. Abschn. 16.2.3).

Die Merkmale oberflächlich lösbarer Aufgaben erlauben eine differenzierte Klassifikation von Textaufgaben hinsichtlich oberflächlicher Lösbarkeit. Dabei sind einige der schwierigkeitsgenerierenden Merkmale von Textaufgaben (vgl. Abschn. 3.4.1) auch Merkmale oberflächlich lösbarer Aufgaben. Allerdings gibt es auch einige davon unabhängige Merkmale. Es ist dabei denkbar und auch in einigen Bearbeitungsprozessen erkennbar gewesen, dass an Stellen, an denen Schwierigkeiten im Bearbeitungsprozess auftreten, vermehrt oberflächliche Bearbeitungsstrategien von den Lernenden ausgeführt werden. Ebenso kann Oberflächlichkeit jedoch auch manche der Schwierigkeiten auslösen. Dass beides nicht eindeutig zu trennen ist, zeigt sich auch in der Zusammenfassung der Schwierigkeiten beim Lösen von Textaufgaben in konzeptuelle Hürden, Verständnishürden und den Habitus der oberflächlichen Modellierung (Prediger & Krägeloh, 2015b). Inwieweit Oberflächlichkeit nicht nur Schwierigkeiten und falsche Bearbeitungen auslöst, sondern auch als Chance verstanden werden kann, wird bei den Implikationen für die Schulpraxis diskutiert (vgl. Abschn. 16.3.1).

## 16.2.2 Diskussion von Oberflächlichkeit als potenziellem Mediator und Erklärungsansatz des Zusammenhangs zwischen Sprachkompetenz und Mathematikleistung

Um die Bedeutung der Rolle von Oberflächlichkeit als potenziellem Mediator und Erklärungsansatz des Zusammenhangs zwischen Sprachkompetenz und Mathematikleistung einschätzen zu können, sei zunächst noch einmal die Situation vor der in dieser Arbeit durchgeführten Studie betrachtet. Zuvor war ausreichend empirisch abgesichert, dass Sprachkompetenz einen starken Prädiktor für Mathematikleistung darstellt. Der genaue Zusammenhang war jedoch unklar. Die identifizierbaren Erklärungsansätze sind einzeln in ihrer Erklärkraft eingeschränkt und entsprechende Untersuchungen sind uneindeutig. Während von den drei von Prediger und Krägeloh (2015b) synthetisierten Hauptschwierigkeiten bei Textaufgaben, konzeptuelle Hürden, Verständnishürden und Habitus einer oberflächlichen Modellierung, die ersten beiden bereits als möglicher Erklärungsansatz des Zusammenhangs zwischen Sprachkompetenz und Mathematikleistung untersucht wurden, wurden oberflächliche Bearbeitungen lediglich in verschiedenen Studien erwähnt oder als hypothetischer Erklärungsansatz formuliert. Der Begriff wurde jedoch nie definiert, fundiert oder der Zusammenhang zwischen Sprachkompetenz und Oberflächlichkeit systematisch untersucht. Entsprechend war das Ziel der Arbeit, einen Beitrag zur Aufklärung des Zusammenhangs zwischen Sprachkompetenz und Mathematikleistung zu leisten, wobei der Fokus auf dem Konstrukt Oberflächlichkeit lag. Dieses Ziel wurde insofern erreicht, als dass ein Konstrukt fundiert und in empirischen Betrachtungen identifiziert werden konnte. Durch explorative Zusammenhangsbetrachtungen und Mediationsanalysen konnte die Hypothese von Oberflächlichkeit bestätigt werden, auch wenn eine Überprüfung mit größerer statistischer Aussagekraft noch erforderlich ist (vgl. Abschn. 16.3.2).

Im Folgenden wird betrachtet, wie sich das Ergebnis in die bestehenden Erklärungsansätze auf den drei Ebenen *Aufgabenmerkmale*, *Bearbeitungsprozesse* und *Unterricht* einordnen lässt. Auf der Ebene der *Aufgabenmerkmale* wurde der Erklärungsansatz sprachliche Komplexität verortet. Teilaspekte sprachlicher Komplexität können fehlende Konsistenz und Markiertheit sein, die beide Merkmale von nicht oberflächlich lösbaren Aufgaben darstellen. Mit dem Teilkonstrukt einer nicht oberflächlich lösbaren Aufgabe werden jedoch weitere Aufgabenmerkmale beschrieben. Diese können mit der folgenden Begründung als weitere Erklärungsansätze des Zusammenhangs zwischen Sprachkompetenz und Mathematikleistung interpretiert werden: Wenn Lernende gewohnt sind, mit oberflächlichen Bearbeitungsstrategien erfolgreich zu sein, dann scheitern sie damit eher bei nicht oberflächlich lösbaren Aufgaben. Wenn aber vor allem sprachlich schwache Lernende oberflächliche Bearbeitungsstrategien nutzen, dann lösen sie insbesondere nicht oberflächlich lösbare Aufgaben seltener. Somit können Merkmale nicht oberflächlich lösbarer Aufgaben dazu führen, dass sprachlich schwache Lernenden weniger Aufgaben lösen als sprachlich starke Lernende. Zugleich könnte eine oberflächliche Bearbeitung aber auch durch sprachliche Komplexität ausgelöst werden, da sprachliche Komplexität zu einem unzureichenden Verständnis führen kann und ein unzureichendes Verständnis wiederum Ursache einer oberflächlichen Bearbeitung, die kein vollständiges Situationsverständnis voraussetzt, sein kann. Diese oberflächliche Bearbeitung führt dann meist nicht zur Lösung der Aufgabe. Auf der Ebene der *Bearbeitungsprozesse* wurden die vier Erklärungsansätze Lesehürden, prozessuale Hürden, konzeptuelle Hürden und kulturell bedingte andere Vorgehensweisen verortet. Vor allem für sprachlich schwache Lernende bestehende Lesehürden können zu unzureichendem Verständnis und damit zu falschen Bearbeitungen führen. Die oberflächliche Bearbeitungsstrategie ‚oberflächliches Leseverständnis' hängt grundsätzlich nicht mit unzureichender Lesekompetenz zusammen, sondern kann ebenso von kompetenten Lesern verwendet werden. Insofern ist sie grundsätzlich unabhängig von Sprachkompetenz und Lesehürden. Allerdings kann das von Lesehürden ausgelöste unzureichende Verständnis als Ausweg in oberflächlichen Bearbeitungen münden. Gleiches gilt für prozessuale Hürden und ein dadurch fehlendes oder unzureichendes Situationsmodell und für konzeptuelle Hürden. Auch wenn Lernende kulturell andere Vorgehensweisen gewohnt sind, könnte dies dazu führen, dass sie Verfahren so ausführen, wie die Lehrkraft es möchte, ohne dass sie den mathematischen Sinn hinter diesem Verfahren verstehen, was die Gefahr der oberflächlichen Bearbeitungsstrategie ‚oberflächlicher Algorithmus' birgt. Grundsätzlich lassen sich die oberflächlichen Bearbeitungsstrategien und die oberflächlichen Gesamtbearbeitungen als weitere Erklärungsansätze auf der Bearbeitungsebene hinzufügen. Auf der Ebene des *Unterrichts* wurden die beiden Erklärungsansätze Bewältigung sprachlicher Anforderungen im Unterricht und fehlende Lerngelegenheiten verortet. Beide können als Ursache weiterer Schwierigkeiten und somit der anderen Erklärungsansätze gesehen werden. Dies gilt in gleicher Weise für den vermehrten Einsatz oberflächlich lösbarer Aufgaben im Unterricht, die oberflächliche Bearbeitungen und somit den auf Bearbeitungsebene verorteten Erklärungsansatz auslösen können. Somit gilt insgesamt, dass sich das Konstrukt Oberflächlichkeit mit seinen Teilkonstrukten in den vorher existierenden Erklärungsansätzen verorten lässt. Zugleich kann es teilweise durch die einzelnen vorab existierenden Erklärungsansätze ausgelöst werden, wenn Oberflächlichkeit einen Ausweg aus Unverständnis, Unwissen oder Fehlern, also quasi eine Bewältigungsstrategie darstellt. Dies gilt es empirisch zu überprüfen (vgl. Abschn. 16.3.2).

Das Ergebnis steht dabei im Einklang mit den ersten vor der Studie vorliegenden Erkenntnissen und Hypothesen zu Unterschieden in Bearbeitungsstrategien bei Textaufgaben und der Oberflächlichkeit in Abhängigkeit von der Sprachkompetenz (vgl. Abschn. 3.5, 4.5).

Als Zusammenfassung der Schwierigkeiten bei der Bearbeitung von Textaufgaben wurden Verständnishürden, konzeptuelle Hürden und der Habitus der oberflächlichen Modellierung (Prediger & Krägeloh, 2015b) genannt. Während für die ersten beiden bereits Erkenntnisse vorlagen, dass diese allgemeinen Hürden insbesondere auch Hürden für sprachlich schwache Lernende darstellen (vgl. Abschn. 3.5.1), wurde dies für die Oberflächlichkeit vorher noch nicht untersucht. Das Ergebnis, dass vor allem sprachlich schwache Lernende zu oberflächlichen Bearbeitungen neigen, fügt sich damit gut an die anderen Erkenntnisse an. Ebenso wie bereits die Hürden von sprachlich schwachen Lernenden in das Prozessmodell nach Reusser eingeordnet werden konnten (Wilhelm, 2016), lassen sich nun auch vermehrt von sprachlich schwachen Lernenden verwendete oberflächliche Bearbeitungen mit ihren oberflächlichen Bearbeitungsstrategien in ebendieses Modell einordnen.

Bezüglich des Zusammenhangs zwischen Sprachkompetenz und Oberflächlichkeit lagen vor der Studie lediglich Hypothesen vor. Dazu gehörte die Vermutung, dass sprachlich schwache Lernende oberflächlich lösbare Aufgaben eher mit einer „oberflächlichen Standardbearbeitung" (Prediger et al., 2015, S. 93) lösten, sodass Oberflächlichkeit als „Erklärungshypothese für die relative Leichtheit" (ebd.) mancher Items herangezogen werden konnte. Diese Hypothese konnte mit der in der vorliegenden Arbeit durchgeführten Studie bestätigt werden, wobei zugleich das Wort „oberflächlich" mit einem Konstrukt fundiert werden konnte. Eine Überprüfung, ob die im Projekt ZP10-2012 als leicht und oberflächlich lösbar vermuteten Items auch nach dem erstellten Teilkonstrukt einer oberflächlich lösbaren Aufgabe so klassifiziert werden würden, bleibt zu prüfen und würde die Bestätigung fundieren. Die in einer Hausarbeit (Gündes, 2016) bei Lernenden der Grundschule identifizierten oberflächlichen Herangehensweisen sind in dem in der vorliegenden Arbeit entwickelten Konstrukt Oberflächlichkeit wiederzufinden. Dies spricht für die Gültigkeit des Konstrukts in verschiedenen Jahrgangsstufen und bei unterschiedlichen mathematischen Themen, was jedoch systematisch zu prüfen wäre (vgl. Abschn. 16.3.2). Auch die Erkenntnisse des ersten Zugangs zum erkenntnisleitenden Interesse dieser Dissertation, dass sprachlich schwache Lernende vermehrt oberflächliche Rechenstrategien einsetzen, öfter direkt vom Situationsverständnis zu Verknüpfungsstrukturen übergehen und seltener Modelle bilden, konnten in der vorliegenden Studie bestätigt werden, da die Tendenz von sprachlich schwachen Lernenden zu den oberflächlichen Bearbeitungsstrategien ‚oberflächliches Verknüpfen' und ‚Schlüsselwortstrategien' nachgewiesen werden konnte.

Dass Oberflächlichkeit einen potenziellen Mediator des Zusammenhangs zwischen Sprachkompetenz und Mathematikleistung darstellt, bedeutet nicht, dass in Tests in Zukunft vermehrt oberflächlich lösbare oder mathematisch leichte Aufgaben eingesetzt werden sollen, um sprachlich schwache Lernende nicht zu benachteiligen. Vielmehr soll diese Studie aufzeigen, dass oberflächliche Strategien bei Lernenden zu identifizieren sind und thematisiert werden sollten (vgl. Abschn. 16.3.1). Ein Bewusstsein für Oberflächlichkeit bei Lehrkräften und Lernenden sollte dazu beitragen, oberflächliche Herangehensweisen zu reduzieren und somit Leistungshemmnisse abzubauen, sodass sowohl sprachlich schwache Lernende als auch sprachlich starke Lernende ihr Leistungspotenzial entfalten können. Ob dies empirisch gelingt, bleibt zu prüfen (vgl. Abschn. 16.3.2).

Auch wenn Oberflächlichkeit also einen Beitrag zur Klärung des Zusammenhangs zwischen Sprachkompetenz und Mathematikleistung leistet, ist diese Klärung noch nicht abgeschlossen. Dazu wäre es erforderlich, die Übertragbarkeit und Verallgemeinerbarkeit der Mediatorrolle von Oberflächlichkeit zu prüfen. Ebenso wären Gründe für oberflächliche Vorgehensweisen zu beleuchten. Gerade da inzwischen verschiedene Erklärungsansätze existieren, wäre es wichtig, diese alle zugleich in einer Studie zu berücksichtigen und ihre Zusammenhänge und ihr Erklärpotenzial unter Berücksichtigung der jeweils anderen Erklärmöglichkeiten zu untersuchen. (vgl. Abschn. 16.3.2)

## 16.2.3 Methodenkritik und Grenzen der Studie

Um die Tragweite der Ergebnisse dieser Arbeit beurteilen zu können, wird die Studie im Folgenden einer Methodenkritik unterzogen. Ebenso werden ihre Grenzen aufgezeigt, indem zunächst die Stichprobe, anschließend die Erhebung und schließlich die Auswertung reflektiert werden.

*Stichprobe*
Die Hauptabsicht der vorliegenden primär qualitativen Studie war die deduktiv-induktive theoretische und empirische Fundierung des Konstrukts Oberflächlichkeit. Hierfür war die Größe der Stichprobe passend und ermöglichte

aufschlussreiche Analysen. Für die darüberhinausgehend erfolgte Exploration der Erklärungsmacht des Konstrukts Oberflächlichkeit bezüglich des Zusammenhangs zwischen Sprachkompetenz und Mathematikleistung konnten mithilfe der vorhandenen Stichprobe erste Evidenzen aufgezeigt werden. Allerdings sind die quantitativen Ergebnisse und damit auch die Mediation aufgrund der Stichprobengröße als Tendenzen und nicht als allgemeingültige oder verallgemeinerbare Ergebnisse zu verstehen. Wünschenswert bei weiteren quantitativen Vertiefungsuntersuchungen wäre eine größere Stichprobe, die auch Analysen des Konstrukts Oberflächlichkeit in seiner graduellen Ausprägung zulässt. Dies war aufgrund kleiner Fallzahlen in den einzelnen Ausprägungen in dieser Studie nicht möglich. Durch eine umfangreichere Stichprobe hätten sowohl das Transkribieren als auch das Überarbeiten der Codierkategorien und sich dadurch ergebende mehrfache Codieren zu einem erheblichen Mehraufwand geführt, was im Hinblick auf die Ziele der Studie nicht mehr ökonomisch gewesen wäre. Entsprechend kann für die in der Studie vorgenommenen Auswertungen die Stichprobe als gut geeignet eingeschätzt werden, da sie sowohl die qualitative Herangehensweise als auch erste statistische Explorationen ermöglicht hat.

*Erhebung*

Die beiden von den Lernenden in dieser Studie bearbeiteten mathematischen Themengebiete können auch im Nachhinein als ausreichend divers in ihrer fachlichen Komplexität eingeschätzt werden und erleichtern somit die Übertragbarkeit auf verschiedenste andere Themen. Insgesamt waren die Aufgaben zum exponentiellen Wachstum jedoch für die Lernenden der Stichprobe sehr schwer und deutlich schwerer als für die Lernenden in der Pilotierung. Hierdurch wurden einige Effekte der oberflächlichen Lösbarkeit von Aufgaben überdeckt. Dies stellt jedoch auch ein interessantes Ergebnis dar, da aufgezeigt werden konnte, dass nicht nur Aufgabenmerkmale oberflächlich lösbarer Aufgaben, sondern auch im Allgemeinen mathematisch komplexe Aufgaben zu oberflächlichen Bearbeitungen führen können. Die für alle Lernenden besonders leicht zu lösende Aufgabe „Bagger" verdeutlichte, dass bei derart einfachen Aufgaben viele Bearbeitungsprozesse und vor allem auch Begründungen bereits automatisiert sind und selbst im Lauten Denken nicht mehr verbalisiert werden, wodurch die Analyse an manchen Stellen erschwert wurde. Dennoch konnten gerade auch bei dieser Aufgabe verschiedene oberflächliche Bearbeitungsstrategien identifiziert und dank der geringen fachlichen Komplexität schnell nachvollzogen werden. Insofern haben sich für die hier vorgenommene Exploration des Konstrukts Oberflächlichkeit auch besonders leichte oder schwere Aufgaben bewährt. Für weitere

Überprüfungen des Konstrukts an anderen Themen ist somit auch eine Diversität der Aufgaben in ihrer fachlichen Komplexität zu empfehlen. Für Analysen der Oberflächlichkeit des Vorgehens von Lernenden sind vermutlich Aufgaben mittlerer Komplexität am besten geeignet.

Die Methode des Lauten Denkens hat aufgezeigt, dass für die Analyse von Oberflächlichkeit reine Betrachtungen von Schriftprodukten nicht ausreichend sind, da viele der Schriftprodukte zwar (ausschließlich) die Lösung enthielten, diese sich jedoch dank der Analyse als Endprodukt eines insgesamt (eher) oberflächlichen Bearbeitungsprozess herausstellten. Vor allem bei Extremformen der Oberflächlichkeit, bei der diese auch verbalisiert wurde, wurden durch das Laute Denken oberflächliche Strategien deutlich erkennbar. Allerdings wird selbst beim Lauten Denken nicht jede Begründung verbalisiert, sodass gerade bei tragfähigen Bearbeitungsschritten oft nicht erkennbar ist, ob sie mathematisch reflektiert oder oberflächlich entstanden sind. In der Auswertung wurde hier in der Regel von einer mathematisch reflektierten Vorgehensweise ausgegangen.

Die an die Bearbeitung der Aufgaben anschließende Diskussion stellte sich in der Auswertung an manchen Stellen als hilfreich für das Verständnis der Schüleräußerungen im Lauten Denken heraus. In einer Folgestudie könnten die Diskussionen mit Hinblick auf zu identifizierende Gründe für oberflächliches Vorgehen ausgewertet werden (vgl. Abschn. 16.3.2).

*Auswertung*

Bei Auswertung der Daten stellte sich heraus, dass das Prozessmodell nach Reusser (1989) nach kleineren Adaptionen bei den verwendeten Aufgaben gut geeignet ist, um den transkribierten Bearbeitungsprozess und damit auch die vom Lernenden verbalisierten Gedanken in Phasen zu segmentieren. Dies erleichterte die Analyse und ermöglichte eine Verortung der oberflächlichen Bearbeitungsstrategien in diesem Modell. Dadurch erfolgte eine Erweiterung des Modells und es besteht die Möglichkeit, den Prozesscharakter oder weitere Verbindungen zwischen Makro- und Mikrostrategien der Oberflächlichkeit genauer in den Blick zu nehmen.

Das deduktiv-induktive Vorgehen der qualitativen Inhaltsanalyse stellte sich als effektiv für die Überarbeitung der aus der Theorie gewonnen Kategorien und für ihre Explizierung und Erweiterung an den exemplarischen Themengebieten und vorliegenden Bearbeitungen heraus. Für weitere Untersuchungen des Konstrukts können die erstellten Kategoriensysteme angewandt werden, wobei ggf. bei anderen mathematischen Themengebieten kleinere Anpassungen auftreten können.

Die statistischen Analysen sind aufgrund der kleinen Stichprobe als Tendenzen zu verstehen. In diesem Sinne wurden auch tendenzielle Unterschiede berichtet. Insgesamt decken diese sich jedoch mit den Hypothesen und der Theorie, sodass von guten Ergebnissen gesprochen werden kann, die einen Einblick in die Rolle der Oberflächlichkeit gewähren. Unumstritten ist, dass Signifikanzuntersuchungen mit einer größeren Stichprobe und strengen Signifikanzkriterien durchzuführen sind, um diese Ergebnisse abzusichern.

## 16.3 Ausblick und Schlussbemerkungen

Welche expliziten Implikationen für weitere mathematikdidaktische Forschung und die Schulpraxis sich aus der vorliegenden Arbeit ergeben (Abschn. 16.3.1) und welche Anschlussfragen im Folgenden sinnvoll zu untersuchen wären (Abschn. 16.3.2), wird im Folgenden dargestellt. Es folgt eine knappe Schlussbemerkung (Abschn. 16.3.3).

### 16.3.1 Implikationen

Basierend auf dem Beitrag, den diese Arbeit zur Klärung des Zusammenhangs zwischen Sprachkompetenz und Mathematikleistung geleistet hat (vgl. Abschn. 16.1.2) lassen sich die folgenden Implikationen für weitere mathematikdidaktische Forschung sowie für die Schulpraxis ableiten.

*Implikationen für weitere mathematikdidaktische Forschung*
Für die Erforschung und Erklärung des Zusammenhangs zwischen Sprachkompetenz und Mathematikleistung konnte in dieser Arbeit aufgezeigt werden, dass es verschiedene Erklärungsansätze gibt und auch Oberflächlichkeit als solcher zu betrachten ist. Weitere mathematikdidaktische Forschung sollte beginnen, die verschiedenen Erklärungsansätze vermehrt gemeinsam zu beforschen, um Interaktionen und Zusammenhänge zwischen den verschiedenen Ansätzen identifizieren zu können. Da die einzelnen Ansätze isoliert keine zufriedenstellende Erklärung liefern können, ist es wichtig, sie in ihrer Gesamtheit zu untersuchen. Ob Oberflächlichkeit dabei die verschiedenen Ansätze zusammenführen kann, da es vermutlich von einigen dieser Ansätze ausgelöst werden kann (vgl. Abschn. 16.2.2), ist genauer empirisch zu klären.

Die Operationalisierungen auf den beiden Ebenen des Konstrukts Oberflächlichkeit stellen eine gute Grundlage für die Überprüfung des Konstrukts

an weiteren mathematischen Themen dar. Da ihre theoretischen Grundlagen ursprünglich aus dem Bereich der Arithmetik stammen und in dieser
Arbeit an Aufgaben und Bearbeitungen zu den Themengebieten proportionale
Zuordnungen und exponentielles Wachstum ausgearbeitet wurden, müssten sie
sich unkompliziert auf andere Inhaltsbereiche übertragen und ggf. adaptieren
lassen.

Mit Blick auf die Erhebungsmethode lässt sich das Laute Denken für die
Untersuchung von Bearbeitungsprozessen und -strategien sowohl bei sprachlich
schwachen als auch bei sprachlich starken Lernenden empfehlen. Es zeigt ein-
deutige Vorteile gegenüber der Untersuchung von Schriftprodukten, indem die
Prozesse und Gedanken, die vor der Notation einer Lösung erfolgen, und im
Idealfall sogar ihre Gründe zugänglich werden.

Für die Sequenzierung von Bearbeitungsprozessen hat sich eine Einteilung
in Phasen in Anlehnung an das Prozessmodell nach Reusser (1989) bewährt. Sie
offenbart die einzelnen Schritte im Vorgehen der Lernenden und vereinfacht so
die Analyse ihrer Bearbeitungsprozesse. In der weiteren Forschung sollte dies
noch stärker mit weiteren Auswertungsschritten kombiniert werden.

Im Bereich der Entwicklungsforschung wäre im Folgenden eine Auseinandersetzung mit dem Konstrukt Oberflächlichkeit hinsichtlich der Frage nötig, wie
dieses in der Schule thematisiert werden kann, um oberflächliche Bearbeitungen
zu identifizieren und ihnen entgegenwirken zu können.

*Implikationen für die Schulpraxis*
Da diese Arbeit zunächst deskriptiv und explorativ das Konstrukt Oberflächlichkeit und dessen Rolle als potenzieller Mediator des Zusammenhangs zwischen
Sprachkompetenz und Mathematikleistung beleuchtet hat, fand keine explizite
Beschäftigung mit Anwendungsmöglichkeiten in der Schulpraxis statt. Dennoch
lassen sich Rückschlüsse auf Implikationen für diese ziehen, die jedoch empirisch
untersucht und weiterentwickelt werden müssten.

Grundsätzlich hat diese Arbeit noch einmal darauf hingewiesen, dass ein
Leistungsunterschied im Fach Mathematik in Abhängigkeit von der Sprachkompetenz besteht. Um diesen zu verringern ist es notwendig, dass sich
auch Lehrkräfte über dessen mögliche Erklärungen bewusst werden. Für
den Erklärungsansatz Oberflächlichkeit hat die vorliegende Arbeit mit ihrer
Fundierung und Operationalisierung des Konstrukts in empirischer Anwendung
eine Grundlage gelegt, die auch Lehrkräfte dafür sensibilisieren kann, woran
oberflächliche Bearbeitungen zu erkennen sind und welche Aufgaben oberflächliche Bearbeitungen begünstigen. Dies soll nicht in einer Vermeidung
von oberflächlich lösbaren Aufgaben oder gar allgemein von Textaufgaben

münden, sondern vielmehr ein Bewusstsein dafür schaffen, dass oberflächliche Bearbeitungen existieren und bei manchen Aufgaben sogar zur Lösung führen. Die Oberflächlichkeit der Bearbeitung kann dabei gerade in Tests, in denen Lehrkräfte nur Schriftprodukte ihrer Lernenden erhalten, nur schwer identifiziert werden.

Entsprechend sollte Oberflächlichkeit als Chance verstanden werden, verschiedene Bearbeitungsstrategien und deren potenziellen Erfolg für verschiedene Aufgaben zu thematisieren. So könnte zum einen eine gemeinsame Identifikation und Diskussion der oberflächlichen Bearbeitungsstrategien mit den Lernenden dazu führen, dass diese in Zukunft während ihrer Aufgabenbearbeitungen bereits oberflächliches Vorgehen identifizieren und ihm entgegenwirken können. Zum anderen können die einzelnen oberflächlichen Bearbeitungsstrategien hinsichtlich ihres Potenzials betrachtet werden. So ist beispielsweise die oberflächliche Bearbeitungsstrategie ‚Assoziation' keine grundsätzlich schlechte Strategie, wenn im Folgenden eine Reflexion erfolgt. Beim Bearbeiten von komplexen Aufgaben wie Beweisaufgaben wird Mathematikstudierenden oft empfohlen, zunächst alle ihre Assoziationen zu sammeln, um daraus Lösungsansätze zu finden. Entsprechendes Vorgehen ist auch in der Schule bei schwierigen Aufgaben oder Problemlöseaufgaben bei der Suche eines Ansatzes hilfreich. Wie genau die einzelnen oberflächlichen Bearbeitungsstrategien und ihr Potenzial mit Lernenden in der Schule zu thematisieren ist, müsste weiter theoretisch und empirisch erforscht werden.

## 16.3.2 Mögliche Anschlussfragen

Für weitere Forschungsprojekte und Studien ergeben sich aus den dargestellten Ergebnissen und ihrer Diskussion, den Implikationen und den Grenzen der Studie verschiedene mögliche Anschlussfragen, die im Folgenden in verschiedene Bereiche gegliedert mit kurzen Überlegungen zu ihrer Erforschung präsentiert werden.

*Zur Übertragbarkeit und Verallgemeinerbarkeit der Ergebnisse*
- Lassen sich die Ergebnisse in einer anderen Stichprobe (andere Schulform, andere Jahrgangsstufe etc.) und ggf. mit anderen Aufgaben oder bei anderen mathematischen Themengebieten replizieren?

Die Bearbeitung dieser Frage wäre mit verhältnismäßig wenig Aufwand und somit auch in einer Masterarbeit möglich, da ein Erhebungsdesign in Anlehnung an das hier gewählte gestaltet werden könnte und für die Auswertung bereits die Kategoriensysteme vorliegen und die Bearbeitungen entsprechend codiert werden könnten.

• Lassen sich die statistischen Ergebnisse in einer aussagekräftigeren Stichprobe bestätigen und ist die Mediation des Zusammenhangs zwischen Sprachkompetenz und Mathematikleistung durch Oberflächlichkeit wirklich signifikant?

Für die Überprüfung dieser Frage wäre eine größere Stichprobe notwendig. Zur Auswertung der Bearbeitungsprozesse könnten die erstellten Kategoriensysteme verwendet werden.[1]

*Zur Klärung des Zusammenhangs zwischen Sprachkompetenz und Mathematikleistung*
• Wie verhalten sich Oberflächlichkeit und die verschiedenen weiteren existierenden Erklärungsansätze zueinander und gemeinsam in der Erklärung des Zusammenhangs zwischen Sprachkompetenz und Mathematikleistung?

Zur Beantwortung dieser Frage könnten in den in dieser Arbeit verwendeten und codierten Daten auch Operationalisierungen der anderen Erklärungsansätze analysiert und anschließend Zusammenhänge untersucht werden. Alternativ ist die Planung einer Studie möglich, die von vornherein auf die gemeinsame Analyse der verschiedenen Erklärungsansätze ausgerichtet ist.

*Zum Konstrukt Oberflächlichkeit*
• Wodurch werden die verschiedenen oberflächlichen Bearbeitungsstrategien ausgelöst?

---

[1]Falls es (wider Erwarten) gelingen würde, bereits Schriftprodukte hinsichtlich der Oberflächlichkeit der Bearbeitungsprozesse zu klassifizieren, wäre eine solche Untersuchung mit weniger Aufwand verbunden und könnte bspw. an den vorliegenden Schriftprodukten aus der Pilotierung dieser Arbeit oder aus dem Projekt ZP10-Exp erfolgen. Allerdings ist dies aufgrund der Beobachtung, dass einige korrekte schriftliche Bearbeitungen lediglich aufgrund der Ausführungen im Lauten Denken als oberflächlich identifiziert werden konnten, nicht zu erwarten.

Zur Beantwortung dieser Frage könnten die für diese Arbeit bereits transkribierten Diskussionen mit den Lernenden über ihre Bearbeitungen mit einer induktiven qualitativen Inhaltsanalyse ausgewertet werden, die den Fokus auf Gründe für die Verwendung oberflächlicher Bearbeitungsstrategien legt. Ebenso ist es möglich in den vorliegenden (graphischen) Prozessverläufen[2] nach Ursachen, wie beispielsweise fachlichen Schwierigkeiten in der Bearbeitung, zu suchen.

- Welcher Anteil an oberflächlich lösbaren Aufgaben findet sich in Prüfungen wie den ZP10 oder in Schulbüchern?

Dieser Frage könnte mit einer Analyse von Aufgaben aus den entsprechenden Quellen mithilfe des Kategoriensystems zur Klassifikation von Aufgaben hinsichtlich ihrer oberflächlichen Lösbarkeit begegnet werden.

*Zur Verbindung mit weiteren Bearbeitungsstrategien*
- Welche Mikro-Bearbeitungsstrategien wie Unterstreichen verwenden Lernende und inwieweit stehen diese im Zusammenhang mit Sprachkompetenz und Mathematikleistung sowie mit Oberflächlichkeit?

Zur Beantwortung der Frage könnten entsprechende Mikro-Bearbeitungsstrategien identifiziert und Zusammenhangsbetrachtungen durchgeführt werden.

- Lassen sich systematische Zusammenhänge zwischen den Prozessverlaufsdiagrammen der Bearbeitungsprozesse und Oberflächlichkeit identifizieren?

Dazu könnte ein Auswertungsschema entwickelt werden, mit dem die für die in dieser Arbeit untersuchten Bearbeitungsprozesse bereits vorliegenden Prozessverlaufsdiagramme kategorisiert und klassifiziert werden können. Im Anschluss könnten Zusammenhänge mit Oberflächlichkeit betrachtet werden. Ergänzend könnten auch explizit die Stellen im Diagramm, an denen oberflächliche Bearbeitungsstrategien auftreten, genauer analysiert werden.

---

[2]Gemeint sind die transkribierten Bearbeitungsprozesse ebenso wie die Prozessverlaufsdiagramme.

*Zu Implikationen für die Schulpraxis*
- Welche Chancen bieten oberflächliche Bearbeitungsstrategien bzw. Oberflächlichkeit im Allgemeinen?

Um dies zu klären, könnte in Anlehnung an die kurz ausgeführte Idee zu der oberflächlichen Bearbeitungsstrategie ‚Assoziation' (vgl. Abschn. 16.3.1) für die einzelnen oberflächlichen Bearbeitungsstrategien theoretisch überlegt und anschließend empirisch überprüft werden, welches Potenzial diese für das Mathematiklernen und das Bearbeiten von Aufgaben darstellen.

- Kann eine Intervention zum Konstrukt Oberflächlichkeit die durch Oberflächlichkeit mediierte Leistungsvarianz in Abhängigkeit von der Sprachkompetenz verringern?

Eine entsprechende Untersuchung könnte verschiedene Interventionen (Bewusstsein für Oberflächlichkeit schärfen und Reflexion hierüber, Potenzial von Oberflächlichkeit, etc.) entwickeln und in einer Interventionsstudie ihre Wirkung überprüfen. Im Gegensatz zum Ansatz von Verschaffel et al. (2000), die vergeblich versucht haben, durch weitere realitätsnähere Arbeitsaufträge, wie dem Telefonat mit Busunternehmen, weniger oberflächliche Bearbeitungen zu erzielen (vgl. Abschn. 4.1.2), würde dieser Ansatz nicht bei den Aufgaben, sondern bei dem Bewusstsein und der Metakognition der Lernenden ansetzen.

## 16.3.3 Schlussbemerkung

Insgesamt konnte die vorliegende Arbeit mit der theoretischen und empirischen Fundierung des Konstrukts Oberflächlichkeit und einer ersten Untersuchung seiner Erklärungsmacht einen Beitrag zur Beantwortung des erkenntnisleitenden Interesses und damit zur Klärung des Zusammenhangs zwischen Sprachkompetenz und Mathematikleistung leisten und Oberflächlichkeit als potenziellen Mediator identifizieren. Damit konnten die Hypothesen, dass sprachlich schwache Lernende häufiger oberflächliche Bearbeitungen zeigen und diese seltener zur Lösung führen, bestätigt werden. Die Arbeit hat zu einer guten Grundlage beigetragen und bietet somit einen Ausgangspunkt, um die durch Sprachkompetenz bedingten Leistungsvarianzen im Fach Mathematik weiter aufzuklären und diese damit langfristig verringern zu können.

# Anhang

## A1 Transkriptionsregeln

| | |
|---|---|
| (.) | Pause von ca. 1 Sekunde |
| (..) | Pause von ca. 2 Sekunden |
| (...) | Pause von ca. 3 Sekunden |
| (Xs) | Pause von ca. X Sekunden |
| ((schreibt „="")) | bedeutsame Tätigkeiten, bedeutsame nonverbale Ausdrücke, bedeutsame sonstige Ereignisse |
| ((unverständlich)) | nicht verständliche Äußerungen |
| / | Wort- und Satzabbrüche mit folgender Korrektur |
| ... | Satzabbrüche ohne folgende Korrektur |
| „Badewanne" | aus den Aufgabenstellung etc. vorgelesene Wörter oder Sätze |
| WIE | besonders starke Betonung des Wortes |
| [Zwei Wasserhähne neun Minuten ((schreibt „2 – 9min"))] | zeitgleiches Reden und Notieren oder Tippen |
| mhm | bejahend |
| hm | überlegend |
| ne | fragend |
| nee | verneinend |
| eh, ehm | für äh, öh, öhm, ähm, eh, ehm (überlegend) |
| [...] | Auslassungen irrelevanter Stellen bei der Zitation aus den Transkripten in dieser Arbeit |

© Der/die Herausgeber bzw. der/die Autor(en), exklusiv lizenziert durch
Springer Fachmedien Wiesbaden GmbH, ein Teil von Springer Nature 2020
S. Schlager, *Zur Erforschung des Zusammenhangs zwischen Sprachkompetenz
und Mathematikleistung,* Essener Beiträge zur Mathematikdidaktik,
https://doi.org/10.1007/978-3-658-31871-0

## A2 Transkript Tim – Aufgabe „Blattläuse" b) mit identifizierten oberflächlichen Bearbeitungsstrategien

| Zeile | Transkript ESNODM04NEA Blattläuse b | OBS | |
|---|---|---|---|
| | OLV = oberflächliches Leseverständnis | | |
| | OAU = oberflächliches Ausführen | | |
| | OV = oberflächliches Verknüpfen | | |
| | OB = oberflächliche Beurteilung | | |
| | VO = Verbalisierung der Oberflächlichkeit | | |
| | WR = Wechsel der Rechenoperationen | | |
| | UE = unrealistisches Ergebnis | | |
| | EOS = Ergebnis ohne Sachbezug | | |
| 1–2 | ((dreht das Blatt um)) (…) ((liest vor:)) „Nach wie vielen Wochen sind mehr als ein/ nach vielen Wochen sind mehr als 21869 Blattläuse auf der Blume? Notiere deine Rechnung." | OLV | |
| 3–4 | (..) Achso nach WIE vielen Wochen sind mehr als 21000. | | |
| 5 | Also wenn nach vier Wochen 120 Blattläuse auf einer Blume sind | | |
| 6–8 | (6s), dann (..) sind nach acht Wochen (..) | | |
| 9 | ich weiß nicht. | VO | |
| 10–11 | Nach 8 Wochen sind dann (..) | | |
| 12 | ((tippt in den Taschenrechner „4•120=")) 4 mal. | | WR |
| 13–15 | (..) 480 Blattläuse. (..) | | |
| 16 | Macht man dann 8•. | | |
| 17–23 | Nein, nicht 8 mal. (..) ((guckt die a) nochmal an)). Wenn nach 4 Wochen. 4. Woche musste man 10•12 rechnen. Dann (…) muss man (..) 10• (..) 14 oder 16. (..) 15 18 (.) 21. 10• 24 ((tippt in den Taschenrechner „10•24")) 240. (…) Ja. Dann muss ich (…) | OAU | |
| 24 | Ich probiere mal | VO | |
| 25–31 | (…) ((guckt auf die a)) Wenn nach vier Wochen 120 Blattläuse sind. (…) Muss ich hier (…) In der 5. Woche sind dann 10•15 ((tippt in den Taschenrechner „10•15=")) = 150. Dann 10•18 ((tippt in den Taschenrechner „10•18=")) 180. | | |
| 32–33 | Eh. Keine Ahnung. | VO | |
| 34–35 | (..) Oder ich mach einfach ((schreibt „21869:3")) 21869:3 ((schreibt „=")) ist gleich | VO | |
| 36–37 | ((tippt in den Taschenrechner „21869:3=")) 21869:3 (…) | | |
| 38–43 | [...] ((liest Frage nochmal vor)) (…) Nach wie vielen Wochen. Hm. (…) ((unv.)) ((räuspern)). | | |
| 44 | Vielleicht mal | VO, OV | |
| 45–47 | (.) Nee. (…) | | |
| 48 | ((tippt in den Taschenrechner „21869:3=")) 21869:3, | | |
| 49–50 | das sind 7289,6 Periode. (5s) | UE, EOS | |
| 51 | ((schreibt „7289,6 Periode")) 89,6 Periode. | | |
| 52 | Ja ich glaub das ist. | OB, VO | |

# A3 Fragebogen Hintergrundinformationen

**Fragebogen zu dir und deiner Familie**

Code: _____ Mathematiklehrer/in: _____

Schule: _____ Klasse: _____

Alter: _____ Geschlecht: O weiblich    O männlich

1. Bist du in Deutschland geboren? Kreuze an.    O ja    O nein

   Wenn nein, in welchem Land bist du geboren? _____

   Wenn nein, wie alt warst du, als du nach Deutschland gekommen bist? _____

2. In welchem Land sind deine Eltern geboren?

| Mutter | | O weiß ich nicht |
|---|---|---|
| Vater | | O weiß ich nicht |

3. Sind alle deine Großeltern in Deutschland geboren? Kreuze an.

   O ja    O teilweise    O nein    O weiß ich nicht

4. Welche Sprache(n) hast du in deiner Familie zuerst gesprochen? _____

5. Wie alt warst du, als du angefangen hast Deutsch zu sprechen? Kreuze an.

   O jünger als 3 Jahre    O 3-6 Jahre    O 6-10 Jahre    O 10-12 Jahre    O älter als 12 Jahre

6. Wo hast du Deutsch gelernt? Kreuze an. Du kannst auch mehrere Sachen ankreuzen.

| in der Familie | im Kindergarten | in der Schule | Sonstiges |
|---|---|---|---|
| O | O | O | O _____ |

7. Trage **alle** Sprachen, mit denen du in Kontakt stehst, in die Tabelle ein. Kreuze an,
   - was du in der jeweiligen Sprache kannst (Verstehen, Sprechen, Lesen, Schreiben)
   - ob du die jeweilige Sprache in der Familie sprichst

| Sprachen: | Verstehen | Sprechen | Lesen | Schreiben | in der Familie |
|---|---|---|---|---|---|
| Deutsch | O | O | O | O | O |
| | O | O | O | O | O |
| | O | O | O | O | O |
| | O | O | O | O | O |
| | O | O | O | O | O |

*Bitte wenden →*

8. Wie viele Bücher gibt es bei euch zu Hause? Kreuze an.

O        O       O       O       O

keine oder nur    genug für ein    genug, um ein    genug, um drei    eine ganze
sehr wenige      Regalbrett      Regal zu füllen    Regale zu füllen   Regalwand voll

9. Wie sehr treffen die folgenden Aussagen auf dich zu? Kreuze an.

➤ „Im Fach Mathematik bekomme ich gute Noten."

   O trifft völlig zu     O trifft eher zu     O trifft eher nicht zu     O trifft gar nicht zu

➤ „Mathematik ist eines meiner besten Fächer."

   O trifft völlig zu     O trifft eher zu     O trifft eher nicht zu     O trifft gar nicht zu

➤ „Ich war schon immer gut in Mathematik."

   O trifft völlig zu     O trifft eher zu     O trifft eher nicht zu     O trifft gar nicht zu

10. Welche Note bekommst du in Mathematik auf dem **nächsten Zeugnis**? Kreuze an, auch wenn du dir nicht ganz sicher bist.     (1=sehr gut, 2=gut, 3=befriedigend, 4=ausreichend, 5=mangelhaft, 6=ungenügend)

Klasse 10, 1. Halbjahr:     O 1     O 2     O 3     O 4     O 5     O 6

11. Welche Noten hattest du in Mathematik auf den **letzten Zeugnissen**? Kreuze an, auch wenn du dir nicht ganz sicher bist.     (1=sehr gut, 2=gut, 3=befriedigend, 4=ausreichend, 5=mangelhaft, 6=ungenügend)

Klasse 9, 2. Halbjahr:     O 1     O 2     O 3     O 4     O 5     O 6

Klasse 9, 1. Halbjahr:     O 1     O 2     O 3     O 4     O 5     O 6

12. Welche Note hattest du in Mathematik in der letzten **Klassenarbeit**? Kreuze an.

(1=sehr gut, 2=gut, 3=befriedigend, 4=ausreichend, 5=mangelhaft, 6=ungenügend)

Letzte Klassenarbeit:     O 1     O 2     O 3     O 4     O 5     O 6

Vielen Dank für deine Mitarbeit!

# Literatur

Abedi, J. (2006). Language issues in item development. In S. M. Downing & T. M. Haladyna (Hrsg.), *Handbook of test development* (S. 377–398). Mahwah, NJ: Erlbaum.

Abedi, J. & Lord, C. (2001). The language factor in mathematics tests. *Applied Measurement in Education, 14*(3), 219–234.

Aebli, H. (1980). *Denken: Das Ordnen des Tuns. Band 1: Kognitive Aspekte der Handlungstheorie*. Stuttgart: Klett.

Aebli, H. (1981). *Denken: Das Ordnen des Tuns. Band 2: Denkprozesse*. Stuttgart: Klett.

Aebli, H., Ruthemann, U. & Staub, F. (1986). Sind Regeln des Problemlösens lehrbar. *Zeitschrift für Pädagogik, 32*, 617–638.

Ahrenholz, B. (2010). Bildungssprache im Sachunterricht der Grundschule. In B. Ahrenholz (Hrsg.), *Fachunterricht und Deutsch als Zweitsprache* (2. Auflage) (S. 15–36). Tübingen: Narr.

Arras, U. (2013). Introspektive Verfahren in der Sprachtestforschung. In K. Aguado, L. Heine & K. Schramm (Hrsg.), *Introspektive Verfahren und qualitative Inhaltsanalyse in der Fremdsprachenforschung* (S. 74–91). Frankfurt am Main: Lang.

Ashcraft, M. H. (1990). Strategic mental processing in children's mental arithmetic. In D. F. Bjorklund (Hrsg.), *Children's strategies: contemporary views of cognitive development* (S. 185–211). Hillsdale: Lawrence Erlbaum.

Autorengruppe Bildungsberichterstattung (2012). *Bildung in Deutschland. Ein indikatorengestüzter Bericht mit einer Analyse zu Perspektiven des Bildungswesens im demografischen Wandel*. Bielefeld: Bertelsmann.

Bailey, A. L., Blackstock-Bernstein, A. & Heritage, M. (2015). At the intersection of mathematics and language: examining mathematical strategies and explanations by grade and English learner status. *Journal of Mathematical Behavior, 40*(A), 6–28.

Baron, R. M. & Kenny, D. A. (1986). The moderator-mediator variable distinction in social psychological research: conceptual, strategic, and statistical considerations. *Journal of Personality and Social Psychology, 51*(6), 1173–1182.

Baruk, S. (1989). *Wie alt ist der Kapitän?: Über den Irrtum in der Mathematik*. Basel: Birkhäuser.

© Der/die Herausgeber bzw. der/die Autor(en), exklusiv lizenziert durch Springer Fachmedien Wiesbaden GmbH, ein Teil von Springer Nature 2020
S. Schlager, *Zur Erforschung des Zusammenhangs zwischen Sprachkompetenz und Mathematikleistung,* Essener Beiträge zur Mathematikdidaktik,
https://doi.org/10.1007/978-3-658-31871-0

Barwell, R., Clarkson, P., Halai, A., Kazima, M., Moschkovich, J., Planas, N., Setati-Phakeng, M., Valero, P. & Ubillús, M. V. (2016). *Mathematics education and language diversity: the 21st ICMI study*. Cham: Springer.

Baumert, J. & Deutsches-Pisa-Konsortium (2003). *PISA 2000 – ein differenzierter Blick auf die Länder der Bundesrepublik Deutschland*. Opladen: Leske + Budrich.

Baur, R. S., Goggin, M. & Wrede-Jackes, J. (2013). *Der C-Test: Einsatzmöglichkeiten im Bereich DaZ*. Universität Duisburg-Essen: ProDaZ.

Becker-Mrotzek, M. (2017). Fazit. In D. Leiss, M. Hagena, A. Neumann & K. Schwippert (Hrsg.), *Mathematik und Sprache: empirischer Forschungsstand und unterrichtliche Herausforderungen* (S. 213–216). Münster: Waxmann.

Bescherer, C. & Papadopoulou, P. (2017). (Sprach-)Förderung beim Bearbeiten von Text- und Sachaufgaben im Mathematikunterricht der Sekundarstufe I. In D. Leiss, M. Hagena, A. Neumann & K. Schwippert (Hrsg.), *Mathematik und Sprache: empirischer Forschungsstand und unterrichtliche Herausforderungen* (S. 127–146). Münster: Waxmann.

Biehler, R. & Leiss, D. (2010). Empirical research on mathematical modelling. *Journal für Mathematik-Didaktik, 31*(1), 5–8.

Bise, V. (2008). *Problemlösen im Dialog mit sich selbst. Dialogische Strukturen im inneren Sprechen beim Problemlösen: Eine explorative Studie nach der Methode des Lauten Denkens*. Marburg: Tectum.

Bjorklund, D. F. (2015). *Children's strategies: contemporary views of cognitive development*. New York, NY: Routledge.

Bjorklund, D. F. & Harnishfeger, K. K. (2015). Children's strategies: their definition and origins. In D. F. Bjorklund (Hrsg.), *Children's strategies: contemporary views of cognitive development* (S. 309–324). New York, NY: Routledge.

Björnsson, C. H. (1968). *Lesbarkeit durch Lix*. Stockholm: Pedagogiskt Centrum.

Blum, W. & Leiss, D. (2005). Modellieren im Unterricht mit der „Tanken"-Aufgabe. *mathematik lehren, 128*, 18–21.

Bochnik, K. & Ufer, S. (2015). Mathematische und (fach-)sprachliche Kompetenzen von Drittklässlern mit (nicht-)deutscher Familiensprache. In F. Caluori, H. Linneweber-Lammerskitten & C. Streit (Hrsg.), *Beiträge zum Mathematikunterricht 2015* (S. 168–171). Münster: WTM-Verlag.

Bochnik, K. & Ufer, S. (2017). Fachsprachliche Kompetenzen im sprachsensiblen Mathematikunterricht in der Grundschule. Implikationen einer Studie zur sprachbezogenen Analyse mathematischer Leistungsunterschiede zwischen Lernenden mit deutscher und nicht-deutscher Familiensprache. In D. Leiss, M. Hagena, A. Neumann & K. Schwippert (Hrsg.), *Mathematik und Sprache: empirischer Forschungsstand und unterrichtliche Herausforderungen* (S. 81–98). Münster: Waxmann.

Boonen, A. J. H., van der Schoot, M., van Wesel, F., de Vries, M. H. & Jolles, J. (2013). What underlies successful word problem solving? A path analysis in sixth grade students. *Contemporary Educational Psychology, 38*(3), 271–279.

Borromeo Ferri, R. (2007). Modelling problems from a cognitive perspective. In C. Haines, P. Galbraith, W. Blum & S. Khan (Hrsg.), *Mathematical Modelling: Education, Engineering and Economics* (S. 260–270). Chichester: Horwood.

Borromeo Ferri, R. (2010). On the influence of mathematical thinking styles on learners' modeling behavior. *Journal für Mathematik-Didaktik, 31*(1), 99–118.

Borromeo Ferri, R. (2011). *Wege zur Innenwelt des mathematischen Modellierens: Kognitive Analysen zu Modellierungsprozessen im Mathematikunterricht.* Wiesbaden: Vieweg + Teubner.

Bortz, J. & Döring, N. (2006). *Forschungsmethoden und Evaluation für Human- und Sozialwissenschaftler* (4. Auflage). Heidelberg: Springer.

Bortz, J. & Schuster, C. (2010). *Statistik für Human- und Sozialwissenschaftler* (7. Auflage). Berlin: Springer.

Bos, W., Wendt, H., Ünlü, A., Valtin, R., Euen, B., Kasper, D. & Tarelli, I. (2012). Leistungsprofile von Viertklässlerinnen und Viertklässlern in Deutschland. In W. Bos, H. Wendt, O. Köller & C. Selter (Hrsg.), *TIMSS 2011. Mathematische und naturwissenschaftliche Kompetenzen von Grundschulkindern in Deutschland im internationalen Vergleich* (S. 269–301). Münster: Waxmann.

Briars, D. J. & Larkin, J. H. (1984). An integrated model of skill in solving elementary word problems. *Cognition and Instruction, 1*(3), 245–296.

Brousseau, G. (1997). *The theory of didactical situations in mathematics.* Dordrecht: Kluwer.

Brown, C. L. (2005). Equity of literacy-based math performance assessments for Englisch language learners. *Bilingual Research Journal, 29*(2), 337–363.

Bruner, J. S. (1974). *Entwurf einer Unterrichtstheorie.* Berlin: Berlin Verlag.

Büchter, A. (2010). *Zur Erforschung von Mathematikleistung. Theoretische Studie und empirische Untersuchung des Einflussfaktors Raumvorstellung.* (Dissertation). Dortmund: Technische Universität Dortmund.

Büchter, A. & Henn, H.-W. (2010). *Elementare Analysis: Von der Anschauung zur Theorie.* Heidelberg: Spektrum Akademischer Verlag.

Büchter, A. & Henn, H.-W. (2015). Schulmathematik und Realität – Verstehen durch Anwenden. In R. Bruder, L. Hefendehl-Hebeker, B. Schmidt-Thieme & H.-G. Weigand (Hrsg.), *Handbuch der Mathematikdidaktik* (S. 19–49). Berlin, Heidelberg: Springer Spektrum.

Büchter, A. & Leuders, T. (2005). *Mathematikaufgaben selbst entwickeln: Lernen fördern – Leistung überprüfen.* Berlin: Cornelsen Scriptor.

Büchter, A. & Pallack, A. (2012). Methodische Überlegungen und empirische Analysen zur impliziten Standardsetzung durch zentrale Prüfungen. *Journal für Mathematik-Didaktik, 33*(1), 59–85.

Burns, T. & Shadoian-Gersing, V. (2010). The importance of effective teacher education for diversity. In OECD (Hrsg.), *Educating teachers for diversity* (S. 19–40). Paris: OECD.

Chevallard, Y. (1991). *La transposition didactique: Du savoir savant au savoir enseigné.* Grenoble: La Pensée Sauvage.

Chomsky, N. (2006). *Language and mind.* Cambridge: Cambridge University Press.

Clark, H. H. & Card, S. K. (1969). Role of semantics in remembering comparative sentences. *Journal of Experimental Psychology, 82*(3), 545–553.

Cobb, P. & Bauersfeld, H., (Hrsg.). (1995). *The emergence of mathematical meaning – interaction in classroom cultures.* Hillsdale, NJ: Lawrence Erlbaum.

Confrey, J. & Smith, E. (1994). Exponential functions, rates of change, and the multiplicative unit. *Educational Studies in Mathematics, 26*, 135–164.

Cooper, B. & Dunne, M. (2000). *Assessing children's mathematical knowledge: social class, sex and problem solving.* Buckingham: Open University Press.

Creswell, J. W. & Plano Clark, V. L. (2007). *Designing and conducting mixed methods research*. Thousand Oaks: Sage.

Cummins, J. (1979). Cognitive/academic language proficiency, linguistic interdependence, the optimum age question and some other matters. *Working Papers on Bilingualism, 19,* 121–129.

Cummins, J. (2000). *Language, power and pedagogy: bilingual children in the crossfire.* Clevedon et al.: Multilingual Matters.

Cummins, J. (2006). Sprachliche Interaktionen im Klassenzimmer: Von zwangsweise auferlegten zu kooperativen Formen von Machtbeziehungen. In P. Mecheril & T. Quehl (Hrsg.), *Die Macht der Sprachen. Englische Perspektiven auf die mehrsprachige Schule* (S. 36–62). Münster: Waxmann.

Deffner, G. (1984). *Die Methode des Lauten Denkens – Untersuchung zur Qualität eines Datenerhebungsverfahrens.* Frankfurt: Lang.

Deffner, G. (1989). Interaktion zwischen Lautem Denken, Bearbeitungsstrategien und Aufgabenmerkmalen? Eine experimentelle Prüfung des Modells von Ericsson und Simon. *Sprache & Kognition, 8*(2), 98–111.

Diefenbach, H. (2004). Bildungschancen und Bildungs(miss)erfolg von ausländischen Schülern oder Schülern aus Migrantenfamilien im System schulischer Bildung. In R. Becker & W. Lauterbach (Hrsg.), *Bildung als Privileg. Erklärungen und Befunde zu den Ursachen der Bildungsungleichheit* (S. 225–249). Wiesbaden: VS Verlag für Sozialwissenschaften.

Döring, N. & Bortz, J. (2016). *Forschungsmethoden und Evaluation in den Sozial- und Humanwissenschaften* (5. Auflage). Berlin: Springer.

Dresing, T. & Pehl, T. (2015). *Praxisbuch Interview, Transkription & Analyse. Anleitungen und Regelsysteme für qualitativ Forschende* (6. Auflage). Marburg.

Dröse, J. & Prediger, S. (2017). Strategieentwicklung für die Bearbeitung von Textaufgaben. In U. Kortenkam & A. Kuzle (Hrsg.), *Beiträge zum Mathematikunterricht 2017* (S. 183–186). Münster: WTM-Verlag.

Duarte, J., Gogolin, I. & Kaiser, G. (2011). Sprachlich bedingte Schwierigkeiten von mehrsprachigen Schülerinnen und Schülern bei Textaufgaben. In S. Prediger & E. Özdil (Hrsg.), *Mathematiklernen unter Bedingungen der Mehrsprachigkeit* (S. 35–54). Münster: Waxmann.

Duncker, K. (1935). *Zur Psychologie des produktiven Denkens.* Berlin: Springer.

Durkin, K. (1991). Language and mathematical education: An introduction. In K. Durkin & B. Shire (Hrsg.), *Language in mathematical education: research and practice* (S. 3–16). Milton Keynes, Philadelphia: Open University.

Dyrvold, A., Bergqvist, E. & Österholm, M. (2015). Uncommon vocabulary in mathematical tasks in relation to demand of reading ability and solution frequency. *Nordisk matematikkdidaktikk, 20*(1), 5–31.

Ebersbach, M., van Dooren, W., van den Noortgate, W. & Resing, W. C. M. (2008). Understanding linear and exponential growth: searching for the roots in 6- to 9-year-olds. *Cognitive Development, 23*(2), 237–257.

Ehmke, T., Hohensee, F., Heidemeier, H. & Prenzel, M. (2004). Familiäre Lebensverhältnisse, Bildungsbeteiligung und Kompetenzerwerb. In M. Prenzel, J. Baumert, W. Blum et al. (Hrsg.), *PISA 2003. Der Bildungsstand der Jugendlichen in Deutschland – Ergebnisse des zweiten internationalen Vergleichs* (S. 225–253). Münster: Waxmann.

Ellis, A. B., Özgür, Z., Kulow, T., Williams, C. C. & Amidon, J. (2015). Quantifying exponential growth: three conceptual shifts in coordinating multiplicative and additive growth. *Journal of Mathematical Behavior, 39*, 135–155.

Emde, C., Kietzmann, U. & Böer, H. (2004). *Mathe live. Mathematik für Gesamtschulen. 9, Erweiterungskurs [Schülerbd.].* Stuttgart: Klett.

Ericsson, K. A. & Simon, H. A. (1993). *Protocol analysis: verbal reports as data.* Cambridge, Mass.: MIT Press.

Erpenbeck, J. & von Rosenstiel, L. (2007). *Handbuch Kompetenzmessung. Erkennen, verstehen und bewerten von Kompetenzen in der betrieblichen, pädagogischen und psychologischen Praxis* (2. Auflage). Stuttgart: Schäffer-Poeschel.

Europarat (2001). *Gemeinsamer europäischer Referenzrahmen für Sprachen: lernen, lehren, beurteilen.* Berlin: Langenscheidt.

Feilke, H. (2012). Bildungssprachliche Kompetenzen – fördern und entwickeln. *Praxis Deutsch als Zweitsprache, 39*(233), 4–13.

Flick, U. (2011). *Triangulation: Eine Einführung* (3. Auflage). Wiesbaden: VS Verlag für Sozialwissenschaften.

Frank, M. & Gürsoy, E. (2014). Sprachbewusstheit im Mathematikunterricht in der Mehrsprachigkeit: zur Rekonstruktion von Schülerstrategien im Umgang mit sprachlichen Anforderungen von Textaufgaben. In G. Ferraresi & S. Liebner (Hrsg.), *SprachBrückenBauen: 40. Jahrestagung des Fachverbandes Deutsch als Fremd- und Zweitsprache an der Universität Bamberg 2013* (S. 29–45). Göttingen: Universitätsverlag Göttingen.

Franke, M. & Ruwisch, S. (2010). *Didaktik des Sachrechnens in der Grundschule* (2. Auflage). Heidelberg: Spektrum.

Frommann, U. (2005). *Die Methode „Lautes Denken".* Verfügbar unter: http://www.e-teaching.org/didaktik/qualitaet/usability/Lautes%20Denken_e-teaching_org.pdf. [Letzter Abruf: 30.05.2019].

Fülöp, E. (2015). Teaching problem-solving strategies in mathematics. *LUMAT, 3*(1), 37–54.

Futter, K. (2017). *Lernwirksame Unterrichtsbesprechungen im Praktikum: Nutzung von Lerngelegenheiten durch Lehramtsstudierende und Unterstützungsverhalten der Praxislehrpersonen.* Bad Heilbrunn: Julius Klinkhardt.

Galbraith, P. & Stillmann, G. (2006). A framework for identifying student blockages during transitions in the modelling process. *ZDM, 38*(2), 143–162.

Gardt, A. (1995). Die zwei Funktionen von Sprache: kommunikativ und sprecherzentriert. *Zeitschrift für Germanistische Linguistik, 23*(2), 153–171.

Gasteiger, H. & Paluka-Grahm, S. (2013). Strategieverwendung bei Einmaleinsaufgaben – Ergebnisse einer explorativen Interviewstudie. *Journal für Mathematik-Didaktik, 34*(1), 1–20.

Gebhardt, M., Rauch, D., Mang, J., Sälzer, C. & Stanat, P. (2013). Mathematische Kompetenz von Schülerinnen und Schülern mit Zuwanderungshintergrund. In M. Prenzel, C. Sälzer, E. Klieme & O. Köller (Hrsg.), *PISA 2012. Fortschritte und Herausforderungen in Deutschland* (S. 275–308). Münster: Waxmann.

Gellert, U. (2011). Mediale Mündlichkeit und Dekontextualisierung. Zur Bedeutung und Spezifik von Bildungssprache im Mathematikunterricht der Grundschule. In S. Prediger & E. Özdil (Hrsg.), *Mathematiklernen unter Bedingungen der Mehrsprachigkeit* (S. 97–116). Münster: Waxmann.

Gibbons, P. (2002). *Scaffolding language, scaffolding learning: teaching second language learners in the mainstream classroom*. Portsmouth, NH: Heinemann.

Gibbons, P. (2003). Mediating language learning: teacher interactions with ESL students in a content-based classroom. *TESOL Quarterly, 37*(2), 247–273.

Gläser, J. & Laudel, G. (2010). *Experteninterviews und qualitative Inhaltsanalyse als Instrumente rekonstruierender Untersuchungen* (4. Auflage). Wiesbaden: VS Verlag für Sozialwissenschaften

Gogolin, I. (2008). Herausforderung Bildungssprache. *Die Grundschulzeitschrift, 23*(215/216), 26.

Gogolin, I. (2009). Zweisprachigkeit und die Entwicklung bildungssprachlicher Fähigkeiten. In I. Gogolin & U. Neumann (Hrsg.), *Streitfall Zweisprachigkeit – The Bilingualism Controversy* (S. 263–280). Wiesbaden: VS Verlag für Sozialwissenschaften.

Gogolin, I. & Lange, I. (2011). Bildungssprache und Durchgängige Sprachbildung. In S. Fürstenau & M. Gomolla (Hrsg.), *Migration und schulischer Wandel: Mehrsprachigkeit* (S. 107–127). Wiesbaden: VS Verlag für Sozialwissenschaften.

Gogolin, I., Neumann, U. & Roth, H.-J. (2003). *Förderung von Kindern und Jugendlichen mit Migrationshintergrund. Bonn: Bund-Länder-Kommission für Bildungsplanung und Forschungsförderung.* Verfügbar unter: https://www.tirol.gv.at/fileadmin/themen/gesellschaft-soziales/integration/downloads/Leitbild-neu-Stand_Jaenner_2009/AK1-Bildung/Foerderung_von_Migrantenkindern-_und_Jugendlichen_BLK_03.pdf. [Letzter Abruf: 30.05.2019].

Greefrath, G. (2010). *Didaktik des Sachrechnens in der Sekundarstufe*. Heidelberg: Spektrum.

Greefrath, G., Kaiser, G., Blum, W. & Borromeo Ferri, R. (2013). Mathematisches Modellieren – Eine Einführung in theoretische und didaktische Hintergründe. In R. Borromeo Ferri, G. Greefrath & G. Kaiser (Hrsg.), *Mathematisches Modellieren für Schule und Hochschule: Theoretische und didaktische Hintergründe* (S. 11–38). Wiesbaden: Springer Spektrum.

Greefrath, G., Oldenburg, R., Siller, H.-S., Ulm, V. & Weigand, H.-G. (2016). *Didaktik der Analysis: Aspekte und Grundvorstellungen zentraler Begriffe*. Berlin, Heidelberg: Springer Spektrum.

Greer, B. (1997). Modelling reality in mathematics classrooms: the case of word problems. *Learning and Instruction, 7*(4), 293–307.

Grießhaber, W. (1999). Präpositionen als relationierende Prozeduren. In A. Redder & J. Rehbein (Hrsg.), *Grammatik und mentale Prozesse* (S. 241–260). Tübingen: Stauffenburg.

Grießhaber, W. (2010). (Fach-)Sprache im zweitsprachlichen Fachunterricht. In B. Ahrenholz (Hrsg.), *Fachunterricht und Deutsch als Zweitsprache* (2. Auflage) (S. 37–53). Tübingen: Narr.

Grießhaber, W. (2011). Zur Rolle der Sprache im zweitsprachlichen Mathematikunterricht: Ausgewählte Aspekte aus sprachwissenschaftlicher Sicht. In S. Prediger & E. Özdil (Hrsg.), *Mathematiklernen unter Bedingungen der Mehrsprachigkeit: Stand und Perspektiven der Forschung und Entwicklung in Deutschland* (S. 77–96). Münster: Waxmann.

Grotjahn, R. (1992). *Der C-Test: theoretische Grundlagen und praktische Anwendungen*. Bochum: Brockmeyer.

Gündes, S. (2016). *Inwieweit neigen Schulerinnen und Schuler mit schlechter Sprachkompetenz eher zu oberflächlichen Bearbeitungsstrategien?* Unveröffentlichte Hausarbeit: Universität Duisburg-Essen. (Betreuung A. Büchter).

Gürsoy, E. (2016). *Kohäsion und Kohärenz in mathematischen Prüfungstexten türkisch-deutschsprachiger Schülerinnen und Schüler: eine multiperspektivische Untersuchung.* Münster: Waxmann.

Gürsoy, E., Benholz, C., Renk, N., Prediger, S. & Büchter, A. (2013). Erlös = Erlösung? – Sprachliche und konzeptuelle Hürden in Prüfungsaufgaben zur Mathematik. *Deutsch als Zweitsprache, 1,* 14–24.

Haag, N., Heppt, B., Stanat, P., Kuhl, P. & Pant, H. A. (2013). Second language learners' performance in mathematics: disentangling the effects of academic language features. *Learning and Instruction, 28,* 24–34.

Habermas, J. (1978). Umgangssprache, Wissenschaftssprache, Bildungssprache. *MERKUR, 32*(4), 327–342.

Hafner, T. (2012). *Proportionalität und Prozentrechnung in der Sekundarstufe I. Empirische Untersuchung und didaktische Analysen.* Wiesbaden: Vieweg + Teubner.

Hagena, M., Leiss, D. & Schwippert, K. (2017). Using reading strategy training to foster students' mathematical modelling competencies: results of a quasi-experimental control trial. *Eurasia Journal of Mathematics, Science and Technology Education, 13*(7b), 4057–4085.

Halliday, M. A. K. (1978). *Language as social semiotic: the social interpretation of language and meaning.* London: Edward Arnold Publishers Ltd.

Hammond, J. & Gibbons, P. (2005). Putting scaffolding to work: the contribution of scaffolding in articulating ESL education. *Prospect, 20*(1), 6–30.

Hayes, A. F. (2014). *Introduction to mediation, moderation, and conditional process analysis: a regression-based approach.* New York, NY: Guilford Publications.

Hegarty, M., Mayer, R. E. & Monk, C. A. (1995). Comprehension of arithmetic word problems: a comparison of successful and unsuccessful problem solvers. *Journal of Educational Psychology, 87*(1), 18–32.

Heiderich, S. (2018). *Zwischen situativen und formalen Darstellungen mathematischer Begriffe. Empirische Studie zu linearen, proportionalen und antiproportionalen Funktionen.* Wiesbaden: Springer Spektrum.

Heinze, A., Herwartz-Emden, L., Braun, C. & Reiss, K. (2011). Die Rolle von Kenntnissen der Unterrichtssprache beim Mathematiklernen. Ergebnisse einer quantitativen Längsschnittstudie in der Grundschule. In S. Prediger & E. Özdil (Hrsg.), *Mathematiklernen unter Bedingungen der Mehrsprachigkeit* (S. 11–34). Münster: Waxmann.

Heinze, A., Herwartz-Emden, L. & Reiss, K. (2007). Mathematikkenntnisse und sprachliche Kompetenz bei Kindern mit Migrationshintergrund zu Beginn der Grundschulzeit. *Zeitschrift für Pädagogik, 53*(4), 562–581.

Heinze, A., Reiss, K., Rudolph-Albert, F., Herwartz-Emden, L. & Braun, C. (2009). The development of mathematical competence of migrant children in german primary schools. In M. Tzekaki, M. Kaldrimidou & H. Sakonidis (Hrsg.), *Proceedings of the 33rd Conference of the International Group for the Psychology of Mathematics Education (PME). (Vol. 3)* (S. 145–152). Thessaloniki: PME.

Hertwig, R. (2006). Strategien und Heursitiken. In J. Funke & P. A. Frensch (Hrsg.), *Handbuch der Allgemeinen Psychologie – Kognition* (S. 691–696). Göttingen: Hogrefe.

Herwartz-Emden, L. (2003). Einwandererkinder im deutschen Bildungswesen. In K. S. Cortina, J. Baumert, A. Leschinsky, K. U. Mayer & L. Trommer (Hrsg.), *Das Bildungswesen in der Bundesrepublik Deutschland. Strukturen und Entwicklungen im Überblick* (S. 661–709). Reinbek: Rowohlt.

Hessisches Kultusministerium & SINUS (2013). *Lesen im Mathematikunterricht der Grundschule.* Verfügbar unter: https://kultusministerium.hessen.de/sites/default/files/media/hkm/baustein_4_mathematik_und_lesen.pdf. [Letzter Abruf: 27.09.2020].

Hinrichs, G. (2008). *Modellierung im Mathematikunterricht.* Heidelberg: Springer.

Hirsch, E. D. J. (2003). Reading comprehension requires knowledge – of words and the world. *American Educator, 27*(1), 10–29.

Hoffmann, L. (1985). *Kommunikationsmittel Fachsprache: eine Einführung* (2. Auflage). Tübingen: Narr.

Hopf, D. (1981). Die Schulprobleme der Ausländerkinder. *Zeitschrift für Pädagogik, 27*(6), 839–861.

Hussy, W., Schreier, M. & Echterhoff, G. (2013). *Forschungsmethoden in Psychologie und Sozialwissenschaften für Bachelor* (2. Auflage). Berlin, Heidelberg: Springer.

Isaac, K. (2011). Neues Standorttypenkonzept. Faire Vergleiche bei Lernstandserhebungen. *Schule NRW, 06/2011,* 300–301.

Ishida, J. (2002). Students' evaluation of their strategies when they find several solution methods. *Journal of Mathematical Behavior, 21*(1), 49–56.

Jahnke, T. (2005). Zur Authentizität von Mathematikaufgaben. In GDM (Hrsg.), *Beiträge zum Mathematikunterricht* (S. 271–274). Hildesheim: Franzbecker.

Jorgensen, R. (2011). Language, culture and learning mathematics: a Bourdieuian analysis of indigenous learning. In C. Wyatt-Smith, J. Elkins & S. Gunn (Hrsg.), *Multiple perspectives on difficulties in learning literacy and numeracy* (S. 315–329). Dodrecht: Springer.

Jude, N. (2008). *Zur Struktur von Sprachkompetenz.* (Dissertation). Frankfurt am Main: Johann Wolfgang Goethe Universität.

Kaiser, G. & Schwarz, I. (2009). Können Migranten wirklich nicht rechnen? Zusammenhänge zwischen mathematischer und allgemeiner Sprachkompetenz. *Friedrich Schülerheft Migration,* 68–69.

Kaulvers, J., Schlager, S., Isselbächer-Giese, A. & Klein, M. (2016). Entwickeln, Beraten, Unterstützen – QUA-LiS. Sprachliche Hürden in Mathematikaufgaben. *Schule NRW, 07–08/2016,* 16–19.

Kelle, U. (2008). *Die Integration qualitativer und quantitativer Methoden in der empirischen Sozialforschung. Theoretische Grundlagen und methodologische Konzepte* (2. Auflage). Wiesbaden: VS Verlag für Sozialwissenschaften.

Kenny, D. A. (2018). *Mediation.* Verfügbar unter: http://davidakenny.net/cm/mediate.htm. [Letzter Abruf: 30.05.2019].

Kieffer, M. J., Lesaux, N. K., Rivera, M. & Francis, D. J. (2009). Accommodations for English language learners taking large-scale assessments: a meta-analysis on effectiveness and validity. *Review of Educational Research, 79*(3), 1168–1201.

Kleine, M. & Jordan, A. (2007). Lösungsstrategien von Schülerinnen und Schülern in Proportionalität und Prozentrechnung – eine korrespondenzanalytische Betrachtung. *Journal für Mathematik-Didaktik, 28*(3), 209–223.

Klieme, E. & Hartig, J. (2008). Kompetenzkonzepte in den Sozialwissenschaften und im erziehungswissenschaftlichen Diskurs. In M. Prenzel, I. Gogolin & H.-H. Krüger (Hrsg.), *Kompetenzdiagnostik. Zeitschrift für Erziehungswissenschaft* (S. 11–32). Wiesbaden: VS Verlag für Sozialwissenschaften.

Klieme, E. & Leutner, D. (2006). Kompetenzmodelle zur Erfassung individueller Lernergebnisse und zur Bilanzierung von Bildungsprozessen: Beschreibung eines neu eingerichteten Schwerpunktprogramms der DFG. *Zeitschrift für Pädagogik, 52*(6), 876–903.

Klieme, E., Neubrand, M. & Lüdtke, O. (2001). Mathematische Grundbildung: Testkonzeption und Ergebnisse. In In J. Baumert, E. Klieme, M. Neubrand et al. (Hrsg.), *PISA 2000. Basiskompetenzen von Schulerinnen und Schulern im internationalen Vergleich* (S. 139–190). Opladen: Leske + Budrich.

Knapp, W. (2006). Sprachunterricht als Unterrichtsprinzip und Unterrichtsfach. In U. Bredel, H. Günther, P. Klotz, J. Ossner & G. Sibert-Ott (Hrsg.), *Didaktik der deutschen Sprache: ein Handbuch. Band 2* (2. Auflage) (S. 589–601). Paderborn: Ferdinand Schöningh.

Kniffka, G. (2012). Scaffolding – Möglichkeiten, im Fachunterricht sprachliche Kompetenzen zu vermitteln. In M. Michalak & M. Kuchenreuther (Hrsg.), *Grundlagen der Sprachdidaktik Deutsch als Zweitsprache* (S. 208–225). Hohengehren: Schneider Verlag.

Knoblich, G. & Öllinger, M. (2006). Die Methode des Lauten Denkens. In J. Funke & P. Frensch (Hrsg.), *Handbuch der Allgemeinen Psychologie – Kognition* (S. 691–696). Göttingen: Hogrefe.

Knoche, N. & Lind, D. (2004). Bedingungsanalysen mathematischer Leistungen: Leistungen in den anderen Domänen, Interesse, Selbstkonzept und Computernutzung. In M. Neubrand (Hrsg.), *Mathematische Kompetenzen von Schulerinnen und Schulern in Deutschland. Vertiefende Analysen im Rahmen von PISA 2000* (S. 205–226). Wiesbaden: VS Verlag für Sozialwissenschaften.

Knoche, N., Lind, D., Blum, W., Cohors-Fresenborg, E., Flade, L., Löding, W., Möller, G., Neubrand, M. & Wynands, A. (2002). Die PISA-2000-Studie, einige Ergebnisse und Analysen. *Journal für Mathematik-Didaktik, 23*(3–4), 159–202.

Koch, P. & Oesterreicher, W. (1985). Sprache der Nähe – Sprache der Distanz. Mündlichkeit und Schriftlichkeit im Spannungsfeld von Sprachtheorie und Sprachgeschichte. *Romanistisches Jahrbuch, 36*, 15–43.

Konrad, K. (2010). Lautes Denken. In G. Mey & K. Mruck (Hrsg.), *Handbuch Qualitative Forschung in der Psychologie* (S. 476–490). Wiesbaden: VS Verlag für Sozialwissenschaften.

Krämer, J., Schukajlow, S. & Blum, W. (2012). Bearbeitungsmuster von Schülern bei der Lösung von Modellierungsaufgaben zum Inhaltsbereich Lineare Funktionen. *mathematica didactica, 35*, 50–72.

Krauthausen, G. (2018). *Einführung in die Mathematikdidaktik – Grundschule* (4. Auflage). Berlin, Heidelberg: Springer Spektrum.

Krawec, J. L. (2014). Problem representation and mathematical problem solving of students of varying math ability. *Journal of Learning Disabilities, 47*(2), 103–115.

Krippendorf, K. (1980). *Content Analysis. An introduction to its methodology*. London: Sage.

Kuckartz, U. (2016). *Qualitative Inhaltsanalyse: Methoden, Praxis, Computerunterstützung* (3. Auflage). Weinheim: Beltz Juventa.

Kuhl, P., Siegle, T. & Lenski, A. E. (2013). Soziale Disparitäten. In H. A. Pant, P. Stanat, U. Schroeders et al. (Hrsg.), *IQB-Ländervergleich 2012. Mathematische und naturwissenschaftliche Kompetenzen am Ende der Sekundarstufe I* (S. 275–296). Münster: Waxmann.

Kultusministerkonferenz (KMK), Sekretariat der ständigen Konferenz der Kultusminister der Länder in der Bundesrepublik Deutschland (2003). *Bildungsstandards im Fach Mathematik für den Mittleren Schulabschluss. Beschluss vom 4.12.2003*. Verfügbar unter: https://www.kmk.org/fileadmin/veroeffentlichungen_beschluesse/2003/2003_12_04-Bildungsstandards-Mathe-Mittleren-SA.pdf. [Letzter Abruf: 30.05.2019].

Kunter, M., Schümer, G., Artelt, C., Baumert, J., Klieme, E., Neubrand, M., Prenzel, M., Schiefele, U., Schneider, W., Stanat, P., Tillmann, K.-J. & Weiß, M. (2002). *PISA 2000. Dokumentation der Erhebungsinstrumente*. Berlin: Max-Planck-Institut für Bildungsforschung.

Lamers, K. (2017). *Sprachliche und konzeptuelle Hürden in Bearbeitungsprozessen zu Textaufgaben zum exponentiellen Wachstum bei Lernenden mit nichtdeutscher Erstsprache*. Unveröffentlichte Masterarbeit: Universität Duisburg-Essen. (Betreuung A. Büchter).

Lave, J. (1997). The culture of acquisition and the practice of understanding. In D. Kirshner & J. A. Whitson (Hrsg.), *Situated cognition: social, semiotic, and psychological perspectives* (S. 17–35). Mahwah, N.J.: Lawrence Erlbaum.

Leisen, J. (2011). Sprachsensibler Fachunterricht – Ein Ansatz zur Sprachförderung im mathematisch-naturwissenschaftlichen Unterricht. In S. Prediger & E. Özdil (Hrsg.), *Mathematiklernen unter Bedingungen der Mehsprachigkeit* (S. 143–162). Münster: Waxmann.

Leufer, N. (2016). *Kontextwechsel als implizite Hürden realitätsbezogener Aufgaben: Eine soziologische Perspektive auf Texte und Kontexte nach Basil Bernstein*. Wiesbaden: Springer Spektrum.

Li, H. & Suen, H. K. (2012). The effects of test accommodations for English language learners: a meta-analysis. *Applied Measurement in Education, 25*(4), 327–346.

Maier, H. & Schweiger, F. (1999). *Mathematik und Sprache. Zum Verstehen und Verwenden von Fachsprache im Mathematikunterricht*. Wien: öbv & hpt.

Mangold, J. (1985). *Fachsprache Mathematik und Deutsch als Fremdsprache*. Frankfurt am Main: Lang.

Martiniello, M. (2008). Language and the performance of Englisch-language learners in math word problems. *Harvard Ecudational Review, 78*(2), 333–368.

Martiniello, M. (2009). Linguistic complexity, schematic representations, and differential item functioning for English language learners in math tests. *Educational Assessment, 14*(3–4), 160–179.

Mason, J. & Johnston-Wilder, S. (2004). *Fundamental constructs in mathematics education*. London: Routledge Falmer.

Mayring, P. (2015). *Qualitative Inhaltsanalyse. Grundlagen und Techniken* (12. Auflage). Weinheim: Beltz.

Meyer, M. & Prediger, S. (2012). Sprachenvielfalt im Mathematikunterricht – Herausforderungen, Chancen und Förderansätze. *Praxis der Mathematik in der Schule, 54*(45), 2–9.

Meyer, M. & Tiedemann, K. (2017). *Sprache im Fach Mathematik.* Berlin, Heidelberg: Springer Spektrum.

Mikrozensus (2011). *Bevölkerung nach Migrationsstatus regional. Ergebnisse des Mikrozensus.* Verfügbar unter: https://www.destatis.de/DE/Themen/Gesellschaft-Umwelt/Bevoelkerung/Migration-Integration/Publikationen/Downloads-Migration/bevoelkerung-migrationsstatus-5125203117004.html. [Letzter Abruf: 27.09.2020].

Ministerium für Schule, Jugend und Kinder des Landes Nordrhein-Westfalen (2004). *Kernlehrplan für die Gesamtschule – Sekundarstufe I in Nordrhein-Westfalen. Mathematik.* Frechen: Ritterbach Verlag.

Ministerium für Schule und Weiterbildung des Landes Nordrhein-Westfalen (2017). *Fragen und Antworten.* Verfügbar unter: https://www.standardsicherung.schulministerium.nrw.de/cms/zentrale-pruefungen-10/fragen-und-antworten/. [Letzter Abruf: 17.11.2018].

Mizzi, A. (2017). *The relationship between language and spatial ability. An analysis of spatial language for reconstructing the solving of spatial tasks.* Wiesbaden: Springer.

Morek, M. & Heller, V. (2012). Bildungssprache – Kommunikative, epistemische, soziale und interaktive Aspekte ihres Gebrauchs. *Zeitschrift für angewandte Linguistik (57)*, 67–101.

Moschkovich, J. N. (2010). *Language and mathematics education. Multiple perspectives and directions for research.* Charlotte, NC: Information Age Publishing.

Müller, K. & Ehmke, T. (2013). Soziale Herkunft als Bedingung der Kompetenzentwicklung. In M. Prenzel, C. Sälzer, E. Klieme & O. Köller (Hrsg.), *PISA 2012: Fortschritte und Herausforderungen in Deutschland* (S. 245–274 ). Münster: Waxmann.

Nesher, P. & Teubal, E. (1975). Verbal cues as an interfering factor in verbal problem solving. *Educational Studies in Mathematics, 6*, 41–51.

Niederdrenk-Felgner, C. (1997). Mathematik als Fremdsprache. In Tagung für Didaktik der Mathematik (Hrsg.), *Beiträge zum Mathematikunterricht 1997* (S. 387–390). Hildesheim: Franzbecker.

OECD (2006). *Where immigrant students succeed. A comparative review of performance and engagement in PISA 2003.* Paris: OECD.

OECD (2013). *PISA 2012 results. Excellence through equity. Giving every student the chance to succeed. Vol. 2.* Paris: OECD.

OECD (2016). *PISA 2015 Ergebnisse (Band I): Exzellenz und Chancengerechtigkeit in der Bildung.* Paris: OECD.

OECD (2017). *PISA 2015 assessment and analytical framework: science, reading, mathematic, financial literacy and collaborative problem solving, revised edition.* Paris: OECD.

Ortner, H. (2009). Rhetorisch-stilistische Eigenschaften der Bildungssprache. In U. Fix, A. Gardt & J. Knape (Hrsg.), *Rhetorik und Stilistik: ein internationales Handbuch historischer und systematischer Forschung. Band 2* (S. 2227–2240). Berlin: de Gruyter.

Osterlind, S. J. & Everson, H. T. (2009). *Differential item functioning* (2. Auflage). Los Angeles, CA: SAGE.

Paetsch, J. (2016). *Der Zusammenhang zwischen sprachlichen und mathematischen Kompetenzen bei Kindern deutscher und bei Kindern nicht-deutscher Familiensprache.* (Dissertation). Berlin: Freie Universität Berlin.

Paetsch, J., Radmann, S., Felbrich, A., Lehmann, R. & Stanat, P. (2016). Sprachkompetenz als Prädiktor mathematischer Kompetenzentwicklung von Kindern deutscher und nicht-deutscher Familiensprache. *Zeitschrift für Entwicklungspsychologie und Pädagogische Psychologie, 48*(1), 27–41.

Pape, S. J. (2003). Compare word problems: consistency hypothesis revisited. *Contemporary Educational Psychology, 28*(3), 396–421.

Paulus, C. (2009). *Die „Bücheraufgabe" zur Bestimmung des kulturellen Kapitals bei Grundschülern.* Verfügbar unter: http://hdl.handle.net/20.500.11780/3344. [Letzter Abruf: 30.05.2019].

Piaget, J. (1947). *La psychologie de l'intelligence [Psychology of intelligence].* Paris: Colin.

Piaget, J. (1950). *Introduction a l'epistemologie genetique [Introduction to genetic epistemology].* Paris: Presses Universitaires de France.

Pimm, D. (1987). *Speaking mathematically: communication in mathematics classrooms.* London: Routledge.

Plath, J. (2017). Das Anfertigen von Notizen bei der Bearbeitung von realitätsbezogenen Mathematikaufgaben. In D. Leiss, M. Hagena, A. Neumann & K. Schwippert (Hrsg.), *Mathematik und Sprache. Empirischer Forschungsstand und unterrichtliche Herausforderungen* (S. 147–164). Münster: Waxmann.

Plath, J. & Leiss, D. (2018). The impact of linguistic complexity on the solution of mathematical modelling tasks. *ZDM Mathematics Education, 50*(2), 159–171.

Pöhler, B. (2018). *Konzeptuelle und lexikalische Lernpfade und Lernwege zu Prozenten. Eine Entwicklungsforschungsstudie.* Wiesbaden: Springer Spektrum.

Pöhler, B., Prediger, S. & Weinert, H. (2015). Cracking percent problems in different formats. The role of texts and visual models for students with low and high language proficiency. In K. Krainer & N. Vondrova (Hrsg.), *CERME 9, Feb 2015, Prague, Czech Republic – Proceedings of the Ninth Congress of the European Society for Research in Mathematics Education* (S. 331–338). Verfügbar unter: https://hal.archives-ouvertes.fr/hal-01281856. [Letzter Abruf: 30.05.2019].

Pöhlmann, C., Haag, N. & Stanat, P. (2013). Zuwanderungsbezogene Disparitäten. In H. A. Pant, P. Stanat, U. Schroeders et al. (Hrsg.), *IQB-Ländervergleich 2012. Mathematische und naturwissenschaftliche Kompetenzen am Ende der Sekundarstufe I.* (S. 297–329). Münster: Waxmann.

Pólya, G. (1949). *Schule des Denkens: vom Lösen mathematischer Probleme.* Bern: Francke.

Prediger, S. (2010). Uber das Verhältnis von Theorien und wissenschaftlichen Praktiken am Beispiel von Schwierigkeiten mit Textaufgaben. *Journal für Mathematikdidaktik, 31*(2), 167–195.

Prediger, S. (2013). Sprachmittel für mathematische Verstehensprozesse. Einblicke in Probleme, Vorgehensweisen und Ergebnisse von Entwicklungsforschungsstudien. In A. Pallack (Hrsg.), *Impulse für eine zeitgemäße Mathematiklehrer-Ausbildung. MNU-Dokumentation der 16. Fachleitertagung Mathematik* (S. 26–36). Neuss: Seeberger.

Prediger, S. (2015a). Theorien und Theoriebildung in didaktischer Forschung und Ent-wicklung. In R. Bruder, L. Hefendehl-Hebeker, B. Schmidt-Thieme & H.-G. Weigand (Hrsg.), *Handbuch der Mathematikdidaktik* (S. 643–662). Berlin, Heidelberg: Springer Spektrum.

Prediger, S. (2015b). Wortfelder und Formulierungsvariation. Intelligente Spracharbeit ohne Erziehung zur Oberflächlichkeit. *Lernchancen, 104*, 10–14.

Prediger, S. (2017). Auf sprachliche Heterogenität im Mathematikunterricht vorbereiten. Fokussierte Problemdiagnose und Förderansätze. In J. Leuders, T. Leuders, S. Prediger & S. Ruwisch (Hrsg.), *Mit Heterogenität im Mathematikunterricht umgehen lernen. Konzepte und Perspektiven für eine zentrale Anforderung an die Lehrerbildung.* (S. 29–40). Wiesbaden: Springer.

Prediger, S., Benholz, C., Renk, N., Gürsoy, E. & Büchter, A. (2013). Sprachliche und kon-zeptuelle Herausforderungen für mehrsprachige Lernende in den Zentralen Prüfungen 10 Mathematik – Empirische Analysen. (Unveröffentlichter Abschlussbericht für den Drittmittelgeber).

Prediger, S. & Krägeloh, N. (2015a). Der Textaufgabenknacker – Ein Beispiel zur Spezi-fizierung und Förderung fachspezifischer Lese- und Verstehensstrategien. *Der mathematische und naturwissenschaftliche Unterricht, 68*(3), 138–144.

Prediger, S. & Krägeloh, N. (2015b). Low achieving eighth graders learn to crack word problems: a design research project for aligning a strategic scaffolding tool to students' mental processes. *ZDM Mathematics Education, 47*(6), 947–962.

Prediger, S. & Schüler-Meyer, A. (2017). Fostering the mathematics learning of language learners: introduction to trends and issues in research and professional develop-ment. *Eurasia Journal of Mathematics, Science and Technology Education, 13*(7b), 4049–4056.

Prediger, S. & Wessel, L. (2011). Darstellen – Deuten – Darstellungen vernetzen. Ein fach- und sprachintegrierter Förderansatz für mehrsprachige Lernende im Mathematik-unterricht. In S. Prediger & E. Özdil (Hrsg.), *Mathematiklernen unter Bedingungen der Mehrsprachigkeit: Stand und Perspektiven der Forschung und Entwicklung in Deutsch-land* S. 163–184). Münster: Waxmann.

Prediger, S., Wilhelm, N., Büchter, A., Gürsoy, E. & Benholz, C. (2015). Sprachkompetenz und Mathematikleistung – Empirische Untersuchung sprachlich bedingter Hürden in den Zentralen Prüfungen 10. *Journal für Mathematik-Didaktik, 36*(1), 77–104.

Prenzel, M., Heidemeier, H., Ramm, G., Hohensee, F. & Ehmke, T. (2004). Soziale Her-kunft und mathematische Kompetenz. In M. Prenzel, J. Baumert, W. Blum et al. (Hrsg.), *PISA 2003. Der Bildungsstand der Jugendlichen in Deutschland – Ergebnisse des zweiten internationalen Vergleichs* (S. 273–282).

Psychometrica *Lesbarkeitsindex (LIX).* Verfügbar unter: https://www.psychometrica.de/lix. html. [Letzter Abruf: 30.05.2019].

QUA-LiS NRW *Standorttypenkonzept.* Verfügbar unter: https://www.schulentwicklung. nrw.de/e/lernstand8/allgemeine-informationen/standorttypenkonzept/index.html. [Letzter Abruf: 30.05.2019].

QUA-LiS NRW (2017). *Deskriptive Beschreibung der Standorttypen für die weiterführenden Schulen.* Verfügbar unter: https://www.schulentwicklung.nrw.de/e/upload/lernstand8/ download/mat_2017/2017-02-08_Beschreibung_Standorttypen_weiterfhrende_Schulen_ NEU_RUB_ang.pdf. [Letzter Abruf: 30.05.2019].

Radford, L. & Barwell, R. (2016). Language in mathematics education research. In A. Gutiérrez, G. Leder & P. Boero (Hrsg.), *The second handbook of research on the psychology of mathematics education. The journey continues* (S. 275–313). Rotterdam: Sense.

Reiser, H. R. (1981). *Sonderschulen – Schulen für Ausländerkinder?* Berlin: Carl Marhold Verlagsbuchhandlung.

Reiss, K., Heinze, A. & Pekrun, R. (2008). Mathematische Kompetenz und ihre Entwicklung in der Grundschule. In M. Prenzel, I. Gogolin & H.-H. Krüger (Hrsg.), *Kompetenzdiagnostik. Zeitschrift für Erziehungswissenschaft* (S. 11–32). Wiesbaden: VS Verlag für Sozialwissenschaften.

Reusser, K. (1989). *Vom Text zur Situation zur Gleichung. Kognitive Simulation von Sprachverständnis und Mathematisierung beim Lösen von Textaufgaben.* (Hablitationsschrift). Bern: Universität Bern.

Reusser, K. (1992). Kognitive Modellierung von Text-, Situations- und mathematischem Verständnis beim Lösen von Textaufgaben. In K. Reiss, M. Reiss & H. Spandl (Hrsg.), *Maschinelles Lernen – Modellierung von Lernen mit Maschinen* (S. 225–249). Berlin: Springer.

Reusser, K. (1997). Erwerb mathematischer Kompetenzen: Literaturüberblick. In F. E. Weinert & A. Helmke (Hrsg.), *Entwicklung im Grundschulalter* (S. 141–155). Weinheim: Beltz / Psychologie Verlags Union.

Reusser, K. & Stebler, R. (1997). Every word problem has a solution – the social rationality of mathematical modeling in schools. *Learning and Instruction, 7*(4), 309–327.

Riley, M. S., Greeno, J. G. & Heller, J. I. (1983). Development of children's problem solving ability in arithmetic. In H. P. Ginsburg (Hrsg.), *The development of mathematical thinking* (S. 153–196). New York, NY: Academic Press.

Rindermann, H. (2006). Was messen internationale Schulleistungsstudien? Schulleistungen, Schülerfähigkeiten, kognitive Fähigkeiten, Wissen oder allgemeine Intelligenz? *Psychologische Rundschau, 57*(2), 69–86.

Rinkens, H., Hönisch, K. & Träger, G. (2011). *Welt der Zahl 4.* Braunschweig: Schroedel.

Rösch, H. & Paetsch, J. (2011). Sach- und Textaufgaben im Mathematikunterricht als Herausforderung für mehrsprachige Kinder. In S. Prediger & E. Özdil (Hrsg.), *Mathematiklernen unter Bedingungen der Mehrsprachigkeit: Stand und Perspektiven der Forschung und Entwicklung in Deutschland* (S. 55–76). Münster: Waxmann.

Ruf, U. & Gallin, P. (1998). *Dialogisches Lernen in Sprache und Mathematik. Band 1: Austausch unter Ungleichen. Grundzüge einer interaktiven und fächerübergreifenden Didaktik.* Seelze-Velber: Kallmeyer.

Saussure, F. d. (2001). *Grundfragen der allgemeinen Sprachwissenschaft.* Berlin: de Gruyter.

Schilcher, A., Röhrl, S. & Krauss, S. (2017). Sprache im Mathematikunterricht – eine Bestandsaufnahme des aktuellen didaktischen Diskurses. In D. Leiss, M. Hagena, A. Neumann & K. Schwippert (Hrsg.), *Mathematik und Sprache. Empirischer Forschungsstand und unterrichtliche Herausforderungen* (S. 11–42). Münster: Waxmann.

Schlager, S. (2017a). *Führt geringe Sprachkompetenz zur oberflächlichen Bearbeitung von Textaufgaben?* Vortrag am 02.03.2017 auf der Jahreskonferenz 2017 der Gesellschaft für Didaktik der Mathematik (GDM): Potsdam.

Schlager, S. (2017b). Führt geringe Sprachkompetenz zur oberflächlichen Bearbeitung von Textaufgaben? In U. Kortenkamp & A. Kuzle (Hrsg.), *Beiträge zum Mathematikunterricht 2017* (S. 845–848). Münster: WTM-Verlag.

Schlager, S., Kaulvers, J. & Büchter, A. (2016). Zum Zusammenhang von Sprachkompetenz und Mathematikleistung – Ergebnisse einer Studie mit experimentell variierten sprachlichen Aufgabenmerkmalen. In Institut für Mathematik und Informatik Heidelberg (Hrsg.), *Beiträge zum Mathematikunterricht 2016* (S. 855–858). Münster: WTM-Verlag.

Schlager, S., Kaulvers, J. & Büchter, A. (2017). Effects of linguistic variations of word problems on the achievement in high stakes tests. In T. Dooley & G. Gueudet (Hrsg.), *Proceedings of the Tenth Congress of the European Society for Research in Mathematics Education (CERME10, February 1–5, 2017)* (S. 1364–1371). Dublin, Ireland: DCU Institute of Education and ERME.

Schlager, S., Kaulvers, J. & Büchter, A. (2018). Laut denken, aufmerksam zuhören. Ein Weg zum Lösen von Textaufgaben. *mathematik lehren (206)*, 34–37.

Schleppegrell, M. J. (2004). *The language of schooling: a functional linguistics perspective*. Mahwah, N.J.: Erlbaum.

Schmitman gen. Pothmann, A. (2007). *Mathematik und sprachliche Kompetenz. Vorschulische Diagnostikmöglichkeiten bei Kindern mit und ohne Migrationshintergrund*. Oldenburg: BIS-Verlag der Carl-von-Ossietzky-Universität.

Schneeberger, M. (2009). *Verstehen und Lösen von mathematischen Textaufgaben im Dialog. Der Erwerb von Mathematisierkompetenz als Initiation in eine spezielle Diskurspraxis*. Münster: Waxmann.

Schoenfeld, A. H. (1983). *Problem solving in the mathematics curriculum. A report, recommendations, and an annotated bibliography*. Washington, WA: Mathematical Association of America.

Schoenfeld, A. H. (1985). *Mathematical problem solving*. Orlando, FL: Academic Press.

Schoenfeld, A. H. (1991). On mathematics as sense-making. An informal attack on the unfortunate divorce of formal and informal mathematics. In J. F. Voss, D. N. Perkins & J. W. Segal (Hrsg.), *Informal reasoning and education* (S. 311–343). Hillsdale, NJ: Erlbaum

Schoenfeld, A. H. (1992). Learning to think mathematically: Problem solving, metacognition, and sense-making in mathematics. In D. Grouws (Hrsg.), *Handbook for research on mathematics teaching and learning* (S. 334–370). New York, NY: MacMillan.

Schukajlow, S. (2011). *Mathematisches Modellieren: Schwierigkeiten und Strategien von Lernenden als Bausteine einer lernprozessorientierten Didaktik der neuen Aufgabenkultur*. Münster: Waxmann.

Schukajlow, S. & Leiss, D. (2008). Textverstehen als Voraussetzung für erfolgreiches mathematisches Modellieren – Ergebnisse aus dem DISUM-Projekt. In E. Vásárhelyi (Hrsg.), *Beiträge zum Mathematikunterricht* (S. 95–98). Münster: WTM.

Schukajlow, S. & Leiss, D. (2011). Selbstberichtete Strategienutzung und mathematische Modellierungskompetenz. *Journal für Mathematik-Didaktik, 32*(1), 53–77.

Schüler-Meyer, A. (2017). Multilingual learners' opportunities for productive engagement in a bilingual German-Turkish teaching intervention on fractions. In T. Dooley & G. Gueudet (Hrsg.), *Proceedings of the Tenth Congress of the European Society for*

*Research in Mathematics Education (CERME10, February 1–5, 2017)* (S. 1372–1379). Dublin, Ireland: DCU Institute of Education and ERME.

Schüler-Meyer, A., Prediger, S., Kuzu, T., Wessel, L. & Redder, A. (2019). Is formal language proficiency in the home language required to profit from a bilingual teaching intervention in mathematics? A mixed methods study on fostering multilingual students' conceptual understanding. *International Journal of Science and Mathematics Education, 17*(2), 317–339.

Secada, W. G. (1992). Race, ethnicity, social class, language and achievement in mathematics. In D. A. Grouws (Hrsg.), *Handbook of research on mathematics teaching and learning* (8. Auflage) (S. 623–660). New York, NY: MacMillan.

Selter, C. (1994). Jede Aufgabe hat eine Lösung. Vom rationalen Kern irrationalen Vorgehens. *Grundschule, 3*, 20–22.

Selter, C. (2001). 1/2 Busse heißt: ein halbvoller Bus! – Zu Vorgehensweisen von Grundschülern bei einer Textaufgabe mit Rest. In C. Selter & G. Walther (Hrsg.), *Mathematik lernen und gesunder Menschenverstand* (S. 162–173). Leipzig: Klett.

Sfard, A. (2008). *Thinking as communicating: human development, the growth of discourses, and mathematizing.* Cambridge: Cambridge University Press.

Shaftel, J., Belton-Kocher, E., Glasnapp, D. & Poggio, J. (2006). The impact of language characteristics in mathematics test items on the performance of English language learners and students with disabilities. *Educational Assessment, 11*(2), 105–126.

Siegler, R. S. & Jenkins, E. (1989). *How children discover new strategies.* Hillsdale, N.J.: Lawrence Erlbaum.

Smith, M. S. & Stein, M. K. (1998). Selecting and creating mathematical tasks: from research to Practice. *Mathematics teaching in the middle school, 3*(5), 344–350.

Stein, M. K., Grover, B. W. & Henningsen, M. (1996). Building student capacity for mathematical thinking and reasoning: an analysis of mathematical tasks used in reform classrooms. *American Educational Research Journal, 33*(2), 455–488.

Stein, M. K. & Lane, S. (1996). Instructional tasks and the development of student capacity to think and reason: an analysis of the relationship between teaching and learning in a reform mathematics project. *Educational Research and Evaluation, 2*(1), 50–80.

Stein, M. K. & Smith, M. S. (1998). Mathematical tasks as a framework for reflection: from research to practice. *Mathematics teaching in the middle school, 3*(4), 268–275.

Stephany, S. (2017). Textkohärenz als Einflussfaktor beim Lösen mathematischer Textaufgaben. In D. Leiss, M. Hagena, A. Neumann & K. Schwippert (Hrsg.), *Mathematik und Sprache: empirischer Forschungsstand und unterrichtliche Herausforderungen* (S. 43–61). Münster: Waxmann.

Stigler, J. W., Lee, S.-Y. & Stevenson, H. W. (1990). *Mathematical knowledge of Japanese, Chinese, and American elementary school children.* Reston, VA: National Council of Teachers of Mathematics.

Stillman, G. & Galbraith, P. (1998). Applying mathematics with real world connections: metacognitive characteristics of secondary students. *Educational Studies in Mathematics, 36*(2), 157–189.

Tarelli, I., Schwippert, K. & Stubbe, T. C. (2012). Mathematische und naturwissenschaftliche Kompetenzen von Schülerinnen und Schülern mit Migrationshintergrund. In W. Bos, H. Wendt, O. Köller & C. Selter (Hrsg.), *TIMSS 2011. Mathematische und naturwissenschaftliche Kompetenzen von Grundschulkindern in Deutschland im internationalen Vergleich* (S. 247–267). Münster: Waxmann.

Tashakkori, A. & Teddlie, C. (1998). *Mixed methodology: combining qualitative and quantitative approaches*. Thousand Oaks: SAGE.

Thevenot, C. (2010). Arithmetic word problem solving: evidence for the construction of a mental model. *Acta Psychologica, 133*(1), 90–95.

Thiel-Schneider, A. (2014). Exponentielles Wachstum verstehen – Unterschiedliche Deutungsmöglichkeiten des Wachstumsfaktors. In J. Roth & J. Ames (Hrsg.), *Beiträge zum Mathematikunterricht 2014* (S. 1215–1218). Münster: WTM-Verlag.

Thiel-Schneider, A. (2015). Wie gelingt die Verbindung unterschiedlicher Perspektiven auf exponentielles Wachstum? In F. Caluori, H. Linneweber-Lammerskitten & C. Streit (Hrsg.), *Beiträge zum Mathematikunterricht 2015* (S. 912–915). Münster: WTM-Verlag.

Thiel-Schneider, A. (2018). *Zum Begriff des exponentiellen Wachstums: Entwicklung und Erforschung von Lehr-Lernprozessen in sinnstiftenden Kontexten aus inferentialistischer Perspektive*. Wiesbaden: Springer Spektrum.

Threlfall, J. (2009). Strategies and flexibility in mental calculation. *ZDM Mathematics Education, 41*(5), 541–555.

Ufer, S., Reiss, K. & Mehringer, V. (2013). Sprachstand, soziale Herkunft und Bilingualität: Effekte auf Facetten mathematischer Kompetenz. In M. Becker-Mrotzek, K. Schramm, E. Thürmann & H. J. Vollmer (Hrsg.), *Sprache im Fach. Sprachlichkeit und fachliches Lernen*. (S. 25–40). Münster: Waxmann.

Ullmann, P. (2013). „Situated learning" in der Mathematikdidaktik: eine hochschuldidaktische Perspektive? In G. Greefrath, F. Käpnick & M. Stein (Hrsg.), *Beiträge zum Mathematikunterricht 2013* (S. 1018–1021). Münster: WTM.

Universität Leipzig. *Wortschatz*. Verfügbar unter: http://www.wortschatz.uni-leipzig.de/. [Letzter Abruf: 30.05.2019].

Urban, D. & Mayerl, J. (2018). *Angewandte Regressionsanalyse: Theorie, Technik und Praxis* (5. Auflage). Wiesbaden: Springer.

Van der Schoot, M., Bakker Arkema, A. H., Horsley, T. M. & van Lieshout, E. C.D.M. (2009). The consistency effect depends on markedness in less successful but not successful problem solvers: an eye movement study in primary school children. *Contemporary Educational Psychology, 34*(1), 58–66.

Van Dijk, T. A. & Kintsch, W. (1983). *Strategies of discourse comprehension*. New York, NY: Academic Press.

Van Dooren, W., de Bock, D., Evers, M. & Verschaffel, L. (2009). Students' overuse of proportionality on missing-value problems: how numbers may change. *Journal for Research in Mathematics Education, 40*(2), 187–211.

Verschaffel, L., Greer, B. & de Corte, E. (2000). *Making sense of word problems*. Lisse: Swets & Zeitlinger.

Verschaffel, L., Luwel, K., Torbeyns, J. & van Dooren, W. (2009). Conceptualizing, investigating, and enhancing adaptive expertise in elementary mathematics education. *European Journal of Psychology of Education, 24*(3), 335–359.

Verschaffel, L., van Dooren, W., Greer, B. & Mukhopadhyay, S. (2010). Reconceptualising word problems as exercises in mathematical modelling. *Journal für Mathematik-Didaktik, 31*(1), 9–29.

Vollmer, H. J. & Thürmann, E. (2010). Zur Sprachlichkeit des Fachlernens: Modellierung eines Referenzrahmens für Deutsch als Zweitsprache. In B. Ahrenholz (Hrsg.), *Fachunterricht und Deutsch als Zweitsprache* (2. Auflage) (S. 107–132). Tübingen: Narr.

Vollrath (1978a). Schülerversuche zum Funktionsbegriff. *Der Mathematikunterricht, 24*(4), 90–101.

Vollrath, H.-J. (1978b). Lernschwierigkeiten, die sich aus dem umgangssprachlichen Verständnis geometrischer Begriffe ergeben. In H. Lorenz (Hrsg.), *Lernschwierigkeiten: Forschung und Praxis* (S. 57–73). Köln: Aulis.

Von Kügelgen, R. (1994). *Diskurs Mathematik. Kommunikationsanalysen zum reflektierenden Lernen* Frankfurt: Lang.

Von Saldern, M. (1997). *Schulleistung in Deutschland: ein Beitrag zur Standortdiskussion.* Münster: Waxmann.

Von Saldern, M. (2011). *Schulleistung 2.0: von der Note zum Kompetenzraster.* Norderstedt: Books on Demand.

Wallach, D. & Wolf, C. (2001). Das prozeßbegleitende Laute Denken. Grundlagen und Perspektiven. In J. F. Schneider (Hrsg.), *Lautes Denken. Prozessanalysen bei Selbst- und Fremdeinschätzungen* (S. 9–29). Weimar: Dadder.

Walzebug, A. (2014a). Is there a language-based social disadvantage in solving mathematical items? *Learning, Culture and Social Interaction, 3*(2), 159–169.

Walzebug, A. (2014b). *Sprachlich bedingte soziale Ungleichheit: Theoretisch und empirische Betrachtungen am Beispiel mathematischer Testaufgaben und ihrer Bearbeitung.* Münster: Waxmann.

Weinert, F. E. (2001). Vergleichende Leistungsmessung in Schulen – eine umstrittene Selbstverständlichkeit. In F. E. Weinert (Hrsg.), *Leistungsmessungen in Schulen* (S. 17–31). Weinheim: Beltz.

Wentura, D. & Pospeschill, M. (2015). *Multivariate Datenanalyse: Eine kompakte Einführung.* Wiesbaden: Springer.

Werning, R., Löser, J. M. & Urban, M. (2008). Cultural and social diversity: An analysis of minority groups in German schools. *The Journal of Special Education, 42*(1), 47–54.

Wessel, L. (2015). *Fach- und sprachintegrierte Förderung durch Darstellungsvernetzung und Scaffolding: Ein Entwicklungsforschungsprojekt zum Anteilbegriff.* Wiesbaden: Springer Spektrum.

Wessel, L. & Prediger, S. (2017). Differentielle Förderbedarfe je nach Sprachhintergrund? Analysen zu Unterschieden und Gemeinsamkeiten zwischen sprachlich starken und schwachen, einsprachigen und mehrsprachigen Lernenden. In D. Leiss, M. Hagena, A. Neumann & K. Schwippert (Hrsg.), *Mathematik und Sprache: empirischer Forschungsstand und unterrichtliche Herausforderungen* (S. 165–187). Münster: Waxmann.

Wessel, L. & Wilhelm, N. (2016). Zusammenhänge zwischen Sprachkompetenz und verstehensorientierter Leistung beim Umgang mit Brüchen. Im Institut für Mathematik und Informatik der Pädagogischen Hochschule Heidelberg (Hrsg.), *Beiträge zum Mathematikunterricht 2016* (S. 1059–1062). Münster: WTM-Verlag.

Wilhelm, N. (2016). *Zusammenhänge zwischen Sprachkompetenz und Bearbeitung mathematischer Textaufgaben: Quantitative und qualitative Analysen sprachlicher und konzeptueller Hürden.* Wiesbaden: Springer Spektrum.

Willatts, P. (2015). Development of problem-solving strategies in infancy. In D. F. Bjorklund (Hrsg.), *Children's strategies: contemporary views of cognitive development* (S. 23–66). New York, NY: Routledge.

Winter, H. (1995). Mathematikunterricht und Allgemeinbildung. *Mitteilungen der Gesellschaft für Didaktik der Mathematik, 21*(61), 37–46.

Wolf, M. K. & Leon, S. (2009). An investigation of the language demands in content assessments for English language learners. *Educational Assessment, 14*(3–4), 139–159.

Zindel, C. (2019). *Den Kern des Funktionsbegriffs verstehen. Eine Entwicklungsforschungsstudie zur fach- und sprachintegrierten Förderung.* Wiesbaden: Springer Spektrum.

ZP10 (2012). *Zentrale Prüfungen 10 Mathematik für den Mittleren Schulabschluss, Haupttermin.* Düsseldorf: Ministerium für Schule und Weiterbildung des Landes Nordrhein-Westfalen.

Printed in the United States
By Bookmasters